unity 官方授权教材

Unity 2017 从入门到精通

Unity公司 主编
刘向群 吴彬 编著

人民邮电出版社
北京

图书在版编目（CIP）数据

Unity 2017 从入门到精通 / Unity公司主编 ; 刘向群，吴彬编著. -- 北京 : 人民邮电出版社，2020.6（2023.1重印）
ISBN 978-7-115-53517-7

Ⅰ. ①U… Ⅱ. ①U… ②刘… ③吴… Ⅲ. ①游戏程序一程序设计 Ⅳ. ①TP317.6

中国版本图书馆CIP数据核字(2020)第038057号

内容提要

Unity 是在游戏开发和虚拟现实开发方面应用得非常广泛的软件，其功能强大，用户体验很友好，全世界已经有近千万注册用户。本书共分为 28 章，主要介绍 Unity2017 的安装和使用方法，以循序渐进的方式详细讲解 Unity 操作界面、Timeline、资源导入流程、场景创建、粒子系统、Mecanim 动画系统、物理引擎、地形系统、脚本语言开发、Shader 开发、脚本调试优化与内存管理、跨平台发布等内容。书中每章都安排了有针对性的项目实例，可以帮助读者轻松掌握软件的使用技巧。为了方便读者学习，本书还附赠相关的 Unity 工程源文件以帮助读者快速掌握 Unity 开发技术，并在最后一章详细介绍了 Unity 2018 版本的新特性。

本书面向广大 Unity 初学者，以及有志于从事 Unity 开发工作的人员，同时也适合高等院校相关专业的学生和各类培训班的学员阅读参考。

◆ 主　　编　Unity 公司
编　　著　刘向群　吴　彬
责任编辑　郭发明
责任印制　陈　犇

◆ 人民邮电出版社出版发行　北京市丰台区成寿寺路 11 号
邮编　100164　电子邮件　315@ptpress.com.cn
网址　https://www.ptpress.com.cn
北京九州迅驰传媒文化有限公司印刷

◆ 开本：787×1092　1/16
印张：35.25　2020 年 6 月第 1 版
字数：822 千字　2023 年 1 月北京第 7 次印刷

定价：198.00 元

读者服务热线：(010)81055296　印装质量热线：(010)81055316
反盗版热线：(010)81055315
广告经营许可证：京东市监广登字 20170147 号

序 言

Unity Technologies 公司已经成立近 15 年，在中国开展业务也有 7 年多了，其宗旨在于实现开发大众化，让人人都能够有机会成为开发者。在这 15 年间，Unity 从游戏引擎成长为一个创作平台，跨越了游戏、汽车制造业、广告、VR/AR、影视动画、人工智能等多个领域。

在如今全球 TOP1000 的游戏中，约 45% 的游戏使用了 Unity 创作。在新推出的游戏中有超过 50% 的游戏使用了 Unity 创作，甚至每 10 款顶级 iOS 和 Android 游戏中就有 7 款是采用 Unity 制作的。Unity 在 VR/AR 制作方面也处于领先地位，2/3 以上的 VR/AR 内容是基于 Unity 打造而成的。使用 Unity 创作的 VR/AR 内容可以在绝大部分设备上良好运行，无论是 Microsoft HoloLens，还是 HTC Vive 或者 Oculus Rift，任何你所能见到的硬件设备都能与之很好地兼容。目前，Unity 无可比拟的跨平台性能，可以支持超过 25 个全世界最常用的开发平台。Unity 的注册用户已经近千万，全球范围内遍布 Unity 的开发者。使用 Unity 创作的成功作品数不胜数，如《炉石传说》《纪念碑谷》《王者荣耀》《旅行青蛙》《奥日与黑暗森林》《茶杯头》《Pokémon Go》等，现在使用 Unity 制作的游戏和体验内容已经在全球范围内覆盖近 30 亿台设备，并且其在过去一年的安装量已经超过 290 亿次。

Unity 处于 3D 实时计算的技术变革创新前沿，它无时无刻改变着汽车、建筑、零售、医疗、教育、影视动画等行业。Unity 中国分公司是全球唯一拥有独立研发团队的分公司，伴随着对中国市场的不断开发与深耕，Unity 中国分公司在中国已经拥有完善的业务体系，构建了包括技术支持、软件销售、教育业务、资源商店、行业解决方案、广告服务以及多种专业服务为一体的战略级平台。

我们期望 Unity 公司授权出版的图书能够把更多的专业见解和行业技术，通过具有实战性的例子来详细展示给大家。我们的目标是让更多的开发者、设计师了解和熟悉 Unity 公司产品的强大功能和友好的体验，创造梦想，成就非凡，激发和释放完美创意。

希望你能喜欢这本书。了解更多关于 Unity 的信息，请登录我们的网站，并向我们提出你的宝贵意见。

Unity 全球副总裁兼大中华区总经理 张俊波

前　言

Unity 是 Unity Technologies 公司开发的 2D、3D、VR 及 AR 交互式内容的创作工具，可以帮助用户快速实现创意内容，并将内容部署到几乎所有媒体与设备上，包括 PC、网页、移动设备、家庭娱乐系统、嵌入式系统或头戴显示器等各种平台。Unity 提供的工具与资源包括 Unity Asset Store（资源商店）、Unity Cloud Build（云构建）、Unity Analytics（分析）、Unity Ads（广告）、Unity Certification（认证考试）以及 Unity Everyplay（视频录制）等。Unity 在日益扩大的虚拟现实市场中拥有极高的市场占有率，大约 90% 的三星 Gear VR 游戏和 53% 的 Oculus Rift 应用使用 Unity 制作。

本书是 Unity 官方指定学习用书，随着 Unity 版本的更新而不断升级，从《Unity 4.x 从入门到精通》开始，本书已经是第 3 个版本，前两个版本的图书发行量在同类书中位居前列，多次再版。本书共有 28 章内容，全面、透彻地介绍了 Unity 2017 中的重要特性。掌握 Unity 2017 中各个功能点的操作方法，能够全面提高工作效率。考虑到绝大多数初学者的实际情况，本书选取的都是实用内容，并在此基础上进行适当的拓展，以案例的形式为读者展现常用的工具、命令等，激发读者的学习兴趣。本书提供了案例的工程源文件，方便读者进行学习和使用。

相对于同类 Unity 书籍，本书具有以下特色。

官方指定学习用书：本书是 Unity 官方指定学习用书，是国内 Unity 学习用书中的力作，在国内使用范围广泛，发行量大。

完全自学：在本书的基础内容中穿插了常用的实践案例，从最基础的设置与操作入手，由浅入深、从易到难，旨在让读者循序渐进地学到与 Unity 软件相关的各种知识。

技术指导：在案例中设计了针对技术难点的提示和应注意的问题，不仅可以让读者充分掌握该章中所讲的知识，还可以让读者在实际工作中遇到类似问题时不再犯相同的错误。

速查手册：可以根据目录方便地查到相应的内容。

广泛适用：本书内容全面、结构合理、图文并茂、案例丰富、讲解清晰，可以供 Unity 2017 初、中级用户使用，也可以作为院校相关专业的教材，还非常适合用户自学、查阅。

由于编者水平有限，书中难免有不足之处，恳请读者批评指正。有关于本书的任何问题，请随时与我们联系：guofaming@ptpress.com.cn。

编　者

2019 年 12 月于北京

目录

第 10 章　信息输入管理

第 11 章 物理系统

第 12 章 粒子系统

第 13 章 动画系统

第21章　Shader开发

第22章　AssetBundle工作流程

第 28 章 Unity 2018 新特性

第 1 章 Unity 介绍

1.1 Unity 简介

Unity 是由 Unity Technologies 公司开发的跨平台专业游戏引擎。用户可以通过它轻松实现各种游戏创意和三维互动等项目的开发，创作出精彩的 2D 和 3D 交互内容，然后一键设置发布到各种平台上，并且可以在 Asset Store 上分享和下载相关的游戏资源，其启动界面如图 1-1 所示。Unity 还为用户提供了一个知识分享和问答交流的社区，大大方便了用户的学习和交流。Unity 提供的工具与资源包括：Unity Asset Store（资源商店）、Unity Cloud Build（云构建）、Unity Analytics（分析）、Unity Ads（广告）、Unity Certification（认证考试）以及 Unity Everyplay（视频录制）等。Unity Technologies 公司为全球上千万的注册开发者提供服务，用户包括大型发行商、独立工作室、学生及爱好者等。

图 1-1

Unity 是全球领先的游戏行业软件，对蓬勃发展的全球游戏市场来说至关重要。Unity Technologies 公司总部设在美国加利福尼亚州的旧金山，目前在中国、加拿大、哥伦比亚、丹麦、芬兰、德国、韩国、日本、立陶宛、新加坡、瑞典、乌克兰和英国设有分支机构。

Unity 的客户包括可口可乐、迪士尼、艺电、乐高、微软、美国航空航天局、乐线、尼克国际儿童频道、史克威尔艾尼克斯、育碧、黑曜石娱乐、失眠者游戏工作室和华纳兄弟等知名企业，从工作室到独立的专业人士，越来越多的开发人员正在开始使用 Unity。

每天有上千万的开发者使用 Unity 进行创作。2016 年第一季度，全球范围内使用 Unity 制作的游戏被安装到接近 20 亿台独立设备上。使用 Unity 制作的游戏在全球范围内拥有 7.7 亿玩家。Unity 处于日益增长的虚拟现实市场的最前沿，大约 90% 的三星 Gear VR 游戏和 53% 的 Oculus Rift 头戴式显示器的应用使用 Unity 进行开发制作。

1.2 Unity 的历史

Unity 在移动游戏以及虚拟现实领域比较火热，能在从诞生到现在十几年的时间内取得如此成绩，可谓生逢其时。回顾一下 Unity 的发展历程，也许人们可以更加清晰地了解 Unity 的现况。

IT 公司的创业故事总和梦想有关。2004 年，来自丹麦哥本哈根的 3 位热爱游戏的年轻人约阿希姆·安特（Joachim Ante）、尼古拉斯·弗朗西斯（Nicholas Francis）和大卫·赫尔加松（David Helgason）决定一起开发一个易于使用、与众不同并且费用低廉的游戏引擎，帮助所有喜爱游戏的年轻人实现游戏创作的梦想。他们废寝忘食，倾注所有热情，终于在 2005 年发布了 Unity 1.0。Unity 历史大事件如表 1-1 所示。

表 1-1　Unity 历史大事件

时间	事件
2005 年 06 月	Unity 1.0 发布
2006 年 06 月	Unity 1.5 发布
2007 年 10 月	Unity 2.0 发布
2008 年 06 月	Unity 支持 Wii
2008 年 10 月	Unity 支持 iPhone
2009 年 03 月	Unity 2.5 发布
2010 年 02 月	Unity 用户超过 100000
2010 年 04 月	Unity 支持 iPad
2010 年 09 月	Unity 3.0 发布，支持 Android
2010 年 11 月	Unity 推出 Unity Asset Store
2011 年 11 月	Unity 用户超过 750000
2012 年 02 月	Unity 3.5 发布
2012 年 04 月	Unity 上海分公司成立
2012 年 08 月	Unity 宣布将支持 Windows 8 和 Windows Phone 8
2012 年 11 月	Unity 4.0 发布
2013 年 02 月	Unity 宣布将支持 BlackBerry 10
2013 年 05 月	Unity 宣布移动 Basic 版授权免费
2013 年 09 月	Unity 支持 2D 游戏开发
2014 年 10 月	EA 前总裁 John Riccitiello 接任 CEO
2015 年 03 月	Unity 5.0 发布
2017 年 07 月	Unity 2017.1 发布
2017 年 09 月	Unity 支持 iOS 11 和 ARkit

如需了解更详细的 Unity 资讯，请访问 Unity 官方网站。

2007 年 10 月，Unity 2.0 发布。该版本新增了地形引擎、实时动态阴影、DirectX 9 支持以及内置的网络多人联机功能。

2009 年 3 月，Unity 2.5 发布。该版本添加了对 Windows Vista 和 XP 系统的全面支持的功能，所有的功能都可以与 Mac OS X 实现同步和互通。Unity 在其中任何一个系统中都可以为另一个平台制作游戏，实现了真正意义上的跨平台。很多国内用户就是从该版本开始了解和接触 Unity 的。

2010 年 9 月，Unity 3.0 发布。该版本添加了对 Android 平台的支持的功能，整合了光照贴图烘焙引擎 Beast。Unity 3.0 通过使用 MonoDevelop 在 Windows 操作系统和 macOS 上引入脚本调试，可以中断游戏、逐行单步执行、设置断点和检查变量，还支持遮挡剔除和延迟渲染。

2012 年 4 月，上海分公司成立，Unity 正式进军中国市场。

2012 年 11 月，Unity 4.0 发布。Unity 4.0 加入了 DriectX 11 支持的功能和 Mecanim 动画工具，而且还添加了 Linux 和 Adobe Flash Player 发布预览功能。现在 Windows、macOS、Linux、Web、iOS、Android、Wii、PS3 和 Xbox 360 等平台的游戏都可以通过 Unity 4.0 来创作和发布。

2013 年 9 月，Unity 支持 2D 游戏开发。

2014 年 10 月，EA 前总裁约翰·里奇蒂洛（John Riccitiello）接任 CEO。

2015 年 3 月，Unity 5.0 发布。该版本添加了对发布 WebGL 的支持的功能和全新的内建 Shader 系统。新 Shader 系统可以制作更真实的物理 Shader，在任何光源之下都有助于制作真实质感的物件，同时也优化了整体工作流程。该版本是针对跨平台最好的即时动态光源方案，即时全域光源技术 Enlighten 也导入了 Unity。

2017 年 7 月，Unity 2017.1 发布。该版本为用户提供了全新的 Timeline、Cinemachine 和 Post-processing 工具，可以创造出令人惊叹的电影级画面与后制镜头画面，并实现故事描述可视化。Unity 2017.1 对编辑器进行了大量更新，包括对动画工作流程、2D 功能、Asset Bundle 和 Visual Studio 整合的改进。

2017 年 9 月，Unity 开始支持 iOS 11 和 ARkit。

1.3 Unity 2017 中的重要特性

Unity 2017 可以帮助艺术家、设计师和开发人员进行更高效的协同工作与创作，增加了诸如 Timeline、Cinemachine 和 Unity FBX Exporter 这样强大的可视化工具，让艺术家们能够随心所欲地进行更多的创作。下面对 Unity 的主要特性进行简要介绍。

1.3.1 业界领先的多平台支持

用户可以在 Windows 和 macOS 平台上进行游戏开发，游戏作品可以直接一键发布到 25 个主流的游戏平台上且一般无须再做任何修改。发布平台包括 Windows、Linux、macOS、iOS、Android、Xbox 360、PS3、VR 和 Web 等，如图 1-2 所示。开发者无须再过多考虑平台之间的差异，只需把精力集中到制作高质量的游戏上即可。

图 1-2

1.3.2 VR/AR 首选开发工具

Unity 是全球应用非常广的 VR 开发平台，91% 以上的 HoloLens 应用均使用 Unity 制作。无论是 VR、AR 或 MR，都可以依赖 Unity 高度优化的渲染管线与编辑器快速迭代的能力来将 XR 创意带入现实。Unity 支持所有主流 VR 平台，原生支持 Oculus Rift、Steam VR/Vive、Playstation VR、Gear VR、Microsoft HoloLens 以及 Google 的 Daydream View，如图 1-3 所示。

图 1-3

1.3.3 Cinemachine 摄像机系统

Cinemachine 是 Unity 用于游戏内摄像机、电影、过场动画、影片预览与虚拟电影摄影的摄像机系统，它也有一系列的新特性和改进。Cinemachine 改进包括对后期处理特效包 Post-Processing Stack v2 beta 的支持。新的 Cinemachine Mixing Camera 最多可用于 8 个来自时间线或游戏逻辑的虚拟摄像机的混合操作，如图 1-4 所示。用户可以使用它来创建带自定义混合的复杂装置，并将它们暴露为普通的虚拟摄像机。

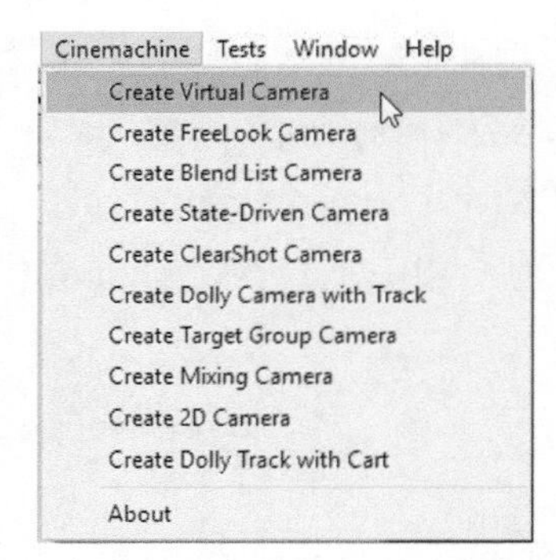

图 1-4

1.3.4 Timeline 可视化工具

Timeline 是一款强大的可视化新工具，如图 1-5 所示。它可用于创建影视内容（如短片 Adam），通过编排游戏对象、动画、声音和场景来创建过场动画、游戏视频等。有了 Timeline，用户可以专注于叙事和电影艺术的创作，而非编码。Timeline 是基于轨道的序列工具，使用“拖放”操作来编排动画、声音、事件、视频等元素，可以更快地

图 1-5

创建漂亮的过场动画和完善的程序化内容。Timeline 有许多功能，如动画、音频、自动关键帧，以及可以锁定或静音特定轨道的多轨道界面。Timeline 可通过 Playable API 进行扩展，支持创建自定义轨道来驱动游戏中的任意系统。用户可以制作一个 Timeline 剪辑来表示几乎所有的内容，并且可以重复播放、缩放和混合这些剪辑。

1.3.5 数字内容创建工具的工作流程改进对 FBX 的支持

Unity 和 Autodesk 一直在共同致力于改进对 FBX 的支持。它们的合作使 Unity 能够直接访问 FBX SDK 源代码，从而加快工具间平滑无损的往返工作流程的开发进度。现在，包括艺术家和设计师在内的所有用户都可以轻松地以高保真的方式在 Maya、Max 和 Unity 之间来回传送场景。新的 FBX 导入器 / 导出器插件也包含一个 Maya 插件，提供以下功能：支持 GameObject 层级、材质、纹理、Stingray PBS 着色器和动画自定义属性。

1.3.6 Post-processing 栈改进

Post-processing 将全屏滤镜和特效应用于摄像机的图像缓冲区，然后将其显示在屏幕上。用户可以使用图像后期处理特效来模拟物理摄像机和电影效果。

1.3.7 粒子系统改进

新版本的粒子系统加入了新的 Unlit 和 Surface 粒子着色器和带状粒子轨迹。这些功能可以让粒子基于粒子寿命互相连接。由于这些带状轨迹上的每一个点都由粒子表示，因此它们可以与 Noise Module（噪音模块）一同使用，进行动画处理。

1.3.8 全景 360°/180° 视频

这个特性为开发人员带来了针对全景 360°/180° 和 2D/3D 视频工作流程的改进。开发者们现在可以轻松地向 Unity 中导入不同风格的 2D 或 3D 视频，并在天空盒上进行回放，为独立、移动和 XR 运行时创建 360° 视频体验。

1.3.9 更新版的 Crunch 库

Crunch 库现在压缩 DXT 纹理的速度快了 2.5 倍，压缩率提高了 10%。但更重要的是，更新后的库可以压缩 ETC_RGB4 和 ETC2_RGBA8 纹理，这使得在 iOS 和 Android 设备上使用 Crunch 压缩成为可能。

1.3.10 光照改进

在渐进光照贴图技术（Progressive Lightmapper）中引入了 3 种光照模式：Baked Indirect、Shadowmask 和 Subtractive。支持实时探针的 LOD 功能以提供更自然的工作流程，以及提供具有更高视觉质量、针对烘焙光照贴图的 HDR 编码支持。

1.3.11 通过 VR 设备状态事件获得信息

现在开发者们可以通过设备状态事件中的设备信息，获取 VR 设备的刷新率、分辨率、比例，以及 HMD 跟踪和控制器跟踪的信息，这极大地优化了用户的 VR 体验。

1.3.12 轻松发布 Android 应用到中国小米平台

Unity 和小米宣布合作，帮助开发者在中国的大型 Android 商店中，为小米的 2 亿用户提供游戏开发服务。

如果想了解 Unity 2017.3.0 的更为详细的新特性，请访问官方网站。

1.4 Unity 开发案例介绍

1.4.1 Unity 手机游戏开发案例

使用 Unity 可以开发几乎任何类型的游戏，如多人在线游戏、第一人称射击游戏、赛车游戏、实时策略游戏以及角色扮演游戏等。目前在移动平台游戏开发领域，Unity 已经是举足轻重的游戏引擎之一。根据苹果公司 2012 年的一份报告显示，在 App Store 中有 55% 的 3D 游戏都是使用 Unity 开发的，而 Unity 游戏在 Android（安卓）市场的占比比苹果公司的更大。另据国外媒体《Game Developer Magazine》（游戏开发者杂志）的一份调查显示，在移动游戏领域，53.1% 的开发者正在使用 Unity 进行开发；同时在“游戏引擎里哪种功能最重要”的问卷中，“快速开发”排在了首位，很多用户认为 Unity 易学易用，能够快速实现他们的游戏构想。Unity 开发的游戏除了数量上占绝对优势外，也不乏非常成功的大作，如《王者荣耀》《旅行青蛙》《武士 2：复仇》《暗影之枪》等。以下简要介绍几款 Unity 游戏。

1.《王者荣耀》

《王者荣耀》是由腾讯公司开发并运营的一款运行在 Android、iOS 平台上、采用 Unity 开发的 MOBA（多人在线战术竞技游戏）类手机游戏，于 2015 年 11 月 26 日在 Android、iOS 平台上正式公测，游戏界面如图 1-6 所示。这款 MOBA 类手游经过了不到两年的发展，就坐拥 2 亿注册用户，日活跃用户达 8000 万。另据报告称，王者荣耀 2017 年一季度的月度营业收入为平均每月 20 亿元人民币。

图 1-6

2.《旅行青蛙》

《旅行青蛙》是由 HIT-POINT 公司用 Unity 开发的一款放置类型手游，支持在 Android/iOS

平台上运行，如图 1-7 所示。主角是一只可爱的小青蛙，玩家可以给它取名字，通过收集三叶草去商城给青蛙买东西，如食物、幸运符和道具。青蛙带着这些东西就会出门旅行，在旅行途中会邮寄照片，回来时会有一定概率带回土特产。但是，小青蛙出不出门、什么时候出门、什么时候回来，全都是随机的。

旅かえる

NOW LOADING

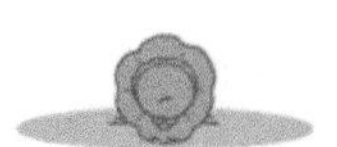

图 1-7

3.《武士 2：复仇》

《武士 2：复仇》是由捷克游戏开发商 MADFINGER Games 公司采用 Unity 开发的一款格斗类游戏。凭借着 Unity 的跨平台特性以及完美的画质，这款游戏在 iOS 和 Android 平台上都获得了巨大的成功，是公认的移动平台游戏巅峰之作。在游戏中，主角是拿着刀跑江湖的武士，用户需要控制武士与不同的敌人进行战斗。游戏画面充满浓郁的漫画风格，如图 1-8 所示。

图 1-8

4.《暗影之枪》

《暗影之枪》是捷克游戏开发商 MADFINGER Games 公司推出的又一款采用 Unity 开发的游戏力作，是面向 Android 和 iOS 平台的一款第三人称射击游戏，如图 1-9 所示。这款游戏在移动平台上实现了令人惊艳的画面效果，足以媲美 PC 端的游戏画质，并且还具有很强的互动体验。该游戏成功征服了广大游戏爱好者，也证明了 Unity 在移动端平台上的强悍开发能力，是一款值得研玩的游戏大作。

图 1-9

目前使用 Unity 进行游戏开发的人数还在快速增长，越来越多大公司旗下的工作室开始采用 Unity 进行各个平台的游戏开发，如 Microsoft、LEGO、Cartoon Network、EA、Sony、Nickelodeon 等，这也从另一方面说明了 Unity 引擎的实力已经得到了市场的充分认可。

1.4.2 Unity 严肃游戏开发案例

除了游戏开发领域，Unity 还被广泛运用于航空航天、军事国防、工业仿真、教育培训、医学模拟、建筑漫游等领域，一般统称之为 Serious Games（严肃游戏）。在严肃游戏领域，Unity 在很多方面具有非常明显的优势，如完备的引擎功能、高效的工作流程、逼真的画面效果、跨平台发布以及丰富的第三方插件等，这使得 Unity 在严肃游戏领域也广受欢迎与关注。以下将简要介绍 Unity 在严肃游戏领域的实际应用案例。

1. NASA 的火星探测车模拟游戏

美国国家航空航天局（National Aeronautics and Space Administration, NASA）的 NASA 喷气推进实验室（NASA Jet Propulsion Laboratory）推出了一系列基于 Unity 制作的火星虚拟探险之旅的游戏，用户在浏览器上就可以操作火星探测车漫游火星，如图 1-10 所示。NASA 采用 Unity 来开发火星虚拟探险之旅的原因，除了 Unity 自身具备强大的功能，更看重的是 Unity 支持目前几乎所有主流的浏览器，如 Internet Explorer、Firefox、Safari 以及 Chrome 等。国内用户还可以通过 360 安全浏览器直接打开基于 Unity 开发的 3D 网页，而无须安装任何插件。

图 1-10

2. NOAA 跨平台“大数据”可视化工具 TerraViz

美国海洋暨大气总署（National Oceanic and Atmospheric Administration，NOAA）采用 Unity 开发了跨平台的数据三维可视化分析工具 TerraViz，如图 1-11 所示。它可以运行于桌面、Web 浏览器以及移动端。TerraViz 的目标是实现“大数据”的实时三维可视化，它能够读取数以百万计的信息点的 KML 或 WMS 格式的数据，并在三维场景里实时显示。TerraViz 的成功应用突显了 Unity 在大场景、大数据量上优异的性能和高效的处理能力。

图 1-11

3. CliniSpace 医疗模拟培训平台

CliniSpace 是 Innovation in Learning Inc. 采用 Unity 开发的一个医疗模拟培训平台，如图 1-12 所示。它能以 3D 虚拟仿真的培训方式，有效、安全地为医护工作初学者进行虚拟仿真培训。用户可以独自参加练习或者组成一个小团队协同完成任务，在整个过程中用户将学习如何做出正确的决定以及有效地沟通等。CliniSpace 医疗模拟培训平台凭借着自身的专业性与 Unity 完美地结合，在 GameTech 2011 上赢得了特等奖。

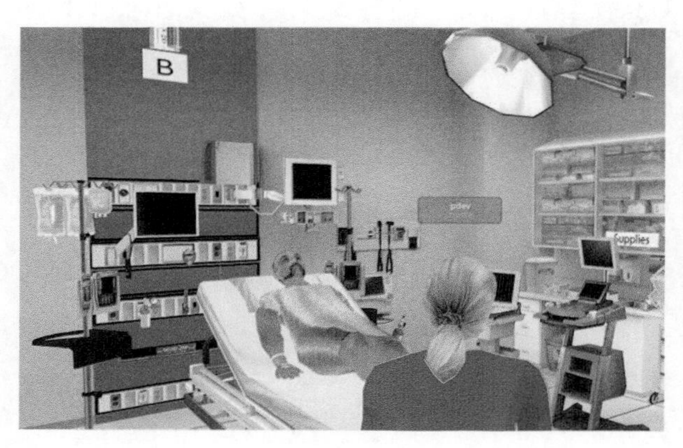

图 1-12

4. Unity 与 VR 交互设备

Unity 不仅支持严肃游戏的创作，还可以通过插件（如 MiddleVR）或者二次开发来支持各种交互设备，如 Kinect、立体眼镜、VR 头盔、VR 数据手套、CAVE 系统以及 zSpace 等。通过这些交互设备，用户可以获得更加逼真、生动的虚拟互动体验效果，如图 1-13 至图 1-15 所示。

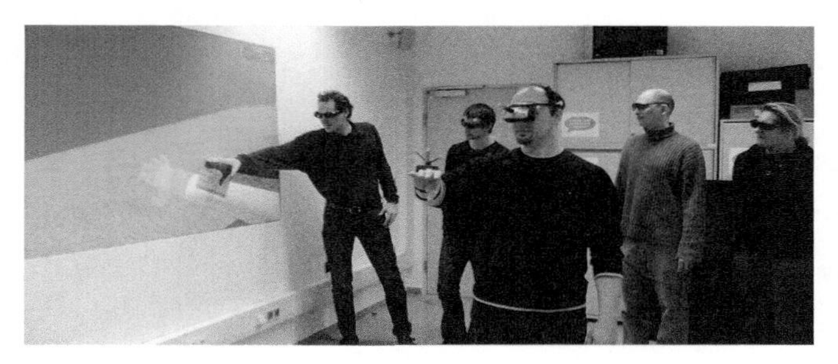

图 1-13

图 1-14

图 1-15

综上所述，Unity 在严肃游戏领域已经拥有许多典型的成功案例，并且在这个领域具有不可替代的巨大优势，所以有理由相信在未来几年内，Unity 仍将在这个领域保持快速发展的势头，用户将会看到越来越多高质量的严肃游戏作品。

第 2 章 Unity 安装与购买

2.1 Unity 安装

Unity 编辑器可以在 Windows 和 macOS 平台上运行，用户可依据自身的需要来选择相应的工作平台。以下将分别介绍在这两个平台上安装 Unity 的步骤，安装示例所用的 Unity 版本号均为 2017.4.28f1。

2.1.1 实践操作 01：在 Windows 操作系统下的安装

（1）打开浏览器，在地址栏输入 Unity 官方下载网址，在打开的网页中选择下载 Unity 安装程序，如图 2-1 所示。Unity 是可以向下兼容的，用户不必担心在使用上会有任何问题。

图 2-1

Unity 下载页面中相关的链接介绍如下。

- Unity 安装程序：单击此选项可下载 Unity 软件的安装程序。
- Unity 编辑器（64 位）：单击此选项可下载 Unity 编辑器（64 位）的安装程序。
- 内置着色器：单击此选项可下载 Unity 内置着色器的源码。
- 标准的资源：单击此选项可下载 Unity 一部分标准的资源。
- 示例项目：单击此选项可下载 Unity 相关的项目案例。
- 三星电视支持安装程序：单击此选项可提供三星电视支持的安装配置程序代码。

（2）下载完安装程序后，双击 UnitySetup64-2017.4.28f1.exe 可执行文件，会弹出 Unity 2017.4.

28f1（64-bit）Setup 程序安装窗口，如图 2-2 所示。单击 Next 按钮会弹出 License Agreement（许可协议）窗口，仔细阅读软件的授权许可协议，确认无误后在窗口中勾选 I accept the terms of the License Agreement 复选框，继续软件的安装，如图 2-3 所示。

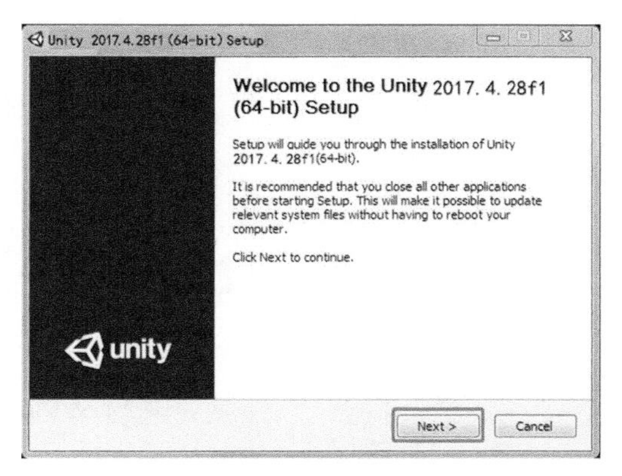

图 2-2

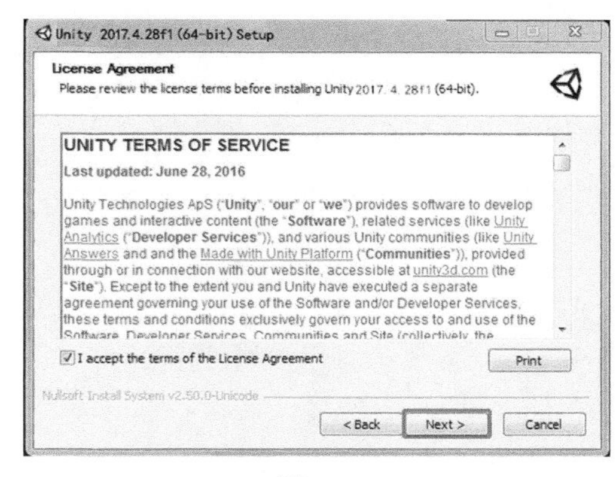

图 2-3

（3）此时会弹出 Choose Components（组件选择）窗口，如图 2-4 所示。在窗口中单击 Next 按钮继续安装。

（4）在弹出的 Choose Install Location（选择安装路径）窗口中设置好软件安装路径后，单击“Next”按钮开始程序的安装，如图 2-5 所示。

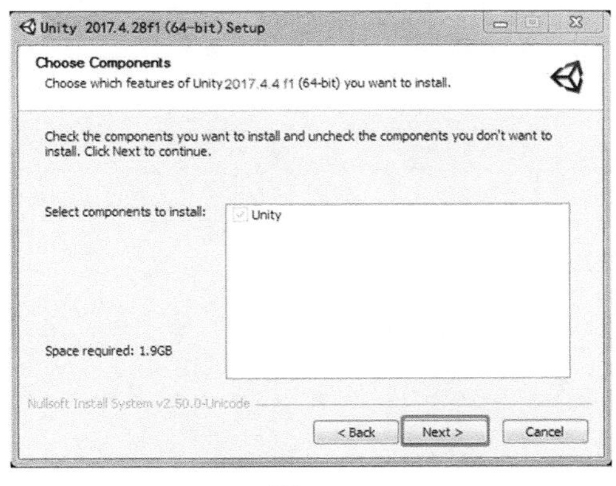

图 2-4

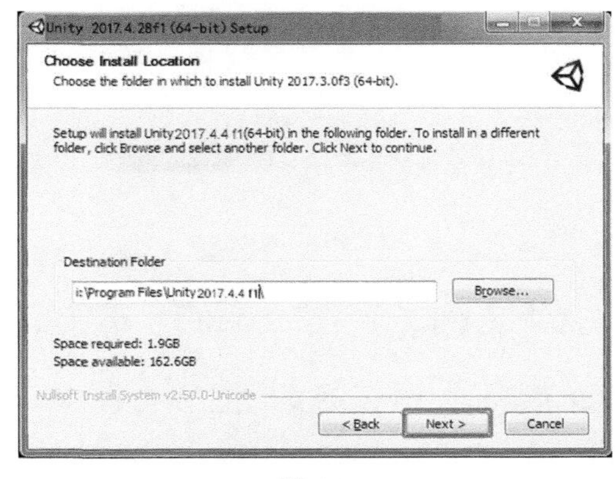

图 2-5

（5）耐心等待一段时间，安装结束后会弹出完成安装的提示窗口，在窗口中勾选 Run Unity 2017.4.4f1（64-bit）复选框，然后单击 Finish 按钮完成 Unity 的安装，如图 2-6 所示。

（6）如果是第一次运行 Unity，需要登录 Unity 账号。输入账号、密码后单击 Sign in 按钮，如图 2-7 所示。

（7）登录后，单击 Re-Activate 按钮，如图 2-8 所示。

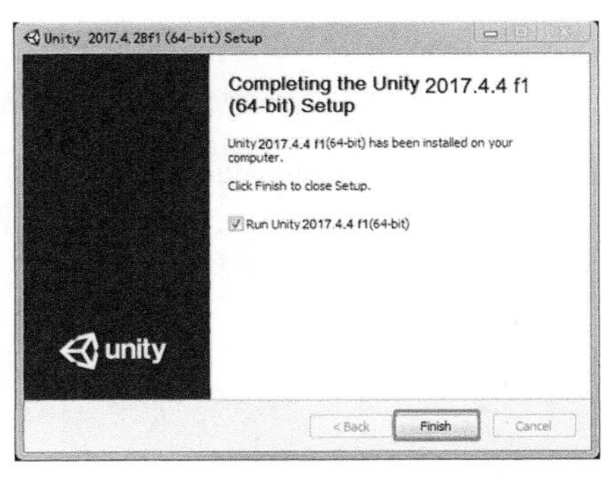

图 2-6

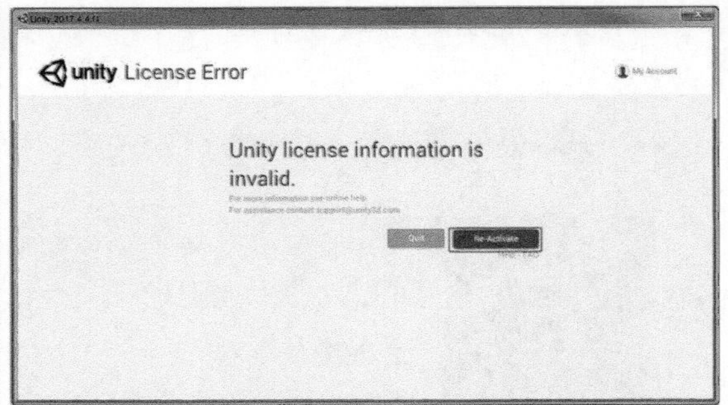

图 2-7　　　　图 2-8

（8）如果使用 Pro 版本，需要输入正确的序列号；如果使用个人版本，需要填写一个调查问卷后才可以使用，如图 2-9 所示。

（9）Unity 程序启动后，有两个选项卡，分别为 Projcets 和 Learn。Projects 选项卡下可以创建新的工程或打开已有的工程；Learn 选项卡下有一些基本教程、项目、资源、相关链接，可以供用户观看或下载，如图 2-10 所示。

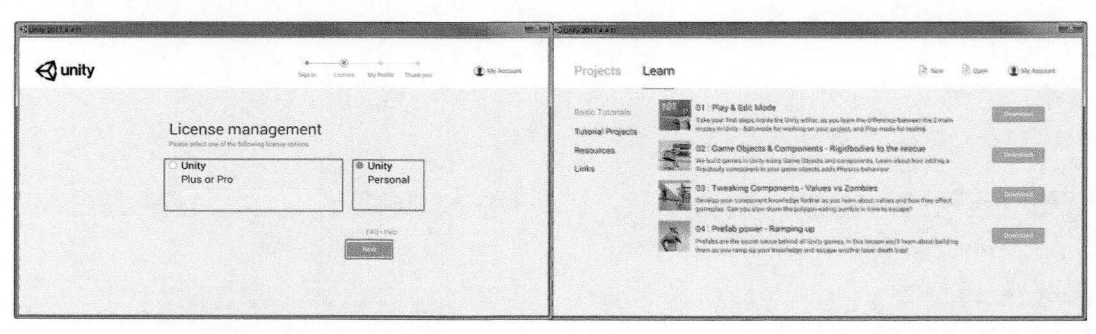

图 2-9　　　　图 2-10

2.1.2 实践操作 02：在 macOS 下的安装

Unity 在 macOS 下的安装过程与在 Windows 系统下略有差异，下面将简要介绍如何在 macOS 下安装 Unity。

（1）双击下载好的安装包 Unity 2017.3.0f3.dmg，会弹出 Unity Download Assistant 窗口，如图 2-11 所示。在窗口中双击 Unity Download Assistant 文件进行安装。

（2）此时会弹出欢迎使用 Unity 安装器的窗口，在窗口中单击 Continue 按钮，如图 2-12 所示。

（3）显示软件许可协议窗口，确认无误后单击 Continue 按钮，此时会弹出对话框提示用户确认协议，单击 Agree 按钮同意该协议，如图 2-13 所示。

（4）弹出安装确认窗口，显示 Unity 软件将占用 4.53GB 的硬盘空间，单击 Continue 按钮继续安装，如图 2-14 所示。

（5）此时系统会弹出对话框让用户输入系统账号和密码，以允许进行 Unity 软件的安装。输入账号和密码后单击“好”按钮，如图 2-15 所示。

（6）选择安装位置，单击 Continue 按钮继续下载安装，如图 2-16 所示。

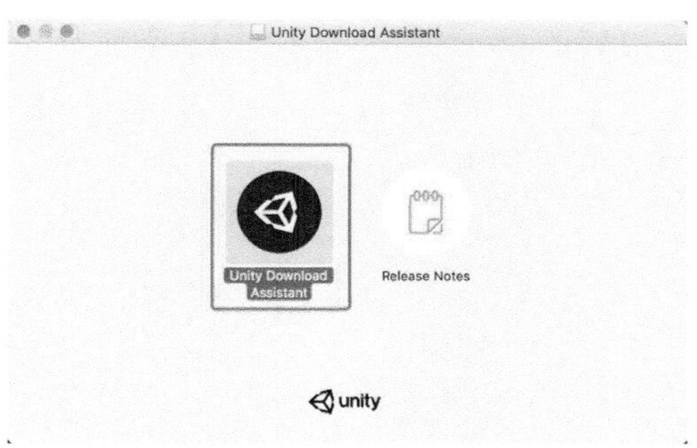

图 2-11

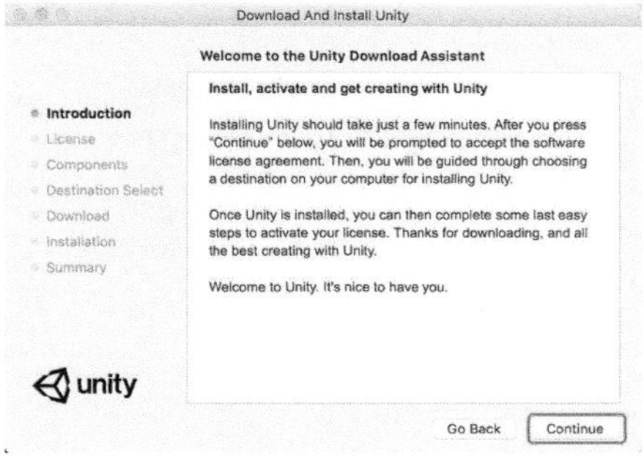

图 2-12

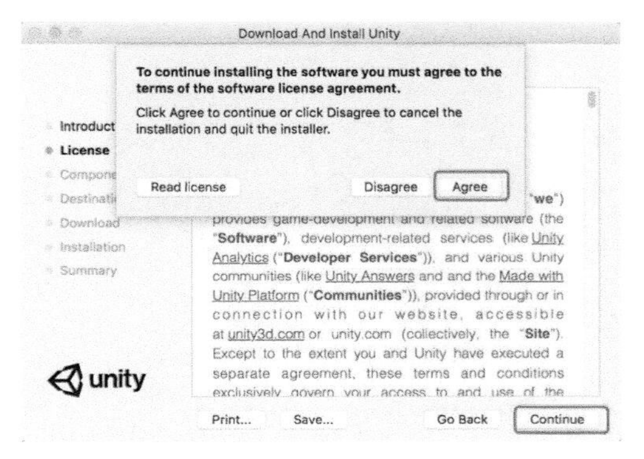

图 2-13

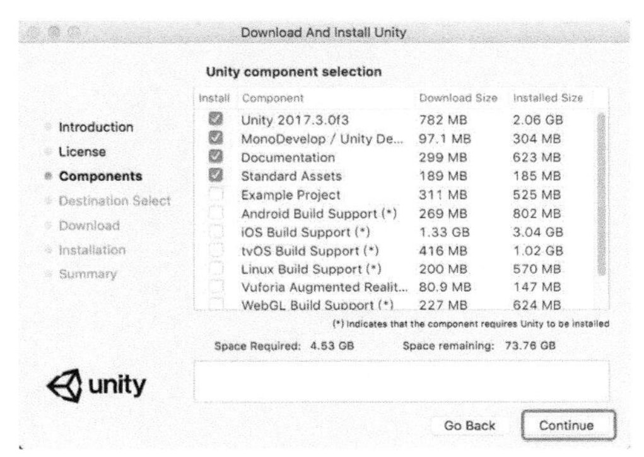

图 2-14

图 2-15

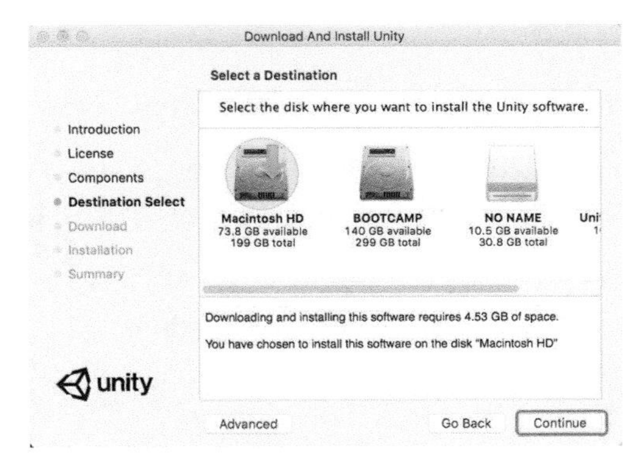

图 2-16

（7）Unity 软件安装完成后将会显示安装成功的信息，单击 Close 按钮关闭当前窗口，如图 2-17 所示。

（8）此时会自动打开 Unity 所在的目录，用户可以双击窗口中 Unity 的图标运行 Unity，如图 2-18 所示。

（9）Unity 程序启动后，有两个选项卡，分别为 Projcets 和 Learn。Projects 选项卡下可以创建新的工程或打开已有的工程。Learn 选项卡下有一些基本教程、项目、资源、相关链接，可以供用户观看或下载，如图 2-19 所示。

图 2-17

图 2-18

图 2-19

2.2 购买许可证

Unity Technologies 公司提供了 Unity Personal 个人版、Unity Plus 加强版、Unity Pro 专业版 3 个版本供用户选择。Unity Personal 个人版适合刚接触 Unity 的新手用户、学生或兴趣爱好者用来开发个人项目。如果公司年收入或启动资金超过 10 万美元，将不能使用 Unity Personal 个人版用作原型开发或其他，根据 Unity 的 EULA 许可协议，用户可以选择使用 Unity Plus 加强版，可享受定制启动画面、Asset Store 资源商店八折优惠、Multiplayer 多人联网（50 个同时在线用户）等附加服务，其资金限制为年收入或启动资金少于 20 万美元。而 Unity Pro 专业版则不限年收入或启动资金。Unity Pro 专业版除了具备 Unity Plus 加强版所有的功能，还增加了性能报告、Analytics 分析、Multiplayer 多人联网（200 个同时在线用户）等多种附加服务。

Unity 产品详细报价如表 2-1 所示。

表 2-1　Unity 产品售价

产品	价格
Unity Personal 个人版	免费
Unity Plus 加强版	238 元 / 年（价格参考官网）
Unity Pro 专业版	850 元 / 年（价格参考官网）

以下将通过实例操作简要地向用户介绍如何在线购买 Unity Plus 加强版。由于是在线购买，

用户需要先准备好能在线交易的账号。

实践操作 03：在线购买 Unity Plus 加强版

1 在浏览器地址栏中输入 Unity 官网地址，打开 Unity Plus 加强版在线购买页面，如图 2-20 所示。用户可以选择购买 Unity 的数量。Unity 支持按月支付费用，也可以按年支付费用，按年支付将享受一定的折扣优惠。

2 在网页中单击“继续购买”按钮，将出现产品购买的详细页面，如图 2-21 所示。Unity 目前支持支付宝、信用卡和银联在线 3 种支付方式。如果用户有优惠码，可以在右下角输入相关信息，填写完各项信息后，勾选“继续并接受用户许可协议，使用条款，隐私政策。”选项，然后单击“支付”按钮，依据所选择的支付方式将弹出相关支付页面。

图 2-20

图 2-21

第 3 章 Unity 编辑器

3.1 实践操作 04：工程的创建

（1）启动 Unity 应用程序，在弹出的对话框中单击 New Project 按钮。然后修改项目工程名称为 MyGame，更改项目路径为 E：\Unity2017Projects，单击对话框中的 3D 单选项切换到 3D 工作环境。最后单击 Create Project 按钮新建游戏工程，如图 3-1 所示。

（2）Unity 会自动创建一个空的项目工程，如图 3-2 所示。

图 3-1

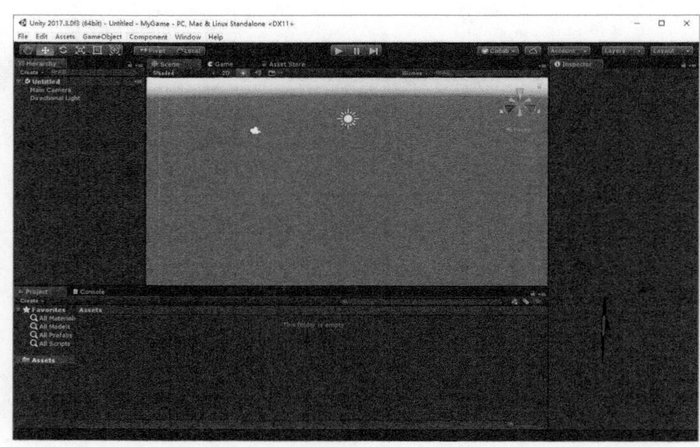

图 3-2

3.2 界面布局

3.2.1 导航窗口

打开 Unity 应用程序，之后会弹出导航窗口，用户可以在这里新建或打开已有的项目工程。同时这里还会显示最近编辑过的项目工程列表，如图 3-3 所示。

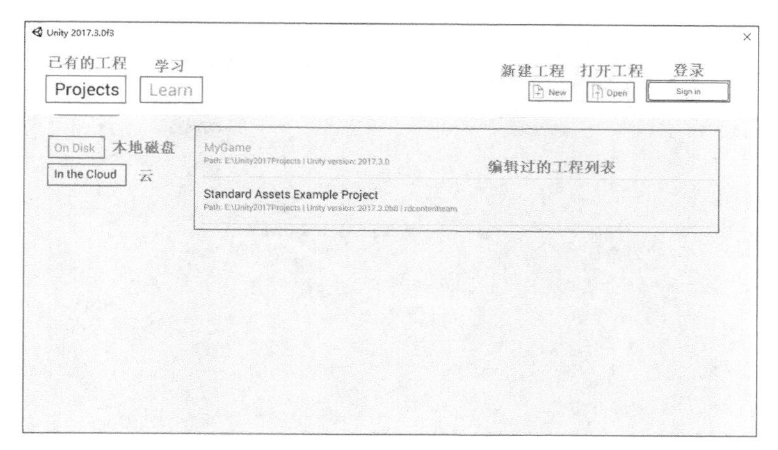

图 3-3

在导航窗口中用户还可以获取 Unity 官方相关的资源，如基础教程、范例工程、资源及链接等内容，如图 3-4 所示。

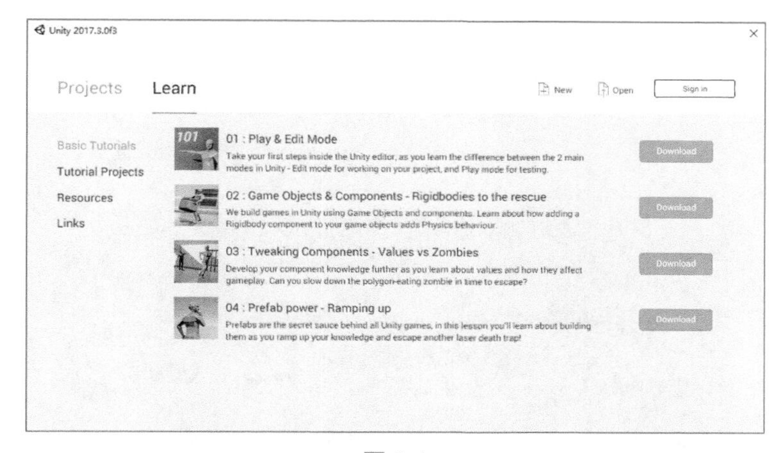

图 3-4

3.2.2 界面布局

Unity 的主编辑器由若干个选项卡窗口组成，这些窗口统称为视图，每个视图都有其特定的作用。界面分布包括菜单栏、层级视图、项目视图、检视视图、游戏视图、场景视图和控制台视图等，如图 3-5 所示。

在这里先简要介绍 Unity 中常用的视图，后续将会结合实例对这些视图做进一步的详细介绍。

- Scene View（场景视图）: 用于设置场景以及放置游戏对象，是构造游戏场景的地方。
- Game View（游戏视图）: 用于实时显示游戏运行的画面，只有处于播放模式时才会被激活。
- Hierarchy View（层级视图）: 用于显示当前场景中所有的游戏对象。
- Project View（项目视图）: 用于显示整个工程中所有可用的资源，如模型、脚本等。
- Inspector View（检视视图）: 用于显示当前所选择对象的属性和相关信息。

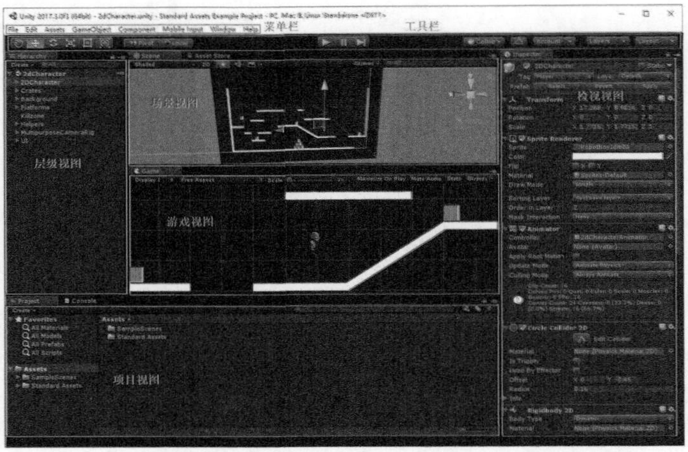

图 3-5

3.2.3 界面定制

Unity 编辑器界面具有很大的灵活性和很多的定制功能，用户可以依据自身的喜好和工作需要定制所需的界面。用户可以通过单击并拖动视图的选项卡来将它停靠到任意视图的侧面或底部，如图 3-6 所示。

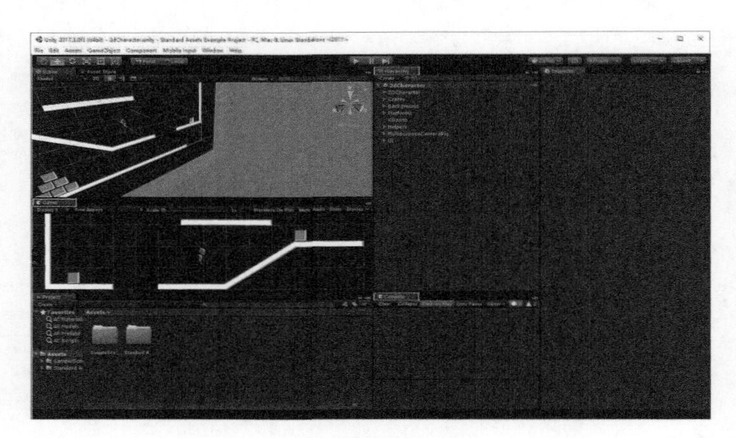

图 3-6

用户也可以通过拖曳视图边界线来控制每个视图的大小。界面布局调整后，默认情况下是会进行自动保存的，用户下次打开工程时可看到界面布局是调整过后的布局，可以通过单击工具栏右侧的 Layout 下拉列表里的 Save Layout 按钮将界面布局进行保存。

3.3 工具栏

3.3.1 Transform Tools（变换工具）

Transform Tools（变换工具）主要应用于 Scene 视图，用于对所选择的游戏对象进行移动、旋转以及缩放等操作控制。Transform Tools 从左到右依次为 Hand（手形）

工具、Translate（移动）工具、Rotate（旋转）工具、Scale（缩放）工具、Rect（矩形）工具和（移动、旋转和缩放）三合一工具。

1. 手形工具（快捷键为 Q）

单击选中手形工具后，可在 Scene 视图中按下鼠标左键来平移整个场景，如图 3-7 所示。

图 3-7

2. 移动工具（快捷键为 W）

在工具栏中单击选中移动工具后，在 Scene 视图中单击选中 Car 对象，此时在该游戏对象上会出现 3 个方向的箭头（代表物体的三维坐标轴），然后在箭头所指的方向上拖动对象可以改变对象在某一轴上的位置，如图 3-8 所示。当然用户也可以在 Inspector 视图中直接修改所选择的游戏对象的坐标值。

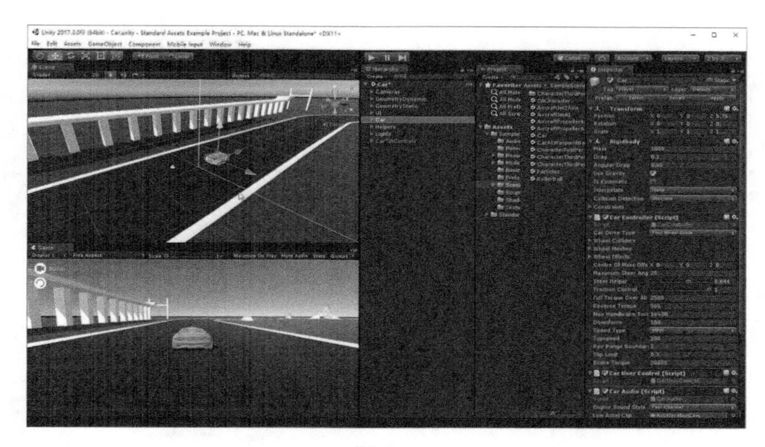

图 3-8

3. 旋转工具（快捷键为 E）

使用旋转工具可以在 Scene 视图中按任意角度旋转选中的游戏对象，如图 3-9 所示。

4. 缩放工具（快捷键为 R）

使用缩放工具可以在 Scene 视图中缩放选中的游戏对象，如图 3-10 所示。其中蓝色方块代表沿 z 轴缩放，红色方块代表沿 x 轴缩放，绿色方块代表沿 y 轴缩放。用户也可以选中中间灰色的方块将对象在 3 个坐标轴上进行统一的缩放。

5. 矩形工具（快捷键为 T）

矩形工具是允许用户查看和编辑 2D 或 3D 游戏对象的矩形手柄。对于 2D 游戏对象，可以按住 Shift 键进行等比例缩放，如图 3-11 所示。

6.（移动、旋转和缩放）三合一工具（快捷键为 Y）

使用该工具可以对物体进行移动、旋转和缩放操作，如图 3-12 所示。

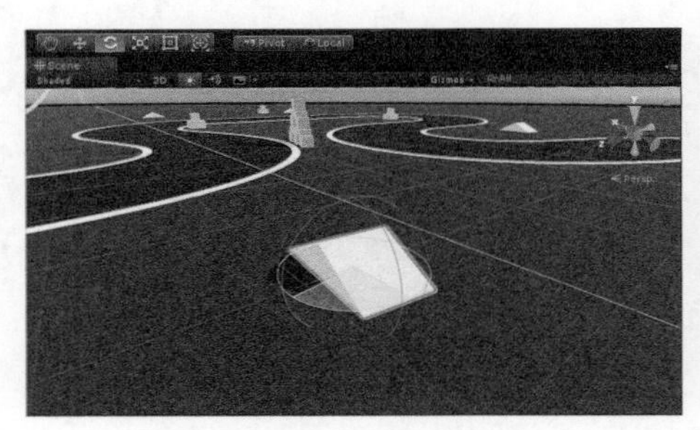

图 3-9

图 3-10

图 3-11

图 3-12

在 Scene 视图中按住 Alt 键配合鼠标左键可以旋转场景的编辑视角，如图 3-13 所示。

在 Scene 视图中按住 Alt 键配合鼠标右键可以拉近或拉远场景的距离，如图 3-14 所示。

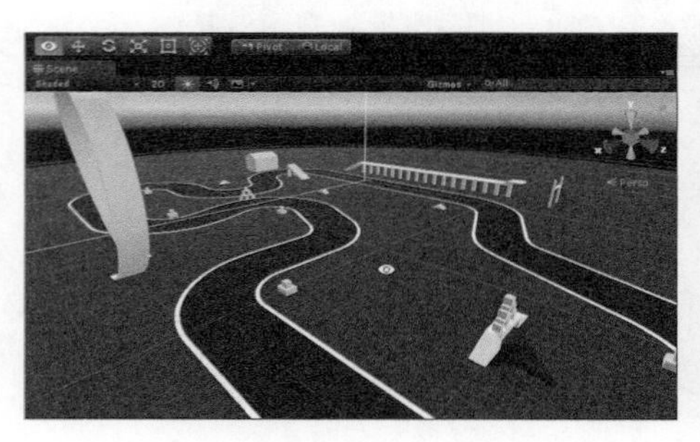

图 3-13

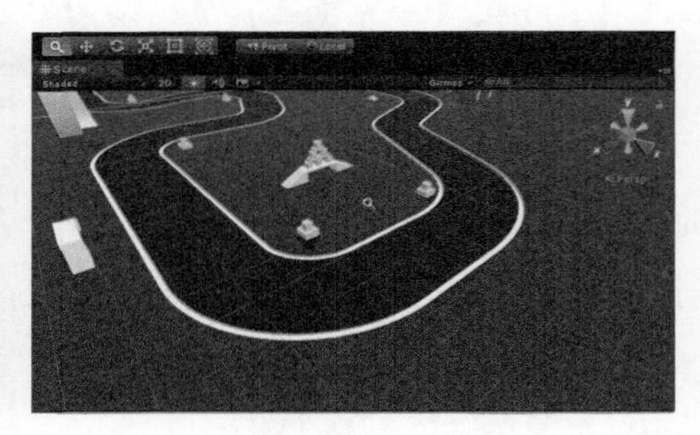

图 3-14

知识点

在 Scene 视图中按住鼠标右键并拖动将会以当前视窗位置旋转场景的编辑角度。

知识点

在 Scene 视图中滚动鼠标滚轮键也可以对场景进行拉近或拉远的操作。

3.3.2 Transform Gizmo Tools（变换辅助工具）

Transform Gizmo Tools 用于改变游戏对象的轴心点和坐标。

Pivot 用于改变游戏对象的轴心点。Center 改变游戏对象的轴心为物体包围盒的中心；Pivot 使用物体本身的轴心。

Global 用于改变物体的坐标。Global 为世界坐标；Local 为对象自身的坐标。

3.3.3 Play（播放控制）

应用于 Game 视图。当单击（播放）按钮时，Game 视图会被激活，可实时显示游戏运行的画面效果；当游戏运行时单击（暂停）按钮，Game 视图的运行将被暂停，再次单击则取消暂停；当游戏运行时单击（单帧）按钮，Game 将会暂停并显示下一帧的运行结果。用户可在编辑和运行状态之间随意切换，使得游戏的调试和运行变得更加便捷、高效。

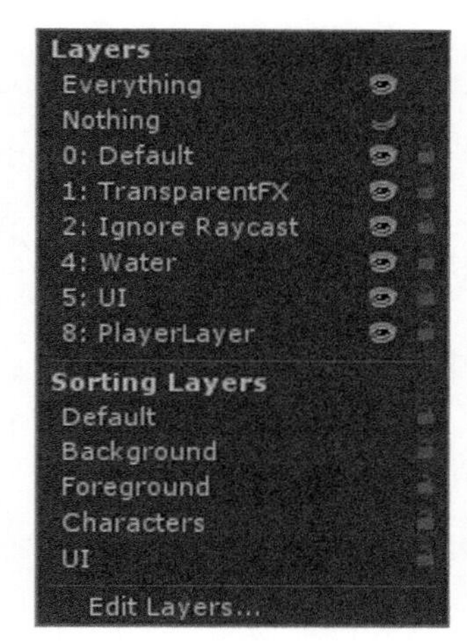

图 3-15

3.3.4 Layers（分层下拉列表）

Layers 用来控制游戏对象在 Scene 视图中的显示。下拉菜单中为显示状态的物体（有眼睛图标）将被显示在 Scene 视图中，如图 3-15 所示。

3.3.5 Layout（布局下拉列表）

Layout 用来切换视图的布局，如图 3-16 所示。用户也可以存储自定义的界面布局。

2 by 3
4 Split
Default
Tall
Wide

图 3-16

3.4 菜单栏

菜单栏集成了 Unity 的所有功能，读者通过学习菜单栏可以对 Unity 各项功能有直观而清晰的了解。Unity 在默认情况下共有 7 个菜单项，分别是 File、Edit、Assets、GameObject、Component、Window 和 Help，如图 3-17 所示。

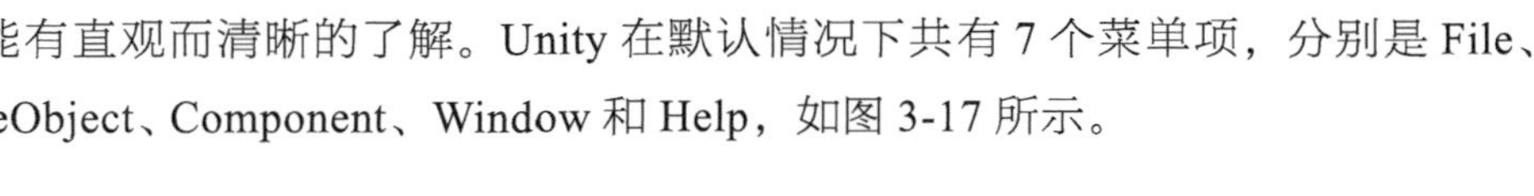

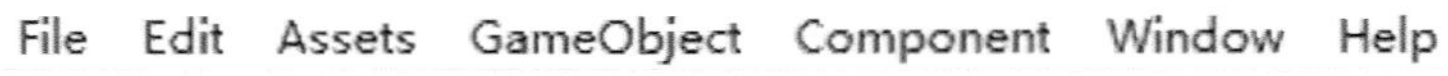

图 3-17

3.4.1 File（文件）菜单

File（文件）菜单主要包括工程与场景的创建、保存以及输出等功能，如图 3-18 所示。命令解释如表 3-1 所示。

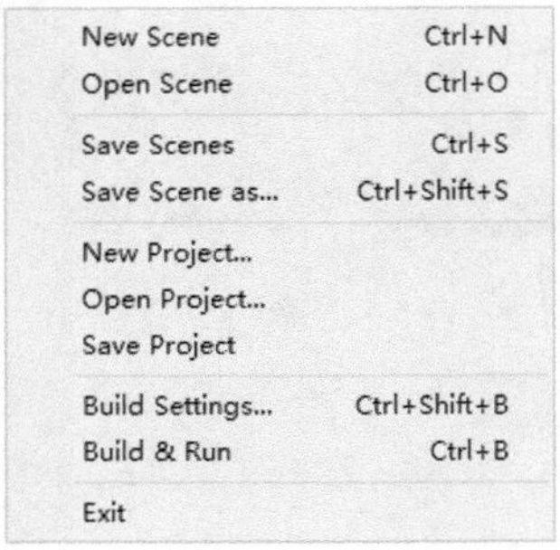

New Scene Ctrl+N
Open Scene Ctrl+O
Save Scenes Ctrl+S
Save Scene as... Ctrl+Shift+S
New Project...
Open Project...
Save Project
Build Settings... Ctrl+Shift+B
Build & Run Ctrl+B
Exit

图 3-18

表 3-1 File 菜单命令解释表

New Scene	新建场景
Open Scene	打开场景
Save Scenes	保存场景
Save Scene as...	场景另存为……
New Project...	新建工程……
Open Project...	打开工程……
Save Project	保存工程
Build Settings...	发布设置……
Build & Run	发布并运行
Exit	退出

3.4.2 Edit（编辑）菜单

Edit（编辑）菜单主要包括对场景进行一系列的编辑以及编辑器设置等功能，如图 3-19 所示。命令解释如表 3-2 所示。

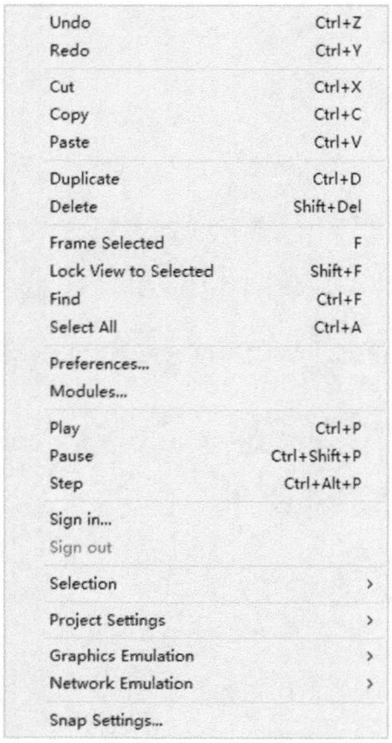

Undo Ctrl+Z
Redo Ctrl+Y
Cut Ctrl+X
Copy Ctrl+C
Paste Ctrl+V
Duplicate Ctrl+D
Delete Shift+Del
Frame Selected F
Lock View to Selected Shift+F
Find Ctrl+F
Select All Ctrl+A
Preferences...
Modules...
Play Ctrl+P
Pause Ctrl+Shift+P
Step Ctrl+Alt+P
Sign in...
Sign out
Selection >
Project Settings >
Graphics Emulation >
Network Emulation >
Snap Settings...

图 3-19

表 3–2 Edit 菜单命令解释表

Undo	撤销
Redo	恢复
Cut	剪切
Copy	复制
Paste	粘贴
Duplicate	副本或复制和粘贴
Delete	删除
Frame Selected	居中并最大化显示当前选中的物体
Lock View to Selected	锁定视图到选中的物体
Find	查找
Select All	全选
Preferences...	偏好设置……
Modules...	模块管理……
Play	播放 / 运行
Pause	暂停
Step	单帧
Sign in...	登录……
Sign out	退出
Selection	选择
Project Settings	工程设置
Graphics Emulation	图形模拟
Network Emulation	网络模拟
Snap Settings...	对齐设置……

3.4.3 Assets（资源）菜单

Assets（资源）菜单提供了游戏资源的管理功能，用户不仅可以建立各种资源，还可以导入和导出资源包，如图 3-20 所示。命令解释如表 3-3 所示。

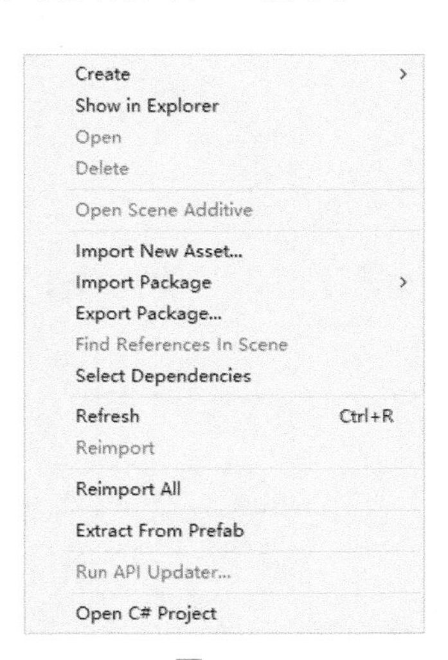

图 3-20

表 3-3 Assets 菜单命令解释表

Create	创建
Show in Explorer	在资源管理器中显示资源
Open	打开选中的资源
Delete	删除选中的资源
Open Scene Additive	打开场景附加
Import New Asset...	导入新资源……
Import Package	导入资源包
Export Package...	导出资源包……
Find References In Scene	在当前场景中查找
Select Dependencies	选择某一对象后，迅速查找与对象有关的资源
Refresh	刷新场景
Reimport	重新导入当前场景
Reimport All	重新导入所有场景
Extract From Prefab	从预设体中提取
Run API Updater...	运行 API 更新器……
Open C# Project	打开 C# 项目工程

3.4.4 GameObject（游戏对象）菜单

GameObject（游戏对象）菜单主要用于创建游戏对象，如灯光、粒子、模型、UI 等，了解 GameObject 菜单可以更好地对场景进行管理与设计，如图 3-21 所示。命令解释如表 3-4 所示。

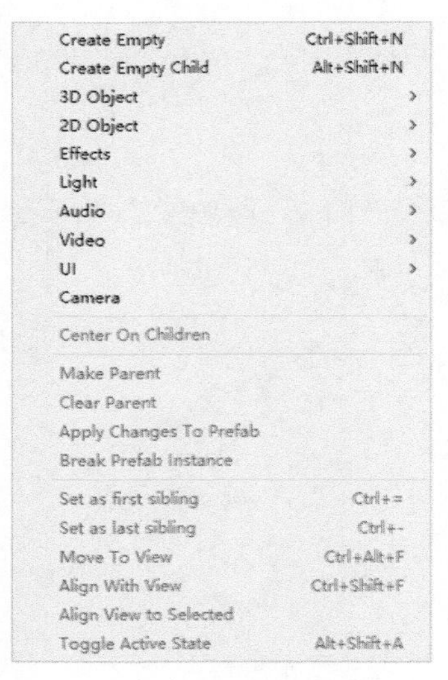

图 3-21

表 3-4 GameObject 菜单命令解释表

Create Empty	创建一个空对象
Create Empty Child	创建一个空对象作为当前选择对象的子对象
3D Object	创建 3D 对象

续表

2D Object	创建 2D 对象
Effects	创建效果，包括粒子效果、拖尾和线渲染
Light	创建灯光对象
Audio	创建音源对象
Video	创建视频控制对象
UI	创建 UI
Camera	创建相机
Center On Childdren	使得对象相对子对象居中
Make Parent	对选择的多个物体创建父子级关系
Clear Parent	将选择的多个物体解除父子级关系
Apply Changes To Prefab	将预设体实例的修改应用到预设体
Break Prefab Instance	断开预设体实例与预设体的关联
Set as first sibling	将选择的子物体设置在其他子物体的最前顺序
Set as last sibling	将选择的子物体设置在其他子物体的最后顺序
Move To View	将选择的物体移动到当前 Scene 视图
Align With View	将选择的物体对齐到当前 Scene 视图
Align View to Selected	将 Scene 视图与选择的物体对齐
Toggle Active State	用开关控制选择物体的显示或隐藏

3.4.5 Component（组件）菜单

Component（组件）是用来添加到 Game Object（游戏对象）上的一组相关属性，本质上每个组件都是一个类的实例，如图 3-22 所示。命令解释如表 3-5 所示。

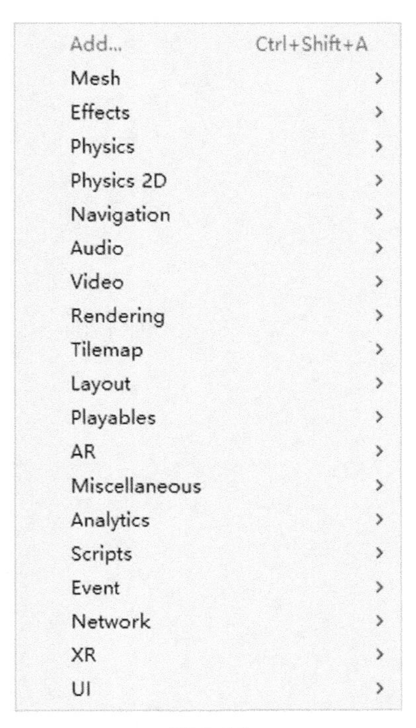

图 3-22

表 3-5 Component 菜单命令解释表

Add...	添加组件……
Mesh	Mesh 网格相关组件
Effects	效果相关组件
Physics	物体相关组件
Physics 2D	2D 物体相关组件
Navigation	导航相关组件
Audio	音频相关组件
Video	视频相关组件
Rendering	渲染相关组件
Tilemap	Tilemap 相关组件
Layout	布局相关组件
Playables	Playables 相关组件
AR	AR 相关组件
Miscellaneous	其他项相关组件
Analytics	分析相关组件
Scripts	脚本相关组件
Event	事件相关组件
Network	网络相关组件
XR	XR 相关组件
UI	UI 相关组件

3.4.6 Window（窗口）菜单

Window（窗口）菜单可以控制编辑器的界面布局，还能打开各种视图以及访问 Unity 的 Asset Store 在线资源商店，如图 3-23 所示。命令解释如表 3-6 所示。

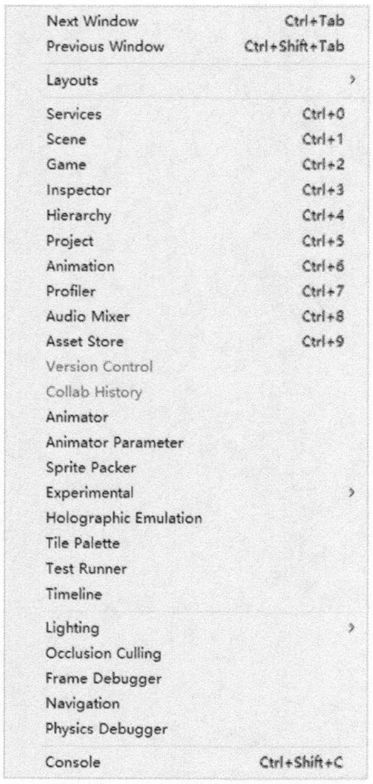

Next Window Ctrl+Tab
Previous Window Ctrl+Shift+Tab
Layouts
Services Ctrl+0
Scene Ctrl+1
Game Ctrl+2
Inspector Ctrl+3
Hierarchy Ctrl+4
Project Ctrl+5
Animation Ctrl+6
Profiler Ctrl+7
Audio Mixer Ctrl+8
Asset Store Ctrl+9
Version Control
Collab History
Animator
Animator Parameter
Sprite Packer
Experimental
Holographic Emulation
Tile Palette
Test Runner
Timeline
Lighting
Occlusion Culling
Frame Debugger
Navigation
Physics Debugger
Console Ctrl+Shift+C

图 3-23

表 3-6 Window 菜单命令解释表

Next Window	下一个窗口
Previous Window	上一个窗口
Layouts	界面布局
Services	服务窗口
Scene	场景窗口
Game	游戏窗口
Inspector	检视面板窗口
Hierarchy	层级面板窗口
Project	项目资源窗口
Animation	动画编辑窗口
Profiler	分析器窗口
Audio Mixer	音频混合窗口
Asset Store	资源商店窗口
Version Control	版本控制窗口
Collab History	历史版本窗口
Animator	动画控制窗口
Animator Parameter	动画控制参数窗口
Sprite Packer	精灵打包窗口
Experimental	试验的窗口
Holographic Emulation	全息模拟窗口
Tile Palette	Tile 调色窗口
Test Runner	测试运行程序
Timeline	Timeline 窗口
Lighting	灯光设置和探测窗口
Occlusion Culling	遮挡剔除窗口
Frame Debugger	帧调试器窗口
Navigation	导航寻路窗口
Physics Debugger	物理调试器窗口
Console	控制台窗口

3.4.7 Help（帮助）菜单

Help（帮助）菜单汇聚了 Unity 的相关资源，如 Unity 手册、脚本参考、论坛等，并可对软件的授权许可进行相应的管理，如图 3-24 所示。命令解释如表 3-7 所示。

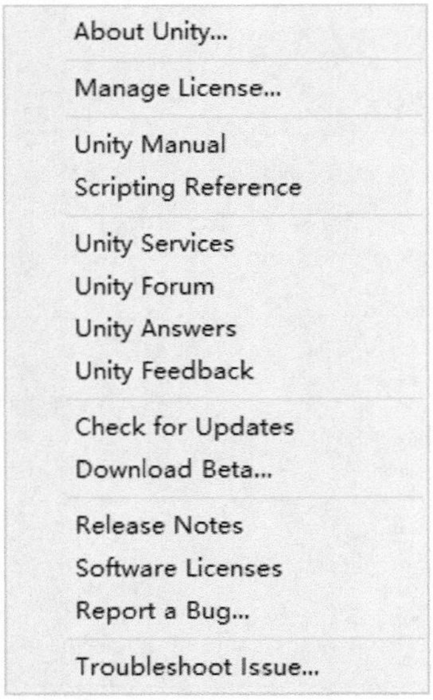

About Unity...
Manage License...
Unity Manual
Scripting Reference
Unity Services
Unity Forum
Unity Answers
Unity Feedback
Check for Updates
Download Beta...
Release Notes
Software Licenses
Report a Bug...
Troubleshoot Issue...

图 3-24

表 3–7 Help 菜单命令解释表

About Unity...	关于 Unity……
Manage License...	许可证管理……
Unity Manual	Unity 使用手册
Scripting Reference	脚本参照
Unity Services	Unity 服务
Unity Forum	Unity 论坛
Unity Answers	Unity 问答
Unity Feedback	Unity 反馈
Check for Updates	检查更新
Download Beta...	下载测试版……
Release Notes	发布说明
Software Licenses	软件许可证
Report a Bug...	Bug 报告……
Troubleshoot Issue...	疑难解答……

3.5 常用工作视图

3.5.1 Project（项目）视图

Project（项目）视图是 Unity 整个项目工程的资源汇总，包括用户在游戏场景中用到的脚本、材质、字体、贴图、外部导入的网格模型等资源文件。在 Project 视图中左侧的面板显示该工程的文件夹层级结构，当某个文件夹被选中后，会在右侧的面板中显示该文件夹中所包含的资源内容。各种不同的资源类型都有相应的图标来标识，方便用户识别，如图 3-25 所示。

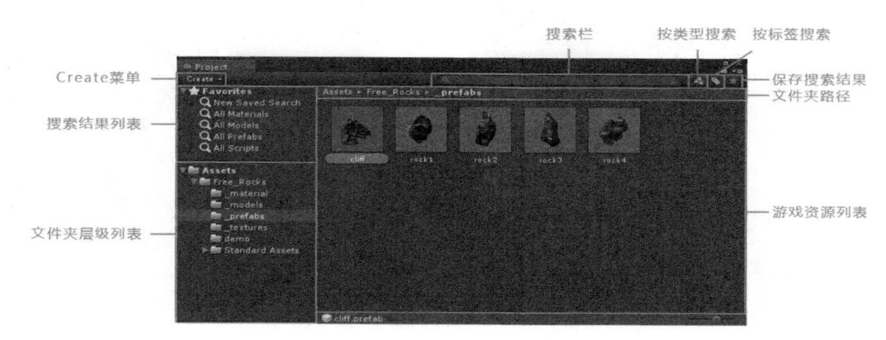

图 3-25

每个 Unity 项目文件夹都会包含一个 Assets 文件夹。Assets 文件夹用来存放用户所创建的对象和导入的资源，并且这些资源是以文件夹的方式来组织的。用户可以直接将资源拖入 Project 视图中或是依次单击菜单栏中的 Assets → Import New Asset 来将资源导入当前的项目。

由于项目中可能会包含成千上万的资源文件，如果逐个寻找，有时候很难定位某个文件，因此用户可以在搜索栏中键入要搜索的资源的名称，快速查找到需要的资源。如果用户知道资源的类型或标签，可以通过组合的方式来缩小搜索的范围。例如在搜索栏中输入 rocks t：Material t：Texture ，其含义是搜索类型为 Material 或 Texture 的所有名称包含 rocks 的资源，其中 t：代表类型过滤，如图 3-26 所示。

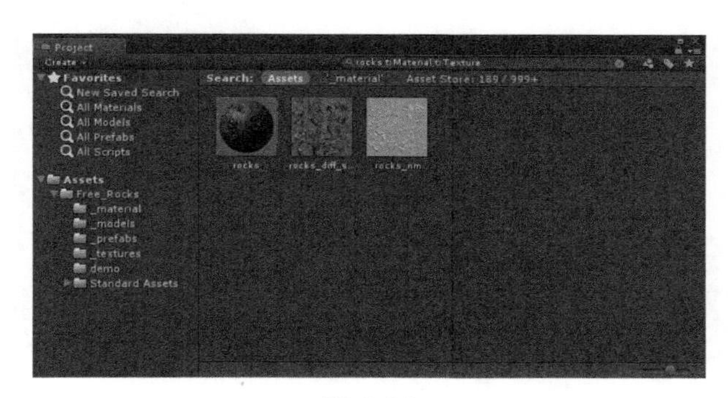

图 3-26

Project 视图在搜索上打通了在线资源商店 Asset Store，加入了 Asset Store 的搜索结果，这是个让人激动的用户体验，在搜索结果中单击 Asset Store 选项即可在资源列表中显示 Asset Store 的搜索结果，搜索结果被划分为 Free Assets（免费资源）和 Paid Assets（付费资源）两大类，如图 3-27 所示。

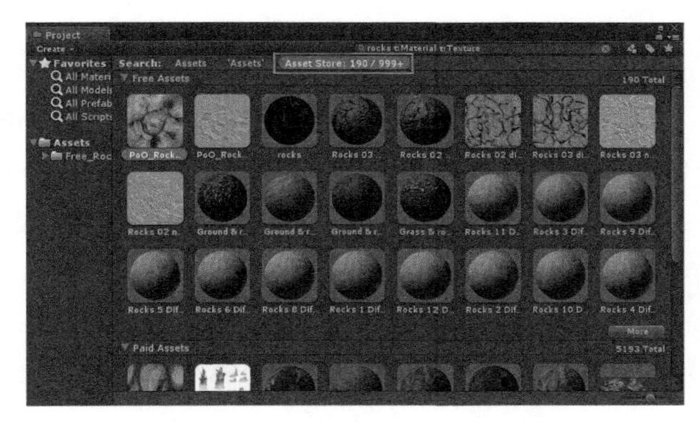

图 3-27

单击选中某一资源即可在 Inspector 视图中查看该资源的详细信息，包括资源的名称、大小等信息。用户可以单击 Import package 按钮下载该资源，或是单击 Open Asset Store 按钮打开资源所在的 Asset Store 页面，如图 3-28 所示。

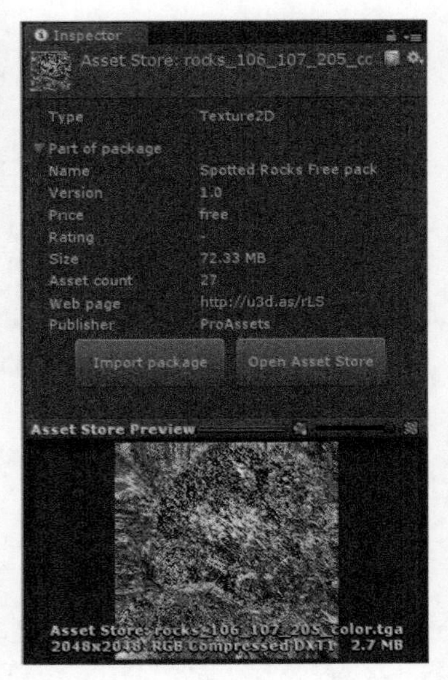

图 3-28

需要强调的是，用户应养成在 Project 视图中为资源分类的习惯，创建不同的文件夹将资源分门别类地存放。这样有助于在工作中迅速找到所需要的资源，条理清晰，可提高工作效率。这在游戏资源庞大的时候是非常必要的措施。

3.5.2 Scene（场景）视图

Scene（场景）视图是 Unity 最常用的视图之一，是构造游戏场景的地方。用户可以在这个视图中对游戏对象进行操作。场景中所用到的模型、光源、摄像机、材质等都显示在此窗口中，如图 3-29 所示。

图 3-29

> **注 意**
>
> Project（项目）与 Scene（场景）是不同的概念，一个项目可以包含多个场景，而每个场景都是唯一的。例如流行的通关游戏，项目就是整个游戏，而场景则是游戏中的关卡。

继续前面 Scene 视图的讲解。在此简要介绍 Scene 视图常用的操作方法，如下。

- 旋转操作：按住 Alt 键配合鼠标左键，可以以当前轴心点来旋转场景。
- 移动操作：按住鼠标的滚轮键，或者按键盘上的 Q 键，可移动场景。
- 缩放操作：使用滚轮键，或者按 Alt 键配合鼠标右键，可以放大或缩小视图的比例。
- 居中显示所选择的物体：按 F 键可以将选择的游戏对象居中并放大显示。
- Flythrough（飞行浏览）模式：按 W/A/S/D 键配合鼠标右键可以切换到 Flythrough 模式，用户可以以第一人称视角在 Scene 视图中进行飞行浏览。按 Q/E 键配合鼠标右键可以调整视角的上下位置。在 Flythrough 模式下加按 Shift 键会使移动加速。

在 Scene 视图右上角的是 Scene Gizmo 工具，使用它可迅速将摄像机的视角切换到预设的视角上，如图 3-30 所示。

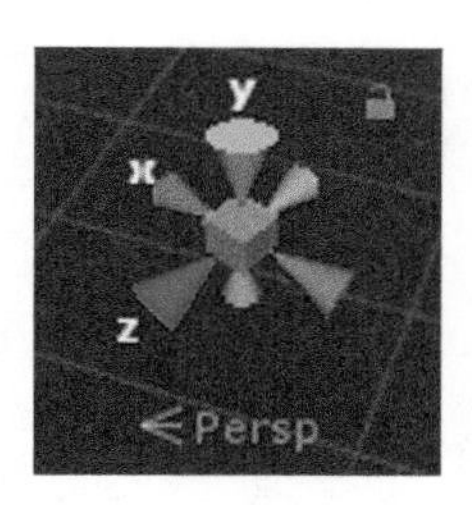

图 3-30

单击 Scene Gizmo 工具上的每个箭头都可以改变场景的视角，如 Top（顶视图）、Bottom（底视图）、Front（前视图）、Back（后视图）等。单击 Scene Gizmo 工具中间的方块或下方的文字，可以在 Isometric Mode（正交模式）和 Perspective Mode（透视模式）之间切换，如图 3-31 所示。Isometric Mode 下无透视效果，物体不会随着距离的调整而缩小，主要用于等距场景效果、GUI 和 2D 游戏中。Perspective Mode 会模拟一个真实的三维空间，随着距离的调整物体会有近大远小的视觉效果。

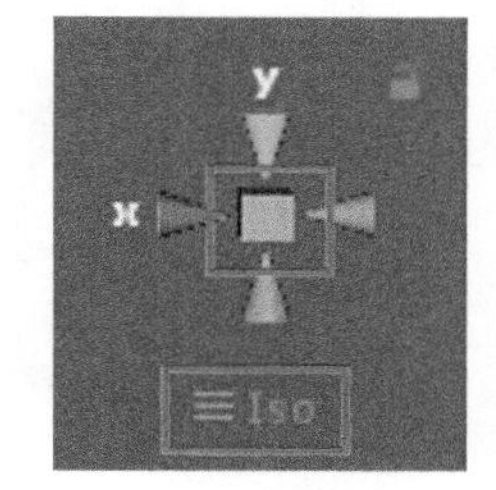

图 3-31

单击 Scene Gizmo 工具右上角的小锁，在小锁锁住的状态下，Scene 视图将不能进行旋转操作。

在 Scene 视图的上方是 Scene View Control Bar（场景视图控制栏），它可以改变摄像机查看场景的方式，如绘图模式、2D/3D 场景视图切换、场景光照、场景特效等，如图 3-32 所示。

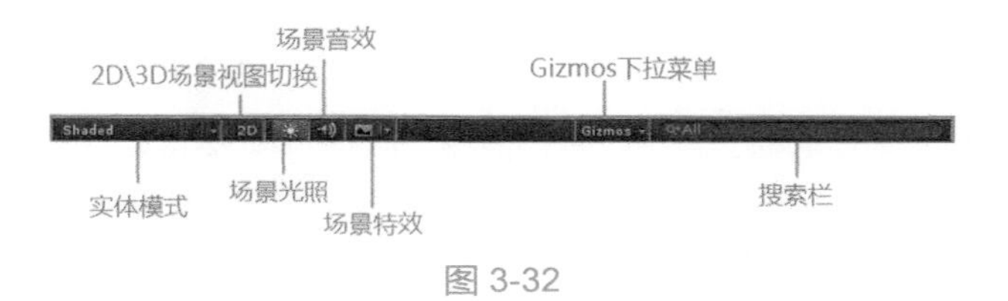

图 3-32

以下将简要介绍场景视图控制栏的各项功能。

- Shaded：Shaded 模式，可以控制游戏场景中对象是如何绘制的，默认选项是 Shaded，单击三角符号可以切换场景物体的显示模式。用户选择 Shaded 模式并不会改变游戏最终的显示方式，它只是改变场景物体在 Scene 视图中的显示方式。
- 2D：切换 2D 或 3D 场景视图。
- ：切换场景中灯光的打开与关闭。
- ：切换声音的开关。
- ：切换天空球、雾效、光晕的显示与隐藏。
- Gizmos：单击三角符号可以显示或隐藏场景中用到的光源、声音、摄像机等对象的图标，同 Game 视图中的 Gizmos，这里不做详细介绍。
- All：键入需要查找的物体的名称，例如在 Scene 视图的搜索栏中输入 rock1，找到的物体会以带颜色的方式突出显示，而其他物体则会以灰色的方式显示；搜索结果也同时会在 Hierarchy 视图中显示。

3.5.3 Game（游戏）视图

Game（游戏）视图是显示游戏最终运行效果的预览窗口，不能用作编辑。单击工具栏中的

▶“播放”按钮即可在 Game 视图中进行游戏的实时预览，方便游戏的调试和开发，如图 3-33 所示。

在 Game 视图上方的是 Game View Control Bar（游戏视图控制栏），它可以设置游戏的目标显示、分辨率、屏幕缩放、静音等，如图 3-34 所示。

图 3-33

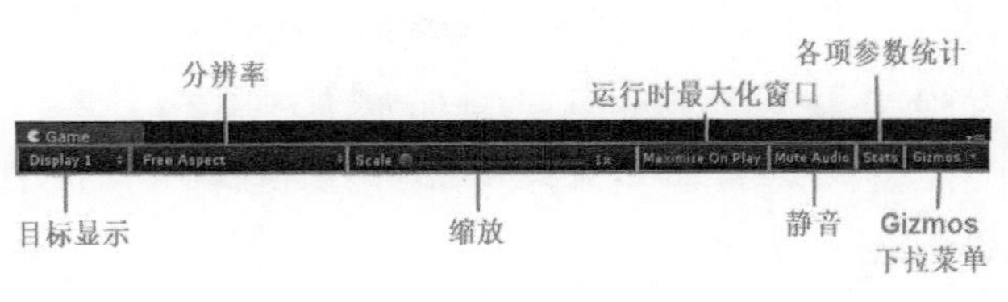

图 3-34

注 意

在预览模式下，用户可以继续编辑游戏。例如在 Inspector 视图中调节游戏对象的参数，这时用户在 Game 视图中可以实时看到调节后的效果，但是此时对游戏场景的所有修改都是临时的，所有的修改在退出游戏预览模式后都会被自动还原。

3.5.4 Inspector（检视）视图

Inspector（检视）视图用于显示当前在游戏场景中所选择的游戏对象的详细信息和属性设置，包括对象的名称、标签、位置坐标、旋转角度、缩放、组件等信息，如图 3-35 所示。

图 3-35

Inspector 视图的详细操作在后续的章节中将结合实例讲解，这里仅对其相关组件做个简要的介绍。

- Transform：用户可以通过 Transform 组件对游戏对象的 Position（位置）、Rotation（旋转）和 Scale（缩放）这 3 个属性进行修改。Transform 组件是个基础组件，每个游戏对象都有这个组件。
- Mesh Filter：网格过滤器用于从对象中获取网格信息（Mesh）并将其传递到用于渲染到屏幕的网格渲染器当中。
- Box Collider：Box 碰撞体，为了防止物体被穿透，需要给对象添加碰撞体，一般是根据坐标来计算物体的距离，然后判断是否发生了碰撞。

- Mesh Renderer：网格渲染器从网格过滤器中获得几何形状，并且根据游戏对象的 Transform 组件定义的位置和光照进行渲染。
- Rigidbody：刚体组件，使得物体具有物理特性。
- Materials：设置游戏对象的 Shader、颜色、贴图等信息。

在 Inspector 视图中，每个组件都有对应的帮助按钮和上下文菜单。单击帮助按钮会在用户手册中显示这个组件相关的文档。单击上下文菜单会显示与该组件相关的选项，也可以在其下拉菜单中选择“Reset”命令，将属性值重置为默认值。

> **技 巧**
>
> 在测试游戏时，如果希望暂时关闭或隐藏整个游戏对象，可在 Inspector 视图顶部取消勾选位于对象名称左侧的复选框 Cube，同理，也可采用同样的方法暂时关闭游戏对象的某个组件。

3.5.5 Hierarchy（层级）视图

Hierarchy（层级）视图用于显示当前场景中所有的游戏对象，如图 3-36 所示。用户如果随意命名场景中的对象，那么就非常容易重名，当要查找所需的对象时，就难以辨别了，所以良好的命名规范在项目中有着很重要的意义。

Hierarchy 视图提供了 Parenting（父子化）关系，为游戏对象建立 Parenting 关系，可以使用户对大量对象的移动和编辑操作更为方便和精确。任何游戏对象都可以有多个子对象，但只能有一个父对象。用户对父对象进行的操作，都会影响到其下所有的子对象，即子对象继承了父对象的数据。对于子对象来说还可以对其进行独立的编辑操作，如图 3-37 所示。在 Hierarchy 视图中左侧带有箭头的都是父对象。

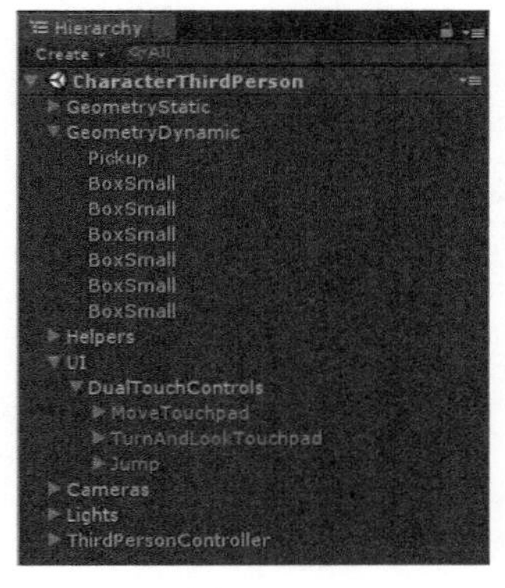

图 3-36

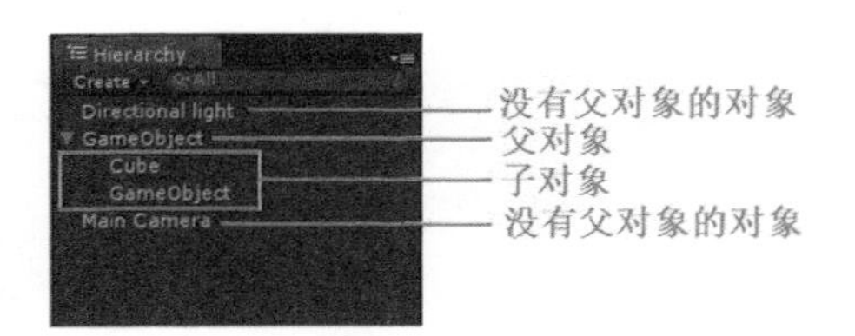

图 3-37

虽然 Scene 视图提供了非常直观的场景资源编辑和管理功能，但是在 Scene 视图中的游戏对象容易出现重叠或遮挡等情况，这时候就需要在 Hierarchy 视图中进行操作。由于它是文字显示方式，因此更易于用户对资源的管理。

3.5.6 Console（控制台）视图

Console（控制台）视图是 Unity 的调试工具，用户可以编写脚本，从 Console 视图输出调试信息，项目中的任何错误、消息或警告，都会在这个视图中显示出来。用户在 Console 视图中双击错误信息，即可调用代码编辑器自动定位有问题的脚本代码的位置。

用户也可依次单击菜单栏中的 Window → Console 或按 Ctrl+Shift+C 组合键来打开 Console 视图，也可以单击编辑器底部状态栏的信息打开该视图，如图 3-38 所示。

控制台顶部视图控制条的各功能说明如图 3-39 所示。

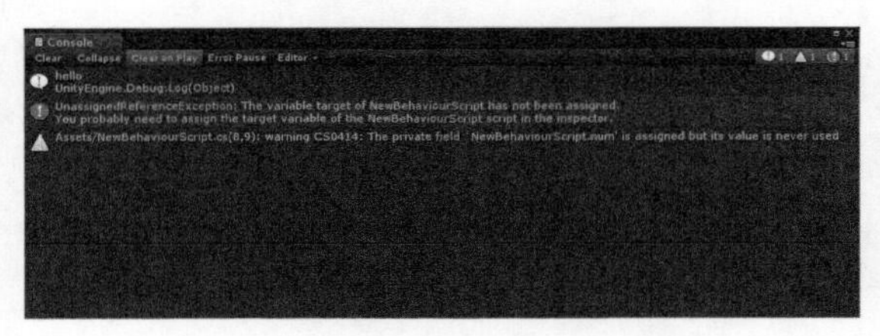

图 3-38

图 3-39

第 4 章 游戏对象、组件和 Prefabs

4.1 实践操作 05：创建游戏对象和组件

任何的游戏对象都是由组件组成的。组件是实现一切功能所必需的，不同的组件有不同的功能，不同的组件可以组合成不同的游戏对象。

（1）启动 Unity 应用程序后，创建一个新的项目工程并保存游戏场景。

（2）单击菜单栏中的 GameObject，会弹出一个下拉菜单，其中包括想要创建的游戏对象的类型，如图 4-1 所示。

（3）创建 3D 游戏对象。依次单击菜单栏中的 GameObject → 3D Object，进而选择想要创建的 3D 对象类型，如图 4-2 所示。

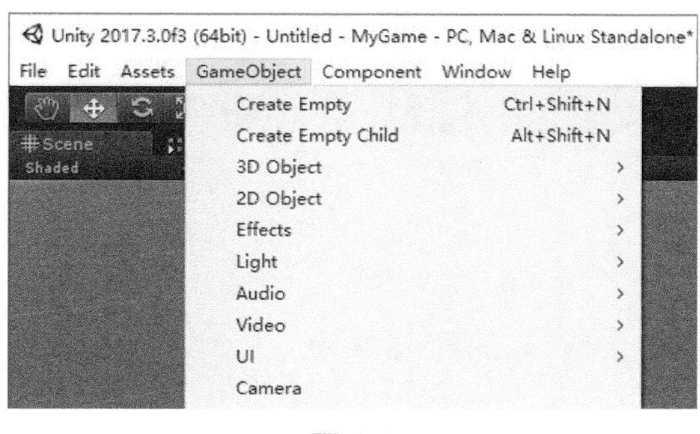

图 4-1

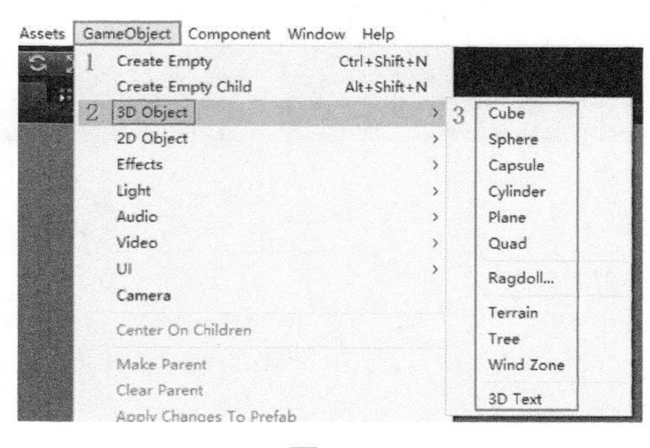

图 4-2

（4）按照上一步骤，在场景中创建 Plane、Cube、Sphere、Cylinder 和 Quad 对象，并利用 Toolbar（工具栏）中的移动、旋转、缩放等命令对所创建的对象进行编辑，编辑完成后的对象如图 4-3 所示。

（5）创建的对象会在 Hierarchy 视图中显示，在 Hierarchy 视图中的对象都被称为游戏对象，如图 4-4 所示。

（6）在 Hierarchy 视图中选中 Cube 游戏对象，然后在 Inspector 视图中，可以看到 Cube 游戏对象上默认拥有的 4 个组件：Transform、Cube（Mesh Filter）、Box Collider 和 Mesh Renderer，如图 4-5 所示。

（7）给游戏对象添加组件。在 Hierarchy 视图中选中要添加组件的游戏对象，然后单击菜单栏中的 Component，就会弹出组件列表，进而选择需要添加的组件。

（8）给 Cube 添加一个刚体组件。在 Hierarchy 视图中选中 Cube，然后依次单击菜单栏中的 Component → Physics → Rigidbody，如图 4-6 所示。

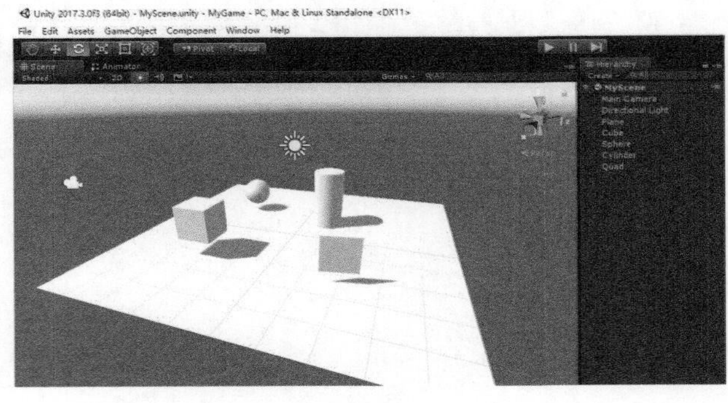

图 4-3

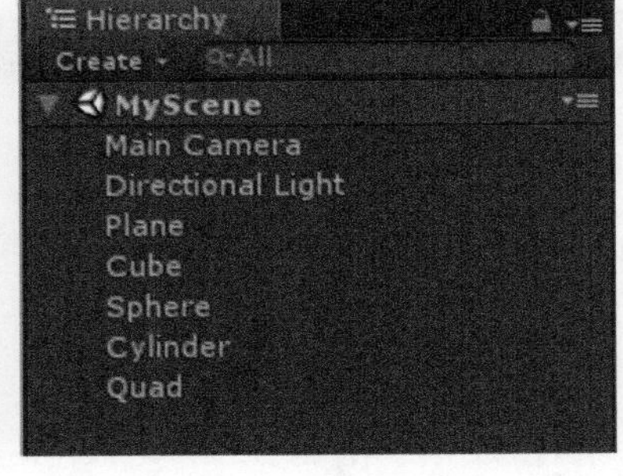

图 4-4

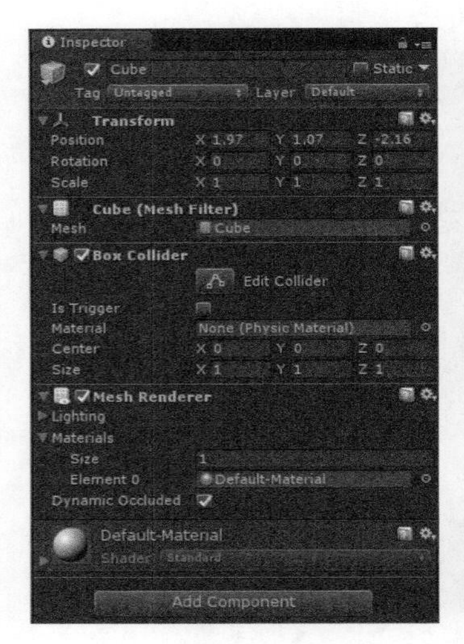

图 4-5

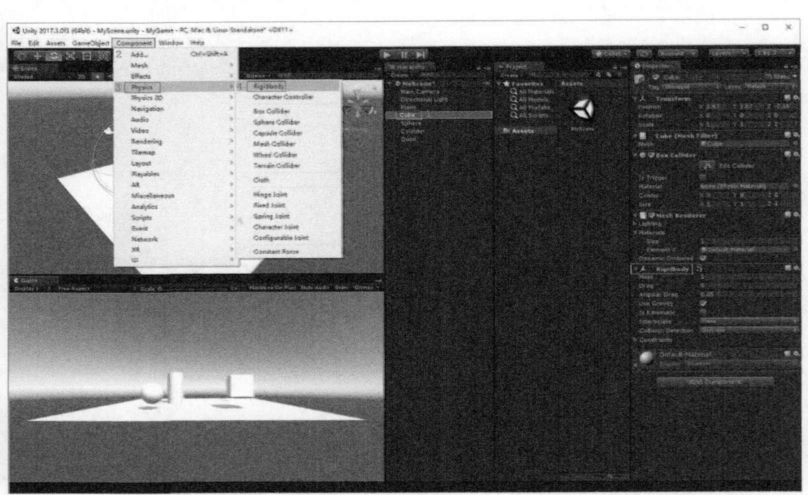

图 4-6

> **技 巧**
>
> 在游戏对象的 Inspector 视图中，单击 Add Component 按钮，通过弹出的下拉菜单里也可添加组件。

（9）在 Hierarchy 视图中选中 Cube，然后在 Scene 视图中将 Cube 的位置移动到 Plane 的上方，最后单击工具栏中的播放按钮，在 Game 视图中可以看到 Cube 掉落到 Plane 上，如图 4-7 所示。

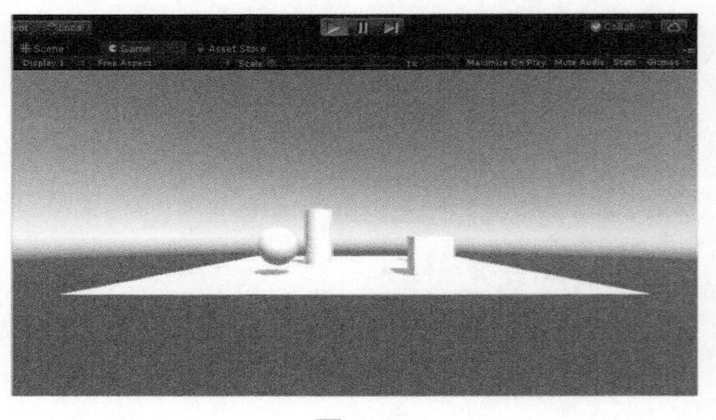

图 4-7

4.2 常用游戏对象

4.2.1 实践操作 06：内置的几何体和空对象

（1）依次单击菜单栏中的 GameObject → 3D Object，进而可以选择想要创建的 3D 对象的类型，通过这些简单的几何对象可以搭建出更复杂的几何模型，如图 4-8 所示。

（2）图 4-8 所示的桌子是由多个物体组合而成的。当需要移动整个桌子的位置时，则需要将每个物体进行等距离的移动。这样做显然是很麻烦而且容易出错的。

（3）依次单击菜单栏中的 GameObject → Create Empty，在场景中创建一个空对象，调整其位置到桌子的中心，并将其命名为 Desk，如图 4-9 所示。

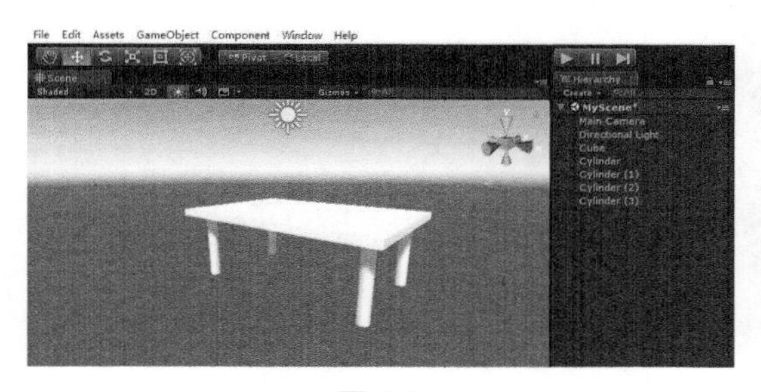

图 4-8

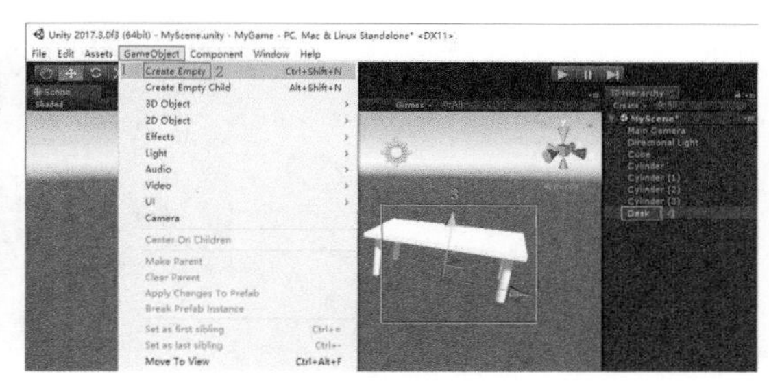

图 4-9

知识点

重命名物体名称的方法有以下几种。

（1）在 Hierarchy 视图中选中物体的情况下，再次单击。

（2）在 Hierarchy 视图中选中物体的情况下，按下 F2 键。

（3）在 Hierarchy 视图中右击物体选择 Rename。

（4）在 Hierarchy 视图中将组成桌子的各个物体拖曳到 Desk 空对象中，使它们成为 Desk 的子对象，如图 4-10 所示。

（5）此时，若要移动桌子的位置和角度，直接操作 Desk 对象就可以了，而且以 Desk 作为桌子的轴心点。

（6）空物体的作用通常用于管理和控制多个物体，而多个物体之间又可以是无关联的。其次可以用空物体控制某个或多个物体的轴心点位置，如图 4-11 所示。

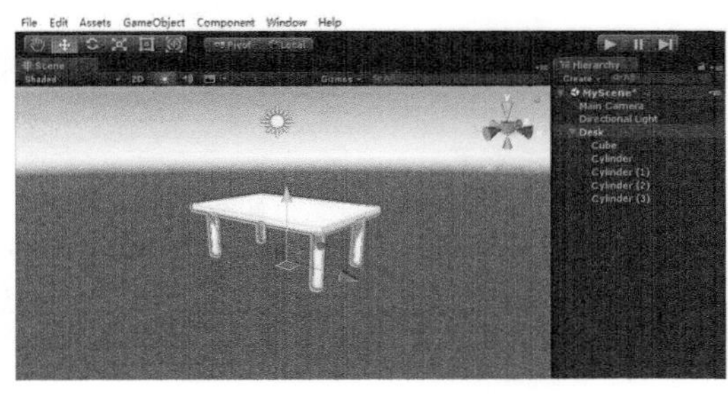

图 4-10

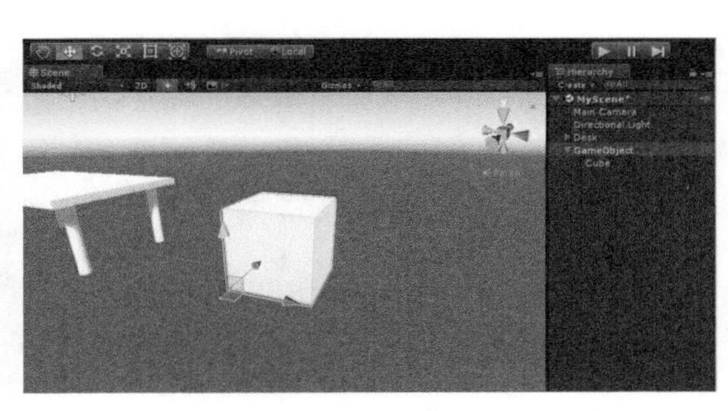

图 4-11

4.2.2 Camera 相机

相机是捕捉并向玩家展示世界的设备，如图 4-12 所示。通过定制和操作相机，用户可以使自己的游戏独一无二地呈现出来。用户可以在场景中拥有无数的相机，并可以为它们设置任意顺序，在屏幕上的任何位置，或仅在屏幕的某些部分进行渲染。参数说明如表 4-1 所示。

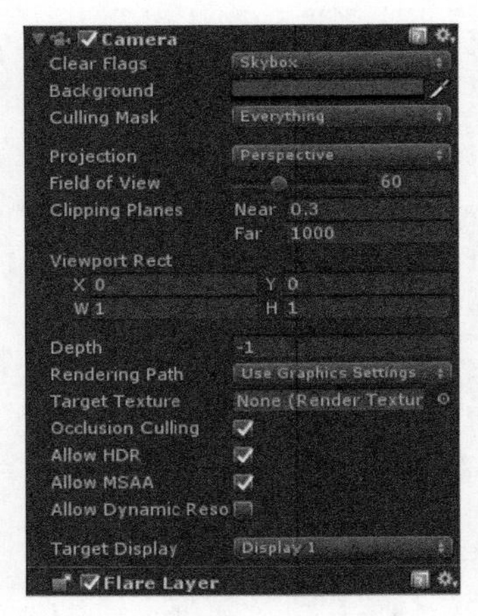

图 4-12

表 4-1 相机参数说明表

参数	说明
Clear Flags	确定屏幕的哪个部分将被清除。这在使用多个相机绘制不同的游戏元素时非常方便
Background	在 Clear Flags 不是 Skybox 时，相机渲染时的背景颜色
Culling Mask	相机渲染时包含或者省略的对象层
Projection	相机的正交和透视渲染模式切换
Perspective	相机以透视方式渲染
Orthographic	相机以正交方式渲染对象，没有 3D 视角
Size	正交模式下相机的视口大小
Field of View	透视模式下相机的视场角
Clipping Planes	相机从开始到停止渲染的距离
Near	相机开始渲染的最小距离
Far	相机渲染的最大距离
Viewport Rect	相机渲染的位置和大小。在视口坐标中测量（值为 0~1）
X	相机视图渲染的起始水平位置
Y	相机视图渲染的起始垂直位置
W	屏幕上相机输出的宽度
H	屏幕上相机输出的高度
Depth	相机渲染的顺序。值大的相机会渲染在值小的相机之上
Rendering Path	用于定义相机将使用什么渲染方法的选项
Target Texture	将相机渲染的画面输出到一个 Render Texture 纹理之上
Occlusion Culling	相机是否启用遮挡剔除
Allow HDR	相机是否启用高动态范围渲染
Allow MSAA	相机是否启用多重抗锯齿
Allow Dynamic Resolution	相机是否启用动态分辨率
Target Display	设置相机的显示目标

4.2.3 Light（灯光）

灯光决定一个物体的阴影和它投射的阴影，如图 4-13 所示。

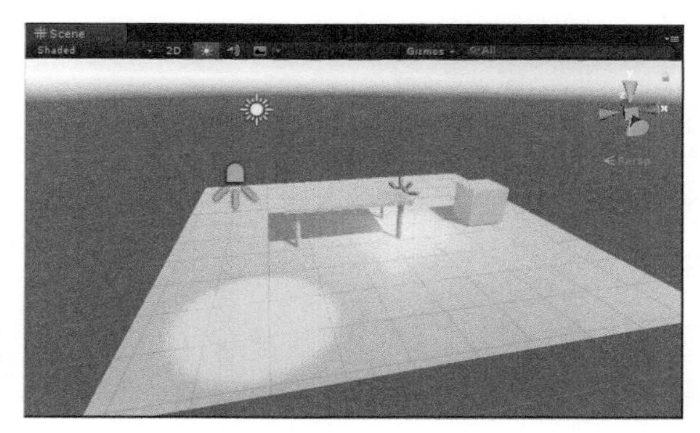

图 4-13

Unity 提供了以下 4 种类型的光源，在合理设置的基础上可以模拟自然界中的任何光源。

1. Directional light（方向光源）

该类型光源可以被放置在无穷远的位置，可以影响场景中的一切游戏对象，类似于自然界中日光的照明效果。方向光源是最不耗费图形处理器资源的光源类型，如图 4-14 所示。

2. Point light（点光源）

点光源是从一个位置向四面八方发出光线的光源，影响其范围内的所有对象，类似电灯的照明效果。点光源是较耗费图形处理器资源的光源类型 , 如图 4-15 所示。

3. Spot light（聚光灯）

聚光灯灯光从一点发出，在一个方向上按照一个锥形的范围进行照射，处于锥形区域内的对象会受到光线的照射，类似射灯的照明效果。聚光灯是较耗费图形处理器资源的光源类型，如图 4-16 所示。

4. Area Light（区域光 / 面光源）

该类型光源无法应用于实时光照，仅适用于光照贴图烘焙，如图 4-17 所示。

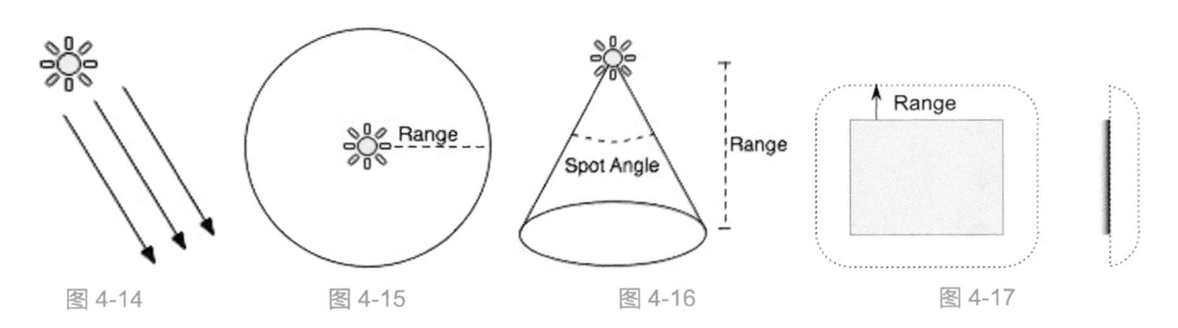

图 4-14　图 4-15　图 4-16　图 4-17

4.2.4 UGUI

UGUI 是 Unity 内置的图形用户界面，如游戏的登录、个人信息界面等。具体请参考本书第 15 章中的相关内容。

4.3 常用组件

4.3.1 Transform 组件

Transform 组件用于确定场景中每个对象的位置、旋转和缩放比例（图 4-18）。每个 GameObject 都有一个 Transform 组件。参数说明如表 4-2 所示。

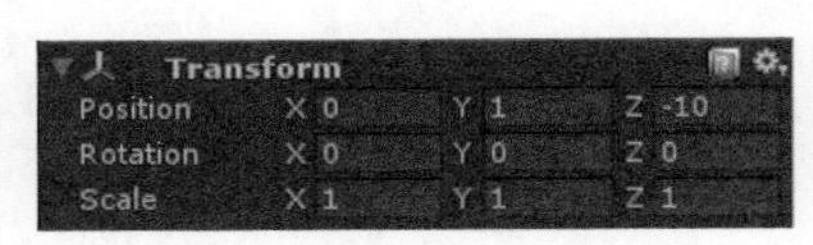

图 4-18

表 4–2 Transform 组件的参数说明表

参数	说明
Position	在 x、y 和 z 轴的位置
Rotation	围绕 x、y 和 z 轴的旋转值，以度为单位
Scale	沿着 x、y 和 z 轴的缩放比例，值为 1 是原始大小

Transform 的位置、旋转值和缩放值是相对于父对象的 Transform 计算的。如果没有父对象，则值根据世界坐标计算。

4.3.2 Mesh 组件

Mesh 组件有 4 种类型，如图 4-19 所示。

图 4-19

- Mesh Filter：网格过滤器。该组件用于在项目资源中获取网格并将其传递到所属的游戏对象中。添加 Mesh Filter 组件后，还需要为游戏添加一个 Mesh Renderer 组件，否则网格虽然实际存在于场景中，但不会被渲染出来。
- Text Mesh：文本网格。该组件用于生成三维的字符串（文字）。
- Mesh Renderer：网格渲染器。该组件用于从网格过滤器中获得网格模型，进而根据游戏对象在 Transform 组件中定义的位置在 Scene 视图中进行渲染。
- Skinned Mesh Renderer：蒙皮渲染器。该组件用于呈现骨骼动画。

4.3.3 Physics 组件

Physics 组件分为 Physics 和 Physics 2D 两种。Unity 拥有内置的 NVIDIA PhysX 物理引擎，可以模拟真实的物理行为。该组件是非常重要的，具体请参考本书第 11 章中的相关内容。

4.3.4 Particle System 组件

Particle System 组件用于创作烟雾、气流、火焰、瀑布、喷泉、涟漪等效果。粒子系统的功能非常强大，具体请参考本书第 12 章中的相关内容。

4.3.5 Audio 组件

Audio 组件用于对音频的控制。一款游戏没有背景音和音效是不完整的。Untiy 的音效系统是灵活的、强大的。具体请参考本书第 16 章中的相关内容。

4.3.6 Scripts 组件

在 Unity 游戏开发过程中，Scripts 组件是必不可少的组成部分。在 Unity 中，Scripts 组件是一种特殊的组件，将其添加到游戏对象上可以实现各种交互操作及其他功能。

Unity 支持使用两种语言来编写脚本，分别是 JavaScript 和 C#。两种语言各有特色，无论使用哪一种都可以达到一致或近似的功能。具体请参考本书第 9 章中的相关内容。

4.4 Prefabs（预设体）

Prefabs 意为预设体，可以理解为一个游戏对象及其组件的集合，目的是使游戏对象及资源能够被重复使用。相同的对象可以通过一个预设体来创建，此过程可以理解为实例化。

预设体作为一个资源，可应用在整个项目的不同场景或关卡中。当拖动预设体到场景中（在 Hierarchy 视图中出现），就创建了一个实例。该实例与其原始预设体是相关联的。对预设体进行更改，实例也将被同步修改。这样的操作，除了可以提高资源的利用率，还可以提高开发的效率。理论上需要多次使用的对象都可以制作成 Prefabs。

4.4.1 实践操作 07：创建 Prefabs

（1）创建一个文件夹来管理 Prefabs。在 Project 视图中选中 Assets 文件夹，然后依次单击菜单栏中的 Assets → Create → Folder，则在 Assets 下便会创建出一个文件夹，将其命名为 Prefabs，如图 4-20 所示。

（2）创建一个空的预设体。在 Project 视图中选中 Assets 下的 Prefabs 文件夹，然后依次单击菜单栏中的 Assets → Create → Prefab，在 Prefabs 文件夹下会创建出一个空的预设体（图标为白色的立方体），相当于一个空的容器，等待游戏对象的数据来填充，将其命名为 Prefab01，如图 4-21 所示。

（3）在 Hierarchy 视图中选中需要做成预设体的游戏对象，本例中将选用 Cube，将 Cube 拖动到新创建的 Prefab01 上，此时 Prefab01 的图标会发生改变，且 Hierarchy 视图中的 Cube 的字体颜色变成了蓝色，如图 4-22 所示。

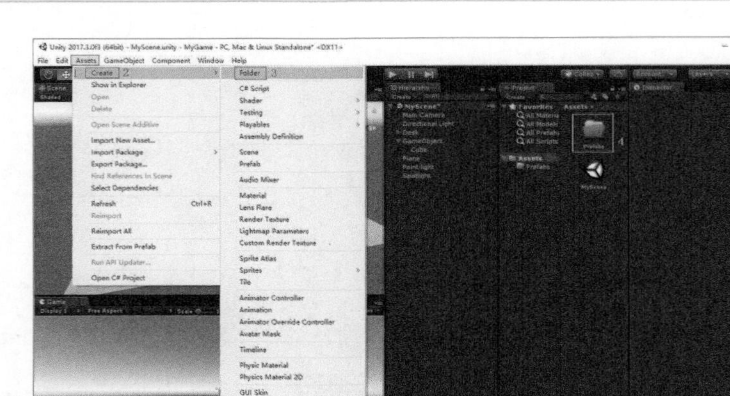

图 4-20

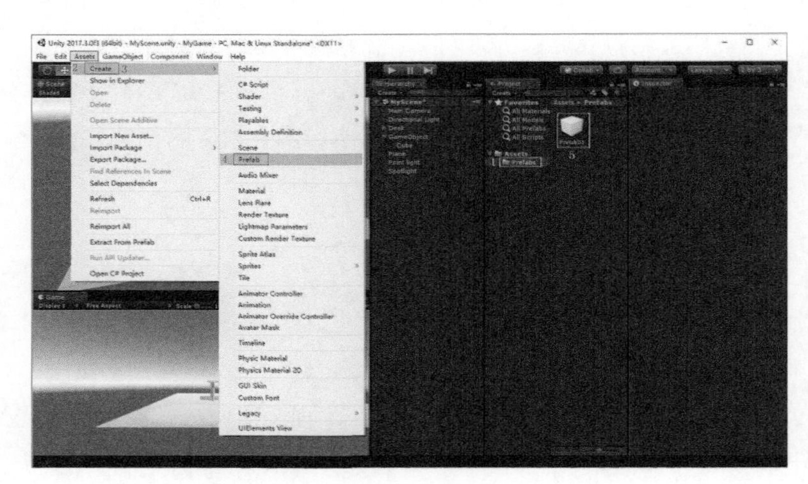

图 4-21

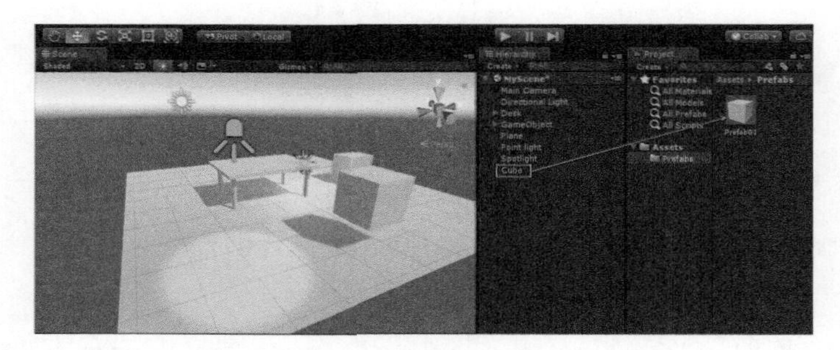

图 4-22

（4）此时 Prefab01 的缩略图（拖动 Project 视图右下角的滑块到最左边的位置）会发生相应的变化，发现 Prefab01 的图标已经由刚才的白色变为蓝色，代表这是一个非空的预设体，如图 4-23 所示。

（5）在 Hierarchy 视图中，Cube 的名字也变成了蓝色，代表其由一个普通的游戏对象变成了预设体的一个实例。

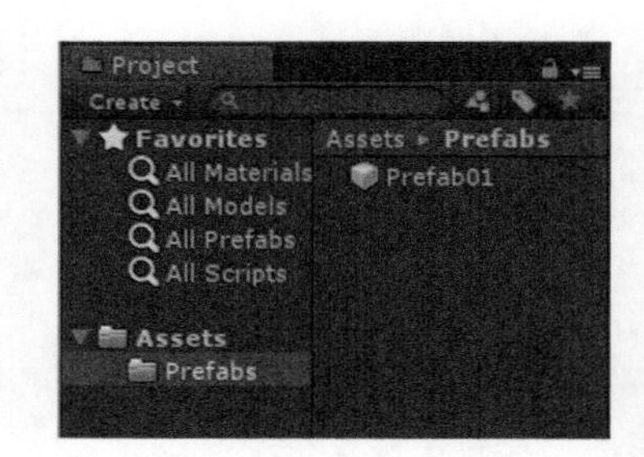

图 4-23

（6）完成以上步骤，游戏对象就制作成预设体了，可以在该项目的多个场景中重复使用。

（7）快速制作预设体。在 Hierarchy 视图中，将要做成预设体的对象直接拖动到 Project 视图中的 Prefabs 文件夹中可快速制作成预设体。例如将上文中的桌子 Desk 制作成预设体，如图 4-24 所示。

图 4-24

4.4.2 实例化 Prefabs

在 Project 视图中的 Prefabs 文件夹下，将预设体拖动到 Scene 视图中（或者 Hierarchy 视图中），就手动实例化一个预设体到场景中了，可以拖动多个预设体到场景中，如图 4-25 所示。

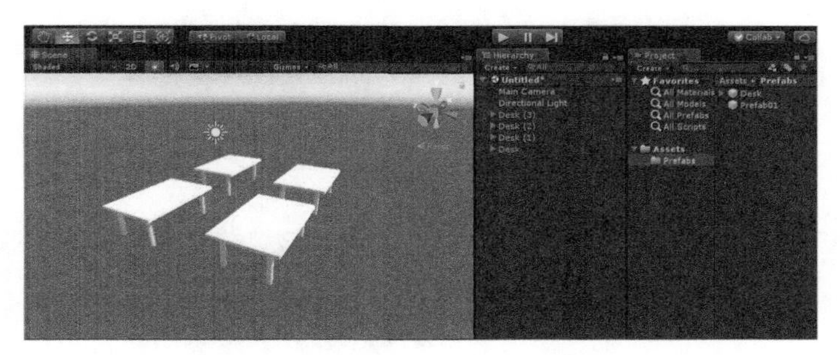

图 4-25

4.4.3 实践操作 08：修改 Prefabs

（1）在 Project 视图中，如果对预设体进行修改，那么场景里该预设体的所有实例都会发生变化，如图 4-26 所示。

（2）针对预设体的某个实例进行修改之后，例如对桌子实例的桌腿进行修改，如图 4-27 所示。

（3）如果希望修改后的实例应用到预设体上，使得所有的实例都变成和修改的实例相同，只需要选中修改的实例对象，单击其 Inspector 视图中 Prefab 项的 Apply 按钮（或者依次单击菜单栏中的 GameObject → Apply Changes To Prefab），即可修改预设体。修改之后所有的实例都会跟着变化，如图 4-28 所示。

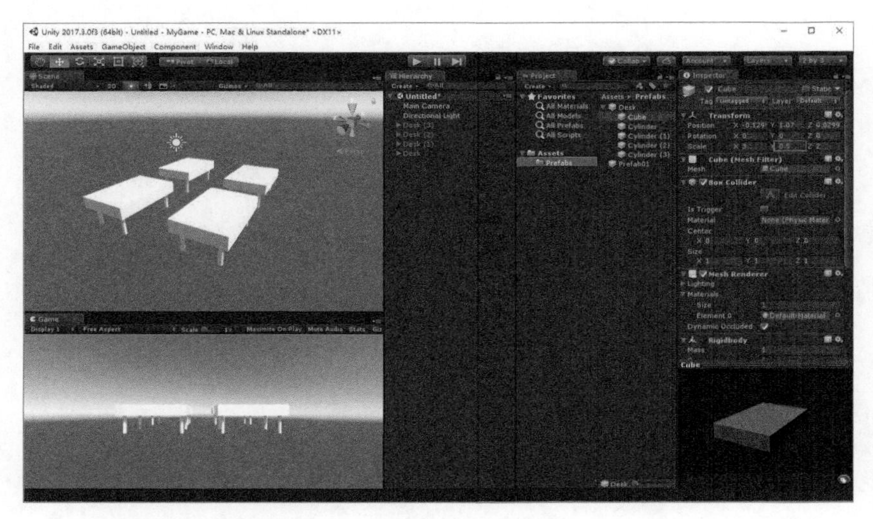

图 4-26

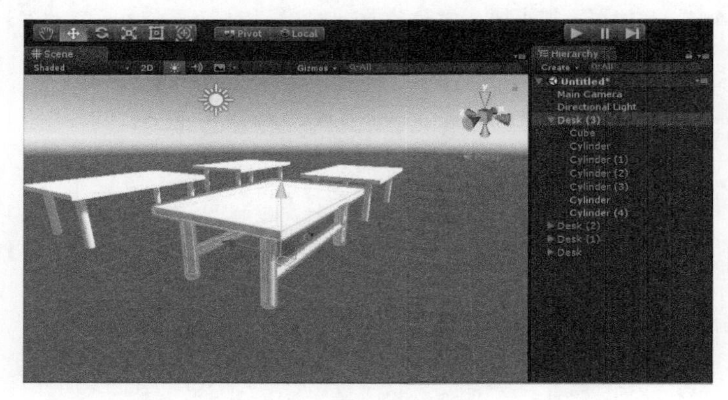

图 4-27

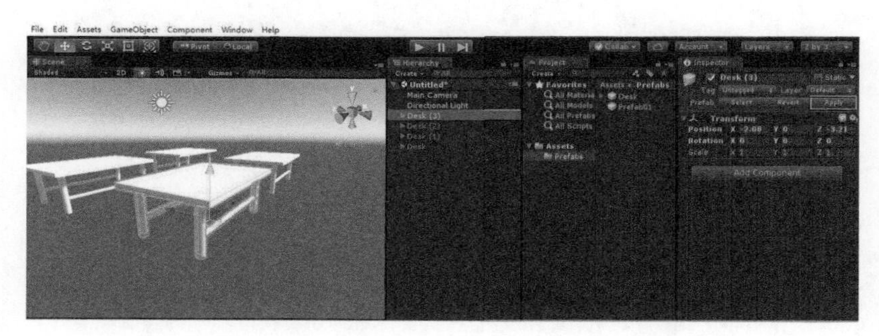

图 4-28

（4）当对实例化的预设体进行修改后，想要重置预设体的状态时，单击该实例 Inspector 视图中 Prefab 项的 Revert 按钮即可恢复原状。

（5）如果希望预设体的实例不再随预设体的变化而变化，则选中需要操作的实例对象，依次单击菜单栏 GameObject → Break Prefab Instance，即可断开预设体对实例对象的影响，如图 4-29 所示。

（6）此时，当预设体修改后，该实例对象将不受预设体的影响，如图 4-30 所示。

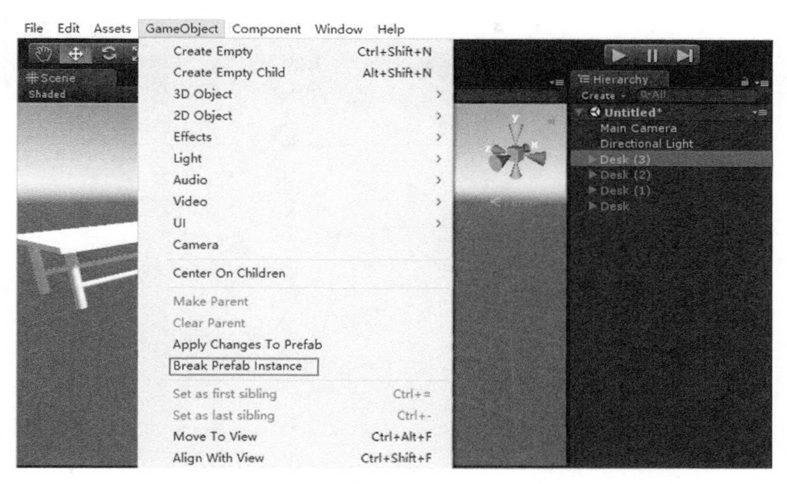

图 4-29

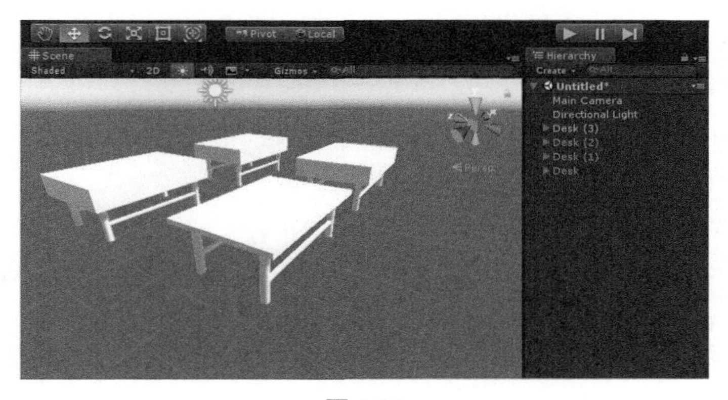

图 4-30

第 5 章 创建基本的 3D 游戏场景

5.1 实践操作 09：创建 3D 游戏场景

（1）启动 Unity 应用程序，在弹出的对话框中单击 New Project 按钮，然后修改项目工程名称为 3D Game，更改项目路径为 E：\Unity2017Projects，单击对话框的 3D 选项切换到 3D 工作环境，然后单击 Create Project 按钮新建游戏工程，如图 5-1 所示。

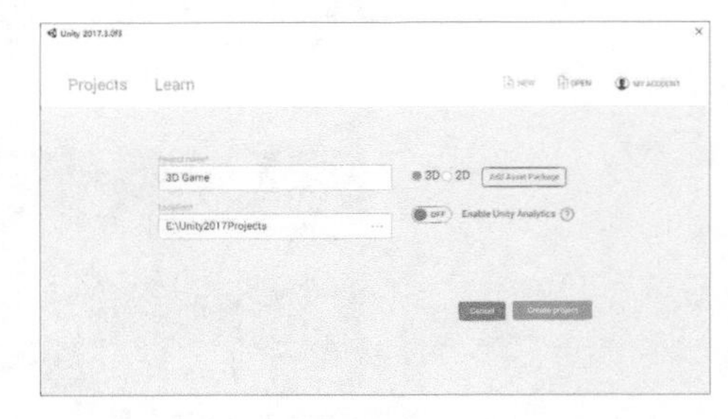

图 5-1

（2）Unity 会自动创建一个空的项目工程，其中自带了一个名为 Main Camera 的摄像机对象和一个 Directional Light 方向光以及一个默认的天空盒。在 Hierarchy 视图中选择该摄像机，在 Scene 视图中的右下角会弹出 Camera Preview（摄像机预览）缩略图，如图 5-2 所示。

（3）依次单击菜单栏中的 GameObject → 3D Object → Plane，在场景中添加一个平面。然后在 Plane 的 Inspector 视图中，将 Transform 组件的 Position 属性值设置为（0，0，0），如图 5-3 所示。

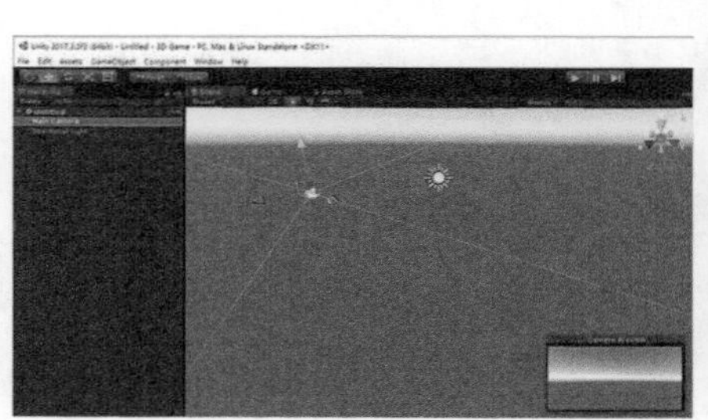

图 5-2

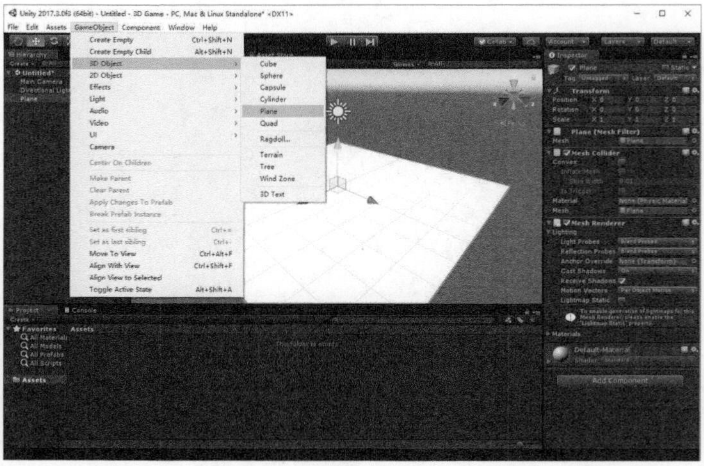

图 5-3

（4）依次单击菜单栏中的 GameObject → 3D Object，进而可以选择想要创建的基本几何体，如图 5-4 所示。

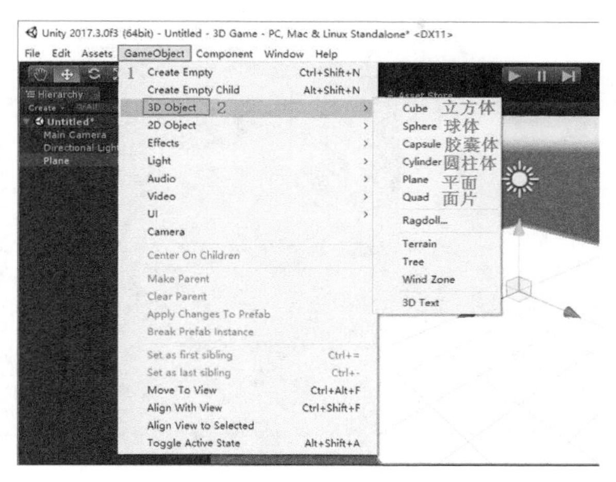

图 5-4

（5）可以利用 Toolbar（工具栏）中的移动、旋转、缩放等工具对所创建的基本几何体进行编辑，编辑完成后的效果如图 5-5 所示。

（6）依次单击菜单栏中的 File → Save Scene，或者按 Ctrl+S 组合键，将场景保存。首次保存时需要为场景命名，将场景命名为 Scene_01，此时在 Project 视图中的 Assets 文件夹下，可以看到保存的 Scene_01 场景文件，如图 5-6 所示。

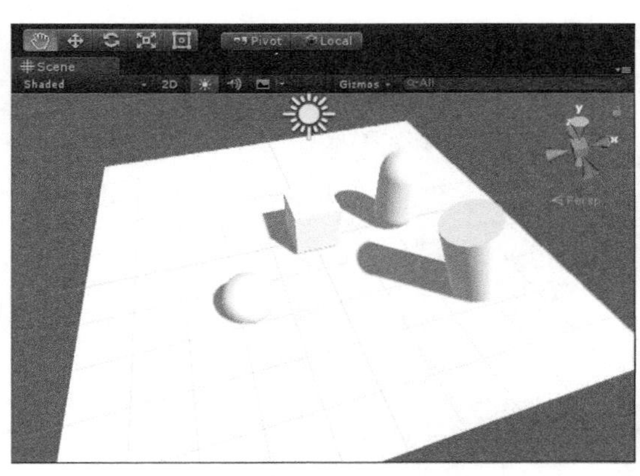

图 5-5

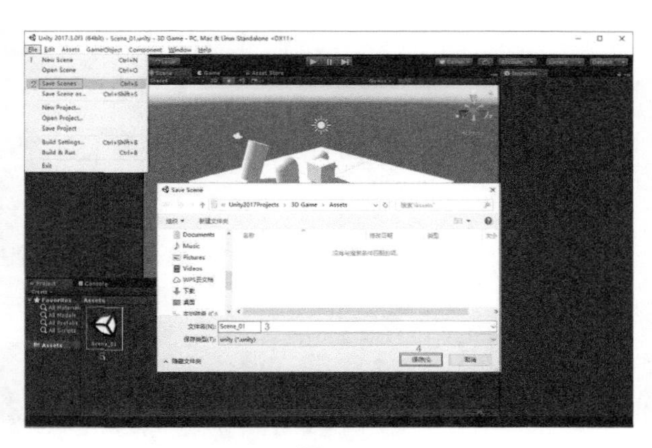

图 5-6

5.2 地形

5.2.1 实践操作 10：编辑地形

（1）依次单击菜单栏中的 File → New Scene，创建一个新的场景，然后将该场景保存，并命名为 Scene_02。

（2）导入环境资源包。依次单击菜单栏中的 Assets → Import Package → Environment，在弹

出的 Import Unity package 对话框中，选中相应资源，单击 Import 按钮，环境资源就导入项目工程中了，如图 5-7 所示，在 Project 视图中的 Assets 文件夹下就可以看到导入的环境资源。

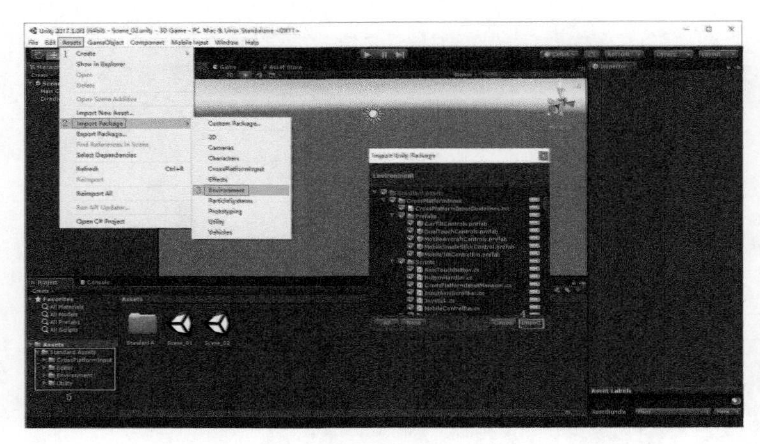

图 5-7

注 意

如果在菜单栏的 Assets → Import Package 下没有资源包，则需要去官网下载标准资源包并安装，安装后重启 Unity 即可。

（3）依次单击菜单栏中的 GameObject → 3D Object → Terrain，创建一个地形。新创建的地形会在 Assets 文件夹下创建一个地形资源并在 Hierarchy 视图中生成一个地形实例，如图 5-8 所示。

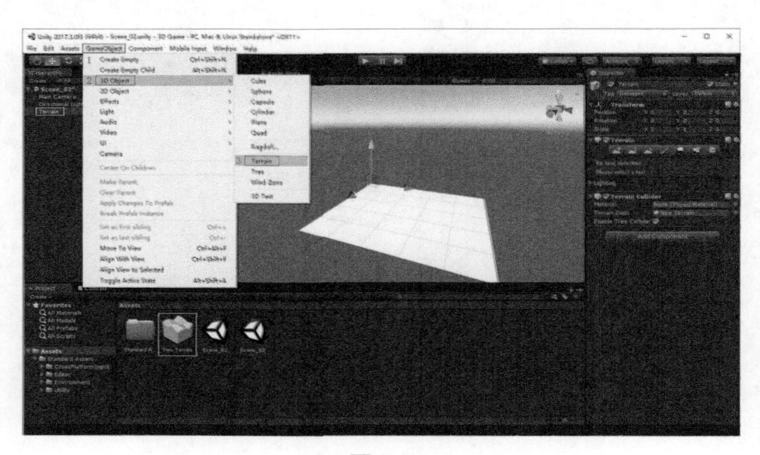

图 5-8

（4）设置地形的分辨率。在 Hierarchy 视图中选中 Terrain；然后在 Terrain 的 Inspector 视图中，单击 Terrain 下的齿轮形设置按钮；最后将 Resolution 下的 Terrain Width（地形宽度）设置为 200，Terrain Length（地形长度）设置为 200，Terrain Height（地形高度）设置为 60，如图 5-9 所示。

（5）在 Terrain 的 Inspector 视图中，单击 Terrain 下的 Paint Height（喷涂高度）按钮；然后在 Brushes 列表中选择大圆形笔刷样式，再将 Settings 下的 Brush Size（笔刷大小）设置为 100，Height（高度）设置为 5，如图 5-10 所示。喷绘高度的参数说明如表 5-1 所示。

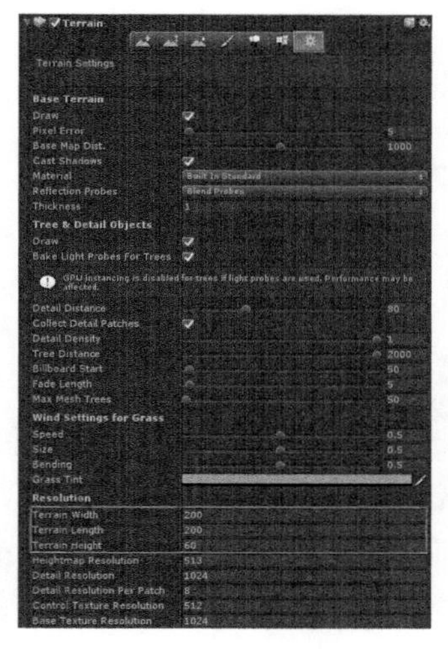

图 5-9

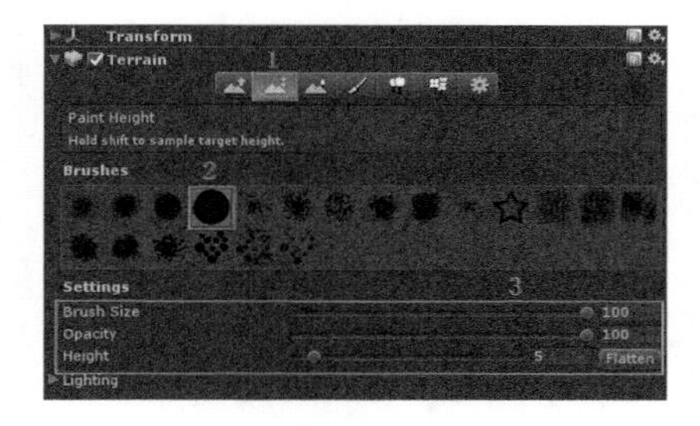

图 5-10

表 5-1　喷绘高度参数说明表

Brushes	设置笔刷的样式
Brush Size	设置笔刷的大小
Opacity	设置笔刷的不透明度。值越小，笔刷效果越不明显
Height	设置喷绘高度的高度值。按住 Shift 键在地形上单击可将高度设置为单击的地形采样高度值
Lighting	设置光照

（6）将鼠标移动到 Scene 视图中的地形上，此时地形上会出现一个蓝色的圆形区域，按住鼠标左键并拖动即可抬高地形高度，如图 5-11 所示。

（7）继续上一步骤，将整个地形的高度喷涂完整，如图 5-12 所示。

（8）降低地形高度，用来制作峡谷或水湖。在 Terrain 的 Inspector 视图中，单击 Terrain 下的按钮，选择 Brushes 下的大圆形笔刷样式，然后将 Settings 下的 Brush size 值设置为合适大小，最后在 Scene 视图中按住 Shift 键再单击鼠标左键，就可以降低地形高度，如图 5-13 所示。

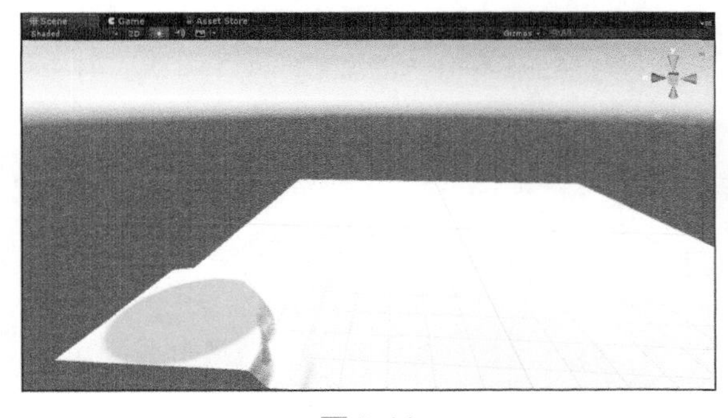

图 5-11

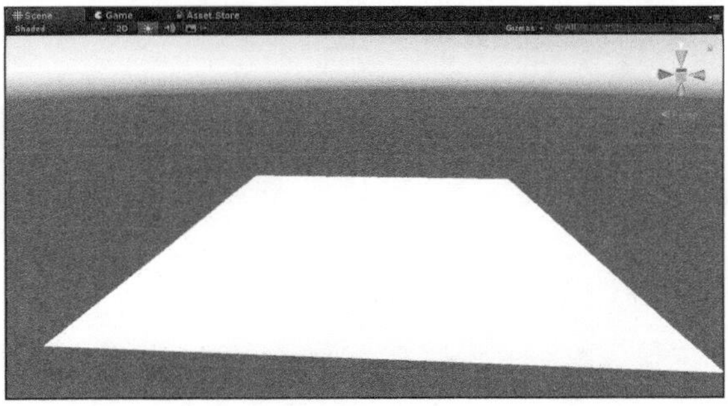

图 5-12

知识点

将地形抬高的目的是使用户可以在地形上往下刷深度。

技 巧

喷涂地形高度时，可以单击喷涂选项下的 Flatten 按钮直接将地形统一抬高。

（9）绘制地形中的山脉。在 Terrain 的 Inspector 视图中，单击 Terrain 下的按钮，选择 Brushes 下不同的笔刷样式，设置不同的 Brush Size 大小。在 Scene 视图中单击或按住鼠标左键并拖动绘制出不同的山脉和细节，如图 5-14 所示。

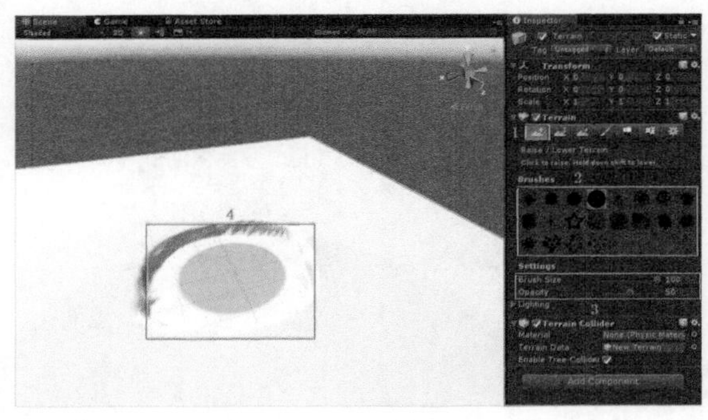

图 5-13

（10）平滑地形的高度。在 Terrain 的 Inspector 视图中，单击 Terrain 下的按钮，选择 Brushes 下的圆形笔刷样式。在 Scene 视图中，按住鼠标左键并拖动可以柔化地形的高度差，使得地形的起伏更加平滑，如图 5-15 所示。

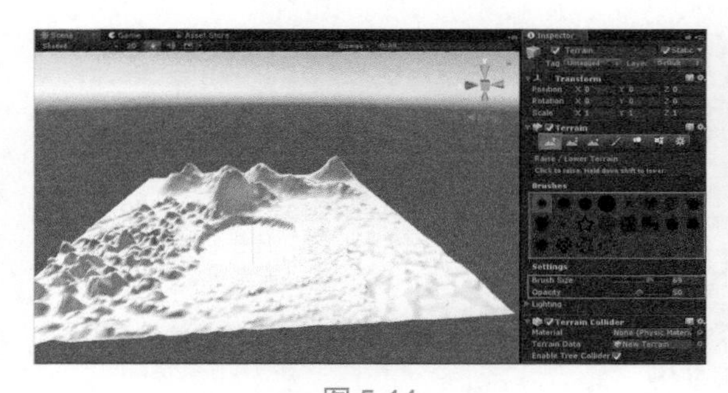

图 5-14

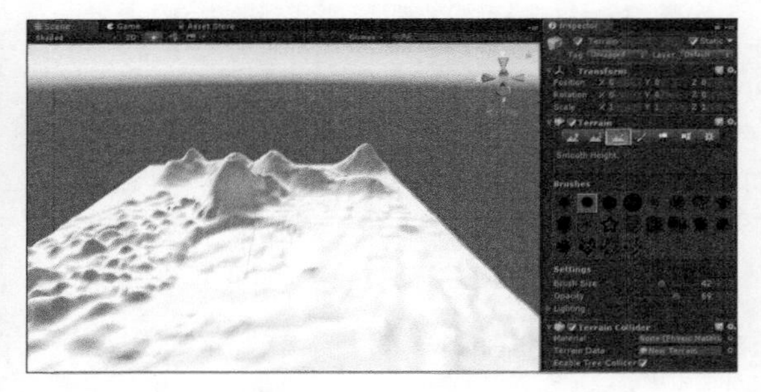

图 5-15

（11）绘制地形的首层纹理。在 Terrain 的 Inspector 视图中，单击 Terrain 下的按钮；然后单击 Edit Textures 按钮，选择 Add Texture，在弹出的 Add Terrain Texture 对话框中，单击 Texture 下的 Select 按钮，在弹出的 Select Texture2D 对话框中选择 GrassRockyAlbedo；最后单击 Add Terrain Texture 对话框下的 Add 按钮，如图 5-16 所示。

（12）绘制其他的纹理。按照上一步骤，继续添加一个名为 CliffAlbedoSpecular 的纹理；然后在 Textures 下选择该纹理，在地形山脉上绘制该纹理，如图 5-17 所示。

（13）还可以继续绘制纹理，用于丰富地形的纹理样式，如图 5-18 所示。

技 巧

地形纹理叠加时的渐变效果可以通过调整 Target Strength 参数的值来进行控制。该值越小，纹理效果越不明显（越淡）。

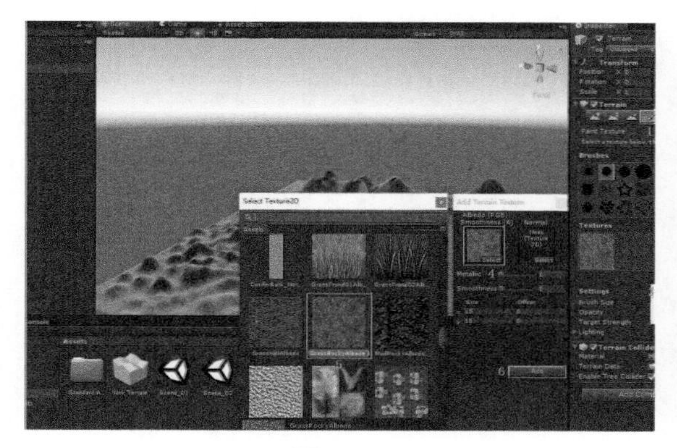
图 5-16

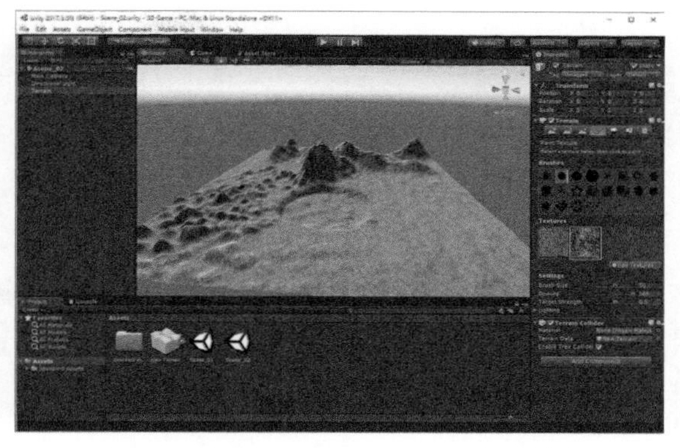
图 5-17

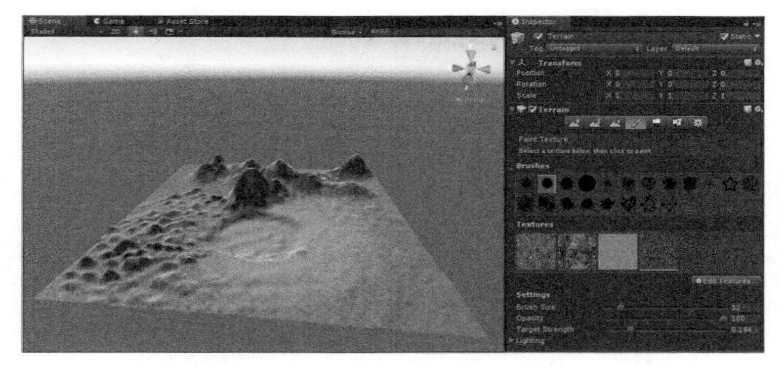
图 5-18

5.2.2 实践操作 11：添加树木和植被

（1）添加树木。在 Terrain 的 Inspector 视图中，单击 Terrain 下的按钮；然后单击 Edit Trees... 按钮，选择 Add Tree 选项，在弹出的 Add Tree 对话框中，单击 Tree 右侧的按钮，在弹出的 Select GameObject 对话框中选择 Conifer_Desktop；最后在 Add Tree 对话框中单击 Add 按钮，Conifer_Desktop 就被添加到 Inspector 视图中了，如图 5-19 所示。

图 5-19

（2）按照上一步骤，将名为 Palm_Desktop 的树木添加到 Inspector 视图中；然后在 Inspector 视图中选中 Palm_Desktop，将 Brush Size 设置为 1，Tree Height 设置为合适大小；最后在 Scene 视图中的地形中单击即可种植树，如图 5-20 所示。

技 巧

（1）如果不知道树的具体高度，可以在地形上创建一个 Cube 对象，Cube 的单位长度为 1m，以此进行对比即可。

（2）按住 Shift 键，然后单击场景中种好的树即可将其移除。

（3）按住 Ctrl 键，在场景中可以移除与选中类型相同的树。

（3）按照上一步骤，将树 Broadleaf_Desktop 种植在地形上（将 Brush Size 的值增大即可大面积批量种植树），如图 5-21 所示。

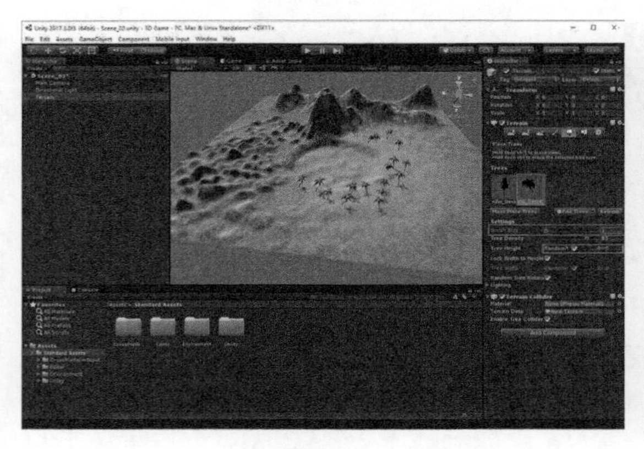

图 5-20

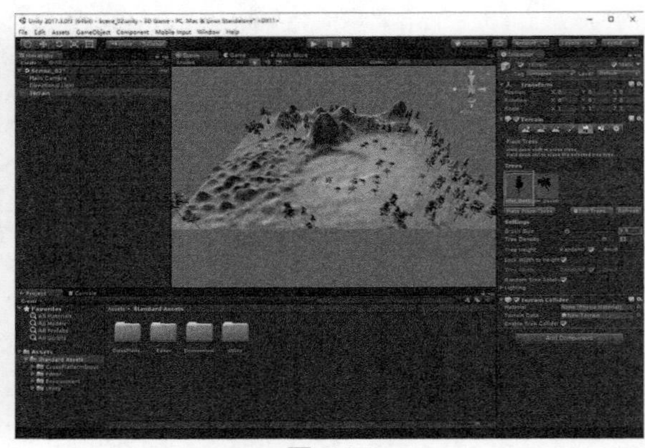

图 5-21

（4）添加草。在 Terrain 的 Inspector 视图中，单击 Terrain 下的按钮；然后单击 Edit Details... 按钮，选择 Add Grass Texture 选项，在弹出的 Add Grass Texture 对话框中，单击 Detail Texture 右侧的按钮，在弹出的 Select Texture2D 对话框中选择 GrassFrond02AlbedoAlpha；最后在 Add Grass Texture 对话框中将 Min Width 设置为 0.3，Max Width 设置为 0.5，Min Height 设置为 0.3，Max Height 设置为 0.5，再单击 Add 按钮，GrassFrond02AlbedoAlpha 就被添加到 Inspector 视图中，如图 5-22 所示。

（5）在地形上种植草。在 Terrain 的 Inspector 视图中，选中 Details 下的 GrassFrond02-AlbedoAlpha，将 Brush Size、Opacity 和 TargetStrength 调节到合适的值；然后在地形上单击或者按住鼠标左键并拖动即可种植草，如图 5-23 所示。

知识点

刷草时注意将视窗拉近到刷草的地形上，距离过远则花草不会显示在视窗上，具体的距离值可在设置下的 Detail Distance 参数中调节。

图 5-22

图 5-23

5.2.3 实践操作 12：添加水效果

（1）导入的 Environment 资源中包括了水资源，如图 5-24 所示。

图 5-24

（2）添加水效果。在 Project 视图中，打开 Assets → Standard Assets → Environment → Water（Basic）文件夹下的 Prefabs 文件夹，可以看到水效果有 2 个预设体，将名为 WaterBasicDaytime 的水效果预设体拖动到 Scene 视图中的地形上的坑中，并在 Hierarchy 视图中将其更名为 Water（选中该对象按 F2 键即可改名），如图 5-25 所示。

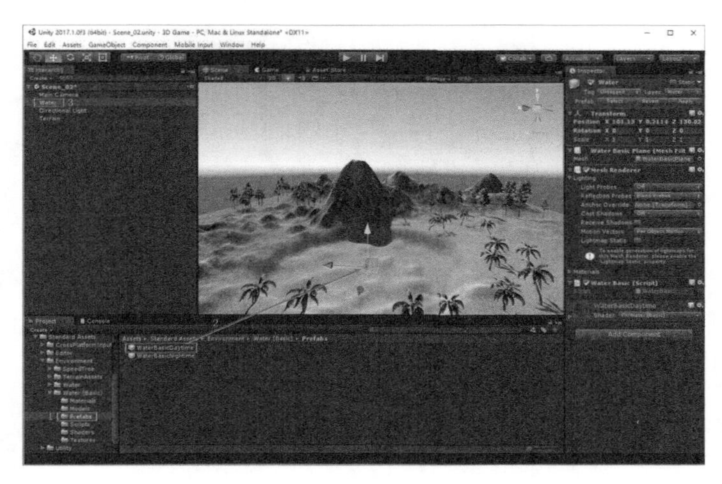

图 5-25

（3）在 Hierarchy 视图中选中 Water，单击工具栏中的（缩放）按钮（或者按 R 键）；然后在 Scene 视图中拉伸水的大小，使其覆盖整个坑；最后单击工具栏中的（移动）按钮（或者按 W 键），在 Scene 视图中将水向上移动到合适的高度，如图 5-26 所示。

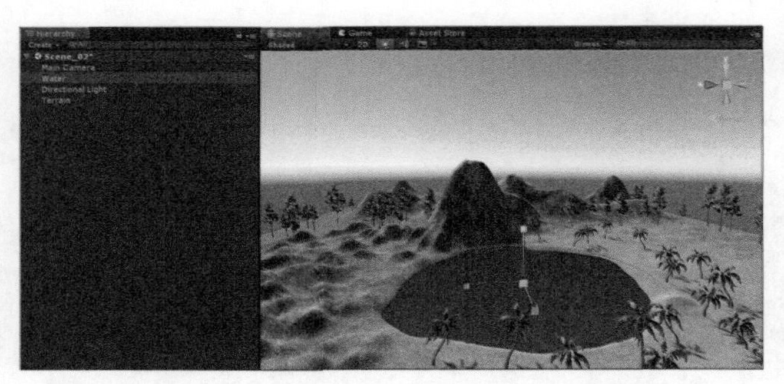

图 5-26

5.2.4 地形设置参数详解

地形设置参数如图 5-27 所示。

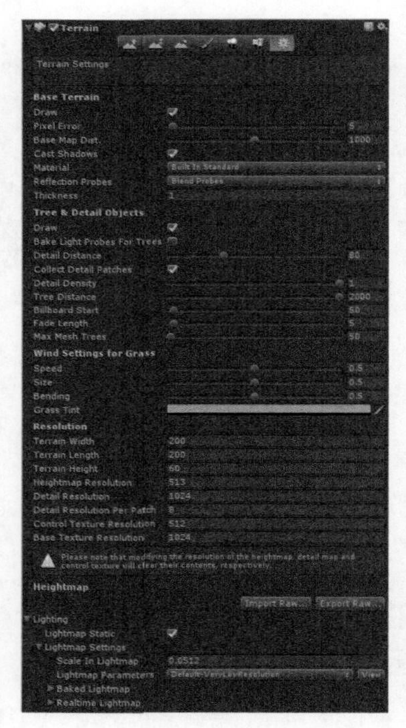

图 5-27

1. Base Terrain（基本地形）

Base Terrain 的参数说明如表 5-2 所示。

表 5–2　Base Terrain 的参数说明表

参数	说明
Draw	打开 / 关闭地形绘制
Pixel Error	这个值从地形图（高度图、纹理等）和创建地形中得到。值越高表示准确性越低，同时渲染开销也越低
Base Map Dist.	表示这个距离内的地形纹理会显示全分辨率。超过这个距离，出于效率会合成低分辨率的图像

续表

参数	说明
Cast Shadows	是否投射地形阴影
Material	设置渲染地形的材质
Reflection Probes	如果启用并且反射探头出现在场景中，反射纹理会从这个游戏对象和构建着色器设置的变量中获取
Thickness	设置地形的厚度，有助于防止高速移动的物体穿透地面

2. Tree & Detail Objects［树和细节（花草）对象］

Tree & Detail Objects 的参数说明如表 5-3 所示。

表 5-3　Tree & Detail Objects 的参数说明表

参数	说明
Draw	打开 / 关闭树和细节对象的绘制
Bake Light Probes For Trees	如果启用，Unity 将为每棵树创建内部光照探针（这些内部光照探针，不会影响场景中的其他渲染器），并应用于树的渲染照明
Detail Distance	细节（花草）对于相机的可视距离。超过这个值的细节不会被渲染
Collect Detail Patches	是否收集并修补细节
Detail Density	细节的密度
Tree Distance	树木对于相机的可视距离。超过这个值的树木不会被渲染
Billboard Start	树木与相机距离多远开始，3D 树木将由广告牌图片代替
Fade Length	3D 树木与广告牌之间过渡的距离
Max Mesh Tress	可见三维网格树的最大数量。超过这个限制，树将由广告牌取代

3. Wind Settings for Grass（风对于草地的设置）

Wind Settings for Grass 的参数说明如表 5-4 所示。

表 5-4　Wind Settings for Grass 的参数说明表

参数	说明
Speed	风吹草的速度
Size	风吹过草地时的涟漪大小
Bending	草被风吹后的弯曲程度
Grass Tint	设置草对象的整体色调

4. Resolution（分辨率）

Resolution 的参数说明如表 5-5 所示。

表 5-5　Resolution 的参数说明表

参数	说明
Terrain Width	地形的宽度
Terrain Length	地形的长度

续表

Terrain Height	地形的高度
Heightmap Resolution	地形高度图的分辨率（应该是 2 的 N 次方 +1，例如 513 = 512+1）
Detail Resolution	细节的分辨率
Detail Resolution Per Patch	每一个面片的细节设定值
Control Texture Resolution	控制纹理分辨率。解决 splatmap 控制不同的地形纹理混合的问题
Base Texture Resolution	当视图到地形的距离更远时所使用的合成纹理的分辨率

5. Heightmap（高度图）

Heightmap 的参数说明如表 5-6 所示。

表 5–6　Heightmap 的参数说明表

参数	说明
Import Raw...	导入 Raw 格式的地形高度图
Export Raw...	导出 Raw 格式的地形高度图

6. Lighting（全局光照）

Lighting 的参数说明如表 5-7 所示。

表 5–7　Lighting 的参数说明表

参数	说明
Lightmap Static	控制几何物体是否标记为静态 Lightmapping，当启用时，这个网格将出现 Lightmap 计算
Scale In Lightmap	指定对象在 Lightmap 里的 UV 的相对大小。值为 0 将导致对象不是 Lightmap，但仍给场景的其他对象提供光照
Lightmap Parameters	设置 Lightmap 的高级参数，用于调整全局光照的属性
Baked Lightmap	烘焙的光照贴图信息
Realtime Lightmap	实时光照贴图信息

5.3 实践操作 13：光源和阴影

光源是每个场景的重要组成部分。光源决定了场景环境的明暗、色彩和氛围。每个场景中可以使用一个以上的光源，合理地使用光源可以创造完美的视觉效果。

（1）创建光源。依次单击菜单栏中的 GameObject → Light，然后会出现可供选择的光源类型，如图 5-28 所示。因场景中有一个默认的方向光源，所以可以不用再添加方向光源。

（2）设置阴影。在 Hierarchy 视图中选中 Directional Light；然后在 Inspector 视图中，将 Light 下的 Shadow Type 设置为 Hard Shadows（硬阴影）；最后将 Strength（强度）设置为 0.6，如图 5-29 所示。

光源参数如表 5-8 所示。

图 5-28

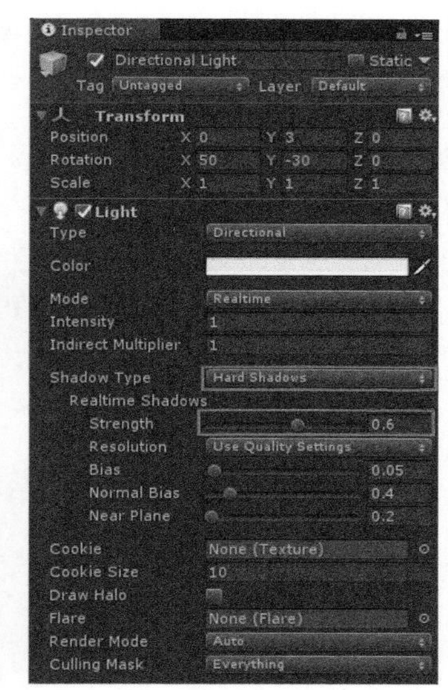

图 5-29

表 5-8　光源参数说明表

参数	说明
Type	灯光类型。分为 Spot（聚光源）、Directional（方向光源）、Point（点光源）和 Area（区域光）
Range	灯光的照射范围（仅限于 Spot 和 Point 光源）
Spot Angle	设置 Spot 灯光的发散角度（仅限）
Color	用于设置灯光的颜色
Mode	光照模式。分为 Realtime（实时）、Mixed（混合）和 Baked（烘焙）
Intensity	用于设置灯光的照射强度
Indirect Multiplier	间接光照的倍数。值越大光照越亮
Shadow Type	阴影的类型。分为 No Shadows（无阴影）、Hard Shadows（硬阴影）和 Soft Shadows（柔和阴影）
Baked Shadow Angle	烘焙阴影的角度。如果类型是 Directional，并且阴影类型是 Hard Shadows 和 Soft Shadows，则此属性为阴影的边缘添加了一些人工软化，并给它们提供了更自然的外观
Baked Shadow Radius	烘焙阴影的半径。如果类型是 Spot 或 Point，阴影类型是 Hard Shadows 和 Soft Shadows，则此属性为阴影的边缘添加了一些人工软化，并给它们提供了更自然的外观
Realtime Shadows	实时光照阴影。这些属性可用阴影类型为 Hard Shadows 或 Soft Shadows。使用这些属性可控制阴影的实时渲染设置
Strength	使用滑块来控制阴影强度，由一个 0 和 1 之间的值表示。这里默认设置为 1
Resolution	控制渲染阴影贴图的分辨率。一个高分辨率可增加阴影的保真度，但需要更多的处理器时间和内存使用
Bias	使用滑块来控制阴影推离光的距离，定义为一个 0 到 2 之间的值。要避免虚假的自我阴影，这里默认设置为 0.05
Normal Bias	使用滑块来控制阴影沿表面光线收缩的距离，定义为一个 0 到 3 之间的值。要避免虚假的自我阴影，默认情况下，此值设置为 0.4
Near Plane	在渲染阴影时，使用滑块来控制近剪辑平面的值，该值定义为 0.1 到 10 之间的值。此值固定到 0.1 单位或光的范围属性的 1%，以较低的值为准。默认情况下，此值设置为 0.2
Cookie	指定一个纹理遮罩，通过它投射阴影（如创建剪影，或为光创建图案照明）

续表

参数	说明
Cookie Size	指定纹理模板阴影的大小
Draw Halo	是否绘制光晕。勾选之后光晕的直径和 Range 的值相同。也可以使用 Halo 组件来实现
Flare	用于设置光斑
Render Mode	渲染的模式是在运行时确定的，根据附近的灯光亮度和当前的质量设置（Quality Settings）
Culling Mask	定义受到此光照影响的物体层级，使用此方法有选择地排除，对象组受到光的影响

5.4 角色控制

5.4.1 实践操作 14：创建第一人称控制器

（1）导入角色控制器资源包。依次单击菜单栏中的 Assets → Import Package → Characters 选项，在弹出的 Importing Package 对话框中单击右下角的 Import 按钮，将资源导入项目中，如图 5-30 所示。

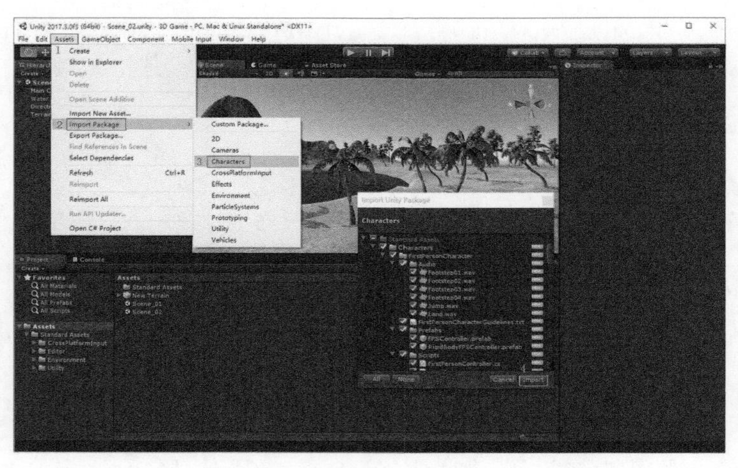

图 5-30

（2）在 Project 视图中，依次单击文件夹 Assets → Standard Assets → Characters，可以看到在 Characters 文件夹下有一个 FirstPersonCharacter（第一人称角色控制器）文件夹和 ThirdPerson-Character（第三人称角色控制器）文件夹，如图 5-31 所示。

图 5-31

（3）依次单击 FirstPersonCharacter → Prefabs，将其文件夹中的 FPSController 预设体拖动到 Scene 视图中，将其放置在湖边上，并将 FPSController 对象整体放置在地面之上；最后将 Hierarchy 视图中的 Main Camera 对象删除（选中对象，右击选择 Delete 或者按键盘 Delete 键），如图 5-32 所示。

注 意

第一人称角色控制器一定要放置在高于地面的位置。当运行游戏时，如果第一人称角色控制器的高度低于地面高度，第一人称角色控制器则会陷入地面并一直往下落。

（4）单击工具栏中的▶（播放）按钮，在 Game 视图中，通过 W、A、S、D 键或者方向键控制角色的移动，空格键控制跳跃，移动鼠标控制视野方向，如图 5-33 所示。

（5）在播放状态下，此时游戏的鼠标被隐藏了。如果要结束播放状态，可以按键盘 Ctrl+P 组合键结束播放。如果需要显示鼠标，则在 FPSController 对象的 Inspector 视图中，将 First Person Controller 组件中的 Mouse Look 下的 Lock Cursor 参数的勾选取消即可。

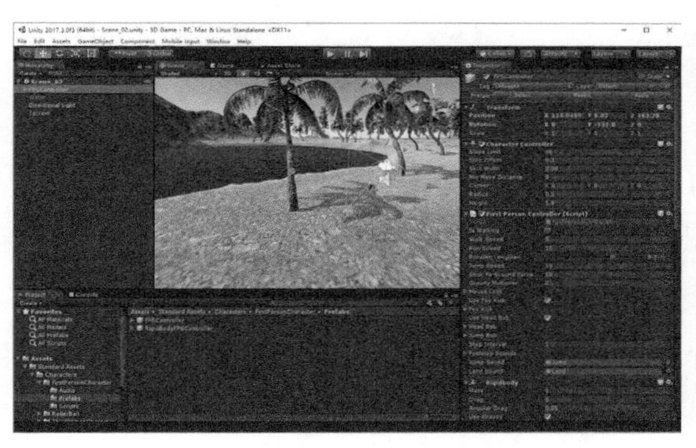
图 5-32

图 5-33

5.4.2 实践操作 15：创建第三人称控制器

（1）导入相机资源包。依次单击菜单栏中的 Assets → Import Package → Cameras 选项，在弹出的 Importing package 对话框中单击右下角的 Import 按钮，将资源导入项目中。导入之后可以看到相机资源，如图 5-34 所示。

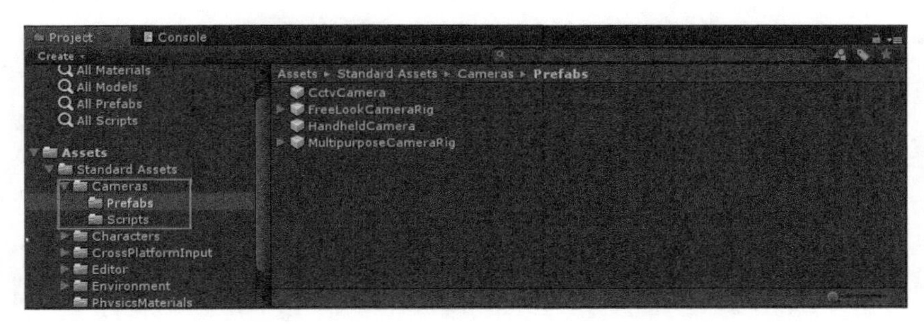

图 5-34

（2）将 Characters → ThirdPersonCharacter → Prefabs 文件夹中的 ThirdPersonController 预设体拖动到 Scene 视图中，将其放置在湖边上，并将 ThirdPersonController 对象整体放置在地面之上；最后将第一人称对象 FPSController 删除，如图 5-35 所示。

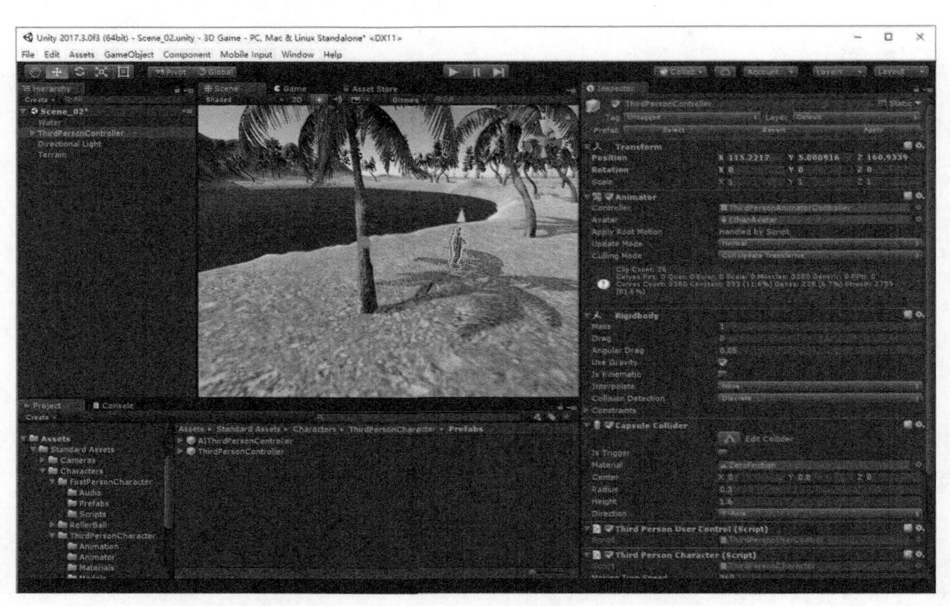

图 5-35

（3）将 Cameras → Prefabs 文件夹中的 FreeLookCameraRig 预设体拖动到 Scene 视图中，将其放置在 ThirdPersonController 的位置上；然后将 Free Look Cam（Script）组件的 Target 参数指定为 ThirdPersonController 对象（将其拖动到 Target 即可），如图 5-36 所示。

（4）单击工具栏中的▶播放按钮，在 Game 视图中，通过 W、A、S、D 键或者方向键控制角色的移动，C 键控制下蹲，空格键控制跳跃，移动鼠标控制视野方向，如图 5-37 所示。

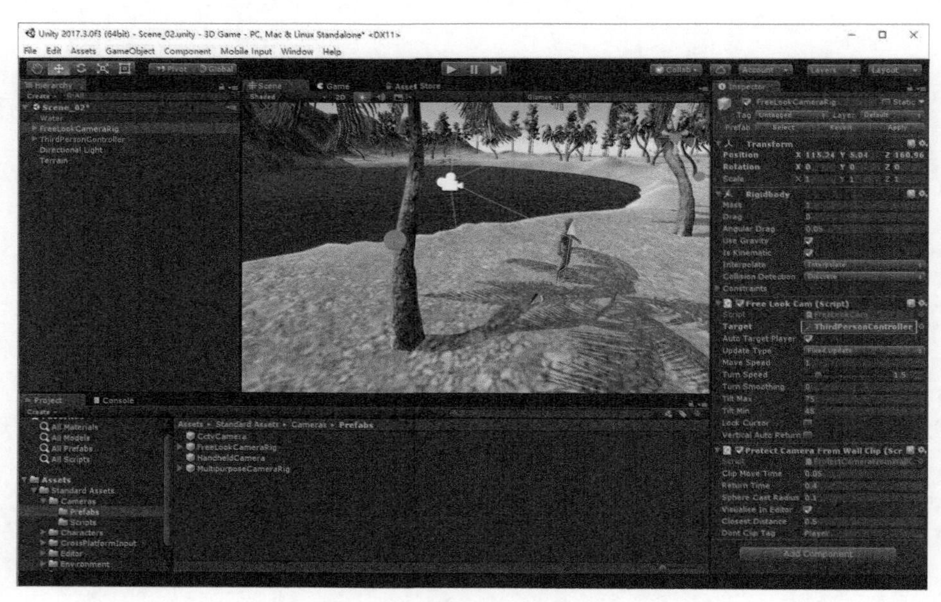

图 5-36

图 5-37

5.5 静态景物

5.5.1 实践操作 16：导入外部物体

（1）导入外部物体资源包。依次单击菜单栏中的 Assets → Import Package → Custom Package...，在弹出的 Import Package... 对话框中，打开本书资源包，路径为 \Book\Projects\Chapter05 的文件夹，选择 Arena.unitypackage。然后单击“打开”按钮，在弹出的 Import Unity Package 对话框中单击右下角的 Import 按钮，将资源导入项目中，如图 5-38 所示。

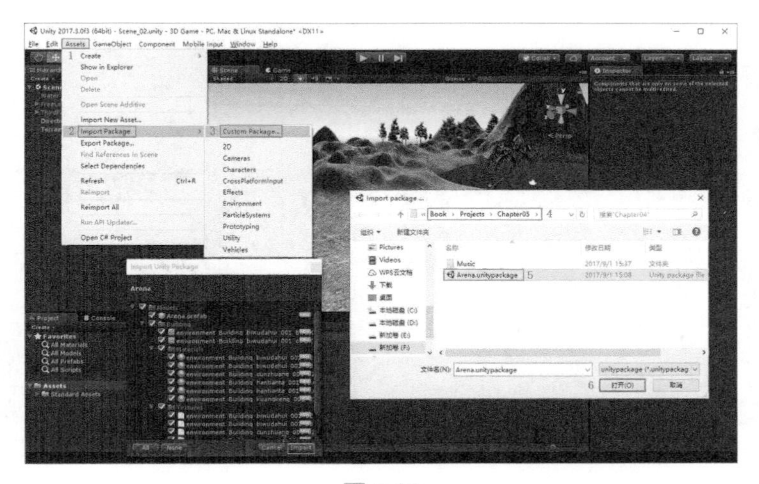

图 5-38

技 巧

要导入 unitypackage 资源包时，也可以直接将资源包拖曳到 Project 视图中的 Assets 下的文件夹里。这是快速导入 Unity 的方法。

（2）将 Models 文件夹下的 Arena 预设体拖动到 Scene 视图中；然后将其设置到平坦的地面上，使得 Arena 对象与地面接触，如图 5-39 所示。

（3）运行游戏，在场景中就可以看到添加进来的擂台物体了，如图 5-40 所示。

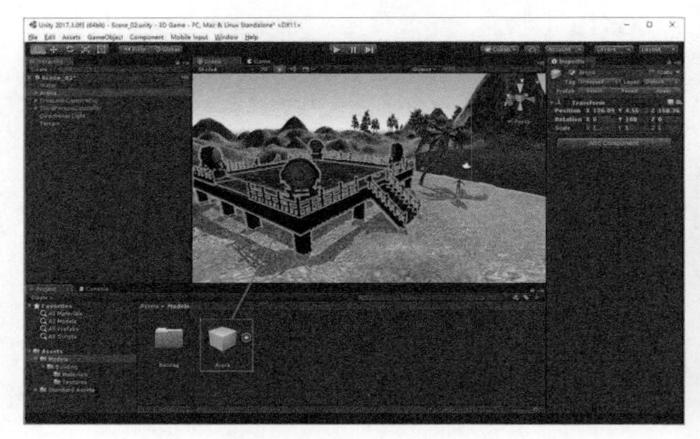

图 5-39

图 5-40

5.5.2 实践操作 17：创建物理阻挡

当运行游戏时，第三人称控制器可以穿透擂台导致无法走上擂台。为了使得角色控制器可以走上擂台，需要给擂台添加碰撞体。

（1）在 Arena 对象下创建一个空对象来管理擂台的碰撞体。在 Hierarchy 视图中选中 Arena。然后依次单击菜单栏中的 GameObject → Create Empty Child，在 Arena 下会新建一个名为 GameObject 的空对象，将其更名为 Arena Collision，如图 5-41 所示。

（2）创建立方体来做碰撞体。依次单击菜单栏中的 GameObject → 3D Object → Cube，在 Scene 视图中创建一个立方体，通过缩放、旋转、移动工具将 Cube 覆盖擂台，如图 5-42 所示。

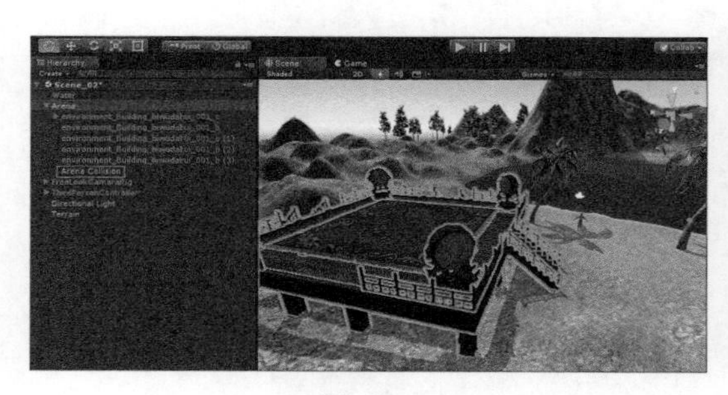

图 5-41

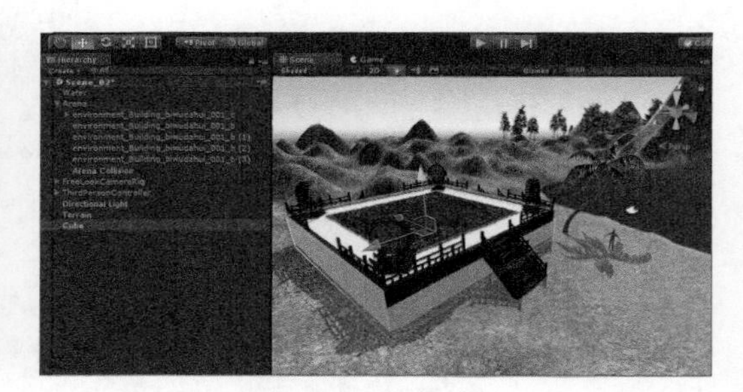

图 5-42

（3）按照上一步骤，将房子的墙与地面都添加上方块碰撞体（在 Hierarchy 视图中选中一个 Cube，然后按 Ctrl+D 组合键可复制一个 Cube），如图 5-43 所示。

（4）在 Hierarchy 视图中，将给擂台添加的全部碰撞体 Cube 拖动到 Arena 下的 Arena Collision 中（按住 Ctrl 键并单击鼠标可选中多个不连续的对象。单击选中第一个对象后，按住 Shift 键再单击选中最后一个对象，即可将连续的多个对象选中）；然后将 Arena Collision 下的全部 Cube 选中；最后在 Inspector 视图中去掉 Mesh Renderer 项的勾选，在 Scene 视图中的这些 Cube 将不会被渲染，如图 5-44 所示。

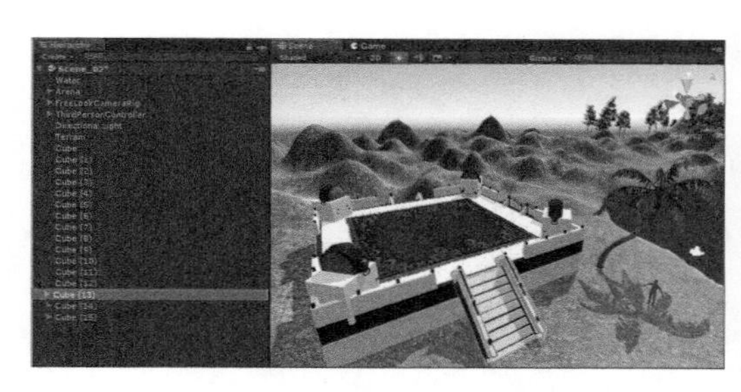

图 5-43

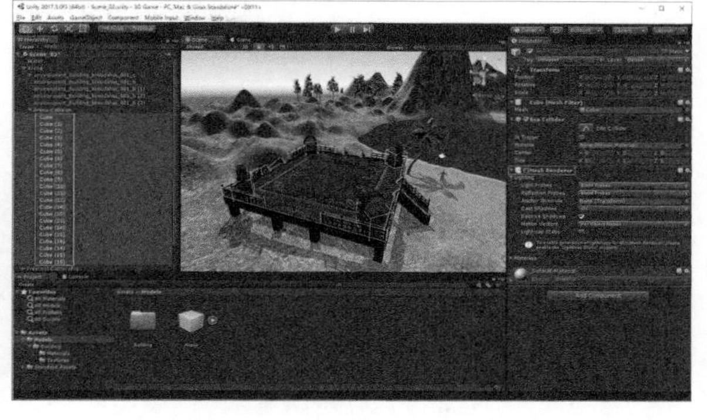

图 5-44

（5）树的碰撞体在创建地形时就默认开启，如未开启树的碰撞体，可在 Terrain 的 Inspector 视图中将 Terrain Collider 组件下的 Enable Tree Colliders 项勾选，如图 5-45 所示。

（6）运行游戏，控制第三人称角色控制器即可走上擂台，如图 5-46 所示。

图 5-45

图 5-46

5.6 环境和音效

5.6.1 实践操作 18：添加天空盒

（1）导入天空盒资源包。打开本书资源包，路径为 \Book\Projects\Chapter05 的文件夹，选择 skybox.unitypackage，将其导入 Unity，如图 5-47 所示。

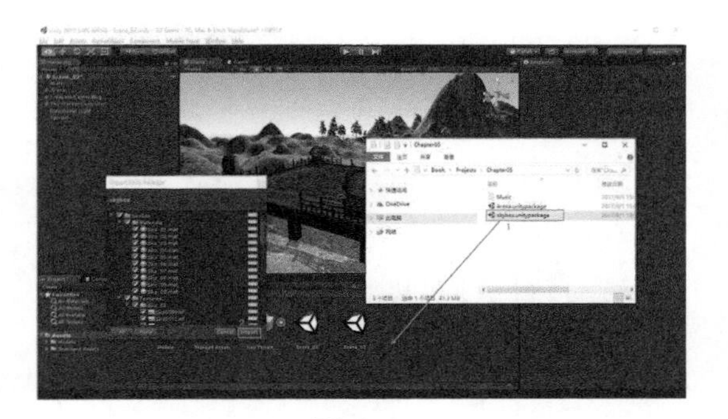

图 5-47

（2）添加天空盒。依次单击菜单栏中的 Window→Lighting→Settings，然后在打开的 Lighting 视图的 Scene 选项卡中，单击 Skybox Material 右侧的◙按钮，在弹出的 Select Material 对话框中选择 sky_01，如图 5-48 所示。

（3）运行游戏，可以看到添加的天空盒效果，如图 5-49 所示。

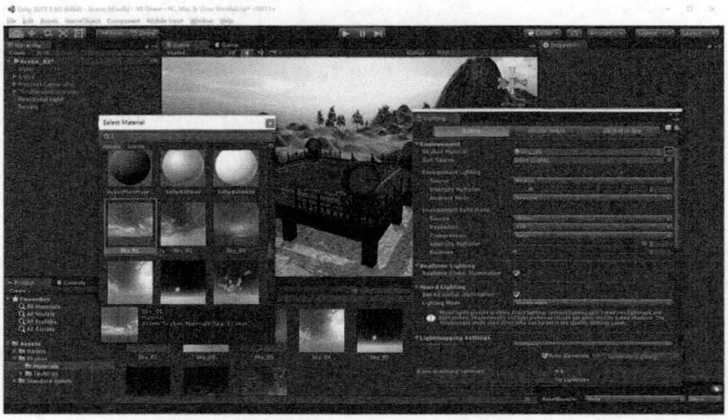

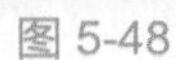

图 5-48

图 5-49

5.6.2 实践操作 19：添加雾效

（1）依次单击菜单栏中的 Window → Lighting → Settings，然后在打开的 Lighting 视图的 Scene 选项中，勾选 Fog 选项开启雾效，如图 5-50 所示。Fog 的部分参数说明如表 5-9 所示。

表 5-9　Fog 部分参数说明表

Fog	是否在场景中开启雾效
Color	雾效的颜色
Mode	雾效的模式。分为 Linear（线性）、Exponential（指数）和 Exponential Squared（指数平方）模式
Start	雾效距离相机开始的距离（仅 Linear 模式）
End	雾效距离相机结束的距离（仅 Linear 模式）
Density	雾效的密度（仅 Exponential 和 Exponential Squared 模式）

（2）运行游戏，可以看到添加的雾效，如图 5-51 所示。

图 5-50

图 5-51

5.6.3 实践操作 20：添加音效

（1）创建一个文件夹管理音效。在 Assets 里文件夹下的空白处右击选择 Create → Folder，在 Project 视图中的 Assets 下会新建一个文件夹，将其命名为 Music，如图 5-52 所示。

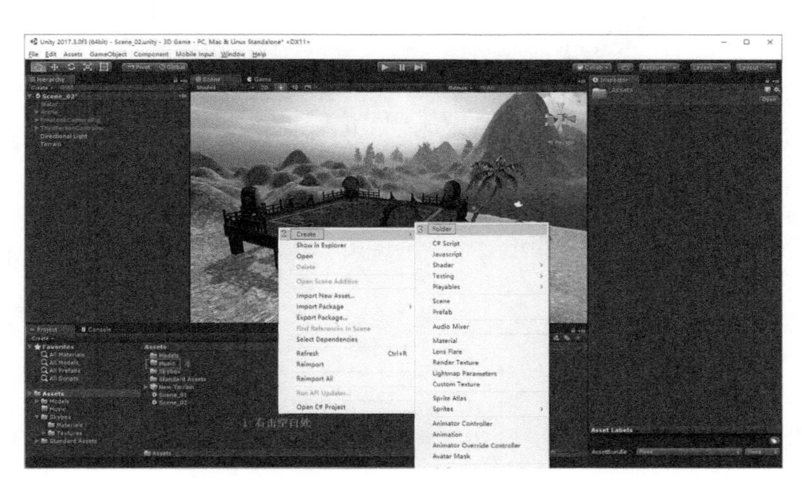

图 5-52

（2）导入音效。打开本书资源包路径为 \Book\Projects\Chapter05\Music 的文件夹，将里面的两个音效拖曳到 Assets 下的 Music 文件夹下，即可将音效导入 Unity，如图 5-53 所示。

（3）添加背景音效。在 Project 视图中的 Music 文件夹下，将 bgm 拖动到 Hierarchy 视图中。然后在 bgm 对象的 Inspector 视图中，勾选 Loop（循环），如图 5-54 所示。

（4）添加音效。在 Project 视图中的 Music 文件夹下，将 chirp 拖动到 Hierarchy 视图中；然后在 Scene 视图中，将 chirp 对象的位置移动到树林中；最后在 chirp 的 Inspector 视图中，将 Loop（循环）勾选，Spatial Blend 值设置为 1（使得声音变为空间 3D 混合），Volume Rolloff（音量衰减）设置为 Linear Rolloff（线性衰减），Max Distance（最大距离）设置为能覆盖树林即可（在 Scene 视图中拖动音效球形范围上的方点即可改变 Max Distance 的值），如图 5-55 所示。

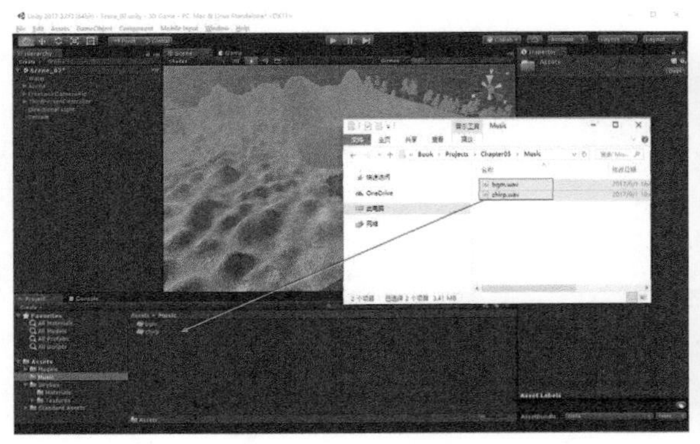

图 5-53

图 5-54

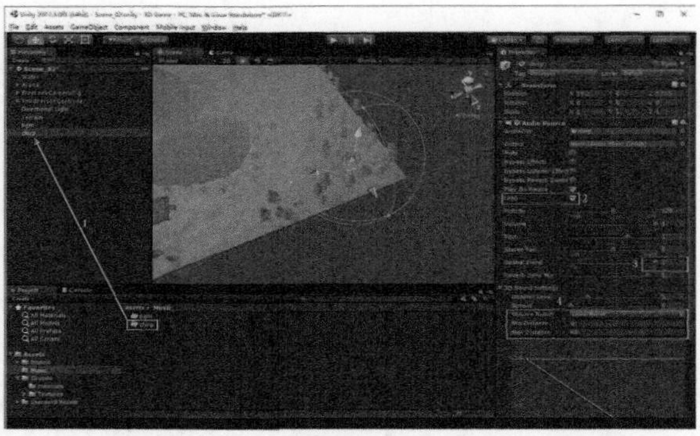

图 5-55

（5）运行游戏，在整个场景中都可以听到 bgm 的音效。在进入树林时可以听到 chirp（鸟鸣）的音效，离开树林时鸟鸣声消失。

第 6 章 创建基本的 2D 游戏场景

6.1 实践操作 21：创建 2D 游戏场景

（1）启动 Unity 应用程序，在弹出的对话框中单击 New Project 按钮；然后修改项目工程名称为 2D Game，更改项目路径为 E：\Unity2017Projects，单击对话框的 2D 选项切换到 2D 工作环境；然后单击 Create Project 按钮新建游戏工程，如图 6-1 所示。

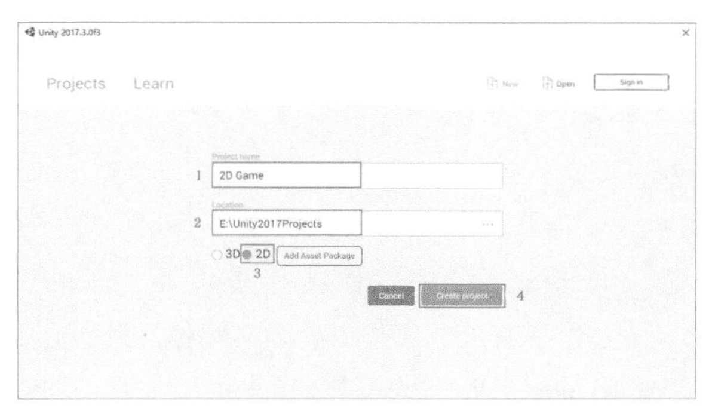

图 6-1

（2）Unity 会自动创建一个空的项目工程；在 Scene 视图中的 2D 模式为默认启用状态，此时 Scene 视图是一个 2D 正交视图，其中自带一个名为 Main Camera 的摄像机对象；选择该摄像机，在 Scene 视图中的右下角会弹出 Camera Preview（摄像机预览）缩略图，如图 6-2 所示。

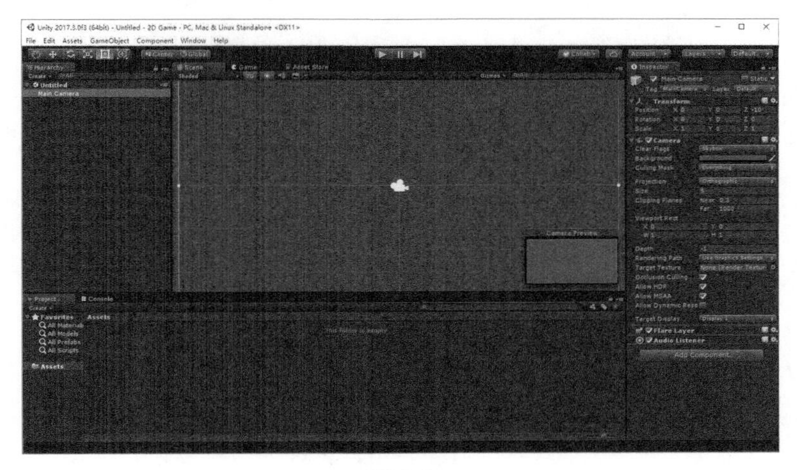

图 6-2

（3）依次单击菜单栏中的 File → Save Scene（或者按 Ctrl+S 组合键），将场景保存。首次保存时需要为场景命名，此处将场景命名为 NO1，单击 Save 按钮，NO1 场景会保存在 Project 视图下的 Assets 文件夹下。

（4）经过以上步骤，项目工程的创建以及场景的保存就完成了。

6.2 实践操作 22：创建工作层

为了使游戏对象在场景中的层次不会错乱，可以创建不同的工作层来管理游戏对象，从而使 2D 游戏场景的层次更加分明，游戏对象之间的操作也更加方便。

依次单击菜单栏中的 Editor → Project Settings → Tags and Layers（或者直接单击编辑器右上角的 Layers → Edit Layers），在 Inspector 视图中单击 Sorting Layers 左侧的箭头按钮展开；然后单击 Sorting Layers 下的➕按钮，添加三个层级，分别命名为 Background、Foreground 和 Characters，分别用来管理背景层、前景层和角色层，如图 6-3 所示。

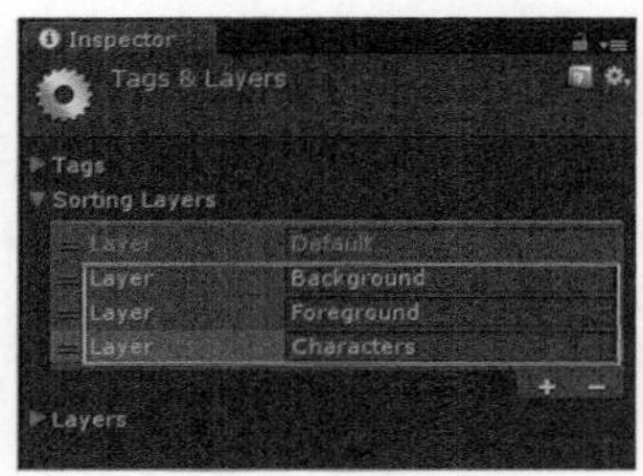

图 6-3

6.3 导入图片资源

在 Project 视图中右击 Assets 文件夹，在弹出的菜单中选择 Show in Explorer，就会打开工程文件所在的文件夹路径，将本书资源文件包，路径为 \Book\Projects\Chapter06 的文件夹下的 Sprites 文件夹复制到 Unity 工程文件下的 Assets 文件夹中，然后回到 Unity 应用程序界面，Unity 会自动刷新 Assets 文件夹中的资源，这样图片资源就导入工程中了，如图 6-4 所示。

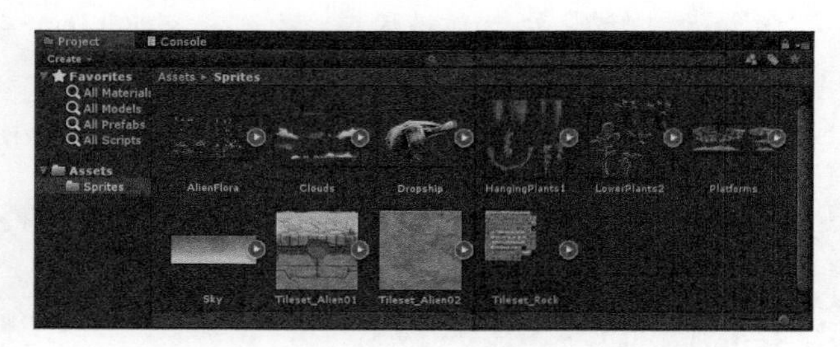

图 6-4

知识点

Unity 支持的所有资源都可通过以下 3 种方式进行导入。

（1）直接将资源复制到项目文件夹下的 Assets 文件夹中。

（2）直接将资源拖动到 Project 视图中的 Assets 文件夹中。

（3）依次单击菜单栏中的 Assets → Import New Asset... 选项进行导入。

6.4 创建 Tilemap

Tilemap 功能允许用户使用 Tile 和 Grid 叠加快速创建 2D 层级。它由许多共同工作的系统组成。

- Tile Assets：Tile 实际上是在 Tilemap 上排列的 Sprite。在 Unity 的实现中，使用了一个中间资源来代替 Sprite。这使用户能够以多种方式扩展 Tile 本身，为 Tile 和 Tilemaps 创建一个强大而灵活的系统，其属性如图 6-5 所示。参数说明如表 6-1 所示。

图 6-5

表 6-1　Tile Assets 参数说明表

参数	说明
Preview	Title 资源的预览图
Sprite	Title 资源使用的 Sprite 图片
Color	Title 资源的颜色
Collider Type	Title 的碰撞体类型。分为 None、Sprite 和 Grid

- Grid：一个用于在屏幕上绘制出网格的组件。Tilemap 是 Grid 的子对象，其属性如图 6-6 所示。参数说明如表 6-2 所示。

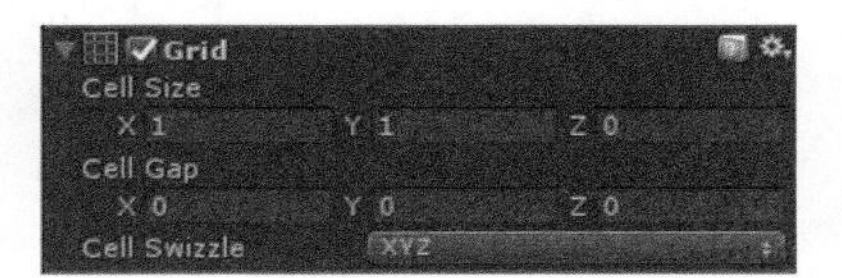

图 6-6

表 6-2　Grid 参数说明表

参数	说明
Cell Size	每个网格单元占据的大小
Cell Gap	网格单元之间的间隙大小
Cell Swizzle	网格单元的位置排列方式

- TilemapPalette：这个对象用来陈列所有的可选 Tilemap 集合。通过 Tile Palette 窗口对 Tilemap 对象进行绘制，其窗口如图 6-7 所示。

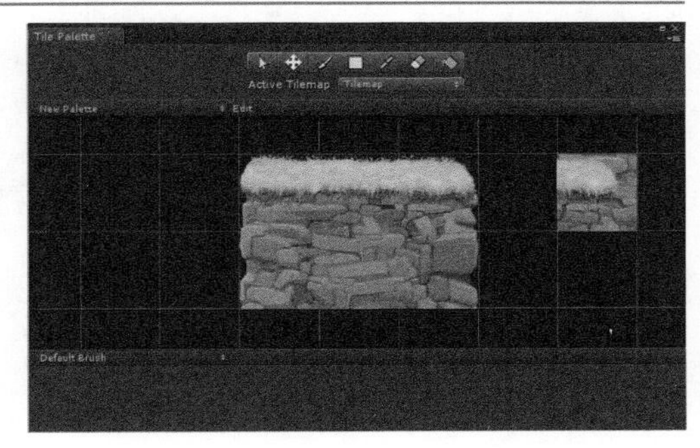

图 6-7

实践操作 23：创建 Tilemaps

1 依次单击菜单栏中的 GameObject → 2D Object → Tilemap 选项，即可创建一个空白的 Tilemap，如图 6-8 所示。

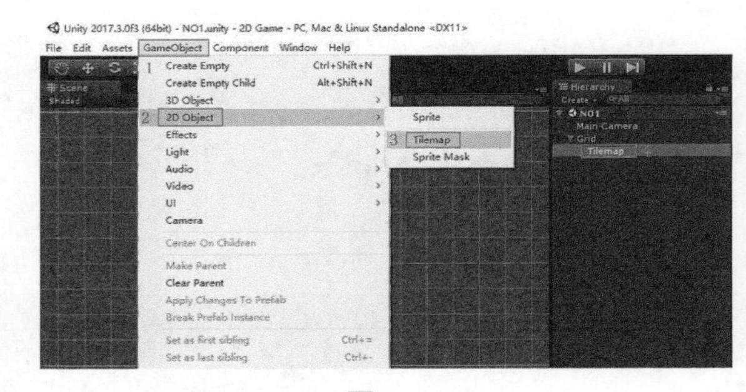

图 6-8

2 依次单击菜单栏中的 Assets → Create → Folder 选项，在 Assets 下新建一个文件夹，并命名为 Palette，用于存放 Tilemap Palette 资源。

3 依次单击菜单栏中的 Window → Tile Palette 选项，打开 Tile Palette 窗口；然后单击 Create New Palette 按钮，即可创建一个名为 My Palette，路径选择到 Palette 文件夹中的 Tilemap Palette 资源，如图 6-9 所示。

4 依次单击菜单栏中的 Assets → Create → Tile 选项，即可创建一个 Tile 资源；然后将 Tile 对象的 Sprite 参数指定为 Tileset_Alien01 对象，如图 6-10 所示。

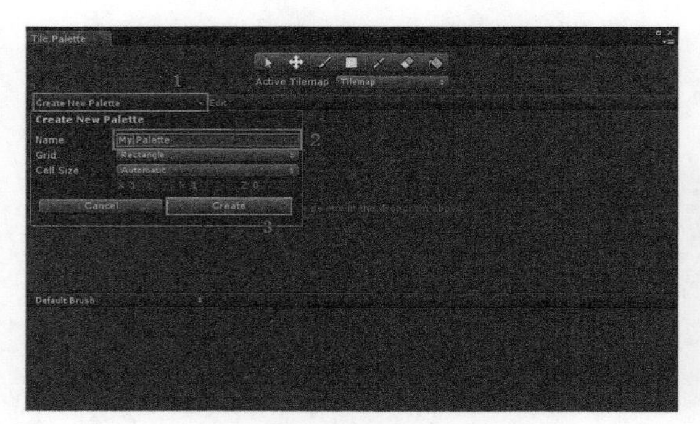

图 6-9

图 6-10

5 打开 Tile Palette 窗口，将创建的 Tile 资源对象拖动到 My Palette 视图中，即可为 My Palette 添加 Tile 数据，如图 6-11 所示。

6 也可以直接将 Sprite 对象拖动到 My Palette 视图中，如图 6-12 所示，这个过程会提示用户生成一个 Tile 资源所需的步骤。其实质是将 Sprite 对象先转换成 Tile 资源，然后再将 Tile 资源添加到 My Palette 中。

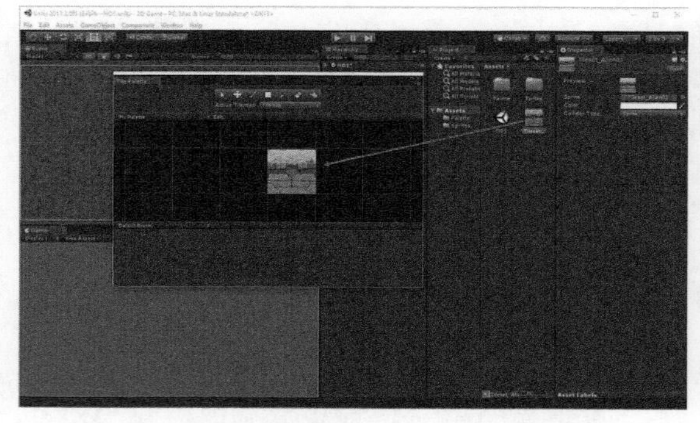

图 6-11

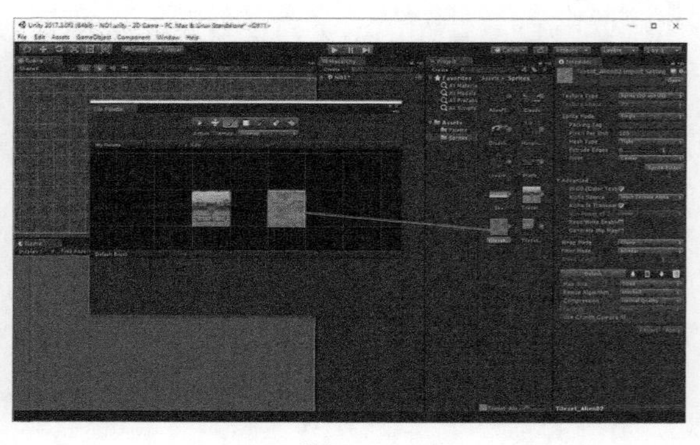

图 6-12

7 绘制 Tilemap。选中 My Palette 下的 Tile 对象；然后选中 Tile Palette 窗口工具栏的（喷绘）按钮，在 Scene 视图中单击鼠标左键即可在激活的 TileMap 对象上绘制 Tile（或者按住鼠标左键并在网格上拖动），如图 6-13 所示。

8 从图 6-13 中可以看出，在 Tilemap 上绘制的单个 Tile 对象并不是在一个完整的网格中，而是占据多个网格。当出现这种情况时，需要将 Tile 所用到的 Sprite 对象的 Pixels Per Unit 参数设置为和图片尺寸参数相同。这里的图片大小为 256×256，所以将 Pixels Per Unit 参数设置为 256，然后单击 Apply 按钮应用即可，如图 6-14 所示。

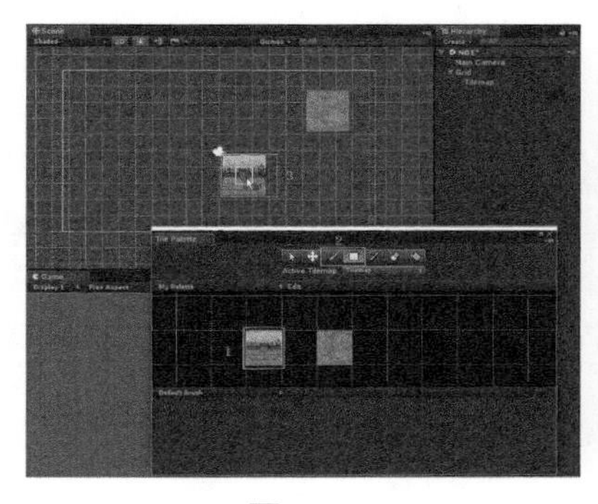

图 6-13

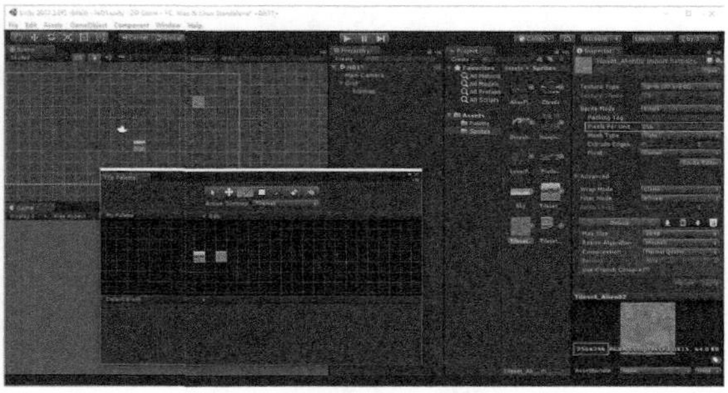

图 6-14

9 选中 Tile Palette 窗口工具栏的（擦除）按钮（或者按下 Shift 键）。然后在 Scene 视图中单击鼠标左键（或者按下并拖动）即可擦除 Tilemap 对象上绘制好的 Tile 对象。

10 在 Scene 中有多个 Tilemap 对象时，通过 Tile Palette 窗口操作时先要选择需要进行操作的 Tilemap 对象，如图 6-15 所示。

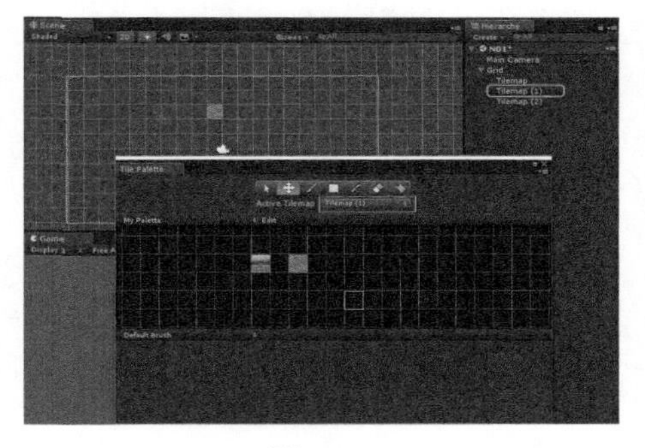

图 6-15

6.5 创建静态场景

6.5.1 创建静态景物

实践操作 24：创建背景层

1 依次单击菜单栏中的 GameObject → Create Empth，创建一个空对象，并命名为 Background（在 Hierachy 视图中选中对象后按 F2 键即可重命名），用于管理背景层的所有对象；然后在 Background 的 Inspector 视图中将 position 设置为（0，0，0）。

2 依次单击菜单栏中的 GameObject → 2D Object → Sprite，在场景中创建一个 Sprite，将其命名为 Sky；然后将 Sky 对象拖动到 Background 下方，使得 Sky 作为 Background 的子对象；最后在 Sky 的 Inspector 视图中将其 position 设置为（0，0，0），如图 6-16 所示。

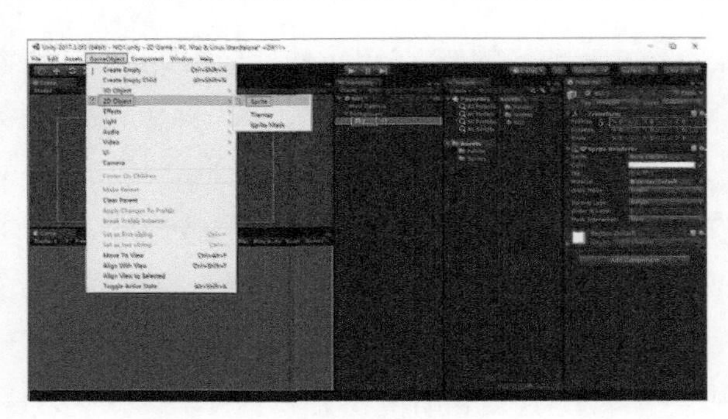

图 6-16

以下是 Inspector 视图中 Sky 对象 Sprite Renderer 组件的参数的说明，如表 6-3 所示。

表 6-3 Sprite Renderer 组件参数说明表

参数	说明
Sprite	要呈现的 Sprite（精灵）对象。单击右侧的圆形按钮可修改精灵图片
Color	渲染网格顶点的颜色
Flip	在 x 轴或 y 轴上翻转精灵
Material	渲染精灵所使用的材质
Draw Mode	绘制模式。从下拉框中选择一个选项来定义 Sprite 在更改尺寸时的缩放比例。详情参照 6.5.4 小节
Sorting Layer	用于在渲染过程中定义此精灵的叠加优先级的图层
Order in Layer	精灵所在层级中的顺序。数值越大，优先级越高
Mask Interaction	遮罩的相互影响

3 设置 Sky 的纹理、工作层及所在的工作层的顺序。在 Hierarchy 视图中选中 Sky，在其 Inspector 视图中的 Sprite Renderer 组件上，单击 Sprite 右侧的圆形按钮，在弹出的 Select Sprite 对话框中选择 Sky。在 Inspector 视图中将 Sorting Layer 参数设置为 Background，Order in Layer 设置为 0，如图 6-17 所示。

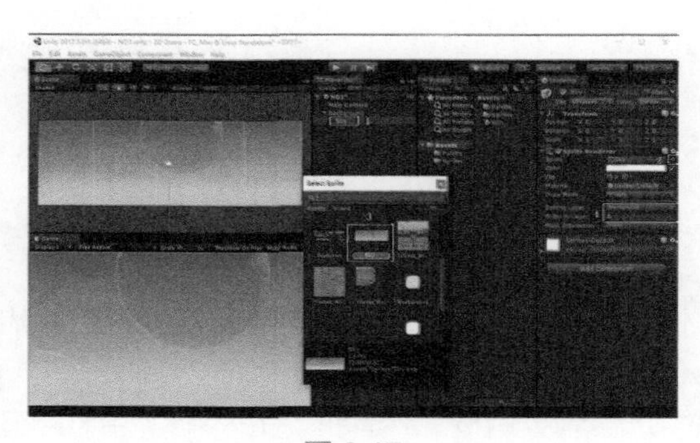

图 6-17

技 巧

在 Project 视图中，找到需要创建的 Sprite 图片直接拖到 Hierarchy 视图中可快速创建一个 Sprite 对象。

4 选中 Sprite 文件夹下的 Clouds 图片资源，可以看到该图片中有多张云朵图片，如图 6-18 所示。

5 此时需要将该图片中的云朵图片切出来。Unity 的 Sprite 提供了裁切功能。在 Clouds 的 Inspector 视图中，将 Sprite Mode 设置为 Multiple，再单击 Apply 按钮应用。然后单击 Sprite Editor 按钮打开 Sprite Editor（精灵编辑）窗口，在该窗口中单击左上角的 Slice（切片）按钮，将其切片类型设置为 Automatic（该模式下会根据图片的透明度自动切片），再单击 Slice 按钮将图片切片出来。最后单击 Sprite Editor 窗口右上角的 Apply 按钮应用，如图 6-19 所示。

图 6-18

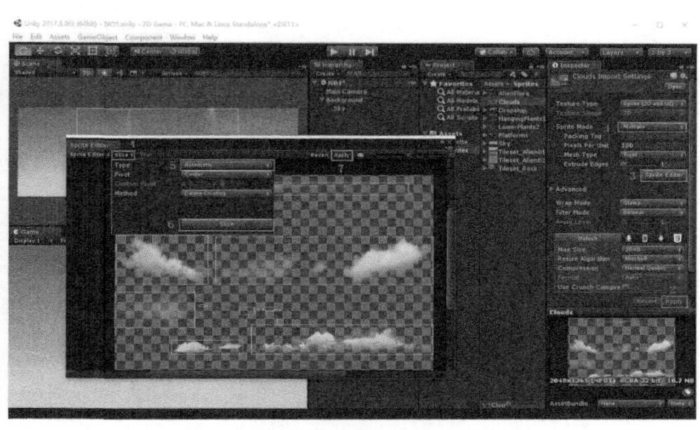

图 6-19

6 自动切片完成后，在 Sprite Editor 窗口中的各个切片会以白色框表示。可根据自身需求调整每个切片的大小（单击选择切片后调整边框大小即可），或者删除不需要的切片（选中按 Delete 键删除），调整好后需要再次单击 Apply 按钮应用修改，如图 6-20 所示。

7 Clouds 精灵切片完成后，将 Clouds 资源展开后即可看到多个被切出来的图片，如图 6-21 所示。

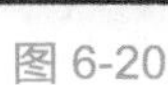

图 6-20

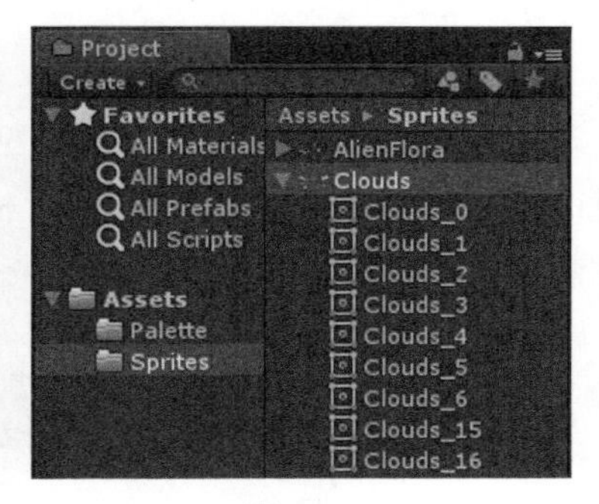

图 6-21

8 参照场景 Sky 的方式，创建云朵对象 Cloud。需要注意的是，将云朵对象的 Sorting Layer 设置为与 Sky 相同的 Background 层，Order in Layer 设置值要比 Sky 的大，如图 6-22 所示。

图 6-22

实践操作 25：创建前景层

1 依次单击菜单栏中的 GameObject → Create Empth，创建一个空对象，并命名为 Foreground，用于管理前景层的所有对象；然后在 Foreground 的 Inspector 视图中将 Position 设置为（0，0，0）。

2 将 Sprite 文件夹下的 Platforms 图片资源按照云朵 Clouds 的切片方式，把其中的多个图片裁切出来，如图 6-23 所示。

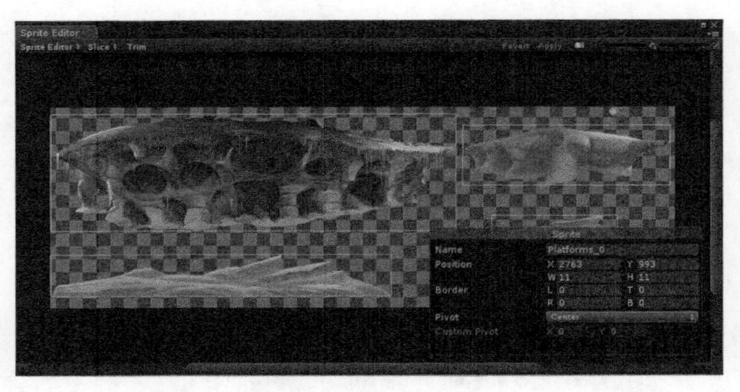

图 6-23

3 依次单击菜单栏中的 GameObject → 2D Object → Sprite，在场景中创建一个 Sprite，将其命名为 Platform01；然后将 Platform01 对象拖动到 Foreground 下方。设置其 Sprite 图片和位置，并将其 Sorting Layer 设置为 Foreground 层，Order in Layer 值设置为 0，如图 6-24 所示。

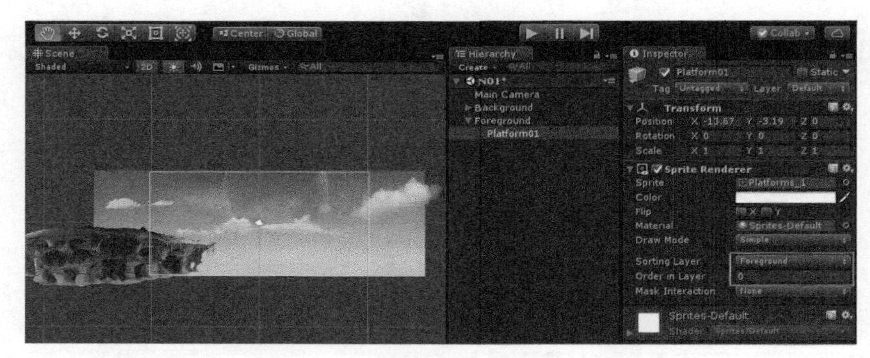

图 6-24

4 参照 Platform01 的创建步骤，创建一个名为 Dropship 的 Sprite 对象。在其 Inspector 视图中，将其 Sprite 图片设置为 Dropship，Sorting Layer 设置为 Foreground 层，Order in Layer 值设置为 1，其 Scale 设置为（0.8，0.8，1），并设置其位置，如图 6-25 所示。

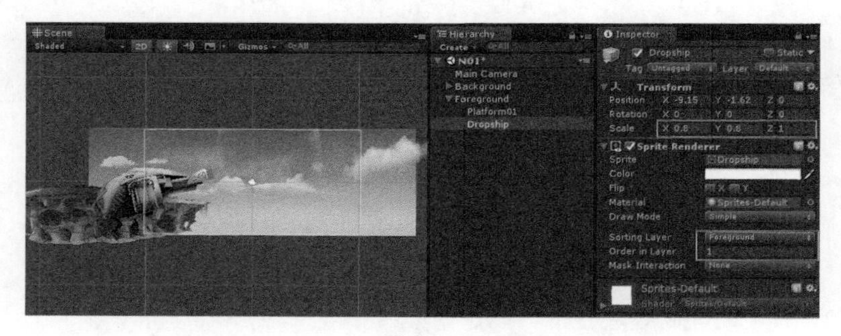

图 6-25

5 依次单击菜单栏中的 GameObject → 2D Object → Tilemap，创建一个 Tilemap。用它来绘制场景中角色移动平台和边界。

6 将资源 Tileset_Rock 图片裁切成多个精灵。选中 Tileset_Rock 图片，在其 Inspector 视图中将 Sprite Mode 设置为 Multiple，Pixels Per Unit 设置为 512；单击 Apply 按钮后打开 Sprite Editor

窗口，在该窗口上单击 Slice 按钮，将 Type 设置为 Grid By Cell Size（切片基于网格大小），Pixel Size 设置为 X=512，Y=512。最后单击 Slice 按钮切片和 Apply 选项，如图 6-26 所示。

7 依次单击菜单栏中的 Window → Tile Palette，打开 Tile Palette 窗口。将 Tileset_Rock 中的切片精灵直接拖动到 My Palette 中，为 My Palette 添加 Tile 数据，如图 6-27 所示。

8 继续为 My Palette 添加 Tile 数据，将需要绘制的 Tile 都添加上，如图 6-28 所示。

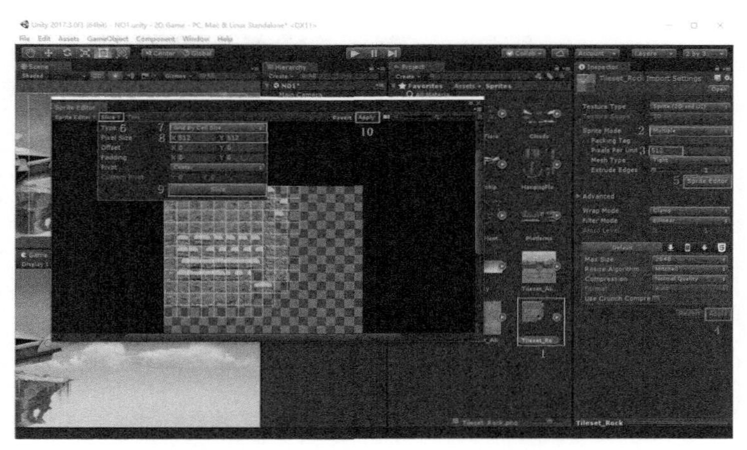

图 6-26

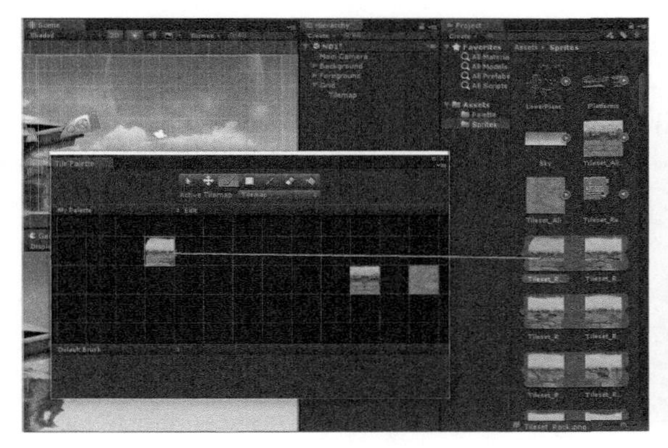

图 6-27

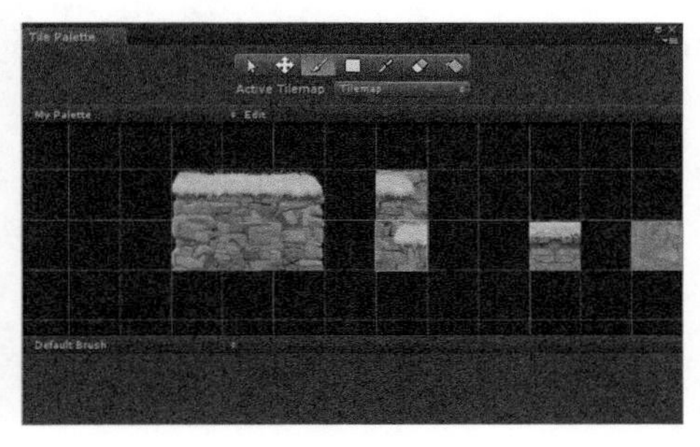

图 6-28

9 在绘制 Tilemap 之前，将 Tilemap 对象 Tilemap Renderer 组件上的 Sorting Layer 设置为 Foreground，Order in Layer 设置为 3，如图 6-29 所示。如果不设置 Tilemap 的层级和顺序，在绘制 Tilemap 时，绘制出来的内容将被背景层所遮挡。

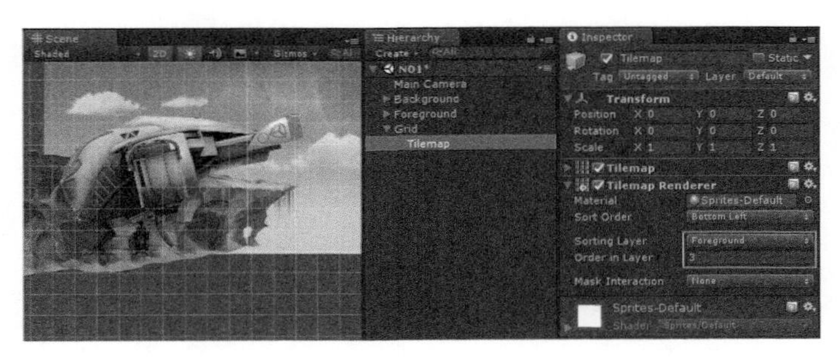

图 6-29

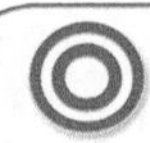 打开 Tile Palette 窗口，在 My Palette 中选择不同的 Tile，然后在 Scene 视图中绘制 Tilemap，绘制效果如图 6-30 所示。

知识点

Palette 的 Tile 数据也可以在绘制 Tilemap 时，一边绘制，一边添加绘制所需要的 Tile。

图 6-30

11 可根据当前的图片素材，添加更多的前景层元素，如图 6-31 所示。

图 6-31

6.5.2 层级排序

对于 2D 游戏对象 Sprite 和 Tilemap，各对象的层级排序是由自身 Sorting Layer 和 Order in Layer 决定的。

- Sorting Layer 所在的层级越高，则 2D 对象的优先级越高，即层级高的对象覆盖层级低的对象。
- 在 Sorting Layer 所在层级相同的情况下，Order in Layer 值越大，优先级越高，即在相同的 Sorting Layer 层级下，Order in Layer 值大的将覆盖值小的对象。

6.5.3 Outline Editor 功能

使用 Sprite Editor 的 Edit Outline 选项编辑 Sprite 生成的 Mesh，从而可有效地编辑它的轮廓。

Sprite 中的透明区域会对项目的性能产生负面影响。此功能对于精调 Sprite 的边界非常有用，确保形状中的透明区域更少。

要使用此选项，可选择 Sprite 并打开 Sprite Editor（在 Inspector 视图中单击 Sprite Editor）。单击左上角的 Sprite Editor 菜单，然后选择 Edit Outline，如图 6-32 所示。

在 Edit Outline 模式下，选择视图中的 Sprite 图片，Sprite 编辑器将显示 Sprite 的轮廓和控制点。轮廓用白线表示。控制点是用户可以用来移动和操作轮廓的区域。控制点由小方块表示。单击并拖动白色方形轮廓控制点以更改其位置。如果要移动轮廓而不是控制点，可在按住 Ctrl 键的同时单击鼠标并拖动轮廓，如图 6-33 所示。

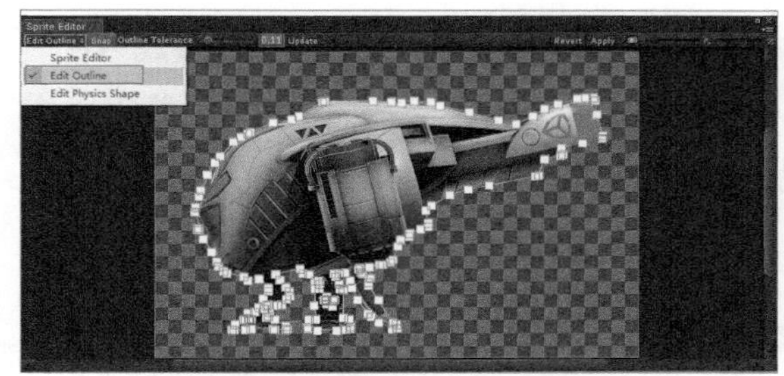

图 6-32

图 6-33

使用 Outline Tolerance 滑块来增加和减少可用轮廓控制点的数量，即 0（控制点的最小数量）和 1（控制点的最大数量）之间。较高的 Outline Tolerance 值会创建更多的轮廓控制点，而较低的 Outline Tolerance 值会创建更少的轮廓控制点（即轮廓控制更为粗糙）。单击 Update 按钮以应用更改，如图 6-34 所示。

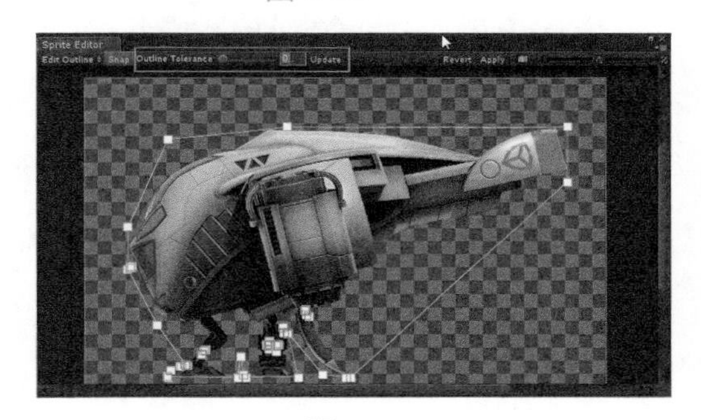

图 6-34

6.5.4 2D 的九宫格技术

九宫格是一种 2D 技术，它允许用户重复使用各种尺寸的图像，而无须准备多个资源。它涉及将图像分成 9 个部分，以便在重新设置 Sprite 大小时，不同部分以不同方式缩放或平铺（即以网格形式重复）以保持 Sprite 的比例。这在创建图案或纹理时非常有用，如 2D 环境中的墙壁或地板。

这是一个九宫格 Sprite 的例子，分成 9 个部分，每个部分都标有 A 到 I 的字母，如图 6-35 所示。

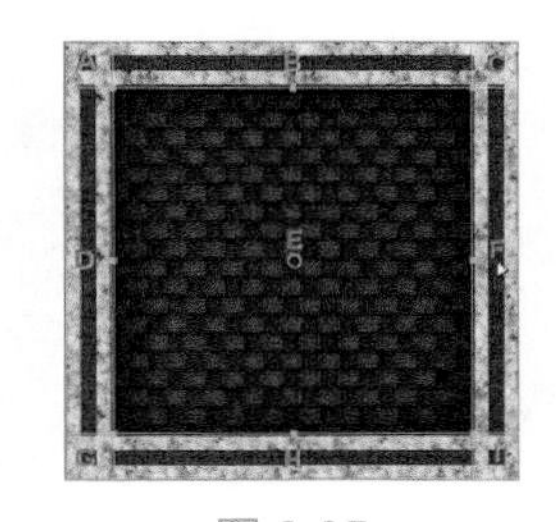

图 6-35

以下描述了当更改图像尺寸时发生的情况。

- 四角（A，C，G，I）的大小不变。
- B 和 H 部分横向拉伸或平铺。
- D 和 F 部分纵向拉伸或平铺。
- E 部分横向和纵向拉伸或平铺。

1. 设置九宫格图片

选择 Sprite 图片资源，然后在 Inspector 视图中将 Mesh Type 设置为 Full Rect，如图 6-36 所示。如果 Mesh Type 设置为 Tight，则九宫格可能无法正常工作。

单击 Sprite Editor 按钮打开 Sprite Editor 窗口，使用该窗口定义 Sprite 的边界（即要定义平铺区域的位置，例如地砖的墙壁）。为此，可使用 Sprite 控制面板的 L、R、T 和 B 字段（分别为左侧、右侧、顶部和底部）。或者单击并拖动顶部、底部和侧面的绿色圆点，如图 6-37 所示。

边界设置完成后单击窗口右上角的 Apply 按钮应用。

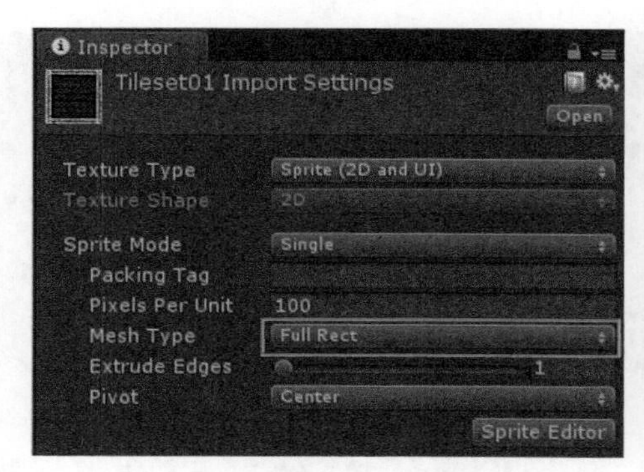

图 6-36

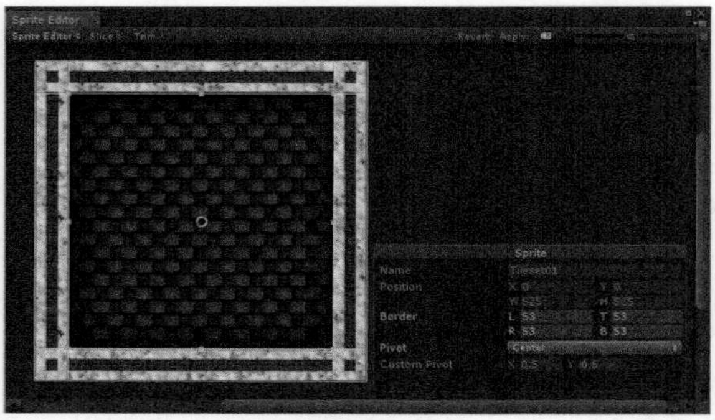

图 6-37

2. 使用九宫格图片

依次单击菜单栏中的 GameObject → 2D Object → Sprite，在场景中创建一个 Sprite 对象，将其 Inspector 视图中的 Sprite 参数设置为九宫格图片，并更改 Draw Mode 的参数，如图 6-38 所示。

它默认设置为 Simple。要应用九宫格，根据用户想要的行为将其设置为 Sliced（切片）或 Tiled（平铺）。

- Simple：尺寸变化时，图像会在所有方向上进行缩放，如图 6-39 所示。该模式不用于九宫格。

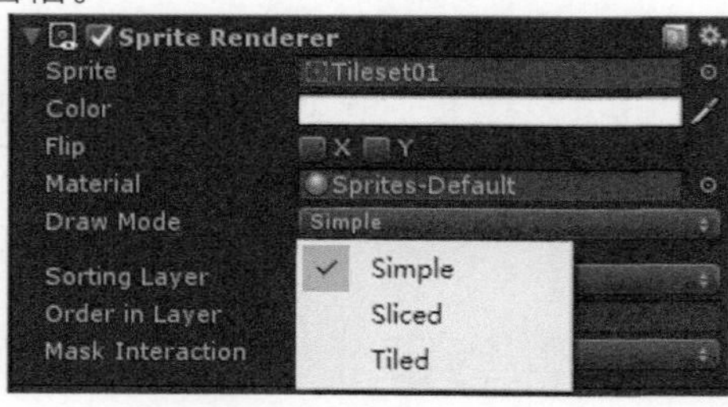

图 6-38

图 6-39

- Sliced：在该模式中，四个角落保持相同的大小，Sprite 的顶部和底部水平拉伸，Sprite 的左右两边垂直拉伸，并且 Sprite 的中心也会被水平拉伸和垂直拉伸，以适应 Sprite 的大小。

将 Sprite 的 Draw Mode 设置为 Sliced 时，可以使用 Sprite Renderer 上的 Size 属性选择更改大小。也可以使用工具栏中的工具来缩放 Sprite。注意，不能用 Transform 下的 Scale 来缩放九宫格，如图 6-40 所示。

- Tiled：在该模式下，精灵图片保持相同大小，并且不缩放。Sprite 的顶部和底部水平重复，两边垂直重复，并且 Sprite 的中心在 Tile 形成中重复以适应 Sprite 的大小，如图 6-41 所示。Tlied 模式下 Sprite 对象的缩放方式和 Sliced 相同。

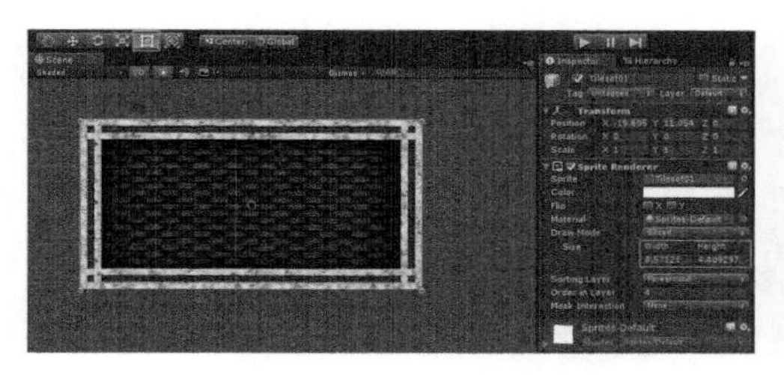

图 6-40

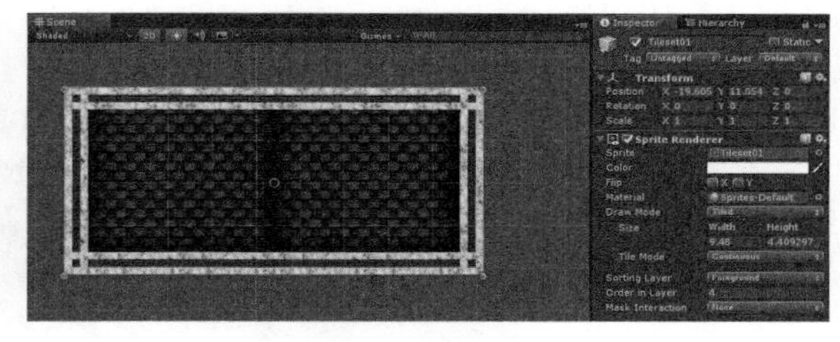

图 6-41

6.6 实践操作 26：创建灯光

（1）依次单击菜单栏中的 GameObject → Light → Directional light，创建一个方向光源，然后在 Scene 视图的左上角取消 2D 按钮选中（方便旋转场景视图，也是 2D 和 3D 模式的切换）。调整方向光的位置和角度，使得方向光直射 2D 场景元素，如图 6-42 所示。

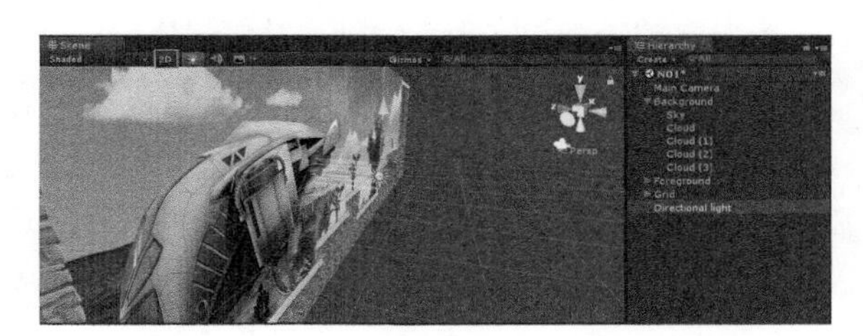

图 6-42

（2）默认情况下，场景中所有的 2D 游戏对象都不受光照的影响。这是因为 2D 对象默认使用的材质不受光照的影响。要使得 2D 对象受光照影响，则需要修改 2D 对象所使用的材质。

（3）依次单击菜单栏中的 Assets → Create → Material，创建一个材质并命名为 2dMaterial，然后在 2dMaterial 的 Inspector 视图中将 Rendering Mode 设置为 Fade，如图 6-43 所示。

图 6-43

（4）在 Hierarchy 视图中选中 Background 下的 Sky 对象，然后在其 Inspector 视图中将

Material 参数设置为 2dMaterial，如图 6-44 所示。

（5）此时调整方向光的颜色和强度等参数，即可看到场景中的 Sky 对象随着光照变化而变化，如图 6-45 所示。

（6）将场景中需要受光照影响的对象的材质都设置为 2dMaterial，如图 6-46 所示。本书将所有的 2D 对象的材质都设置为 2dMaterial。

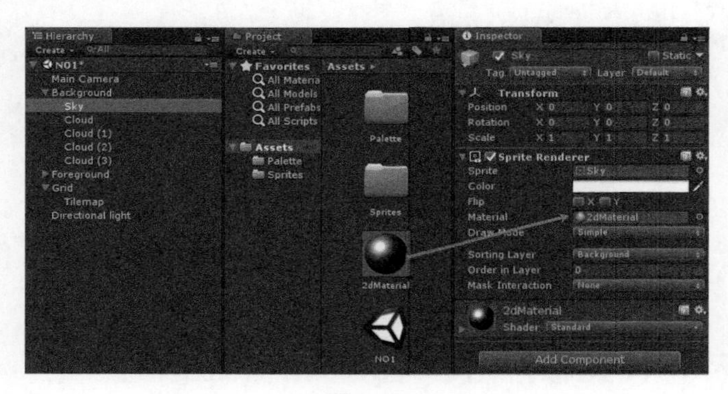

图 6-44

图 6-45

图 6-46

（7）调节方向光的颜色和强度，以调整场景的整个色调，如图 6-47 所示。

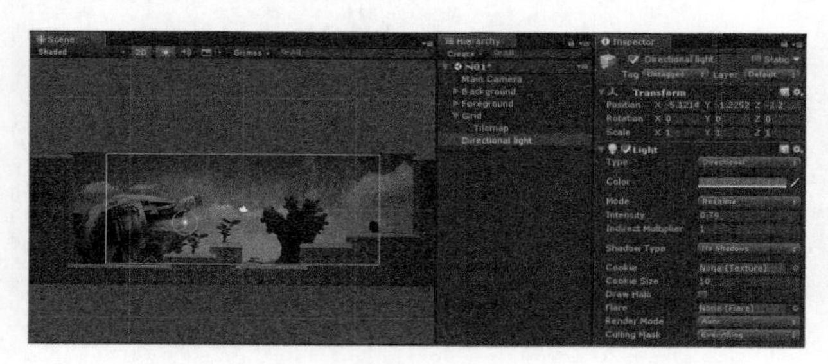

图 6-47

（8）依次单击菜单栏中的 GameObject → Light → Point light 选项，创建一个点光源；然后将点光源的位置设置到 Dropship 对象的左前方（在 3D 模式下放在 2D 场景的前方）；最后设置光源的颜色、范围和强度等参数，如图 6-48 所示。

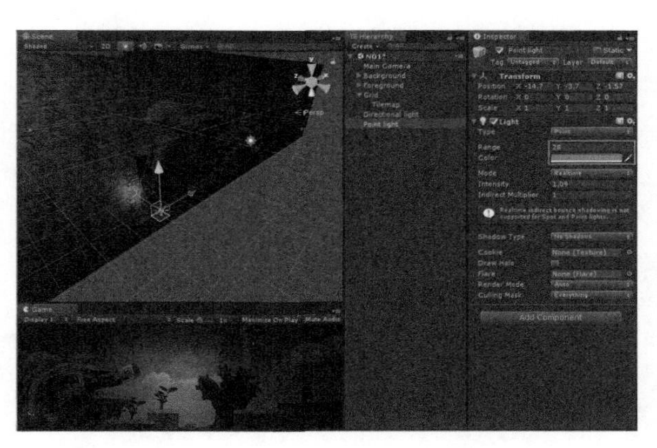

图 6-48

6.7 实践操作 27：2D 角色控制

（1）依次单击菜单栏中的 Assets → Import Package → 2D（如果没有该选项的话，可到官网下载并安装标准资源包），导入 2D 资源包，如图 6-49 所示。

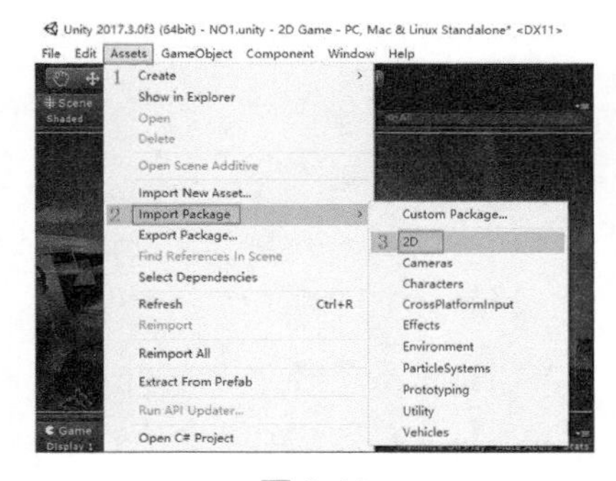

图 6-49

（2）将路径为 Standard Assets/2D/Prefabs 的文件夹下的 CharacterRobotBoy 预设体拖动到场景中；然后将 CharacterRobotBoy 对象的 Inspector 视图中的 Material 设置为 2dMaterial，Sorting Layer 设置为 Characters，如图 6-50 所示。

图 6-50

（3）运行游戏，角色 CharacterRobotBoy 对象将穿透脚下的 Tilemap 的平台。此时需要给 Tilemap 的平台添加碰撞体。

（4）在 Hierarchy 视图中选中 Tilemap，然后在其 Inspector 视图中，单击 Add Component 按钮搜索并添加 Tilemap Collider 2D 组件，如图 6-51 所示。

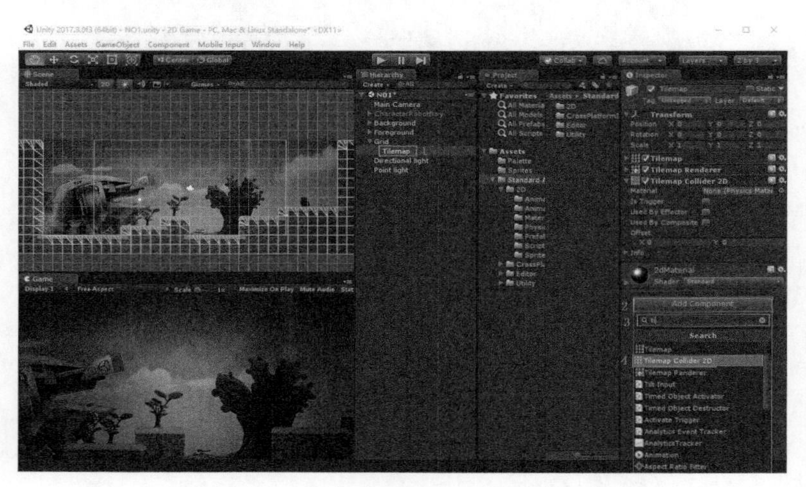

图 6-51

（5）运行游戏，在 Game 视图中通过按方向键或 W/A/S/D 键可控制角色的移动，按空格键可控制角色的跳跃，如图 6-52 所示。

图 6-52

（6）Tilemap 添加 Tilemap Collider 2D 组件后，碰撞体的形状（绿色线框）过于复杂。为了优化该碰撞体，选中 Tilemap，然后在其 Inspector 视图中，单击 Add Component 按钮搜索并添加 Composite Collider 2D 组件（用于合成碰撞体）。添加完成后，将 Rigidbody 2D 组件上的 Body Type 设置为 Static，Tilemap Collider 2D 组件勾选 Used By Composite。此时，Tilemap 的碰撞体被合成优化，如图 6-53 所示。

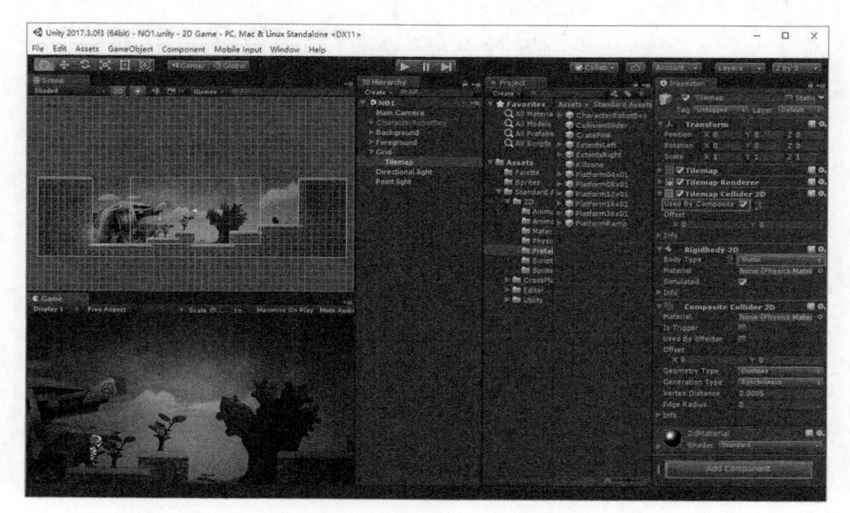

图 6-53

（7）依次单击菜单栏中的 Assets → Import Package → Cameras，导入相机资源包。

（8）将路径为 Standard Assets/Cameras/Prefabs 的文件夹下的 MultipurposeCameraRig 预设体添加到场景中；然后将 MultipurposeCameraRig 对象下的 Pivot 对象的 Transform 组件的 Position 设置为（0，0.5，–3）；最后将 Pivot 的子对象 MainCamera 对象的 Transform 组件的 Rotation 设置为（0，0，0）。

（9）将场景中默认的 Main Camera 对象隐藏或删除（选中后按 Delete 键即可删除），如图 6-54 所示。

（10）运行游戏，MultipurposeCameraRig 对象的相机会自动跟随角色运动，如图 6-55 所示。

图 6-54

图 6-55

6.8 2D 游戏场景案例

（1）依次单击菜单栏中的 Window → Asset Store，在打开的资源商店中搜索并下载 2D Game Kit 资源，如图 6-56 所示。

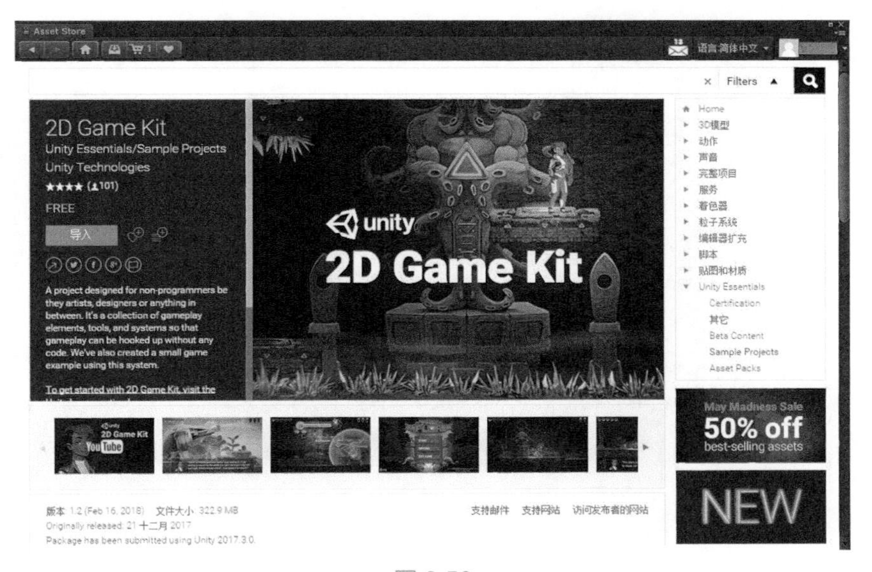

图 6-56

（2）下载完成后直接导入 Unity，打开在路径为 2DGamekit/Scenes/ 的文件夹下的场景文件，里面的场景文件中有搭建好的 2D 场景和完整的游戏功能，如图 6-57 所示。

图 6-57

（3）该案例覆盖了一个 2D 游戏的开始界面、游戏剧情、游戏关卡和最终 Boss 等整套的 2D 游戏流程，开发者可以通过该案例快速、全面地学习和掌握 2D 游戏开发技能和流程。

第 7 章 资源的导入与导出流程

在 Unity 之外创建的资源必须通过将文件直接保存到项目的 Assets 文件夹中或者复制到该文件夹中，才能被引入 Unity。对于许多常见格式来说，用户可以将源文件直接保存到项目的 Assets 文件夹中，使得 Unity 能够直接读取它。当用户保存对文件的新更改时，Unity 将会检测并会根据需要重新进行导入。

7.1 资源导入

7.1.1 外部资源场景工具介绍

Unity 支持多种外部导入的模型格式，例如 .FBX、.dae(Collada)、.3DS、.dxf、.obj 等格式文件，但 Unity 并不是对每一种外部模型的属性都支持。具体的支持参数对照如表 7-1 所示。

表 7–1　Unity 支持的导入模型格式

种类	网格	材质	动画	骨骼
Maya 的 .mb 和 .mal 格式	√	√	√	√
3D Studio Max 和 .maxl 格式	√	√	√	√
Cheetah 3D 的 .jasl 格式	√	√	√	√
Cinema 4D 的 .c4dl 2 格式	√	√	√	√
Blender 的 .blend 格式	√	√	√	√
Carraral	√	√	√	√
COLLADA	√	√	√	√
Lightwavel	√	√	√	√
Autodesk FBX 的 .dae 格式	√	√	√	√
XSI 5 的 .xl 格式	√	√	√	√
SketchUpProl	√	√		
Wings 3DI	√	√		
3D Studio 的 .3ds 格式	√			
Wavefront 的 .obj 格式	√			
Drawing InterchangeFiles 的 .dxf 格式	√			

一般游戏引擎自身的建模功能无论从专业性还是自由度上来讲都无法同专业的三维软件相比。大多数游戏中的模型、动画等资源都是由三维软件生成的，主流的三维软件包括 Maya、3ds Max 等，如图 7-1 所示。

图 7-1

Unity 系统默认单位为“米”，三维软件的单位与 Unity 的单位的比例关系非常重要。在三维软件中应尽量使用米制单位，以便于适配 Unity，具体参照表 7-2 所示。此表中标明了三维软件系统单位为米制单位的情况下与 Unity 系统单位的比例关系。

表 7–2　三维软件与 Unity 之间系统单位的比例关系

三维软件	三维软件内部米制尺寸 /m	默认设置导入 Unity 中的尺寸 /m	与 Unity 单位的比例关系
Maya	1	100	1：100
3ds Max	1	0.01	100：1
Cinema 4D	1	100	1：100
Lightwave	1	0.01	100：1

Unity 支持多种多媒体资源类型，包括视频、音频、图片以及文本等。Unity 对主流多媒体资源的支持情况如表 7-3 所示。

表 7–3　Unity 支持的多媒体资源类型

图像格式			音频格式		视频格式		文本格式	
.psd	.jpg	.png	.pm3	.ogg	.mov	.avi	.txt	.htm
.gif	.bmp	.tga	.aiff	.wav	.mp4	.mpg	.html	.xml
.tiff	.iff	.pict	.mod	.it	.mpeg	.asf	.bytes	
.dds			.sm3					

7.1.2 Unity 导入外部资源的方法

在 Unity 中，常用的项目工程导入资源的方法有 4 种。Unity 支持的所有资源都可通过以下 4 种方式进行导入。

- 直接将资源拖动到 Project 视图中的 Assets 文件夹或其下的文件夹中，如图 7-2 所示。
- 直接将资源复制到项目文件夹下面的 Assets 文件目录下，如图 7-3 所示。
- 依次单击菜单栏的 Assets → Import New Asset 项将资源导入当前的项

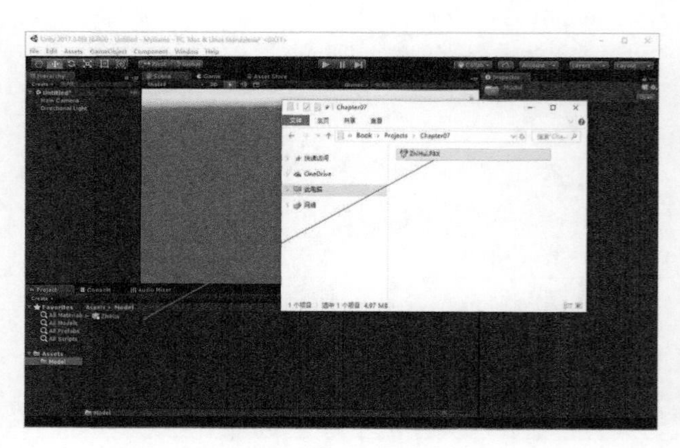

图 7-2

目中，如图 7-4 所示。

- 在资源列表窗口空白处单击鼠标右键，在弹出的面板中通过单击 Import New Asset... 来进行外部资源导入，如图 7-5 所示。

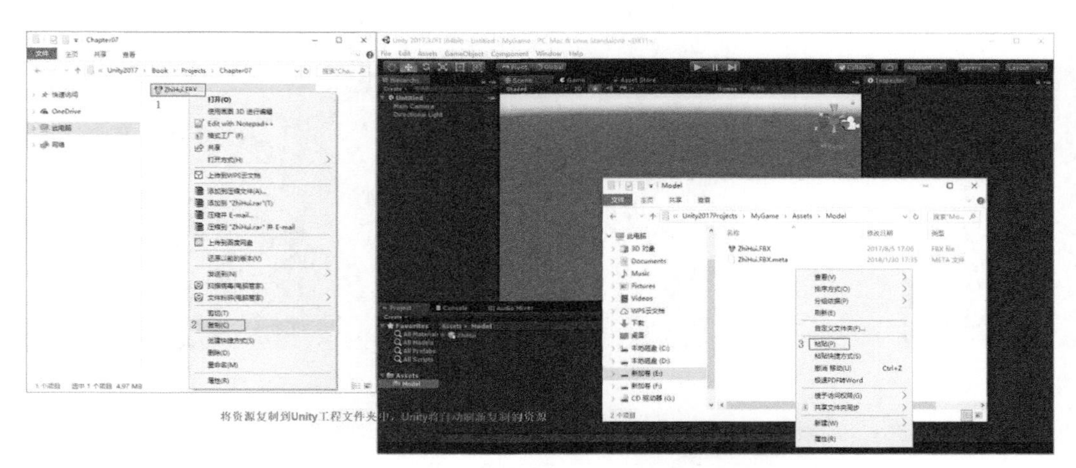

图 7-3

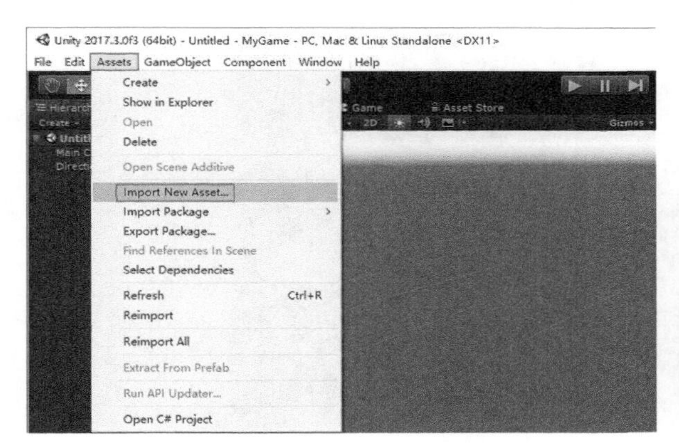

图 7-4

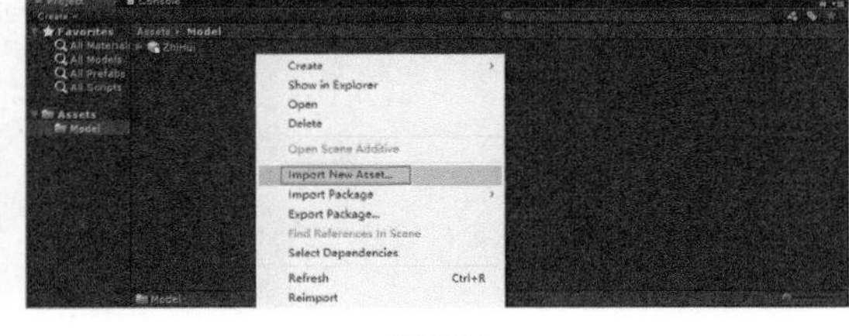

图 7-5

7.1.3 实践操作 28：3D 模型、材质的导入

（1）运行 Unity 应用程序，打开或新建一个项目工程。在 Project 视图中单击 Create 按钮或者在 Assets 文件夹上单击鼠标右键，依据提示创建一个文件夹，用来放置将要导入的资源，以便于管理，如图 7-6 所示。

（2）打开本书资源包，路径为 \Book\Projects\Chapter07 的文件夹，将 ZhiHui.FBX 模型导入 Model 文件夹，如图 7-7 所示。

（3）选中导入的 ZhiHui 模型对象，在其 Inspector 视图中可以看到模型对象是白色的，模型的材质纹理还没有。此时在其 Materials 选项卡中将其 Location 设置为 Use External Materials(Legacy)，然后单击 Apply 按钮应用，如图 7-8 所示。

（4）应用完成后，在 Project 视图里会自动解压出模型的材质和贴图，分别放在两个文件夹中，此时模型的材质和纹理都可以显示出来，如图 7-9 所示。

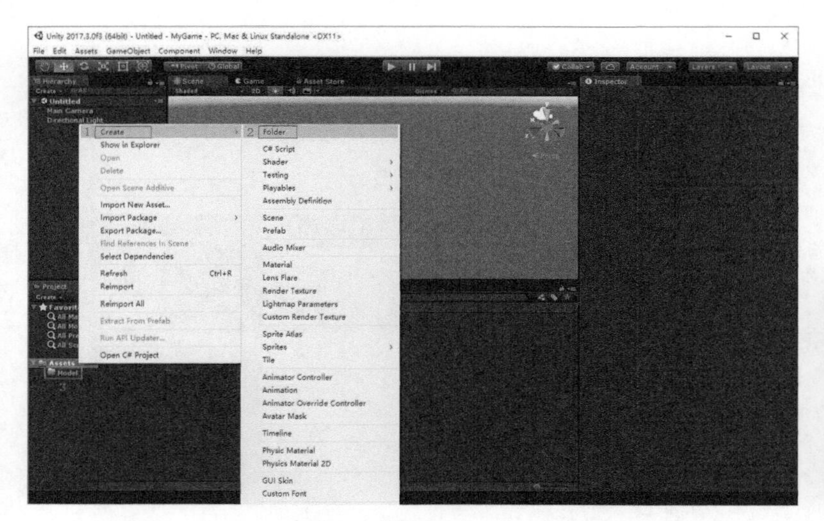

图 7-6

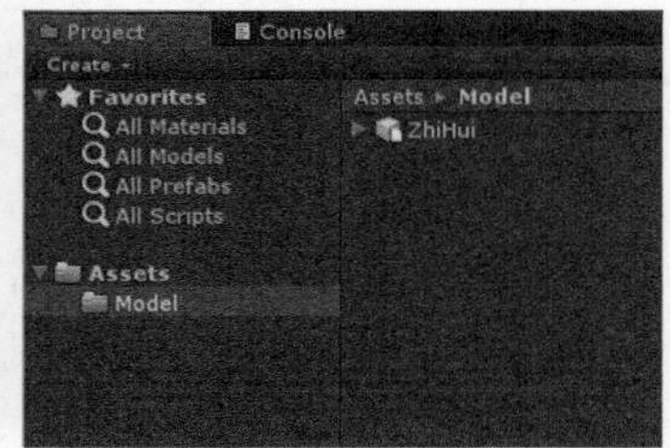

图 7-7

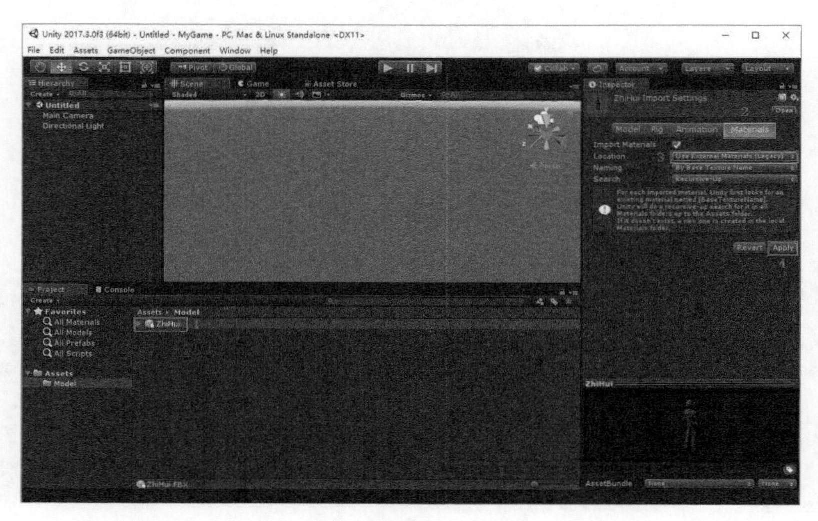

图 7-8

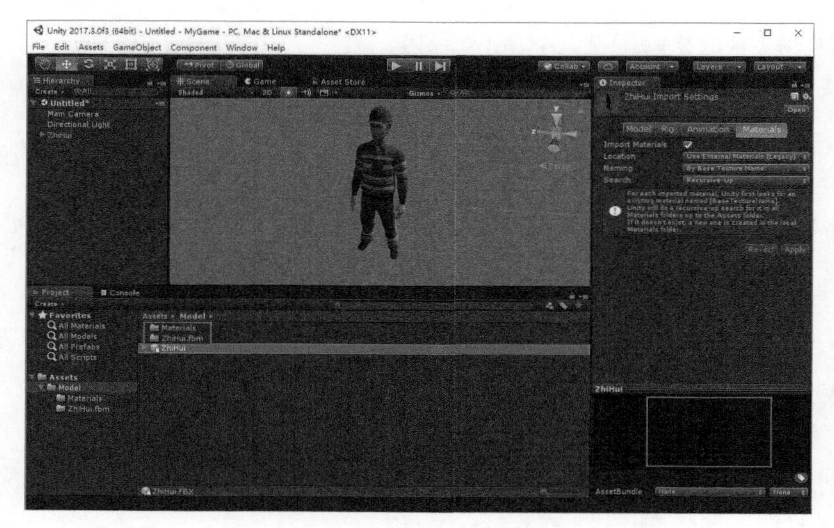

图 7-9

知识点

通过 Project 视图中右下角的滑块可以改变资源的显示方式，方便预览，如图 7-10 所示。

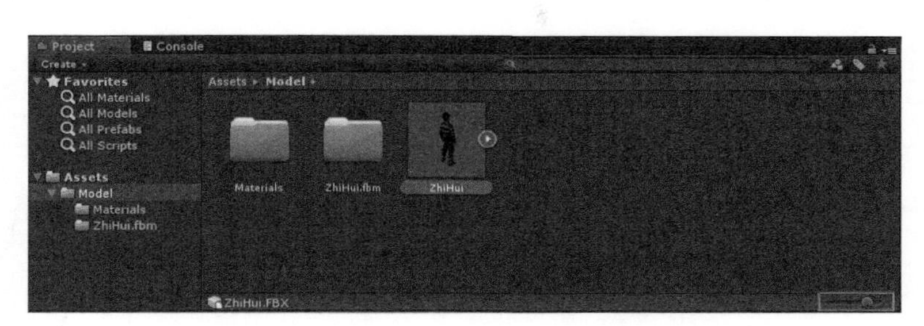

图 7-10

下面通过 Inspector 视图中的 Import Settings 面板来讲解 3D 资源导入 Unity 的相关参数。

- Model：模型的参数设置面板，如图 7-11 所示。参数说明如表 7-4 所示。

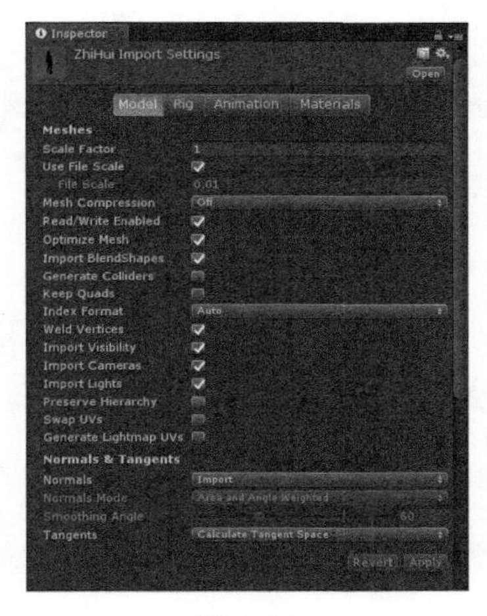

图 7-11

表 7–4　Model 参数说明表

参数	说明
Meshs	
Scale Factor	缩放系数。Unity 中物理系统默认游戏世界中一个单位长度等于一米。采用不同的软件、不同的单位（建议在三维软件中采用米制单位）创建的模型可以通过该功能进行校正 .fbx，.max，.jas，.c4d = 0.01 .mb，.ma，.lxo，.dxf，.blend，.dae = 1 .3ds = 0.1
Use File Scale	是否使用模型默认的缩放比例
File Scale	使用此值设置要用于模型的比例
Mesh Compression	网格压缩。共有 4 个选项，Off 为不压缩，Low、Medium、High 依次代表增大压缩值，压缩值越大则网格体的文件越小，但有可能导致网格出现错误。要依据实际情况进行调节
Read/Write Enabled	勾选该项后网格可被实时读写，默认为勾选

续表

参数	说明
Optimize Mesh	优化网格。勾选该项后会优化网格，而 Unity 能够更快地渲染优化后的网格
Import BlendShapes	是否允许 BlendShapes 和用户的 Mesh 一起导入
Generate Colliders	如果启用，则网格会自动附加网格碰撞体。这对于为环境几何图形快速生成碰撞网格非常有用，但对于要移动的几何图形应该避免使用
Keep Quads	Unity 可以导入任何类型的多边形（三角形到 *N* 边形）。具有多于 4 个顶点的多边形总是被转换成三角形。如果“保留四边形”关闭，四边形只能转换为三角形。使用 Tessellation 着色器时，四边形可能比多边形更可取
Index Format	定义网格索引缓冲区的大小。注意：对于带宽和内存存储容量的原因，一般都希望保留 16 位索引作为默认值，必要时只使用 32 位
Weld Vertices	选中此复选框以组合在空间中共享相同位置的顶点。这通过减少它们的总数来优化网格上的顶点数。该复选框默认为勾选 请注意，ModelImporter 类还有一个 WeldVertices 参数，它通过脚本执行相同的操作 在某些情况下，导入 Mesh 时可能需要关闭这个优化。例如，如果用户构建网格的方式是故意有重复的顶点占据相同的位置，并且用户希望使用脚本来读取或操作单个顶点或三角形数据
Import Visibility	是否从模型文件中读取可见性属性
Import Cameras	勾选此复选框可以从 FBX 文件导入摄像机
Import Lights	勾选此复选框可以从 FBX 文件导入灯光
Preserve Hierarchy	是否保留模型文件层次结构
Swap UVs	交换 UV。如果光照贴图识别了错误的 UV 通道，勾选这个选项，可以交换第一、第二 UV 通道
Generate Lightmap UVs	生成光照贴图 UV 通道。勾选此选项将生产光照贴图所用的第二 UV 通道，并会弹出 Advanced 高级选项，有如下 4 个参数
Hard Angle	硬边角度。该选项用来控制相邻三角面夹角的阈值，可根据网格的形状去调节，设置哪些边将作为硬边和接缝处理。如果设置这个值为 180 度，那么所有的边角将都被圆滑，默认值为 88（度）
Pack Margin	紧缩间隔。这个选项控制 UV 坐标空间的间隔，会尽量减少 UV 坐标空间的间隔，从而最大程度地利用生成光照贴图资源，默认值为 4。假设网格需要 1024×1024 的光照贴图，这个选项控制相邻碎片之间的间隔，从而更有效地利用每一像素。它可以过滤图片中相邻的光照信息。尽量减少碎片的间隔，从而避免生成光照图时浪费贴图资源
Angle Error	角度误差。网格面片夹角可能影响的最大 UV 角度误差，用来控制基于原始网格影响 UV 坐标空间相似程度的百分比（值越大相似三角面越多）。设置一个较小的数值可以避免烘焙光照贴图时产生问题，默认设置为 8（8%）
Area Error	面积误差。网格面积可能影响的最大 UV 面积误差，用来控制基于原始网格相对 UV 坐标空间面积相似程度的百分比，将此值设置一个较大的数值可以得到更完整的 UV 坐标空间，默认设置 15（15%）
Normals& Tangents	
Normals	定义网格的法线，有如下 3 个项可供选择
Import	该项为默认选项，从模型文件中导入法线
Calulate	依照 Smoothing Angle 计算法线，选择后会激活 Smoothing Angle 滑块，可依据网格面之间的夹角阈值来计算法线，值可在 0–180（度）之间调整，默认为 60（度）
None	如果模型既不需要法线贴图映射，也不需要实时光照影响，则选择该选项
Normals Mode	Calulate 模式下可用，指定计算法线的方式
Smoothing Angle	Calulate 模式下可用

续表

参数	说明
Tangents	定义如何计算切线，当网格的材质上面赋予法线贴图时调节该项才会起作用，有如下 3 个选项
Calculate Tangent Space	默认选项。计算切线空间法线，计算切线和副法线，可理解为计算法线贴图
Calculate Legacy	老版本计算切线空间
Calculate Legacy-Split Tangents	老版本计算分割切线
None	关闭切线和法线，可理解为不计算法线贴图。网格将不具有切线，因此将不支持法线贴图着色器

- Rig：设置允许这个 3D 模型支持动画，具体请参考本书第 13 章中的相关内容。
- Animation：设置从这个模型文件中导入一个或多个动画片段，具体请参考本书第 13 章中的相关内容。
- Materials：设置从导入的模型中提取和调整材质，如图 7-12 所示。

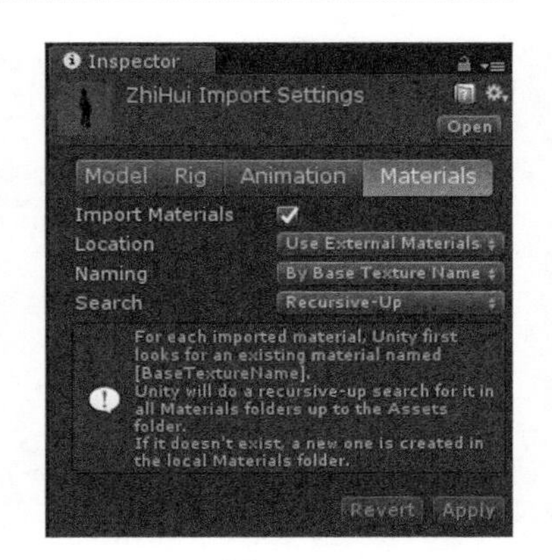

图 7-12

勾选 Import Materials 打开模型材质的导入设置。

材质选项卡中的设置因所选位置（Location）而异。有两位置选项，如表 7-5 所示。

表 7-5　材质选项卡的位置选项

Location	
Use Embedded Materials	选择此选项可将导入的材质提取为外部资源。这是 Unity 2017.2 版本以后的默认选项
Use External Materials(Legacy)	选择此选项可将导入的材质保留在导入的资源中。这是处理材质的传统方式，适用于使用 2017.1 或以前版本的 Unity 创建的项目。这是 Unity 2017.1 和以前版本 Unity 的默认选项

以下部分介绍每个 Location 选项的设置。

- Location：Use Embedded Materials，如图 7-13 所示。参数说明如表 7-6 所示。

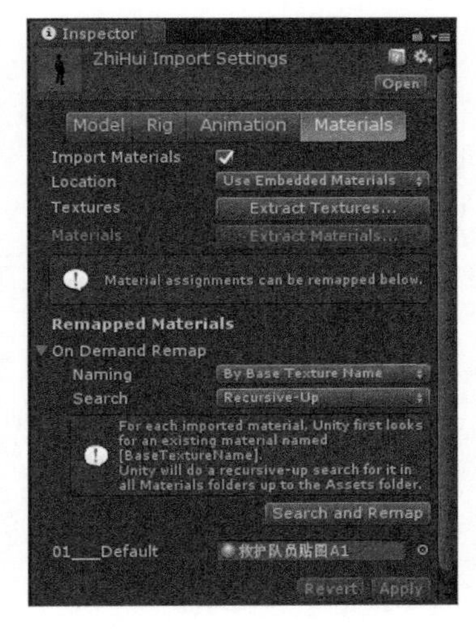

图 7-13

表 7-6 Use Embedded Materials 参数说明表

参数	说明
Textures	单击 Extract Textures（提取贴图）按钮以提取嵌入到导入资源中的贴图。如果没有纹理提取，这是灰色的
Materials	单击 Extract Materials（提取材质）按钮以提取嵌入在导入的素材资源中的材质。如果没有要提取的材料，这是灰色的
Remapped Materials	
On Demand Materials	如果将位置设置为 Use External Materials (Legacy)，这些设置与检视面板中显示的设置相匹配。有关这些属性的说明，请参阅上表
Naming	使用它来对 Unity 材质进行命名
By Base Texture Name	导入材质的漫反射纹理名称，用于在 Unity 中命名材质。当没有为材质指定漫反射贴图时，Unity 将使用导入材质的名称
From Model's Material	根据导入的材质名称用于命名 Unity 材质
Model Name+Model's Material	模型文件的名称与导入的材质的名称组合起来用于命名 Unity 材质
Search	使用这个来定义 Unity 尝试使用命名选项定义的名称来定位现有材质的位置
Local Materials Folder	Unity 只尝试在本地 Materials 文件夹中找到现有材质（即材质子文件夹，与模型文件相同的文件夹）
Recursive-Up	Unity 将依次向上搜索 Assets 文件夹中所有的材质子文件夹
Project-Wide	Unity 将在整个 Assets 文件夹中搜索材质
Search and Remap	使用此按钮可使用与“传统”导入选项相同的设置，将导入的材质重新映射到现有的材质素材。单击此按钮不会从资源中提取材质，如果 Unity 无法找到具有正确名称的材质，则不会更改任何内容
List of imported materials	此列表显示在资源中找到的所有导入的材质。 您可以将每个材质重新映射到项目中的现有材质资源上

7.1.4 图片资源的导入

Unity 支持的图像文件格式包括 TIFF、PSD、TGA、JPG、PNG、GIF、BMP、IFF、PICT 等。

知识点

Unity 支持含多个图层的 PSD 格式的图片。PSD 格式图片中的图层在导入 Unity 之后会自动合并显示，但该操作并不会破坏 PSD 源文件的结构。

为了优化运行效率，在几乎所有的游戏引擎中，图片的像素尺寸都是需要注意的，建议图片纹理的尺寸是 2 的 *n* 次幂，例如 32、64、128、256、1024 等以此类推（最小像素大于等于 32，最大像素尺寸小于等于 8192），图片的长、宽则不需要一致。例如 512×1024 像素、256×64 像素等都是合理的。

Unity 也支持非 2 的 *n* 次幂尺寸图片。Unity 会将其转化为一个非压缩的 RGBA32 位格式的图片，但是这样会降低加载速度，并增大游戏发布包的文件大小。非 2 的 *n* 次幂尺寸图片可以在导入设置中使用 NonPower2 Sizes Up 将其调整到 2 的次幂尺寸。这样该图片同其他 2 的 *n* 次幂尺寸图片就没有什么区别了，同时要注意的是，这种方法可能会因改变图片的比例而导致图片质量下降，所以建议在制作图片资源时就按照 2 的 n 次幂尺寸规格来制作，除非此图片是计划用于 GUI 纹理的。

技 巧

出于性能上的考虑，模型的贴图要尽量使用 Mip Maps。该方式虽然将多消耗 33% 的内存，但在渲染性能和效果上有很大的优势，可以使距相机较远的游戏对象使用较小的纹理。

最后在非地面和地板模型对象上，尽量不要使用 Anisotropic filtering。

在 Unity 中，根据图片资源用途的不同，需要设定相应的图片类型，例如作为普通纹理、法线贴图、GUI 图片、图集精灵、光标、Cookie、光照贴图以及单通道等不同类型，如图 7-14 所示。

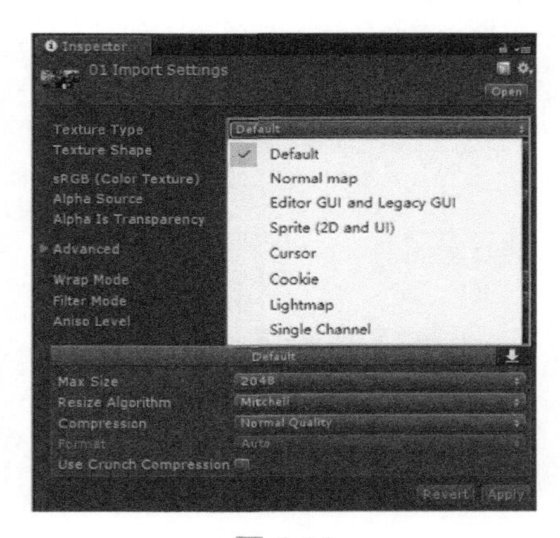

图 7-14

1. Default（缺省纹理）

这是所有纹理最常用的设置。它提供对纹理导入的大多数属性的访问。设置参数如图 7-15 所示。参数说明如表 7-7 所示。属性与功能对照如表 7-8 所示。

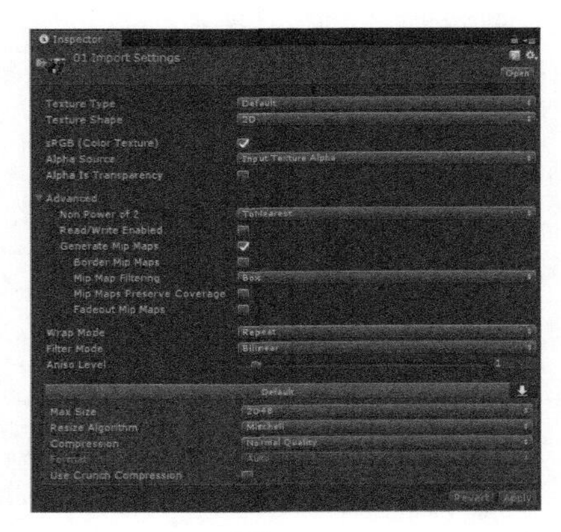

图 7-15

表 7-7 Default 参数说明表

参数	说明
Texture Type	用它来定义用户的纹理的类型。纹理导入中的其他属性会根据用户选择的那个属性进行更改
Default	缺省纹理。此项是默认类型
Normal Map	法线贴图
Editor GUI and Legacy GUI	编辑器 GUI 和传统 GUI
Sprite（2D and UI）	精灵
Cursor	光标图形
Cookie	场景光的 Cookie
Lightmap	光照贴图
Single Channel	单通道
Texture Shape	纹理形状。用于设置图片形状的应用类型
2D	将图片形状类型设置为 2D 图片
Cube	将图片形状类型设置为立方体贴图（环境包围盒）
Mapping	贴图方式
Auto	自动方式。该项为默认选项。Unity 会尝试从纹理信息中自动计算出布局
6 Frames Layout (Cubic Environment)	纹理包含六个图像，排列在标准立方体贴图布局中的一个：交叉或序列（+x -x +y -y +z -z）。图像可以是水平或垂直的
Latitude Longitude (Cylindrical)	将纹理映射到 2D 经纬度表示的贴图中
Mirrored Ball (Sphere Mapped)	将纹理映射到球状立方体贴图中
Convolution Type	选择要用于此纹理的卷积类型（即过滤）。卷积的结果以 mips 存储。默认设置为 None
None	纹理没有卷积（没有过滤）
Specular (Glossy Reflection)	高光镜面反射
Diffuse (Irradiance)	漫反射
Fixup Edge Seams	修正边缝。此选项仅适用于“无”或“漫反射”卷积。在低端平台上使用它作为过滤限制的解决方法，例如在脸部之间错误过滤的立方体贴图
sRGB(Color Texture)	勾选则开启纹理存储颜色数据
Alpha Source	图片 Alpha 通道来源选择
None	不计算图片 Alpha 通道
Input Texture Alpha	图像自身 Alpha 通道
From Gray Scale	依据图像自身的灰度值产生 Alpha 通道
Alpha Is Transparency	依据透明度产生 Alpha 通道。Alpha Source 参数选择 Input Texture Alpha 或者 From Gray Scale 选项，本项即被激活，勾选该项，则 Alpha 透明度通道将依据图像自身的透明度产生
Advanced	用于展开图像的高级参数设置
Non Power of 2	图片尺寸非 2 的 *n* 次幂。该项在导入并选择了非 2 的 *n* 次幂尺寸图像的情况下才可用。该项的主要作用是将图像尺寸缩放到 2 的 *n* 次幂大小。该参数有如下选项
None	无。对图像尺寸不进行处理
ToNearest	到最接近的（尺寸）。将图像尺寸缩放到最接近的 2 的 *n* 次幂大小。例如 513×1023 像素的图像将被缩放成 512×1024 像素
ToLarger	到较大的（尺寸）。将图像尺寸放大到较大的最接近 2 的 *n* 次幂大小。例如 257×513 像素的图像将被放大成 512×1024 像素

续表

参数	说明
ToSmaller	到较小的（尺寸）。将图像尺寸缩小到较小的最接近 2 的 n 次幂大小。例如 254×511 像素的图像将被缩小成 256×256 像素
Read/Write Enabled	读 / 写启用开关。勾选该项将允许从脚本（GetPixels，SetPixels 和其他 Texture2D 函数）访问纹理数据。同时会产生一个纹理副本，故而会消耗双倍的内存，建议谨慎使用
Generate Mip Maps	生成 Mip Maps。勾选该项将生成 Mipmap。例如当纹理在屏幕上非常小的时候，Mipmaps 会自动调用该纹理较小的分级，包括如下选项
Border Mip Maps	选择该项代表避免色彩渗出边缘。一般应用于灯光游戏对象的 Cookie
Mip Map Filtering	Mip Map 过滤方式。有两种方式可供选择
Box	采取最基本的方法处理 mipmaps 级别，随着纹理尺寸的减小，将 mip 级别做平滑处理
Kaiser	此种是随着纹理的减小对 mip maps 进行锐化的算法。该方法可以改善纹理在摄像机与纹理的距离过远时出现的纹理模糊问题
Mip Maps Preserve Coverage	启用或禁用保持覆盖的 Alpha MIP 映射
Fadeout Mip Maps	勾选该项将使 mipmaps 随着 mip 的级别而褪色为灰色，该方式适用于 detail maps（细节贴图）。滑块在最左侧代表开始淡出的第一个 mip 级别，最右侧代表 mip 级别完全变灰
Wrap Mode	循环模式。控制纹理平铺时的样式，选项如下
Repeat	重复。该项为默认选项，选择该项后纹理将以重复平铺的方式映射在游戏对象上
Clamp	夹钳 / 截断。选择该项后将以拉伸纹理的边缘的方式映射在游戏对象上
Filter Mode	过滤模式。控制纹理通过三维变换拉伸时的计算（过滤）方式，选项如下
Point	点模式。是一种较简单材质图像插值的处理方式，会使用包含像素最多的部分的图素来贴图。简单说就是图素占到最多的像素就用此图素来贴图。这种处理方式速度比较快，材质的品质较差，有可能会出现“马赛克”现象
Bilinear	双线性。这是一种较好的材质图像插值的处理方式，会先找出最接近像素的 4 个图素，然后在它们之间做插值计算，最后产生的结果才会被贴到像素的位置上，这样不会看到“马赛克”现象。这种处理方式较适用于有一定景深的静态影像，不过无法提供最佳品质，也不适用于移动的游戏对象
Trilinear	三线性。在 Bilinear 的基础上对不同的 Mip 层阶进行模糊（插值）
Aniso Level	各项异性滤波（Anisotropic Filtering ）等级，增加纹理在大倾角视角的质量，对底板和地表纹理的效果很好

表 7-8　Default 参数与说明对照表

参数	说明
Max Size	最大纹理尺寸。可调整所选择的纹理的最大尺寸。值的范围自小至大依次为 32、64、128、256、512、1024、2048、4096、8192。尺寸越大，清晰度越好；尺寸越小，运行效率越高
Resize Algorithm	调整纹理大小的算法
Mitchell	默认的高质量调整算法
Bilinear	可能会提供更好的结果，比 Mitchell 的一些噪声纹理保存更尖锐的细节

续表

Compression	压缩纹理，压缩格式会根据发布的平台自动进行设置
None	不进行压缩。运行效率最低，质量最高
Low Quality	低质量，压缩率最高，运行效率高，质量低
Normal Quality	正常质量，质量以及运行效率比较平衡，该项为默认选项
Hight Quality	高质量，压缩率最低，运行效率低，质量高
Format	图像压缩格式。该项用来设置图片的压缩格式，默认为 Auto，可以根据发布平台进行自动匹配
Use Crunch Compression	使用紧缩压缩。勾选该项，可以激活 Compressor Quality 滑块。滑块在最左侧代表最大压缩率，最右侧代表最小压缩率（最高质量）

2. Normal map（法线贴图）

法线贴图是可以应用到 3D 表面的特殊纹理，不同于以往的纹理只可以用于 2D 表面。作为凹凸纹理的扩展，它使每个平面的各像素拥有了高度值，包含了许多细节的表面信息，能够在平平无奇的物体外形上，创建出许多种特殊的立体视觉效果。其参数见如图 7-16 所示。

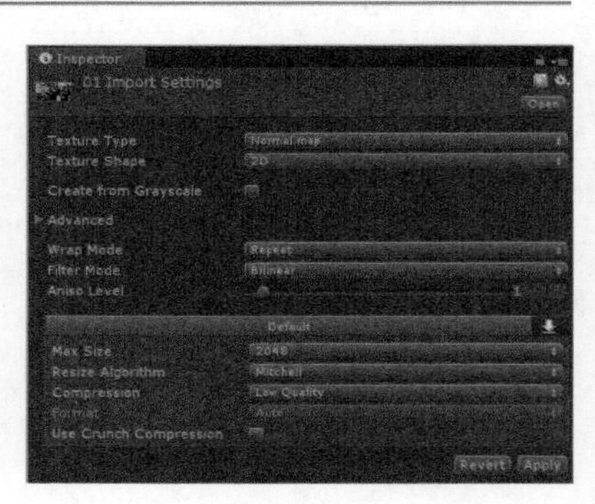

图 7-16

具体参数请参考 Default（缺省纹理）。

3. Editor GUI and Legacy GUI（编辑器 GUI 和传统 GUI）

编辑器 GUI 和传统 GUI 是 UI 系统的实现类型，如图 7-17 所示。一般已经很少用到，现今用图像实现 UI 界面的制作一般建议采用 Sprite（2D and UI）。

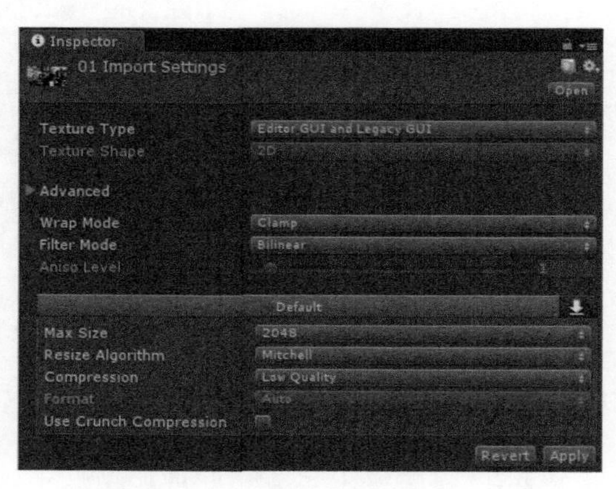

图 7-17

具体参数请参考 Default（缺省纹理）。

4. Sprite（2D and UI）（精灵）

如果希望图像在 2D 场景或者在 UGUI 界面中作为一个 Sprite 来使用，则必须将图片资源格式设置为此项，如图 7-18 所示。参数说明如表 7-9 所示。

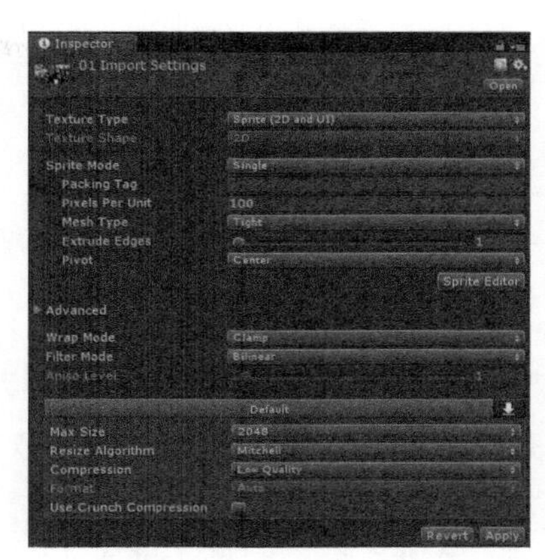

图 7-18

共有参数请参考 Default（缺省纹理）。

表 7–9　Sprite 参数说明表

参数	说明
Sprite Mode	精灵图集类型，用于设置 Sprite 图形将如何从 image 中提取出来，选项如下
Single	一张图片只对应一个 Sprite，如果要在 Sprite Packer 窗口中看到要打到执行包的所有精灵，必须设为 Single
Multiple	多个相关精灵，比如将动画帧的连续图片或一个单一的游戏角色身上的各个组成部分一起保持在相同的图集中
Polygon	精灵将使用一个预定义轮廓生成精灵网格。并且这些轮廓都是由算法自动生成的完美基础多边形
Packing Tag	当前纹理要被打进的图集包的标签名称
Pixels Per Unit	在 Sprite 图像的宽度 / 高度的像素数量
Mesh Type	网格类型。选项如下
Full Rect	完全的精确
Tight	紧缩最大化利用空间
Extrude Edges	挤出边界。滑块在最左侧代表边界越细小，最右侧代表边界越宽松
Pivot	锚点设置。默认为 Center（中心点），通过按钮可以设置出中心、左上、上中、右上、中左、中右、左下、低中、右下以及自定义一共 10 种位置。锚点可以设置图片的中心点位置，该 UI 控件和其他 UI 控件之间的相对位置就是以此锚点作为标准的

5. Cursor（光标图形）

光标图形。选择此类型，纹理适用于光标所用的纹理格式，如图 7-19 所示。

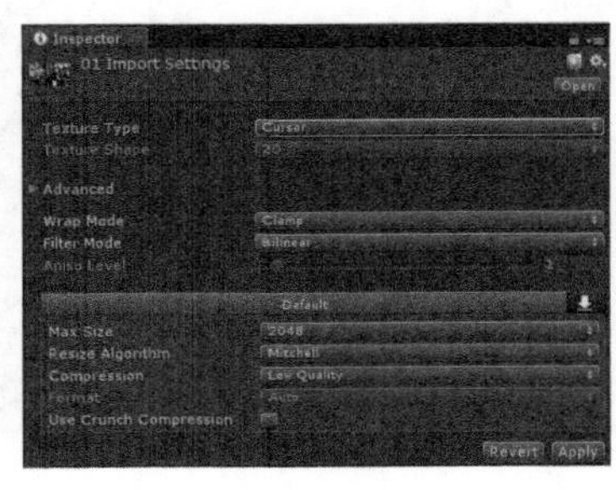

图 7-19

具体参数请参考 Default（缺省纹理）。

6. Cookie（场景光的 Cookie）

场景光的 Cookie。选择此类型，纹理适用于灯光游戏对象的 Cookie，如图 7-20 所示。参数说明如表 7-10 所示。

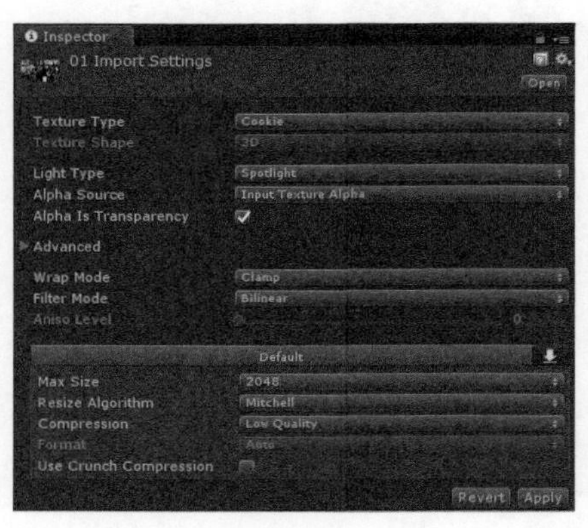

图 7-20

共有参数请参考 Default（缺省纹理）。

表 7-10　场景光的 Cookie 的参数说明表

参数	说明
Light Type	光源类型。该项用来指定该纹理计划作用于光源的类型，有 3 种光源可供选择
Spotlight	聚光灯。如选择此类型光源，建议纹理的边缘保证为纯黑色，并将 Wrap Mode 模式设为 Clamp。这样会获得正确的结果
Directional	平行光源。如选择此类型光源，建议 Wrap Mode 模式设为 Repeat。这样会获得正确的结果
Point	点光源。如选择此类型光源，会多出 Mapping 、Fixup edge seams 两项，Mapping 参考 Reflection 类型的相关讲解。勾选 Fixup edge seams 项可对固定边缘处接缝进行控制

7. Lightmap（光照贴图）

光照贴图。选择此类型，可将图像设定为适用于光照贴图的格式，如图 7-21 所示。

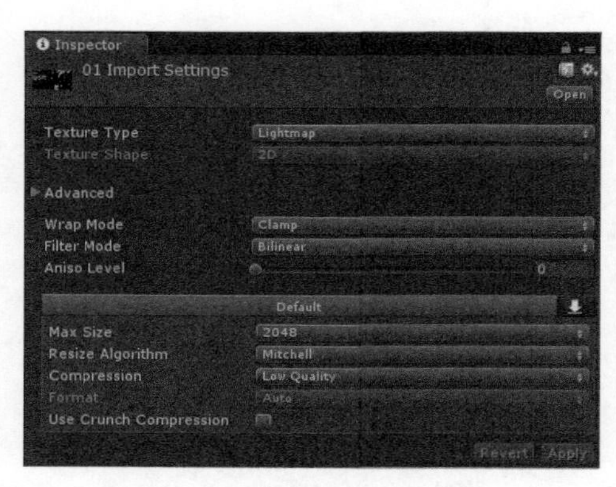

图 7-21

具体参数请参考 Default（缺省纹理）。

8. Single Channel（单通道）

单通道类型。选择此类型，纹理将以单通道的形式被设置，如图 7-22 所示。

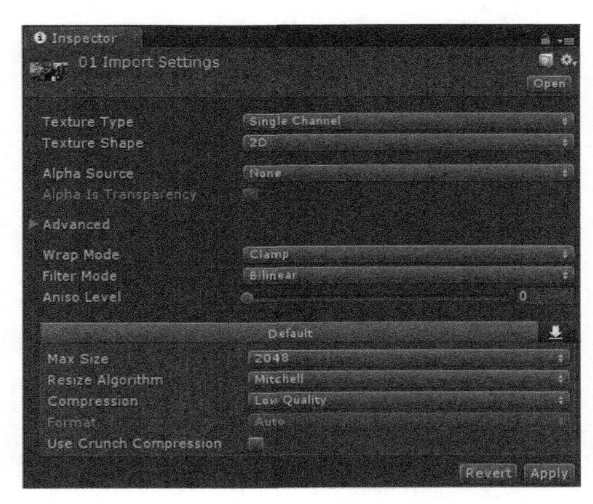

图 7-22

具体参数请参考 Default（缺省纹理）。

7.1.5 3D 动画的导入

具体请参考本书第 13 章中的相关内容。

7.1.6 音频资源的导入

1. Unity 对音频资源的支持

Unity 支持大多数的音频格式，未经压缩的音频格式以及压缩过的音频格式文件都可直接导入 Unity 进行编辑、使用。

对于较短的音乐、音效可以使用未经压缩的音频（WAV、AIFF）。虽然未压缩的音频数据量较大，但音质会很好，并且声音在播放时并不需要解码，一般适用于游戏音效。

而对于时间较长的音乐、音效，建议使用压缩的音频（OggVorbis、MP3）。压缩过的音频数据量比较小，但是音质会有轻微损失，而且需要经过解码，一般适用于游戏背景音乐。Unity 支持的音频格式如表 7-11 所示。

表 7-11　Unity 支持的音频格式

格式名	扩展名
MPEG layer 3	.mp3
OggVorbis	.ogg
Microsoft Wave	.wav
Audio Interchange File Format	.aiff/.aif

续表

格式名	扩展名
Ultimate Soundtracker module	.mod
Impulse Tracker module	.it
Scream Tracker module	.s3m
FastTracker 2 module	.xm

知识点

如果游戏最终发布到 Windows/macOS（standalones，webplayers）等 PC 端平台，导入 Ogg Vorbis 文件不会降低质量。如果游戏最终发布到 iOS/Android 等移动端平台时，将强制将音频资源编码为 MP3 格式，会导致轻微的质量下降。所以，当游戏发布到移动平台时，导入 MP3 格式音频资源与 Ogg Vorbis 并没有差别。

2. Unity 音频资源设置

运行 Unity 应用程序，在 Project 视图中的 Assets 文件夹中单击选中任意音频资源。在 Inspector 视图中会显示该音频资源的相关控制选项，音频资源的相关参数设置如图 7-23 所示。参数说明如表 7-12 所示。

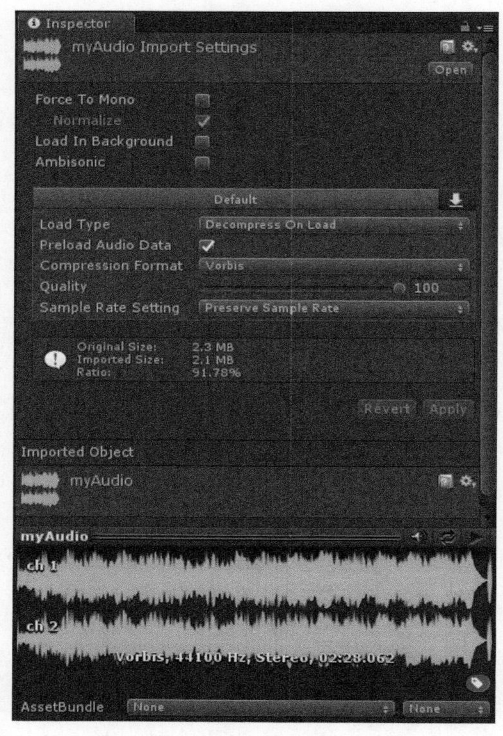

图 7-23

表 7-12 音频资源参数说明表

参数	说明
Force To Mono	强制单声道。勾选该项，所编辑的音频剪辑将混合为单通道声音
Normalize	勾选该选项可强制音频单声道
Load In Background	勾选该项，在后台加载不占用线程
Ambisonic	勾选该项，将音频设置为高保真环绕音
Load Type	加载类型。该项用于选择运行时加载音频的类型。有三种方式可供选择
Decompress On Load	加载时解压缩。该类型加载后解压缩声音。以避免运行时解压缩的性能开销。要注意加载时解压缩声音将使用比它们在内存中压缩的多 10 倍或更多内存，因此适用于较小的压缩声音
Compressed In Memory	加载到内存中。该类型保持音频在内存中是压缩的并在播放时解压缩。这有轻微的性能开销（尤其是 OGG / Vorbis 格式的压缩文件），适用于音轨较短的音频
Streaming	流式加载入音频流。该类型直接从磁盘流音频数据。这只使用了原始声音占内存大小的很小一部分，适用于音轨较长的音频
Preload Audio Data	勾选该项将预加载音频数据。一般与 Load In Background 项结合使用
Compression Format	音频压缩格式
PCM	无损压缩格式
Vorbis	Ogg Vorbis 格式
ADPCM	有损压缩格式
Quality	压缩质量。配合 Compression Format 选项中的类型进行调节使用
Sample Rate Setting	优化采样率设置
Preserve Sample Rate	保存采样率
Optimize Sample Rate	优化采样率
Override Sample Rate	覆盖采样率

7.1.7 视频资源的导入

视频作为多媒体的重要组成部分，在项目中是不可或缺的元素，是构成背动态材质、VR 全景视频以及过场动画等内容必需的资源。

1. Unity 对视频资源的支持

视频剪辑是导入的视频文件，视频播放器组件用于播放视频内容，以及伴随的音频内容（如果视频也有声音）。视频文件的典型文件扩展名包括 .mp4、.mov、.webm 和 .wmv。Unity 可以导入许多不同格式的视频文件。导入后，视频文件将存储为 VideoClip 资源。但是，这些兼容性取决于用户使用的平台，具体如表 7-13 所示以获取完整的兼容性列表。

表 7-13 Unity 中所导入的视频文件格式的兼容性

格式	Windows	macOS	Linux
.asf	√		
.avi	√		

续表

格式	Windows	macOS	Linux
.dv	√	√	
.m4v	√	√	
.mov	√	√	
.mp4	√	√	
.mpg	√	√	
.mpeg	√	√	
.ogv	√	√	√
.vp8	√	√	√
.webm	√	√	√
.wmv	√		

H.264（通常采用 .mp4、.m4v 或 .mov 格式）是支持最佳的视频编解码器，因为它提供了跨平台的最佳兼容性。

2. Unity 视频资源设置

选择视频资源时，Inspector 将显示视频资源的导入器，包括选项、预览和来源详细信息。单击预览右上方的播放按钮可以播放视频剪辑及视频声音。需要注意的是：如果导入的视频资源含有音轨的话，音轨也将被一同导入，该音轨将作为该视频资源的子对象出现。视频资源的相关参数如图 7-24 所示。参数说明如表 7-14 所示。

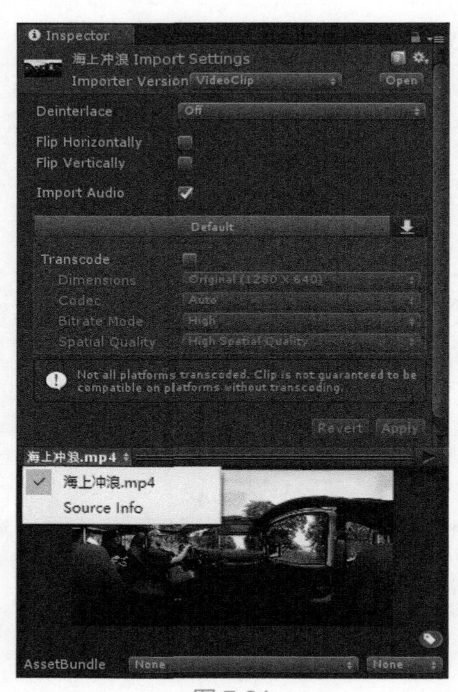

图 7-24

表 7-14　视频资源参数说明表

参数	说明
Importer Version	选择使用哪个导入器版本
Video Clip	生成视频剪辑，适用于 VideoPlayer 组件
MovieTexture(Deprecated)	生成传统的视频纹理（弃用的）
Keep Alpha	在转码过程中保留 Alpha 通道并对其进行编码，以便即使目标平台本身不支持带有 Alpha 的视频，也可以使用它（此参数仅对具有 Alpha 通道的源显示）
Deinterlace	控制在转码过程中隔行扫描源是如何去隔行的
Off	视频源不是交错的，并且没有处理要做（这是默认设置）
Even	采用每帧的偶数行并插入它们以创建缺失的内容。 奇数行被丢弃
Odd	采用每帧的奇数行并插入它们以创建缺失的内容。 即使线条被丢弃
Flip Horizontally	勾选该勾选，在转码过程中将源内容沿水平轴翻转以使其颠倒
Flip Vertically	勾选该勾选，在转码过程中源代码内容沿着垂直轴翻转以左右交换
Import Audio	勾选该勾选，则会在转码期间导入音轨（该属性仅对具有音轨的源显示）
Transcode	该选项启用时，源代码将转码为与目标平台兼容的格式；如果禁用，则使用原始内容，绕过可能冗长的转码过程
Dimensions	控制源内容的大小调整方式
Original	保持原始大小
Three Quarter Res	将视频的宽度和高度设置为原始的四分之三
Half Res	将视频的宽度和高度设置为原始的一半
Quarter Res	将视频的宽度和高度设置为原始的四分之一
Square (1024 × 1024)	将视频大小调整为 1024 × 1024 像素大小。长宽比是可控的
Square (512 × 512)	将视频大小调整为 512 × 512 像素大小。长宽比是可控的
Square (256 × 256)	将视频大小调整为 256 × 256 像素大小。长宽比是可控的
Custom	将视频源调整为自定义分辨率。 长宽比是可控的
Width	自定义的视频宽度
Height	自定义的视频高度
Aspect Ratio	调整图像大小时使用宽高比控制
No Scaling	根据需要填充黑色区域以保留原始内容的高宽比
Stretch	拉伸原始内容以填充目标分辨率而不会留下黑色区域
Codec	用于编码视频轨道的编解码器
Auto	自动设置，为默认选项
H264	MPEG-4 AVC 视频编解码器，由大多数平台上的硬件支持
VP8	大多数平台上的软件支持 VP8 视频编解码器，以及 Android 和 WebGL 等少数平台上的硬件
Bitrate Mode	相对于所选编解码器的比特率模式有低、中、高三级
Spatial Quality	此设置决定了转码过程中视频图像的大小是否缩小，这意味着它们占用的存储空间更少。但是，调整图像尺寸也会导致播放过程中模糊不清。分为低、中、高三级

7.2 资源包（unitypackage）的使用

unitypackage 格式的资源是 Unity 工程内部导出的资源。Unity 的 Export/Import Package 功能

主要用途是在不同的项目之间实现资源的复用。

7.2.1 资源包的导入

依次单击菜单栏中的 Assets → Import Package → Custom Package 即可将外部的 .unitypackage 资源包导入工程，如图 7-25 所示。

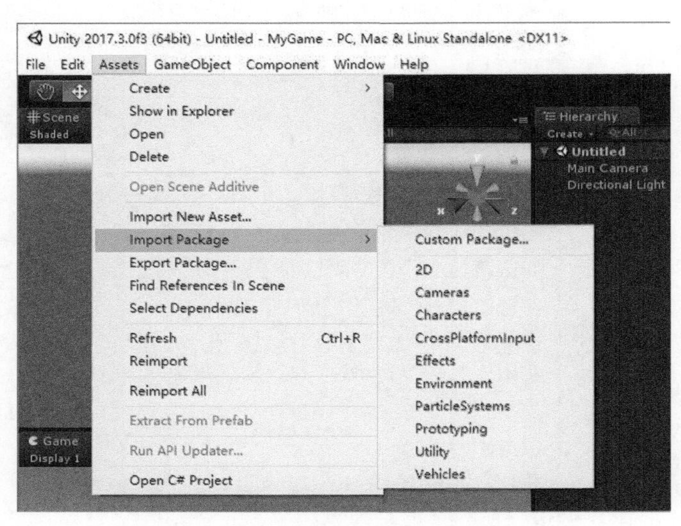

图 7-25

> **注 意**
>
> Assets → Import Package 下的资源包，是到官网下载标准资源包并安装后才会有显示的（安装后重启 Unity 即可）。

双击 .unitypackage 资源包（或将资源包 拖动到 Project 视图的 Assets 文件夹下）也可以将资源导入 Unity 工程中。

资源包导入时会出现 Import Unity Package 窗口（单击 Import 按钮即可导入）。该窗口显示了资源包里的内容，还会自动与现有工程里的资源比较，显示哪些是新增资源、有修改的资源以及现有资源，如图 7-26 所示。用户可以根据需要导入部分或者全部的资源。

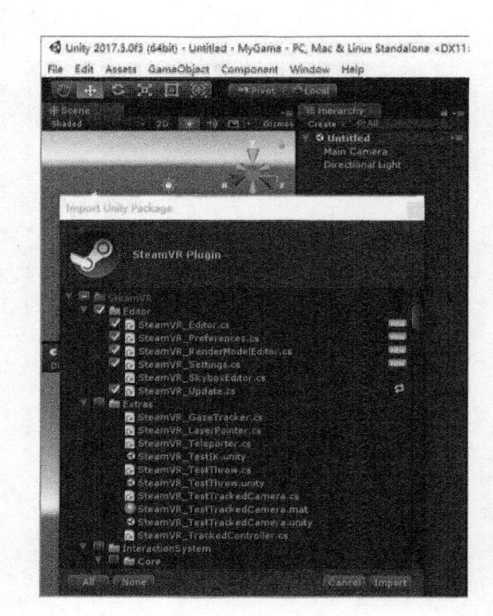

图 7-26

7.2.2 实践操作 29：资源包的导出

（1）在 Project 视图中选中需要导出的文件（或文件夹），依次单击菜单栏中的 Asset → Export Package...（也可选择要导出的文件，在 Project 面板中右击，在弹出的菜单中选择导出），如图 7-27 所示。

（2）在导出时，Unity 会记录导出内容在项目中的完整路径，并在导入时重建对应的目录结构。因此用户可以方便地在项目间同步目录。导出时，Unity 会提供选择是否导出被关联的内容。如果勾选会自动添加被关联的内容，并显示在列表中，如图 7-28 所示。

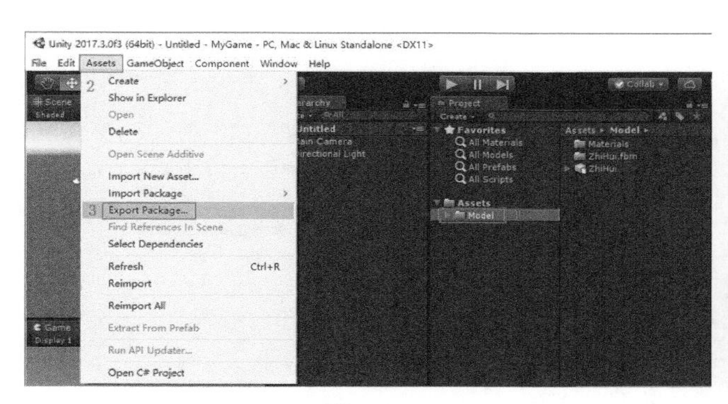

图 7-27

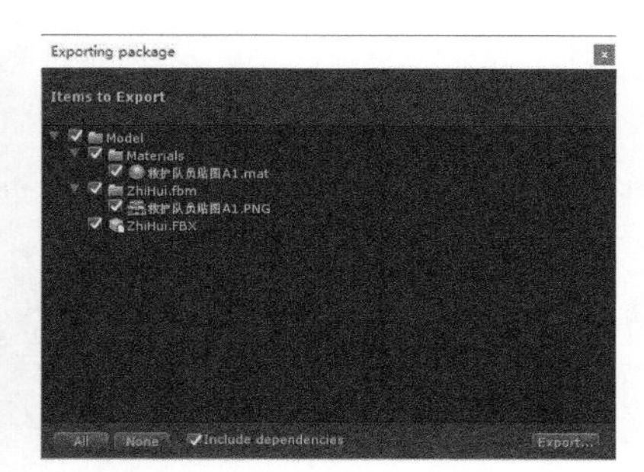

图 7-28

（3）导出的资源包完成后，即可在其他工程中使用了。

7.3 Asset Store 的介绍和使用

7.3.1 Asset Store 简介

在创建项目工程时，用户通过使用 Asset Store 中的资源可以节省时间、提高效率。人物模型、动画、粒子特效、纹理、游戏创作工具、音频特效、音乐、可视化编程解决方案、功能脚本和其他各类扩展插件全都能在 Asset Store 中获得。作为一个发布者，可以在资源商店免费提供或出售资源，如图 7-29 所示。Asset Store 还能为用户提供技术支持服务。Unity 已经和业内一些好的在线服务商开展了合作，用户只需下载相关插件，如企业级分析、综合支付、增值变现服务等解决方案，即可与 Unity 开发环境完美整合。

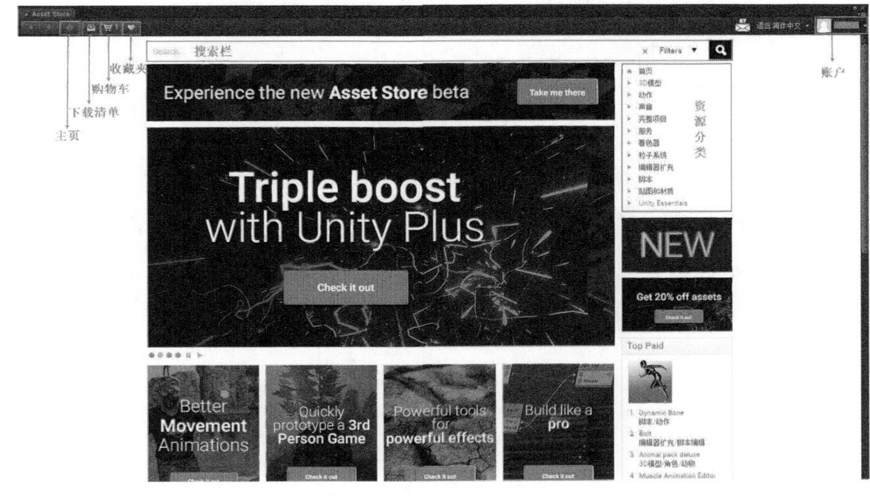

图 7-29

7.3.2 实践操作 30：Asset Store 的使用

（1）在 Unity 中依次单击菜单栏中的 Window → Asset Store 项，或按键盘 Ctrl+9 组合键，打开 Asset Store 视图，选择需要的资源缩略图即可打开该资源的详细介绍。

（2）在打开的资源详情页面，可以查看该资源对应的分类、发行商、评级、版本号、文件大小、售价情况以及简要介绍等相关信息。用户还可以预览该资源的相关图片，并且在文件包内容区域还可以浏览资源的文件结构等内容，如图 7-30 所示。

图 7-30

知识点

Asset Store 下载的资源包的存放路径如下。

Windows：C:\Users\userName\AppData\Roaming\Unity\Asset Store-5.x

userName 指本机名称。

macOS：~/Library/Unity/AssetStore-5.x

（3）在资源详情页面单击下载按钮，即可进行资源的下载。

（4）当资源下载完成后，Unity 会自动弹出 Importing Package 对话框提示是否将下载好的资源导入项目。

第 8 章　3D 数学基础

3D 数学在游戏开发中占据着重要的地位。在 3D 世界里，正是由于有了数学的支撑，才能给用户带来更逼真的体验，3D 数学决定了游戏引擎如何计算和模拟出用户看到的每一帧画面。掌握 3D 数学知识可以帮助用户对游戏引擎产生更深刻的理解。本章将简要介绍一些基本的 3D 数学概念及其在 Unity 中的应用。

8.1 3D 坐标系

3D 坐标系是 3D 游戏开发中的基础概念。一般而言，3D 软件都是采用笛卡儿坐标系来描述物体的坐标信息。笛卡儿坐标系分为左手坐标系和右手坐标系，左手坐标系是 y 轴指向上方，x 轴指向右方，而 z 轴指向前方；左、右手坐标系 x、y 轴方向相同，而 z 轴方向是相反的，如图 8-1 所示。

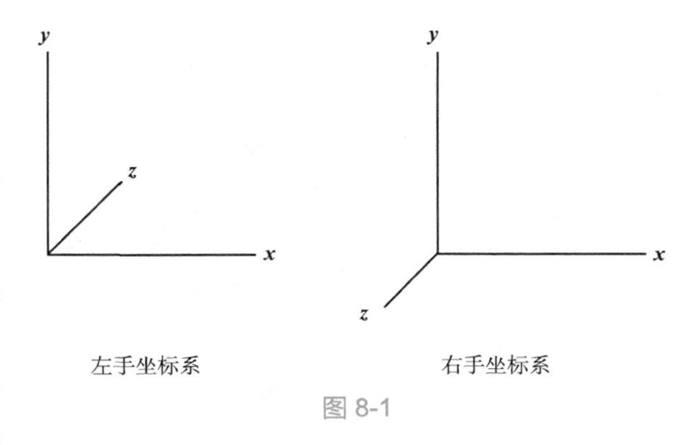

图 8-1

在 Unity 中使用的是左手坐标系，其中 x 轴代表水平方向，y 轴代表垂直方向，而 z 轴代表深度，Unity 中游戏对象的坐标信息是放在一对括号中的，依次按 x、y、z 轴顺 序的格式来写，如（1，2，1）。

在游戏开发中，经常会用不同的坐标系来描述空间中的位置，常用的坐标系有如下几种。

8.1.1 全局坐标系

全局坐标系（也叫世界坐标系）是用于描述游戏场景内所有物体位置和方向的基准，也称为世界坐标系。在 Unity 场景中创建的物体都是以全局坐标系中的坐标原点（0，0，0）来确定各自的位置的。在图 8-2 所示中，新建一个 Cube 立方体，在 Hierarchy 视图中设置 Position 属性为（1，2，3），表示它距离全局坐标系原点在 x 轴方向上有 1 个单位的长度，在 y 轴方向上有 2 个单位的长度，在 z 轴方向上有 3 个单位的长度。

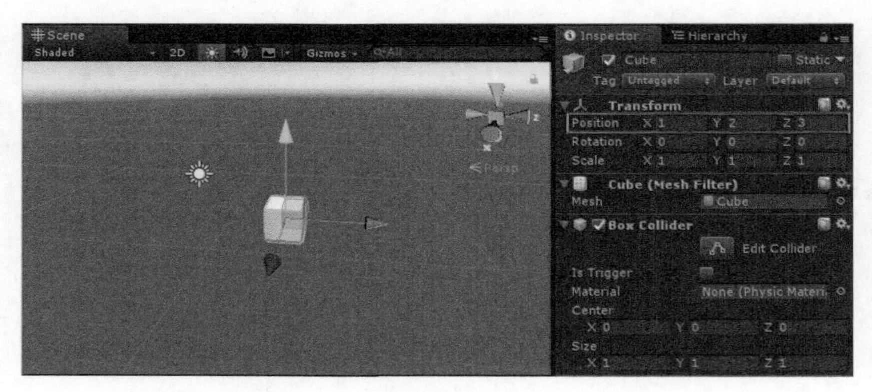

图 8-2

8.1.2 局部坐标系

每个物体都有其独立的物体坐标系，并且随物体进行移动或者旋转，这就是局部坐标系，也称模型坐标系或物体坐标系。模型 mesh 保存的顶点坐标均为局部坐标系下的坐标。

在工具栏中单击 Global 按钮可以切换全局坐标系和局部坐标系，如图 8-3 所示。

在 Unity 中，可以在 Hierarchy 视图中将一个游戏对象拖动到另一个对象上来建立父子关系（Parenting），这样就使得被拖动的游戏对象成为目标对象的子物体。父子物体的坐标系是关联的，此时子物体会以父物体的某一坐标点为自身的坐标原点，如图 8-4 所示。

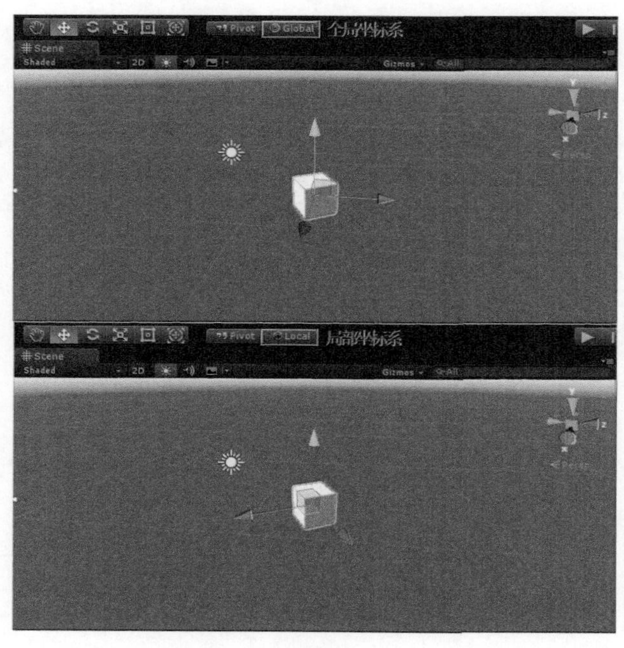

图 8-3

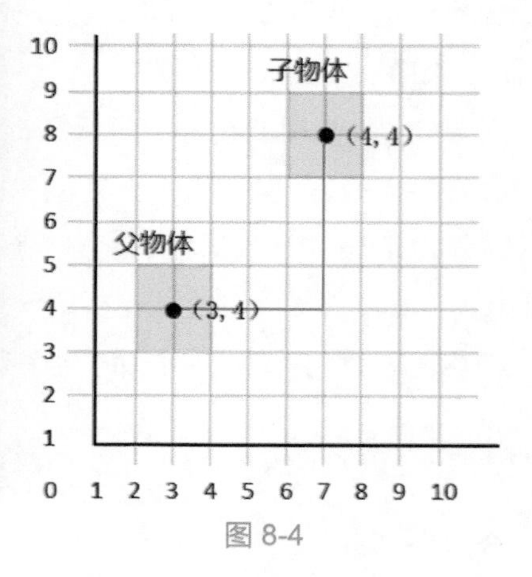

图 8-4

知识点

当游戏对象有父物体时，其 Hierarchy 视图中的 Position 显示为局部坐标；当游戏对象无父物体时，其 Hierarchy 视图中的 Position 显示既是局部坐标，也是全局坐标。

8.1.3 相机坐标系

根据观察位置和方向建立的坐标系。使用该坐标系可以方便地判断物体是否在相机前方以及物体之间的先后遮挡顺序等。

8.1.4 屏幕坐标系

建立在屏幕上的二维坐标系，用来描述像素在屏幕上的位置。其中原点位置（0，0）在屏幕的左下角，最大坐标在屏幕右上角。

8.2 向量

向量（又称矢量）是游戏开发过程中非常重要的概念。它是用于描述具有大小和方向两个属性的物理量，如物体运动的速度、加速度、摄像机观察方向、刚体受到的力等都是向量。向量在游戏开发中十分有用。

在数学里，既有大小又有方向的量就是向量。在几何中，向量可以用一段有方向的线段来表示，如图 8-5 所示。

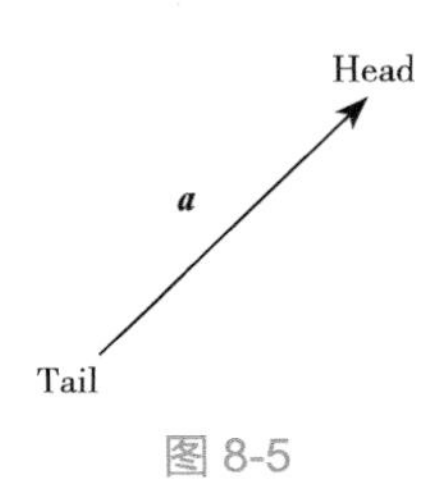

图 8-5

8.2.1 向量的运算

- 加减：量的加法（减法）为各分量分别相加（相减），如图 8-6 所示。在物理上可以用来计算两个力的合力，或者几个速度分量的叠加。
- 数乘：向量与一个标量相乘称为数乘。数乘可以对向量的长度进行缩放，如果标量大于 0，那么向量的方向不变；若标量小于 0，则向量的方向会变为反方向。
- 点乘：两个向量点乘得到一个标量，数值等于两个向量长度相乘后再乘以二者夹角的余弦值，如图 8-7 所示。

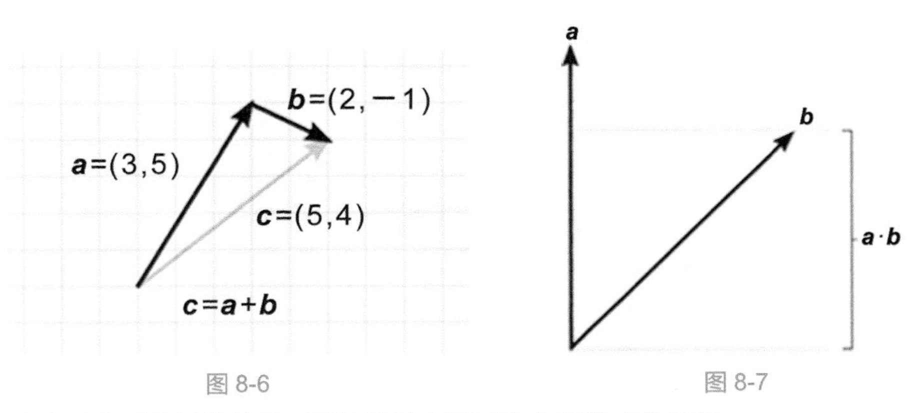

图 8-6　　图 8-7

通过两个向量点乘结果的符号可以快速地判断两个向量的夹角情况。

若 $\boldsymbol{u}\cdot\boldsymbol{v}=0$，则向量 $\boldsymbol{u}$、$\boldsymbol{v}$ 相互垂直；

若 $\boldsymbol{u}\cdot\boldsymbol{v}>0$，则向量 $\boldsymbol{u}$、$\boldsymbol{v}$ 夹角小于 90 度；

若 $\boldsymbol{u} \cdot \boldsymbol{v}<0$，则向量 $\boldsymbol{u}$、$\boldsymbol{v}$ 夹角大于 90 度。

- 叉乘：两个向量的叉乘得到一个新的向量。新向量垂直于原来的两个向量，并且长度等于原向量长度相乘后再乘夹角的正弦值，如图 8-8 所示。

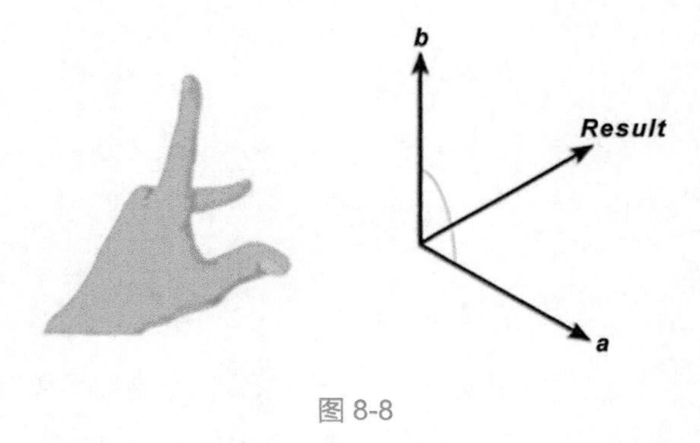

图 8-8

可以通过左手摆出如图 8-8 所示的手势来判断叉乘结果的方向（使用左手是因为 Unity 里用的是左手坐标系）。假设有向量 $\boldsymbol{Result}=\boldsymbol{a}\times\boldsymbol{b}$，将拇指朝向 $\boldsymbol{a}$ 的方向，食指指向 $\boldsymbol{b}$ 的方向，则中指指向的方向为叉乘结果的方向。

叉乘不满足乘法交换律，即 $\boldsymbol{a}\times\boldsymbol{b} \neq \boldsymbol{b}\times\boldsymbol{a}$。

8.2.2 Vector3 类

在 Unity 中，和向量有关的类有 Vector2、Vector3 和 Vector4，分别对应不同维度的向量，其中 Vector3 三维向量的使用最为广泛，下面将介绍 Vector3 类的常用成员变量和方法，如表 8-1 和表 8-2 所示。

表 8-1　Vector3 成员变量

x	向量的 x 分量
y	向量的 y 分量
z	向量的 z 分量
normalized	得到单位化后的向量（只读）
magnitude	得到向量长度（只读）
sqrMagnitude	得到向量长度的平方（只读）

表 8-2　Vector3 常用方法

Cross	向量叉乘
Dot	向量点乘
Project	计算向量在另一向量上的投影
Angle	返回 2 个向量之间的夹角
Distance	返回 2 个向量之间的距离
operator +	向量相加
operator −	向量相减
operator *	向量乘以标量
operator /	向量除以标量
operator ==	若 2 个向量相等则返回 true
operator !=	若 2 个向量不等则返回 true

以下将通过示例讲解 Vector3 类的应用。

实践操作 31：计算两物体间的距离

1 启动 Unity 应用程序，新建场景 Distance，创建 2 个 Cube 立体方，在 Scene 视图中将 2 个 Cube 的位置错开，如图 8-9 所示。

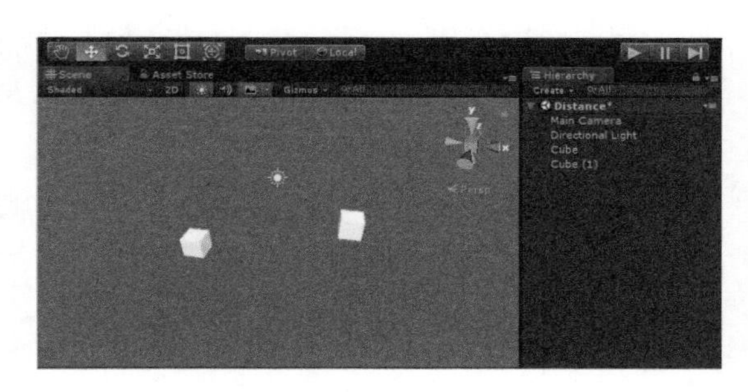

图 8-9

2 新建 C# 脚本 Distance.cs，其代码参考如下：

```
using System.Collections;
using System.Collections.Generic;
using UnityEngine;

public class Distance:MonoBehaviour {
   public Transform objTrans1;  //定义 Transform 组件变量
   public Transform objTrans2;
   // Use this for initialization
   void Start () {
      //使用 Vector3.Distance 来计算两个向量之间的距离
      float dis = Vector3.Distance(objTrans1.position, objTrans2.position);
      //输出距离信息到控制台
      Debug.Log("Distance:" + dis);
  }

   // Update is called once per frame
  void Update () {

   }
}
```

3 将脚本绑定给场景中的主相机 Main Camera（将脚本拖动到 Main Camera 上即可）；然后在其 Inspector 视图中将 Obj Trans 1 和 Obj Trans 2 指定为 2 个 Cube，如图 8-10 所示。

4 单击工具栏中的播放按钮，即可在 Console 视图中输出 2 个 Cube 之间的距离，如图 8-11 所示。

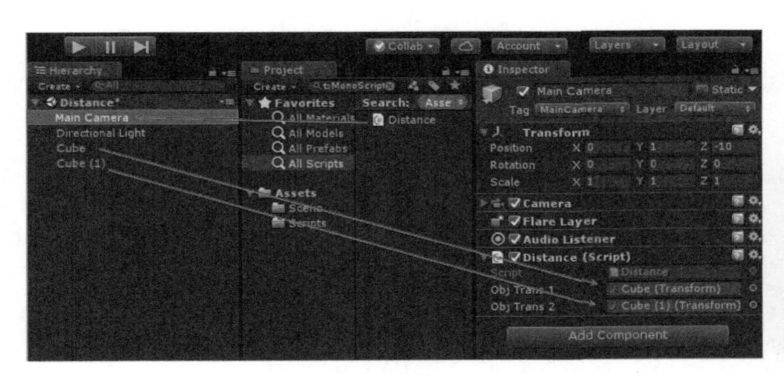

图 8-10

图 8-11

实践操作 32：缓动效果

在这个示例中将使用 Vector3.Lerp 方法来实现让物体从当前位置移动到另一个位置的缓动效果。

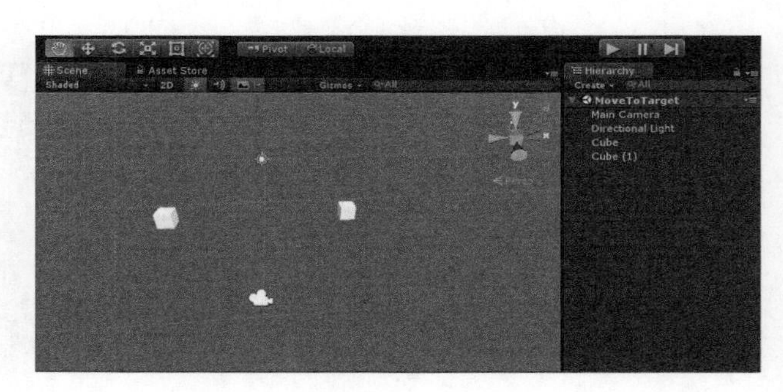

图 8-12

1 新建场景 MoveToTarget；然后创建 2 个 Cube 立方体，在 Scene 视图中将 2 个 Cube 的位置错开，如图 8-12 所示。

2 新建 C# 脚本 MoveToTarget，其代码如下：

```
using System.Collections;
using System.Collections.Generic;
using UnityEngine;

public class MoveToTarget:MonoBehaviour {
    public Transform endTrans; //定义结束位置的 Transform 对象
    // Use this for initialization
    void Start () {

    }

    // Update is called once per frame
    void Update () {
    //脚本所在物体的位置缓动到 endTrans 的位置
    transform.position=Vector3.Lerp(transform.position, endTrans.position,
Time.deltaTime);
    }
}
```

3 将脚本绑定给场景中的 Cube 上，然后在其 Inpector 视图中将 endTrans 指定为 Cube(1)，如图 8-13 所示。

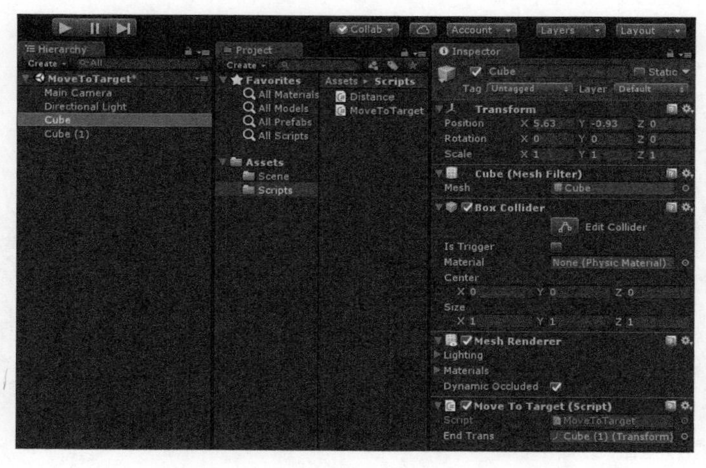

图 8-13

4 单击工具栏中的播放按钮，可以看到 Cube 缓缓移动到 Cube(1) 的位置，如图 8-14 所示。

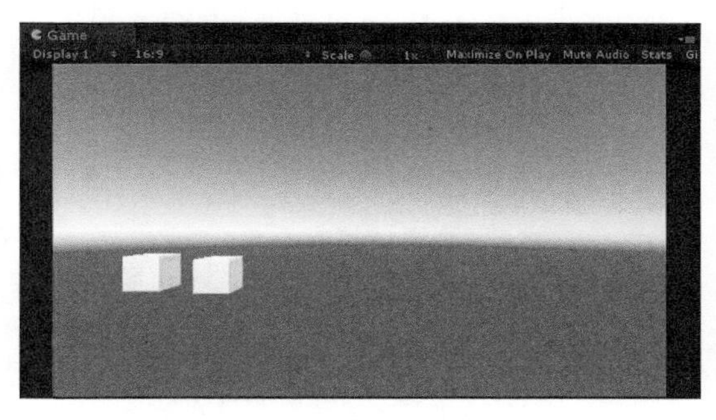

图 8-14

8.3 矩阵

和向量一样，矩阵（Maxtrix）也是 3D 数学中十分重要的基础知识。矩阵是一个矩形阵列，有指定的行和列，使用矩阵可以简化数据的表示和变换处理。

矩阵的概念：$m \times n$ 的矩阵是一个具有 m 行，n 列的矩形数组，行数和列数分别为矩阵的维度。在游戏引擎中使用的矩阵通常为 4×4 矩阵，因为它可以描述向量的平移、旋转、缩放等所有的线性变换。

平移矩阵的形式如图 8-15 所示，与向量 $\boldsymbol{v}$ 相乘后，可以使向量 $\boldsymbol{v}$ 的 x、y、z 分量分别变化 P_x、P_y、P_z。

$$vT=(vx+P_x,\ vy+P_y,\ vz+P_z,\ 1)$$

旋转矩阵可以让向量沿着某个轴向旋转一定的角度。例如图 8-16 中的旋转矩阵可以使向量沿着 x 轴旋转 θ 角。

缩放矩阵可以对向量的各分量进行缩放，如图 8-17 所示的矩阵与向量相乘后，向量的 x、y、z 分量会分别缩放 q_x、q_y、q_z 倍。

$$T(p)=\begin{bmatrix}1 & 0 & 0 & 0\\ 0 & 1 & 0 & 0\\ 0 & 0 & 1 & 0\\ p_x & p_y & p_z & 1\end{bmatrix}$$

图 8-15

$$X(\theta)=\begin{bmatrix}1 & 0 & 0 & 0\\ 0 & \cos\theta & \sin\theta & 0\\ 0 & -\sin\theta & \cos\theta & 0\\ 0 & 0 & 0 & 1\end{bmatrix}$$

图 8-16

$$S(q)=\begin{bmatrix}q_x & 0 & 0 & 0\\ 0 & q_y & 0 & 0\\ 0 & 0 & q_z & 0\\ 0 & 0 & 0 & 1\end{bmatrix}$$

图 8-17

矩阵变换可以通过矩阵乘法进行组合，用一个矩阵就可以表示一组变换操作。

例如现有向量 $\boldsymbol{v}$，平移矩阵 T，旋转矩阵 R，缩放矩阵 S，另有组合矩阵 $M=SRT$，则有：

$$\boldsymbol{v}SRT=\boldsymbol{v}M$$

向量 $\boldsymbol{v}$ 乘以矩阵 M 相当于依次对 $\boldsymbol{v}$ 进行缩放、旋转和平移。

Unity 使用 Matri×4×4 类来描述 4×4 矩阵。由于矩阵的使用需要用户具有一定的数学知识，在 Unity 中为了简化脚本的编写，对向量的常用操作在 Vector3 类和四元数 Quaternion 类中已经提供了对应的方法，使用起来非常简单，另外 Transform 组件也提供了很多方便的功能，因此在编写 Unity 脚本时已经很少需要直接对矩阵进行操作了。在 Unity 中，Matri×4×4 仅在 Transform、Camera、Material 和 GL 等几个类的函数中用到。

8.4 齐次坐标

在 3D 数学中，齐次坐标就是将原本三维的向量（x，y，z）用四维向量（wx，wy，wz，w）来表示。

引入齐次坐标主要有如下目的。

- 更好地区分向量和点。在三维空间中，（x，y，z）既可以表示点也可以表示向量，不便于区分，如果引入齐次坐标，则可以使用（x，y，z，1）来表示坐标点，而使用（x，y，z，0）来表示向量。
- 统一用矩阵乘法表示平移、旋转、缩放变换。如果使用 3×3 矩阵，矩阵乘法只能表示旋转和缩放变换，无法表示平移变换。而在 4D 齐次空间中，可以使用 4×4 齐次矩阵来统一表示平移、旋转、缩放变换。
- 当分量 w=0 时可以用来表示无穷远的点。

齐次坐标是计算机图形学中一个非常重要的概念，但是在 Unity 中很少需要直接和它打交道，在编写一些 Shader 时可能会用到它，平时在脚本中主要还是使用三维向量 Vector3。Unity 通过便利的接口设计将这一重要概念隐藏在了引擎后面。

8.5 四元数

四元数包含一个标量分量和一个三维向量分量，四元数 Q 可以记作：

$$Q=[w,\ (x,\ y,\ z)]$$

在 3D 数学中使用单位四元数来表示旋转，对于三维空间中旋转轴为 n，旋转角度为 α 的旋转，如果用四元数表示，四个分量分别为：

$w = \cos(\alpha/2)$

$x = \sin(\alpha/2)\cos(\beta x)$

$y = \sin(\alpha/2)\cos(\beta y)$

$z = \sin(\alpha/2)\cos(\beta z)$

其中 $\cos(\beta x)$、$\cos(\beta y)$、$\cos(\beta z)$ 分别为旋转轴的 x、y、z 分量。

从上面的描述中可以看到四元数表示的旋转并不直观。在 3D 数学中，旋转还可以用欧拉角和矩阵表示，但是每一种表示方法都有其各自的优缺点，表 8-3 简单地对这 3 种旋转的表示方法进行对比。

表 8–3　3 种旋转的表示方法的对比

项目名称	欧拉角	矩阵	四元数
旋转一个位置点	不支持	支持	不支持
增量旋转	不支持	支持，速度较慢	支持，速度快
平滑插值	支持	基本不支持	支持
内存占用	3 个数值	16 个数值	4 个数值
表达是否唯一	无数种组合	唯一	互为负的 2 种表示
可能会遇到的问题	万向锁	矩阵蠕变	误差累积导致非法

由于 3 种表示旋转的方法都有各自的优势及缺点，所以在开发过程中需要根据实际的开发需求进而选择不同的方法。

在 Unity 中，四元数使用 Quaternion 类来表示。下面先简要介绍 Quaternion 类的变量和函数列表，如表 8-4 和表 8-5 所示。

表 8–4　Quaternion 类的变量列表

x	四元数的 *x* 分量（除非对四元数有一定的了解，否则不建议直接更改该分量）
y	四元数的 *y* 分量（除非对四元数有一定的了解，否则不建议直接更改该分量）
z	四元数的 *z* 分量（除非对四元数有一定的了解，否则不建议直接更改该分量）
w	四元数的 *w* 分量（除非对四元数有一定的了解，否则不建议直接更改该分量）
this [int index]	通过序号 [0]，[1]，[2]，[3] 来访问 *x*、*y*、*z*、*w* 分量
eulerAngles	返回表示该旋转的欧拉角
Identity	返回同一性旋转的四元数，即该四元数表示没有旋转

表 8–5　Quaternion 类的函数列表

Set	设置 Quaternion 的 *x*、*y*、*z*、*w* 分量
ToAngleAxis	将四元数转换成一个角 – 轴表示的旋转
SetFromToRotation	设置一个四元数表示 fromDirection 到 toDirection 的旋转
SetLookRotation	设置一个四元数表示朝向为 forward，上方向为 up 的旋转
ToString	将四元数转成格式化的字符串
operator *	连接 2 个旋转，该相乘操作的结果的作用相当于依次应用 2 个旋转操作
operator ==	判断四元数是否相等
operator !=	判断四元数是否不相等
Dot	2 个旋转点乘
AngleAxis	根据旋转角和旋转轴创建一个四元数
FromToRotation	生成一个四元数表示 fromDirection 到 toDirection 的旋转
LookRotation	生成一个四元数表示朝向为 forward，上方向为 up 的旋转
Slerp	根据 t 值在四元数 from 和 to 之间进行球形插值
Lerp	根据 t 值在四元数 from 和 to 之间进行插值，并将结果规范化
RotateTowards	将旋转 from 变到旋转 to
Inverse	返回旋转的逆向值。例如 rotation(*x*，*y*，*z*，*w*)，那么 Quaternion.Inverse(rotation) = (−*x*，−*y*，−*z*，*w*)
Angle	返回 a 和 b 两个旋转之间的夹角角度
Euler	返回一个先沿 *z* 轴旋转 *z* 角度，然后沿 *x* 轴旋转 *x* 角度，最后沿 *y* 轴旋转 *y* 角度的旋转

在游戏对象的 Transform 组件中，变量 Transform.rotation 为对象在全局坐标系下的旋转；变量 Transform.localRotation 为对象在父对象的局部坐标系下的旋转。2 个变量的类型均为四元数。因此只要通过改变 Transform.rotation 或者 Transform.localRotation 就可以设置游戏对象的旋转了。下面给出了一些通过四元数来控制对象旋转的示例。

实践操作33：通过四元数控制对象旋转

在这个例子中，用户可以通过键盘的左右方向键来控制场景中球体 Sphere 的横向运动，而 Cube 立方体则会一直面朝着球体旋转。

1 首先新建场景 LookAt，分别创建一个 Cube 立方体对象和 Sphere 球体对象，在 Inspector 视图中设置 Cube 的坐标为（3，0，4），Sphere 的坐标为（0，0，0）。

2 新建 C# 脚本 MotionControl，并将其附给 Sphere 球体对象，代码如下：

```
using System.Collections;
using System.Collections.Generic;
using UnityEngine;

public class MotionControl:MonoBehaviour {
    public float speed = 3f; //定义的移动速度
    // Use this for initialization
    void Start () {

    }

    // Update is called once per frame
    void Update () {
      //控制物体的移动
      transform.Translate(-Input.GetAxis("Horizontal") * speed * Time.deltaTime, 0, 0);
    }
}
```

3 再新建一个 C# 脚本 LookAtControl，并将其赋给 Cube 立方体对象，代码如下：

```
using System.Collections;
using System.Collections.Generic;
using UnityEngine;

public class LookAtControl:MonoBehaviour {
    public Transform target; //定义的朝向目标
    // Use this for initialization
    void Start () {
      //查找场景中名为 Sphere 的对象，并赋值给 target
      target = GameObject.Find("Sphere").transform;
  }

    // Update is called once per frame
    void Update () {
      //计算该脚本物体指向 target 的向量（带长度的方向向量）
      Vector3 relativePos = target.position - transform.position;
      //该脚本物体一直朝向 target 目标
      transform.rotation = Quaternion.LookRotation(relativePos);
    }
}
```

4 单击工具栏中的播放按钮，通过键盘的左右方向键可以控制 Sphere 球体运动，而 Cube 立方体会一直朝向 Sphere 球体，如图 8-15 所示。

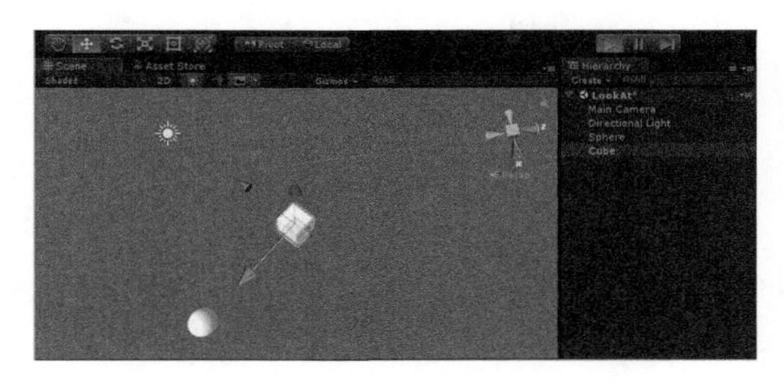

图 8-15

8.6 坐标转换原理

8.6.1 世界坐标与局部坐标的转换

在 Unity 中，Transform 组件的 Transform.TransformPoint 方法可以将坐标点从局部坐标系转换到全局坐标系，Transform.InverseTransformPoint 方法可以将坐标点从全局坐标系转换到局部坐标系。Transform.TransformDirection 和 Transform.InverseTransformDirection 则用于对向量在局部坐标系和全局坐标系之间进行转换。

实践操作 34：改变全局和局部坐标

以下示例将讲解如何通过改变物体的全局和局部坐标系来改变物体的运动方向。

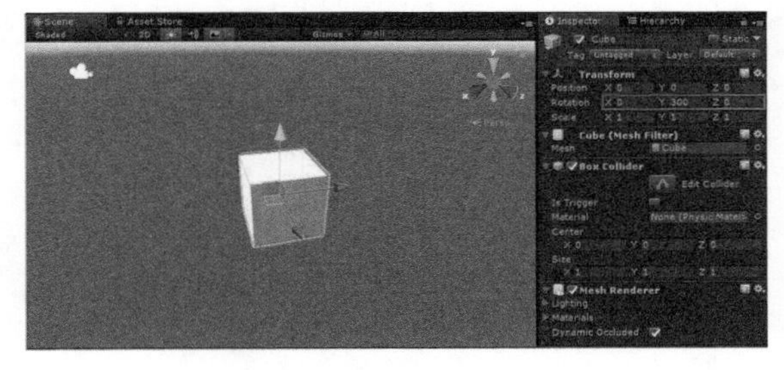

图 8-16

1 打开 Unity 应用程序，新建一个名为 Coordinate 的场景；接着在场景中新建一个 Cube 立方体，并在 Inspector 视图中将其 Transform 组件中的 Rotation 属性中的 *y* 轴属性值设置为 300；将 Cube 立方体在 *y* 轴方向上旋转 300 度。这样 Cube 立方体的局部坐标系和全局坐标系就不一致了，如图 8-16 所示。

2 新建 C# 脚本，命名为 CoordinateLocal，代码如下：

```
using System.Collections;
using System.Collections.Generic;
using UnityEngine;

public class CoordinateLocal:MonoBehaviour {

    // Use this for initialization
    void Start () {
```

```
    }

    // Update is called once per frame
    void Update () {
      //让物体沿着z轴方向向前移动，Time.deltaTime 表示 Update() 方法上一帧持续时间
      transform.Translate(Vector3.forward * Time.deltaTime);
    }
}
```

3 将 CoordinateLocal 脚本绑定到 Cube 立方体上，单击工具栏中的播放按钮，可以在 Scene 视图中看到 Cube 物体沿着局部坐标系的 *z* 轴向前移动，如图 8-17 所示。

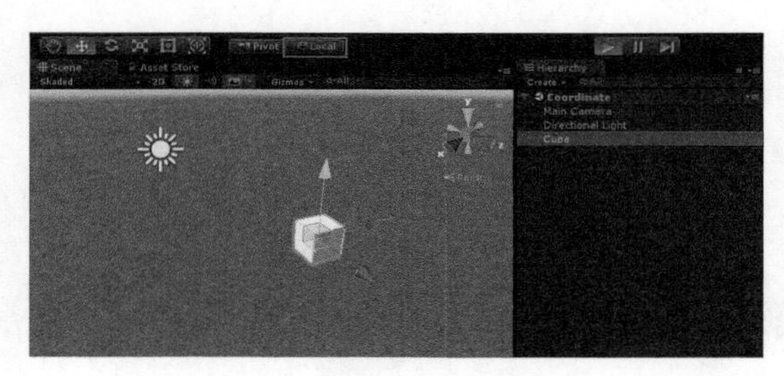

图 8-17

4 新建 C# 脚本 CoordinateWorld，代码如下：

```
using System.Collections;
using System.Collections.Generic;
using UnityEngine;

public class CoordinateWorld:MonoBehaviour {
private Vector3 objVector3;   //定义坐标变量
    // Use this for initialization
    void Start () {

      }

    // Update is called once per frame
    void Update () {
      objVector3 = transform.InverseTransformDirection(Vector3.forward);
      transform.Translate(objVector3 * Time.deltaTime);
    }
}
```

5 将上述脚本绑定到 Cube 立方体上，在 Inspector 视图中取消脚本组件 CoordinateLocal 的勾选，这样就只有脚本 CoordinateWorld 起作用，如图 8-18 所示。

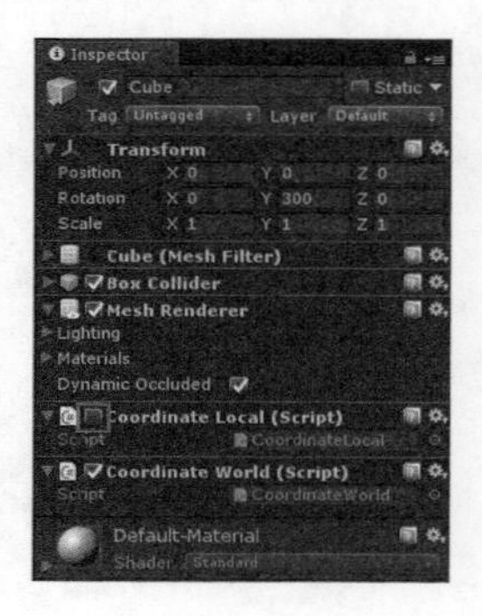

图 8-18

6 单击工具栏的播放按钮，可以在 Scene 视图中看到 Cube 物体沿着全局坐标系的 *z* 轴向前移动，如图 8-19 所示。

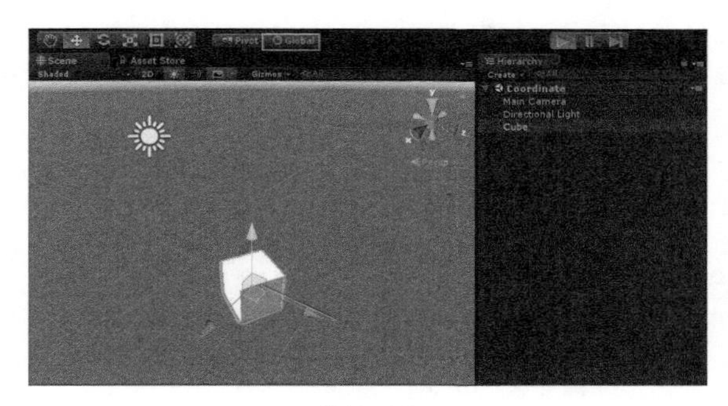

图 8-19

8.6.2 世界坐标与屏幕坐标的转换

在 Unity 中，由于屏幕的画面是由相机（Camera）所呈现的，所以世界坐标和屏幕坐标之间的转换需要以相机为媒介。

实践操作 35：设置世界坐标

以下示例将讲解如何通过鼠标单击来设置物体的世界坐标位置。

1 打开 Unity 应用程序，新建一个名为 ScreenToWorldP 场景，接着在场景中创建一个 Cube 立方体，并将其位置设在 Main Camera 可见的位置，如图 8-20 所示。

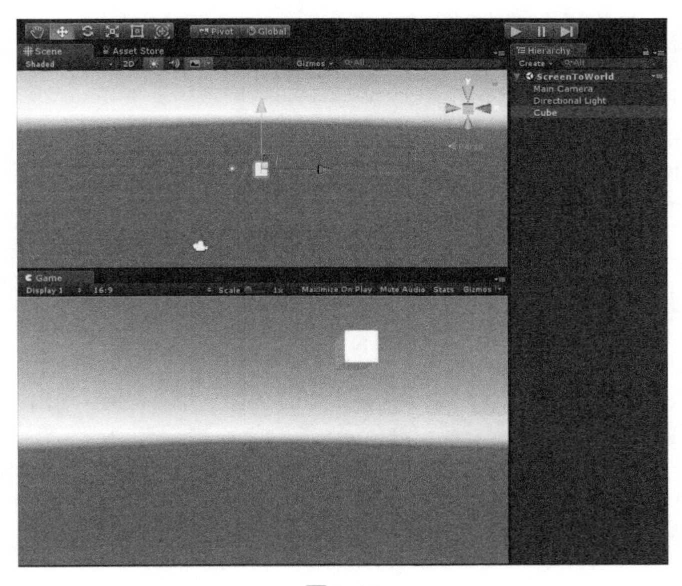

图 8-20

2 新建 C# 脚本，命名为 ScreenToWorldPoint，代码如下：

```
using System.Collections;
using System.Collections.Generic;
```

```
using UnityEngine;

public class ScreenToWorldPoint:MonoBehaviour
{
    //定义一个Vector3变量
    Vector3 screenPos;
    // Use this for initialization
    void Start () {
      //将物体世界坐标转换成屏幕坐标(以相机为中介进行转换)
      screenPos = Camera.main.WorldToScreenPoint(transform.position);
      //打印坐标信息
      Debug.Log("屏幕坐标:" + screenPos);
    }
    // Update is called once per frame
    void Update () {
      //如果鼠标左键按下
      if (Input.GetMouseButtonDown(0))
      {
        //获取鼠标的位置坐标
        Vector3 mousePos = Input.mousePosition;
        //将物体屏幕坐标的z轴值赋值给鼠标坐标的z轴
        mousePos.z = screenPos.z;
        //将屏幕坐标转换成世界坐标
        Vector3 worldPos = Camera.main.ScreenToWorldPoint(mousePos);
        //设置物体位置
        transform.position = worldPos;
      }
    }
}
```

3 脚本中的 Camera.main 指的是在场景中相机的标签为 MainCamera 的相机，如图 8-21 所示。在场景中，同时只能有一个 MainCamera。

图 8-21

4 将上述脚本绑定到 Cube 立方体上，单击工具栏中的播放按钮，当运行开始时，控制台中会输出该 Cube 的世界坐标转换成屏幕的坐标；当鼠标指针在 Game 视图，单击左键时，可以看到 Cube 的位置会跟随鼠标指针的位置移动，如图 8-22 所示。

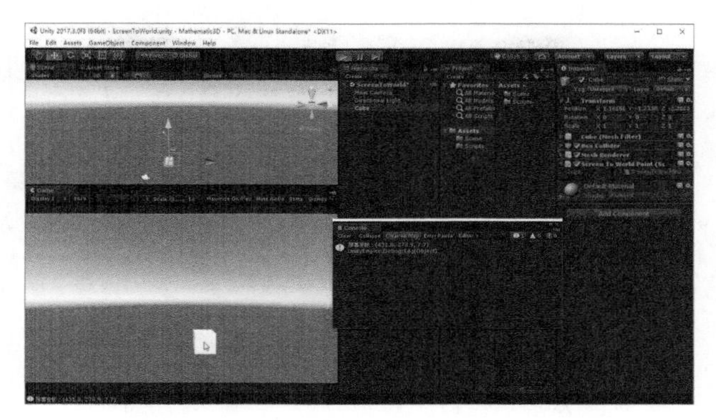

图 8-22

知识点

世界坐标转换成屏幕坐标后，屏幕坐标的 z 轴大于 0，则说明该坐标在相机前方，反之，则说明该坐标在相机后方。

本章案例工程文件在路径为 \Book\Projects\Chapter08 的文件夹中。

第 9 章 Unity 脚本语言

Unity 脚本开发是整个游戏开发过程中的重要环节，即便最简单的游戏也需要脚本来响应用户的操作，此外，游戏场景中的事件触发、游戏对象的创建和销毁等都需要通过脚本来控制。本章将介绍 Unity 中进行脚本开发的基础知识和相关技巧，默认用户所使用的脚本编辑器为 MonoDevelop 编辑器。

9.1 Unity 脚本语言

在 Unity 中，脚本可以理解为附加在游戏对象上的用于定义游戏对象行为的指令代码。脚本与组件的用法相同，必须绑定在游戏对象上才能开始它的“生命周期”。

Unity 编辑器已经集成了许多脚本编辑器的功能，如建立脚本与游戏对象的连接、变量数值的修改以及修改脚本后的实时预览，这让脚本开发的调整和调试变得十分简单，大幅提高了游戏的开发效率。Unity 还内置了脚本资源包，提供了游戏开发中的常用脚本，帮助开发者快速地实现游戏的基本功能。

Unity 的脚本语言基于 Mono 的 .NET 平台运行，可以使用 .NET 库，这也为 XML、数据库、正则表达式等问题提供了很好的解决方案。Unity 2017.2 之前支持 JavaScript 和 C# Script 两种语言，Unity2017.2 以后开始取消对 JavaScript 语言的支持（可以在菜单栏中依次单击 Assets → Create → Legacy → UnityScript(deprecated) 进行创建并使用）。

在 Unity 中，开发者编写的每一个脚本都被视为一个自定义的组件（Component），游戏对象可以理解为能容纳各种组件（包括 Unity 内置的以及开发者自定义的组件）的容器。游戏对象的所有组件一起决定了这个对象的行为和游戏中的表现。作为一个组件，脚本本身是无法脱离游戏对象独立运行的，它必须添加到游戏对象上才会生效。

9.2 创建并运行脚本

9.2.1 实践操作 36：创建脚本

本章所有代码文件在路径为“\Book\Projects\Chapter09”的文件夹中。

以下将通过创建 HelloWorld 脚本来开始 Unity 的编程之旅，在 Unity 中有两种新建脚本文件的方法，分别如下。

第一种，依次单击菜单栏中的 Assets → Create → C# Script，如图 9-1 所示。

图 9-1

第二种，在 Project 视图上方单击 Create 按钮，或者在 Assets 视图区域右击，在弹出的菜单中单击 Create → C#Script 来创建脚本，如图 9-2 所示。

新建的脚本文件会出现在 Project 视图中，并自动命名为 NewBehaviourScript。可为脚本输入新的名称，如在这里将其命名为 HelloWorld，如图 9-3 所示。

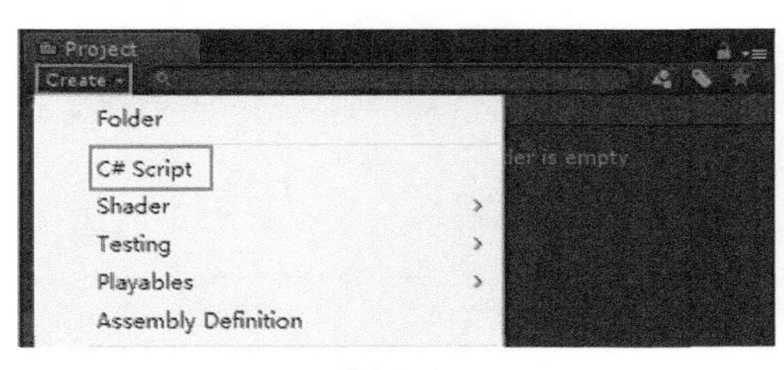

图 9-2

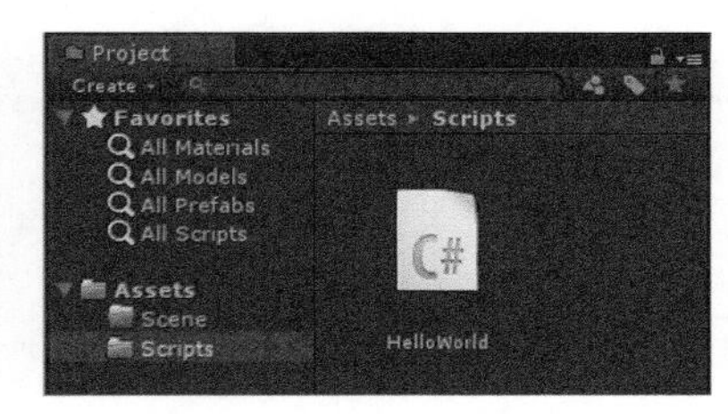

图 9-3

9.2.2 MonoDevelop 编辑器

在 Project 视图中双击之前创建的脚本文件 HelloWorld.cs，默认情况下 Unity 会自动启动 MonoDevelop 脚本编辑器来编辑脚本，如图 9-4 所示。

MonoDevelop 编辑器提供了语法高亮、自动完成、函数提示等代码编辑功能，还可以通过修改选项参数来定制个性化的界面。当然 Unity 也支持使用其他的编辑器来编辑脚本，如 Visual Studio。可以通过设置让 Unity 默认使用其他编辑器作为代码编辑工具，在 Unity 编辑器中依次单击菜单栏中的 Edit → Preferences...，在弹出的对话框中单击 External Tools 选项卡，然后在 External Script Editor 下拉列表中选择 Unity 默认的脚本编辑器，如图 9-5 所示。

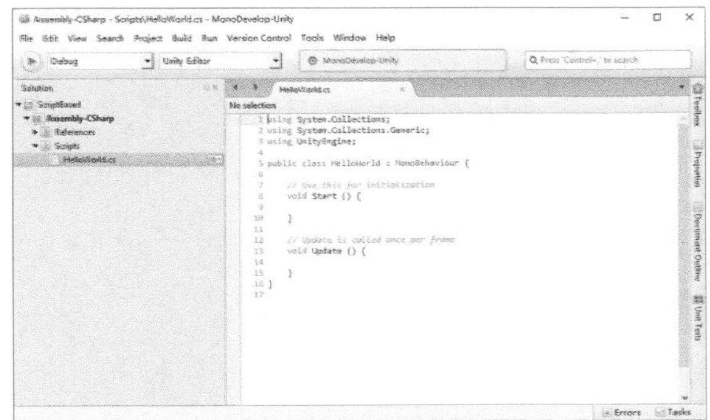

图 9-4

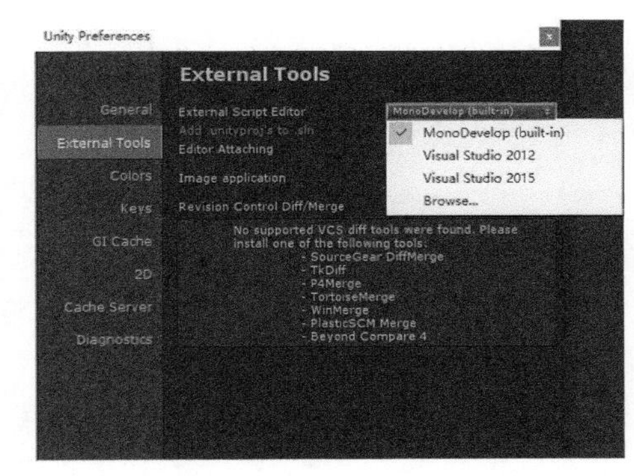

图 9-5

9.2.3 必然事件

在打开的 MonoDevelop 编辑器窗口中会发现 Unity 已自动地编写了若干行代码，如图 9-6 所示。

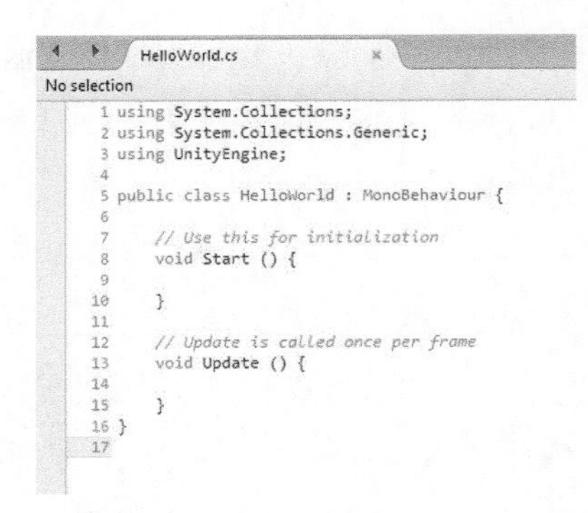

图 9-6

各代码含义如下。

- 代码第 1 ~ 3 行：引用系统集合和 Unity 引擎的命名空间。
- 代码第 5 行：类名为 HelloWorld，并且该类继承自 MonoBehaviour 类。
- 代码第 7 行：注释。
- 代码第 8 ~ 15 行：默认函数 Start 和 Update。

Unity 中会有些特定的函数，这些特定的函数在一定条件下会被自动调用，称为必然事件（Certain Events）。Start 和 Update 这 2 个函数是 Unity 中最常用的两个事件，因此新建脚本时 Unity 自动创建了这 2 个函数。

以下为 Unity 中常见的必然事件，如表 9-1 所示。

表 9-1 Unity 中常见的必然事件

名称	触发条件	用途
Awake	脚本实例被创建时调用	用于游戏对象的初始化，注意 Awake 的执行早于所有脚本的 Start 函数
Start	Update 函数第一次运行之前调用	用于游戏对象的初始化
Update	每帧调用一次	用于更新游戏场景和状态（和物理状态有关的更新应放在 FixedUpdate 里）
FixedUpdate	每个固定物理时间间隔（physics time step）调用一次	用于物理状态的更新
LateUpdate	每帧调用一次（在 Update 调用之后）	用于更新游戏场景和状态，和相机有关的更新一般放在这里

实践操作 37：使用必然事件

1 接着将通过实例讲解如何使用 Unity 的必然事件，接着上述步骤，在 Start 函数里添加以下代码，其作用是输出信息到 Console 视图。

```
void Start () {
    // 输出 HelloWorld 信息到 Console 视图
    Debug.Log ("HelloWorld");
}
// Update is called once per frame
void Update () {
    Debug.Log ("Update");
}
```

2 然后在场景中新建一个空的游戏对象，用于绑定上述的脚本，依次单击菜单栏中的 Game-

Object → Create Empty Child 即可创建一个空游戏对象，如图 9-7 所示。

3 在 Hierarchy 视图中，单击选中新建的游戏对象 GameObject，然后在 Inspector 视图中单击对象属性下方的 Add Component 按钮，在弹出的菜单中依次单击 Scripts → HelloWorld，这样就将 HelloWorld.cs 脚本绑定到了新建的游戏对象上，如图 9-8 所示。也可在 Project 视图中将 HelloWorld.cs 脚本直接拖动到 Inspector 视图中的 GameObject 对象上来完成脚本的绑定操作。

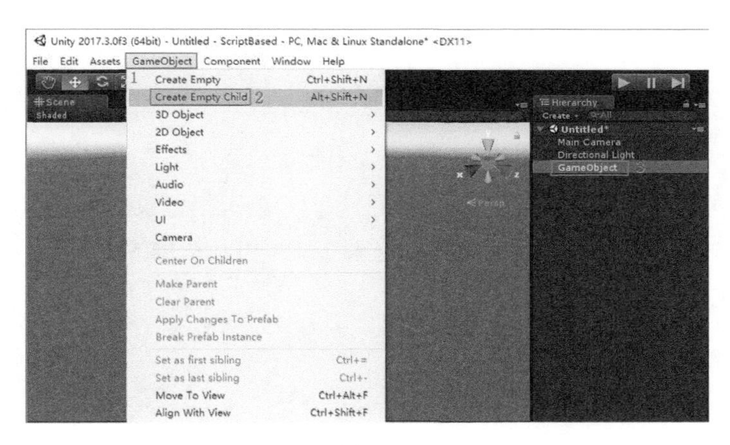

图 9-7

4 游戏对象 GameObject 添加了脚本以后，Inspector 视图中会增加刚才所添加的脚本组件，如图 9-9 所示。

至此已经完成了脚本的准备工作，现在可以单击工具栏中的播放按钮查看运行效果，脚本会在 Console 视图输出一个 Hello World 和多个 Update 字样，运行结果如图 9-10 所示。

图 9-8

图 9-9

图 9-10

HelloWorld 只执行一次，是因为 Start 函数只会在程序开始时调用一次；Update 执行多次并会持续执行，是因为 Update 函数在每一帧都会被调用。

注 意

如果用户当前编辑器界面上没有显示 Console 视图，可以通过 Ctrl+Alt+C 组合键或者单击菜单栏中的 Window → Console 把该视图显示出来。

9.3 C# 基本语法

9.3.1 变量和常量

变量是脚本用来保存数据的，可以把它们想象成盛东西的盒子。不同样式的盒子代表不同的数据类型，给变量赋值就相当于往盒子里放东西。每个盒子里只能放与之相对应的内容，比如鞋盒里放的是鞋子，这就类似于每个变量只能给它赋予相同数据类型的值。

在 Unity 中，C# 变量声明方式如下：

```
变量类型 变量名；
```

代码如下：

```
string name = "Andy";
```

变量的命名规则如下。

- 由字母、数字或下划线“_”组成。
- 必须由字母或下划线开头，不能以数字开头。
- 不能是 C# 中的关键字，如：int、string、bool、class 等。
- 区分大小写，如小写 a 和大写 A 是两个变量。

表 9-2 所示为 C# 常用的变量类型。

表 9–2　C# 常用的变量类型

数值类型	byte，sbyte，short，ushort，int ，uint，long，ulong，float，double，char，decimal 开发时根据精度需要选用不同的类型
字符串	string
布尔值	bool

还可以在变量前面添加作用域（访问修饰符），如 public（公有）、private（私有）、protected（保护）三种类型，来定义该变量能被访问的范围，不添加作用域则默认为 public。代码如下：

```
public string name ="Andy";
```

9.3.2 运算符和表达式

程序的基本功能是处理数据，任何编程语言都有自己的运算符。因为有了运算符，程序员才能写出表达式，实现各种运算操作和逻辑要求。C# 提供了一套算数、关系、逻辑操作符，具体内容见下面表格。

算术运算符：就是数学中的加、减、乘、除等运算，运算操作符列表如表 9-3 所示。

表 9-3 运算操作符列表

+	加法	expr1+ expr2;
−	减法	expr1− expr2;
*	乘法	expr1* expr2;
/	除法	expr1/ expr2;
%	取模（求余数）	expr1%expr2;
++	自增	++ expr1;expr1++;
−−	自减	−− expr1;expr1−−;

比较操作符：就是会比较其两边的操作数，并根据比较结果为真或假返回逻辑值。比较操作符列表如表 9-4 所示。

表 9-4 比较操作符列表

<	小于	expr1<expr2;
>	大于	expr1>expr2;
<=	小于等于	expr1<=expr2;
>=	大于等于	expr1>=expr2;
==	是否相等	expr1==expr2;
!=	是否不等	expr1!=expr2;

逻辑操作符：用 Boolean 值（布尔逻辑值）作为操作数，并返回 Boolean 值。逻辑操作符列表如表 9-5 所示。

表 9-5 逻辑操作符列表

<table>
<tr><td>!</td><td>Not（逻辑非）</td><td>!expr1;</td></tr>
<tr><td>||</td><td>Or（逻辑或）</td><td>expr1||expr2;</td></tr>
<tr><td>&&</td><td>And（逻辑与）</td><td>expr1&&expr2;</td></tr>
</table>

条件操作符：是所有操作符之中唯一需要三个操作数的。该操作符通常用于取代简单的 if 语句。条件操作符列表如表 9-6 所示。

表 9-6 条件操作符列表

? :	条件表达式	expr?expr_if_true: expr_if_false;

使用运算符将操作数连接起来就组成了一个表达式。

```
int a = 0;
float b = 0;
a = 2 + 3;
b = 2.1f * 3.4f;
```

9.3.3 语句和函数

实践操作 38：使用语句

1 语句

C# 里的语句均要以分号结尾。语句的注释支持单行注释 // 和多行注释 /*　*/。

条件语句：即 if 语句，用来判定所给定的条件是否满足，根据判定的结果（真或假）决定执行给出的两种操作之一。

```
if(expr1== expr2) Debug.Log("true");    //如果 expr1 等于 expr2 则输出 true
if(expr2> expr3) Debug.Log ("true");  //如果 expr2 大于 expr3 则输出 true，
else  Debug.Log ("flase");            //否则输出 false
```

循环语句：支持 while、do-while、for、for-in 的循环操作。新建 C# script 脚本 CSLoop.cs，输入以下的循环语句，结果都为循环输出 0 ~ 9 的数值。

```
using System.Collections;
using System.Collections.Generic;
using UnityEngine;

public class CSLoop:MonoBehaviour {
    int i = 0;
    int x = 0;
    int y = 0;
    // Use this for initialization
    void Start () {
        //while 循环
        while (i < 10)
        {
            Debug.Log("i:" + i);
            i++;
        }
        //for 循环
        for (; x < 10; ++x)
        {
            Debug.Log("x:" + x);
        }

        //do-while 循环
        do
        {
            Debug.Log("y:" + y);
            ++y;
        } while (y < 10);
    }

}
```

将脚本挂载到场景物体上，运行 Unity 得到结果，如图 9-11 所示。

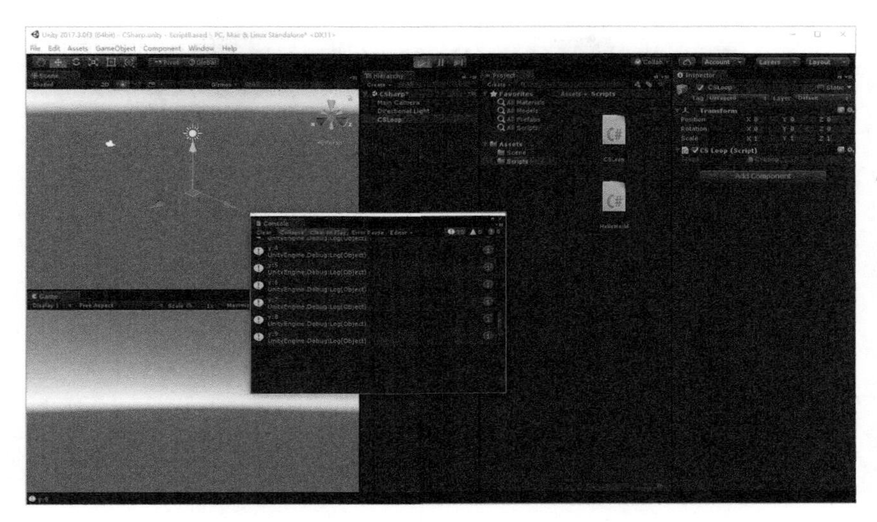

图 9-11

switch 语句：switch 语句用于基于不同的条件来执行不同的动作，可以替代冗长的 if-else 嵌套语句。新建 C# script 脚本 CSSwitch.cs，输入以下的代码。

```
using System.Collections;
using System.Collections.Generic;
using UnityEngine;

public class CSSwitch:MonoBehaviour {
    string player = "李四";
    // Use this for initialization
    void Start () {
        //如果 player 与某个 case 匹配，那么其后的代码就会被执行
        switch (player)
        {
        case "张三":
            Debug.Log("这是张三");
            break;      //如果该 case 执行，这用 break 来中断后面的代码执行
        case "李四":
            Debug.Log("这是李四");
            break;
        case "王五":
            Debug.Log("这是王五");
            break;
        default:       //如果前面的 case 都没匹配，则执行该代码
            Debug.Log("其他名称");
            break;
        }
    }

}
```

将脚本挂载到场景物体上，运行 Unity 得到结果，如图 9-12 所示。

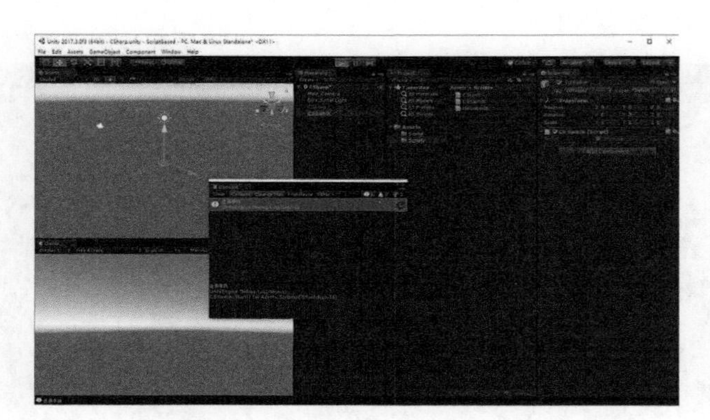

图 9-12

2 函数

函数（方法）是由事件驱动的或者当它被调用时执行的可重复使用的代码块。C# 里的函数格式为：

```
作用域 返回值类型 函数名（参数类型参数 1，参数类型参数 2，…）
{
    代码块；
}
```

例如：

```
public int Sum(int num1, int num2)
{
      return num1+num2;
}
```

参数可以使用关键字 ref 声明为传引用参数，在函数调用时，实参数前也需要添加 ref，例如：

```
void Start () {
      int score=110;
      ClampScore(ref score);// 传参数的引用
      Debug.Log(score);
}
void ClampScore(ref int num)
{
      num=Mathf.Clamp(num, 0, 100); // 限制值在 0~100 范围内容
}
```

运行结果如图 9-13 所示。

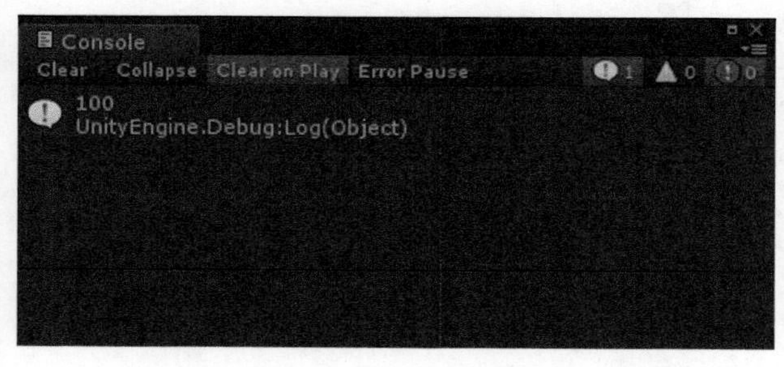

图 9-13

9.3.4 访问修饰符

访问修饰符用于指定声明的类型和类型成员的可访问性。

- public：是类型和类型成员的访问修饰符。公共访问是允许的最高访问级别。对访问公共成员没有限制。
- private：是一个成员访问修饰符。私有访问是允许的最低访问级别。私有成员只有在声明它们的类和结构体中才是可被访问的。
- protected：是一个成员访问修饰符。受保护成员在它的类中可被访问并且可由派生类访问。
- internal：是类型和类型成员的访问修饰符。只有在同一程序集的文件中，内部类型或成员才是可被访问的。

C# 的声明的方法或者变量如果不加修饰符，则默认为 private，例如：

```
using System.Collections;
using System.Collections.Generic;
using UnityEngine;

public class Person:MonoBehaviour {
    //公有成员，外部和内部皆可访问
    public string name = "Jack";
    //受保护成员，内部和派生类可访问
    protected int age = 18;
    //默认 private，私有成员，只能内部访问
    float money = 100;
    // Use this for initialization
    //默认 private，私有方法，只能内部访问
    void Start () {

    }
    //公有方法，外部可调用
    public void Speak()
    {
        Debug.Log(" 你好 ");
    }
}
```

在 Unity 中，声明的变量的修饰符是 public 的话，在 Unity 的 Inspector 视图中就可以看到该变量，并且在 Inspector 视图中可以修改该变量值。private 和 protected 修饰的变量在 Inspector 视图中是不可见的，如图 9-14 所示。

如果要将 public 变量隐藏在 Inspector 视图中，使私有变量显示在 Inspector 视图上，可以修改。代码如下：

```
//公有成员，外部和内部皆可访问
[HideInInspector]    //在 Inspector 上隐藏
public string name = "Jack";
//受保护成员，内部和派生类可访问
[SerializeField]    //序列话域
```

```
protected int age = 18;
//默认 private，私有成员，只能内部访问
[SerializeField]
float money = 100;
```

效果如图 9-15 所示。

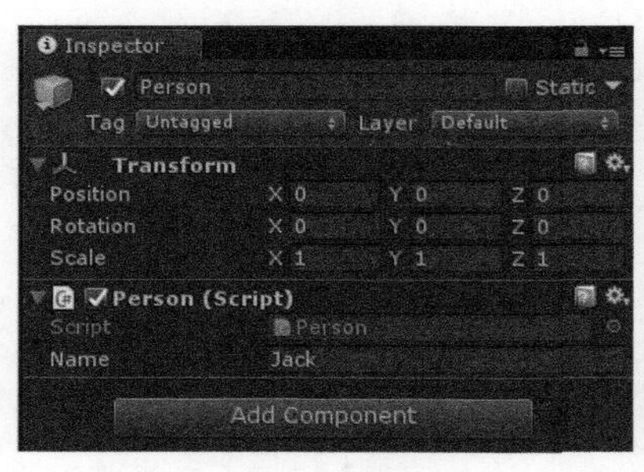

图 9-14

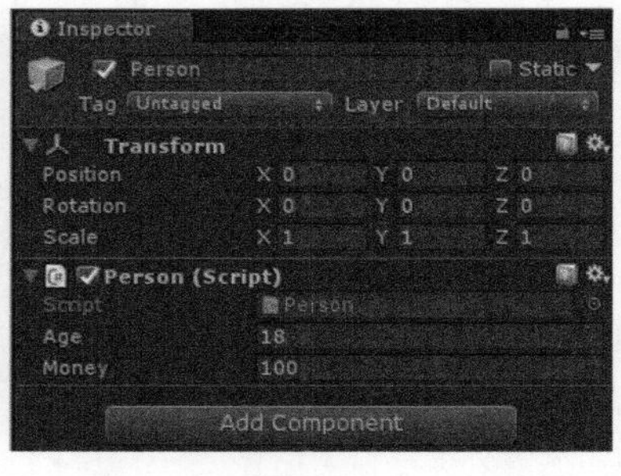

图 9-15

9.3.5 数组、链表和字典

实践操作 39：使用数组

1 数组

在 C# 中只能使用内建数组，数组可分为一维数组和多维数组。数组必须事先定义固定的长度（元素个数），而不能适应数据动态地增减的情况。当数据增加时，可能超出原先定义的元素个数；当数据减少时，造成内存浪费；数组可以根据下标直接存取。

一维数组

格式如下：

```
数组类型 [……] 数组名；
```

例如，新建 C# 脚本“CSharpArray.cs”，代码如下：

```
using UnityEngine;
using System.Collections;

public class CSharpArray:MonoBehaviour
{
    public int[] array = new int[5];  //长度为 5 的一维整形数组
    void Start()
    {
        //赋值操作
        for (int i = 0; i < array.Length; i++)
        {
            array[i] = i;
        }
        //遍历输出
        foreach (int item in array) Debug.Log(item);
    }
}
```

多维数组

格式如下：

```
数组类型 [……] 数组名 ;
```

例如：

```
using UnityEngine;
using System.Collections;

public class CSharpArray:MonoBehaviour
{
    //定义一个 2 维数组
    public int[, ] array2;
    void Start()
{
        //分配数组长度
        array2 = new int[2, 3];
        //赋值操作
        for (int i = 0; i < array2.GetLength(0); i++)
        {
            for (int j = 0; j < array2.GetLength(1); j++)
            {
                array2[i, j] = (i + 1) * (j + 1);
            }
        }
        //遍历输出
        foreach (int item in array2) Debug.Log(item);

    }
}
```

2 链表

链表动态地进行存储分配，可以适应数据动态地增减的情况，且可以方便地插入、删除数据项（数组中插入、删除数据项时，需要移动其他数据项，非常烦琐）。链表必须根据 next 指针找到下一个元素。

链表定义格式如下：

```
List<T> mList = new List<T>();
```

T 为链表中的元素类型，只能放相同类型的数据，长度可变。

List 的基础、常用方法如表 9-7 所示。

表 9–7 List 的基础、常用方法

常用方法	说明
List. Add (T item)	增加元素
List .AddRange (IEnumerable<T> collection)	将指定集合的元素添加到链表末尾

续表

List.Insert (int index，T item)	在 index 位置插入一个元素
List. Remove (T item)	移除一个元素
List. RemoveAt (int index)	移除下标为 index 的元素
List. RemoveRange (int index，int count)	从下标 index 开始，删除 count 个元素
List. Clear ()	清空链表所有元素
List. Contains (T item)	判断元素 item 是否在该链表中
List. Sort ()	链表元素排序，默认是元素第一个字母按升序排序
List.Count	获取链表里实际包含的元素数量

注：删除某元素后，其后面的元素下标自动跟进。

实践操作 40：使用链表

1 List 操作实例。

代码如下：

```
using UnityEngine;
using System.Collections;
using System.Collections.Generic; // 使用 List 必须添加该命名空间

public class CSList:MonoBehaviour {
    List<string> mList = new List<string>(); // 声明一个字符串链表
    // Use this for initialization
    void Start () {
    mList.Add(" 张三 ");     // 添加元素
    mList.Add(" 王五 ");
    mList.Insert(1, " 李四 "); // 在张三后插入一个元素
    for (int i = 0; i < mList.Count; i++)
    {
    Debug.Log(mList[i]);  // 遍历链表打印元素
    }
    mList.RemoveAt(2);      // 移除下标为 2（即王五）移除
    if (mList.Contains(" 李四 "))  // 判断链表里是否存在李四
    {
    Debug.Log(" 链表里有李四 ");
    }
    mList.Clear();  // 清空链表
    Debug.Log(" 链表长度 :" + mList.Count);
    }
}
```

运行结果如图 9-16 所示。

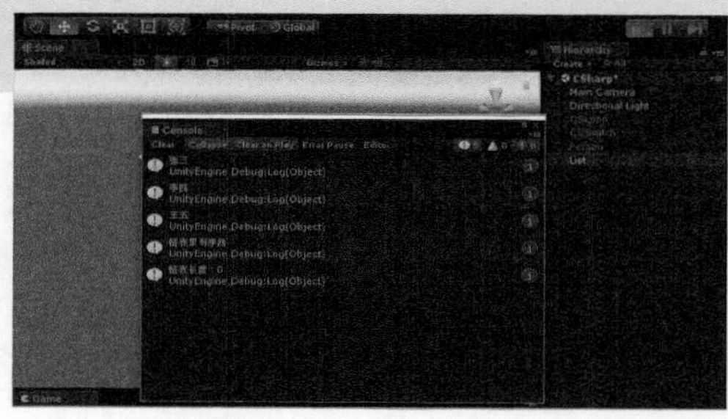

图 9-16

2 List 与数组的相互转换。

从 string[] 转 List<string>，代码如下：

```
string[] str={"1", "2"};
List <string> list=new List<string>(str);
```

从 List<string> 转 string[]，代码如下：

```
List<string> list=new List<string>;
String[] str=list.ToArray();
```

3 字典。

Dictionary 是存储键和值的集合，Dictionary 是无序的，Key（键）是唯一的。

使用字典最大的好处就是，可以通过 Key，找到与之对应的 Value（查找速度快）。对于游戏的实际意义是，一个网络游戏一定需要存储大量用户的游戏信息，而游戏程序定位这些信息的方式通常是使用 ID。也就是说，一个用户就有一个 ID，而 ID 关联了用户的所有信息，所以只要知道用户的 ID，就不愁找不到用户的其他游戏信息了。

字典的定义格式：

```
Dictionary <键数据类型，值数据类型> 字典名；
```

字典使用规范如下。

- 必须包含名空间 System.Collection.Generic。
- Dictionary 里面的每一个元素都是一个键值对（由二个元素组成：键和值）。
- 键必须是唯一的，而值不需要是唯一的。
- 键和值都可以是任何类型（比如：string，int，自定义类型，等等）。
- 通过一个键读取一个值的时间是接近 O(1)。
- 键值对之间的偏序可以不定义。

字典的常用属性如表 9-8 所示。

表 9–8 字典的常用属性

名称	说明
Comparer	获取用于确定字典中的键是否相等的 IEqualityComparer<T>
Count	获取包含在 Dictionary<TKey，TValue> 中的键 / 值对的数目
Item	获取或设置与指定的键相关联的值
Keys	获取包含 Dictionary<TKey，TValue> 中的键的集合
Values	获取包含 Dictionary<TKey，TValue> 中的值的集合

字典的常用方法如表 9-9 所示。

表 9–9 字典的常用方法

名称	说明
Add	将指定的键和值添加到字典中
Clear	从 Dictionary<TKey，TValue> 中移除所有的键和值

续表

名称	说明
ContainsKey	确定 Dictionary<TKey, TValue> 是否包含指定的键
ContainsValue	确定 Dictionary<TKey, TValue> 是否包含特定值
Equals(Object)	确定指定的 Object 是否等于当前的 Object（继承自 Object）
Finalize	允许对象在“垃圾回收”回收之前尝试释放资源并执行其他清理操作（继承自 Object）
GetEnumerator	返回循环访问 Dictionary<TKey, TValue> 的枚举器
GetHashCode	用作特定类型的哈希函数（继承自 Object）
GetObjectData	实现 System.Runtime.Serialization.ISerializable 接口，并返回序列化 Dictionary<TKey, TValue> 实例所需的数据
GetType	获取当前实例的 Type（继承自 Object）
MemberwiseClone	创建当前 Object 的浅表副本（继承自 Object）
OnDeserialization	实现 System.Runtime.Serialization.ISerializable 接口，并在完成反序列化之后引发反序列化事件
Remove	从 Dictionary<TKey, TValue> 中移除所指定的键的值
ToString	返回表示当前对象的字符串（继承自 Object）
TryGetValue	获取与指定的键相关联的值

字典基本用法的代码如下：

```
using UnityEngine;
using System.Collections;
using System.Collections.Generic; //引用泛型集合命名空间
public class CSDictionary:MonoBehaviour {
    // Use this for initialization
    void Start () {
        //创建一个字典对象，key 的类型是 string，Value 的类型是 int
        Dictionary<string, int> dic = new Dictionary<string, int>();
        //Add 方法用来添加键值对
        dic.Add("Jack", 13);
        dic.Add("Tom", 18);

        //从字典中移除键值对
        dic.Remove("Jack");

        //清空当前字典
        dic.Clear();

        //获取当前字典中 KeyValue 的个数
        int count = dic.Count;
        Debug.Log("当前字典中有" + count + "个 keyvalue");

        //检查字典中是否包含指定的 Key
        bool b = dic.ContainsKey("Andy");

        //检查字典中是否包含指定的 Value
        bool c = dic.ContainsValue(15);
```

```
        //尝试获取指定的 key 所对应的 Value
        int s;
        dic.TryGetValue("Andy", out s);

        //如果当前字典中包含 Andy 这个 key，那么就获取对应的 Value 并保存在 s 中，b=true
        //如果当前字典中不包含 Andy 这个 key，那么 s=null，b=false

        dic.Add("Jack", 16);
        //通过 Key 获取 Value
        int age = dic["Jack"];
        Debug.Log(age);
    }
}
```

遍历 Dictionary 的代码如下：

```
//创建一个字典对象，key 的类型是 string，Value 的类型是 int
Dictionary<string, int> dic = new Dictionary<string, int>();

//Add 方法用来添加键值对
dic.Add("Jack", 13);
dic.Add("Tom", 18);

//遍历字典取值
foreach (var item in dic)
{
    Debug.Log(item.Key + ":" + item.Value);
}
//通过键的集合取
foreach (string key in dic.Keys)
{
    Debug.Log(key + ":" + dic[key]);
}
//直接取值
foreach (int val in dic.Values)
{
    Debug.Log(val);
}
//非要采用 for 的方法也可
List<string> temp = new List<string>(dic.Keys);

for (int i = 0; i < temp.Count; i++)
{
    Debug.Log(temp[i] + ":" + dic[temp[i]]);
}
```

数组、链表和字典对比如下。

- 当对象数量较少且数量固定时，优先使用数组。
- 当对象数量是动态且搜索不是优先选项时，选择使用链表。

- 当要进行频繁的搜索时，选择使用字典。

9.3.6 代码注释

在程序员的编程工作中，明了清晰的注释是至关重要的。一般一段复杂的代码经过一段时间后，即使是自己当时绞尽脑汁想出的代码，可能还是会忘得一干二净，这时如果做了注释，就能帮助我们快速回忆起当时的编程思路和需求背景等内容（也方便他人阅读和修改），快速地投入修改和功能添加等工作中。

代码的注释在程序运行时不会被执行。

注释一般常用的有以下几种。

1. 单行注释

单行注释在需要进行较短的注释时使用，以“//”开头，可以写一行注释内容。注释内容以绿色表示，以便和其他代码做区分。如下：

```
// 说话
    private void Speak()
    {
        string str = " 你好！ ";  // 定义变量
        Debug.Log(str);      // 输出信息到 Console
    }
```

2. 多行注释

多行注释以“/*”开头，“*/”结束，通常注释文字较多的文字信息或者暂时废弃的多行代码。如下：

```
/*
 * 程序需求
 * 版本 V1.00
 * 修改时间 207.1.1
 * 修改人 :xxx
 */
using UnityEngine;
using System.Collections;

public class CSComment:MonoBehaviour {
    void Start()
    {
    }
    /* 代码废弃
    // 说话
    private void Speak()
    {
        string str = " 你好！ ";  // 定义变量
        Debug.Log(str);         // 输出信息到 Console
    }
    */
}
```

3. 文档注释

文档注释是对 C# 中的类、类成员变量和方法进行注释的，在类、变量和方法前输入“///”即可。如下：

```
using UnityEngine;
using System.Collections;

/// <summary>
/// C# 注释
/// </summary>
public class CSComment:MonoBehaviour {
    /// <summary>
    /// 名称
    /// </summary>
    public string mName = "张三";
    void Start()
    {
    }
    /// <summary>
    /// 计算两小数的和
    /// </summary>
    /// <param name="a">第一个小数</param>
    /// <param name="b">第二个小数</param>
    /// <returns>两小数的和</returns>
    public float Sum(float a, float b)
    {
        return a + b;
    }
}
```

9.3.7 C# 脚本

在使用 C# 编写脚本时还需要注意以下几个规则。

- 凡是需要添加到游戏对象的 C# 脚本类都需要直接或间接地从 MonoBehaviour 类中继承。对于在 Unity 编辑器中新建的 C# 脚本，Unity 会帮助开发者完成继承的相关代码。如果是在别的地方创建的 C# 脚本，那么就需要记得把继承关系添加上，不然 C# 脚本是不能添加到游戏对象上的。
- 使用 Start 或者 Awake 函数来初始化，避免使用构造函数。不使用构造函数的原因是，在 Unity 里无法确定构造函数何时会被调用。
- 类名要与脚本文件名相同，否则在添加脚本到游戏对象时会提示错误。这里要求与文件名同名的类指的是从 MonoBehaviour 类中继承的行为类。普通的 C# 类可以随意命名。
- 协同函数（Coroutines）返回类型必须是 IEnumerator，并且用 yield return 替代 yield。

9.4 访问游戏对象和组件

9.4.1 MonoBehaviour 类

Unity 中的脚本都是继承自 MonoBehaviour，它定义了基本的脚本行为，必然事件也是从 MonoBehaviour 类中继承而来的。除了必然事件，MonoBehaviour 类还定义了对各种特定事件（如模型碰撞、鼠标指针移动等）的响应函数，这些函数名称均以 On 开头。

以下是常用的事件响应函数，如表 9-10 所示。更详尽的内容可以查看 Unity 用户手册。

表 9–10 常用的事件响应函数

OnMouseEnter	鼠标指针移入 GUI 控件或者碰撞体时调用
OnMouseOver	鼠标指针停留在 GUI 控件或者碰撞体时调用
OnMouseExit	鼠标指针移出 GUI 控件或者碰撞体时调用
OnMouseDown	鼠标指针在 GUI 控件或者碰撞体上按下时调用
OnMouseUp	鼠标按键释放时调用
OnTriggerEnter	当其他碰撞体进入触发器时调用
OnTriggerExit	当其他碰撞体离开触发器时调用
OnTriggerStay	当其他碰撞体停留在触发器时调用
OnCollisionEnter	当碰撞体或者刚体与其他碰撞体或者刚体接触时调用
OnCollisionExit	当碰撞体或者刚体与其他碰撞体或者刚体停止接触时调用
OnCollisionStay	当碰撞体或者刚体与其他碰撞体或者刚体保持接触时调用
OnControllerColliderHit	当控制器移动时与碰撞体发生碰撞时调用
OnBecameVisible	对于任意一个相机可见时调用
OnBecameInvisible	对于任意一个相机不可见时调用
OnEnable	对象启用或者激活时调用
OnDisable	对象禁用或者取消激活时调用
OnDestroy	脚本销毁时调用
OnGUI	渲染 GUI 和处理 GUI 消息时调用

9.4.2 访问游戏对象

在 Unity 场景中出现的所有物体都属于游戏对象（GameObject），游戏对象和脚本是紧密联系的，游戏对象间的交互通常是通过脚本来实现的。在 Unity 中，用户可以通过如下几种方式来访问游戏对象。

1. GameObject.Find

如果场景中存在指定名称的游戏对象，那么返回该对象的引用，否则返回空值 null；如果存在多个重名的对象，那么返回第一个对象的引用。代码如下：

```
GameObject player;
```

```
GameObject camera;
// Use this for initialization
void Start () {
    player = GameObject.Find("MainHeroCharacter");      //名称查找
    camera = GameObject.Find("MainHeroCharacter/Camera");   //路径查找
}
```

注意以下几点。

- 无法查找隐藏对象。隐藏对象包括查找路径的任何一个父节点隐藏（active=false）。
- 使用方便但效率低下。此查找相当于递归遍历查找，虽使用方便但效率堪忧，建议在 Start() 函数中查找对象并保存引用，切忌在 Update() 中进行动态查找。

2. GameObject.FindWithTag

如果场景中存在指定标签的游戏对象，那么返回该对象的引用，否则返回空值 null；如果多个游戏对象使用同一标签，那么返回第一个对象的引用。如果场景中有多个相同标签的游戏对象，可以通过 FindGameObjectsWithTag () 方法获取游戏对象数组。代码片段如下：

```
GameObject player;
GameObject[] enemies;

void Start() {
    player = GameObject.FindWithTag("Player");
    enemies = GameObject.FindGameObjectsWithTag("Enemy");
}
```

3. Transform.Find

通过名字或路径查找子对象并返回它。代码如下：

```
GameObject player;
GameObject camera;
// Use this for initialization
void Start () {
    player = transform.Find("MainHeroCharacter").gameObject;      //名称查找
    camera = transform.Find("MainHeroCharacter/Camera").gameObject;    //路径
查找
}
```

注意以下几点。

- 可以查找隐藏对象。
- 查找隐藏对象的前提是 transform 所在的根节点必须可见，即 active=true。
- 查找对象必须是 transform 节点下的子对象。

9.4.3 访问组件

在 Unity 中，脚本可以被认为是由用户自定义的组件，并且可以添加到游戏对象上来控制游戏对象的行为，而游戏对象则可视为容纳各种组件的容器。

例如，依次单击菜单栏中的 GameObject → 3D Object → Cube，在场景中新建一个立方体 Cube 后，在 Inspector 视图中可以看到一个简单的立方体默认包含了四个组件：Transform 组件用于定义对象在场景中的位置、角度、缩放参数；Mesh Filter 组件用来从资源文件中读取模型；Box Collider 组件用来为立方体添加碰撞效果；Mesh Renderer 组件用来在场景中渲染立方体模型。因为这四个组件各司其职、相互协作，最终才能在画面中看到立方体的图像，如图 9-17 所示。

图 9-17

既然编写脚本的目的是定义游戏对象的行为，那么会经常需要访问游戏对象的各种组件并设置组件参数。对于系统内置的常用组件，Unity 提供了非常便利的访问方式，只需要在脚本里直接访问组件对应的成员变量即可，这些成员变量定义在 MonoBehaviour 类中并被脚本继承下来。

常用的组件和其对应的变量如表 9-11 所示。

表 9-11　常用的组件和其对应的变量

组件名称	变量名	组件作用
Transform	Transform	设置对象位置、旋转、缩放参数
Rigidbody	Rigidbody	设置物理引擎的刚体属性
Renderer	Renderer	渲染物体模型
Light	Light	设置灯光属性
Camera	camera	设置相机属性
Collider	collider	设置碰撞体属性
Animation	animation	设置动画属性
Audio	audio	设置声音属性

如果游戏对象上不存在某组件，则该组件对应变量的值将为空值 null。

如果要访问的组件不属于上表中的常用组件，或者访问的是游戏对象上的脚本（脚本属于自定义组件），可以通过如下函数来得到组件的引用，如表 9-12 所示。

表 9-12　使用函数来得到组件的引用

函数名	作用
GetComponent	得到组件
GetComponents	得到组件列表（用于有多个同类型组件的时候）
GetComponentInChildren	得到对象或对象子物体上的组件
GetComponentsInChildren	得到对象或对象子物体上的组件列表

下面给出函数使用的一个简单示例。

```
void Start() {
// 得到游戏对象上的 Example 脚本组件
Example script = GetComponent<Example>();
// 得到游戏对象上的 Transform 组件
Transform t= GetComponent<Transform>();
}
```

需要注意的是，调用 GetComponent 函数比较耗时，因此应尽量避免在 Update 中调用这些获取组件的函数，而是应该在初始化时把组件的引用保存在变量中。下面给出了简单示例。

方法一：

```
void Update () {
    Example script=GetComponent<Example>();// 每一帧都查找和得到组件引用
    script.DoSomething();
}
```

方法二：

```
    Example script; // 声明一个组件变量
    void Start () {
        script=GetComponent<Example>();// 在初始化中把组件引用保存到变量
    }
    void Update () {
        script.DoSomething();  // 在 Update 中直接访问组件的方法
    }
```

由于方法二在 Update 中避免了调用 GetComponent 这一耗时操作。因此比方法一的运行效率快。

到这里读者已经了解如何在脚本中通过函数来访问游戏对象和组件了。Unity 编辑器中还有一种非常简便访问组件或游戏对象的方法，即通过声明访问权限为 Public 的变量，然后将要访问的组件或者对象赋值给该变量。下面会详细介绍具体的做法。

实践操作 41：访问组件或游戏对象

1 在场景中创建一个空对象，并命名为 Player，创建一个 Cube 和一个 Sphere 对象。Player 对象上已经添加了脚本 Player.cs（没有的创建一个并挂载到 Player 上），现在需要在脚本中访问 Cube 游戏对象，以及 Sphere 对象的 Transform 组件。

2 在 Player.cs 脚本中添加类型分别为 GameObject 和 Transform 的 2 个成员变量，访问权限设置为 Public，代码如下：

```
using System.Collections;
using System.Collections.Generic;
using UnityEngine;

public class Player:MonoBehaviour {
    // 声明 GameObject 成员变量
```

```
    public GameObject cube;
    //声明 Transform 成员变量
    public Transform sphereTransform;
    // Use this for initialization
    void Start () {

    }
}
```

3 保存脚本，查看 Player 游戏对象的 Inspector 视图，可以看到 Player 脚本的视图参数增加了 2 项，正是刚才添加的 2 个成员变量。目前并没有对其赋值，所以变量的值均显示为 None，如图 9-18 所示。

4 用鼠标左键在 Hierarchy 视图中拖曳 Cube 游戏对象到 Inspector 视图的 Cube 参数上（或者单击 Cube 参数右侧的小圆圈按钮，在弹出的 Select GameObject 窗口中选择 Cube 对象）；接着拖曳 Sphere 游戏对象到 Inspector 视图的 Sphere Transform 参数上，完成对 2 个成员变量的赋值。赋值后的 Inspector 视图如图 9-19 所示。

图 9-18

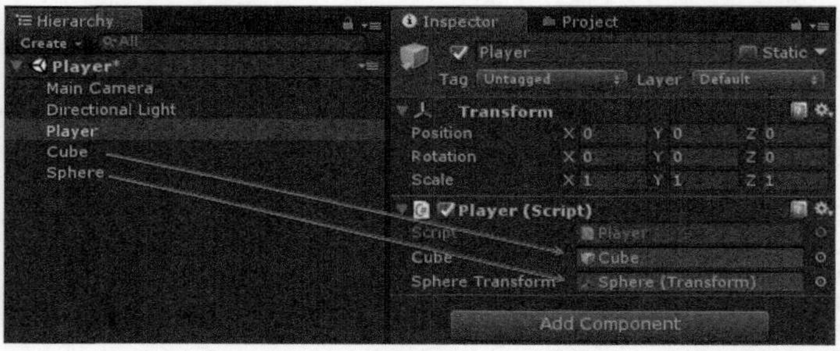

图 9-19

此时 Player 脚本的 2 个成员变量分别保存了 Cube 对象的引用和 Sphere 对象的 Transform 组件引用，这样在脚本中访问 2 个成员变量就可以了。

9.5 常用脚本 API

Unity 引擎提供了丰富的组件和类库，为游戏开发提供了便利，熟练掌握和使用这些 API 对提高游戏开发的效率是非常重要的。本节将介绍一些在开发中最常用到的 API 和使用方法。

9.5.1 Transform 类

Transform 组件控制游戏对象在 Unity 场景中的位置、旋转和大小比例，每个游戏对象都包含一个 Transform 组件。在游戏中如果想更新玩家位置，设置相机观察角度都免不了要和 Transform 组件打交道。

下面的表 9-13 列出了 Transform 组件的成员变量。

表 9–13　Transform 组件的成员变量

position	世界坐标系中的位置
localPosition	父对象局部坐标系中的位置
eulerAngles	世界坐标系中以欧拉角表示的旋转
localEulerAngles	父对象局部坐标系中的欧拉角
right	对象在世界坐标系中的右方向
up	对象在世界坐标系中的上方向
forward	对象在世界坐标系中的前方向
rotation	世界坐标系中以四元数表示的旋转
localRotation	父对象局部坐标系中以四元数表示的旋转
localScale	父对象局部坐标系中的缩放比例
parent	父对象的 Transform 组件
worldToLocalMatrix	世界坐标系到局部坐标系的变换矩阵（只读）
localToWorldMatrix	局部坐标系到世界坐标系的变换矩阵（只读）
root	对象层级关系中根对象的 Transform 组件
childCount	子孙对象的数量
lossyScale	全局缩放比例（只读）

下面的表 9-14 列出了 Transform 组件的成员函数。

表 9–14　Transform 组件的成员函数

Translate	按指定的方向和距离平移
Rotate	按指定的欧拉角旋转
RotateAround	按给定旋转轴和旋转角度进行旋转
LookAt	旋转使得自身的前方向指向目标的位置
TransformDirection	将一个方向从局部坐标系变换到世界坐标系
InverseTransformDirection	将一个方向从世界坐标系变换到局部坐标系
TransformPoint	将一个位置从局部坐标系变换到世界坐标系
InverseTransformPoint	将一个位置从世界坐标系变换到局部坐标系
DetachChildren	与所有子物体解除父子关系
Find	按名称查找子对象
IsChildOf	判断是否是指定对象的子对象

实践操作 42：使用 Transform 组件控制游戏对象

1 物体向前移动。在场景中新建一个立体方 Cube 游戏对象，创建 C# 脚本 ObjTrans.cs，并编辑如下：

```
void Update() {
    float speed=2.0f;
    transform.Translate(Vector3.forward * Time.deltaTime* speed);
}
```

将脚本赋给 Cube 立体方对象，单击工具栏的播放按钮，可以看到立体方 Cube 开始逐帧向前方移动，如图 9-20 所示。

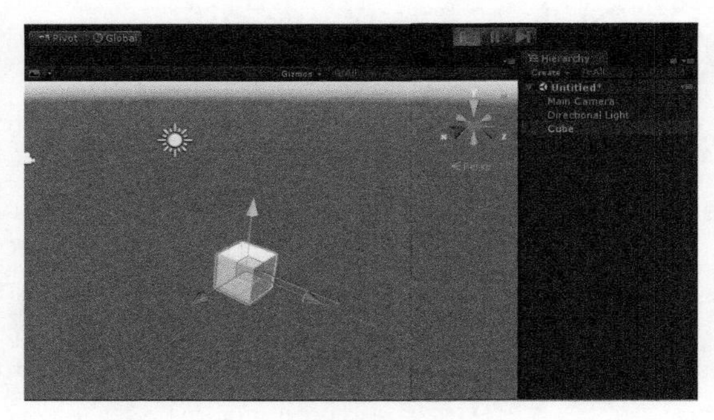

图 9-20

2 物体绕自身坐标轴 *y* 轴进行旋转。将 Cube 的 Transform 的 Rotation 设置为（30，0，0），使得自身的 *y* 轴和世界坐标的 *y* 轴错开，编辑 C# 脚本 ObjTrans.cs，代码如下：

```
void Update () {
      float speed=20.0f;
      //transform.Translate(Vector3.forward * Time.deltaTime* speed);
      //Time.deltaTime 表示距上一次调用所用的时间。
      transform.Rotate(Vector3.up * Time.deltaTime*speed);
}
```

单击工具栏的播放按钮，可以看到立体方绕自身坐标轴 *y* 轴进行旋转，如图 9-21 所示。

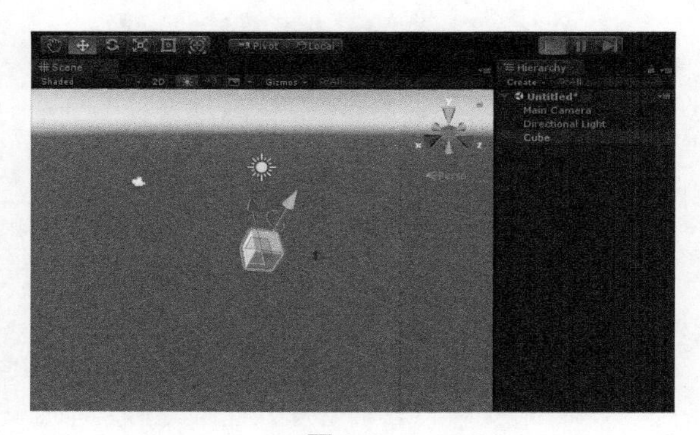

图 9-21

9.5.2 Time 类

在 Unity 中可以通过 Time 类用来获取和时间有关的信息，可以用来计算帧速率，调整时间流逝速度等。Time 类包含一个重要的类变量 deltaTime，它表示距上一次调用所用的时间。

Time 类的成员变量如表 9-15 所示。

表 9-15　Time 类的成员变量

time	游戏从开始到现在经历的时间（秒）（只读）
timeSinceLevelLoad	此帧的开始时间（秒）（只读），从关卡加载完成开始记

续表

deltaTime	上一帧耗费的时间（秒）（只读）
fixedTime	最近 FixedUpdate 的时间。该时间从游戏开始记
fixedDeltaTime	物理引擎和 FixedUpdate 的更新时间间隔
maximumDeltaTime	一帧的最大耗费时间
smoothDeltaTime	Time.deltaTime 的平滑淡出
timeScale	时间流逝速度的比例。可以用来制作慢动作特效
frameCount	已渲染的帧的总数（只读）
realtimeSinceStartup	游戏从开始到现在所经历的真实时间（秒），该时间不会受 timeScale 影响
captureFramerate	固定帧率设置

9.5.3 Random 类

Random 类可以用来生成随机数。

Random 类的成员变量有如下几种，如表 9-16 所示。

表 9–16　Random 类的成员变量

state	获取 / 设置完整的随机数发生器的内部状态
value	返回一个 0–1 之间随机浮点数，包含 0 和 1
insideUnitSphere	返回位于半径为 1 的球体内的一个随机点（只读）
insideUnitCircle	返回位于半径为 1 的圆内的一个随机点（只读）
onUnitSphere	返回半径为 1 的球面上的一个随机点（只读）
rotation	返回一个随机旋转（只读）
rotationUniform	返回一个均匀分布的随机旋转（只读）

Random 类的成员函数如表 9-17 所示。

表 9–17　Random 类的成员函数

ColorHSV	从 HSV 和 alpha 范围内生成一个随机的颜色
InitState	初始化随机数发生器的状态与种子
Range	返回 min 和 max 之间的一个随机浮点数，包含 min 和 max(只读）

例如，从 1~100 中随机生成一个数，代码如下：

```
void Start () {
      int n = Random.Range (0, 100);
      Debug.Log (" 随机数 :" + n);
   }
```

9.5.4 Mathf 类

Unity 中封装了数学类 Mathf，使用它可以轻松地解决复杂的数学公式。Mathf 类提供了常用的数学运算。下表列出了常用的 Mathf 类变量和方法，完整的资料请参考用户手册。

Mathf 类的变量如表 9-18 所示。

表 9-18　Mathf 类的变量

PI	圆周率 π 即 3.14159265358979…（只读）
Infinity	正无穷大 ∞（只读）
NegativeInfinity	负无穷大 −∞（只读）
Deg2Rad	度到弧度的转换系数（只读）
Rad2Deg	弧度到度的转换系数（只读）
Epsilon	一个很小的浮点数（只读）

Mathf 类的常用方法如表 9-19 所示。

表 9-19　Mathf 类的常用方法

Sin	计算角度（单位为弧度）的正弦值
Cos	计算角度（单位为弧度）的余弦值
Tan	计算角度（单位为弧度）的正切值
Asin	计算反正弦值（返回的角度值单位为弧度）
Acos	计算反余弦值（返回的角度值单位为弧度）
Atan	计算反正切值（返回的角度值单位为弧度）
Sqrt	计算平方根
Abs	计算绝对值
Min	返回若干数值中的最小值
Max	返回若干数值中的最大值
Pow	Pow(f，p) 返回 f 的 p 次方
Exp	Exp(p) 返回 e 的 p 次方
Log	计算对数
Log10	计算基为 10 的对数
Ceil	Ceil(f) 返回大于或等于 f 的最小整数
Floor	Floor(f) 返回小于或等于 f 的最大整数
Round	Round(f) 返回浮点数 f 进行四舍五入后得到的整数
Clamp	将数值限制在 min 和 max 之间
Clamp01	将数值限制在 0 和 1 之间

实践操作 43：使用 Mathf.SmoothDamp 函数制作相机的缓冲跟踪效果

使用 Mathf.SmoothDamp 函数可以制作相机的缓冲跟踪效果，让物体的移动不是那么僵硬，而是做减速的缓冲效果。将以下的脚本绑定到相机上，然后设定好 target 目标对象，即可看到相机的缓动效果。通过设定 smoothTime 的值，可以调节缓动效果持续的时间。

1 创建 SmoothDamp.cs 脚本，代码如下：

```
using System.Collections;
using System.Collections.Generic;
using UnityEngine;

public class SmoothDamp:MonoBehaviour {
    public Transform target;
    public float smoothTime = 0.3F;
    private float yVelocity = 0.0F;
    void Start() {
    }

    // Update is called once per frame
    void Update () {
    //缓动 y 轴上的位置
    float newPosition = Mathf.SmoothDamp(transform.position.y, target.
position.y, ref yVelocity, smoothTime);
    transform.position = new Vector3(transform.position.x, newPosition,
transform.position.z);
      }
}
```

2 将 SmoothDamp.cs 脚本添加到 Main Camera 对象上；然后设置 Target 参数对象，调节 Target 对象的位置使其与 Main Camera 对象的高度不一样，如图 9-22 所示。

3 单击工具栏的播放按钮，可以看到主相机的高度缓缓移动到 Target 的高度。

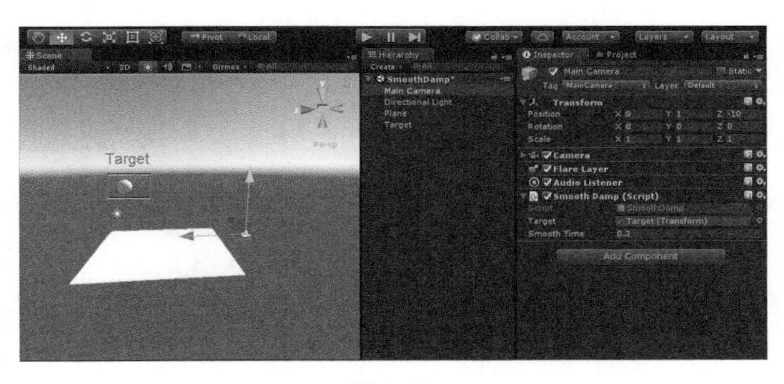

图 9-22

9.5.5 Coroutine 协同程序

Coroutine 称为协同程序或者协程，协同程序可以和主程序并行运行，和多线程有些类似。协同程序可以用来实现让一段程序等待一段时间后继续运行的效果。例如，执行步骤 1，等待 3 秒；执行步骤 2，等待某个条件为 true；执行步骤 3……

在 Unity3D 中，使用 MonoBehaviour.StartCoroutine 方法即可开启一个协同程序，也就是说该方法必须在 MonoBehaviour 类或继承于 MonoBehaviour 的类中调用。

Unity 中与协同程序有关的函数如表 9-20 所示。

表 9-20　与协同程序有关的函数

StartCoroutine	启动一个协同程序
StopCoroutine	终止一个协同程序
StopAllCoroutines	终止所有协同程序
WaitForSeconds	等待若干秒
WaitForFixedUpdate	等待直到下一次 FixedUpdate 调用

注意。

- 使用字符串作为参数，开启线程时最多只能传递一个参数，并且性能消耗会更大一点，而使用 IEnumerator 作为参数则没有这个限制。
- 使用 StopCoroutine(string methodName) 来终止一个协同程序，使用 StopAllCoroutines() 来终止所有可以终止的协同程序，但这两个方法都只能终止该 MonoBehaviour 中的协同程序。
- 还有一种方法可以终止协同程序，即将协同程序所在 gameobject 的 active 属性设置为 false，当再次设置 active 为 ture 时，协同程序并不会再开启。

实践操作 44：使用协同程序

在 C# 中，协同函数的返回类型必须为 IEnumerator。

以下是在 C# Script 里使用协同程序的示例，新建 C# Script 脚本 CoroutineExample.cs，代码如下：

```
using System.Collections;
using System.Collections.Generic;
using UnityEngine;

public class CoroutineExample:MonoBehaviour {

    // Use this for initialization
    IEnumerator Start () {
        Debug.Log("Start:" + Time.time);
        yield return StartCoroutine(WaitAndDebug());
        Debug.Log("Done:" + Time.time);
    }

    IEnumerator WaitAndDebug()
    {
        yield return new WaitForSeconds(5); //等待 5 秒
        Debug.Log("WaitAndDebug:" + Time.time);
    }

}
```

运行结果如图 9-23 所示。

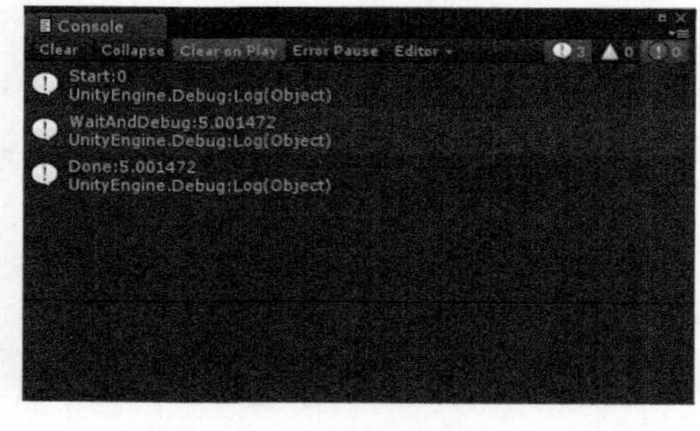

图 9-23

9.6 脚本生命周期

在 Unity 脚本中，有许多事件函数，都在一个预先确定的顺序下执行一个脚本。图 9-24 所示总结了脚本生命周期中事件函数的执行顺序。

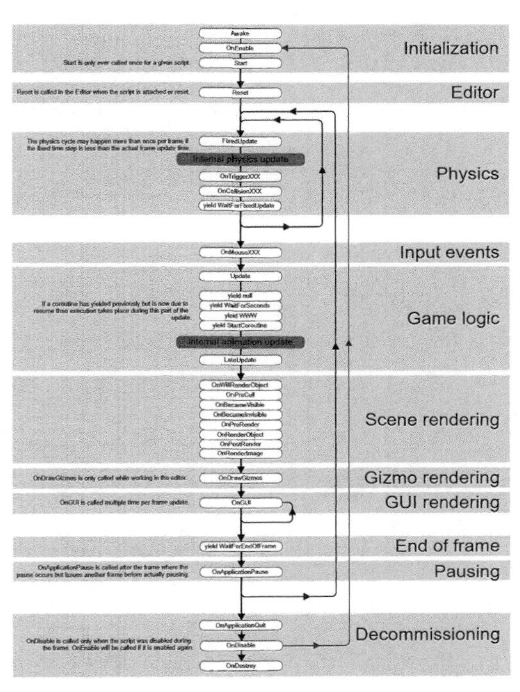

图 9-24

First Scene Load（场景首次加载）

下面这些函数会在场景开始运行时调用（每个对象调用一次）。

- Awake：开始之前总是调用此函数，前提是该脚本已被实例化（如果游戏对象没激活，不会调用该函数，直到该物体激活）。
- OnEnable：当游戏对象被激活（启用）的时候会调用该函数（只在物体激活时调用）。
- OnLevelWasLoaded：这个函数会在新关卡（场景）被加载时调用。

请注意，对于添加到场景中的对象，所有脚本的 Awake 和 OnEnable 函数将在调用其中的任何脚本的 Start 和 Update 等之前调用。当然，在游戏过程中对象被实例化时，这不能被强制执行。

Editor（编辑）

- Reset：是用户单击属性（检视）面板的“Reset”按钮或者首次添加该组件时被调用。此函数只能在编辑模式下被调用。

Before the first frame update（在第一帧更新）

- Start：该函数在脚本实例启用的第一帧时被调用。

对于添加到场景中的对象，将在 Update 之前的所有脚本上调用 Start 函数。当然，在游戏过程中对象被实例化时，这不能被强制执行。

In between frames（在帧数执行间）

- OnApplicationPause：当程序暂停时调用该函数。

Update Order（更新）

- FixedUpdate：固定更新，它可以在每一帧多次被调用。通常用于物理更新（FixedUpdate 的时间间隔可以在项目设置中更改，依次单击菜单栏中的“Edit → Project Setting → time”选项找到“Fixed timestep”）。
- Update：当 MonoBehaviour 启用时，其 Update 在每一帧被调用。
- LateUpdate：当 Behaviour 启用时，其 LateUpdate 在每一帧被调用，其更新在 Uptate 之后。

Rendering（渲染）

- OnPreCull：在相机剔除场景之前调用此函数。相机可见的对象取决于剔除。OnPreCull 函数调用发生在剔除之前。
- OnBecameVisible/OnBecaneInvisible：当对象在任意相机上可见（渲染）时调用 OnBecame-Visible，当对象在所有相机上不可见（不渲染）时调用 OnBecaneInvisible。
- OnWillRenderObject：如果对象在相机上可见时持续调用，如果 MonoBehaviour 被禁用，此函数将不被调用。
- OnPreRender：在相机开始渲染场景之前被调用，只有脚本被附加到相机并被启用时才会调用这个函数。
- OnRenderObject：在相机场景渲染完成后被调用。用户可以使用 GL 类绘制图形，也可使用 DrawMeshNow 绘制自定义几何图形。
- OnPostRender：在相机渲染场景完成之后被调用，只有脚本被附加到相机并被启用时才会调用这个函数。
- OnRenderImage：当完成所有渲染图片后被调用，用来渲染图片后期效果。
- OnGUI：渲染和处理 GUI 事件时被调用。
- OnDrawGizmos：用于在场景视图中绘制小图示（Gizmos），以实现可视化目的（脚本禁用时也会被调用）。

Coroutines（协同程序）

正常协同程序是在 Update 函数后运行，协同程序是一个函数，可以暂停执行给定的 YieldInstruction（收益率），直到完成。不同用途的协同程序如下。

- yield：协同程序会在 Update 函数的下一帧继续执行。
- yield WaitForSeconds：协同程序会延迟在指定时间后继续执行。
- yield WaitForFixedUpdate：协同程序会在 FixedUpdate 函数的下一帧继续执行。
- yield WWW：协同程序会在 WWW 下载完成后继续执行。
- yield StartCoroutine：嵌套协同程序，会等待嵌套的协同程序执行完后继续执行。

When the Object is Destroyed（当对象被销毁）

- OnApplicationQuit：在应用退出或者在编辑器里停止运行之前被调用。
- OnDisable：当 MonoBehaviour 禁用或者不激活时，这个函数被调用。

第 10 章 信息输入管理

处理用户的输入信息是游戏中必不可少的功能。Unity 提供了一个非常强大且非常易用的处理输入信息的类：Input。它可以处理鼠标、键盘、摇杆（方向盘或手柄）等游戏外设的输入信息，也可以处理 iOS/Android 等移动设备的触摸输入信息。Input Manager（输入管理器）用于为项目定义各种不同的输入轴和操作。开发人员可以通过编写脚本接收输入信息，完成与用户的交互。

在编写处理输入信息的脚本时，需要注意在 Unity 中所有输入信息的更新是在 Update 方法中完成的，因此和输入处理相关的脚本都应该放在 Update 方法中。

10.1 Input Manager

Input 类是处理输入的接口，下面分别是 Input 类成员变量和函数的简要介绍，如表 10-1 和表 10-2 所示。

表 10–1 Input 类的成员变量

acceleration	得到设备当前在三维空间中的线性加速度（只读）
accelerationEventCount	得到上一帧期间发生的加速度测量次数
accelerationEvents	返回上一帧期间发生的加速度测量的列表（只读）（分配临时变量）
anyKey	目前是否有任何按键或鼠标按钮被按住（只读）
anyKeyDown	当有任何按键或鼠标按键按下时返回 true（只读）
backButtonLeavesApp	是否按下退出按钮退出应用程序。只适用于 Android、Windows Phone 或 Windows 平板电脑
compass	罗盘属性（仅支持手持设备）（只读）
compensateSensors	是否需要根据屏幕方向补偿感应器
compositionCursorPos	当前 IME 组合字符串的光标位置
compositionString	当前 IME 组合字符串由用户输入
deviceOrientation	操作系统提供的设备物理方向（只读）
gyro	返回默认的陀螺仪
imeCompositionMode	控制 IME 输入组合的启用和禁用
imeIsSelected	用户是否选择了 IME 键盘输入源

续表

inputString	返回当前帧的键盘输入字符串（只读）
location	设备当前的位置属性(仅支持手持设备)(只读)
mousePosition	鼠标指针位置的像素坐标（只读）
mousePresent	是否检测到鼠标设备
mouseScrollDelta	当前鼠标滚动增量（只读）
multiTouchEnabled	系统是否支持多点触摸
simulateMouseWithTouches	启用 / 禁用鼠标模拟触控。默认情况下，此选项已启用
stylusTouchSupported	设备或平台是否支持 Stylus Touch
touchCount	当前所有的触摸点数量（只读）
touches	当前所有触摸状态列表（只读）(分配临时变量)
touchPressureSupported	当前设备是否支持压力触摸
touchSupported	当前设备是否支持触摸输入

表 10-2　Input 类的成员函数

GetAccelerationEvent	返回上一帧期间发生的特定加速度测量（不分配临时变量）
GetAxis	根据名称得到虚拟输入轴的值
GetAxisRaw	根据名称得到虚拟坐标轴的未使用平滑过滤的值
GetButton	当由指定名称的虚拟按键被按住时返回 true
GetButtonDown	当由指定名称的虚拟按键按下时返回 true
GetButtonUp	当由指定名称的虚拟按键松开时返回 true
GetJoystickNames	返回当前连接的所有摇杆的名称数组
GetKey	当指定的按键被按住时返回 true
GetKeyDown	当指定的按键被按下时返回 true
GetKeyUp	当指定的按键被松开时返回 true
GetMouseButton	指定的鼠标按键是否按住
GetMouseButtonDown	指定的鼠标按键是否按下
GetMouseButtonUp	指定的鼠标按键是否松开
GetTouch	返回指定的触摸数据对象（不分配临时变量）
IsJoystickPreconfigured	确定 Unity 是否预先配置了特定的游戏杆型号（仅限 Linux）
ResetInputAxes	重置所有输入，调用该方法以后所有方向轴和按键的数值都变为 0

在 Input 类中，Key 与物理按键对应，例如键盘、鼠标、摇杆上的按键，其映射关系无法改变，可以通过按键名称或者按键编码 Keycode 来获得其输入状态。例如 GetKeyDown(KeyCode.A) 会在按下键盘 A 键时返回 true 值。

Button 是输入管理器 Input Manager 中定义的虚拟按键，通过名称来访问。开发者可以根据需要创建和命名虚拟按键，并设置与物理按键（及其组合）的消息映射。例如 Unity 默认地为用户创建了名为 Horizontal 的虚拟按键，并将键盘左、右键和 A、D 键的消息映射给了 Horizontal。依次单击菜单栏中的 Edit → ProjectSettings → Input，即可打开输入管理器，如图 10-1 所示。

使用虚拟按键的好处是可以灵活地配置输入，并且在游戏发布后可以让玩家来自定义键位输入，因此在开发中推荐使用虚拟按键。

输入轴 Axis 用来模拟平滑变化的输入，如摇杆的变化、方向盘的转动等，需要在输入管理器中进行配置。它包含正负 2 个虚拟按键（Positive Button 和 Negative Button）。可以把一个输入轴想象成一个滑动条，左边取值为 -1，右边取值为 1。当按下正按键时，滑块向右边正向移动；当按下负按键时，滑块向左边负向移动；滑块的位置对应输入轴的当前取值。

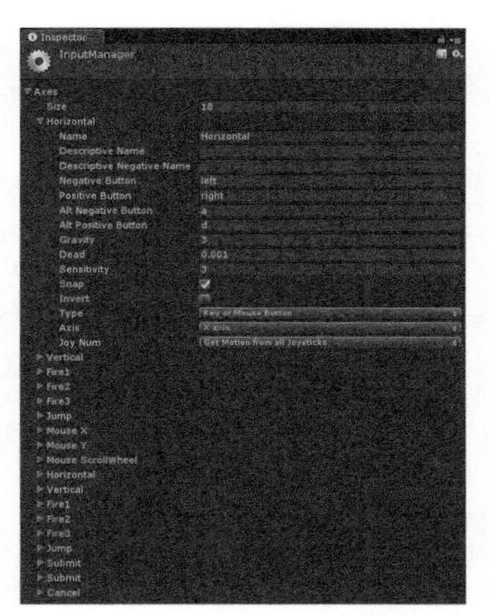

图 10-1

10.2 鼠标输入

在桌面系统的游戏中，鼠标输入是最基本的输入方式之一。游戏的很多操作都需要鼠标来完成，如武器的瞄准和开火、菜单的点击、物品的拾取等。

鼠标输入的相关事件包括鼠标移动、按键的点击等，在 Input 类中和鼠标输入有关的方法和变量如表 10-3 所示。

表 10–3　Input 类中和鼠标输入有关的方法和变量

mousePosition	获取当前鼠标指针位置的像素坐标（只读）
GetMouseButtonDown	鼠标按键按下的第一帧返回 true
GetMouseButton	鼠标按键按住期间一直返回 true
GetMouseButtonUp	鼠标按键松开的第一帧返回 true
GetAxis（“Mouse X”）	得到一帧内鼠标在水平方向的移动距离
GetAxis（“Mouse Y”）	得到一帧内鼠标在垂直方向的移动距离

在 Unity 中，鼠标指针位置用屏幕的像素坐标来表示，屏幕左下角为坐标原点 (0，0)，右上角为（Screen.width，Screen.height），其中 Screen.width 为屏幕分辨率的宽度，Screen.height 为屏幕分辨率的高度。

mousePosition 的变量类型为 Vector3，其中 x 分量对应水平坐标，y 分量对应垂直坐标，z 分量始终为 0。

GetMouseButtonDown、GetMouseButtonUp、GetMouseButton 这 3 个方法需要传入参数来指定判断哪个鼠标按键，0 对应左键，1 对应右键，2 对应中键。

本章节所有资源及代码文件在本书资源包路径为“\Book\Projects\Chapter10”的文件夹下。

实践操作 45：鼠标输入的操作

1 鼠标按键事件响应。

创建 C# 脚本 MouseInput.cs，代码如下：

```
using System.Collections;
using System.Collections.Generic;
using UnityEngine;

public class MouseInput:MonoBehaviour {

    // Use this for initialization
    void Start () {

    }

    // Update is called once per frame
    void Update () {
        if (Input.GetMouseButton(0))// 左键按下
        {
        Debug.Log(" 鼠标左键被按下 .");
        }
        if (Input.GetMouseButtonDown(1))// 右键按下
        {
            Debug.Log(" 鼠标右键被按下 .");
        }
        if (Input.GetMouseButtonUp(2))// 中键抬起
        {
            Debug.Log(" 中键抬起 .");
            Debug.Log(" 当前鼠标位置为 :"+Input.mousePosition);
        }
    }
}
```

将脚本挂载到一个场景对象上，运行结果如图 10-2 所示。

2 根据鼠标移动距离来旋转物体进行观察。

新建场景 RotateObj，并在场景中创建一个 Cube 对象，如图 10-3 所示。

图 10-2

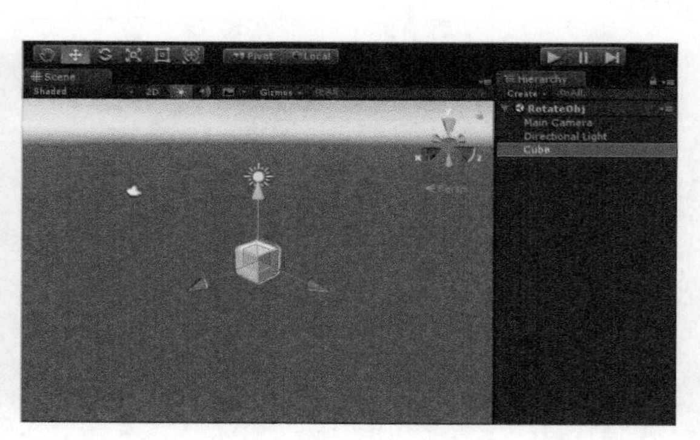

图 10-3

新建 C# 脚本 RotateObjControl.cs，代码如下：

```
using System.Collections;
using System.Collections.Generic;
using UnityEngine;

public class RotateObjControl:MonoBehaviour {
```

```
        float horizontalSpeed = 2.0f;
        float verticalSpeed = 2.0f;
        // Update is called once per frame
        void Update () {
                //鼠标左键按住
                if (Input.GetMouseButton (0)) {
                        float h = horizontalSpeed * Input.GetAxis ("Mouse X");
                        float v = verticalSpeed * Input.GetAxis ("Mouse Y");
                        transform.Rotate (v, h, 0);
                }
        }
}
```

将脚本挂载到 Cube 对象上，运行程序；在 Game 视图中按住鼠标左键并上下移动鼠标，可以看到 Cube 对象的旋转由鼠标控制，如图 10-4 所示。

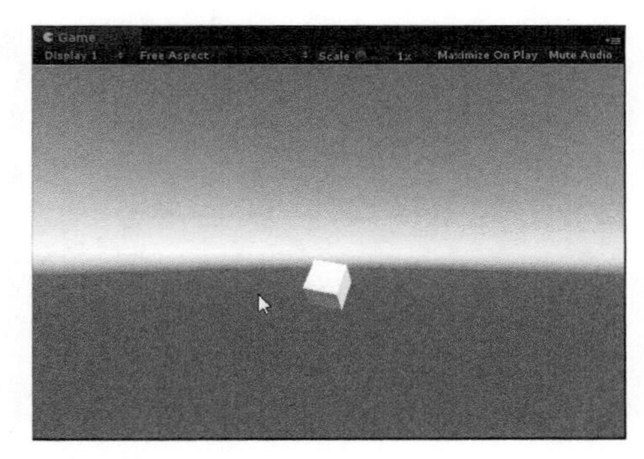

图 10-4

10.3 键盘输入

键盘事件也是桌面系统中的基本输入事件。和键盘有关的输入事件有：按键按下、按键释放、按键长按，Input 类中可以通过表 10-4 所示的方法来处理。

表 10-4　Input 类中和键盘有关的方法

GetKey	按键按下期间一直返回 true
GetKeyDown	按键按下的第一帧返回 true
GetKeyUp	按键松开的第一帧返回 true
GetAxis (“Horizontal”) 和 GetAxis (“Vertical”)	用方向键或 W、A、S、D 键来模拟 −1 到 1 的平滑输入

以上方法通过传入按键名称字符串或者按键编码 KeyCode 来指定要判断的按键。表 10-5 所示是常用按键的按键名与 KeyCode 编码，供读者参考，完整的按键编码请查阅用户手册。

表 10-5　常用按键的按键名与 KeyCode 编码

键盘按键	名称	KeyCode
字母键 A，B，C…Z	a，b，c…z	A，B，C…Z
数字键 0 ~ 9	0 ~ 9	Alpha0 ~ Alpha9
功能键 F1 ~ F12	f1 ~ f12	F1 ~ F12
退格键	backspace	Backspace
回车键	return	Return
空格键	space	Space
退出键	esc	Esc
Tab 键	tab	Tab

续表

键盘按键	名称	KeyCode
上下左右方向键	up，down，left，right	UpArrow，DownArrow，LeftArrow，RightArrow
左，右 Shift 键	left shift，right shift	LeftShift，RightShift
左，右 Alt 键	left alt，right alt	LeftAlt，RightAlt
左，右 Ctrl 键	left ctrl，right ctrl	LeftCtrl，RightCtrl

实践操作 46：键盘输入的操作

1 键盘按键事件响应。

创建 C# 脚本 KeyboardInput.cs，代码如下：

```
using System.Collections;
using System.Collections.Generic;
using UnityEngine;

public class KeyboardInput:MonoBehaviour {

    // Update is called once per frame
    void Update () {
        if (Input.GetKey("up"))
            Debug.Log(" 键盘上方向键被按住 ");
        if (Input.GetKey(KeyCode.DownArrow))
            Debug.Log(" 键盘下方向键被按住 ");
        if (Input.GetKeyDown(KeyCode.Space))
            Debug.Log(" 键盘空格键被按下 ");
        if (Input.GetKeyUp(KeyCode.Space))
            Debug.Log(" 键盘空格键抬起 ");
    }
}
```

将脚本挂载到一个场景对象上，运行结果如图 10-5 所示。

2 用键盘方向键或者 W、A、S、D 键来控制物体在 *x-z* 平面上移动。

新建场景 MoveObj，并在场景中创建一个 Cube 对象，如图 10-6 所示。

图 10-5

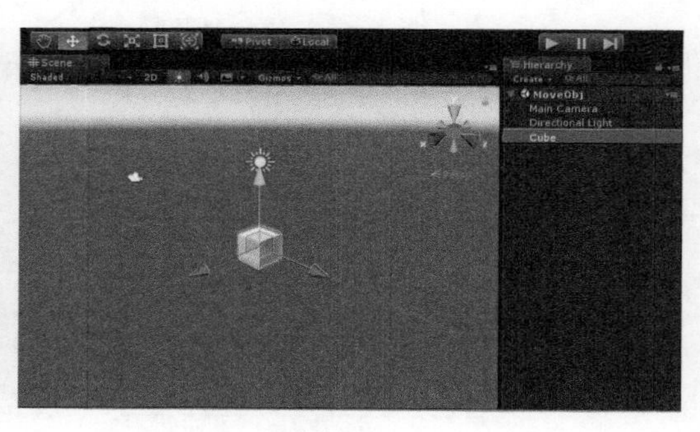

图 10-6

新建 C# 脚本 MoveObjControl.cs，代码如下：

```
using System.Collections;
using System.Collections.Generic;
```

```
using UnityEngine;

public class MoveObjControl:MonoBehaviour {
    public float speed = 10.0f;  //移动速度
    public float rotationSpeed = 100.0f;  //旋转速度

    // Update is called once per frame
    void Update () {
        // 使用上下方向键或者 W、S 键来控制前进后退
         float translation = Input.GetAxis("Vertical") * speed * Time.
deltaTime;
        //使用左右方向键或者 A、D 键来控制左右旋转
        float rotation = Input.GetAxis("Horizontal") * rotationSpeed * Time.
deltaTime;

        transform.Translate(0, 0, translation); //沿着 Z 轴移动
        transform.Rotate(0, rotation, 0); //绕 y 轴旋转
    }
}
```

将脚本挂载到 Cube 对象上，运行程序；在 Game 视图中按 W、A、S、D 键或方向键，可以对 Cube 对象进行移动控制，如图 10-7 所示。

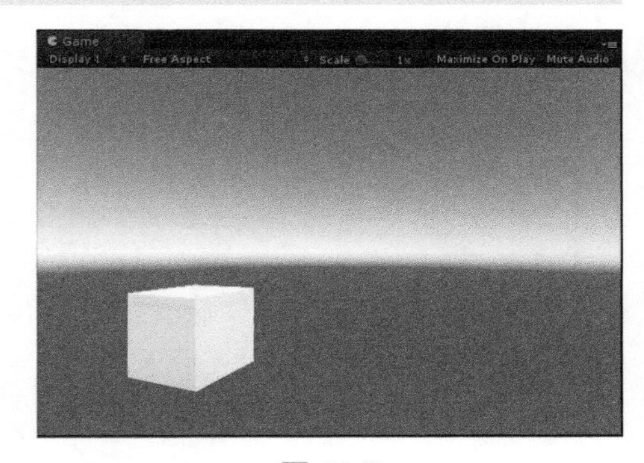

图 10-7

10.4 游戏外设输入

Unity 还可以处理摇杆、游戏手柄、方向盘等标准游戏外设的输入，使用的方法如表 10-6 所示。

表 10-6　游戏外设输入的使用方法

GetAxis	得到输入轴的数值
GetAxisRaw	得到未经平滑处理的输入轴的数值
GetButton	虚拟按键按住期间一直返回 true
GetButtonDown	虚拟按键按下的第一帧返回 true
GetButtonUp	虚拟按键松开的第一帧返回 true

虚拟按键需要在输入管理器中配置，把外设的输入消息映射给虚拟按键或输入轴以后，就可以在脚本中使用了。

Unity 默认为用户创建了若干映射了摇杆按钮的虚拟按键，包括：Fire1、Fire2、Fire3、Jump 以及虚拟轴 Horizontal 和 Vertical，可以在脚本里直接使用它们。

实践操作 47：游戏外设输入的操作

1 当按下鼠标左键时，每 0.5 秒创建一个 Cube 对象。

新建“CreateObj.cs”脚本，代码如下：

```
using System.Collections;
using System.Collections.Generic;
using UnityEngine;

public class CreateObj:MonoBehaviour {
    private float nextProduce = 0;
    // Update is called once per frame
    void Update () {
        //Fire1 默认对应摇杆的 0 号按键（鼠标左键）
        if (Input.GetButton ("Fire1") &&Time.time>nextProduce) {
            nextProduce = Time.time + 0.5f;
            // 当按下 Fire1 键时，每 0.5 秒生成一个汽车 .
            Vector3 position = new Vector3 (Random.Range (-5, 5), 1, Random.
Range(-5, 5));
            GameObjectobj = GameObject.CreatePrimitive (PrimitiveType.Cube);
            obj.transform.position = position;
        }
    }
}
```

2 将脚本挂载到一个场景对象上，运行程序；当按住鼠标左键时，每隔 0.5 秒会生成一个 Cube 对象，如图 10-8 所示。

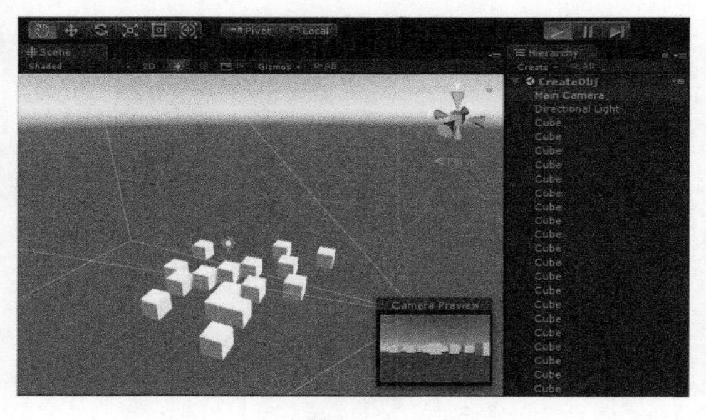

图 10-8

10.5 移动设备输入

在 iOS 和 Android 系统中，操作都是通过触摸来完成的。Input 类中对触摸操作的方法或变量如表 10-7 所示。

表 10-7　Input 类中对触摸操作的方法或变量

GetTouch	返回指定的触摸数据对象（不分配临时变量）
touches	当前所有触摸状态列表（只读）（分配临时变量）
touchCount	当前所有触摸状态列表长度（只读）
multiTouchEnabled	系统是否支持多点触摸
simulateMouseWithTouches	启用 / 禁用鼠标模拟触控。默认情况下，此选项已启用
touchSupported	当前设备是否支持触摸输入（只读）

通过 GetTouch 或者 touches 可以访问移动设备的触摸数据，数据保存在 Touch 的结构体中。结构体 Touch 的变量如表 10-8 所示。

表 10-8　结构体 Touch 的变量

altitudeAngle	0 弧度的值表示触笔平行于表面，pi/2 表示它垂直
azimuthAngle	0 弧度的值表示触笔沿着设备的 *x* 轴指向
deltaPosition	触摸位置的改变量
deltaTime	距离上次触摸数据变化的时间间隔
fingerId	触摸数据的唯一索引 ID
maximumPossiblePressure	设备的最大可能压力值。 如果 Input.touchPressureSupported 返回 false，则此属性的值将始终为 1.0f
phase	触摸的状态描述
position	触摸点的位置
pressure	当前施加于触摸的压力值。1.0f 被认为是平均触摸的压力。 如果 Input.touchPressureSupported 返回 false，则此属性的值将始终为 1.0f
radius	估计的触摸半径值。 添加 radiusVariance 以获得最大触摸大小，将其减去以获得最小触摸大小
radiusVariance	触摸时半径的变化量
rawPosition	用于触摸的原始位置
tapCount	敲击点的数量
type	触笔类型值，分为直接和间接（或远程）

通过调用 phase 可访问当前的触摸状态，phase 的状态如表 10-9 所示。

表 10-9　phase 的状态

Began	手指刚触碰屏幕
Moved	手指在屏幕上移动
Stationary	手指触碰屏幕并从上一帧起没有移动
Ended	手指离开屏幕
Canceled	系统取消了跟踪触摸

实践操作 48：移动设备输入的操作

通过射线与地面碰撞实例化玩家。

1 打开本书资源包路径为 \Book\Projects\Chapter10 的文件夹，将 Ethan.fbx 模型导入 Unity 中，如图 10-9 所示。

图 10-9

也可以导入标准资源里的 Characters 角色控制包，在其中找到角色模型。

将角色模型制作成一个预设体，如图 10-10 所示。

2 新建场景 CreatePlayer，然后创建一个 Plane 对象作为地面，如图 10-11 所示。

图 10-10

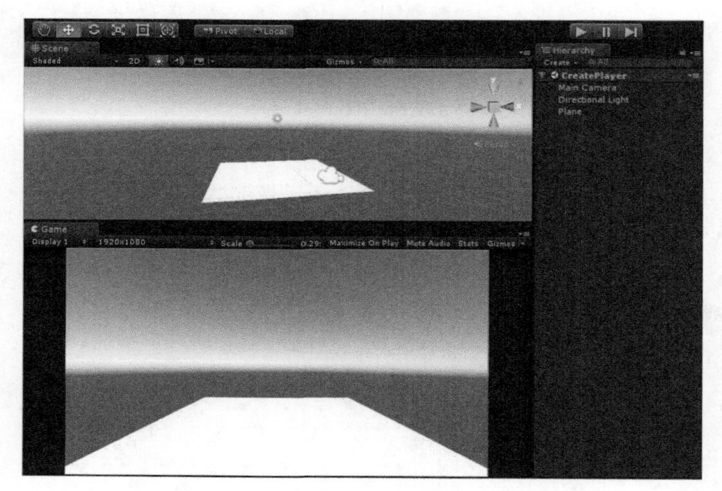

图 10-11

3 新建 C# 脚本 CreatePlayer.cs，代码如下：

```
using System.Collections;
using System.Collections.Generic;
using UnityEngine;

public class CreatePlayer:MonoBehaviour {
    public GameObjectplayerPrefab;  //定义玩家对象
    float num =0;       //定义实例化的玩家数量
    // Update is called once per frame
    void Update () {
        for(inti=0;i<Input.touchCount;i++)  //遍历当前触摸屏幕的数量
        {
            //判断当前状态是否为刚开始触摸屏幕
            if (Input.GetTouch(i).phase == TouchPhase.Began)
            {  //从手指触碰点沿相机方向发射一条射线
                Ray ray = Camera.main.ScreenPointToRay (Input.GetTouch(i).
position);
```

```
                RaycastHit hit;
                if(Physics.Raycast(ray, out hit, 100))  //判断是否发生碰撞
                {
                    //如果碰撞到的物体名字为 Plane
                    if(hit.collider.name == "Plane");
                    {
                        //在碰撞点位置实例化一个 player 对象
                         Instantiate(playerPrefab, hit.point, playerPrefab.
transform.rotation);
                        num++;
                    }
                }
            }
        }
    }
    void OnGUI()
    {
        //在屏幕上显示示例化玩家的数量
        GUILayout.Label(" 共实例化玩家 " + num);
    }
}
```

4 将脚本挂载到场景的一个对象上，并将其参数 playerPrefab 设置为 Ethan 预设对象。

最终在移动设备中的效果如图 10-12 所示。

图 10-12

5 根据手指在屏幕上的滑动旋转物体。

新建 C# 脚本 TouchRotateObj.cs，代码如下：

```
using System.Collections;
using System.Collections.Generic;
using UnityEngine;

public class TouchRotateObj:MonoBehaviour {
    float speed = 0.1f;
    // Update is called once per frame
    void Update () {
        if (Input.touchCount> 0 &&Input.GetTouch(0).phase == TouchPhase.Moved)
{
            //得到手指在这一帧的移动距离
            Vector2 touchDeltaPosition = Input.GetTouch(0).deltaPosition;
            // 在 XY 平面上旋转物体
            transform.Rotate (-touchDeltaPosition.y* speed, -touchDeltaPosition.
x* speed, 0);
        }
    }
}
```

6 新建场景 TouchRotateObj，并在场景中创建一个 Cube 对象，如图 10-13 所示。

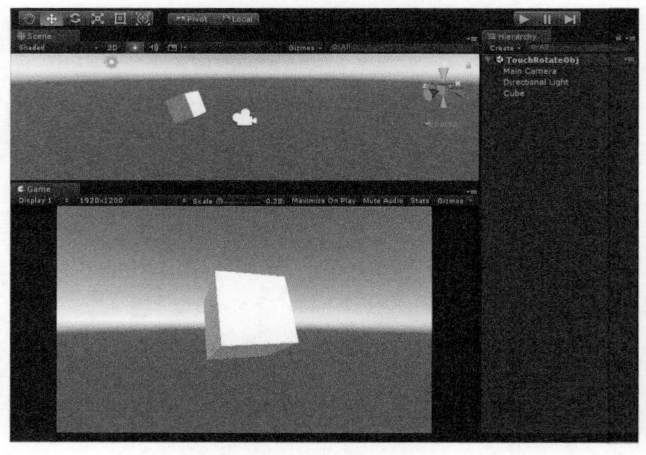

图 10-13

图 10-14

7 将 TouchRotateObj.cs 脚本挂载到 Cube 对象上，最终在移动端的效果如图 10-14 所示。

10.6 自定义输入

在 Unity 中可以创建自定义的虚拟按键，然后将设备的输入映射到自定义的按键上。使用虚拟按键的好处是可以让游戏玩家自由定义按键，满足个性化的操作习惯。

创建虚拟按键的方法是依次单击菜单栏中的 Edit → ProjectSetting → Input，在 Inspector 视图中会显示当前的虚拟按键列表和参数，如图 10-15 所示。

虚拟按键属于输入轴（axis）的一种特殊情况，在输入管理器中，都统一视为输入轴。Unity 默认创建了 18 个输入轴，可以通过更改 Size 参数来设置轴的数量。有几个输入轴的名字是相同的，例如名为 Jump 的轴有 2 个，分别映射到了键盘的 Space 键和摇杆的按键 3。

单击轴名称会显示设置参数，如图 10-16 所示。

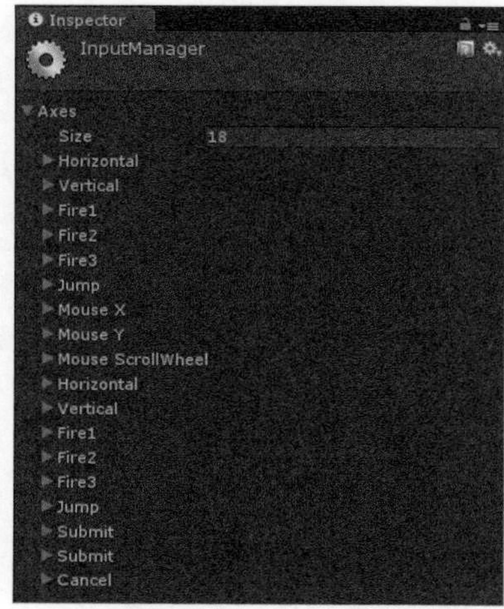

图 10-15

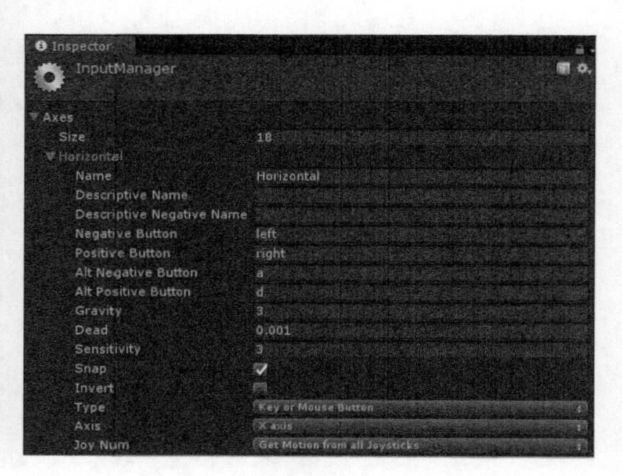

图 10-16

表 10-10 所示是对输入管理器中的参数的简要介绍。

表 10-10 输入管理器中的参数

Axes	包含当前工程所有定义的输入轴，Size 为轴的数量
Name	输入轴名称，用于游戏启动时的配置界面和脚本访问
Descriptive Name	轴的正按键的描述，在游戏启动界面中显示
Descriptive Negative Name	轴的负按键的描述，在游戏启动界面中显示
Negative Button	轴的负按键对应的物理按键
Positive Button	轴的正按键对应的物理按键
Alt Negative Button	轴的负按键对应的备选物理按键
Alt Positive Button	轴的正按键对应的备选物理按键
Gravity	输入的复位速度，仅用于类型为键 / 鼠标的按键
Dead	小于该值的任何输入值（不论正负值）都会被视为 0，用于摇杆
Sensitivity	灵敏度。用于键盘输入，该值越大则响应时间越快，该值越小则越平滑。对于鼠标输入，设置该值会对鼠标的实际移动距离按比例缩放
Snap	如果该值为 true，当轴收到负按键的输入信号时，轴的数值会立即置为“0”，仅用于键 / 鼠标的输入
Invert	如果该值为 true，正按键会发送负值，负按键会发送正值
Type	输入轴的类型。按键对应 Key/ Mouse 类型，鼠标移动和滚轮滑动对应 Mouse Movement 类型，摇杆应设置为 Joystick Axis，窗口移动消息应设置为 Window Movement
Axis	要映射的设备输入轴（摇杆、鼠标等）
Joy Num	设置使用哪个摇杆作为消息输入，默认接收所有摇杆的输入。仅用于输入轴和非按键输入

如果在 Input Manager 中设置了输入轴，在桌面系统运行发布的游戏时，Unity 默认会显示一个游戏的配置窗口，用于配置显示效果和输入按键映射。配置窗口中列出了所有创建的输入轴，如图 10-17 所示。此时游戏的用户就可以根据自己的习惯来配置按键输入，让游戏更加人性化。

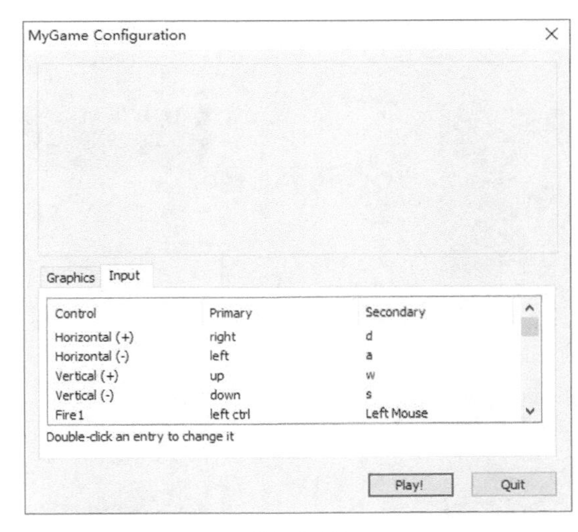

图 10-17

第 11 章 物理系统

11.1 概述

Unity 有出色的物理表现功能。一个对象在游戏中必须正确地加速，并受到碰撞和重力的影响。Unity 的内置物理引擎提供处理物理模拟问题的组件。通过对几个参数进行设置，游戏对象就可以表现出与现实相似的各种行为（例如，它们会受到碰撞或产生下落效果）。

在 Unity 中有两个独立的物理引擎，一个 3D 物理引擎和一个 2D 物理引擎。两个物理引擎之间的主要概念是相同的（除了额外的 3D 维度），但它们使用不同的组件实现。例如，刚体组件在 3D 物理中是 Rigidbody，在 2D 物理中是 Rigidbody 2D。

11.2 物理系统相关组件

由于 3D 物理引擎和 2D 物理引擎的主要概念相同，所以本章讲解 3D 物理系统的相关组件。2D 物理系统的相关组件可参考 3D 物理系统的对应组件或者参照 Unity 用户手册。

3D 物理系统的所有组件都在菜单栏中的 Component → Physics 下，如图 11-1 所示。

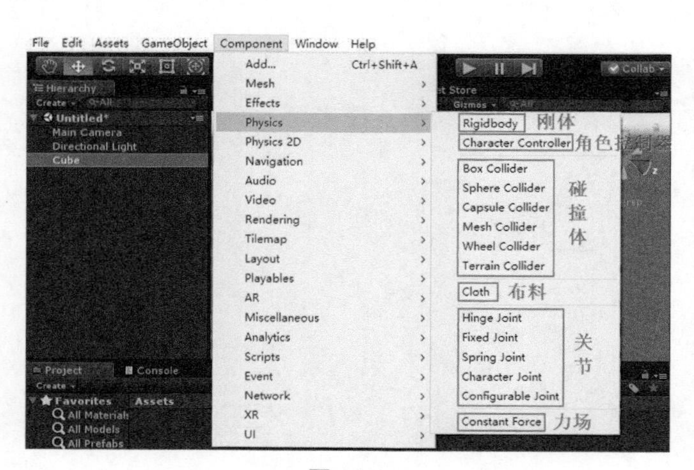

图 11-1

11.2.1 刚体组件

Rigidbody（刚体）组件可以使游戏对象在物理系统的控制下进行运动，Rigidbody 可接受外力与扭矩力，用以保证游戏对象像在真实世界中那样进行运动。任何游戏对象只有添加了 Rigidbody 组件之后才能受到重力的影响，通过脚本为游戏对象添加的作用力以及通过 NVIDIA 物理引擎与其他的游戏对象发生互动的运算都需要游戏对象添加 Rigidbody 组件。刚体组件分为 Rigidbody 和 Rigidbody 2D 两种。

在 Unity 中为游戏对象添加 Rigidbody 组件的方法如下。

（1）在场景中选中需要添加刚体组件的对象，然后依次单击菜单栏中的 Component → Physics → Rigidbody，这样就在该游戏对象上添加了 Rigidbody 组件，如图 11-2 所示。

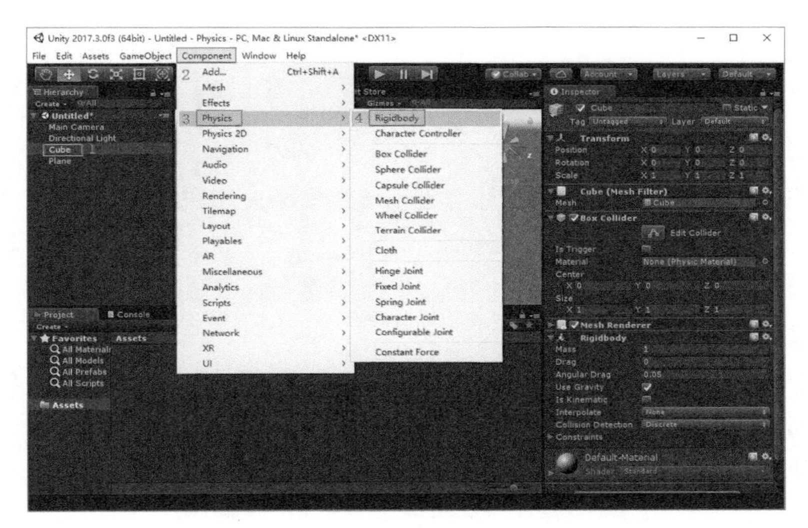

图 11-2

（2）在场景中选中需要添加刚体组件的对象，在其 Inspector 视图中，单击下方的 Add Component 按钮，然后搜索相关组件进行添加即可，如图 11-3 所示。

Rigidbody 组件的属性面板如图 11-4 所示。

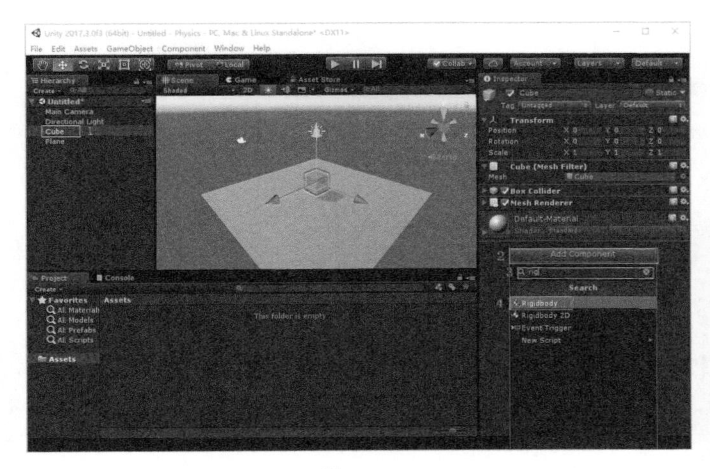

图 11-3

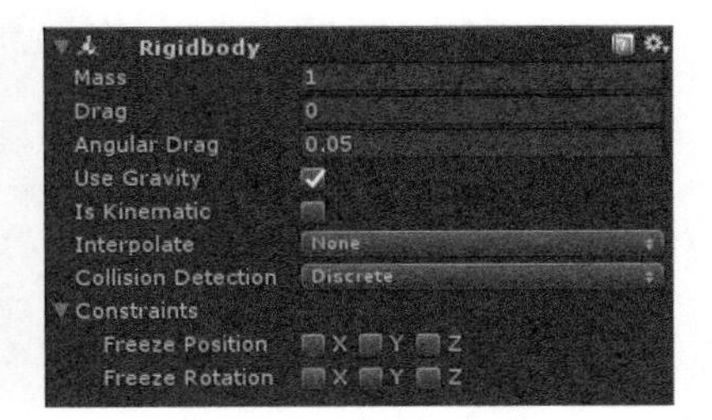

图 11-4

- Mass：质量。该项用于设置游戏对象的质量（建议在同一个游戏场景中，游戏对象之间的质量之比不要大于 100 或小于 1/100）。
- Drag：阻力。当游戏对象进行受力运动时受到的空气阻力。值为“0”表示没有空气阻力，空气阻力极大时游戏对象会停止运动。
- Angular Drag：角阻力。当游戏对象受扭矩力旋转时受到的控制阻力。值为“0”表示没有阻力，阻力极大时游戏对象会停止旋转。
- Use Gravity：使用重力。若勾选此项，游戏对象会受到重力的影响。
- Is Kinematic：是否开启动力学。若勾选此项，游戏对象将不再受到物理引擎的影响，从而只能通过 Transform（几何变换组件）属性来对其操作。该方式适用于模拟平台的移动或带有铰链关节链接刚体的动画。
- Interpolate：插值。该项用于控制刚体运动的抖动情况，有 3 项可供选择。
  - None：没有插值。
  - Interpolate：内插值。基于前一帧的 Transform 来平滑此次的 Transform。
  - Extrapolate：外插值。基于下一帧的 Transform 来平滑此次的 Transform。
- Collision Detection：碰撞检测。该属性用于避免高速运动的游戏对象穿过其他的对象而未发生碰撞的情况，有 3 项可供选择。
  - Discrete：离散碰撞检测。该模式游戏对象与场景中其他的所有碰撞体进行碰撞检测。该值为默认值。
  - Continuous：连续碰撞检测。该模式用于检测游戏对象与动态碰撞体（带有 Rigidbody）的碰撞，使用连续碰撞检测模式来检测游戏对象与网格碰撞体（不带 Rigidbody）的碰撞。其他的刚体会采用离散碰撞模式。此模式适用于那些需要采用连续动态碰撞检测的对象。这对物理性能会有很大的影响，如果不需要对快速运动的游戏对象进行碰撞检测，就使用离散碰撞检测模式。
  - Continuous Dynamic：连续动态碰撞检测。该模式用于检测游戏对象与采用连续碰撞模式或连续动态碰撞模式的对象的碰撞，也可用于检测没有 Rigidbody 的静态网格碰撞体。对于与之碰撞的其他对象可采用离散碰撞检测。动态连续碰撞检测模式也可用于检测快速运动的游戏对象。
- Constraints：约束。该项用于对刚体对象运动的约束。
  - Freeze Position：冻结位置。刚体对象在世界坐标系中的 x、y、z 轴方向上（勾选状态）的移动将无效。
  - Freeze Rotation：冻结旋转。刚体对象在世界坐标系中的 x、y、z 轴方向上（勾选状态）的旋转将无效。

11.2.2 角色控制器

Character Controller（角色控制器）主要用于对第三人称或第一人称游戏主角的控制，并不使用刚体物理效果。

Character Controller 组件属性面板如图 11-5 所示。

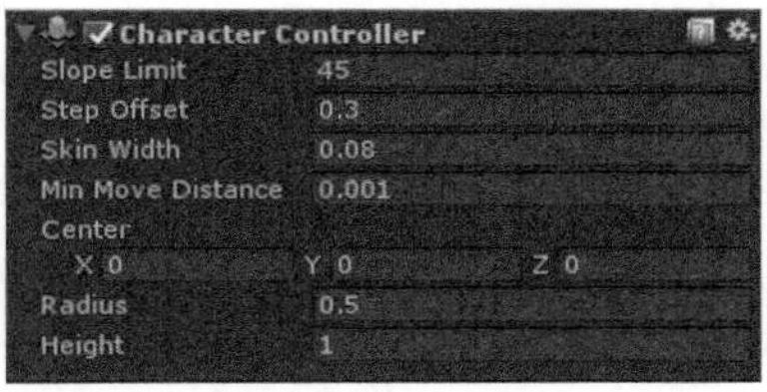

图 11-5

- Slope Limit：坡度限制。该项用于设置所控制的游戏对象只能爬上小于或等于该参数值的斜坡。
- Step Offset：台阶高度。该项用于设置所控制的游戏对象可以迈上小于或等于该高度的台阶。
- Skin Width：皮肤厚度。该参数决定了两个碰撞体可以相互渗入的深度。较大的参数值会产生抖动的现象，较小的参数值会导致所控制的游戏对象被卡住，较为合理的设定是：该参数值为 Radius 值的 10%。
- Min Move Distance：最小移动距离。如果所控制的游戏对象的移动距离小于该值，则游戏对象将不会移动。这样可避免抖动，大多情况下该值设为 0。
- Center：中心。该参数决定了胶囊碰撞体与所控制的游戏对象的相对位置，并不影响所控制的游戏对象的中心坐标。
- Radius：半径。该项用于设置胶囊碰撞体的半径。
- Height：高度。该项用于设置胶囊碰撞体的高度。

Character Controller 组件不会对施加给它的作用力做出反应，也不会作用于其他的刚体。如果想让 Character Controller 组件能够作用于其他的刚体对象，可以通过函数 OnControllerColliderHit() 在与其相碰撞的对象上使用一个作用力。另外，如果想让 Character Controller 受物理效果的影响，那最好用刚体来代替它。

Character Controller 组件的 Skin Width 是非常重要的属性，因此必须正确地设定。如果角色卡住了，通常是 Skin Width 的值设置得太小导致的，该值可使其他的对象轻微地穿过 Character Controller，并且可以避免抖动且防止角色卡住。

知识点

（1）如果角色频繁地被卡住，尝试调整 Skin Width 的值。

（2）通过编写脚本，角色控制器可通过物理效果来影响其他的对象。

（3）角色控制器无法通过物理效果被其他游戏对象所影响。

11.2.3 碰撞体组件

碰撞体是物理组件中的一类，3D 物理组件和 2D 物理组件有独立的碰撞体组件，它要与刚体一起添加到游戏对象上才能触发碰撞。如果两个刚体相互撞在一起，除非两个对象有碰撞体时物理引擎才会计算碰撞。在物理模拟中，没有碰撞体的刚体会彼此相互穿过。

1. Box Collider（盒碰撞体）

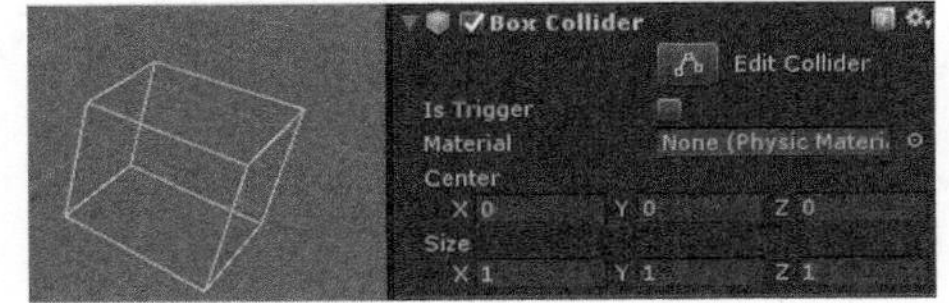

图 11-6

盒碰撞体是一个立方体外形的基本碰撞体，其属性面板如图 11-6 所示。该碰撞体可以调整为不同大小的长方体，可用作门、墙及平台等，也可用于布娃娃的角色躯干或者汽车等交通工具的外壳，当然最适合用在盒子或箱子上。

- Edit Collider：编辑碰撞体。单击按钮即可在 Scene 视图中编辑碰撞体。
- Is Trigger：触发器。若勾选该项，则该碰撞体可用于触发事件，并将被物理引擎所忽略。
- Material：材质。采用不同的物理材质类型决定了碰撞体与其他对象的交互形式，例如小球落地后会像弹球一样富有弹性、物体在冰面上摩擦力小等。
- Center：中心。碰撞体在对象局部坐标中的位置。
- Size：大小。碰撞体在 x、y、z 轴方向上的大小。

2. Sphere Collider（球形碰撞体）

球形碰撞体是一个球形的基本碰撞体，其属性面板如图 11-7 所示。球形碰撞体的三维大小可以均匀地调节，但不能单独调节某个坐标轴方向的大小，该碰撞体适用于落石、乒乓球等游戏对象。

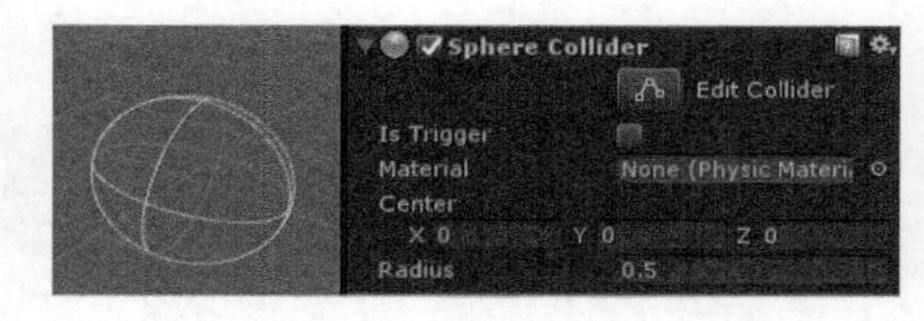

图 11-7

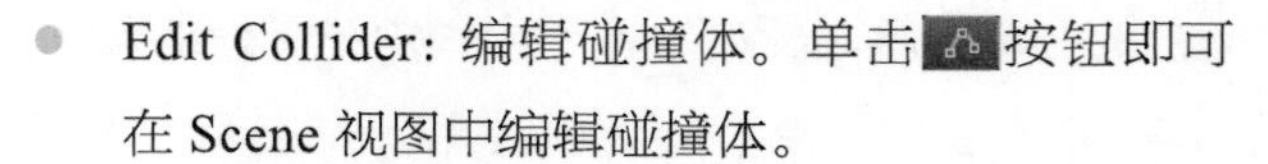

- Edit Collider：编辑碰撞体。单击按钮即可在 Scene 视图中编辑碰撞体。
- Is Trigger：触发器。若勾选该项，则此碰撞体可用于触发事件，并将被物理引擎所忽略。
- Material：材质。采用不同的物理材质类型决定了碰撞体与其他对象的交互形式。
- Center：中心。碰撞体在对象局部坐标中的位置。
- Radius：半径。球形碰撞体的半径。

3. Capsule Collider（胶囊碰撞体）

胶囊碰撞体由一个圆柱体和与其相连的两个半球体组成，是一个胶囊形状的基本碰撞体，其属性面板如图 11-8 所示。胶囊碰撞体的半径和高度都可以单独调节，可用在角色控制器中或与其他不规则形状的碰撞结合起来使用。Unity 中的角色控制器通常内嵌了胶囊碰撞体。

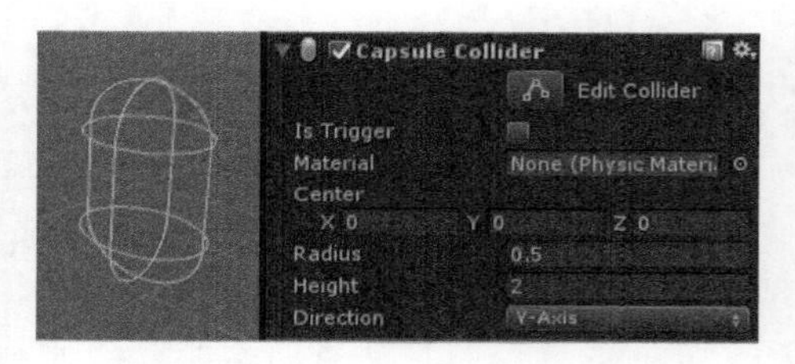

图 11-8

- Edit Collider：编辑碰撞体。单击按钮即可在 Scene 视图中编辑碰撞体。
- Is Trigger：触发器。若勾选该项，则此碰撞体可用于触发事件，并将被物理引擎所忽略。
- Material：材质。采用不同的物理材质类型决定了碰撞体与其他对象的交互形式。
- Center：中心。碰撞体在对象局部坐标中的位置。
- Radius：半径。半球体的半径。
- Height：高度。该项用于控制碰撞体中圆柱的高度。
- Direction：方向。在对象的局部坐标中胶囊的纵向所对应的坐标轴，默认是 y 轴。

4. Mesh Collider（网格碰撞体）

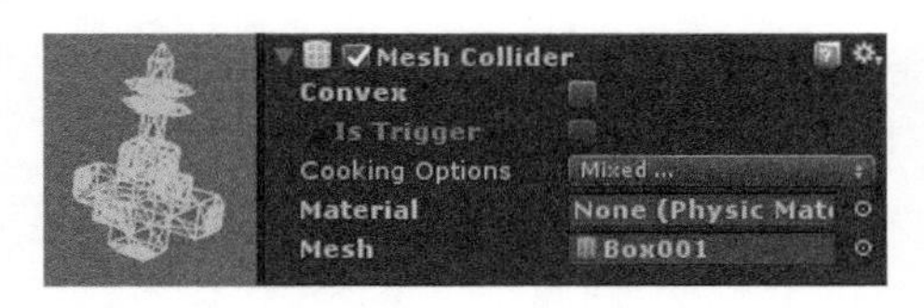

图 11-9

网格碰撞体通过获取网格对象并在其基础上构建碰撞体，与在复杂网格模型上使用基本碰撞体相比，网格碰撞体要更加精细，但会占用更多的系统资源。开启 Convex 参数的网格碰撞体才可以与其他的网格碰撞体发生碰撞，其属性面板如图 11-9 所示。

- Convex：凸起。若勾选该项，则网格碰撞体将会与其他的网格碰撞体发生碰撞。
- Is Trigger：触发器。若勾选该项，则此碰撞体可用于触发事件，并将被物理引擎所忽略，并且只有在勾选 Convex 的状态下可用。
- Material：材质。采用不同的物理材质类型决定了碰撞体与其他对象的交互形式。
- Mesh：网格。物体的网格对象并以其网格的形状生成碰撞体。

网格碰撞体按照所附加对象的 Transform 组件属性来设定碰撞体的位置和大小比例。这样做的好处是可以使碰撞体的形状与 GameObject 的可见网格的形状完全相同，从而产生更加精确和可靠的碰撞。 但是，这种精度的处理开销比涉及原始碰撞体（如 Sphere、Box 和 Capsule）的冲突的要高，因此最好少用网格碰撞体。

碰撞网格使用了背面消隐方式，如果一个对象与一个采用背面消隐的网格在视觉上相碰撞，那么它们并不会在物理上发生碰撞。使用网格碰撞体有一些限制的条件：通常两个网格碰撞体之间并不会发生碰撞，但所有的网格碰撞体都可与基本碰撞体发生碰撞；如果碰撞体的 Convex 参数设为开启，则它也会与其他的网格碰撞体发生碰撞。需要注意的是，只有当网格碰撞体网格的三角形数量少于 255 的时候，Convex 参数才会生效。

5. Wheel Collider（车轮碰撞体）

车轮碰撞体是一种针对地面车辆的特殊碰撞体。它有内置的碰撞检测、车轮物理系统及有滑胎摩擦的参考体。除了车轮，该碰撞体也可用于其他的游戏对象。该碰撞体属性面板如图 11-10 所示。

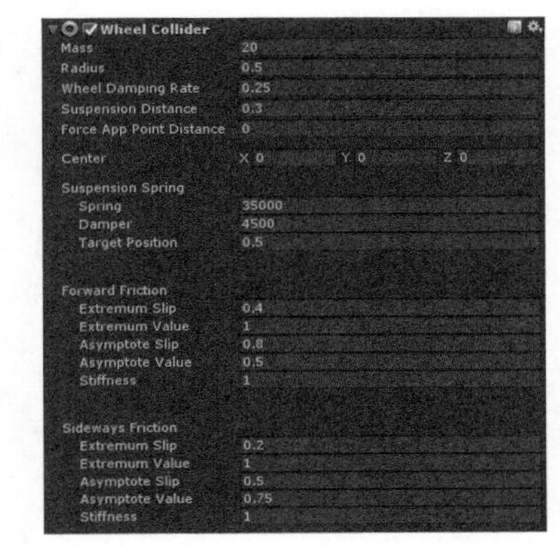

图 11-10

- Mass：质量。该项用于设置车轮碰撞体的质量。
- Radius：半径。该项用于设置车轮碰撞体的半径。
- Wheel Damping Rate：车轮的阻尼率。该项用于设置车轮的阻尼率。
- Suspension Distance：悬挂距离。该项用于设置车轮碰撞体悬挂的最大伸长距离，按照局部坐标来计算。悬挂总是通过其局部坐标的 y 轴进行延伸。
- Force App Point Distance：力应用点的距离。该项用于定义车轮力应用点的距离，预计为从车轮静止位置沿着悬架行进方向的距离（以米为单位）。当力应用点的距离为 0

时，轴距的力将被应用在停止的时候。更好的车辆将力应用于略低于车辆质心的位置。

- Center：中心。该项用于设置车轮碰撞体在对象局部坐标中的位置。
- Suspension Spring：悬挂弹簧。该项用于设置车轮碰撞体通过添加弹簧和阻尼外力后使得悬挂到达目标位置。
    - Spring：弹簧。弹簧力度越大，悬挂到达目标位置的速度也就越快。
    - Damper：阻尼器。阻尼器控制着悬挂的速度，数值越大，悬挂弹簧移动速度越慢。
    - Target Position：目标位置。悬挂沿着其方向上静止时的距离。其值为 0 时悬挂为完全伸展状态，值为 1 时为完全压缩状态，默认值为 0，这与常规的汽车悬挂状态相匹配。
- Forward Friction：向前摩擦力。当轮胎向前滚动时的摩擦力属性。
    - Extremum Slip：滑动极值。
    - Extremum Value：极限值。
    - Asymptote Slip：滑动渐进值。
    - Asymptote Value：渐近值。
    - Stiffness：刚性因子。它是极限值与渐近值的乘数（默认值为 1，表示刚度变化的摩擦程度。设置为 0 时将禁用所有的车轮摩擦。通常在运行时通过脚本修改刚度来模拟各种地面材料。
- Sideways Friction：侧向摩擦力。当轮胎侧向滚动时的摩擦力属性。
    - Extremum Slip：滑动极值。
    - Emtremum Value：极限值。
    - Asymptote Slip：滑动渐进值。
    - Asymptote Value：渐近值。
    - Stiffness：刚性因子。它是极限值与渐近值的乘数（默认值为 1，表示刚度变化的摩擦程度。设置为 0 时将禁用所有的车轮摩擦。通常在运行时通过脚本修改刚度来模拟各种地面材料。

车轮的碰撞检测是通过从局部坐标 y 轴向下投射一条射线来实现的。车轮有一个通过悬挂距离向下延伸的半径，可通过脚本中不同的属性值来对车辆进行控制。这些属性值有 motorTorque（马达转矩）、brakeTorque（制动转矩）和 steerAngle（转向角）。车轮碰撞体与物理引擎的其余部分相比，是通过一个基于滑动摩擦力的参考体来单独计算摩擦力的。这会产生更真实的互动行为，但是车轮碰撞体不受标准物理材质的影响。

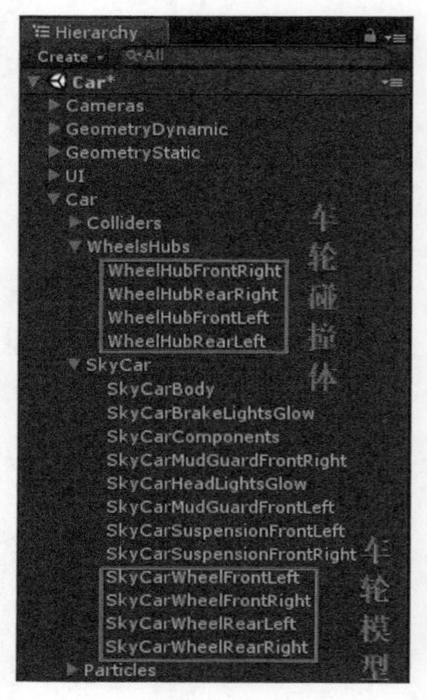

图 11-11

设置车轮碰撞体不需要通过调转或滚动带有车轮碰撞体的游戏对象来控制车辆，因为绑定了车轮碰撞体的游戏对象相对于汽车而言，其本身是固定的。然而若要调转或滚动车轮的话，最好的方法就是将车轮碰撞体和可见的车轮模型分开来设置，如图

11-11 所示。

技 巧

可通过在时间管理器中减少物理时间步长来使得汽车的物理系统更加稳定，尤其是针对高速的赛车而言。

为了防止容易翻车的情况，可通过脚本降低刚体质量的中心点并应用下压力（该力取决于汽车的速度）。

碰撞体的几何结构同样需注意。由于行驶的车辆具有一定的速度，因此创建合理的赛道碰撞集合体就显得尤为重要。特别是组成不可见模型的碰撞网格不应当出现小的凹凸不平的现象。一般赛道的碰撞网格可以分开来制作，这样会使其更加平滑。

6. Terrain Collider（地形碰撞体）

地形碰撞体是基于地形构建的碰撞体。该碰撞体属性面板如图 11-12 所示。

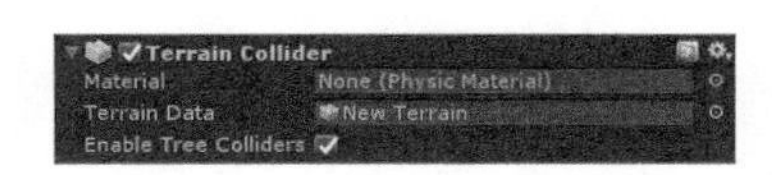

图 11-12

- Material：材质。采用不同的物理材质类型决定了碰撞体与其他对象的交互形式。
- Terrain Data：地形数据。采用不同的地形数据决定了地形的外观，单击右侧的圆圈按钮可弹出地形数据选择对话框，可为碰撞体选择一个地形数据。
- Enable Tree Colliders：开启树的碰撞体。若勾选该项，地形上的树也会开启碰撞体。

11.2.4 物理材质

物理材质用于调整碰撞物体的摩擦和弹跳效果。

要创建物理材质，从菜单栏中依次单击“Assets → Create → Physic Material 即可创建一个物理材质；然后将物理材质从项目视图拖放到场景中的碰撞体上即可。

物理材质的属性面板如图 11-13 所示。

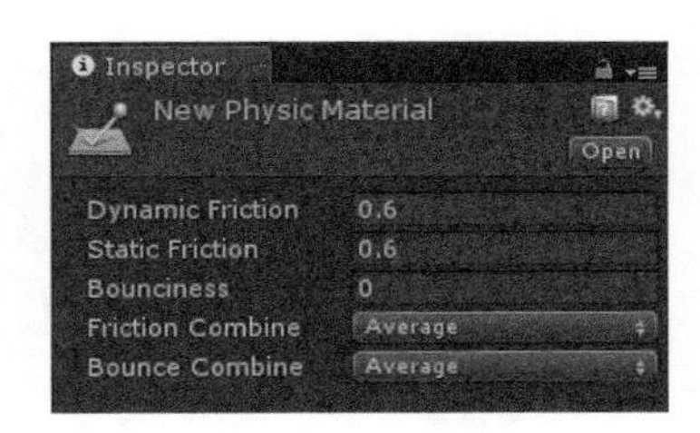

图 11-13

- Dynamic Friction：动态摩擦系数。当物体移动时所使用的摩擦力，通常值为 0 到 1。值为 0 感觉像冰，值为 1 会使物体快速停止，除非有很大的力或重力施加于物体。
- Static Friction：静态摩擦系数。当物体静止在表面上时所使用的摩擦力，通常值为 0 到 1。值为 0 感觉像冰，值为 1 会使物体移动非常困难。
- Bounciness：弹力系数。物体表面的弹性。值为 0 表示不会反弹，值为 1 表示会反弹而且没有任何能量损失。
- Friction Combine：两个碰撞物体的摩擦的组合方式。
  - Average：使用两个摩擦值的平均值。
  - Minimum：使用两个摩擦值中的最小值。

  - ◆ Maximum：使用两个摩擦值中的最大值。
  - ◆ Multiply：使用两个摩擦值相乘的值。
- Bounce Combine：两个碰撞物体的弹性的组合方式。组合方式同 Friction Combine。

摩擦力是防止表面彼此滑落的量。尝试堆加对象时，此值非常重要。摩擦力有两种形式，动态摩擦力和静态摩擦力。物体静止时使用静态摩擦力。它会阻止物体移动。如果足够大的力施加到物体上，它将开始移动。此时动态摩擦力将起作用，动态摩擦力会尝试在该物体与另一个物体接触时减慢该物体的速度。

当两个物体接触时，根据所选的模式对它们施加相同的弹性力和摩擦力。当两个接触碰撞体设置不同的组合方式时会有一个特殊情况。在这种特殊情况下，使用具有更高优先级的功能，优先顺序如下：Average<Minsmum<Multiply<Maximum。例如，如果一种材料具有平均值，但另一种材料具有最大值，则要使用的组合方式为最大值，因为它具有更高的优先级。

注 意

Nvidia PhysX 引擎使用的摩擦力模型和弹性力模型针对仿真的性能和稳定性进行了一定的调整，但并不一定非常接近现实世界的物理现象。

11.2.5 布料组件

布料组件可以模拟类似布料的行为状态，如飘动的旗帜、角色身上的衣服等。

布料组件包括了 Skinned Mesh Renderer（蒙皮网格渲染器）和 Cloth 组件，Cloth 组件与 Skinned Mesh Renderer 协同工作，为模拟织物提供基于物理学的解决方案。布料组件专用于角色服装设计，并只适用于蒙皮网格。如果将布料组件添加到非蒙皮网格，Unity 会移除非蒙皮网格并添加蒙皮网格。

Skinned Mesh Renderer 组件属性面板如图 11-14 所示。

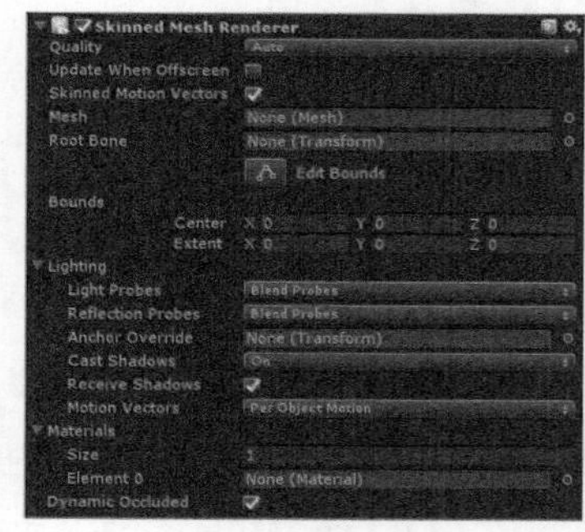

图 11-14

- Quality：品质。定义在蒙皮时每个顶点使用的骨骼的最大数量。骨骼的数量越多，渲染器的质量就越高。 将质量设置为自动，以使用质量设置中的混合权重值。
- Update When Offscreen：蒙皮网格更新。如果启用，即使任何摄像机无法看到，Skinned Mesh 也会更新；如果禁用，当 GameObject 不在屏幕上时，动画本身将停止运行。
- Mesh：网格。该项用于指定对象所使用的网格渲染器。
- Root Bone：骨骼的根节点。该项用于指定骨骼的根节点。
- Bounds：限制范围。
  - ◆ Center：网格的中心位置。
  - ◆ Extents：网格的范围。
- Lighting：光照参数。

- ◆ Light Probes：基于光照探头的内插模式。
- ◆ Reflection Probes：如果启用并且反射探头出现在场景中，反射纹理会从这个游戏对象和构建着色器设置的变量中获取。
- ◆ Anchor Override：用于设置在光照探头或反射探头系统时内插位置的 Transform。
- ◆ Cast Shadows：投射阴影。

  Off：关闭投射阴影。

  On：开启投射阴影。

  Two Sided：开启双面阴影。

  Shadows Only：只投射阴影。
- ◆ Receive Shadows：接收阴影。勾选该项，则布料将会接受阴影。

  Motion Vectors：用于设置运动矢量的渲染模式。

- Materials：材质列表。

  用于设置 Mesh 网格的材质。
- Dynamic Occluded：动态遮挡。

Cloth 组件属性面板如图 11-15 所示。

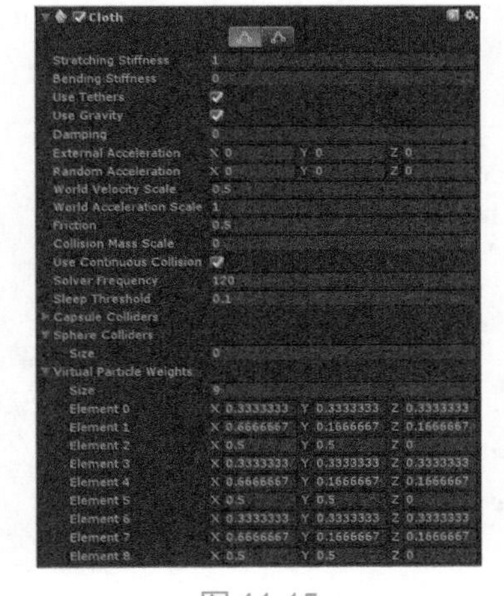

图 11-15

- Stretching Stiffness：拉伸刚度。该项用于设置布料的抗拉伸程度，数值在 0.0 ~ 1.0，值越大越不容易拉伸。
- Bending Stiffness：弯曲强度。该项用于设置布料的抗弯曲程度。数值在 0.0 ~ 1.0，值越大越不容易弯曲。
- Use Tethers：应用限制，防止布料粒子远离固定点。这有助于减少过度的拉伸。
- Use Gravity：使用重力。
- Damping：阻尼。该项用于设置布料运动的阻尼。
- External Acceleration：外部加速度。该项用于设置一个常数，应用到布料上的外部加速度。
- Random Acceleration：随机加速度。该项用于设置一个随机数，应用到布料上的外部加速度。
- World Velocity Scale：世界速度的比例。该项数值决定了角色在世界空间的运动对于布料顶点的影响程度，数值越大的布料对角色在世界空间运动的反应越剧烈，此参数也决定了布料的空间阻力。
- World Acceleration Scale：世界加速度的比例。该项数值决定了角色在世界空间的加速度对于布料顶点的影响程度，数值越大的布料对角色在世界空间运动的反应越剧烈。如果布料显得比较生硬，可以尝试增大此值；如果布料显得不稳定，可以适当减小此值。
- Friction：摩擦系数。该项用于设置布料的摩擦系数，取值在 0.0 ~ 1.0。
- Collision Mass Scale：碰撞粒子的质量大小。
- Use Continuous Collision：使用连续碰撞检测提高碰撞的稳定性。

- Solver Frequency：每秒解算器的迭代次数。
- Sleep Threshold：布料的睡眠阈值。
- Capsule Colliders：与布料发生碰撞的胶囊体碰撞体列表。
- Sphere Colliders：与布料发生碰撞的球形碰撞体列表。
- Virtual Particles Weights：虚拟粒子的权重。通过设置虚拟粒子的数量以及每个粒子的权重，以提高碰撞的稳定性。

布料不会对场景中的所有碰撞体作出反应，也不会将力量运用到世界中。当它被添加时，布料组件不会对任何其他物体作出反应或影响任何其他物体。因此，除非手动将世界上的碰撞体添加到布料组件中，否则布料和世界不会识别或看到对方。即使作出反应，模拟仍然是单向的，即布料对那些物体作出反应，但不施加力。

布料无法简单地与任意世界几何体碰撞，只会与 Capsule Colliders 或 Sphere Colliders 数组中指定的碰撞体进行交互。

约束编辑工具

布料属性左侧的（编辑约束）按钮，应用于对布料网格中每个顶点的约束。所有顶点都基于当前可视化模式具有的颜色，以显示它们各自的值之间的差异。用户可以使用画笔绘制布料约束，如图 11-16 所示。Cloth Constraints 窗口属性如表 11-1 所示。

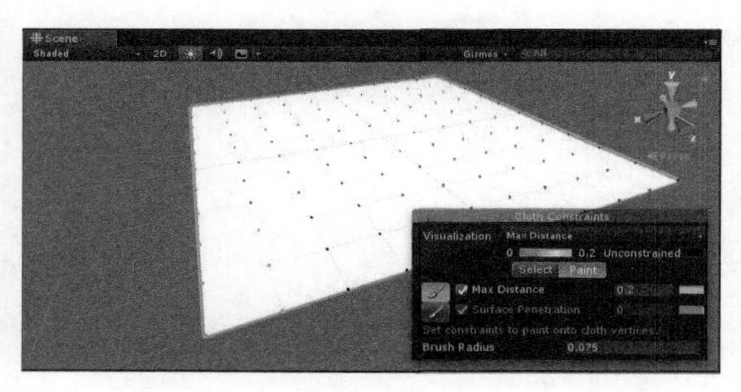

图 11-16

表 11-1　Cloth Constraints 窗口属性

Visualization	可视化模式
Max Distance	布料粒子可以从其顶点位置移动的最大距离
Surface Penetration	布料粒子可以穿透网格的深度
Manipulate Backfaces	可视化操作是否可以操作布料的背面
Brush Radius	在进行约束绘制时，笔刷的半径值

有以下两种模式可以更改每个顶点的值。

（1）使用 Select（选择）模式选择一组顶点。要做到这一点，使用鼠标指针绘制一个选择框，或一次单击一个顶点。然后，用户可以启用或禁用 Max Distance、Surface Penetration 其中之一或两者，并设置值。

（2）使用 Paint（喷绘）模式直接调整每个单独的顶点。为此，可以使用鼠标单击要调整的顶点。用户可以启用或禁用 Max Distance、Surface Penetration 其中之一或两者，并设置值。

在这两种模式下，当用户将值分配给最大距离和表面穿透时，场景视图中的可视表会自动更新，如图 11-17 所示。

自身碰撞和相互碰撞

在 Unity 中，一块布料有几个处理碰撞的选项。用户可以为以下布料设置粒子选项。

- Self-collision：防止布料自身穿透。
- Inter-collision：允许布料粒子相互碰撞。

要为布料设置碰撞粒子，可单击布料属性右侧的（自我碰撞和相互碰撞）按钮，如图 11-18 所示。

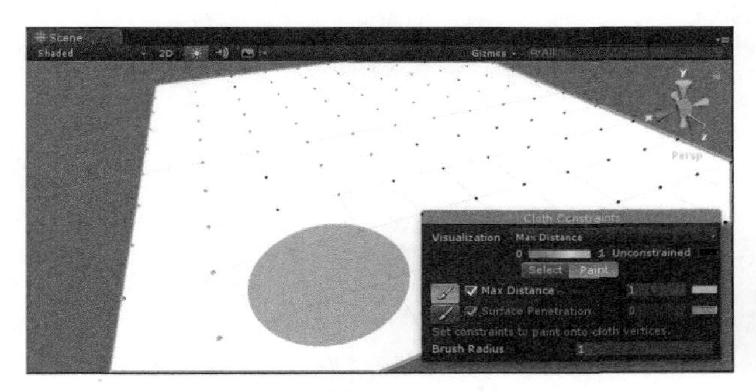

图 11-17

图 11-18

- Self Collision Distance：自身碰撞的距离。即每个粒子周围球体的直径。Unity 确保这些球体在模拟过程中不重叠。距离应小于配置中两个粒子之间的最小距离。如果距离较大，则自身碰撞可能会违反一些距离约束并导致抖动。
- Self Collision Stiffness：自身碰撞的刚性因子。即粒子之间的分离冲量应该有多强。使用布料求解器来计算这个值，这个值应该足以保持粒子分离。

布料自身碰撞和相互碰撞窗口如图 11-19 所示。

使用布料组件自动为蒙皮网格添加布料粒子。默认没有布料粒子会被设置为使用碰撞。这些未使用的粒子显示为黑色，如图 11-20 所示。

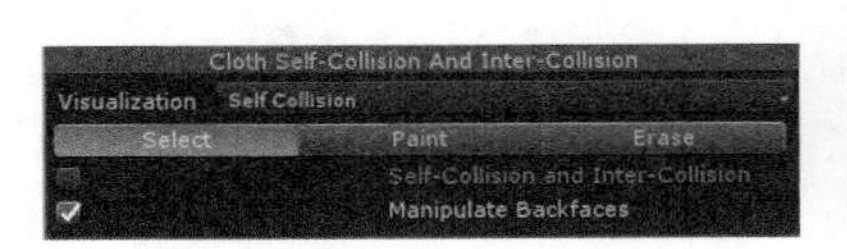

图 11-19

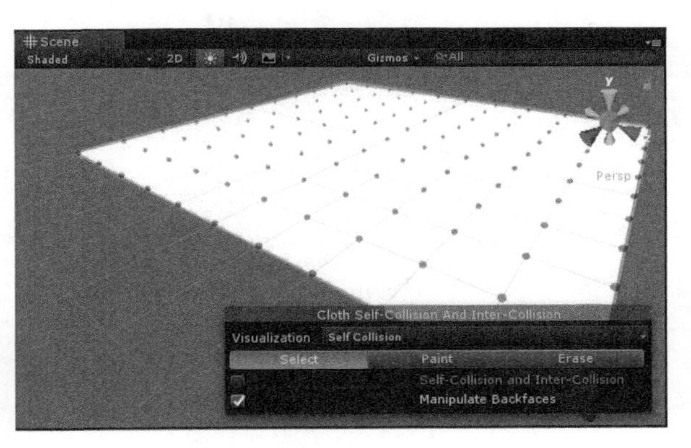

图 11-20

要应用自碰撞或 intercollision，用户需要选择一组粒子来应用碰撞。要选择一组用于碰撞的粒子，应先单击 Select 按钮，然后按住鼠标左键并拖动框选布料粒子，如图 11-21 所示。

选中后的粒子以浅蓝色显示，然后勾选 Self-Collision and Inter-Collision 复选框。此时粒子就指定用于碰撞，指定用于碰撞的粒子以浅绿色显示，如图 11-22 所示。

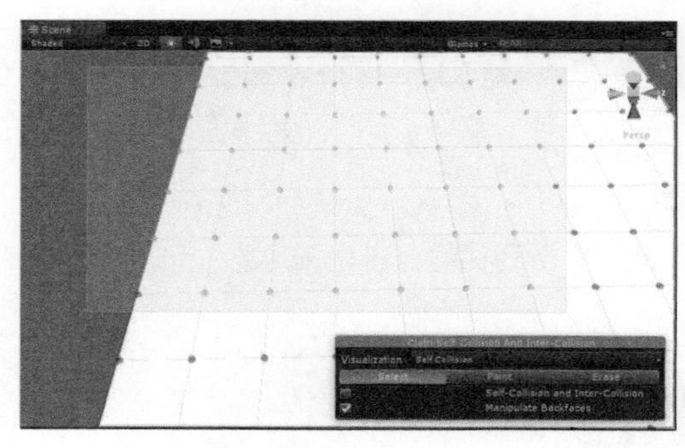

图 11-21

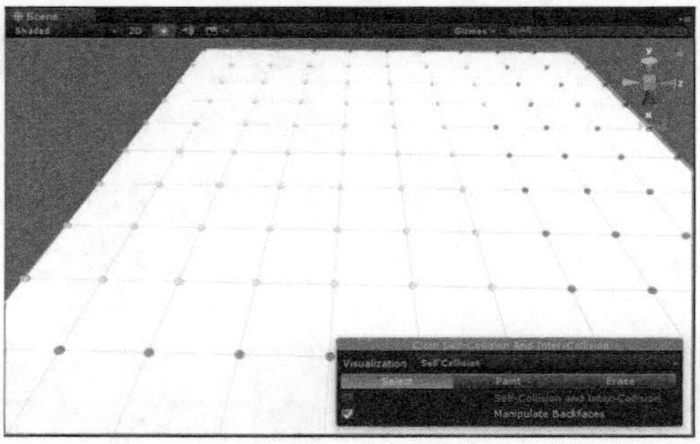

图 11-22

Paint（绘制）和 Erase（擦除）模式允许用户通过按住鼠标左键并拖动单个布料粒子来添加或移除用于碰撞的粒子，如图 11-23 所示。

在 Paint 或 Erase 模式下，为碰撞指定的粒子显示为绿色，未指定的粒子为黑色，画笔下方的粒子为蓝色，如图 11-24 所示。

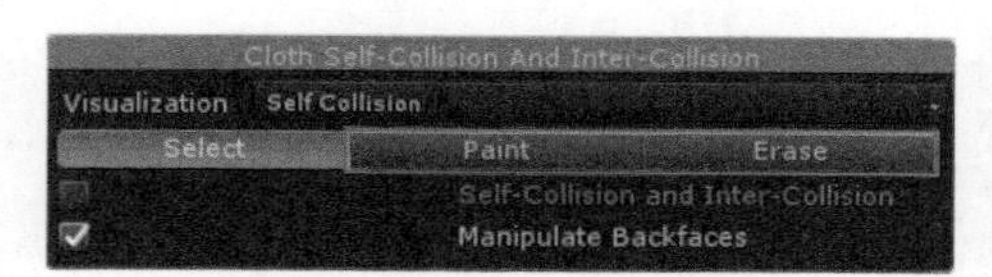

图 11-23

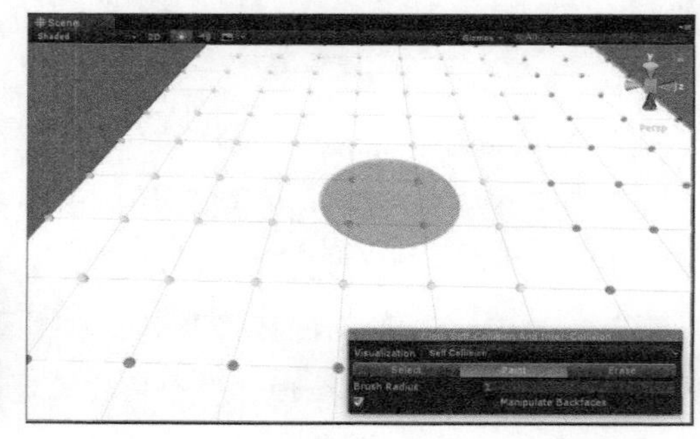

图 11-24

如上所述，用户可以按照为自身碰撞指定粒子的相同方式指定粒子进行 inter-collision。与自身碰撞一样，用户可以指定一组用于碰撞的粒子。

要启用 inter-collision 行为，可打开 PhysicsManager 检查器（依次单击菜单栏中的 Edit → Project Settins → Physics），并在 Cloth InterCollision 部分中将距离和刚度设置为非零值，如图 11-25 所示。

因为需要考虑保持较小的碰撞距离并使用自碰撞指数来减少彼此碰撞的粒子数量，所以自我碰撞和 intercollision 可能需要大量的整体模拟时间。

自我碰撞使用顶点，而不是三角形，所以不要指望自我碰撞能够完美地适用于三角形比网布厚度大得多的网格。

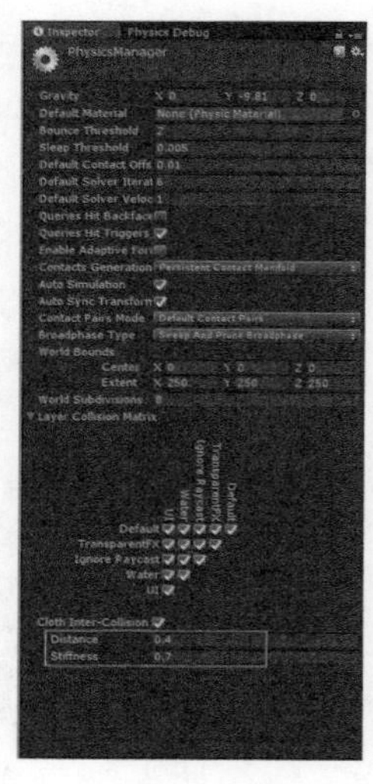

图 11-25

11.2.6 关节组件

关节组件属于物理组件中的一部分，是模拟物体与物体之间的一种连接关系，关节必须依赖于刚体组件。关节组件可添加到多个游戏对象当中，关节组件又分为 3D 类型的关节和 2D 类型的关节。

1. Hinge Joint（铰链关节）

铰链关节由两个刚体组成，该关节会对刚体进行约束，使得它们像被连接在一个铰链上那样运动。它非常适用于对门进行模拟，也适用于对模型链及钟摆等物体进行模拟。铰链关节组件的属性面板如图 11-26 所示。

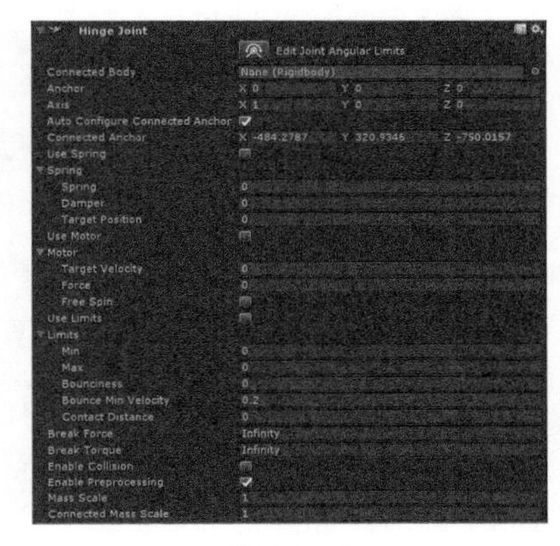

图 11-26

- Edit Joint Angular Limits：编辑关节角度的限制。
- Connected Body：连接刚体。该项用于为关节指定要连接的刚体，若不指定则该关节将与世界连接。
- Anchor：锚点。刚体可围绕锚点进行摆动，这里可以设置锚点的位置，该值应用于局部坐标系。
- Axis：轴。定义了刚体摆动的方向，该值应用于局部坐标系。
- Auto Configure Connected Anchor：自动设置连接锚点。勾选该项，连接锚点会自动设置，该项默认为开启状态。
- Connected Anchor：连接锚点。当 Auto Configure Connected Anchor 项开启时，该项会自动设置；当 Auto Configure Connected Anchor 项未开启时，可手动设置连接锚点。
- Use Spring：使用弹簧。勾选该项，则弹簧会使刚体与其连接的主体形成一个特定的角度。
- Spring：弹簧。当 Use Spring 参数开启时此属性有效。
    - Spring：弹簧力。该项用于设置推动对象使其移动到相应位置的作用力。
    - Damper：阻尼。该项用于设置对象的阻尼值，数值越大则对象移动得越缓慢。
    - Target Position：目标角度。该项用于设置弹簧的目标角度，弹簧会拉向此角度，以度为测量单位。
- Use Motor：使用马达。勾选该项，马达会使对象发生旋转。
- Motor：马达。当 Use Motor 参数开启时，此属性会被用到。
    - Target Velocity：目标速度。该项用于设置对象预期将要达到的速度值。
    - Force：作用力。该项用于设置为了达到目标速度而施加的作用力。
    - Free Spin：自由转动。勾选该项，则马达永远不会停止，旋转只会越转越快。
- Use Limits：使用限制。勾选该项，则铰链的角度将被限定在最大值和最小值之间。
- Limits：限制。当 Use Limits 参数开启时，此属性将会被用到。

  - Min：最小值。该项用于设置铰链能达到的最小角度。
  - Max：最大值。该项用于设置铰链能达到的最大角度。
  - Min Bounce：最小反弹。该项用于设置当对象触到最小限制时的反弹值。
  - Max Bounce：最大反弹。该项用于设置当对象触到最大限制时的反弹值。
  - Contact Distance：接触距离。
- Break Force：断开力。该项用于设置铰链关节断开的作用力。
- Break Torque：断开扭矩。该项用于设置断开铰链关节所需要的扭矩。
- Enable Collision：激活碰撞。若勾选该项，则关节之间也会检测碰撞。
- Enable Preprocessing：启用预处理。禁用预处理有助于稳定无法执行的配置。
- Mass Scale：质量的缩放值。该项用于设置关节自身刚体的质量缩放值。
- Connected Mass Scale：连接刚体的质量缩放值。该项用于设置关节连接的刚体的质量缩放值。

单独的铰链关节要应用到一个游戏对象上，铰链或绕着 Anchor 属性所指定的点来旋转，按照 Axis 属性指定的轴来移动。不用给关节的 Connected Body 属性添加对象，只有当希望关节的 Transform 属性依赖于附加对象的 Transform 属性时才为关节的 Connected Body 属性来添加对象。多个铰链关节可以串联起来形成一条链条，也可以给链条的每一个环添加关节，并像 Connected Body 那样添加到下一环上。

2. Fixed Joint（固定关节）

固定关节组件用于约束一个游戏对象对另一个游戏对象的运动。类似于对象的父子关系，但它是通过物理系统来实现而不像父子关系通过 Transform 属性来进行约束。固定关节适用于以下的情形：当希望将对象较容易与另一个对象分开时，或者连接两个没有父子关系的对象使其一起运动，使用固定关节的对象自身需要有一个刚体组件。固定关节组件的属性面板如图 11-27 所示。

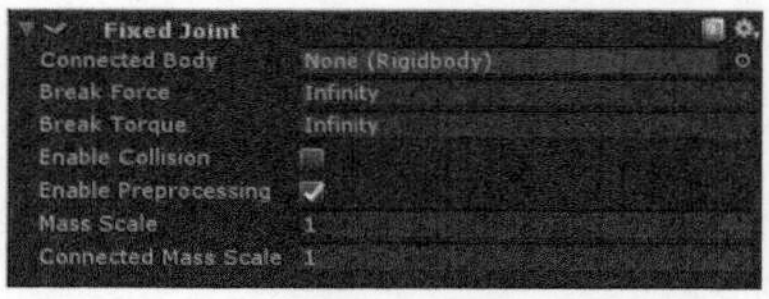

图 11-27

参数介绍请参照 Hinge Joint（铰链关节）。

有时游戏中会存在这样的情景：当希望要某些游戏对象暂时或永久地粘在一起，这时就很适合使用固定关节组件。该组件不需要通过脚本来更改层级结构就可以实现想要的效果，只需要为那些要使用固定关节的游戏对象添加刚体组件即可。

可通过 Break Force 和 Break Torque 属性来设置关节的强度极限，如果这些参数不是无穷大而是一个数值的话，那么当施加到对象身上的力或转矩大于此极限值时，固定关节将被销毁，其对对象的约束也就随即失效。

3. Spring Joint（弹簧关节）

弹簧关节组件可将两个刚体连接在一起，使其像连接着弹簧那样运动。弹簧关节组件的属性面板如图 11-28 所示。

图 11-28

相同参数部分介绍请参照 Hinge Joint（铰链关节）。

- Spring：弹簧。该项用于设置弹簧的强度，数值越大，弹簧的强度就越大。
- Damper：阻尼。该项用于设置弹簧的阻尼系数，阻尼系数越大，弹簧伸缩的幅度就越小。
- Min Distance：最小距离。该项用于设置弹簧启用的最小距离值。如果两个对象之间的当前距离与初始距离的差大于该值，则不会开启弹簧。
- Max Distance：最大距离。该项用于设置弹簧启用的最大距离值。如果两个对象之间的当前距离与初始距离的差小于该值，则不会开启弹簧。

弹簧关节允许一个带有刚体的游戏对象被拉向一个指定的目标位置，这个目标可以是另一个刚体对象或者世界。当游戏对象离目标位置越来越远时，弹簧关节会对其施加一个作用力使其回到目标的原点位置，这类似橡皮筋或者弹弓的效果。

当弹簧关节被创建后（预览游戏模式下），其目标位置是由从锚点到连接的刚体（或世界）的相对位置所决定的，这使得在编辑器中将弹簧关节设定给角色或其他游戏对象非常容易，但是如果通过脚本来生成一个实时的推拉弹簧的行为就相对比较困难。如果想通过弹簧关节来控制游戏对象的位置，通常是建立一个带有刚体的空对象，然后将该空对象设置到 Connected Rigidbody 属性上，然后通过脚本来控制空对象的移动，进而弹簧也会随着空对象的位移而移动了。

4. Character Joint（角色关节）

角色关节主要用于表现布娃娃的效果，它是扩展的球关节，可用于限制关节在不同旋转轴下的旋转角度。角色关节组件的属性面板如图 11-29 所示。

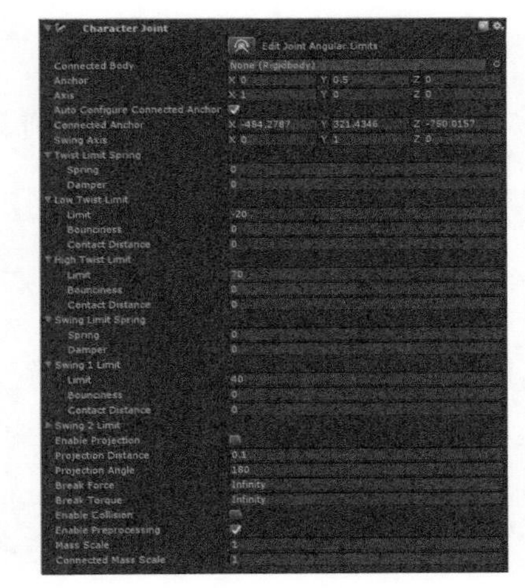

图 11-29

相同参数部分介绍请参照 Hinge Joint（铰链关节）。

- Swing Axis：摆动轴。该项用于设置角色关节的摆动轴，以绿色的圆锥 gizmo 表示。
- Twist Limit Spring：弹簧的扭曲限制。
  - Spring：该项用于设置角色关节扭曲的弹簧强度。
  - Damper：该项用于设置角色关节扭曲的阻尼值。
- Low Twist Limit：扭曲下限。该项用于设置角色关节扭曲的下限。
  - Limit：该项用于设置角色关节扭曲的下限值。
  - Bounciness：该项用于设置角色关节扭曲下限的反弹值。
  - Contact Distance：该项用于设置为了避免抖动而限制的接触距离。
- High Twist Limit：扭曲上限。该项用于设置角色关节扭曲的上限。
  - Limit：该项用于设置角色关节扭曲的上限值。

- ◆ Bounciness：该项用于设置角色关节扭曲上限的反弹值。
- ◆ Contact Distance：该项用于设置为了避免抖动而限制的接触距离。
- Swing Limit Spring：弹簧的摆动限制。
  - ◆ Spring：该项用于设置角色关节扭曲的弹簧强度。
  - ◆ Damper：该项用于设置角色关节扭曲的阻尼值。
- Swing 1 Limit：摆动限制 1。请参考 Low Twist Limit、High Twist Limit 的相关参数。
- Swing 2 Limit：摆动限制 2。请参考 Low Twist Limit、High Twist Limit 的相关参数。
- Enable Projection：启用投影。该项用于激活投影。
- Projection Distance：投影距离。该项用于设置当对象与其连接刚体的距离超过投影距离时，该对象会回到的适当的位置。
- Projection Angle：投影角度。该项用于设置当对象与其连接刚体的角度超过投影角度时，该对象会回到的适当的位置。

角色关节提供了很多可能用于约束通用关节的运动。扭矩（以橙色的 gizmo 表示）为关节的运动提供了限制，扭矩允许用户以角度的形式设置关节旋转的下限和上限（角度是相对初始位置进行衡量的）角度。如 -20 度的扭矩下限角度和 70 度的扭矩上限角度限制了绕扭动轴（橙色 gizmo）的旋转角度在 -20 度到 70 度。摆动轴限制 1 限制了绕摆动轴的旋转（绿色 gizmo）角度。对摆动轴旋转角度的限制是对称的，如设置摆动轴 1 的限制角度为 30 度，则表示摆动轴 1 的旋转角度被限制在 -30 度到 30 度。摆动轴限制 2 没有 gizmo 辅以表示，此轴垂直于扭动轴和摆动轴 1。与摆动轴 1 相同，对摆动轴 2 旋转角度的限制也是对称的，如设置摆动轴 2 的限制角度为 40 度，则表示摆动轴 2 的旋转角度被限制在 -40 度到 40 度。

5. Configurable Joint（可配置关节）

可配置关节组件支持用户自定义关节，它开放了 PhysX 引擎中所有与关节相关的属性，因此可像其他类型的关节那样来创造各种行为。可配置关节有两类主要的功能：移动 / 旋转限制和移动 / 旋转加速度。可配置关节组件的属性面板如图 11-30 所示。

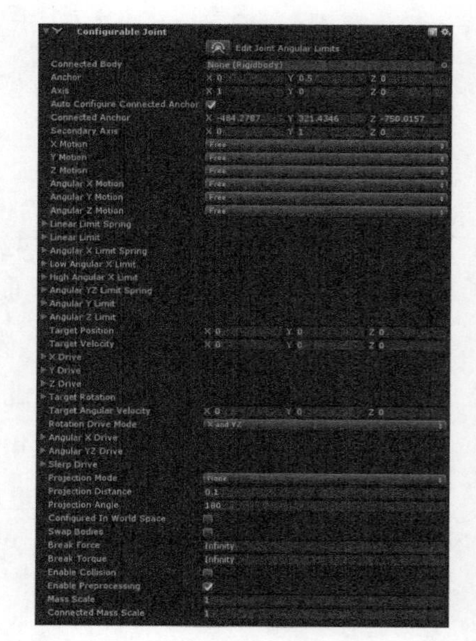

图 11-30

相同参数部分介绍请参照 Hinge Joint（铰链关节）。

- Axis：主轴。该项用于设置局部旋转轴，该轴决定了对象在物理模拟下自然旋转的方向。
- Secondary Axis：副轴。主轴和副轴共同决定了关节的局部坐标，第三个轴与这两个轴所构成的平面相垂直。
- X Motion：x 轴移动。该项用于设置游戏对象在 x 轴的移动形式，包括自由移动、锁定移动及限制性移动。
- Y Motion：y 轴移动。该项用于设置游戏对象在 y 轴的移动形式，包括自由移动、锁定移动及限制性移动。

- Z Motion：z 轴移动。该项用于设置游戏对象在 z 轴的移动形式，包括自由移动、锁定移动及限制性移动。
- Angular X Motion：x 轴旋转。该项用于设置游戏对象围绕 x 轴的旋转形式，包括自由旋转、锁定旋转及限制性旋转。
- Angular Y Motion：y 轴旋转。该项用于设置游戏对象围绕 y 轴的旋转形式，包括自由旋转、锁定旋转及限制性旋转。
- Angular Z Motion：z 轴旋转。该项用于设置游戏对象围绕 z 轴的旋转形式，包括自由旋转、锁定旋转及限制性旋转。
- Linear Limit Spring：弹簧线性限制。
  - Spring：弹簧。该项用于设置将对象拉回边界的力。
  - Damper：阻尼。该项用于设置弹簧的阻尼值。
- Linear Limit：线性限制。该项用于对其运动边界加以限定（以到关节原点的距离为基准）。
  - Limit：限制。该项用于设置从原点到边界的距离。
  - Bounciness：反弹。该项用于设置当对象到边界时施加给它的反弹力。
  - Contact Distance：该项用于设置为了避免抖动而限制的接触距离。
- Angular X Limit Spring：x 轴旋转限制。
  - Spring：弹簧。该项用于设置将对象拉回边界的力。
  - Damper：阻尼。该项用于设置弹簧的阻尼值。
- Low Angular X Limit：x 轴旋转下限。以与关节初始旋转的差值为基础设定旋转约束下限的边界。
  - Limit：旋转的限制角度。该项用于设置对象旋转角度的下限值。
  - Bounciness：反弹。该项用于设置当对象到边界时施加给它的反弹力。
  - Contact Distance：该项用于设置为了避免抖动而限制的接触距离。
- High Angular X Limit：x 轴旋转限制。以与关节初始旋转的差值为基础设定旋转约束上限的边界。
  - Limit：旋转的限制角度。该项用于设置对象旋转角度的上限值。
  - Bounciness：反弹。该项用于设置当对象到边界时施加给它的反弹力。
  - Contact Distance：该项用于设置为了避免抖动而限制的接触距离。
- Angular YZ Limit Spring：y 轴和 z 轴旋转限制。请参考 Angular X Limit Spring 的相关参数。
- Angular Y Limit：y 轴旋转限制。以与关节初始旋转的差值为基础设定旋转约束。请参考 Angular X Limit 的相关参数。
- Angular Z Limit：z 轴旋转限制。以与关节初始旋转的差值为基础设定旋转约束。请参考 Angular X Limit 的相关参数。
- Target Position：目标位置。关节在 x、y、z 三个轴向上应达到的目标位置。
- Target Velocity：目标速度。关节在 x、y、z 三个轴向上应达到的目标速度。

- X Drive：*x* 轴驱动。设定了对象沿局部坐标系 *x* 轴的运动形式。
    - Position Spring：位置弹簧。朝预定义方向上的弹簧的拉力，只有当 Mode 包含 Position 时该项才有效。
    - Position Damper：位置阻尼。抵抗位置弹簧的力，只有当 Mode 包含 Position 时该项才有效。
    - Maximum Force：最大作用力。推动对象朝预定方向运动的作用力的总和，只有当 Mode 包含 Velocity 时该项才有效。
- Y Drive：*y* 轴驱动。设定了对象沿局部坐标系 *y* 轴的运动形式。请参考 X Drive 的相关参数。
- Z Drive：*z* 轴驱动。设定了对象沿局部坐标系 *z* 轴的运动形式。请参考 X Drive 的相关参数。
- Target Rotation：目标旋转。目标旋转是一个四元数，它定义了关节应当旋转到的角度。
- Target Angular Velocity：目标旋转角速度。目标旋转角速度是一个三维向量，它定义了关节应当旋转的角速度。
- Rotation Drive Mode：旋转驱动模式。通过 *x*、*y*、*z* 轴驱动或插值驱动来控制对象自身的旋转。
- Angular X Drive：*x* 轴角驱动。该项设定了关节如何围绕 *x* 轴进行旋转，只有当 Rotation Drive Mode 为 Swing & Twist 时此项才生效。
    - Position Spring：位置弹簧力。朝预定义方向上的皮筋的拉力，只有当 Mode 包含 Position 时该项才有效。
    - Position Damper：位置阻尼。抵抗位置弹簧力的力，只有当 Mode 包含 Position 时该项才有效。
    - Maximum Force：最大作用力。推动对象朝预定方向运动的作用力的总和，只有当 Mode 包含 Velocity 时该项才有效。
- Angular YZ Drive：*yz* 轴角驱动。该项设定了关节如何围绕自身 *y* 和 *z* 轴进行旋转，只有当 Rotation Drive Mode 为 Swing & Twist 时此项才生效。请参考 Angular X Drive 的相关参数。
- Slerp Drive：插值驱动。该项设定了关节如何围绕局部所有的坐标轴进行旋转，只有当 Rotation Drive Mode 为 Slerp 时该项才生效。请参考 Angular X Drive 的相关参数。
- Projection Mode：投影模式。该项用于设置当对象离开其限定的位置过远时，让该对象回到其受限制的位置，可设定为位置、旋转以及不选择。
- Projection Distance：投影距离。该项用于设置当对象与其连接刚体的距离超过投影距离时，该对象会回到的适当的位置。
- Projection Angle：投影角度。该项用于设置当对象与其连接刚体的角度差超过投影角度时，该对象会回到的适当的位置。
- Configured In World Space：在世界坐标系中配置。勾选该项，则所有与目标相关的数值都会在世界坐标系中计算，而不在对象的局部坐标系中计算。
- Swap Bodies：勾选该项，连接着的两个刚体会发生交换。

11.2.7 力场组件

Unity 中的力场可以为刚体快速添加恒定作用力，适用于类似火箭发射出来的对象，这些对象在起初并没有很大的速度但是在不断地加速的。力场分为 Constant Force 和 Constant Force 2D 两种。

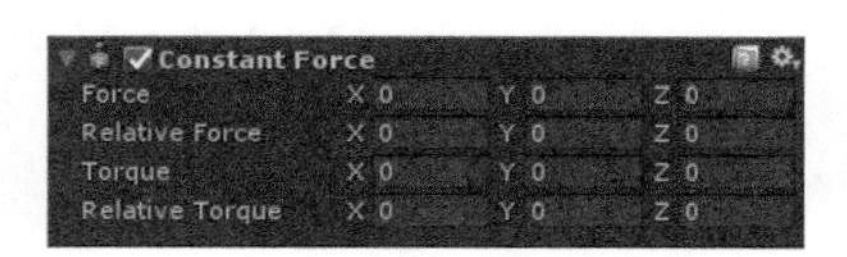

图 11-31

Constant Force 组件的属性面板如图 11-31 所示。

- Force：力。该项用于设定在世界坐标系中使用的力，用三维向量来表示。
- Relative Force：相对力。该项用于设定在物体局部坐标系中使用的力，用三维向量来表示。
- Torque：扭矩。该项用于设定在世界坐标系中使用的扭矩力，用三维向量表示，游戏对象将依据该向量进行转动，向量越大，转动就越快。
- Relative Torque：相对扭矩。该项用于设定在物体局部坐标系中使用的扭矩力，用三维向量表示，游戏对象将依据该向量进行转动，向量越大，转动就越快。

11.3 可视化物理调试

可视化物理调试允许用户快速检查场景中的几何碰撞体，并分析常见的基于物理学的场景。它提供了哪些游戏对象应该和不应该相互碰撞的可视化的情况。当场景中有许多 Colliders，或者 Render 和网格碰撞体不同步时特别有用。

要在 Unity 编辑器中打开物理调试窗口，可以依次单击菜单栏中的 Window → Physics Debugger 选项，如图 11-32 所示。

在此窗口中，用户可以自定义可视化设置并指定要在可视化工具中查看或隐藏的 GameObjects 类型，如图 11-33 所示。参数说明如表 11-2 所示。

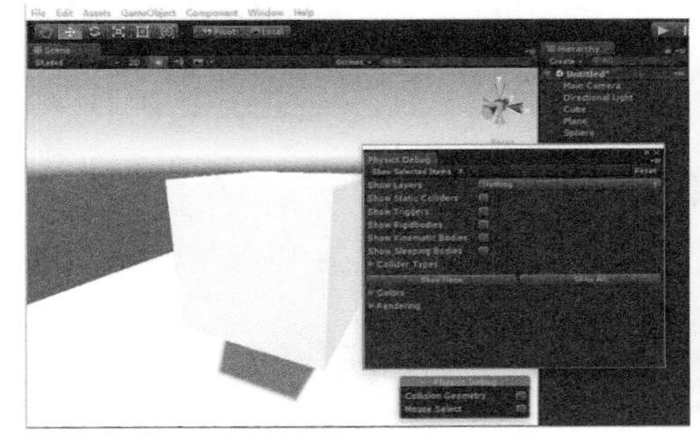
图 11-32

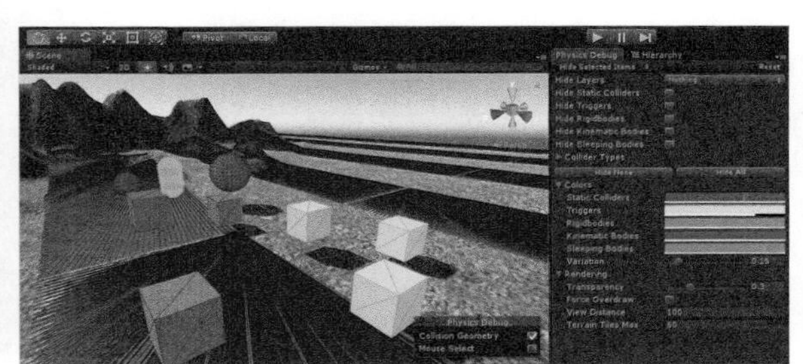
图 11-33

表 11-2　物理调试参数说明表

参数	说明
Reset	单击此按钮将物理调试窗口重置为默认设置
Hide Layers	使用下拉菜单确定是否显示选定图层中的 Colliders

续表

参数	说明
Hide Static Colliders	勾选此复选框可从可视化窗口中移除静态碰撞体（不含 Rigidbody 组件的碰撞体）
Hide Triggers	勾选此复选框可从可视化窗口中移除是触发器的 Colliders
Hide Rigidbodies	勾选此复选框可从可视化窗口中移除带刚体组件的 Colliders
Hide Kinematic Bodies	勾选此复选框可从可视化窗口中移除刚体中勾选 Is Kinematic 参数的 Colliders
Hide Sleeping Bodies	勾选此复选框可从可视化窗口中移除具有 Sleeping Rigidbody 组件（目前不与物理引擎相关）的 Colliders
Collider Types	使用这些选项可从物理可视化中移除特定的碰撞器类型
Hide BoxColliders	是否移除盒碰撞体
Hide SphereColliders	是否移除球碰撞体
Hide CapsuleColliders	是否移除胶囊体碰撞体
Hide MeshColliders (convex)	是否移除勾选 Convex 参数的网格碰撞体
Hide MeshColliders (concave)	是否移除不勾选 Convex 参数的网格碰撞体
Hide TerrainColliders	是否移除地形碰撞体
Hide None	单击该按钮将清除所有的移除条件
Hide All	单击该按钮将勾选所有的移除条件
Colors	定义 Unity 在可视化中显示物理组件的颜色
Static Colliders	使用此颜色选择器可以定义哪种颜色表示可视化中的静态碰撞体（没有刚体组件的碰撞体）
Triggers	使用此颜色选择器来定义哪种颜色表示可视化中是触发器的碰撞器
Rigidbodies	使用此颜色选择器来定义哪种颜色表示可视化中的 Rigidbody 组件
Kinematic Bodies	使用此颜色选择器来定义哪种颜色表示可视化中的运动学刚体组件（刚体中勾选 Is Kinematic 参数的）
Sleeping Bodies	使用此颜色选择器来定义哪种颜色表示可视化中的 Sleeping Rigid-body 组件（目前未与物理引擎相关）
Variation	使用滑块设置 0 到 1 之间的值。这将定义用户选择的颜色与随机颜色的混合程度。使用它可以通过颜色在视觉上分离 Colliders，并查看 GameObjects 的结构
Rendering	定义 Unity 如何渲染和显示物理可视化
Transparency	使用滑块将值设置为 0 和 1。这将定义可视化中绘制的碰撞几何体的透明度
Force Overdraw	勾选此复选框，使可视化渲染器在渲染几何图形上绘制 Collider 几何图形
View Distance	设置可视化的视图距离
Terrain Tiles Max	设置可视化中最大的地形切片数量

Hide Selected Items（隐藏所选物体）是默认模式。该模式下场景中每个物体都出现在可视化工具中，并且需要勾选每个选项的复选框才能隐藏它。将其更改为 Show Selected Items（显示所选物体）模式，这意味着可视化工具中不会出现任何物体，需要勾选每个选项的复选框才能显

示它。

Physics Debug 在场景中的覆盖窗口如图 11-34 所示，参数说明如表 11-3 所示。

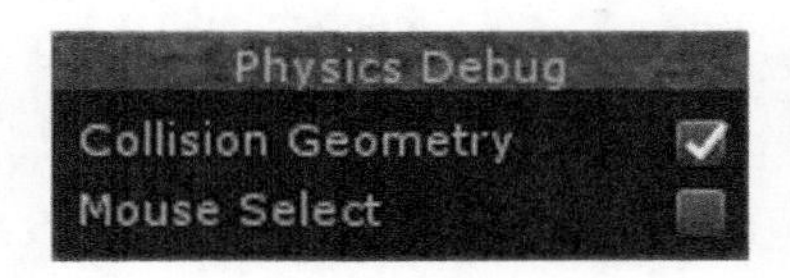

图 11-34

表 11-3　覆盖窗口的参数说明表

参数	说明
Collision Geometry	勾选此复选框以启用碰撞几何体可视化
Mouse Select	勾选此复选框以启用鼠标悬停突出显示和鼠标选择

第12章 粒子系统

12.1 什么是粒子系统

粒子是小的、简单的图像或网格，通过粒子系统可显示和移动大量粒子。每个粒子代表一小部分流体或无定形实体，并且所有粒子一起作用可产生完整实体的形象。以烟云为例，每个粒子都有一个小烟雾纹理，本身就像一朵小小的云，当许多这些小小的云在场景中一起排列时，云的总体效果更好，容量更大。

系统动力学

每个粒子具有预定的寿命，通常为几秒钟，在此期间它可以经历各种变化。它从微粒系统产生或发射时开始其生命。该系统可在像球体、半球体、锥体、立方体或任意网格形状的空间区域内的随机位置发射粒子，显示粒子直到其寿命结束，此时它从系统中移除（即排放）。系统的排放速率大致表明每秒排放多少粒子，尽管确切的排放时间是随机的。排放速率和粒子平均寿命决定了粒子系统是否处于“稳定”状态（即排放和粒子产生以相同速率进行）以及系统达到该状态需要多长时间和粒子数量。

粒子动力学

发射和寿命设置会影响系统的整体行为，但个别粒子也可能随时间的变化而变化。每一个粒子都有一个速度矢量，它决定了每帧更新时粒子移动的方向和距离。速度可以通过系统本身施加的力和重力来改变，或者当粒子被地形上的风吹动时。每个粒子的颜色、大小和旋转方式等也可以在其使用寿命期间或与其当前运动速度成比例地变化。颜色包含 alpha（透明度）组件，因此可以使粒子淡入和淡出，而不是简单地出现和消失。

在进行组合使用时，粒子动力学可用于模拟多种流体效应。例如，瀑布可以通过使用较薄的发射形状的水粒子进行模拟，并让水粒子在重力作用下简单地落下，随着重力加速度的作用而加速；来自火灾的烟往往会上升、“膨胀”并最终消散，所以应该使用粒子系统对烟颗粒施加向上的力，并在其寿命期间增加其尺寸和透明度。

粒子系统组件通过在场景中生成大量小的 2D 图像来模拟流体实体，如液体、云和火焰。

12.2 在 Unity 中使用粒子系统

创建粒子系统

Unity 使用一个组件来实现粒子系统的创建。创建粒子系统的方法可以是直接创建粒子对象（依次单击菜单栏中的 GameObject → Effects → Particle System）或将该组件添加到现有游戏对象中（依次单击菜单栏中的 Component → Effects → Particle System）。由于粒子系统组件相当复杂，因此在 Inspector 视图中会分成许多可折叠的子部分或模块，每个部分或模块都包含一组相关属性，如图 12-1 所示。

可以使用单独的编辑器窗口编辑一个或同时编辑多个粒子系统，该窗口通过单击 Inspector 视图中的“Open Editor...”按钮打开。

当选择带有粒子系统的游戏对象时，场景视图中包含一个小的粒子效果面板，其中包含一些简单的控件，用于可视化用户对系统所做的更改，如图 12-2 所示。

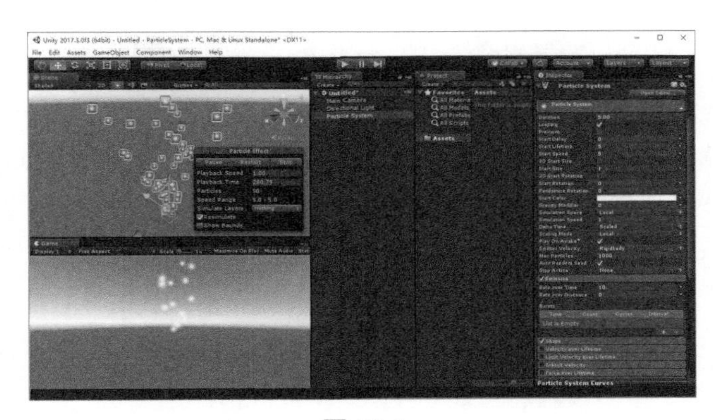

图 12-1

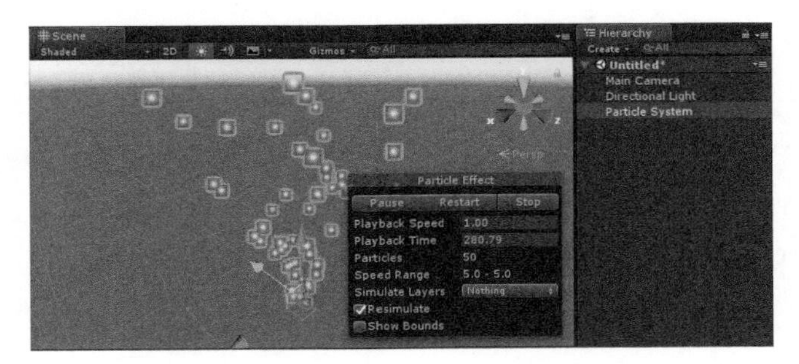

图 12-2

- Pause/Restart/Stop：用于暂停（或继续）/ 重新开始 / 停止粒子的播放。
- Playback Speed：此项允许加速或减慢粒子模拟播放速度，以便快速查看它看起来处于高级状态的方式。
- Playback Time：表示粒子系统启动后的时间，这可能比实际更快或更慢，具体取决于播放速度。
- Particles：表示粒子系统当前的粒子数量。

- Speed Range：表示粒子速度的范围值。
- Simulate Layers：除选定的粒子对象外，还会自动预览所选图层上所有循环的粒子系统。
- Resimulate：如果勾选该项，粒子系统将立即显示对系统所做的更改（包括更改为粒子系统的 Transform）。
- Show Bounds：是否显示粒子在世界空间的包围盒（边界）。

粒子系统随时间变化的属性

粒子，甚至整个粒子系统的许多数字属性都会随着时间的变化而变化。Unity 提供了几种指定这种变化发生的不同方法，如下。

- Constant：常量。该属性的值在其整个生命周期中都是固定的。
- Curve：曲线。该值由曲线 / 图形指定。
- Random Between Two Constants：两个常量值定义的上限和下限。实际值在这些边界之间随着时间的推移而随机变化。
  - Random Between Two Curves：两条曲线定义的其生命周期中给定点处的数值的上限和下限。实际值在这些边界之间随机变化。

同样，主模块中的 Start Color 属性具有以下选项。

- Color：粒子的起始颜色在整个系统的使用期限内都是固定的。
- Gradient：使用由渐变指定的开始颜色来发射粒子。渐变代表粒子系统的生命周期。
- Random Between Two Colors：在两种颜色之间随机选择起始粒子颜色作为两种给定颜色之间的随机线性插值。
- Random Between Two Gradients：从给定渐变中选取与粒子当前寿命相对应的点的两种颜色；起始粒子颜色被选择为这些颜色之间的随机线性插值。
- Random Color：从给定的颜色之间随机选择一个颜色。

对于其他颜色属性，例如 Color over Lifetime，有两个单独的选项。

- Gradient：渐变。颜色值取自代表粒子系统生命周期的梯度颜色值。
- Random Between Two Colors：在与当前粒子系统的寿命相对应的点处从给定渐变中选取两种颜色；颜色值被选为这些颜色之间的随机线性插值。

每个通道将各种模块中的颜色属性相乘以计算最终的颗粒颜色结果。

动画绑定

动画系统可以访问所有的粒子系统属性，这意味着用户可以将它们设为关键帧并从动画中控制它们。

要访问粒子系统的属性，必须有一个 Animator 组件附加到粒子系统的对象上。动画控制器和动画也是必需的，如图 12-3 所示。

要为粒子系统属性设置动画效果，选中包含选定的动画和粒子系统的对象，然后打开动画窗口。单击 Add Property 按钮添加属性，如图 12-4 所示。

动画系统的使用请参考本书第 13 章中的相关内容。

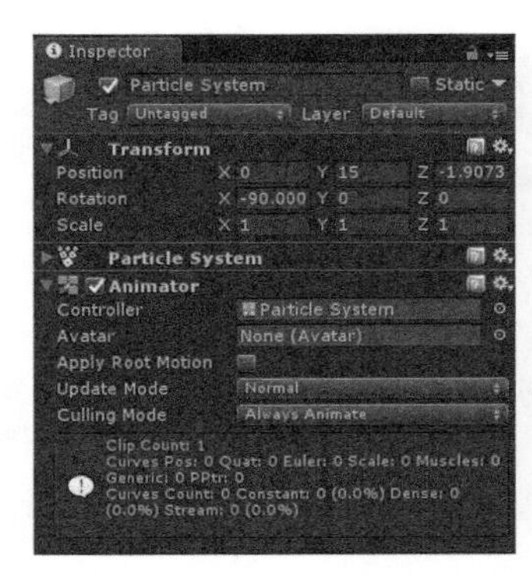

图 12-3

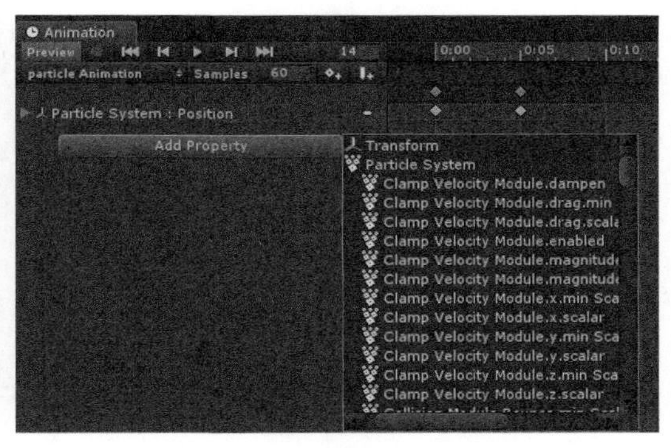

图 12-4

12.3 高级应用技巧

实践操作 49：学习使用标准资源包里的粒子特效

1 依次单击菜单栏中的 Assets → Import Package → ParticleSystems，导入标准资源包里的粒子资源，如图 12-5 所示。

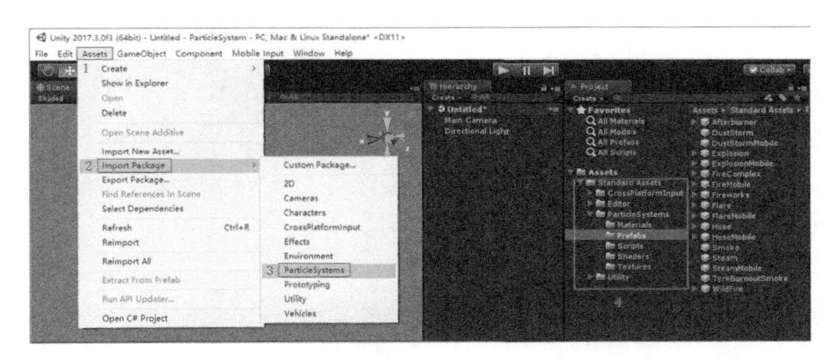

图 12-5

2 在导入的的资源包（在路径为 Standard Assets/ParticleSystems/Prefabs 的文件夹下）中预置了许多粒子效果（如火焰、爆炸、烟花、烟雾等），如图 12-6 所示。用户也可以参照里面粒子的属性参数自己学习制作特效。

实践操作 50：控制爆炸粒子

1 新建场景 ExplosionScene，利用基本几何体搭建场景，如图 12-7 所示。其中 Cube 对象和 Sphere 都添加了 Rigidbody（刚体）组件。

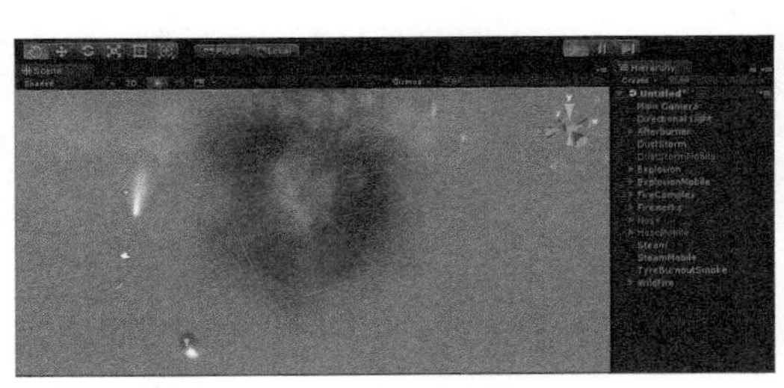

图 12-6

图 12-7

2 新建 C# 脚本 ExplosionControl.cs，用于控制实例化的爆炸特效，代码如下：

```
using System.Collections;
using System.Collections.Generic;
using UnityEngine;

public class ExplosionControl:MonoBehaviour {
    //定义爆炸特效的预置对象
    public GameObjectexplosionPrefab;
    // Update is called once per frame
    void Update () {
        //当鼠标左键按下
        if (Input.GetMouseButtonDown (0)) {
            //以鼠标位置向 3D 世界发射一条射线，用于检测碰撞
            RaycastHit hit;
             if (Physics.Raycast (Camera.main.ScreenPointToRay (Input.
mousePosition), out hit))
            {
                //向鼠标点击的位置生成一个爆炸特效
                Instantiate (explosionPrefab, hit.point, Quaternion.identity);
            }
        }
    }
}
```

3 将 ExplosionControl.cs 脚本挂载到场景的任意对象上，并将其 explosionPrefab 参数设置为 Explosion 预设体，如图 12-8 所示。

4 运行游戏，当在 Game 视图中单击鼠标左键时，即可看到场景中生成了一个爆炸特效，并且爆炸特效会将周围带刚体组件的物体炸飞，如图 12-9 所示。

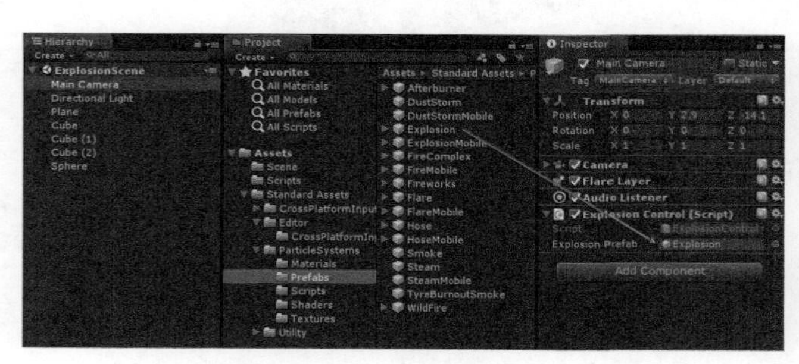

图 12-8

图 12-9

5 物体会被炸飞是因为在 Explosion 预设上有一个 ExplosionPhysicsForce 组件，该脚本用于计算碰撞周围的刚体对象，给这些刚体对象添加一个爆炸力。

6 当生成多个爆炸后，在场景中这些爆炸对象依然会存在，如图 12-10 所示。此时它们还是会占用系统内存。

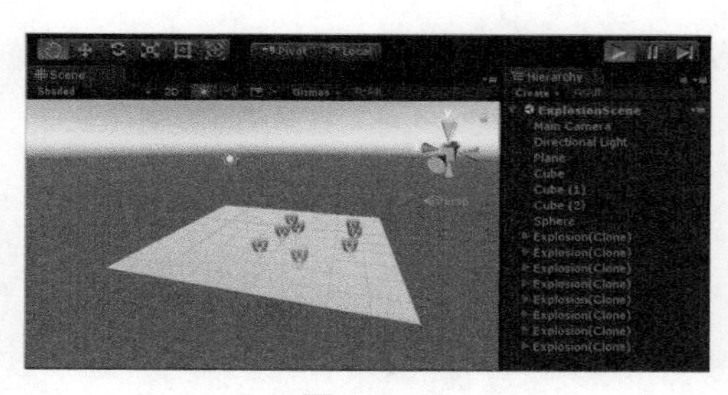

图 12-10

7 新建 C# 脚本 AutoDeletedParticle.cs，代码如下：

```
using System.Collections;
using System.Collections.Generic;
using UnityEngine;

public class AutoDeletedParticle: MonoBehaviour {

    // Use this for initialization
    void Start () {
        //获取子物体下的第一个粒子组件
        ParticleSystem sys = transform.GetComponentInChildren<ParticleSystem> ();
        //播放粒子效果
        sys.Play ();
        //删除粒子对象，sys.main.duration 为粒子主模块里的持续时间
        Destroy (gameObject, sys.main.duration);
    }
}
```

8 将该脚本添加到 Explosion 预设上，如图 12-11 所示。

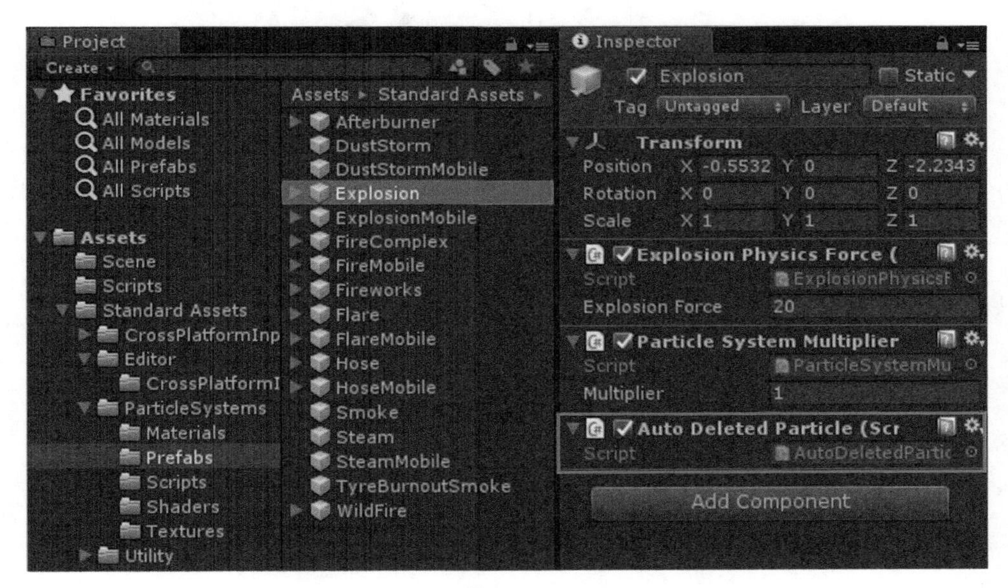

图 12-11

9 此时运行游戏，在场景生成的爆炸效果在播放完成后就会被自动删除。

实践操作 51：控制粒子的大小

1 导入本书资源包路径为 \Book\Projects\Chapter12 的文件夹下的 Aircraft.unitypackage 资源包，新建场景 AircraftScene，然后将路径为 Standard Assets/Vehicles/Aircraft/ Prefabs 的文件夹下的 Aircraft 预设添加到场景中，如图 12-12 所示。

2 将粒子效果 Afterburnert 添加到飞机的两侧发动机下，如图 12-13 所示。

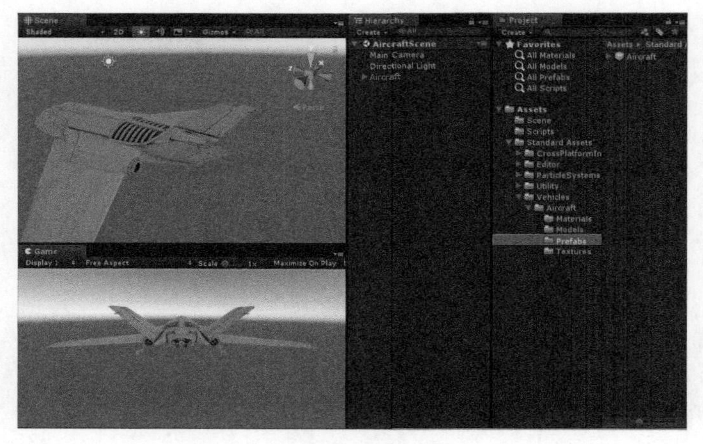

图 12-12

图 12-13

3 新建 C# 脚本 JetParticleControl.cs，用于控制粒子的大小，代码如下：

```
using System.Collections;
using System.Collections.Generic;
using UnityEngine;

public class JetParticleControl:MonoBehaviour {
    //定义粒子对象
    public ParticleSystemleftJetParticle;
    public ParticleSystemrightJetParticle;
    public ParticleSystemleftJetParticleChild;
    public ParticleSystemrightJetParticleChild;

    float m_StartSize;      //粒子的大小
    float m_Lifetime;      //粒子生命周期
    float m_ChildStartSize;  //子粒子的大小
    float m_ChildLifetime;  //子粒子生命周期
    float value;           //粒子当前所处的大小值（0 ~ 1）
    // Use this for initialization
    void Start () {
        //获取粒子初始的大小和生命周期
        m_StartSize = leftJetParticle.main.startSize.constant;
```

```
        m_Lifetime = leftJetParticle.main.startLifetime.constant;
        m_ChildStartSize = leftJetParticleChild.main.startSize.constant;
        m_ChildLifetime = leftJetParticleChild.main.startLifetime.constant;
    }

    // Update is called once per frame
    void Update () {
        //如果按住空格键，粒子大小值逐渐加大；反之则减小
        if (Input.GetKey (KeyCode.Space)) {
            value += Time.deltaTime;
        } else {
            value -= Time.deltaTime;
        }
        //将变化值限制在 0 ~ 1
        value = Mathf.Clamp01 (value);
        SetParticleSize(leftJetParticle, m_StartSize, m_Lifetime);
        SetParticleSize(rightJetParticle, m_StartSize, m_Lifetime);
        SetParticleSize(leftJetParticleChild, m_ChildStartSize, m_ChildLifetime);
        SetParticleSize(rightJetParticleChild, m_ChildStartSize, m_ChildLifetime);

    }
    /// <summary>
    /// 设置粒子的大小
    /// </summary>
    /// <param name="m_System">粒子对象</param>
    /// <param name="m_Size">粒子的大小</param>
    /// <param name="m_Lifetime">粒子的生命周期</param>
    void SetParticleSize(ParticleSystemm_System, floatm_Size, floatm_Lifetime)
    {
        ParticleSystem.MainModulemainModule = m_System.main;
        mainModule.startLifetime = Mathf.Lerp(0.0f, m_Lifetime, value);
        mainModule.startSize = Mathf.Lerp(0f, m_Size, value);
    }
}
```

4 将脚本添加到飞机对象上，然后设置脚本参数，如图 12-14 所示。

5 运行游戏，开始时飞机尾翼不会显示粒子特效；当按住键盘空格键时，飞机尾翼的特效渐渐地显示；当松开空格键时，飞机尾翼的特效又会渐渐消失。尾翼特效如图 12-15 所示。

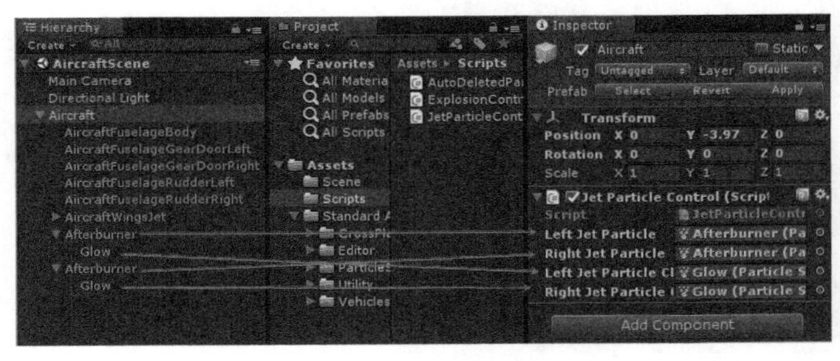

图 12-14

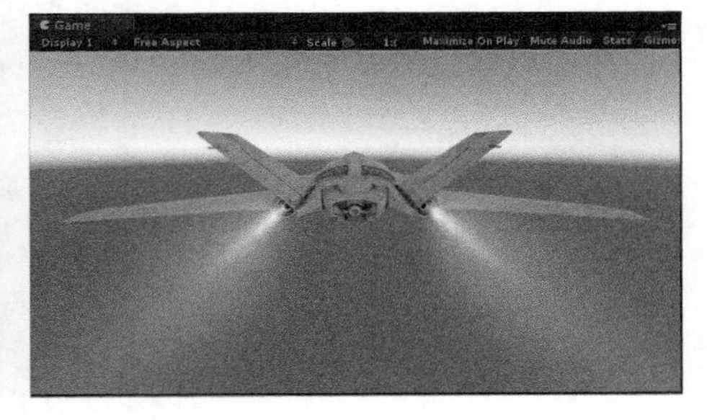

图 12-15

12.4 参数详解

粒子系统采用模块化管理，加之个性化的粒子模块配合粒子曲线编辑器，使得用户更容易创作出各种缤纷复杂的粒子效果。

除了模块条之外，Inspector 视图中还包含一些其他控件。单击“Open Editor...”按钮会在单独的编辑器窗口中显示控件，该窗口还允许用户一次编辑多个粒子系统，如图 12-16 所示。

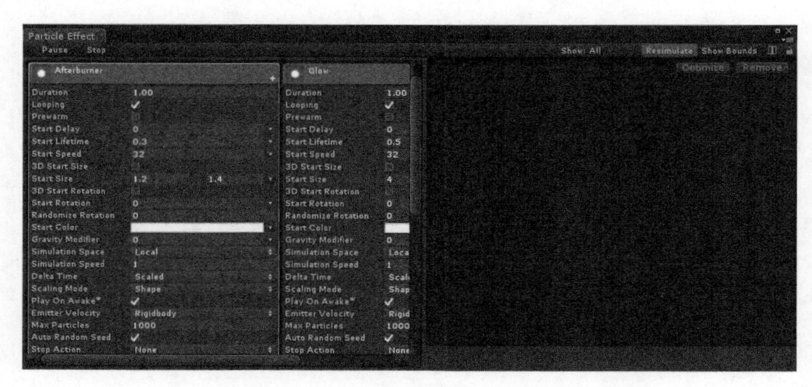

图 12-16

1. Main（主模块）

粒子系统主模块，此模块为固有模块，无法将其删除或禁用。该模块定义了粒子初始化时的持续时间、循环方式、发射速度、大小等一系列基本参数，如图 12-17 所示。主模块的参数说明如表 12-1 所示。

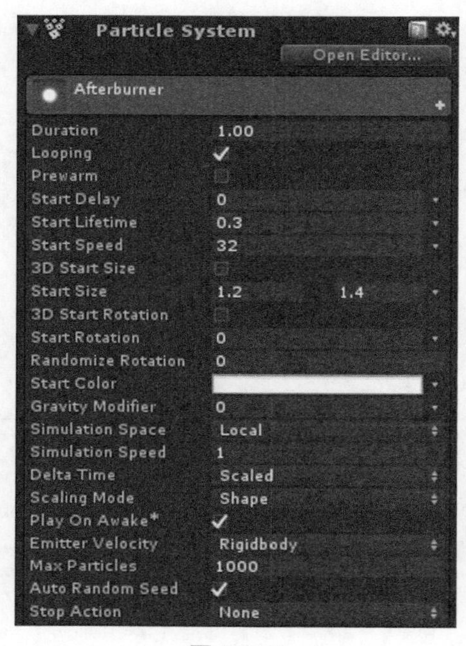

图 12-17

表 12-1 主模块的参数说明表

参数	说明
Duration	发射粒子的持续时间，如果开启了粒子循环，则持续时间为粒子一整次的循环时间
Looping	粒子是否循环播放
Prewarm	若开启粒子预热，则粒子系统在游戏运行初始时就已经发射了粒子，看起来就像它已经发射了一个粒子周期一样。只有在开启粒子系统循环播放的情况下才能开启此项
Start Delay	游戏运行后延迟多少秒后才开始发射粒子。在开启粒子预热时无法使用此项
Start Lifetime	粒子的存活时间（单位：秒），粒子从发射后至生命周期为 0 时消亡
Start Speed	粒子发射时的速度
3D Start Size	3D 粒子初始大小。勾选之后，Start Size 变成三个轴向的大小设置
Start Size	粒子发射时的初始大小
3D Start Rotation	3D 粒子初始旋转。勾选之后，Start Rotation 变成三个轴向的旋转设置
Start Rotation	粒子发射时的旋转角度
Randomize Rotation	随机旋转方向。使一些粒子的自旋方向相反
Start Color	粒子发射时的初始颜色
Gravity Modifier	重力倍增系数。修改此项会影响粒子发射时所受重力影响的状态，数值越大，重力对粒子的影响越大
Simulation Space	粒子系统的坐标是在世界坐标系中还是在自身坐标系中
Simulation Speed	粒子系统的播放速度
Delta Time	时间增量。选择 Scaled（缩放）和 Unscaled（不缩放），其中 Scaled 使用 Time Manager 中的 Time Scale 值，而 Unscaled 忽略该值
Scaling Mode	设置粒子的缩放模式，分为层次、局部和形状
Play On Awake	唤醒时播放。开启此选项，系统在游戏开始运行时会自动播放粒子，但不影响 Start Delay 的效果
Emitter Velocity	选择粒子系统如何计算 Inherit Velocity 和 Emission 模块所使用的速度。系统可以使用 Rigidbody 组件（如果存在）或通过 Transform 组件的移动来计算速度
Max Particles	粒子系统发射粒子的最大数量，当达到最大粒子数量时发射器将暂时停止发射粒子
Auto Random Seed	自动随机种子。如果启用，粒子系统每次模拟不同的效果
Stop Action	当属于系统的所有粒子都已经完成时，可以使系统执行一个动作。 当一个系统的所有粒子都已经死亡，并且其寿命已经超过其持续时间时，系统被确定已经停止。对于循环系统，只有在系统通过脚本设置停止时才会发生
None	不执行动作
Disable	隐藏游戏对象
Destroy	删除游戏对象
Callback	OnParticleSystemStopped 回调被发送到附加到游戏对象的任何脚本上

2. Emission（发射模块）

发射模块控制粒子发射的速率。在粒子的发射时间内，可实现在某个特定的时间内生成大量粒子的效果，这对于模拟爆炸等需要产生大量粒子的情形非常有用，如图 12-18 所示。发射模块的参数说明如表 12-2 所示。

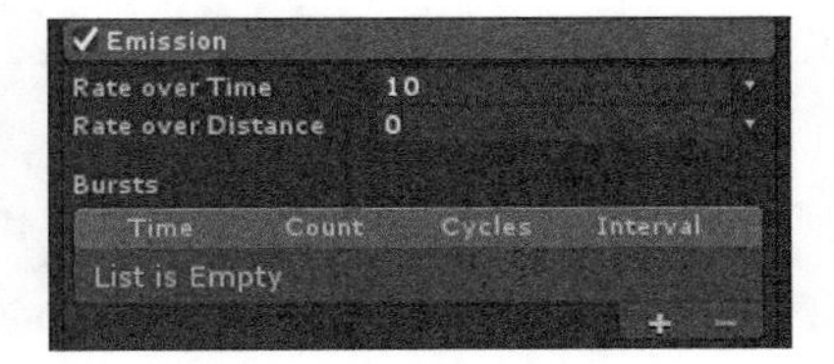

图 12-18

表 12-2　发射模块的参数说明表

参数	说明
Rate over Time	单位时间内发射的粒子数
Rate over Distance	单位距离内发射的粒子数
Bursts	Bursts（爆发）是一种产生粒子的事件，其设置允许在指定的时间发射粒子
Time	设置粒子爆发的时间（以秒为单位，在粒子开始播放时）
Count	设置粒子发射数的最大值
Cycles	设置爆发一次的时间周期
Interval	设置爆发周期的间隔时间

3. Shape（形状模块）

形状模块定义了粒子可以从中发射的形状（体积或表面积）以及起始速度的方向，如图 12-19 所示。

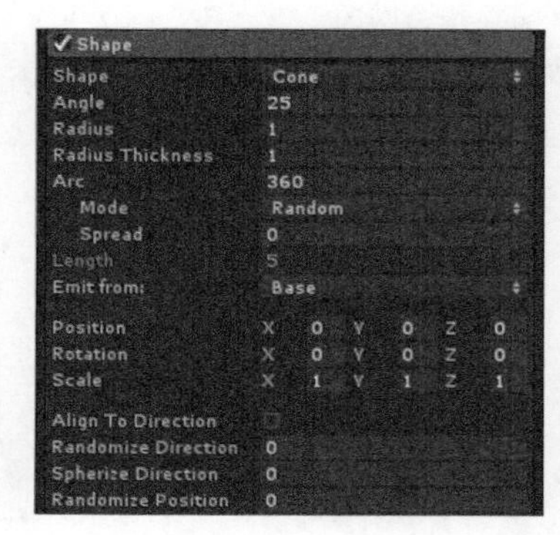

图 12-19

- Shape

粒子发射器的形状，不同形状的发射器发射粒子的初始速度的方向不同，每种发射器下面对应的参数也有相应的差别。单击右侧的下三角按钮可弹出发射器形状的菜单，如图 12-20 所示。

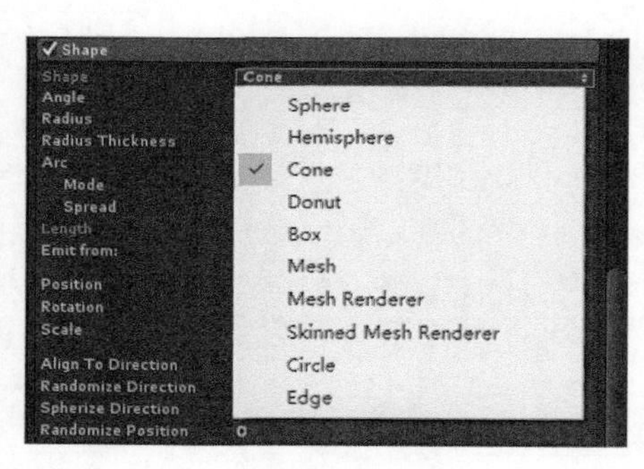

图 12-20

- Sphere（球形）和 Hemisphere（半球形）参数具有相同的属性，如图 12-21 所示，参数说明如表 12-3 所示。

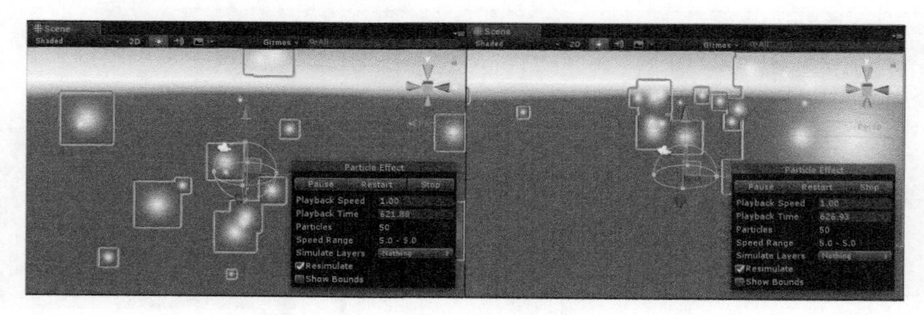

图 12-21

表 12-3　Sphere 和 Hemisphere 的参数说明表

参数	说明
Shape	粒子发射器的形状
Sphere	球形
Hemisphere	半球形
Radius	粒子发射器的半径
Radius Thickness	值为 0 表示将从形状的外表面发出；值为 1 表示将使用整个球。两者之间的值将使用一定比例的量
Position	粒子的发射器形状的偏移值
Rotation	粒子的发射器形状的旋转值
Scale	粒子的发射器形状的缩放值
Align to Direction	粒子的方向是否与发射的方向对齐
Randomize Direction	随机粒子方向。取值范围为 0 ~ 1，取 0 时，方向不随机；取 1 时，粒子方向是完全随机的
Spherize Direction	设置粒子的球面方向
Randomize Position	将粒子移动一个位置随机数。当此设置为 0 时，此设置无效

- Cone：锥形发射器，如图 12-22 所示，参数说明如表 12-4 所示。

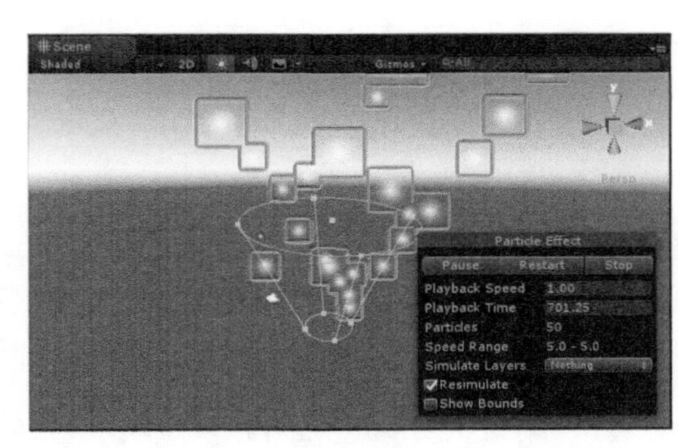

图 12-22

相同参数部分参照 Sphere 和 Hemisphere。

表 12-4　Cone 的参数说明表

参数	说明
Shape	粒子发射器的形状
Cone	锥形
Angle	锥形的角度
Arc	圆弧的角度
Mode	圆弧的模式，分为 Random（随机）、Loop（循环）、Ping-Pong（乒乓）和 Burst Spread（爆发传播）
Spread	只有在圆弧的特定角度产生粒子（0 表示禁用）
Speed	发射位置在弧上移动的速度
Lenght	锥形的长度。只在 Emit from 中的 Volume 下有效
Emit from	粒子发射的位置。分为 Base 和 Volume

◆ Donut：圆环发射器，如图 12-23 所示，参数说明如表 12-5 所示。

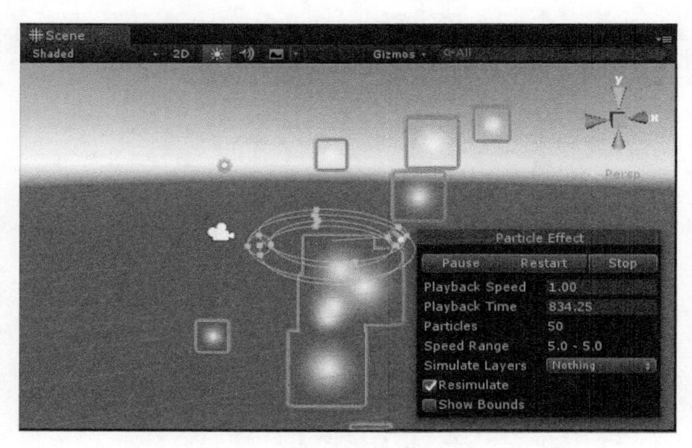

图 12-23

相同参数部分参照 Cone。

表 12–5　Donut 的参数说明表

参数	说明
Shape	粒子发射器的形状
Donut	圆环形
Radius	大圆环的半径
Donut Radius	小圆环的半径
Radius Thickness	发射粒子的体积的比例。值为 0 表示从形状的外部表面发射粒子。值为 1 表示将从整个体积中释放出粒子。中间的值表示将使用整个体积的一部分发射粒子

◆ Box：方块形发射器，如图 12-24 所示。

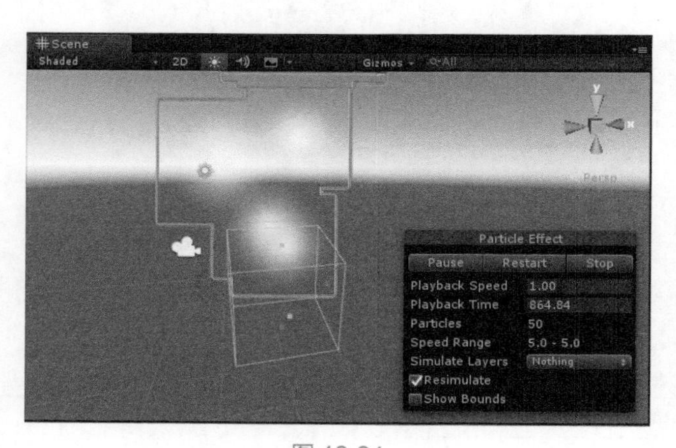

图 12-24

相同参数部分参照 Cone 和 Sphere。

◆ Mesh、MeshRenderer、SkinnedMeshRenderer：网格、网格渲染、蒙皮网格渲染都具有相同的参数，参数说明如表 12-6 所示。

相同参数部分参照 Cone。

表 12-6 Mesh、MeshRenderer、SkinnedMeshRenderer 的参数说明表

参数	说明
Shape	粒子发射器的形状
Mesh	通过 Inspector 设置的网格形状发射
MeshRenderer	从游戏对象上的 MeshRenderer 中发射粒子
SkinnedMeshRenderer	从游戏对象上的 SkinnedMeshRenderer 中发射粒子
Type	粒子发射的方式
Vertex	从网格顶点上发射
Edge	从网格边缘发射
Triangle	从网格的三角面上发射
Mesh	提供发射器形状的网格
Single Material	如果粒子是从特定的子网格（由材质索引号标识）中发射的。此时启用，则会显示一个数字字段，允许指定材质索引编号
Use Mesh Colors	使用或忽略网格颜色
Normal Offset	从网格表面到发射粒子的距离（沿着表面法线的方向）

- Circle：圆圈发射器，如图 12-25 所示。

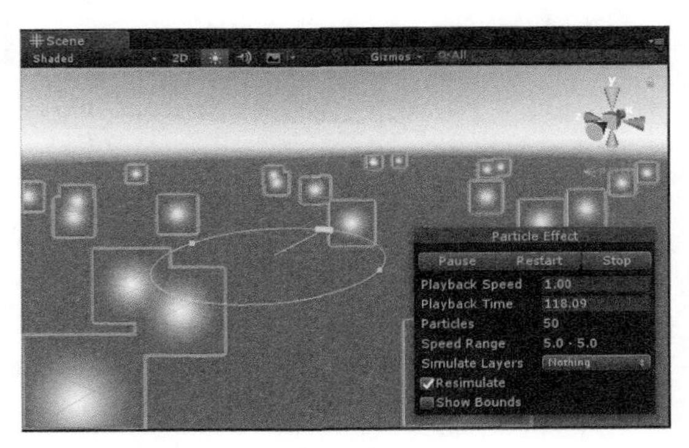

图 12-25

相同参数部分参照 Cone。

- Edge：边沿发射器，如图 12-26 所示。

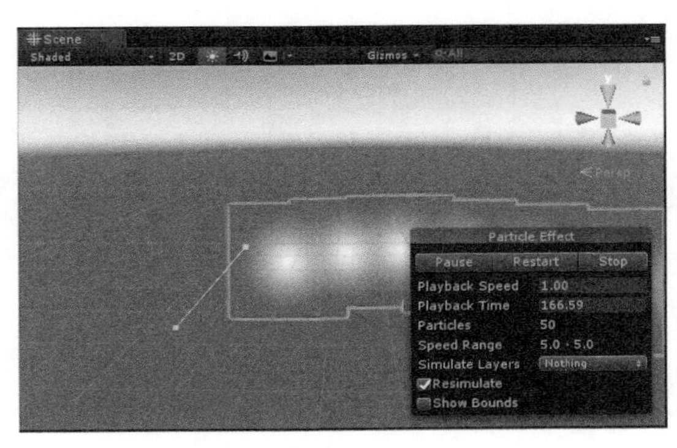

图 12-26

相同参数部分参照 Cone。

4. Velocity over Lifetime（生命周期速度模块）

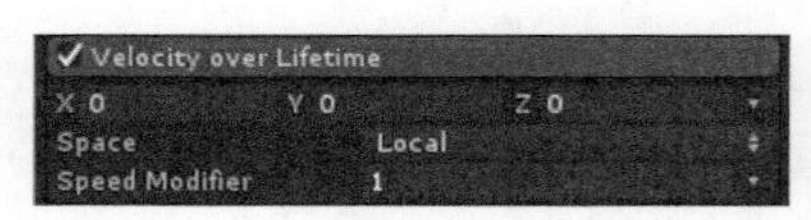

图 12-27

生命周期速度模块控制着生命周期内每一个粒子的速度。对于那些物理行为复杂的粒子，效果更明显，但对于那些具有简单视觉行为效果的粒子（如烟雾飘散效果）以及与物理世界几乎没有互动行为的粒子，此模块的作用就不明显了，如图 12-27 所示。此模块的参数说明如表 12-7 所示。

表 12-7　生命周期速度模块的参数说明表

参数	说明
X，Y，Z	x、y、z 轴向的速度
Space	选择的 x、y、z 轴是指 Local（局部）坐标系还是 World（世界）坐标系
Speed Modifier	沿粒子的当前行进方向对粒子的速度应用乘数

5. Limit Velocity over Lifetime（生命周期速度限制模块）

该模块控制着粒子在生命周期内的限制速度及衰减速度，可以模拟类似拖曳的效果。若粒子的速度超过设定的限定值，则粒子速度值会被锁定到该限制值，如图 12-28 所示，参数说明如表 12-8 所示。

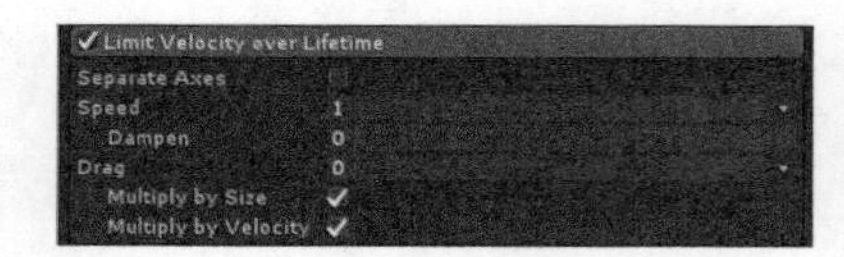

图 12-28

表 12-8　生命周期速度限制模块的参数说明表

参数	说明
Separate Axes	是否将轴分成独立的 x、y 和 z 组件
Speed	设置粒子的速度限制
Space	选择速度限制是指本地还是世界空间。此选项仅在启用 Separate Axes 时可用
Dampen	超过限制速度时粒子速度降低的部分
Drag	应用线性牵引于粒子速度
Multiply by Size	启用时，较大的粒子受阻力系数影响更大
Multiply by Velocity	启用时，更快的粒子受阻力系数影响更大

6. Inherit Velocity（速度继承模块）

该模块控制粒子随着时间的推移，速度对于父对象运动的反应。参数如图 12-29 所示，参数说明如表 12-9 所示。

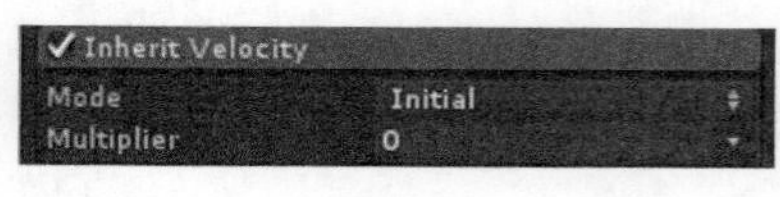

图 12-29

表 12-9　速度继承模块的参数说明表

参数	说明
Mode	指定如何应用于粒子的发射速度
Current	发射器的当前速度将应用于每帧上的所有粒子。例如，如果发射器减速，所有的粒子也将减速

续表

参数	说明
Initial	当每个粒子诞生时，发射器的发射将被施加一次。 粒子诞生后发射器速度的任何变化都不会影响粒子
Multiplier	粒子应该继承的发射器速度的比例

7. Force over Lifetime（生命周期的力量模块）

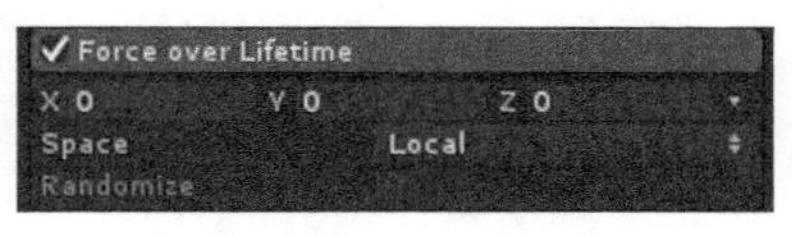

图 12-30

该模块可以设置粒子的加速力，如图 12-30 所示，参数说明如表 12-10 所示。

表 12-10　生命周期的力量模块的参数说明表

参数	说明
X，Y，Z	施加在 x、y 和 z 轴上的每个粒子上的力
Space	施加的力应用在本地还是世界空间
Randomize	使用 Two Constants 或 Two Curves 模式时随机化，会在定义的范围内的每个框架上选择新的力方向。这可以导致产生更不稳定的运动

8. Color over Lifetime（生命周期的颜色模块）

图 12-31

该模块可以设置粒子在生命周期内颜色和透明度的变化，如图 12-31 所示，参数说明如表 12-11 所示。

表 12-11　生命周期的颜色模块的参数说明表

参数	说明
Color	粒子在其整个生命周期中的颜色梯度。梯度条的左手点指示粒子寿命的开始，梯度条的右手边表示粒子寿命的结束

9. Color by Speed（速度颜色模块）

图 12-32

该模块根据粒子的速度值来设置粒子的颜色，如图 12-32 所示，参数说明如表 12-12 所示。

表 12-12　速度颜色模块的参数说明表

参数	说明
Color	在速度范围内定义的粒子的颜色梯度
Speed Range	颜色渐变映射到的速度范围的最小值和最大值（范围之外的速度将映射到渐变的末端范围）

10. Size over Lifetime（生命周期大小模块）

图 12-33

该模块用于控制粒子在生命周期内的大小值变化，如图 12-33 所示，参数说明如表 12-13 所示。

表 12-13 生命周期大小模块的参数说明表

参数	说明
Separate Axes	是否在每个轴上独立控制粒子大小
Size	定义每个粒子的大小在其寿命期间变化的曲线

11. Size by Speed（速度大小模块）

该模块根据粒子的速度值来设置粒子的大小，如图 12-34 所示，参数说明如表 12-14 所示。

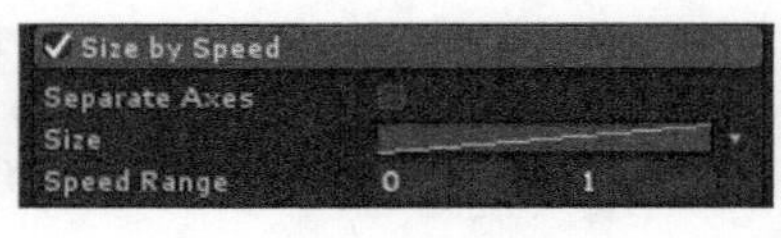

图 12-34

表 12-14 速度大小模块的参数说明表

参数	说明
Separate Axes	是否在每个轴上独立控制粒子大小
Size	定义每个粒子的大小在其整个速度范围内变化的曲线
Speed Range	大小曲线映射到的速度范围的最小值和最大值（范围之外的速度将映射到曲线的末端范围）

12. Rotation over Lifetime（生命周期的旋转模块）

该模块用于设置粒子在生命周期内是旋转状态的，如图 12-35 所示，参数说明如表 12-15 所示。

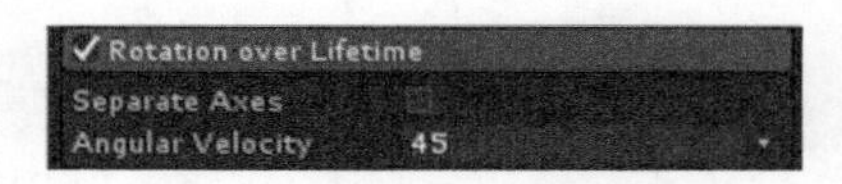

图 12-35

表 12-15 生命周期的旋转模块的参数说明表

参数	说明
Separate Axes	是否在每个轴上独立控制粒子旋转
Angular Velocity	以度 / 秒为单位的旋转速度

例如落叶掉落时，不同的旋转速度使得落叶更加真实。

13. Rotation by Speed（速度旋转模块）

该模块根据粒子的速度值来设置粒子的旋转，如图 12-36 所示，参数说明如表 12-16 所示。

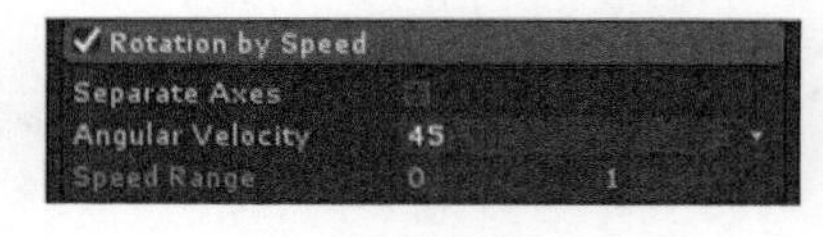

图 12-36

表 12-16 速度旋转模块的参数说明表

参数	说明
Separate Axes	是否在每个轴上独立控制粒子旋转
Angular Velocity	以度 / 秒为单位的旋转速度
Speed Range	旋转曲线映射到的速度范围的低端和高端（范围之外的速度将映射到曲线的末端范围）

14. External Forces（外部力量模块）

该模块用于设置风区对粒子系统的影响，如图 12-37 所示，

图 12-37

参数说明如表 12-17 所示。

表 12-17　外部力量模块的参数说明表

参数	说明
Multiplier	适用于风区力量的比例值

15. Noise（噪声模块）

该模块用于给粒子系统添加湍流效果。例如，火焰中余烬的运动，或者烟雾在移动时的旋转。高频噪声可以用来模拟火焰余烬，低频噪声可能更适合模拟烟雾效应。参数如图 12-38 所示，参数说明如表 12-18 所示。

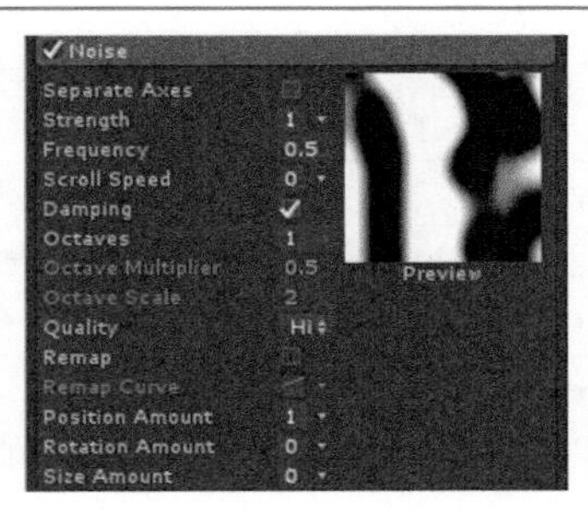

图 12-38

表 12-18　噪声模块的参数说明表

参数	说明
Separate Axes	是否将 Strength 分为 3 个轴向
Strength	控制噪声的强度
Frequency	控制噪声的频率。低值创建柔软、平滑的噪声，高值创建快速变化的噪声
Scroll Speed	噪声的滚动速度
Damping	阻尼。当启动时，强度与频率成正比
Octaves	振幅。指定多少层重叠的噪声相结合，产生最终的噪声值
Octave Multiplier	振幅乘数。对于每个附加的噪声层，通过这一比例降低强度
Octave Scale	振幅缩放。对于每个附加的噪声层，通过这个乘数调整频率
Quality	设置噪声的质量。较低的质量设置会显著降低性能成本，但也会影响噪音的外观
Remap	将最终噪音值重新映射到不同的范围
Remap Curve	描述最终噪声值如何转换的曲线
Position Amount	控制噪声影响粒子位置的乘法器
Rotation Amount	控制噪声影响粒子旋转量的乘法器，以度 / 秒为单位
Size Amount	控制噪声影响粒子大小的乘法器

16. Collision（碰撞模块）

该模块用于控制粒子与场景中的游戏对象的碰撞。

- Planes 选项属性如图 12-39 所示，参数说明如表 12-19 所示。

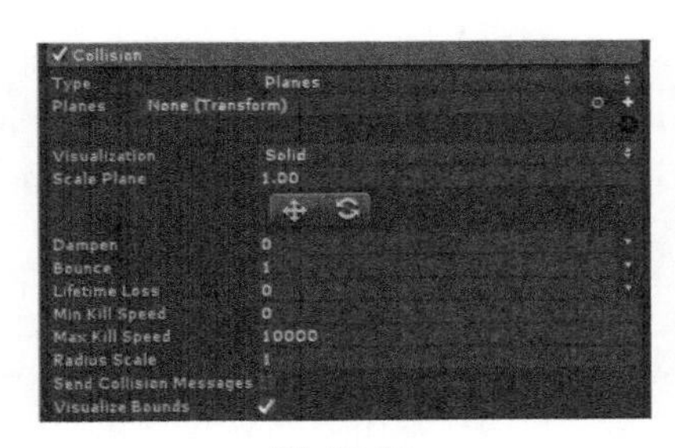

图 12-39

表 12-19　Planes 选项的参数说明表

参数	说明
Planes	一个可扩展的 Transform 列表，定义碰撞的平面
Visualization	可视化。选择碰撞平面显示为线框网格还是固体平面
Scale Plane	用于设置可视化平面的大小
Dampen	失去碰撞后的粒子的速度
Bounce	碰撞反弹后的粒子的速度
Lifetime Loss	失去碰撞后的粒子的生命周期
Min Kill Speed	粒子在小于该速度下碰撞后销毁
Max Kill Speed	粒子在大于该速度下碰撞后销毁
Radius Scale	用于调整粒子碰撞半径的大小
Send Collision Messages	如果激活，粒子发射碰撞时会调用 OnParticleCollision 函数
Visualize Bounds	是否显示每个粒子碰撞边界的线框形状

- World 选项属性如图 12-40 所示，参数说明如表 12-20 所示。

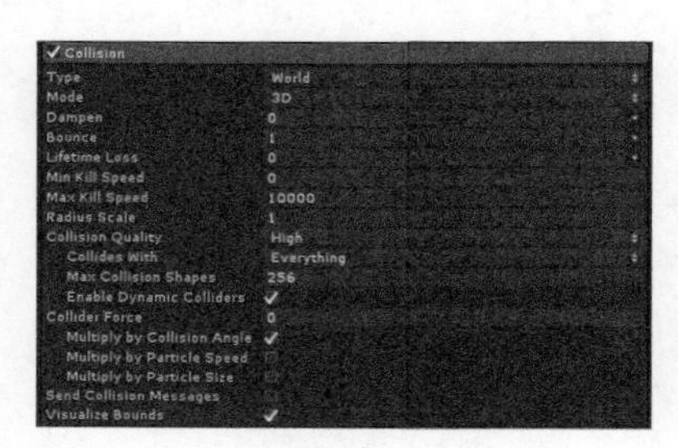

图 12-40

表 12-20　World 选项的参数说明表

参数	说明
Type	可设置世界模式
Mode	碰撞模式分为 3D 和 2D
Dampen	失去碰撞后的粒子的速度
Bounce	碰撞反弹后的粒子的速度
Lifetime Loss	失去碰撞后的粒子的生命周期
Min Kill Speed	粒子在小于该速度下碰撞后销毁
Max Kill Speed	粒子在大于该速度下碰撞后销毁
Radius Scale	用于调整粒子碰撞半径的大小
Collision Quality	设置碰撞的质量。分为高、中、低
Collides With	粒子只会与选定图层上的对象发生冲突
Max Collision Shapes	粒子碰撞可以考虑产生多少碰撞形状。过多的形状会被忽略
Enable Dynamic Colliders	允许粒子也与动态对象碰撞（否则仅使用静态对象）
Collider Force	在粒子碰撞后对物理碰撞体施加一个力
Multiply by Collision Angle	当对碰撞体施加力时，根据粒子和碰撞体之间的碰撞角度来缩放力的强度。掠射角比正面碰撞产生的力更小
Multiply by Particle Speed	当对碰撞体施加力时，根据粒子的速度缩放力的强度。快速移动的粒子比慢速移动的粒子产生更大的力量

续表

参数	说明
Multiply by Particle Size	在对碰撞体施加力时，根据粒子的大小缩放力的强度。较大的粒子会比较小的粒子产生更大的作用力
Send Collision Messages	如果激活，粒子发射碰撞时会调用 OnParticleCollision 函数
Visualize Bounds	是否显示每个粒子碰撞边界的线框形状

17. Triggers（触发模块）

该模块控制粒子系统在场景中的一个或多个触发器发生触发时调用回调函数，参数如图 12-41 所示，参数说明如表 12-21 所示。

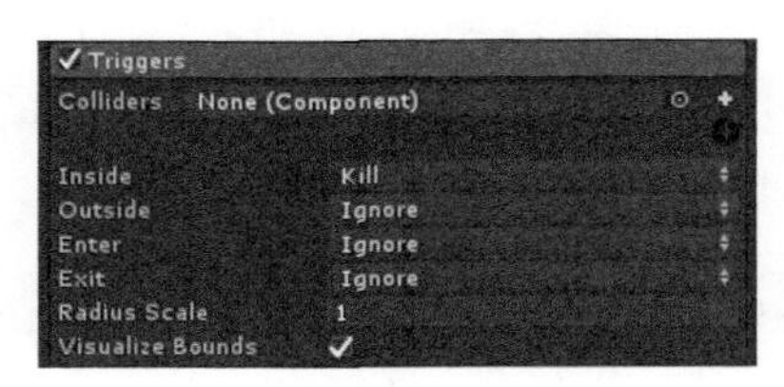

图 12-41

表 12-21 触发模块的参数说明表

参数	说明
Colliders	与粒子碰撞的触发器列表
Inside	粒子在触发器的里面，可选 Ignore（忽略触发事件）、Kill（破坏粒子内部的碰撞体）、Callback（回调）
Outside	粒子在触发器的外面
Enter	粒子进入触发器
Exit	粒子退出触发器
Radius Scale	该参数设置粒子的碰撞体的大小
Visualize Bounds	是否显示每个粒子碰撞边界的线框形状

18. Sub Emitters（子发射器模块）

该模块允许设置子发射器，参数如图 12-42 所示，参数说明如表 12-22 所示。

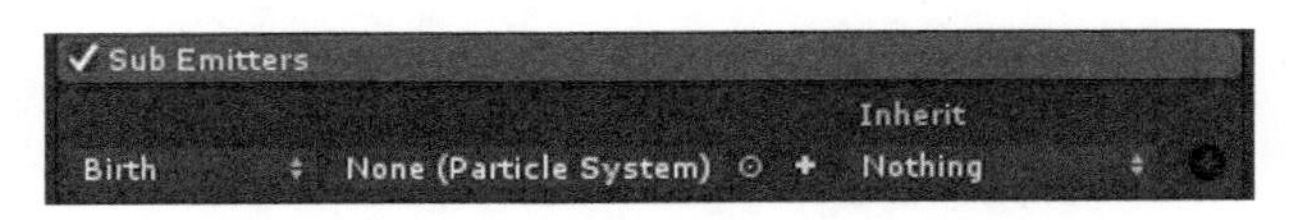

图 12-42

表 12-22 子发射器模块的参数说明表

参数	说明
Birth	当粒子产生时发射的子粒子
Collision	当粒子发射碰撞时发射的子粒子
Death	当粒子死亡时发射的子粒子

19. Texture Sheet Animation（纹理动画模块）

这个模块可以把纹理作为一个独立的子图像网格，用于播放帧动画，参数如图 12-43 所示。

选择 Grid 模式，参数说明如表 12-23 所示。

表 12-23　Grid 模式的参数说明表

参数	说明
Mode	选择 Grid 模式
Tiles	将纹理分割为 x 轴方向的数量和 y 轴方向的数量
Animation	动画模式可分为 Whole Sheet（整片）和 Single Row（单行）
Random Row	从图片中随机选择一行以产生动画。此选项仅在选择 Single Row 作为动画模式时可用
Row	选择图片中的特定行以生成动画。此选项仅在选择 Single Row 模式并禁用随机行时可用
Frame over Time	指定动画帧随着时间的推移而增加的曲线
Start Frame	指定动画从哪一帧开始
Cycles	粒子动画在生命周期内的重复次数
Flip U	设置一些粒子纹理映射水平翻转（设置在 0 ~ 1 之间，一个更高的值会使得翻转更多）
Flip V	设置一些粒子纹理映射垂直翻转（设置在 0 ~ 1 之间，一个更高的值会使得翻转更多）
Enable UV Channels	指定哪些 UV 流是由粒子系统影响的

选择 Sprites 模式，如图 12-44 所示。

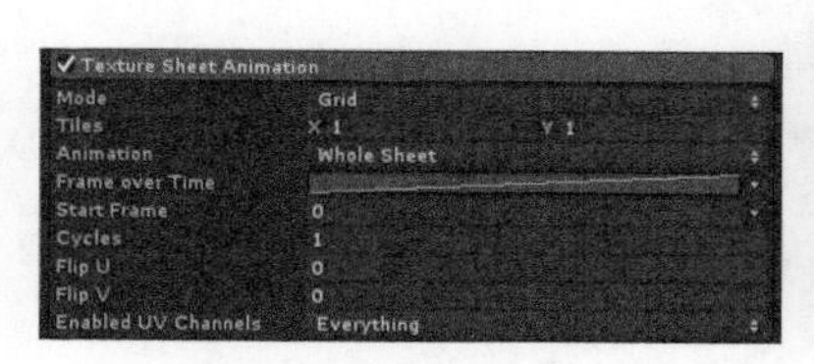

图 12-43

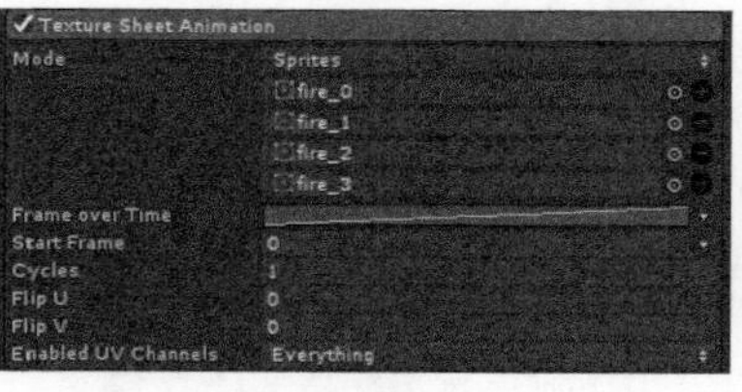

图 12-44

相同参数部分参照 Grid 模式。

选择 Sprites 模式选项可让用户定义要为每个粒子显示的精灵列表，而不是在纹理上使用常规网格。

20. Lights（灯光模块）

该模块用于给粒子添加实时灯光，参数如图 12-45 所示，参数说明如表 12-24 所示。

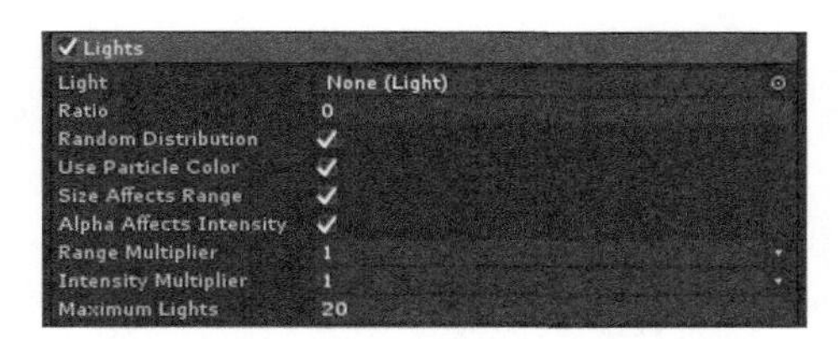

图 12-45

表 12-24 灯光模块的参数说明表

参数	说明
Light	指定一个粒子的灯光
Ratio	粒子将获得光的比例。取值范围为 0 ~ 1
Random Distribution	灯光是否随机分布
Use Particle Color	设置为 True 时，光的最终颜色会根据粒子的颜色进行调整；设置为 False，光的颜色没有任何修饰
Size Affects Range	当启用时，该范围在光中指定并乘以粒子的大小
Alpha Affects Intensity	当启用时，该强度由光的强度乘以粒子的 alpha 值
Range Multiplier	范围加强器
Intensity Multiplier	强度加强器
Maximum Lights	限制最大的灯光数量

21. Trails（拖尾模块）

该模块用于添加粒子运动路径的拖尾效果，参数如图 12-46 所示，参数说明如表 12-25 所示。

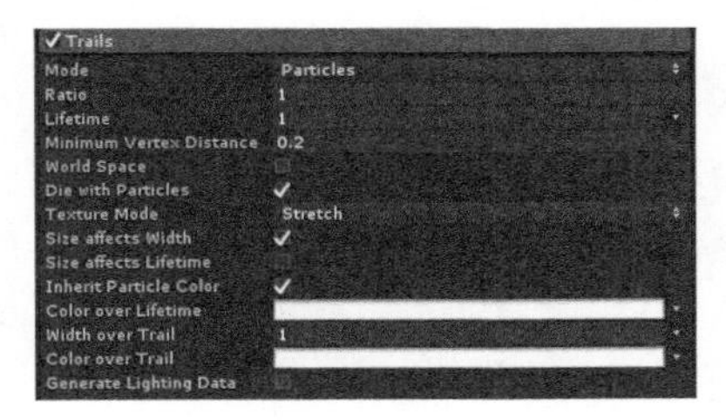

图 12-46

表 12-25 拖尾模块的参数说明表

参数	说明
Mode	选择如何为粒子系统生成拖尾
Particles	粒子模式创建一个效果，其中每个粒子在其路径中留下一条固定拖尾
Ratio	用于设置粒子中带拖尾的粒子的比例。取值范围为 0 ~ 1
Lifetime	拖尾的生命周期与粒子的生命周期的比例
Minimum Vertex Distance	最小的顶点距离。每条拖尾移动之前可以添加一个新的顶点的最小距离
World Space	拖尾是否使用世界空间坐标系
Die With Particles	如果选中此框，则当它们的粒子死亡时，拖尾立即消失；如果未选中此框，则剩余的拖尾将根据其剩余寿命消失

续表

参数	说明
Ribbon	色带模式根据时间创建连接每个粒子的拖尾轨迹
Ribbon Count	选择在整个粒子系统中渲染的色带数量
Split Sub Emitter Ribbons	在用作子发射器的系统上启用时，由同一父系统粒子衍生的粒子共享一个色带
Texture Mode	纹理模式。可设置为拉伸和平铺
World Space	拖尾是否使用世界空间。如果启用，拖尾点在世界空间会下降，即使粒子系统模拟是在本地空间
Die with Particles	粒子死亡时拖尾是否一起消失
Size affects Width	拖尾是否使用粒子的大小来控制宽度
Size affects Lifetime	拖尾是否使用粒子的大小来控制生命周期
Inherit Particle Color	拖尾的颜色是否用粒子的颜色作为基本色
Color over Lifetime	在粒子生命周期内拖尾的颜色变化
Width over Trail	设置拖尾从开始到结束顶点的宽度
Color over Trail	设置拖尾从开始到结束顶点的颜色
Generate Lighting Data	启用此项时，生成包含法线和切线的 Trail 几何图形。允许使用使用场景光照的材质

22. Custon Data（自定义数据模块）

自定义数据模块允许用户在编辑器中定义要附加到粒子上的自定义数据格式，也可以在脚本中设置它，如图 12-47 所示。

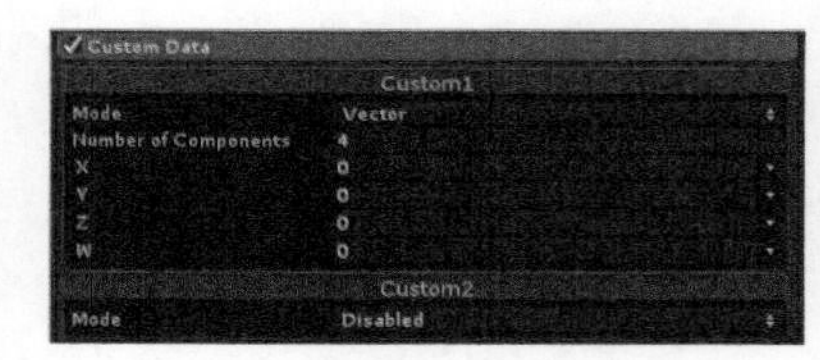

图 12-47

数据可以采用 Vector 的形式，最多包含 4 个 MinMaxCurve 组件或 Color，它是一个支持 HDR 的 MinMaxGradient。使用此数据可驱动脚本和着色器中的自定义逻辑。

23. Renderer（渲染模块）

该模块用于设置粒子系统渲染相关的属性，参数如图 12-48 所示，参数说明如表 12-26 所示。

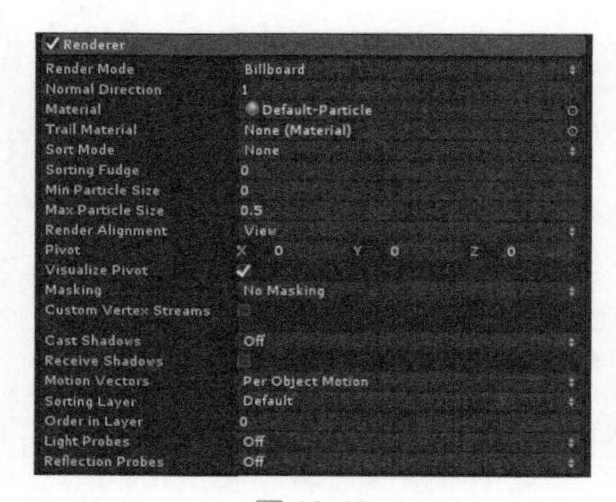

图 12-48

表 12-26 渲染模块的参数说明表

参数	说明
Render Mode	粒子的渲染模式
Billboard	广告牌。粒子始终面对摄像机
Stretched Billboard	拉伸广告牌。粒子面对摄像机，但可以设置不同的大小
Camera Scale	根据相机运动拉伸粒子。设置为 0 时禁用相机运动拉伸
Speed Scale	粒子的拉伸与速度成正比，设置为 0 时禁用速度拉伸
Length Scale	粒子拉伸的长度大小值，值为 0 时粒子消失
Horizontal Billboard	粒子的平面平行于 *xz* 轴平面
Vertical Billboard	粒子直立于世界的 *y* 轴，面向摄像机
Mesh	粒子从一个网格中渲染
None	粒子渲染不可见。比如只渲染拖尾的粒子效果
Normal Direction	设置粒子图形光照的法线偏差。值为 1 表示在相机的法线，而值为 0 则表示在屏幕的中心（广告牌模式）
Material	用于渲染粒子的材质
Trail Material	用于渲染拖尾的材质
Sort Mode	粒子绘制顺序，可以是 By Distance、Oldest in Front 和 Youngest in Front
Sorting Fudge	粒子系统的排序。粒子系统排序偏差较低的值增加了粒子系统被绘制到其他透明游戏对象之上的相对几率，包括其他粒子系统。此设置只影响整个系统出现在场景中的位置，它不会对系统中的单个粒子执行排序
Min Particle Size	最小的粒子大小
Max Particle Size	最大的粒子大小
Render Alignment	渲染时的对齐方式
View	粒子与视窗对齐
World	粒子与世界坐标系对齐
Local	粒子与局部坐标系对齐
Facing	粒子面对相机对象的位置
Velocity	粒子与速度方向对齐
Pivot	修改用于旋转粒子的轴心点
Visualize Pivot	在 Scene 视图中可视化轴心点
Masking	定义了粒子的遮罩行为
Custom Vertex Streams	选择是否发送自定义顶点数据到着色器
Cast Shadows	是否投射阴影
Receive Shadows	粒子是否接收阴影，只有不透明的材质可以接收阴影
Motion Vectors	用于设置运动矢量的渲染模式
Sorting Layer	粒子渲染器所在的层级
Order in Layer	粒子渲染器所在层级的顺序
Light Probes	基于光照探针的内插值模式
Reflection Probes	如果启用并且反射探头出现在场景中，反射纹理会从这个游戏对象和构建着色器设置的变量中获取

第 13 章 动画系统

13.1 概述

Unity 拥有丰富而复杂的动画系统（有时称为 Mecanim）。它提供如下命令和功能。

- 简单的工作流程和 Unity 的所有元素的动画设置，包括对象、角色和属性。
- 支持在 Unity 中的导入动画片段和创建动画。
- 人形动画重定向。即动画从一个角色模型应用到另一个角色模型的能力。
- 简化了调整动画片段的工作流程。
- 方便地预览动画剪辑，转换和它们之间的交互。这使得动画师能够更独立于程序员进行工作，制作原型，并在编写游戏逻辑代码之前预览他们的动画。
- 使用可视化编程工具管理动画之间的复杂交互。
- 通过不同的逻辑来控制不同的身体部位活动的能力。
- 动画分层和遮罩功能。

动画可视化编程工具和预览视图如图 13-1 所示。

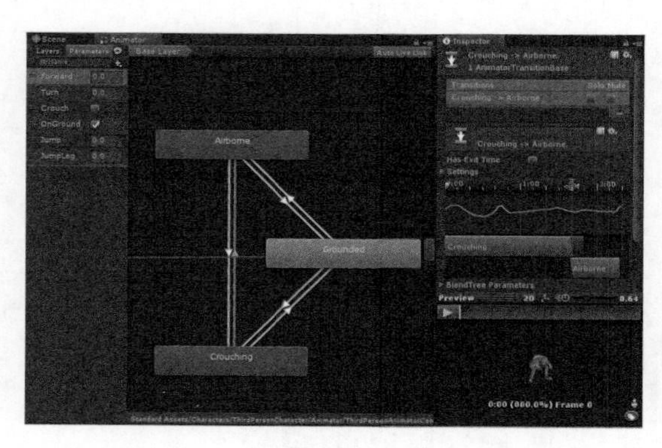

图 13-1

动画系统工作流

Unity 的动画系统基于动画剪辑（Animation Clips）的概念，其中包含某些对象如何随时间更改其位置、旋转或其他属性的信息。 每个动画剪辑可以被认为是一个单一的线性记录，来自外部的动画片段可由具有第三方工具（如 3ds Max 或 Maya）的艺术家或动画师创建，或由运动捕捉工作室或其他提供。

然后，将动画片段组织成称为动画制作器和控制器的结构化流程图类似的系统。 动画控制器用作“状态机”，它跟踪当前正在播放的动画剪辑，以及当动画剪辑应该改变或混合在一起时的状态信息。

一个非常简单的动画控制器可能只包含一个或两个动画剪辑，例如在正确的时间使门打开和关闭的动画剪辑。更高级的动画控制器可能包含数十种人形动画，用于所有角色的动作，同时可以在多个剪辑之间进行混合，以便为玩家在围绕场景移动时提供流畅的动作。

Unity 的动画系统还具有许多处理人形角色的特殊功能，使用户能够将人形动画从任何来源（如运动捕捉、资源存储或其他第三方动画库）重新定位到用户自己的角色模型中，如调整肌肉定义。这些特殊功能由 Unity 的 Avatar 系统启用，其中人形字符可被映射到通用的内部格式。

Unity 动画工作流被分为以下 3 个主要阶段。

（1）资源的准备和导入。

这一阶段由美术师或动画师通过第三方工具来完成，如 3dsMax 或 Maya。

（2）角色的建立，主要有以下两种方式。

人形角色的建立。Mecanim 通过扩展的图形操作界面和动画重定向功能，为人形模型提供一种特殊的工作流，它包括 Avatar 的创建和对肌肉定义（Muscle Definitions）的调节等。

一般角色的建立。这是为处理任意的运动物体和四足动物而设定的。动画重定向功能对此并不适用。

（3）角色的运动。

这里包括创建动画片段及其相互间的交互作用，也包括建立状态机和混合树、调整动画参数以及通过代码控制动画等。

13.2 Unity 动画相关组件

13.2.1 Animator 和 Animator Controller

1. Animator 动画组件

Animator 组件用于将动画分配给场景中的 GameObject。 Animator 组件需要引用动画控制器，该动画控制器定义要使用哪些动画片段，并控制何时以及如何在它们之间进行混合和转换。

如果 GameObject 是具有 Avatar 定义的人形角色，则该组件中也应该分配 Avatar，如图 13-2 所示。Animator 动画组件的参数说明如表 13-1 所示。

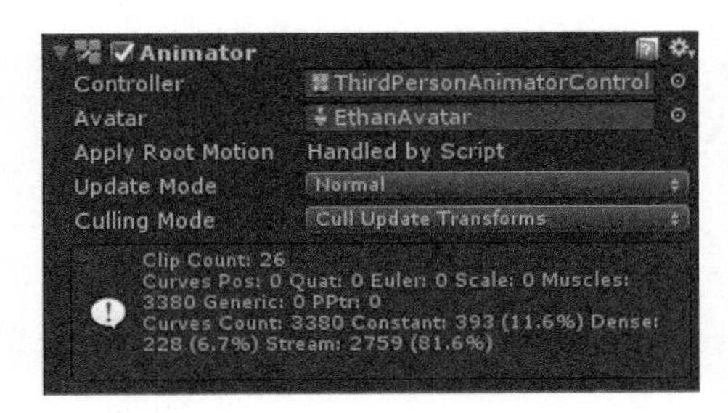

图 13-2

表 13-1　Animator 动画组件的参数说明表

参数	说明
Controller	添加在当前角色上的 Animator 控制器
Avatar	当前角色的 Avatar 系统（如果这个 Animator 使用人物角色）
Apply Root Motion	从动画本身或从脚本控制角色的位置和旋转
Update Mode	动画的更新模式
Normal	正常模式，与 Update 更新同步。动画的速度匹配当前的时间缩放，如果时间缩放放缓，动画也会放慢速度
Animate Physics	动画与 Fixed Update 更新同步（即随同物理系统）。如果动画的物体与物理相互作用，用户应该使用该模式
Unscaled Time	更新动画与 Update 更新同步，但动画的速度忽略时间的缩放
Culling Mode	动画的裁剪模式
Always Animate	动画一直会更新，不会裁剪
Cull Update Transforms	动画的 Transforms 重定向、IK 和修改转换在渲染器不可见时被禁用
Cull Completely	当动画对象的渲染器不可见时完全禁用（即不可见时停止播放动画）

动画曲线信息如表 13-2 所示。

表 13-2　动画曲线信息的参数说明表

参数	说明
Clip Count	分配给此动画师的动画控制器使用的动画剪辑总数
Curves(Pos，Quat，Euler，Scale)	用于合计动画对象的位置、旋转或缩放的曲线总数。这些是用于不属于标准人形角色的动画物体。 当动画化人形 Avatar 时，这些曲线将显示额外的非肌肉骨骼的计数，如尾巴、晃动的布或悬挂的吊坠。如果用户有一个人形动画，并注意到非意外的非肌肉动画曲线，用户的动画文件中就会出现不必要的动画曲线
Muscles	用动画制作人造动物的肌肉动画曲线数量。这些是用于对标准人形 Avatar 肌肉进行动画化的曲线。 除了 Unity 的标准 Avatar 中所有人形骨骼的标准肌肉运动，还包括存储根运动位置和旋转动画的两个“肌肉曲线”
Generic	动画师用于动画化其他属性（如材质颜色）的数字（浮点）曲线数
PPtr	精灵动画曲线的总数（由 Unity 的 2d 系统使用）
Curves Count	动画曲线总数合计
Constant	以恒定（不变）值优化的动画曲线数。 如果用户的动画文件包含不变值的曲线，Unity 将自动选择此项
Dense	使用存储数据的“密集”方法（在线性内插的离散值）优化的动画曲线数量。 该方法比 Stream 方法使用的存储量少得多
Stream	使用存储数据的“流”方法（用于曲线插值的时间和切线数据的值）优化的动画曲线数量。 与 Dense 方法相比，这种数据占用的存储量明显更多

Animator 组件声明了一个 Animator 控制器，用来设置角色上的行为，包括状态机、混合树和通过脚本控制的事件。

2. Animator Controller 动画控制器

动画控制器允许用户为角色或其他动画游戏对象安排和维护一组动画。

控制器对其中使用的动画片段进行了引用，并使用所谓的状态机管理各种动画状态和它们之间的转换。这可以被认为是一种流程图，或者是简单的 Unity 程序内的视觉编程语言。

当用户有一个动画剪辑可以使用时，用户需要使用一个动画控制器把它们放在一起。在 Unity 中可创建 Animator Controller 资源，并允许用户维护一个角色或对象的动画。

Animator 控制器可以从 Project 视图中创建（依次单击菜单栏中的 Create → Animator Controller）。这将在硬盘上创建一个看起来像图 13-3 所示图标的 .controller 的资源。

图 13-3

在大多数情况下，当出现某些游戏条件时，有多个动画是正常的，并在它们之间切换。例如，当按住空格键时，用户可以从步态动画切换到跳转动画。不过即使用户只有一个动画剪辑，仍然需要将其放置在一个动画控制器中，以便在游戏对象上使用它。

双击动画控制器对象也可以打开 Animator 窗口，如图 13-4 所示。

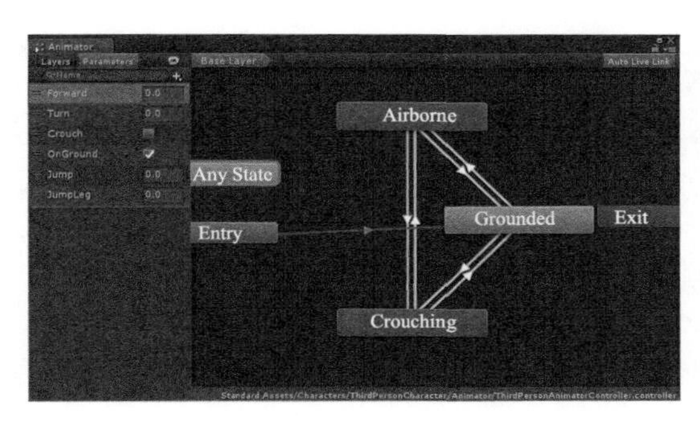

图 13-4

动画控制器窗口包括以下内容。

- Layer 动画层组件。
- Parameters 事件参数组件。
- 状态机自身的可视化窗口。

3. Layer 动画层组件

Unity 使用“动画层”来管理身体不同部位的复杂状态机。如：用户可以使用下半身（动画）层来管理走动 / 跑动动作；使用上半身 (动画) 层来控制投掷 / 设计动作。

用户可以从动画控制器左上角的图层小部件中管理动画图层，如图 13-5 所示。

单击窗口右侧的齿轮按钮可显示此图层的设置，如图 13-6 所示。

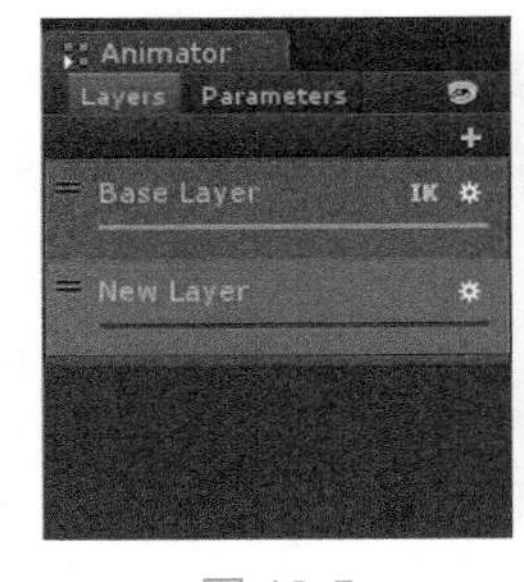

图 13-5

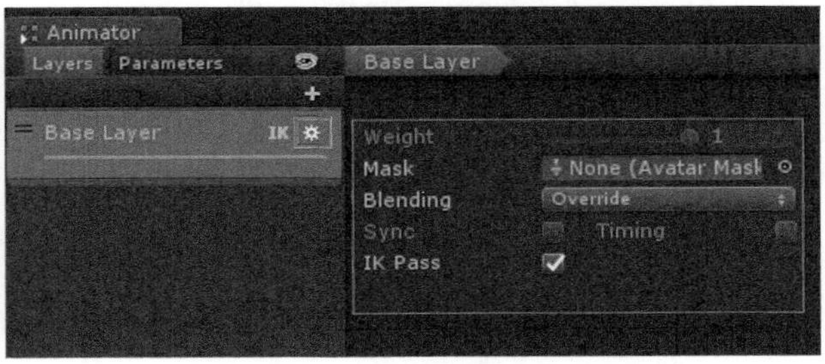

图 13-6

在每个图层上，用户可以指定遮罩（动画模型应用于动画的部分）和混合类型。Override（覆盖）意味着来自其他图层的信息将被忽略，而 Additive（附加）意味着动画将被添加到以前的图层之上。

用户可以单击控件上的“+”按钮添加新的动画层。

4. Parameters 参数组件

动画参数是在 Animator Controller 中定义的变量，可以从脚本中访问并分配值。脚本可以控制或影响状态机的流程。

默认参数值可以在 Animator 窗口左下角的 Parameters 工具栏中进行设置，参数可以为以下 4 种基本类型。

- Float：浮点数。
- Int：整数。
- Bool：返回布尔值，通过复选框来选择 True 或者 Flase。
- Trigger：触发一个布尔值，复位控制器时消耗一个转变，由一个圆按钮表示。

参数可以使用脚本通过 Animator 类的 SetFloat、SetInt、SetBool 和 SetTrigger 方法进行设置。

5. 动画状态机

一个角色拥有多个可以在游戏的不同状态下调用的不同动作是一件很普遍的事。例如，一个角色可以在等待时呼吸或者摇摆，在得到命令时行走或者从一个平台掉落时惊慌地伸手。当这些动画进行回放时，使用脚本控制他们可能是一个潜在的复杂工作。Mecanim 借用了电脑工程师熟知的一个概念——状态机——来简单地控制和序列化角色动画。

状态机基础

一个最基本的观点是：一个角色应该在任何给定的时刻执行某些特定的动作。这些动作是否可用是由游戏进程决定的，典型的动作包括等待、移动、跑动、跳跃等。这些动作被称为状态。在场景中，当角色正在行走、等待或者做其他什么事的时候都会处于某一个状态。一般来说，角色在进入下一个状态时会被限制，而不是可以从任意一个状态跳转至另一个任意状态。例如，一个“跑动跳跃”的动作只可以在角色正在跑动时执行用户而不是当角色正在站立的时候。用户永远不应该从等待动作状态直接跳转到跑动跳跃动作状态。让角色从正确跳转状态开始下一动作被称为状态转移。将上面这些（状态的集合、状态转移的集合和一些用于记录正确状态的变量等）整合起来的东西就是状态机。

状态和状态转移可以使用图形界面描述。在这个界面里，节点用来描述状态，而带箭头的线段用来描述状态转移。用户可以认为当前的状态（被标记或高亮的某个节点）只可以沿着这些箭头方向转移至其他状态，如图 13-7 所示。

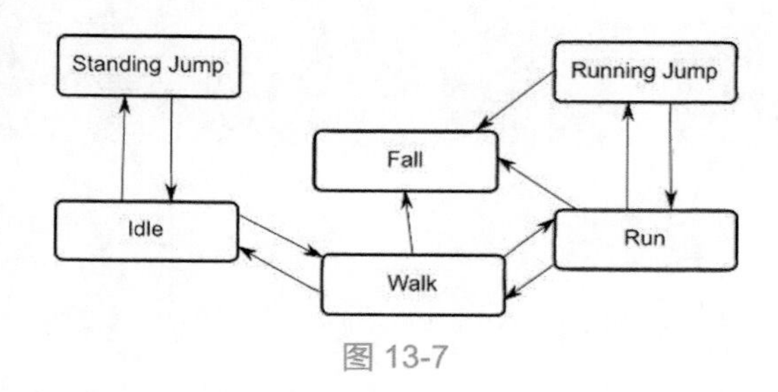

图 13-7

状态机对于动画的重要性在于他们可以很简单地通过相对较少的编码完成设计和更新。每个状态都有一个当前状态机在那个状态下将要播放的动作集合。这将允许动画师和设计师不使用代码而定义可能的角色的动画和动作序列。

Mecanim 状态机

Mecanim 的动画状态机提供了一种可以预览某个独立角色的所有相关动画剪辑集合的方式，并且允许用户在游戏中通过不同的事件触发不同的动作。

动画状态机可以通过动画状态机窗口进行设置，而这个窗口看起来如图 13-8 所示。

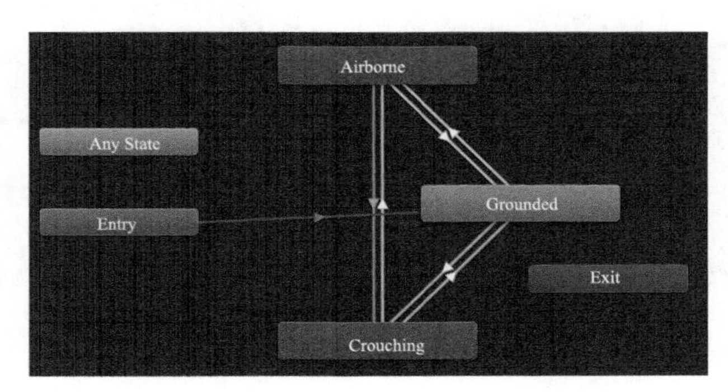

图 13-8

状态机包括状态、状态转移和事件，并且在大的状态机中可以设置一个小的子状态机。

（1）动画状态。

动画状态是动画状态机中内建的基本模块。每个状态包含一个在该状态下角色所能播放的独立动画序列（或是一个动画混合树），如图 13-9 所示。当游戏中触发一个状态转移事件时，角色将会转移至动画序列指定的下一个状态。

在复杂的状态机中，预览独立的状态机中的某些部分是很有用的。为此，用户可以使用静音（Mute）/ 独奏（Solo）功能。静音意味着转换将被禁用。启用独奏的转换，意味着相对于源自相同状态的其他转换会被启用。用户可以从过渡检查器或状态检查器（推荐）中设置静音和独奏状态，可以从中了解该状态的所有转换，如图 13-10 所示。

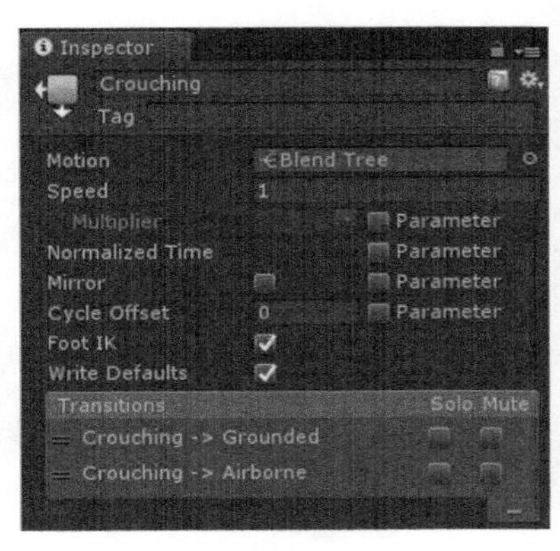

图 13-9

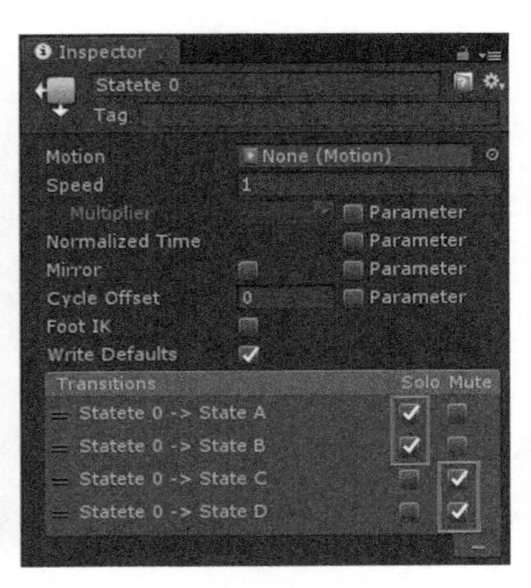

图 13-10

Solo 转换为绿色显示，而 Mute 转换为红色显示，如图 13-11 所示。

在上面的示例中，如图处于状态 0，则仅转换到状态 A 和状态 B 时可用。

- 基本的经验法则是，如果一个 Solo 被勾选，则该状态的其余转换将被 Mute。
- 如果 Solo 和 Mute 都被勾选，则 Mute 优先。

当在动画控制器中选择一个状态时，将会在检视器中显示如图 13-12 所示的这个状态的参数。检视器的参数说明如表 13-3 所示。

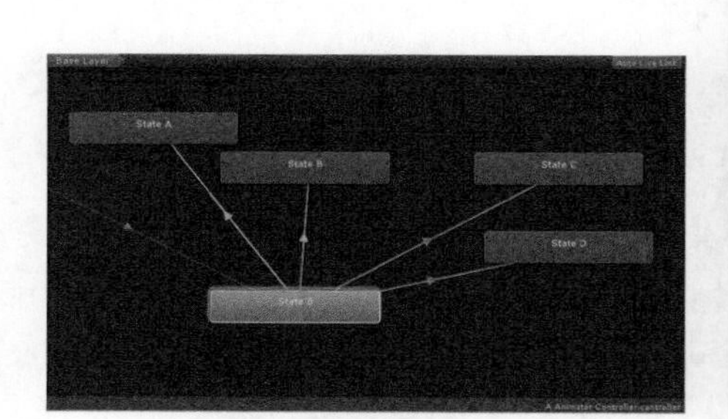

图 13-11

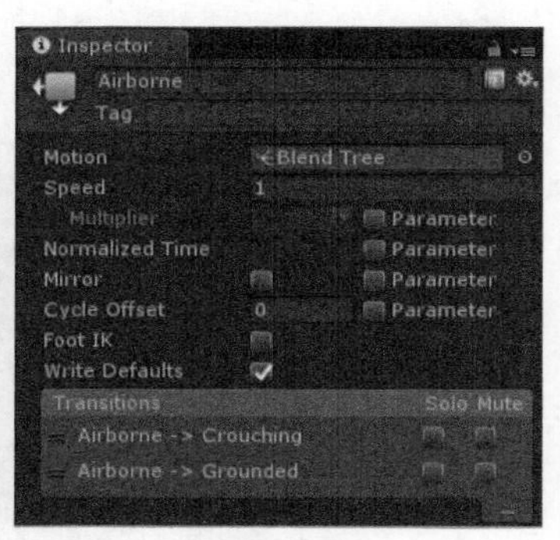

图 13-12

表 13-3　检视器的参数说明表

参数	说明
Motion	这个状态的动画片段
Speed	动画的默认速度
Multiplier	速度的乘数
Parameter	是否在运行时使用动画控制器的参数调整此属性
Normalized Time	标准化时间
Mirror	是否将动画镜像
Cycle Offset	周期偏移
Foot IK	是否在这个动作中使用脚部动画约束
Write Defaults	是否对没有动画的属性写回默认值
Transitions	从这个状态产生的状态转移

用户可以在动画控制器窗口的空白区域右击，并在弹出的菜单中依次单击 Create State → Empty 来创建任意一个新的状态，如图 13-13 所示。或者用户也可以通过向动作控制窗口拖曳一个新的动画来创建一个包含该动画的动画状态（注意：用户只能拖曳一个 Mecanim 系统动画，非 Mecanim 系统动画将被状态机拒绝），动画状态也可以包含一个动画混合树（Blend Tree）。

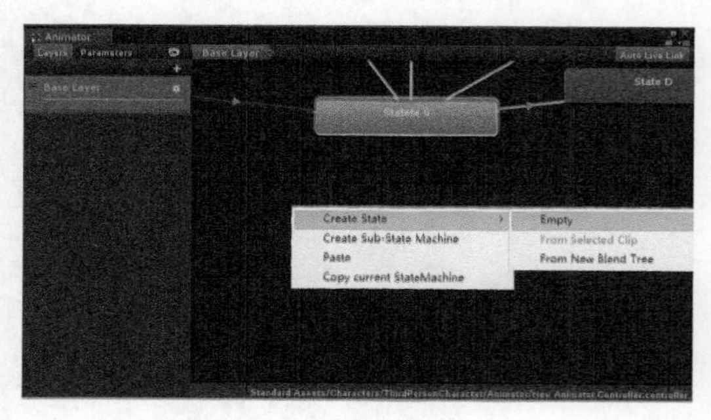

图 13-13

技 巧

当状态机第一次被激活时将会自动跳转至使用橘黄色显示的默认状态。如果必要的话用户可以更改默认状态，在另一个状态上右击，并在弹出的菜单中选择 Set As Layer Default State（设置为默认状态）。

移动状态机视图的方法：Alt+ 鼠标左键拖动。

缩放状态机视图的方法：鼠标滚轮键。

（2）Any State 任意状态。

任意状态是一个一直存在的特殊状态。它的存在是为了保证在任意状态下可以转移至某个当前正处于的特殊状态而准备的。注意：这里 Any State 所暗示的特殊含义是指它不能成为一个状态转移的终点，比如，跳转至“任意状态”不是做选择一个随机状态跳转。

图 13-14 所示，在任意的状态中都可以快速转移至 State B。

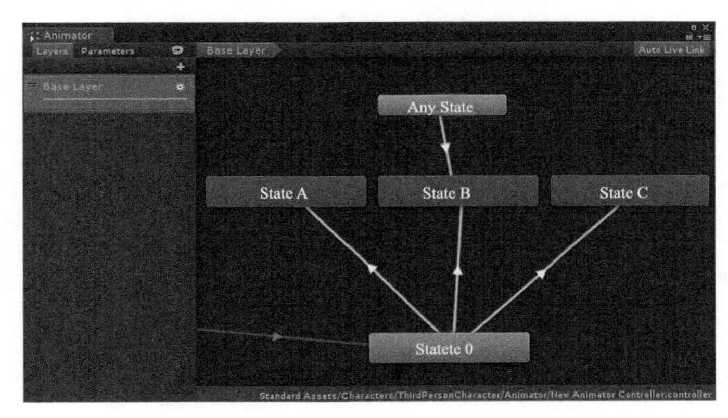

图 13-14

（3）Entry 和 Exit 节点。

动画窗口中的每个视图都有一个 Entry 和 Exit 节点，如图 13-15 所示。

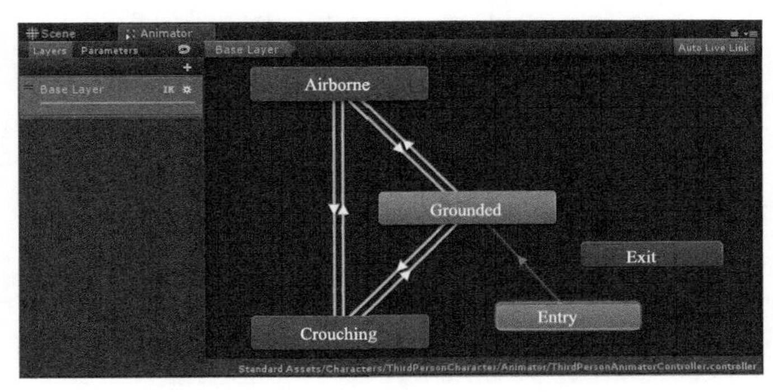

图 13-15

Entry 节点在转换到状态机时使用，并将根据设置的条件设置分支到目的状态机的状态。由于状态机始终具有默认状态，因此将始终存在从入口节点设置分支到默认状态的默认转换。

Exit 节点用于指示状态机应该退出。

（4）Animation Transition 动画过渡。

动画状态机过渡（状态机直接的连线）帮助用户简化大型或复杂状态机。它们允许用户在状态机逻辑上具有更高的抽象级别。创建动画过渡的方式为选中需要过渡的状态机，然后右击 Make Transition 连接过渡的状态机即可；删除动画过渡的方式为选中过渡线，按键盘 Delete 键即可。

动画过渡发生在：在用户从一个动画状态跳转至另一个动画状态时。在任意时刻只可能有一个动画状态转移被激活。选中动画过渡线即可看到动画过渡的设置，如图 13-16 所示。动画过渡的参数说明如表 13-4 所示。

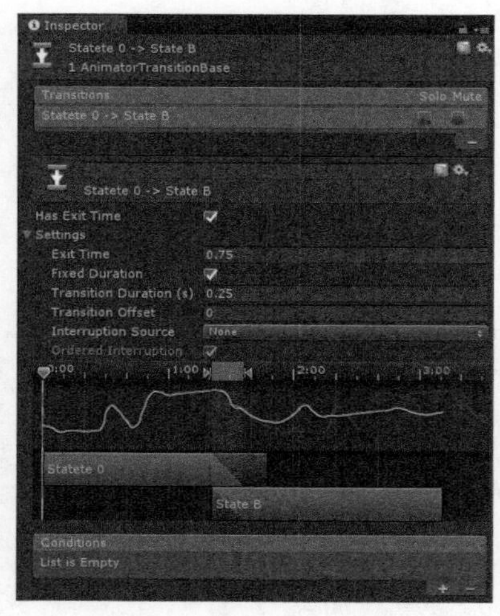

图 13-16

表 13-4　动画过渡的参数说明表

参数	说明
Has Exit Time	动画过渡是否有固定的退出时间
Exit Time	动画过渡时本状态退出的时间
Fiexd Duration	如果勾选了 Has Exit Time，则转换时间将以秒为单位进行。如果未勾选固定持续时间框，则转换时间将被理解为源状态的归一化时间的一小部分
Transition Duration(s)	在标准化时间内，相对于当前状态的持续时间，转换的持续时间。这在转换图中可视化为两个蓝色标记之间的部分
Transition Offset	在转换到的目的地状态中开始播放的时间的偏移量。例如，值为 0.5 表示目标状态通过其时间线以原先 50％的速度开始播放
Interruption Source	使用它来控制这种转换可能被中断的情况
Ordered Interruption	确定当前转换是否可以独立于其顺序中的其他转换中断（请参见下面的过渡中断）
Conditions	决定该动画过渡在何时被触发

转换可以有一个条件，多个条件，或没有条件。如果转换没有条件，则 Unity 编辑器仅考虑退出时间，并在达到退出时间时发生转换。如果用户的转换具有一个或多个条件，则在触发转换之前必须满足条件。

Conditions 触发条件包括以下几点。

- 一个条件参数

　　用户可以使用结束时间（Exit Time）作为一个参数，并且声明一个表示为源状态标准的时间参数（比如，值为 0.95 表示这个状态转移将会在原动画播放至 95% 的时刻触发）。

- 一个条件谓词

　　如果需要，使用浮点数作为参数时可以使用小于 / 大于（Less/Greater）的数。

- 一个条件值

　　如果需要，使用整数作为参数时判断是否等于一个固定值。

注 意

如果对于转换启用了 Has Exit Time，并且具有一个或多个条件，则仅在状态退出时间后才会检查这些条件。

13.2.2 Animation 动画编辑器

Animation 窗口是 Unity 提供用来编辑物体动画的系统。

1. 动画编辑

在 Hierarchy 视图中选中需要创建或编辑动画的游戏对象，然后在 Unity 导航菜单栏中依次单击 Window → Animation 打开动画编辑窗口，如图 13-17 所示。

图 13-17

Animation 窗口弹出后。如果选中的游戏对象上没有动画组件，那么其界面会如图 13-17 所示。这里单击 Create（创建动画片段）按钮，将弹出创建动画窗口。在窗口中单击 Save（保存）按钮，此时一个名叫 New Animation 的动画文件将被保存在 Project 视图中。Unity 还会创建一个与所选 GameObject 相同名称的 Animator Controller 资源，将一个 Animator 组件添加到 GameObject 中，并适当地连接资源。

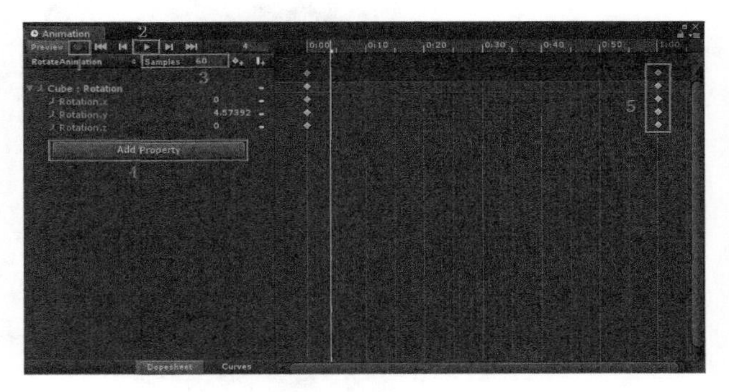

图 13-18

动画窗口属性如图 13-18 所示。

右图功能说明如下。

（1）开启或者关闭动画的录制模式。

（2）播放预览动画效果。

（3）动画的采样帧数。

（4）添加动画属性（用于添加动画需要的物体组件）。

（5）动画的关键帧，鼠标选中可进行移动。

动画编辑操作如图 13-19 所示，右侧竖直的白线表示动画当前所在的帧数。

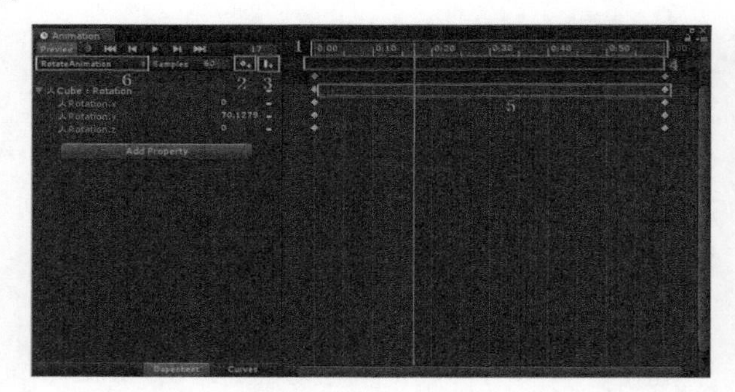

图 13-19

右图功能说明如下。

（1）单击该区域移动白线的位置。

（2）单击会在红线位置添加一个关键帧。

（3）单击会在红线位置添加一个动画事件。

（4）在区域 4 内右击可在鼠标指针位置添加一个动画事件。如果已选中一个动画事件，也可以删除它。

（5）在区域 5 内右击可在鼠标位置添加一个关键帧。如果已选中一个关键帧，也可以删除它。

（6）单击可以切换动画片段或者新建一个动画片段。

技 巧

在开启动画的录制模式时，动画的设置也可以直接在动画编辑器或者在 Scene 视图（或 Hierarchy 视图）中编辑要添加到动画里的物体属性。

2. 动画设置

在 Projects 面板里找到录制好的动画片段，选中动画片段即可在属性面板里设置我们的动画片段属性和预览动画效果，如图 13-20 所示。动画设置的参数说明如表 13-5 所示。

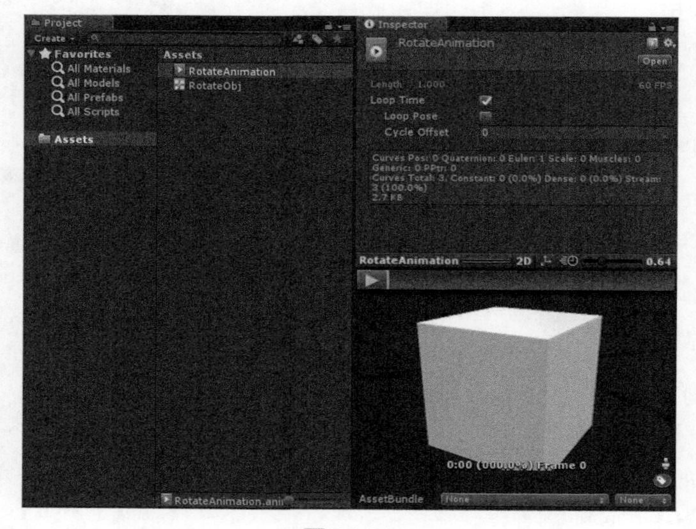

图 13-20

表 13–5　动画设置的参数说明表

参数	说明
Loop Time	动画是否循环
Loop Pose	勾选后，使得动画进行无缝循环
Cycle Offset	如果想在不同的时间启动动画，则设置循环动画的周期偏移值

参数下面的可视窗口是对动画效果的预览，可自动和手动播放，以及设置播放速度。

13.3 外部动画资源的准备和导入

13.3.1 获取人形网格模型

1. 人形网格模型

为了充分利用 Mecanim 的人形动画系统和动画重定向功能，需要一个具有骨骼绑定和蒙皮的人形网格模型。

（1）人形网格模型一般是由一组多边形或三角形网格组成。创建模型的过程被称为建模（modelling）。

（2）为了控制角色的运动，必须为其创建一个骨骼关节层级（joint hierarchy），该层级定义了网格内部的骨骼结构及其相互运动关系，这个过程被称为骨骼绑定（rigging）。

（3）人形网格模型必须与关节层级关联起来，即通过指定关节的动画来控制特定网格的运动。这个过程被称为蒙皮（skinning），如图 13-21 所示。

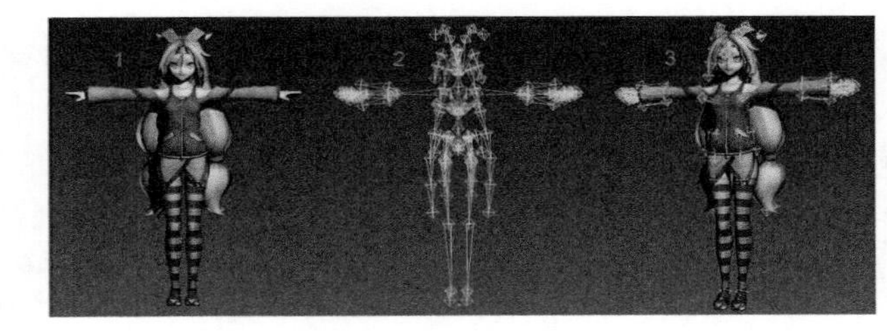

图 13-21

2. 如何获取模型

在 Mecanim 系统中，可以通过以下 3 种途径来获取人形网格模型。

（1）使用一个过程式的人物建模软件，如 Poser、Makehuman 或者 Mixamo。其中有些软件可以同时进行骨骼绑定和蒙皮操作（如 Mixamo），而另一些则不能。在这些软件中应尽量减少人形网格的面片数量，以便更好地在 Unity 中使用。

（2）在 Unity Asset Store 上购买适当的模型资源。

（3）通过其他建模软件来创建全新的人形模型，这类软件包括 3ds Max、Maya、Blender 等。

3. 导出和验证模型

Unity 引擎可以导入一系列常用的 3D 文件格式。这里推荐大家使用的导出文件格式是 FBX 2012，因为该格式有如下特征：

- 导出的网格中可以包含关节层级、法线、纹理以及动画信息。
- 将网格模型重新导入建模软件从而验证其正确性。
- 可以直接导出不包含网格的动画信息。

13.3.2 导入动画

在使用角色模型之前，首先需要将它导入项目工程中来。Unity 可以导入原生的 Maya 文件（.mb 或者 .ma）、3ds Max（.max）、Cinema 4D 文件（.c4d）以及一般的 FBX 文件。

导入动画的时候，只需将模型直接拖入工程面板中的 Assets 文件夹中，选中该文件后，就可以在 Inspector 视图中的 Import Settings 面板中编辑其导入设置，如图 13-22 所示。

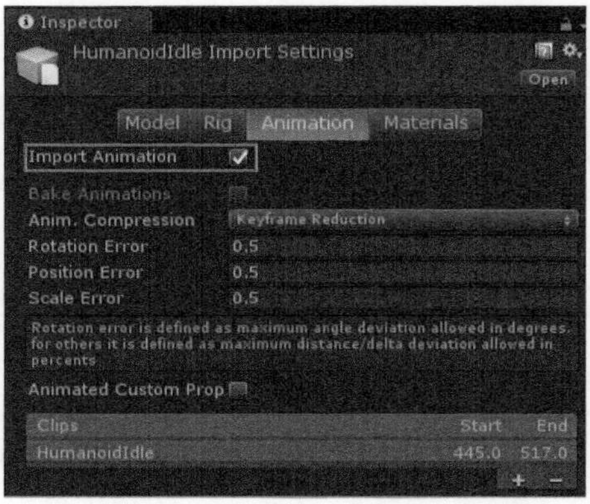

图 13-22

13.3.3 动画分解

一个动画角色一般来说都会具有一系列的在不同情境下被触发的基本动作，比如行走、奔跑、跳跃、投掷等，这些基本动作被称为动画片段（Animation Clips）。根据具体的需求，上述基本动作可以被分别导入为若干独立的动画片段，也可以被导入为按固定顺序播放各个基本动作的单一动画片段。对于后者，使用前必须在 Unity 内部将该单一动画片段分解为若干个子片段。下面就讲解一下具体的使用方法。

1. 使用预分解动画模型

最容易使用的动画模型是含有预分解动画片段的模型。对于这类情形，在动画导入面板中会出现如图 13-23 所示的界面，面板中含有一个可用的动画片段列表，可以单击面板底部的 Play 按钮来预览每个动画片段。如果有需要，还可以对每个片段的帧数范围进行编辑调整。

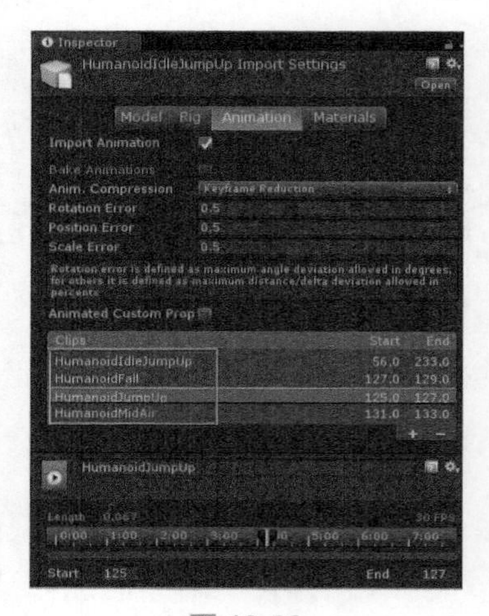

图 13-23

2. 使用未分解动画模型

对于只提供单一连续动画片段的模型，动画导入面板中会出现如图 13-24 所示的内容。

对于这种情况，可以自行设定每个动画序列（如行走、跳跃等）的帧数范围。具体地，可以通过单击“+”按钮，选中新增的动画，进而指定包含的帧数范围，帧数范围设置好后单击 Apply 按钮应用，这样便可增加一个新的动画片段。

例如：

- 装载机装货的动画的帧数范围为 0 ～ 400；
- 车开动的动画的帧数范围为 401 ～ 500。

动画片段分解后如图 13-25 所示。

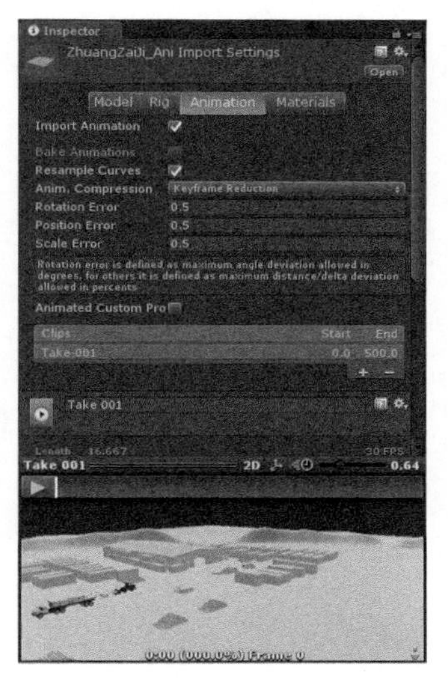

图 13-24

3. 为模型添加动画

用户可以为任意模型的动画组件添加动画片段，该模型甚至可以没有肌肉定义（非 Mecanim 模型），进而在 Animations 属性中指定一个缺省的动画片段和所有可用的动画片段。在非 Mecanim 模型上加入动画片段也必须采用非 Mecanim 的方式进行，即将 Muscle Definition 属性设置为 None。

对于具有肌肉定义的 Mecanim 模型，处理过程如下。

（1）创建一个新的 Animator Controller。

（2）打开 Animator Controller 窗口。

（3）将特定的动画片段拖入 Animator Controller 窗口。

（4）将模型资源拖入 Hierarchy 视图。

13.3.4 循环播放动画片段

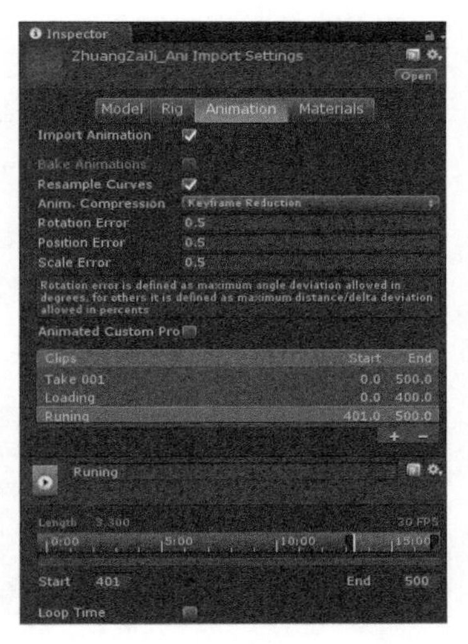

图 13-25

在制作动画时，一个最基本的操作就是确保动画可以很好地循环播放。这一点是非常重要的，例如一个走路的动画片段，起始动作和结束动作应该尽可能保持一致，否则就会出现滑步或者跳动的效果。Mecanim 系统即为此提供了一套方便的工具，动画片段可以基于姿态、旋转和位置进行循环。

如果拖动动画片段的 Start 点和 End 点，就会看到一系列的循配适配曲线。如果曲线右侧的圆点（Loop match 指示器）显示为绿色，则表示该动画片段可以很好地循环播放，如图 13-26 所示。

如果显示为红色，则表示头尾节点并不匹配，如图 13-27 所示。

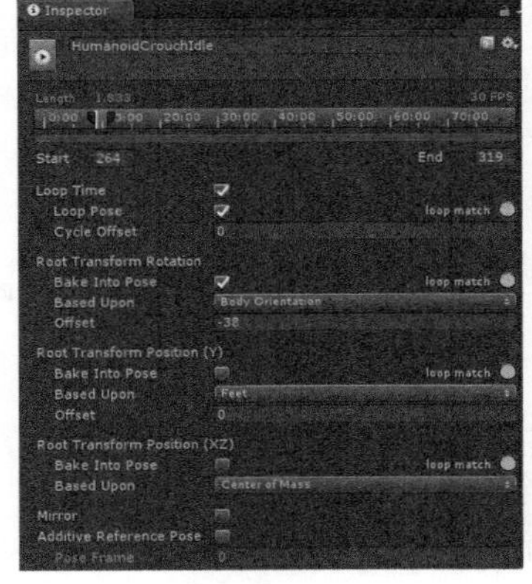

图 13-26

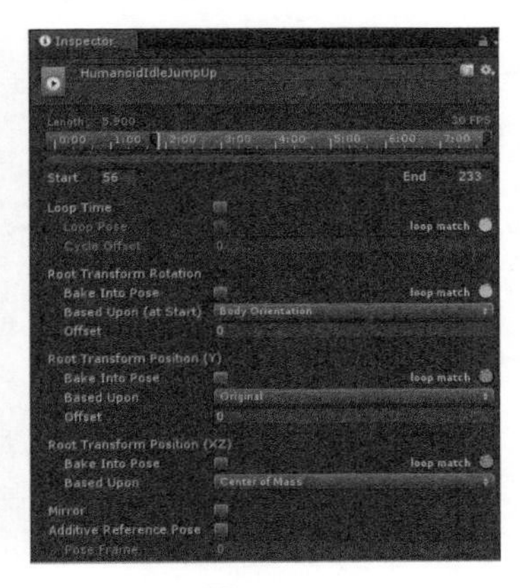

图 13-27

13.4 人形角色动画

13.4.1 创建 Avatar

在导入一个模型后，可以在 Inspector 面板的 Rig 选项卡中指定它的骨骼类型，包括 Humanoid、Generic 和 Legacy 三种。

1. 人形动画

对于一个人形骨架，单击 Animtion Type 右侧的下拉菜单，选择 Humanoid，然后单击 Apply 按钮，Mecanim 系统就会尝试将用户所提供的骨架结构与 Mecanim 系统内嵌的骨架结构进行匹配。在多数情况下，这一步骤可以由 Mecanim 系统通过分析骨架的关联性而自动完成。如果匹配成功，用户会看到在 Configure... 按钮旁边出现了一个勾号，如图 13-28 所示。

同时，在匹配成功的情况下，在 Project 视图中的 Assets 资源文件夹中，一个 Avatar 子资源将被添加到模型资源，选择这个子资源可以配置这个 Avatar，如图 13-29 所示。

需要注意的是，这里所说的匹配成功仅仅表示成功匹配了所有必要的关键骨骼，如果想达到更好的效果，即使一些非关键骨骼也匹配成功并使模型处于正确的 T 形姿态（T-pose），还需要对 Avatar 进行手动调整，关于这一点在下一节会有更为详细的介绍。如果 Mecanim 没能成功创建该 Avatar，在 Configure... 按钮旁会显示一个叉号，当然也不会生成相应的 Avatar 子资源，如图 13-30 所示。遇到这种情况，就需要对 Avatar 进行手动配置。

图 13-28

图 13-29

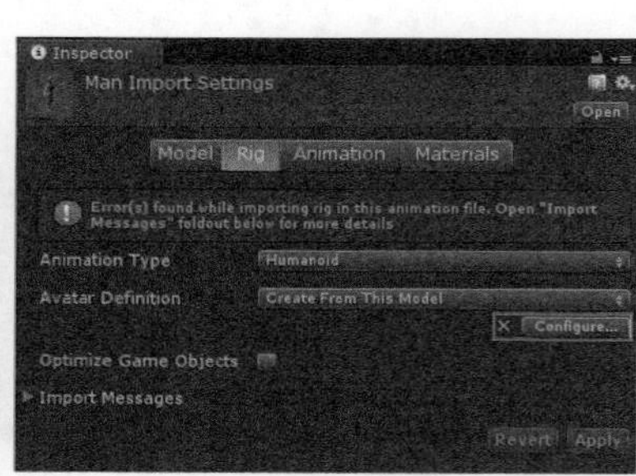

图 13-30

2. 非人形动画

Unity 为非人形动画提供了两个选项：一般动画类型（Generic）和旧版传统动画类型（Legacy）。一般动画仍可由 Mecanim 系统导入，但无法使用人形动画的专有功能。旧版传统动画则使用统一的 Mecanim。

13.4.2 配置 Avatar

Avatar 是 Mecanim 系统中极为重要的模块，因此为模型资源正确地设置 Avatar 也就变得至关重要。不管 Avatar 的自动创建过程是否成功，用户都需要进入 Configure Avatar 界面去确认

Avatar 的有效性，即确认用户提供的骨骼结构与 Mecanim 预定义的骨骼结构是否已经正确匹配起来，并且模型是否已经处于 T 形姿态。在单击 Configure... 按钮后，编辑器会要求保存当前场景。这是因为在 Configure 模式下，Scene 视图将被用于显示当前选中模型的骨骼、肌肉和动画信息，而不再被用来显示游戏场景。

单击保存后，会显示一个新的 Avatar 配置面板，其中包含了一个反映关键骨骼映射信息的视图，如图 13-31 所示。

该视图显示哪些骨骼是必须匹配的（实线圆圈），哪些骨骼是可选匹配的（虚线圆圈）；可选匹配骨骼的运动会根据必须匹配骨骼的状态来自动插值计算。为了方便 Mecanim 进行骨骼匹配，用户提供的骨架中应含有所有必须匹配的骨骼。此外，为了提高匹配的概率，应尽量通过骨骼代表的部位来给骨骼命名（如左手命名为 LeftArm，右前臂命名为 RightForearm 等）。

如果无法为模型找到合适的匹配，用户也可以通过以下类似 Mecanim 内部使用的方法来进行手动配置。

（1）单击 Sample Bind-Pose（得到模型的原始姿态），如图 13-32 所示。

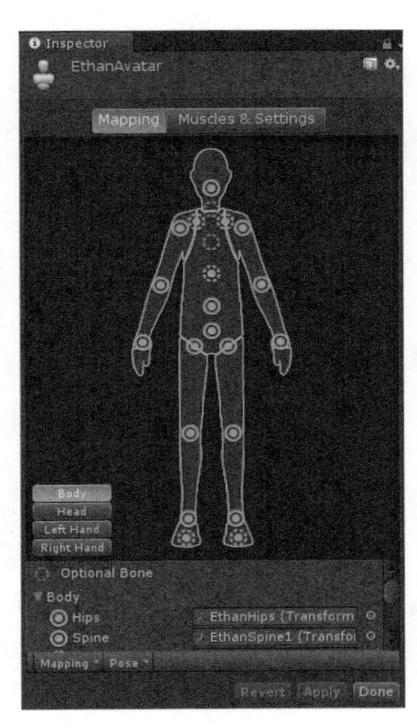

图 13-31

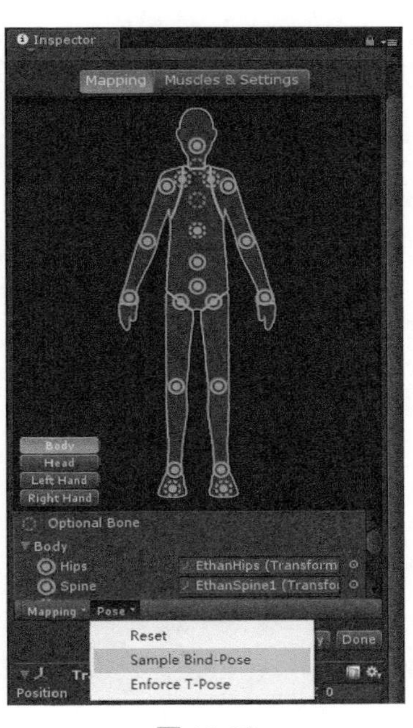

图 13-32

（2）单击 Automap（基于原始姿态创建一个骨骼映射），如图 13-33 所示。

图 13-33

（3）单击 Enforce T-pose（强制模型贴近 T 形姿态，即 Mecanim 动画的默认姿态）。

在上述第二个步骤中，如果自动映射（依次单击 Mapping → Automap）的过程完全失败或者局部失败，用户可以通过从 Scene 视图或者 Hierarchy 视图中拖出骨骼并指定骨骼。如果 Mecanim 认为骨骼匹配，将在 Avatar 面板中以绿色显示；否则以红色显示。最后，如果骨骼指定正确，但角色模型并没有处于正确位置，用户会看到 Character not in T-pose 提示，如图 13-34 所示。可以通过单击 Enforce T-Pose 或者直接旋转骨骼至 T 形姿态。

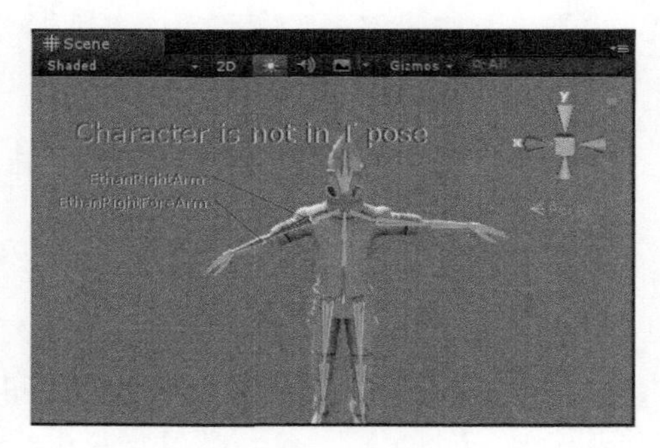

图 13-34

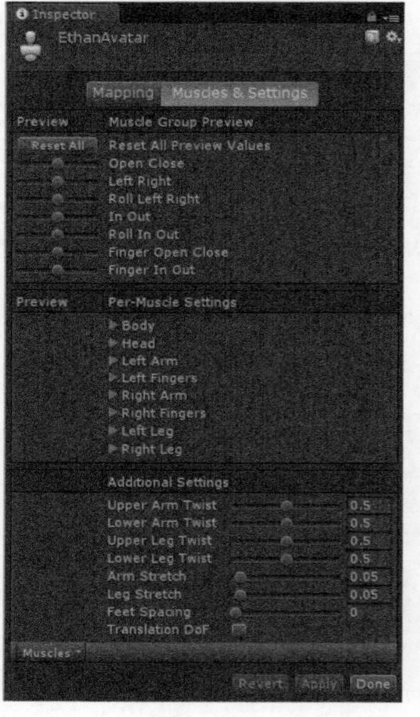

图 13-35

上述的骨骼映射信息还可以被保存成一个人形模板文件（human template file），其文件扩展名为 .ht，这个文件就可以在所有使用这个映射关系的角色之间复用。

13.4.3 设置 Muscle 参数

Mecanim 使用肌肉（Muscle）来限制不同骨骼的运动范围。一旦 Aratar 配置完成，Mecanim 就能解析其骨骼结构，进而用户可以在相应面板的 Muscles 选项卡中调节相关参数，如图 13-35 所示。在此可以非常容易地调整角色的运动范围，以确保骨骼运动看起来真实、自然。用户可以在视图上方使用预先定义的变形方法对几根骨骼同时进行调整，也可以在视图下方对身体上的每一根骨骼进行单独调整。

13.4.4 Avatar Mask

Unity 可以通过身体遮罩（Mask）来选择控制身体的某一部分是否受动画的影响，用户可以在 Mesh Import Inspector 的 Animation 选项卡以及 Animation Layers 面板中找到 Mask 控制选项。这样就可以控制动画的局部更新，从而满足一些特殊需求。例如，一个标准的走路动画既包含手臂运动又包含腿部运动，如果希望该角色在走路时双手抱着一个大型物体，也就是手臂不会来回摆动，这时用户仍可以使用这个标准的走路动画，只需要在 Mask 中禁止手臂运动即可。

Mask 可以控制的身体部分包括：头部、左臂、右臂、左手、右手、左腿、右腿和根节点（以脚底下的 shadow 来表示）。此外，还可以通过 Mask 为手和脚切换 IK 状态，从而决定在动画混合过程中是否引入 IK 曲线。可以单击 Avatar 的某一部分来开启或关闭其 IK 功能，或者双击空白区域来开启或关闭所有部分的 IK 功能，如图 13-36 所示。

在 Mesh Import Inspector 的 Animation 选项卡中，有一个被标识为 Clips 的列表，其中含有

所有游戏对象的动画片段。当选中列表中的某一项时，将会显示该项的所有控制选项，其中就包含了 Mask 编辑器。用户也可以通过依次单击菜单栏中的 Assets → Create → Avatar Mask 来创建 Mask 资源，并保存为 .mask 文件。当指定 Animation Layers 时，这些 Mask 资源可以在 Animator Controllers 中被复用。使用 Mask 的一个好处是减少内存开销，这是因为不受动画影响的身体部分不需要计算与其关联的动画曲线；同时，在动画回放时也无需重新计算无用的动画曲线，进而减少动画的 CPU 开销。

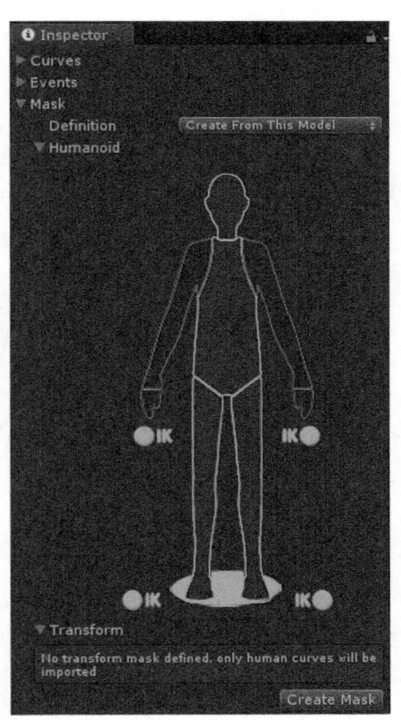

图 13-36

13.4.5 人形动画的重定向

人形动画的重定向是 Mecanim 系统中最强大的功能之一，这意味着用户可以通过简单的操作将一组动画应用到各种各样的人形角色模型上。特别地，重定向只能应用于人形模型，在此情况下，为了保证模型间骨骼结构的对应关系，必须正确配置 Avatar。以下介绍推荐的层次结构。

当使用 Mecainm 动画系统时，场景中应包含以下元素。

- 导入的角色模型，其中含有一个 Avatar。
- Animator 组件，其中引用了一个 Animator Controller 资源。
- 一组被 Animator Controller 引用的动画片段。
- 用于角色动画的脚本。
- 角色相关组件，如 Character Controller 等。

实践操作 52：将第三人称控制动画重定向到其他角色

将标准资源里的第三人称控制动画重定向到其他角色上。

1 导入角色控制资源包，然后新建场景 RetargetingPlayer，将第三人称控制的预设对象 Third-PersonController 添加到场景中，如图 13-37 所示。

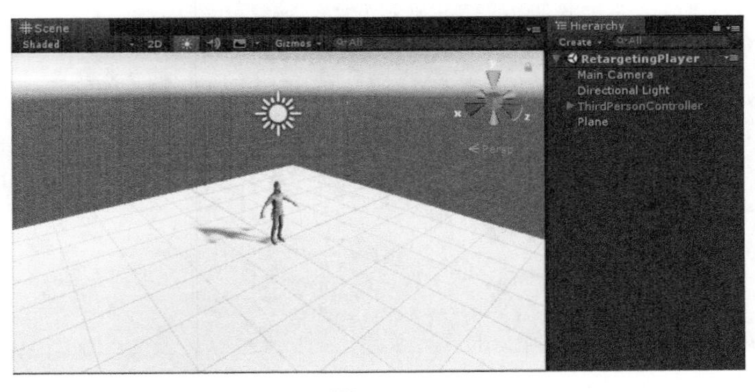

图 13-37

2 此时，运行游戏，通过按方向键对角色进行移动、转向、跳跃动画控制。

3 导入本书资源包路径为 \Book\Projects\Chapter13 的文件夹下的 Strong Knight.unitypackage 资源包，然后将导入的模型 knight 添加到场景中，如图 13-38 所示。

4 在场景中复制一个 ThirdPersonController 对象，并命名为 Player，然后将其所有子物体隐藏（或者删除），最后将 knight 作为 Player 的子对象，如图 13-39 所示。

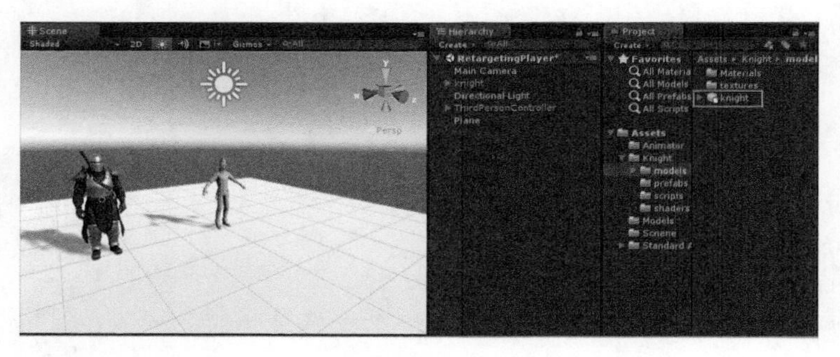

图 13-38

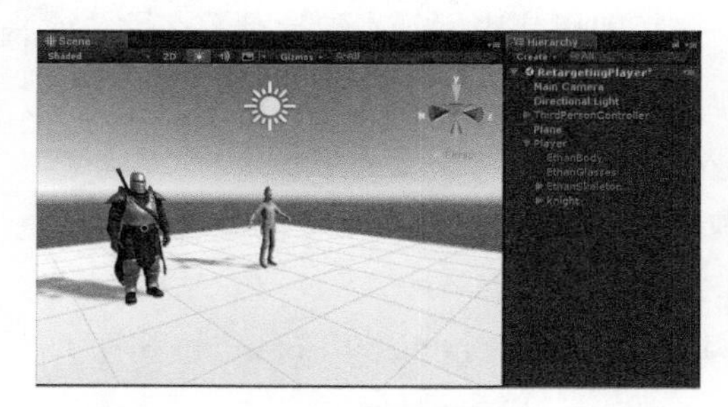

图 13-39

5 选中 Player 对象，将其 Inspector 视图中的 Animator Controller 设置为 knight 模型的 knightAvater，如图 13-40 所示。

6 将 knight 对象上的 Animator 组件移除。

7 运行游戏，此时角色控制动画就重定向到新的角色上了，如图 13-41 所示。

图 13-40

图 13-41

13.4.6 逆向运动学功能

大多数角色动画都是通过将骨骼的关节角度旋转到预定值来实现的。一个子关节的位置是由其父节点的旋转角度决定的，这样，处于节点链末端的节点位置是由此链条上的各个节点的旋转角和相对位移来决定的。可以将这种决定骨骼位置的方法称为前向运动学。

在实际应用中，上述过程的逆过程却非常实用，即给定末端节点的位置，从而逆推出节点链上所有其他节点的合理位置。这种需求非常普遍，例如希望角色的手臂去触碰一个固定的物体或脚站立在不平坦的路面上等。这种方法被称为逆向运动学（IK），在 Mecanim 系统中，任何正确设置了 Avatar 的人形角色都支持 IK 功能。

为了给角色模型设置 IK，需要知道可能与之进行交互的周边物体，进而编写 IK 脚本，常用的 Animator 函数包括 SetIKPositionWeight、SetIKRotationWeight、SetIKPosition、SetIKRotation、SetLookAtPosition、bodyPosition、bodyRotation。

实践操作 53：逆向运动学应用

图 13-42 中显示了一个角色正在抓取一个圆柱体并注视方块，接下来就来讲解具体的实现方法。

1 新建场景 IKScene，并添加一个具有有效 Avatar 的角色模型（示例中添加上节中的 knight 模型）；然后创建一个 Animator Controller 并命名为 IK Animator Controller，双击 IK Animator Controller，在动画窗口中，添加一个角色资源里的动画剪辑，使得动画控制器有一个默认的动画状态，如图 13-43 所示。

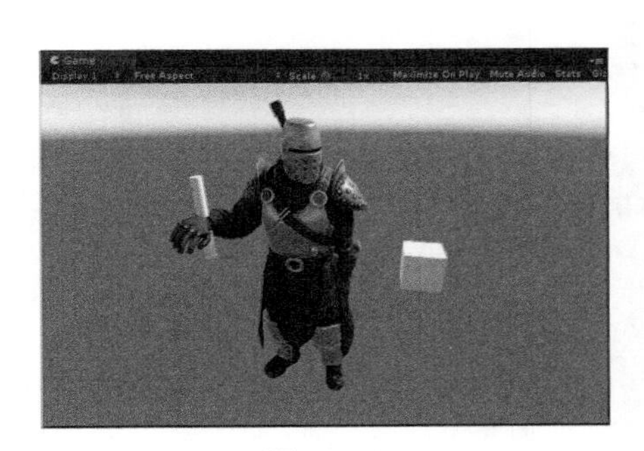

图 13-42

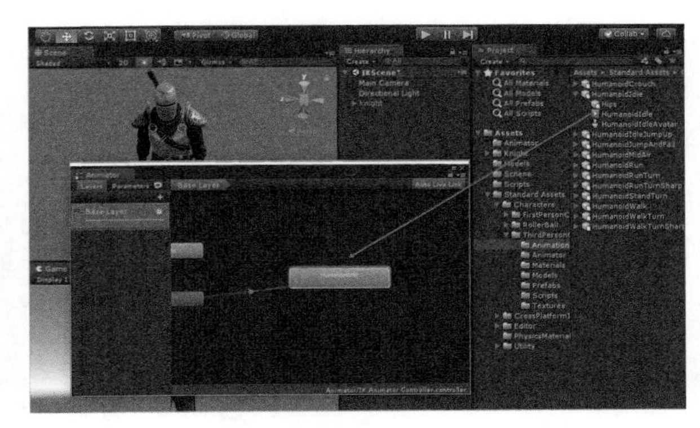

图 13-43

2 在 Animator 窗口的 Layers 选项卡中，单击⚙按钮，在弹出的面板中，勾选 IK Pass 选项，如图 13-44 所示。

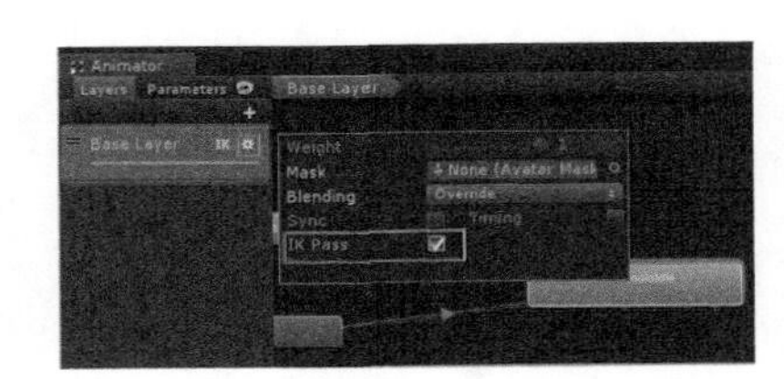

图 13-44

3 新建脚本 IKControl.cs，代码如下。

```
using System.Collections;
using System.Collections.Generic;
using UnityEngine;

[RequireComponent(typeof(Animator))] //需要 Animator 组件
public class IKControl:MonoBehaviour
{
protected Animator animator;                      //动画器对象
    public bool ikActive = false;                 //是否激活 IK 功能
    public Transform rightHandObj = null;         //右手抓取对象
    public Transform lookObj = null;              //注视的对象
    void Start()
    {
        animator = GetComponent<Animator>();
    }
    //用于计算 IK 的回调函数
    void OnAnimatorIK()
    {
            if (animator)
            {
                //如果 IK 处于活动状态，则将位置和旋转直接设置为目标。
                if (ikActive)
                {
                    //设置外观目标位置（如果已分配）
                    if (lookObj != null)
                    {
                        animator.SetLookAtWeight(1);
                        animator.SetLookAtPosition(lookObj.position);
                    }
                    //设置右手目标位置和旋转（如果已分配）
                    if (rightHandObj != null)
                    {
                        animator.SetIKPositionWeight(AvatarIKGoal.RightHand, 1);
                        animator.SetIKRotationWeight(AvatarIKGoal.RightHand, 1);
                        animator.SetIKPosition(AvatarIKGoal.RightHand, rightHandObj.
position);
                        animator.SetIKRotation(AvatarIKGoal.RightHand, rightHandObj.
rotation);
                    }
                }
                //如果 IK 没激活，则将手的位置和旋转设置回到原始位置
                else
                {
                    animator.SetIKPositionWeight(AvatarIKGoal.RightHand, 0);
                    animator.SetIKRotationWeight(AvatarIKGoal.RightHand, 0);
                    animator.SetLookAtWeight(0);
                }
            }
        }
}
```

4 将 IKControl.cs 添加到角色对象上，将参数 Is Active 勾选。然后创建一个圆柱和一个方块对象，调整其位置和大小。最后将它们拖曳到 IKControl 的参数上，如图 13-45 所示。

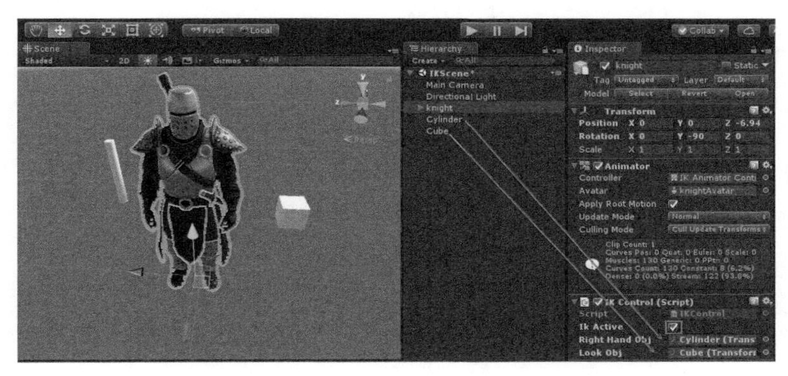

图 13-45

5 运行游戏，此时角色的右手抓取着圆柱（注意：手掌的方向和圆柱 z 轴方向一致），眼睛注视着方块，调整圆柱和方块的位置时右手和注视也随着变化，如图 13-46 所示。

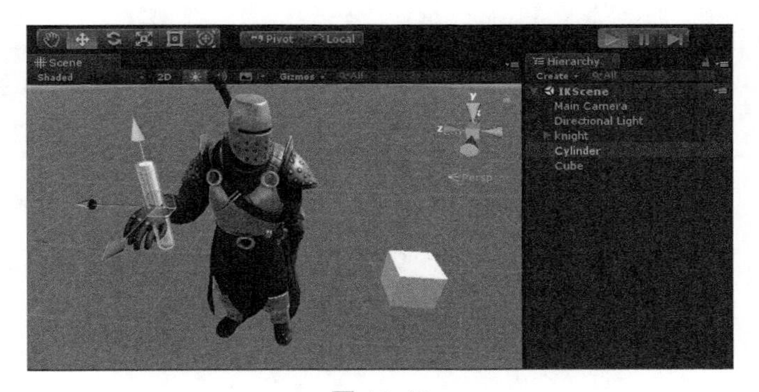

图 13-46

13.5 动画混合

13.5.1 混合树

在游戏动画中，一种常见的需求是对两个或更多个相似的动作进行混合。一个常见的例子是根据角色的移动速度对走路和跑步动画进行混合；另一个常见的例子是角色在跑动时向左或向右倾斜转弯。动画过渡和动画混合是完全不同的概念，尽管它们都被用于生成平滑的动画，但却适用于不同的场合。动画过渡被用于在一段给定的时间内完成由一个动画状态向另一个动画状态的平滑过渡；而动画混合则被用于通过插值技术实现对多个动画片段的混合，且每个动作对于最终结果的贡献量取决于混合参数。特别地，动画混合树可以作为状态机中一种特殊的动画状态而存在。

区分过渡和混合树是很重要的。虽然两者都用于创建流畅的动画，但它们用于不同种类的情况。

- 过渡在一定时间内用于从一个动画状态平滑地转换到另一个动画状态。转换被指定为动画状态机的一部分。 如果转换很快，从一个动作到另一个完全不同的动作的转换通常很好。

- 混合树用于允许多个动画通过不同程度地并入其中的一部分而平滑地混合。使用混合参数来控制每个运动对最终效果贡献的量，该混合参数仅仅是与动画控制器相关联的数字动画参数之一。为了使混合动作有意义，混合的动作必须具有相似的性质和时间。混合树是动画状态机中特殊类型的状态。

要制作一个新的混合树，需要以下 4 个步骤。

（1）在 Animator Controller 窗口中右击空白区域。

（2）在弹出的菜单中依次选择 Create State → From New Blend Tree。

（3）双击混合树进入混合树视图，如图 13-47 所示。

（4）动画控制器窗口现在显示整个混合树的图形（右击混合树可添加动作和子混合树），如图 13-48 所示，而属性面板显示当前选定的节点及其直接子节点，如图 13-49 所示。

图 13-47

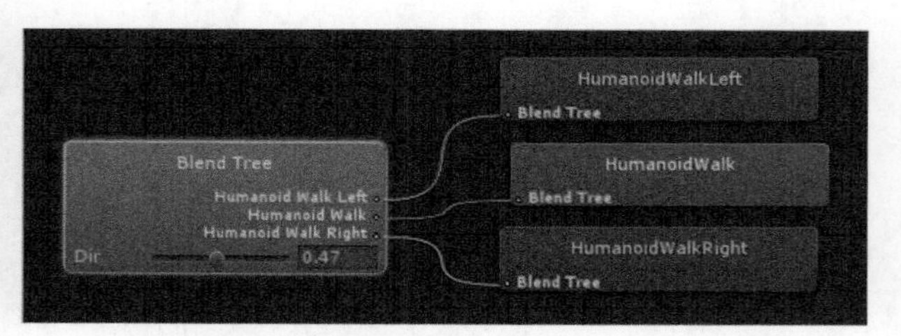

图 13-48

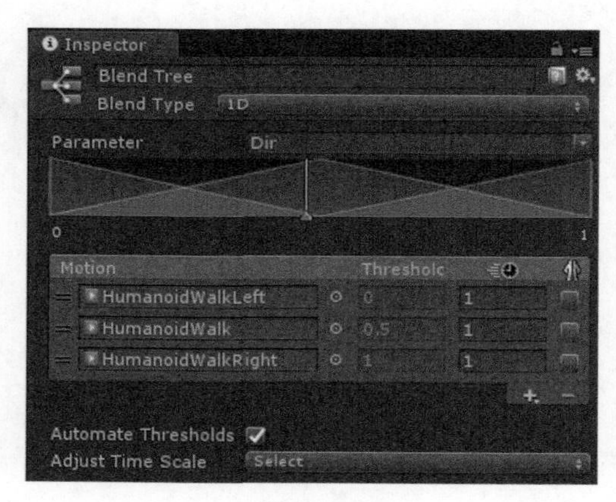

图 13-49

在 Blend type 选项卡中可以指定不同的混合类型，包括 1D 混合、2D 混合和直接混合三种。

13.5.2 1D 混合

在 Inspector 视图中的 Blend Node 属性面板中，第一个选项就是指定一个混合类型。其中 1D 混合即是通过唯一的一个参数来控制子动画的混合。在设定 1D 混合类型后，需要选择通过一个 Animation Parameter 来控制混合树。在下面的例子中，将选用 Dir 参数（Float 类型），其值的变化范围是从 –1.0（向左倾斜）到 1.0（向右倾斜），而值为 0.0 表示直线走动而不产生倾斜。随后可以通过单击 + → Add Motion Field 在混合树中添加动画片段。添加完成后如图 13-50 所示。

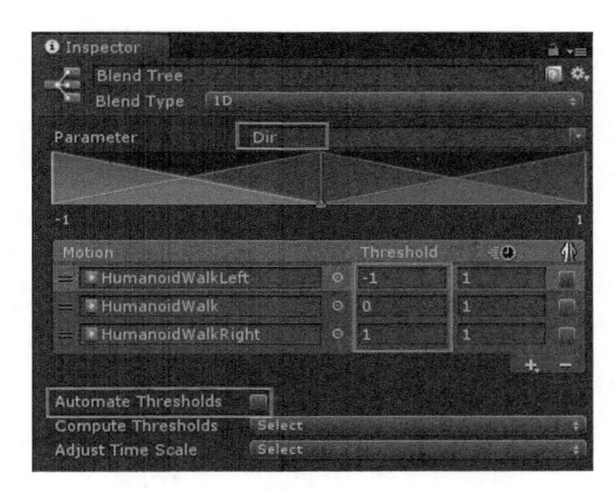

图 13-50

可以通过单击图中相应的蓝色金字塔并将其向左或向右拖动来更改动作的 Threshold（阈值）。如果未启用 Automate Thresholds 切换，用户可以通过在 Threshold 列中的数字字段中输入数字来编辑运动列表中运动的 Threshold。

Compute Thresholds（计算阈值）下拉列表将根据用户从动画剪辑中的根部动作获取的数据设置阈值。可供选择的数据是速度，速度 x、y 或 z，角速度以度或弧度表示。如果参数对应于其中一个属性，则可以使用 Compute Thresholds 下拉列表计算阈值。参数说明如表 13-6 所示。

表 13–6　Compute Thresholds 的参数说明表

参数	说明
Speed	根据速度值来设置阈值
Velocity X	根据速度的 x 值来设置阈值
Velocity Y	根据速度的 y 值来设置阈值
Velocity Z	根据速度的 z 值来设置阈值
Angular Speed(Rad)	根据角速度（弧度 / 秒）的值来设置阈值
Angular Speed(Deg)	根据角速度（角度 / 秒）的值来设置阈值

Inspector 视图中 Blend Node 属性面板上方的图形表示了混合参数变化时每个子动画的影响。其中每个子动画用一个蓝色的金字塔形状表示（第一个和最后一个只显示了一半），如图 13-51 所示。如果使用鼠标左键单击某个金字塔形状并按住不放时，相应的动画片段会在下端的列表中高亮显示。每个金字塔的顶端代表该动画片段的混合权重为 1，而其他所有动画的混合权重都为 0；这样的位置也被称为动画混合的阈值（Threshold）。图中红色的竖线表示了当前的混合参数。

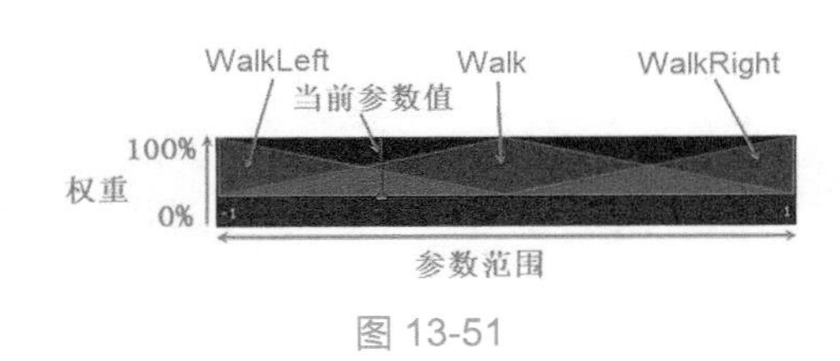

图 13-51

在单击 Inspector 底端的 Play 按钮后，如果拖动红线向左或向右进行移动，即可观察到混合参数对于最终动画混合效果的影响，如图 13-52 所示。

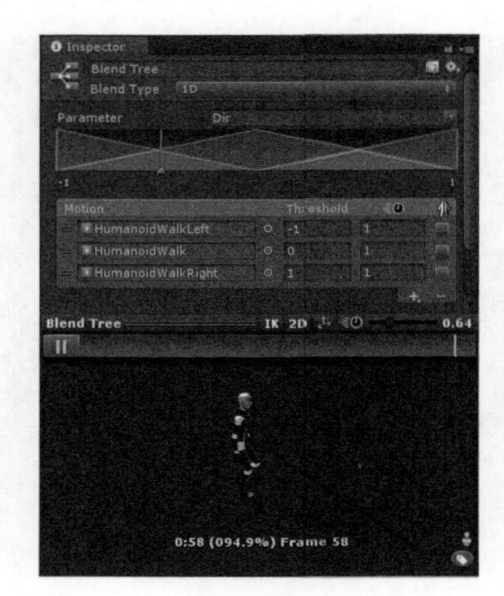

图 13-52

13.5.3 2D 混合

2D 混合是指通过两个参数来控制子动画的混合。2D 混合又可以分为 3 种不同的模式，不同的模式有不同的应用场合，它们的区别在于计算每个片段影响的具体方式。

- 2D Simple Directional（2D 简单定向模式）：这种混合模式适用于所有动画都具有一定的运动方向或其中任何两段动画的运动方向都不相同的情形，如向前走、向后走、向左走和向右走。在此模式下，每一个方向上都不应存在多段动画，例如向前走和向前跑是不能同时存在的。此时还可以存在一段处于（0，0）位置的特殊动画，如 Idle 状态，当然也可以不存在。
- 2D Freeform Directional（2D 自由定向模式）：这种混合模式同样适用于所有动画都具有一定运动方向的情形，但在同一方向上可以存在多段动画，例如向前走和向前跑是可以同时存在的。在此模式下，必须存在一段处于（0，0）位置的动画，如 Idle 状态。
- 2D Freeform Cartesian（2D 自由笛卡儿模式）：这种混合模式适用于动画不具有确定运动方向的情形，例如向前走然后右转、向前跑然后右转等。在此模式下，x 参数和 y 参数可以代表不同的含义，如角速度和线性速度。

在设定了 2D 混合类型后，立即需要做的一件事就是选择通过哪两个 Animation Parameters 来控制混合树。在下面的例子中，即将选定的两个参数是 velocityX（平移速度）和 velocityZ（前进速度）。然后可以通过单击 + → Add Motion Field 在混合树中添加动画片段。添加完成后的界面应如图 13-53 所示。

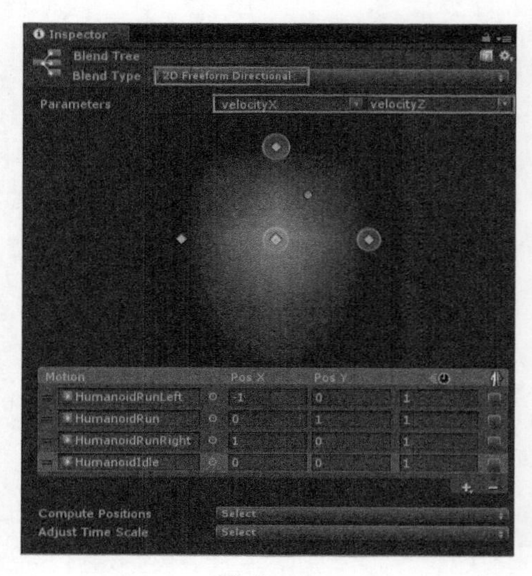

图 13-53

用户可以通过单击图中相应的蓝点并将其拖动来更

改动作的位置。还可以通过在 Pos X 和 Pos Y 列中的数字字段中键入数字来编辑动画列表中动画的位置坐标。

Compute Position（计算位置）下拉列表将根据用户从动画剪辑中的根部动作获取的数据设置位置。可供选择的数据是速度，如速度 x、y 或 z，角速度以度或弧度每秒表示。如果一个或两个参数对应于这些属性之一，则可以使用 Compute Position 下拉列表计算 Pos X 或 Pos Y。参数说明如表 13-7 所示。

表 13–7 参数说明表

参数	说明
Velocity XZ	根据速度的 x 值设置 Pos X 和根据速度的 z 值设置 Pos Y
Speed And Angular Speed	根据角速度（弧度 / 秒）设置 Pos X 和根据速度设置 Pox Y

此外，用户可以通过单击 Compute Position → X Position Form 或 Y Position Form 选项进而自动计算其中一个，并保持其他状态。参数说明如表 13-8 所示。

表 13–8 参数说明表

参数	说明
Speed	根据速度值来设置 Pos X 或 Pos Y
Velocity X	根据速度的 x 值来设置 Pos X 或 Pos Y
Velocity Y	根据速度的 y 值来设置 Pos X 或 Pos Y
Velocity Z	根据速度的 z 值来设置 Pos X 或 Pos Y
Angular Speed(Rad)	根据角速度（弧度 / 秒）的值来设置 Pos X 或 Pos Y
Angular Speed(Deg)	根据角速度（角度 / 秒）的值来设置 Pos X 或 Pos Y

面板顶端的图示表示了各个子动画在 2D 混合空间中的位置。每段动画以蓝色的矩形点表示，可以通过单击这个蓝点来选取一段动画；选中后，该动画的影响范围将以蓝色的可视化场来表示，如图 13-54 所示。蓝点正下方的位置具有最大的强度，表示该动画片段在此时具有最大的混合权重。

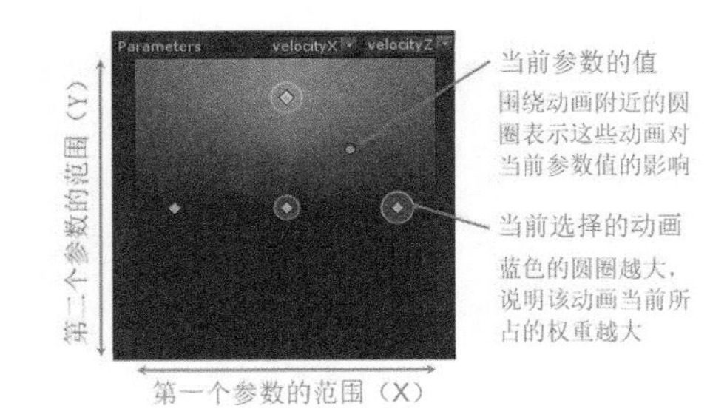

图 13-54

图 13-54 所示中的红点表示两个混合参数的当前值。在单击 Inspector 面板底端的 Play 按钮后，如果在图中拖动红点，就可以观察到两个混合参数对于混合结果的影响。在图中，每段动画对当前动画状态的影响权重还可以通过蓝点周围的蓝色圆圈表示。当用户拖动红点逐渐靠近代表某段动画的蓝点时，则该蓝点周围的圆圈直径会相应地变大，表明该动画的影响权重逐渐变大；而其他圆圈则会相应地变小，表明其他动画的影响权重逐渐变小，甚至完全没有影响。

13.5.4 直接混合

使用直接混合树（Direct Blending）可以将动画参数直接映射到子混合树的权重。如果用户想要精确控制正在混合的各种动画，而不是间接使用一个或两个参数（在 1D 和 2D 混合树的情况下）来混合，这将会非常有用，如图 13-55 所示。

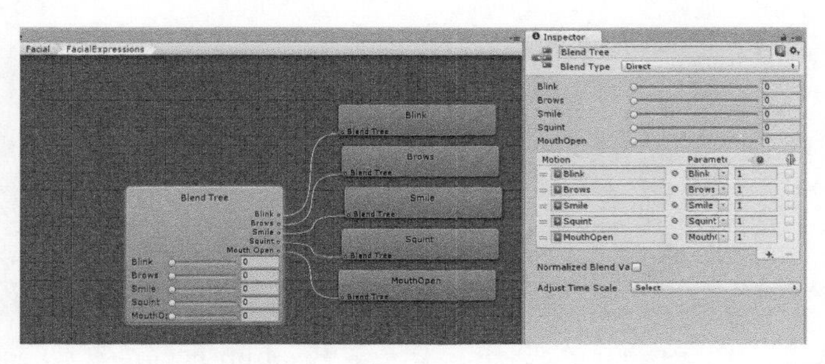

图 13-55

设置直接混合时，用户可以将动作添加到动画列表中。然后应该为每个动作分配相应的参数，以直接控制树中的混合权重。

实际上，这种直接模式只是绕过交叉渐变，或者各种 2D 混合算法（Freeform Directional、Freeform Cartesian 等），并允许用户实现用代码来控制混合动画的混合。

这种混合树可以让用户直接控制每个节点的权重。适用于脸部表情的动画混合，或者将可叠加的动画混合，如图 13-56 所示。

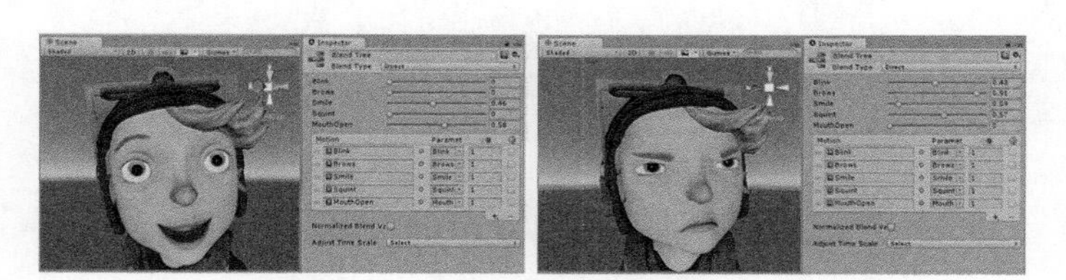

图 13-56

第 14 章 Timeline

使用 Unity 的 Timeline（时间线）可以创建电影内容、游戏序列、音频序列和复杂的粒子效果，如图 14-1 所示。

图 14-1

用户使用 Timeline 创建的每个剪辑场景、电影或游戏播放序列都包含 Timeline 资源和 Timeline 实例。Timeline 编辑器窗口可同时创建和修改 Timeline 资源和 Timeline 实例。

14.1 Timeline 概述

使用 Timeline 编辑器窗口，如图 14-2 所示。通过在场景中直观地排列链接到 GameObjects 的 Track（轨道）和剪辑中，创建剪辑场景、电影和游戏播放序列。

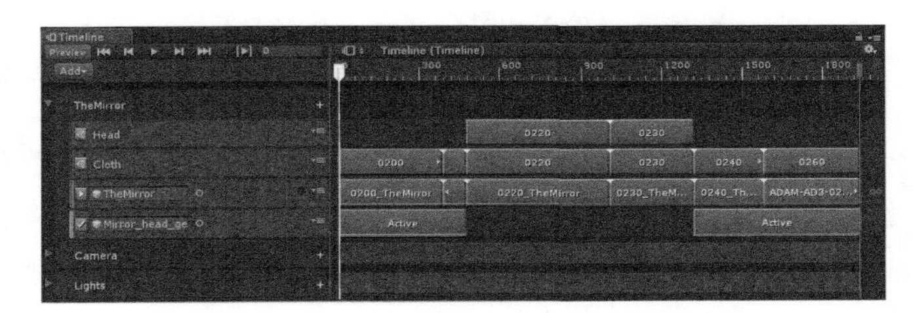

图 14-2

对于每个剪辑场景、电影或游戏播放序列，Timeline 编辑器窗口会保存以下内容。

- Timeline Asset（时间线资源）：存储 Tracks、剪辑和录制的动画，而不会链接到具体游戏对象上存在的动画。Timeline Asset 保存在 Project 视图中。
- Timeline instance（时间线实例）：在 Timeline Asset 上存储并链接具体游戏对象或在场景中生成的动画。用户可以通过 Playable Director 组件将 Timeline Asset 关联到游戏对象来创建 Timeline 实例。Timeline 实例是基于场景的。

1. Timeline Asset

Timeline 编辑器窗口将轨道和剪辑定义保存为 Timeline Asset。如果在创建电影、剪切场景或游戏播放序列时录制关键动画，则 Timeline 编辑器窗口会将录制的动画保存为 Timeline Asset 的子项，如图 14-3 所示。

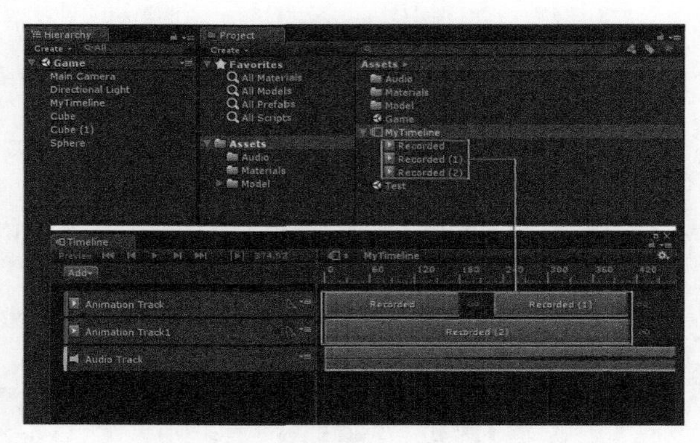

图 14-3

2. Timeline instance

尽管 Timeline Asset 定义了剪切场景、电影或游戏播放序列的轨道和剪辑，但无法将 Timeline Asset 直接添加到场景中。要使用 Timeline Asset 为场景中的 GameObjects 创建动画，必须创建一个 Timeline 实例。

Timeline 编辑器窗口提供了在创建 Timeline Asset 时自动创建 Timeline 实例的方法。

如果在场景中选择一个具有与 Timeline Asset 关联的 Playable Director 组件的游戏对象，则 Bindings 将显示在 Timeline 编辑器窗口和 Playable Director 组件中，如图 14-4 所示。

3. 重用 Timeline Assets

由于 Timeline Asset 和 Timeline 实例是分开的，因此可以在多个 Timeline 实例中重复使用同一个 Timeline Asset。

例如，用户可以创建一个名为 DanceTimeline 的时间线资源，其中包括游戏角色（Player1）跳舞的动画和音乐，如图 14-5 所示。

要重复使用 DanceTimeline 时间线资源为同一场景中的另一个游戏角色（Player2）制作动画，可以为其他游戏角色创建另一个时间轴实例，如图 14-6 所示。

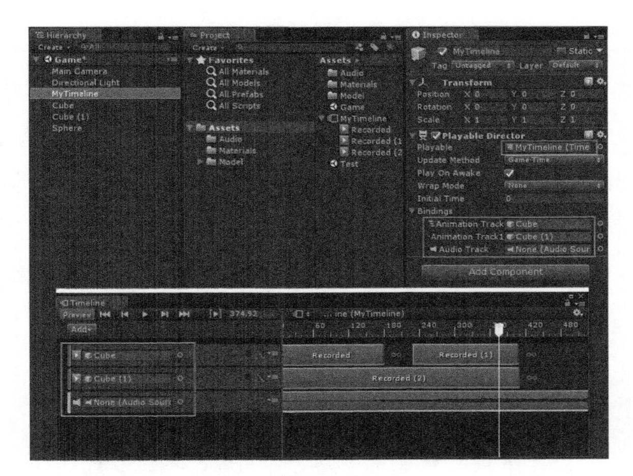

图 14-4

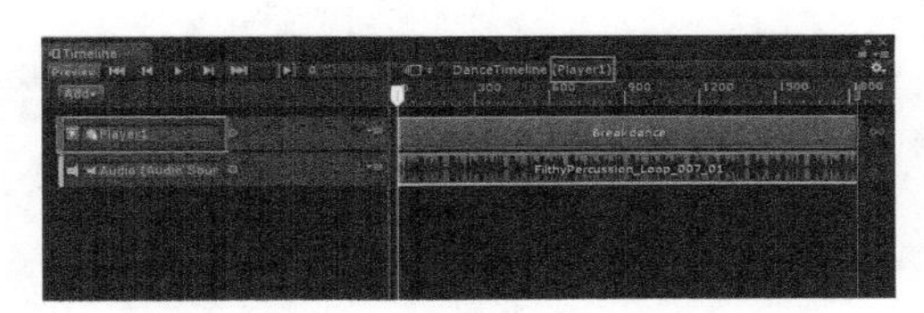

图 14-5

图 14-6

由于 Timeline Asset 存在重复使用，因此对 Timeline 编辑器窗口中 Timeline Asset 的任何修改都会导致对所有 Timeline 实例的更改。

例如，在前面的示例中，如果在修改 Timeline 实例时删除 Timeline 编辑器窗口中的音频控制轨道，则会从 DanceTimeline 时间线资源中移除该轨道。这还会从 DanceTimeline 时间线资源的所有实例中移除音频控制轨道。

Timeline 窗口和动画窗口有什么区别？

Timeline 窗口

Timeline 窗口允许用户创建电影内容、游戏播放序列、音频序列和复杂的粒子效果。用户可以在同一个序列中制作许多不同的游戏对象或动画，如剪辑场景或角色与场景交互的游戏对象或动画。在 Timeline 窗口中，可以有多种类型的轨道，每个轨道可以包含多个可以移动、剪切和混合的剪辑。这对创建更复杂的动画序列非常有用，它需要将许多不同的游戏对象一起编排。

Timeline 窗口拥有比动画窗口更新的功能，它在 2017.1 版本中被添加到 Unity 中，并取代了动画窗口的一些功能。

动画窗口

动画窗口允许用户创建单个动画片段以及查看导入的动画片段。动画片段用于存储单个游戏对象或单个游戏对象层次结构的动画。动画窗口对于用户游戏中的离散项目（如摆动手、推动门或旋转硬币）的动画制作非常有用。动画窗口一次只能显示一个动画片段。

动画窗口是在 Unity 4.0 时被添加的。动画窗口拥有比 Timeline 窗口更旧的功能。它提供一种简单的方法来创建动画片段并为单个游戏对象创建动画，并且可以在动画窗口中创建片段并使用 Animator 控制器进行组合和混合。但是，要创建更复杂、涉及许多不同游戏对象的序列时应该使用 Timeline 窗口。

动画窗口具有 Timeline 作为其用户界面的一部分（标有时间划分的 horiontal 栏），但这与时间线窗口是分开的，如图 14-7 所示。

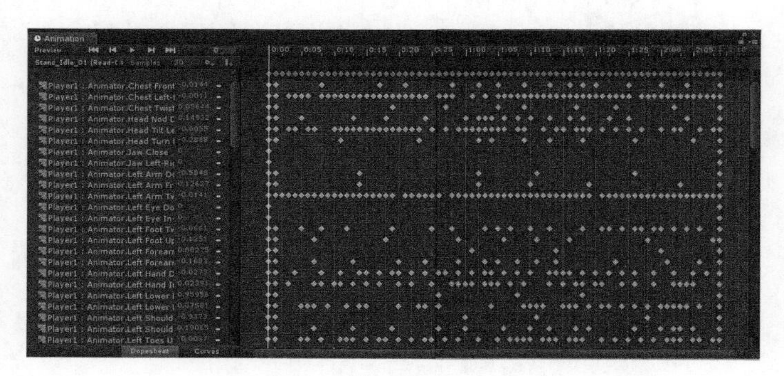

图 14-7

14.2 Timeline 工作流程

Timeline 编辑器窗口提供了许多不同的工作流程，用于创建 Timeline 资源和实例、录制动画、调度动画和创建电影内容。本节介绍几种典型的工作流程。

14.2.1 创建 Timeline 资源和 Timeline 实例

要在场景中使用 Timeline 资源，可使用 Playable Director 组件将 Timeline 资源关联到游戏对象上。将 Timeline 资源与 Playable Director 组件关联会创建一个 Timeline 实例，并允许用户指定 Timeline 资源为场景中的哪些对象设置动画。游戏对象还必须有一个 Animator 组件。

Timeline 编辑器窗口提供了在创建新 Timeline 资源时自动创建 Timeline 实例的方法。Timeline 编辑器窗口还创建了所有必要的组件。

要创建新的 Timeline 资源和 Timeline 实例，可按照下列步骤操作。

（1）在场景中，选择用作电影或其他基于游戏的序列焦点的 GameObject。

（2）打开 Timeline 编辑器窗口（依次单击菜单栏中的 Window → Timeline）。如果 GameObject 还没有附加到 Timeline 资源的 Playable Director 组件上，则 Timeline 编辑器窗口中的消息会提示用户单击创建按钮，如图 14-8 所示。

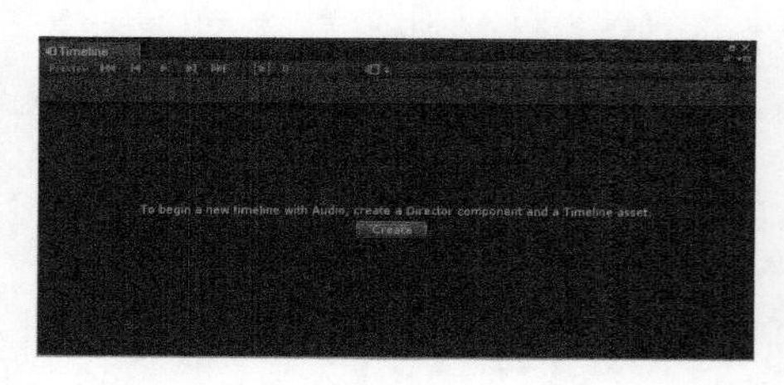

图 14-8

（3）单击 Create 按钮创建 Timeline 资源。对话框会提示用户输入正在创建的 Timeline 资源的名称和位置。

（4）单击保存。

此时 Unity 将执行以下操作。

- 将新的 Timeline 资源保存到 Project。如果用户没有更改创建的 Timeline 资源的名称和位置，则 Timeline 资源的名称默认为所选 GameObject 的名称 +Timeline 后缀。例如，选择名为 Player 的 GameObject，默认情况下，会将资源命名为 PlayerTimeline 并将其保存到 Project 视图中的 Assets 目录下。
- 为 Timeline 资源添加一个空的动画轨道。
- 将 Playable Director 组件添加到所选 GameObject 中，并将 Playable 属性设置为 Timeline 资源。这会创建一个 Timeline 实例。
- 在 Playable Director 组件中，动画轨道的绑定被设置为选定的 GameObject。动画轨道没有任何剪辑，因此所选的游戏对象并不具有动画。
- 将 Animator 组件添加到所选的 GameObject。Animator 组件通过 Timeline 实例将 GameObject 动画化，如图 14-9 所示。如果没有 Animator 组件，GameObject 将不能产生动画。

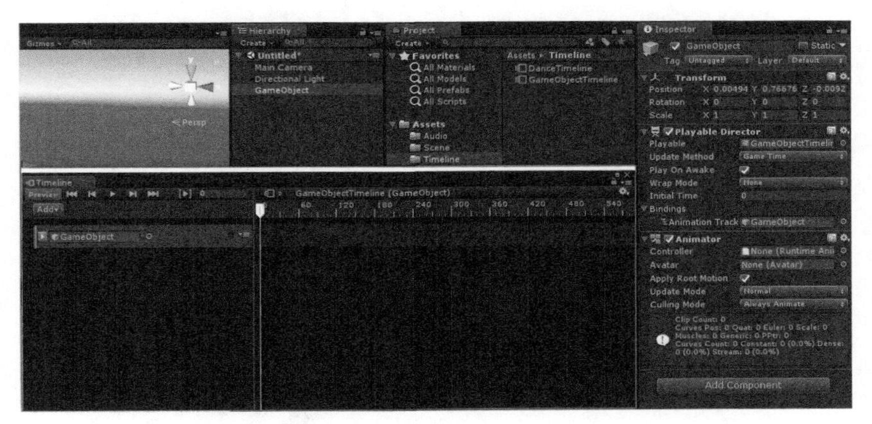

图 14-9

14.2.2 用无限剪辑录制基本动画

用户可以将动画直接录制到动画轨道上。当直接录制到空的动画轨道时，将创建一个无限剪辑（或者叫无限片段）。

无限剪辑定义为包含在 Timeline 编辑器窗口中记录的基本关键动画的剪辑。无限剪辑没有固定大小，所以无法定位、裁剪或拆分。无限剪辑的时间段跨越整个动画轨道。

在创建一个无限剪辑之前，用户必须为想要制作为动画的 GameObject 添加一个空的动画轨道。

在轨道列表中，单击空白动画轨道的录制按钮以启用录制模式，如图 14-10 所示。录制按钮可用于绑定到简单 GameObjects 的动画轨道上，如立方体、球体、灯光等。对于绑定到人形 GameObjects 的动画轨道，录制按钮处于禁用状态。

当轨道处于录制模式时，轨道的剪辑区域将变为红色，并出现 Recording... 消息提示，录制按钮也一直闪烁，如图 14-11 所示。

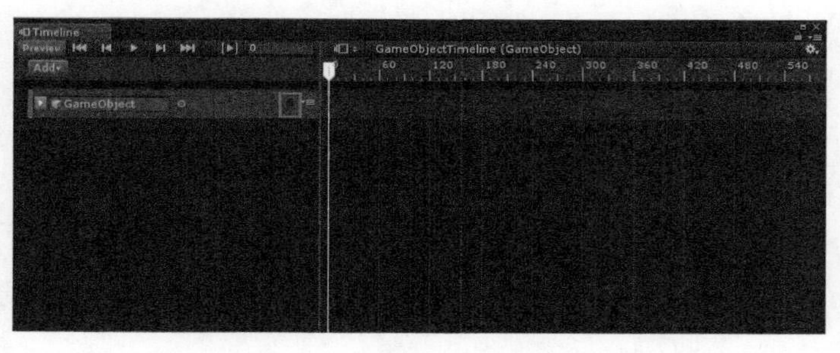

图 14-10

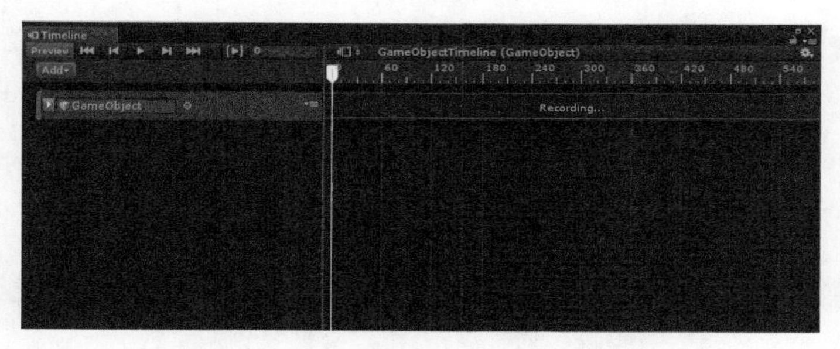

图 14-11

在录制模式下，对 GameObject 的动画属性的任何修改都会在 Timeline 中当前播放头的位置设置一个键，如图 14-12 所示。动画属性包括 Transform 变换和添加到 GameObject 的所有组件的可编辑属性。

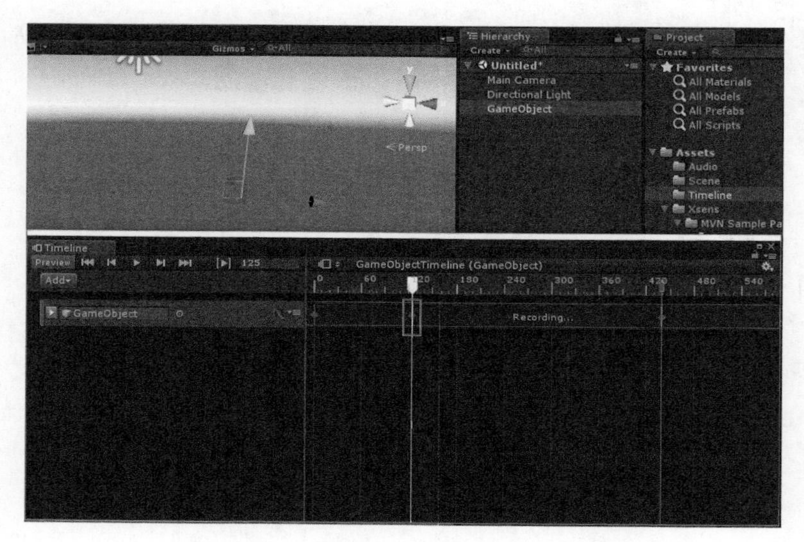

图 14-12

要开始创建动画，需将 Timeline 播放头移至第一个键的位置，然后执行以下操作之一。

- 在 Inspector 视图中，右击该属性的名称，然后选择 Add Key。这会为该属性添加动画键而不更改其值。无限剪辑中会出现一个类似白色菱形的图形（关键帧）以显示该键的位置，如图 14-13 所示，其中 Transform 的红色背景表示属性的动画曲线已添加到剪辑中。

- 在 Inspector 窗口中，直接更改 GameObject 的 animatable 属性的值。这会为其属性更改后的值添加一个动画键。无限剪辑中会出现一个类似白色菱形的关键帧，如图 14-14 所示。

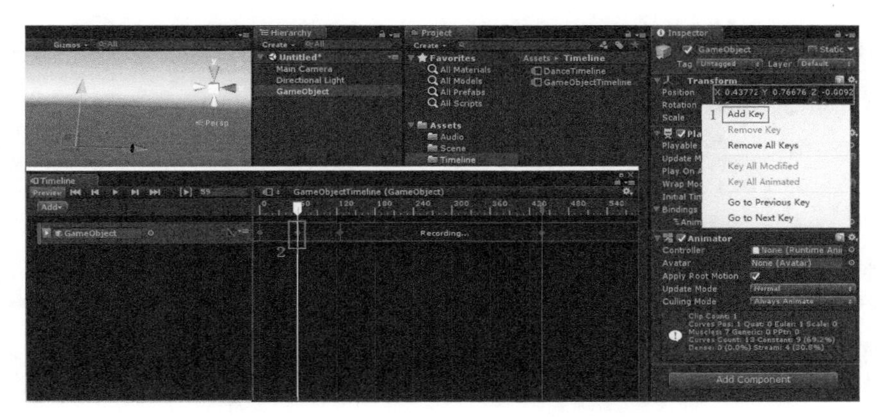

图 14-13

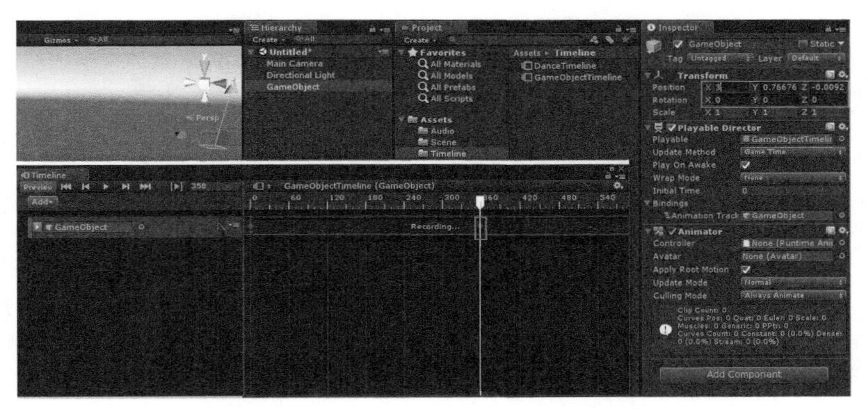

图 14-14

- 在 Scene 视图中，移动、旋转或缩放 GameObject 以添加一个键。这会自动为用户要更改的属性添加一个 Key。无限剪辑中会出现一个类似白色菱形的关键帧。

将播放头移动到时间线上的其他位置并更改 GameObject 的动画属性。在每个位置上，Timeline 编辑器窗口都会在无限剪辑中为任何已更改的属性添加关键帧，并向其关联的动画曲线添加一个关键点。

当完成动画时，单击闪烁的录制按钮以关闭录制模式。

一个无限剪辑在 Timeline 编辑器窗口中显示为 dopesheet，但不能编辑此视图中的键。可使用曲线视图来编辑键，如图 14-15 所示。还可以双击无限剪辑，然后使用动画窗口编辑键。

保存场景或项目以保存 Timeline 资源和无限剪辑。Timeline 编辑器窗口将来自无限剪辑的关键动画保存为源素材资源。源素材资源被命名为“Recorded”并保存为项目中 Timeline 资源的子元素，如图 14-16 所示。

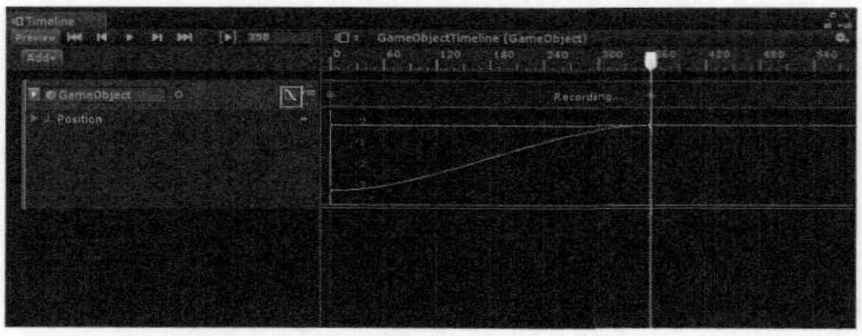

图 14-15

图 14-16

对于每个附加录制的无限剪辑，每个剪辑从“（1）”开始按顺序编号。例如，具有 3 个录制的无限片段的 Timeline 资源被命名为“Recorded”“Recorded（1）”和“Recorded（2）”。如果删除 Timeline 资源，则其子剪辑也会被删除。

14.2.3 将无限剪辑转换为动画片段

一个无限剪辑显示为一个 dopesheet。无限剪辑无法定位、裁剪或拆分，所以要在无限剪辑上定位、修剪、分割或执行其他剪辑操作，必须先将其转换为动画片段。

要将无限剪辑转换为动画片段，可单击轨道菜单图标并选择 Convert To Clip Track，如图 14-17 所示。也可以右击轨道并从快捷菜单中选择 Convert To Clip Track。轨道菜单和快捷菜单是相同的。

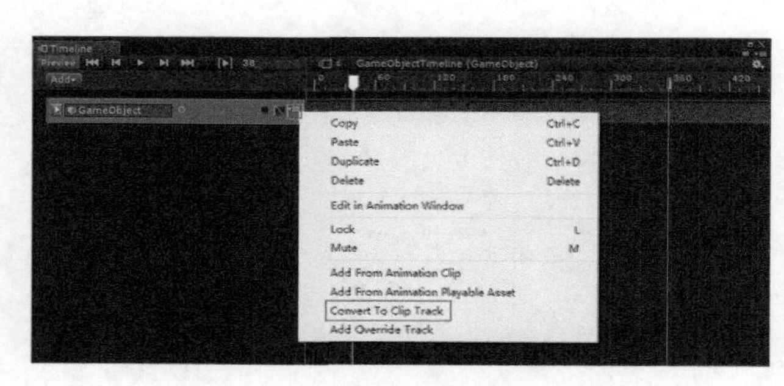

图 14-17

转换为动画片段后的无限剪辑如图 14-18 所示。

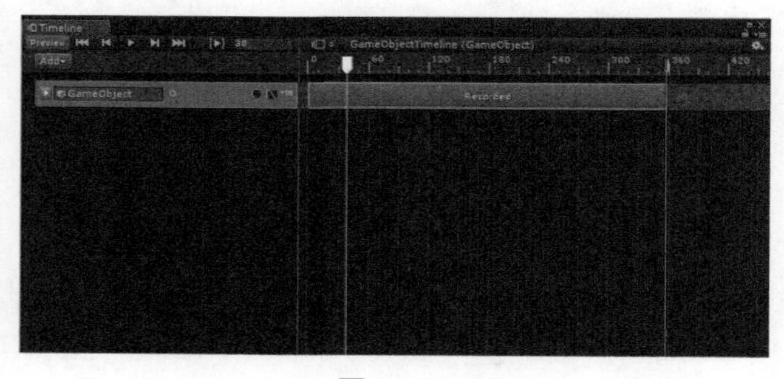

图 14-18

14.2.4 创建人形动画

此工作流程演示如何使用 Timeline 实例为外部运动剪辑设置人形角色动画。该工作流程还演示了如何匹配剪辑偏移、手动调整剪辑偏移以及在剪辑之间创建混合以最小化偏移。尽管此工作流程使用人形角色，但用户可以将此动画方法用于任何 GameObject。

此工作流假定用户已经创建了一个具有绑定到人形角色的空白动画轨道的 Timeline 实例，如图 14-19 所示。

从项目中，将动画片段拖动到动画轨道中以创建新的动画片段。例如，拖动向前行走动画作为第一个片段，如图 14-20 所示。可根据需要定位并调整向前行走片段的大小。

添加第二个动作片段。在这个例子中，一个翻跟斗的片段（名为 Cartwheel）被拖动到动画轨道上，如图 14-21 所示。可根据需要调整 Cartwheel 片段的大小。

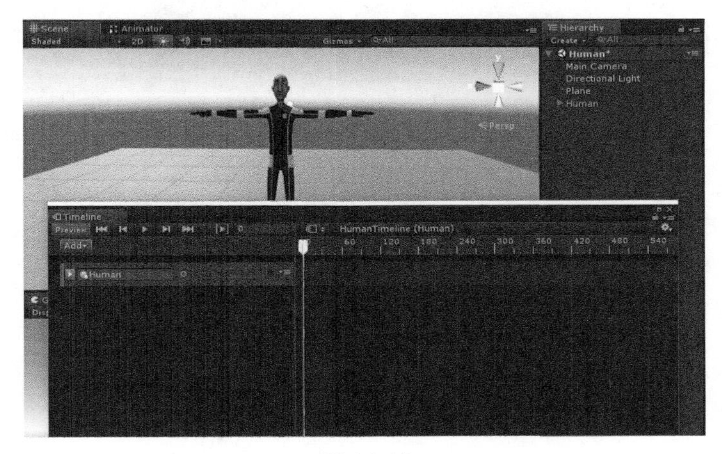

图 14-19

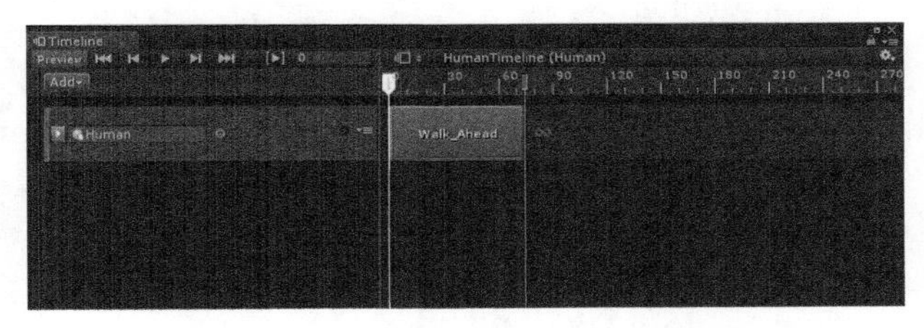

图 14-20

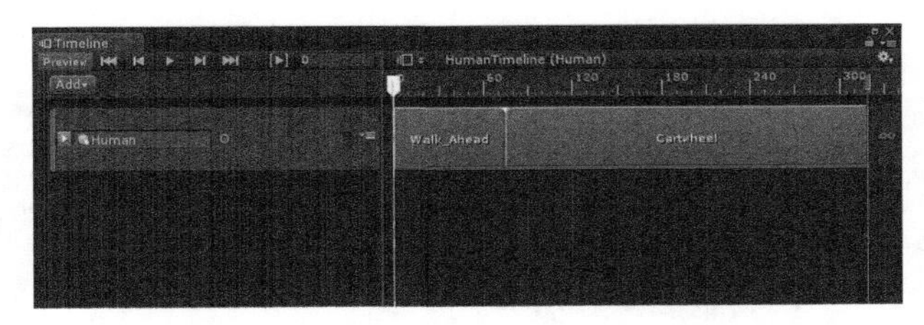

图 14-21

播放 Timeline 实例。请注意，两个动画片段过渡时在人形角色上会有偏移。发生这种情况的原因是，第一个动画片段（Walk_Ahead）结束处的人形角色位置与下一个动画片段（Cartwheel）开始处的位置不匹配，如图 14-22 所示，即第 73 帧（第一个动画结尾）和第 74 帧（第二个动画的开始）之间的位置不匹配。

要修复片段之间的偏移，需要匹配每个动画片段的偏移量。Timeline 编辑器窗口提供了几种用于匹配偏移量的方法。在此示例中，第二个动画片段与前一个动画片段匹配。为此，需选择

Cartwheel 片段，单击鼠标右键并选择 Match Offsets To Previous Clip，如图 14-23 所示。

再次播放 Timeline 实例，此时角色在两个动画过渡时位置和旋转等都已匹配。但两个动画片段之间仍有偏移，因为角色是不同的动作姿势。在第一个动画片段的结尾处，角色右脚向前弯曲；在第二个动画片段开始时，角色向下低头，如图 14-24 所示。

创建混合来消除两个动画姿势之间的跳跃和过渡。调整片段的大小、混合区域、片段入口和每个混合曲线的形状以在两个姿势之间创建一个过渡。例如，在第一个片段和第二个片段之间的转换中，将 Walk_Ahead 片段更改为 76 帧的持续时间，保留其余属性的默认值，如图 14-25 所示。

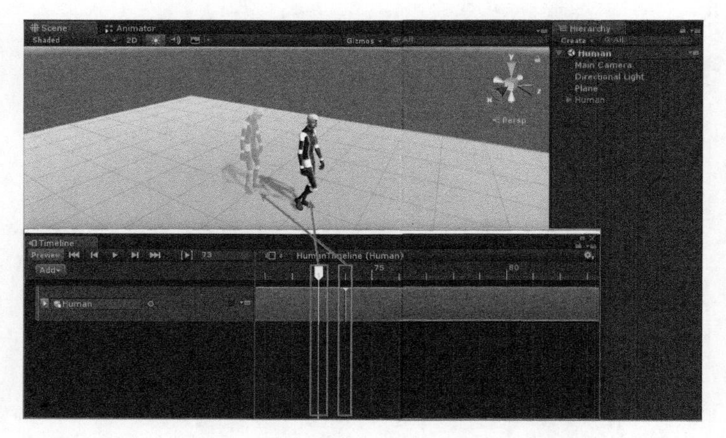

图 14-22

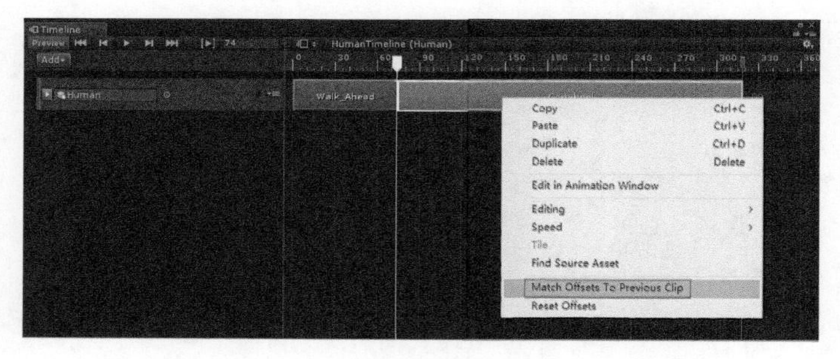

图 14-23

图 14-24

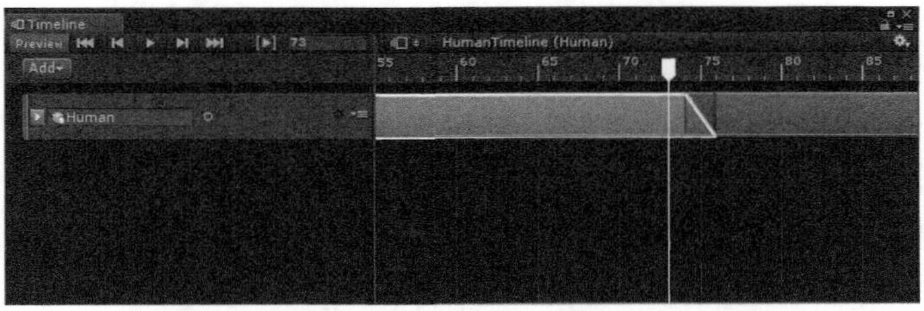

图 14-25

当 Walk_Ahead 片段过渡到 Cartwheel 片段时，混合将自然消除大多数身体部位之间在姿势和过渡上存在的明显跳跃。

要消除两个动作直接的偏移，还可以手动调整动画片段的根偏移量，从而减少动作过渡之间的偏移。要手动调整根偏移量，可在 Timeline 编辑器窗口中选择动画片段。然后在 Inspector 视图中，展开 Animation Playable Asset 下的 Clip Root Motion Offsets，如图 14-26 所示。

在 Clip Root Motion Offsets 中，位置和旋转都不为 0，是因为系统执行到上一个剪辑的匹配偏移时，已经将这些值设置为与上一个动画片段结尾处的角色的根参数相匹配。

在 Clip Root Motion Offsets 下，启用移动工具。移动工具的 Gizmo 会出现在 Scene 视图中的动画片段的根部，如图 14-27 所示。

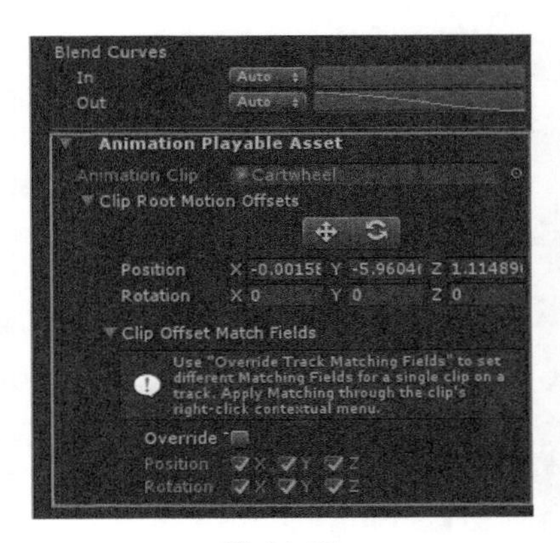

图 14-26

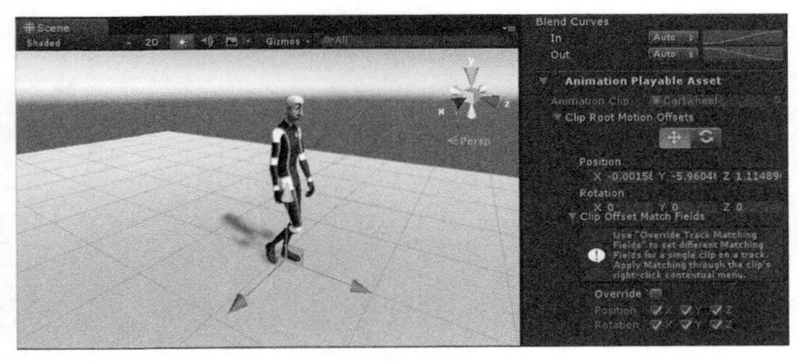

图 14-27

使用以下方法之一手动调整动画片段的根偏移位置。

- 在场景视图中，拖动移动工具的 Gizmo。
- 在 Inspector 视图中，更改适当的位置属性值。

14.3 Timeline 编辑窗口

要访问 Timeline 编辑器窗口，可依次单击菜单栏中的 Window → Timeline。Timeline 编辑器窗口显示的内容取决于用户在 Project 视图或 Scene 视图中选择的内容。

例如，如果选择与 Timeline 资源关联的游戏物体，则 Timeline 编辑器窗口将显示 Timeline 资源中的轨道和剪辑以及 Timeline 实例中的游戏物体绑定，如图 14-28 所示。

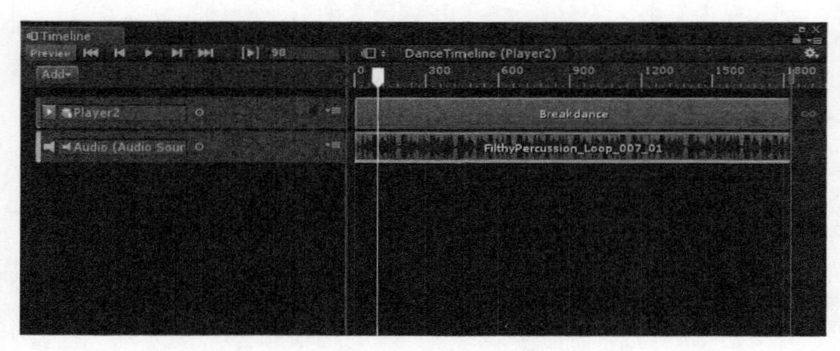

图 14-28

如果尚未选择游戏物体，则 Timeline 编辑器窗口会提示，创建 Timeline 资源和 Timeline 实例的第一步是选择一个游戏物体，如图 14-29 所示。

如果选中了一个游戏对象并且它与 Timeline 资源没有关联，则 Timeline 编辑器窗口会提供创建新 Timeline 资源，向所选游戏对象添加必要组件以及创建 Timeline 实例的选项，如图 14-30 所示。

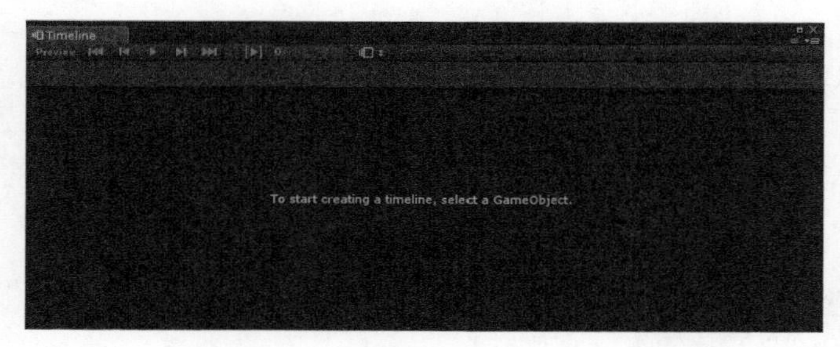

图 14-29

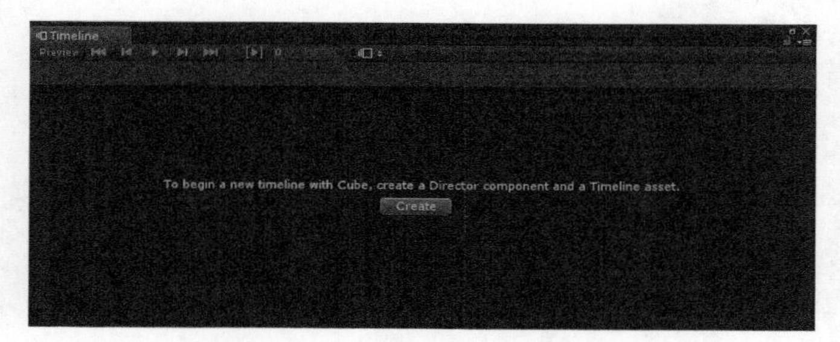

图 14-30

要使用 Timeline 编辑器窗口查看先前创建的 Timeline，可在 Project 视图中选择 Timeline 资源并打开 Timeline 编辑器窗口（或者直接双击 Timeline 资源）。Timeline 编辑器窗口显示与 Timeline 资源相关的轨道和剪辑，但没有轨道绑定到场景中的游戏对象。另外，Timeline 播放控件被禁用，并且没有时间线播放头，如图 14-31 所示。

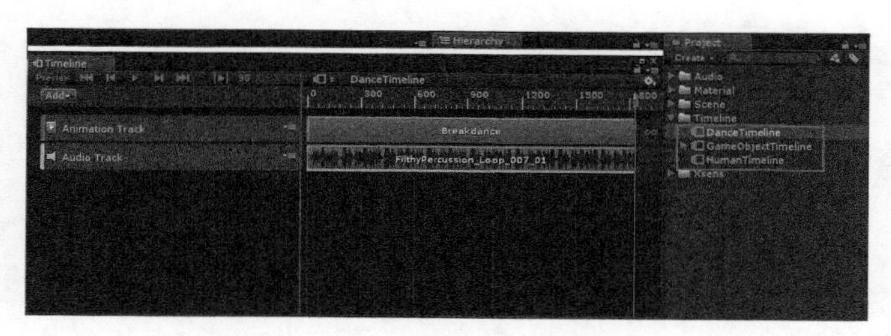

图 14-31

Timeline 资源不保存与场景中的游戏对象的轨道绑定。轨道绑定与 Timeline 实例一起保存。

14.3.1 Timeline 预览和 Timeline 选择器

使用 Timeline 选择器选择 Timeline 实例以在 Timeline 编辑器窗口中查看、修改或预览。可用 Timeline 预览（Preview）按钮在场景中启用或禁用预览 Timeline 实例的效果，如图 14-32 所示。

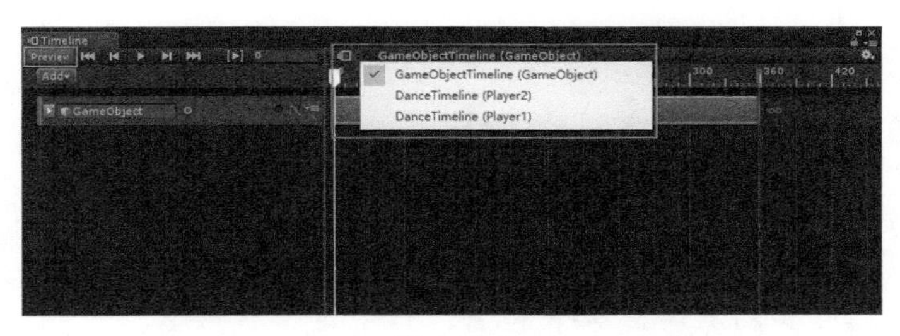

图 14-32

要选择 Timeline 实例，可单击 Timeline 选择器以显示当前场景中的 Timeline 实例列表。

列表中每一项都显示当前场景中的 Timeline 资源及其关联的游戏对象的名称。例如，与 Player1 关联的名为 DanceTimeline 的 Timeline 资源显示为 DanceTimeline（Player1）。

14.3.2 Timeline 播放控件

使用 Timeline 播放控件中的按钮和字段可播放 Timeline 实例并控制时间轴播放头的位置，如图 14-33 所示。

图 14-33

- Timeline 开始按钮：单击 Timeline 开始按钮，或按 Shift+ 逗号键组合键将 Timeline 播放头移动到 Timeline 实例的开始位置。
- 前一帧按钮：单击上一帧按钮，或按逗号键将 Timeline 播放头移到上一帧。
- Timeline 播放按钮：单击 Timeline 播放按钮，或按空格键以 Timeline 播放模式预览 Timeline 实例。Timeline 播放模式可执行以下操作。
  - 在 Timeline 播放头的当前位置开始播放，并继续播放到 Timeline 实例的末尾。如果启用“播放范围”按钮，播放将被限制在指定的时间范围内。
  - Timeline 播放头位置沿着 Timeline 实例移动。播放头位置字段根据 Timeline 设置以帧或秒为单位显示 Timeline 播放头的位置。
  - 要暂停播放，可再次单击 Timeline 播放按钮，或按空格键。
  - 当播放到达时间线实例的末尾时，Wrap Mode 决定播放是否应该保持、重复或什么都不做。Wrap Mode 设置是 Playable Director 组件的属性。

Timeline 播放模式在 Timeline 编辑器窗口中提供 Timeline 实例的预览。Timeline 播放模式只是模拟但不支持音频播放的游戏模式。要使用音频预览 Timeline 实例，可以启用 Playback Director 组件中的 Play On Awake，并在 Unity 编辑器中预览游戏。

- 下一帧按钮：单击下一帧按钮，或按句号键，将 Timeline 播放头移到下一帧。
- Timeline 末端按钮：单击时间轴结束按钮，或按 Shift+ 句号键组合键，将 Timeline 播放头移动到 Timeline 实例的末尾。
- 播放范围按钮：启用播放范围按钮可将播放限制在特定的秒或帧数范围内。Timeline 突出显示播放范围，并用白色标记指示其开始和结束的位置。要修改播放范围，可拖动任一标记，如图 14-34 所示。

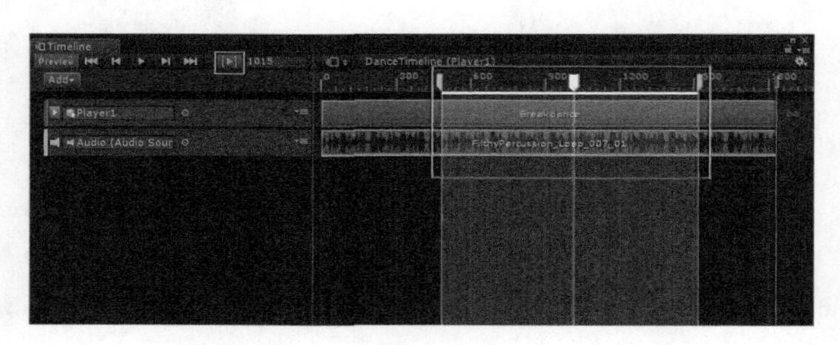

图 14-34

在 Timeline 编辑器窗口中预览 Timeline 实例时，用户只能设置一个播放范围。而 Unity 在播放模式中忽略播放范围。

Timeline 播放头指示在 Timeline 编辑器窗口中正在预览的确切时间点。播放头位置字段以帧数或秒的形式表示 Timeline 播放头的位置，如图 14-35 所示。

图 14-35

要将 Timeline 播放头跳到特定时间，可单击时间刻度轴。还可以在播放头位置字段中输入时间值，然后按 Enter 键。当输入一个值时，帧会根据 Timeline 设置转换为秒或秒转换为帧。如果 Timeline 以每秒 30 帧的速率表示为秒，则在播放头位置字段中输入 180，将 180 帧转换为秒，并将 Timeline 播放头移至 6：00。

要设置 Timeline 编辑器窗口使用的时间格式，可使用 Timeline 设置。

14.3.3 轨道列表

使用轨道列表可以添加、选择、复制、删除、锁定、静音或重新排列组成 Timeline 资源的轨道。也可以将轨道组织到轨道组中，轨道列表如图 14-36 所示。

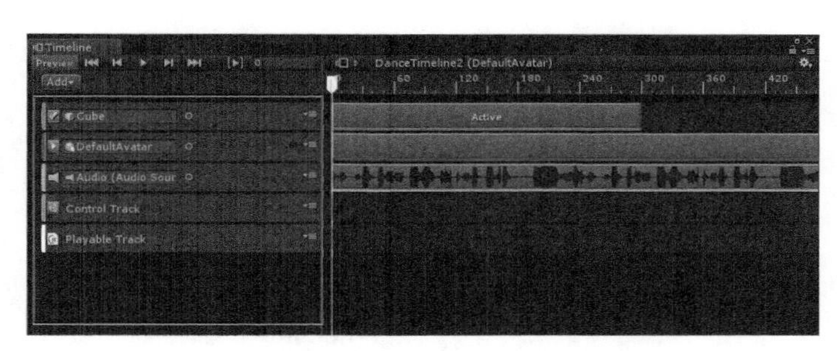

图 14-36

轨道左侧的彩色重音线标识每种类型的轨道。默认情况下，激活轨道为绿色，动画轨道为蓝色，音频轨道为橙色，控制轨道为青绿色，可播放轨道为白色。

每个轨道上的绑定都保存到 Timeline 实例。Playable Director 组件与链接到 Timeline 资源的 GameObject 关联。这种关联被称为时间线实例。

1. 添加轨道

Timeline 编辑器窗口支持将轨道（Track）添加到轨道列表的许多不同方法。用户选择的方法会影响到 GameObjects、Track 绑定和组件。

添加轨道的最简单方法是单击 Add 按钮，然后从添加轨道菜单中选择轨道的类型，如图 14-37 所示。也可以右击轨道列表的空白区域，然后从弹出的菜单中选择轨道类型。

图 14-37

- Track Ground：轨道组。当用户使用多个轨道时，可使用轨道组来组织分类轨道，相当于文件夹功能。
- Activation Track：激活轨道。在剪辑上控制物体在场景中的显示和隐藏，发挥 GameObject.SetActive() 的作用。
- Animation Track：动画轨道。在剪辑上控制动画，可以在有 Animator 组件但是没有 AnimatorController 的情况下直接播放动画。
- Audio Track：音频轨道。在剪辑上控制音频播放。
- Control Track：控制轨道。在剪辑上可以控制和时间相关的元素，可以控制粒子系统和克隆物体，控制另一个 Timeline 等。
- Playable Track：播放轨道。在该轨道中用户可以添加自定义的播放功能。在代码中继承

PlayableBehaviour 和 PlayableAsset 两个类，并在其中完成自定义的动画功能。

Timeline 编辑器窗口还支持将一个 GameObject 拖入轨道列表。将一个 GameObject 拖放到轨道列表中的空白区域，并从轨道菜单中选择要添加的轨道类型。根据所选轨道的类型，可在 Timeline 编辑器窗口中执行不同的操作。

- 选择动画轨道，Timeline 编辑器将 GameObject 绑定到动画轨道上。如果 GameObject 还没有 Animator 组件，Timeline 编辑器会为 GameObject 创建一个 Animator 组件。
- 选择激活轨道，Timeline 编辑器将 GameObject 绑定到激活轨道上。拖动游戏对象创建激活轨道时会有一些限制。例如，带有 Playable Directory 组件的 GameObject 不应绑定到激活轨道上。由于这是将 Timeline Asset 链接到场景的 GameObject，因此激活和禁用 GameObject 会影响 Timeline 实例的长度。
- 选择音频轨道，Timeline 编辑器将音频源（Audio Source）组件添加到 GameObject，并将此音频源组件绑定到音频轨道上。

2. 选择轨道

单击选择单个轨道。选择一个轨道时将取消选择所有其他轨道或剪辑。选择一个轨道将在 Inspector 视图中显示其属性。可用的属性根据所选轨道的类型而改变，如图 14-38 所示。

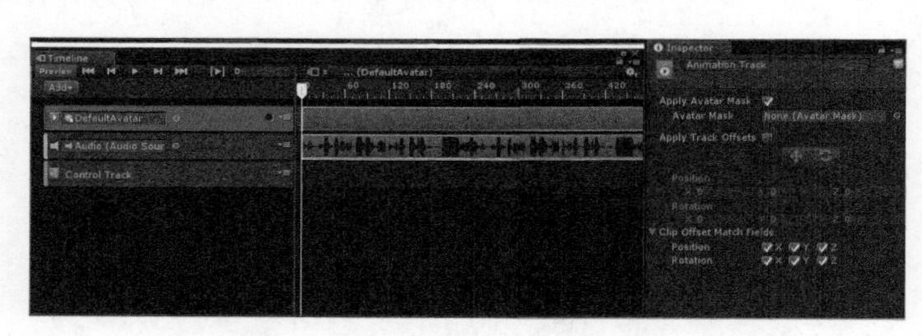

图 14-38

要选择连续轨道，可选择第一个轨道，然后按住 Shift 键并单击该系列中的最后一个轨道。例如，要选择三个连续的轨道，可单击第一个轨道，然后按住 Shift 键并单击第三个轨道，三个轨道都被选中。

按住 Command（macOS）/Control（Window）键并单击可以选择不连续的多个轨道。按住 Command/Control 并单击以取消选择一个选定的轨道。

3. 复制轨道

Timeline 编辑器窗口支持以下不同复制轨道的方法。

- 选择一个轨道。右键单击轨道列表中的空白区域，然后从上下文菜单中选择 Duplicate。
- 选择一个轨道。按住 Command/Control 键并按 D 键。
- 选择一个轨道。按住 Command/Control 键并按 C 键进行复制，然后按 V 键粘贴。
- 右击某个轨道并从菜单中选择 Duplicate 或按住 Command/Control 键并按下 D 键。

复制轨道会复制剪辑、混合和 Inspector 属性。如果复制的轨道绑定到 GameObject 上，则绑定重置为 None，如图 14-39 所示。

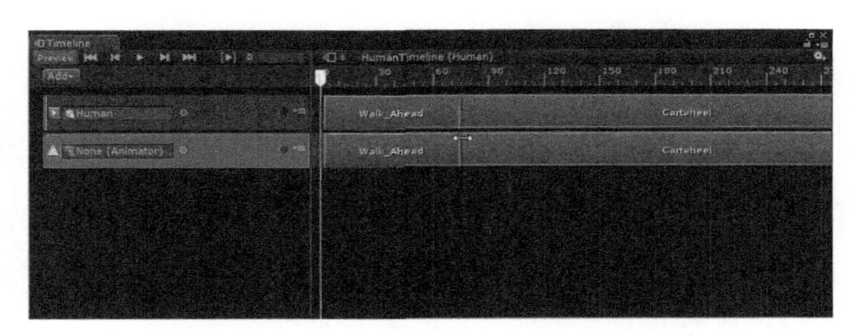

图 14-39

4. 删除轨道

删除轨道会在 Timeline 编辑器窗口中移除轨道、剪辑、混合和属性。这是一种具有破坏性的行为，它会修改 Timeline 资源并影响基于 Timeline 资源的所有 Timeline 实例。要删除轨道，可右击该轨道并从上下文菜单中选择 Delete，或者选中轨道后按 Delete 键。

删除动画轨道也将删除录制的无限剪辑。

注 意

Project 视图中仍然可以将无限剪辑显示为时间轴资产的子项，因为它只有在保存场景或项目后才会更新。

5. 锁定轨道

锁定轨道用以锁定轨道的编辑和轨道使用的任何剪辑。

当轨道上的动画完成并且用户想避免无意中修改轨道时而使用锁定，则无法编辑锁定轨道的编辑，且无法选择轨道使用的剪辑。锁定图标表示锁定的轨道，如图 14-40 所示。

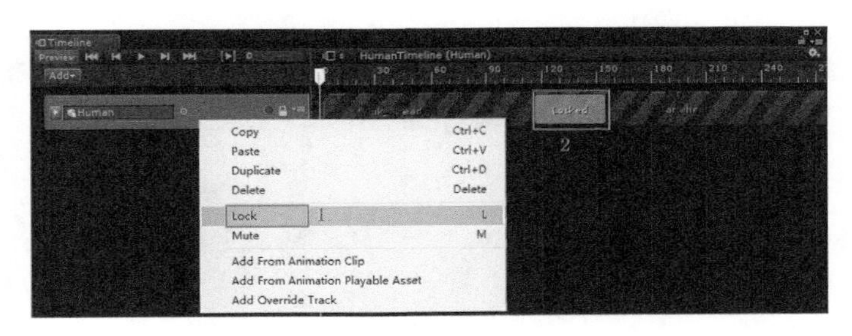

图 14-40

要锁定轨道，可右击轨道并从上下文菜单中选择 Lock。也可以选择轨道并按 L 键，可以一次选择并锁定多个轨道。

注 意

锁定的轨道仍然可以被删除。

6. 静音轨道

将轨道静音可以禁用其剪辑并将其隐藏在场景中。

当 Timeline 实例包含多个带动画的轨道并且用户想要专注于一个或几个轨道的动画时，可以使用静音。静音图标表示静音轨道，如图 14-41 所示。

要使音轨静音，可右击该轨道并从菜单中选择 Mute。也可以选择一轨道并按下 M 键。可以一次选择并静音多个轨道。要取消静音，可单击静音图标。

图 14-41

7. 重新排列轨道和渲染优先级

轨道的渲染和动画优先级从上到下。重新排列轨道可以更改其渲染或动画优先级。

例如，一个轨道列表包含两个动画轨道，如果该动画轨道动画化了一个 GameObject 的位置，则第二个轨道覆盖第一个轨道上的动画。动画优先级是动画覆盖轨道作为该动画轨道下的子轨道添加的原因。

要对轨道重新排序，可选择一个或多个轨道并拖动，直到轨道列表中的轨道之间出现白色插入线。白色插入线表示正在拖动的轨道的目的地。松开鼠标按键即可重新排列轨道。

动画覆盖轨道与其父动画轨道绑定在同一个 GameObject 上。重新排序动画覆盖轨道将其转换为动画轨道并将其绑定重置为 None。

8. 将轨道添加到轨道组中

当使用多个轨道时，使用轨道组来组织轨道。例如，Timeline 资源包含与同一游戏对象交互的动画轨道和音频轨道。要组织这些轨道，可以将这些轨道移到自己的轨道组中。

要添加一个轨道组，单击 Add 按钮并从添加菜单中选择 Track Group。也可以右击轨道列表的空白区域，然后从菜单中选择 Track Group。一个新的轨道组被添加到轨道列表的底部，如图 14-42 所示。

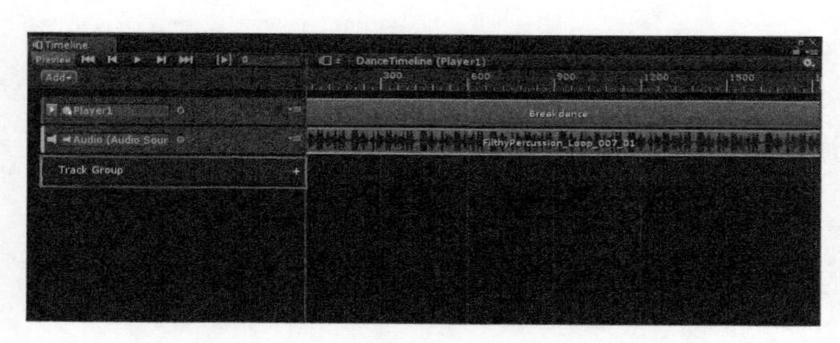

图 14-42

要重命名一个轨道组，单击该名称，出现一个工字形光标。输入轨道组的新名称并按回车键即可。

要将轨道移动到轨道组中，可选择一个或多个轨道并拖动到轨道组上。在轨道组突出显示时松开鼠标按键即可。

一个轨道组也可以有任意数量的轨道子组。要添加轨道子组，可选择一个轨道组，然后单击轨道列表中的 Add 按钮，或单击轨道组名称旁边的加号图标，然后选择 Track Sub-Group。 也可以使用此菜单将轨道直接添加到轨道组或轨道子组。

9. 隐藏和显示轨道组

要隐藏轨道组中的轨道，可单击轨道组名称旁边的三角形图标。此时轨道并没有静音，轨道在 Timeline 编辑器窗口中被隐藏起来。要显示轨道组中的轨道，可再次单击三角形图标，如图 14-43 所示。

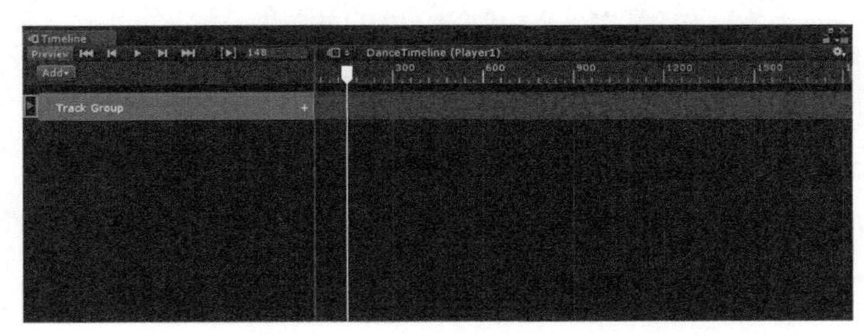

图 14-43

14.3.4 剪辑视图

剪辑视图（片段视图）是用户添加、定位和操作轨道列表中每个轨道的剪辑的地方，如图 14-44 所示。没有轨道时，剪辑视图不能存在于 Timeline 编辑器窗口中。

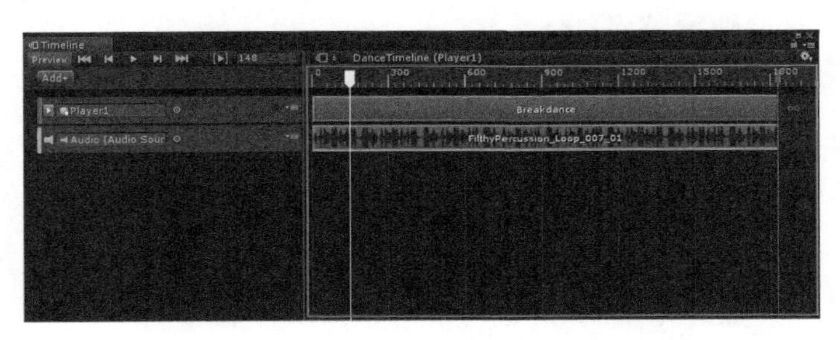

图 14-44

1. 浏览剪辑视图

使用以下方法可在剪辑视图中平移、缩放或框住剪辑。

- 平移：按住鼠标滚轮并拖动或按住 Alt 键并拖动。
- 水平缩放：滚动鼠标滚轮。
- 垂直缩放：按住 Command/Control 键并滚动鼠标滚轮键。

- 框住所有选定的剪辑：选择一个或多个剪辑并按 F 键。
- 垂直框住所有剪辑：按 A 键。

2. 添加剪辑

Timeline 编辑器窗口支持根据轨道类型将剪辑添加到轨道中。

最快的方法是右击轨道中的空白区域，然后从上下文菜单中选择适当的添加选项。轨道类型不同，添加剪辑的选项也会发生变化。剪辑将添加到轨道上的最后一个剪辑之后，如图 14-45 所示。

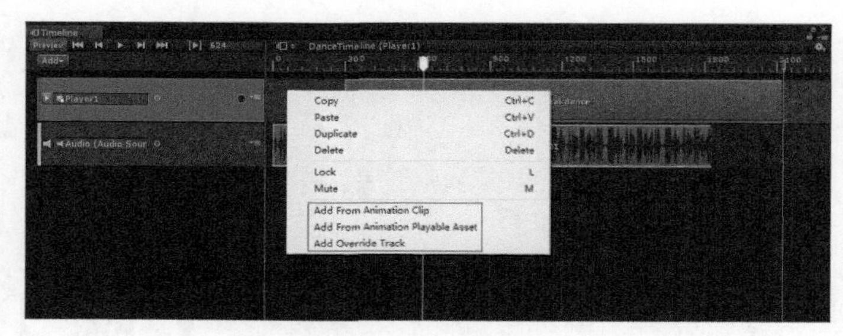

图 14-45

用户还可以将动画片段拖动到 Timeline 编辑器窗口中的空白区域，以自动创建轨道并将动画片段添加到轨道中。

3. 选择剪辑

选择一个剪辑时会取消所有已选择的其他剪辑。单击选择一个剪辑后，剪辑区域会显示一个白色边框，如图 14-46 所示。

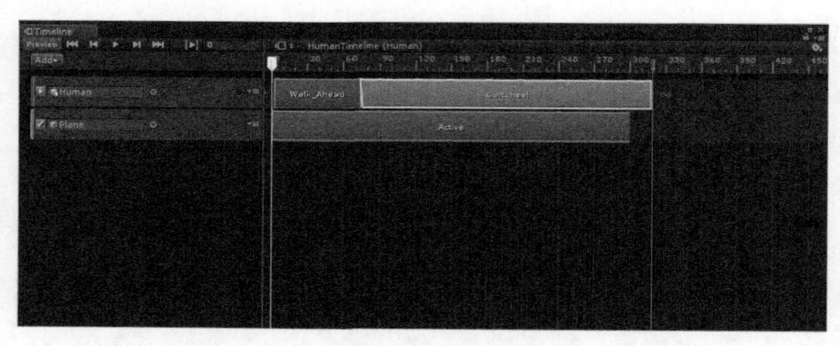

图 14-46

选择的剪辑在 Inspector 视图中显示其属性，允许用户更改剪辑的开始时间、持续时间和其他剪辑属性。可用的属性取决于所选剪辑的类型。

在剪辑视图中的空白区域单击鼠标左键并拖动以绘制选择矩形。这将选择与矩形相交的所有剪辑。在绘制选择矩形的同时按住 Shift 键可以将剪辑添加到当前选区中。

4. 定位剪辑

要定位剪辑，可选择一个或多个剪辑并拖动。在拖动时，黑色虚线指示正在定位的剪辑范围。时间线显示剪辑被定位的开始时间和结束时间，如图 14-47 所示。

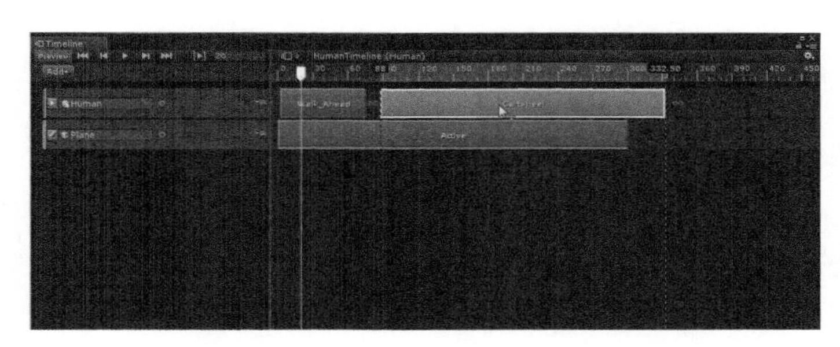

图 14-47

还可以通过选择剪辑并在 Inspector 视图中更改其开始时间来定位剪辑。此方法仅适用于选择单个剪辑。Inspector 视图中不显示多个剪辑的属性。

定位剪辑时，如果剪辑与同一轨道上的另一个剪辑重叠，则应根据轨道类型决定是混合剪辑还是覆盖剪辑。

- 激活轨道、控制轨道或可播放轨道：当两个剪辑在这些轨道上相互重叠时，第二个剪辑将覆盖第一个剪辑。也可以将剪辑设置成隐藏另一个剪辑的方式。
- 动画轨道、动画覆盖轨道和音频轨道：当两个剪辑在这些轨迹上相互重叠时，第一个剪辑会混合到第二个剪辑中。这对于创建两个动画剪辑之间的无缝转换非常有用。

5. 平铺剪辑

平铺剪辑用于消除相同轨道上剪辑之间的间隙、混合和重叠。如果要让每个剪辑正好从前一个剪辑结束的位置开始，则平铺剪辑很有用。在使用平铺剪辑时，必须在同一个轨道上至少选择两个剪辑，选中需要平铺的剪辑后右击，在弹出的菜单中选择 Tile，如图 14-48 所示。

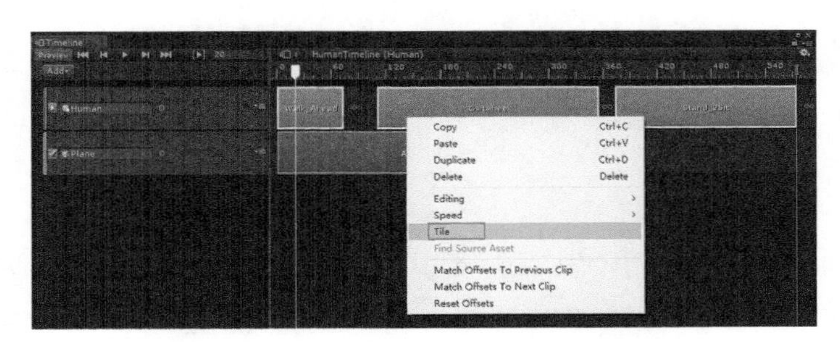

图 14-48

所选的剪辑基于第一个选定的剪辑进行定位。第一个选定的剪辑不会移动，如图 14-49 所示。如果在多个轨道上选择多个剪辑，则必须在同一轨道上至少选择两个剪辑才能产生效果。

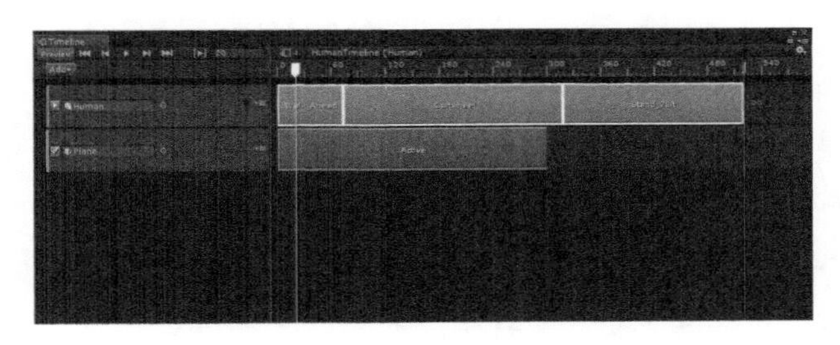

图 14-49

6. 复制剪辑

在 Timeline 编辑器窗口中复制剪辑的操作方法可参照复制轨道。

复制剪辑会复制每个选定的剪辑，并将复制的剪辑放在其轨道最后一个剪辑的后面。如果复制在混合中使用的剪辑，则重复的剪辑会平铺，并将混合删除。

7. 修剪剪辑

拖动剪辑的开始或结尾可修剪其持续时间。拖动剪辑的开头或结尾会自动选择该剪辑，并在 Inspector 视图中显示其属性。可使用 Inspector 视图中的 Clip Timing 属性将剪辑的开始、结束、持续时间和偏移（Clip In）设置为精确值，如图 14-50 所示。

还可以根据播放头的位置修剪剪辑。要使用播放头进行修剪，可先选中需要修剪的剪辑，然后将播放头放在要修剪的剪辑中。右击剪辑并选择 Editing → Trim Start/Trim End，如图 14-51 所示。Trim Start 将剪辑的开始修剪到播放头。Trim End 将剪辑修剪到播放头的结尾。

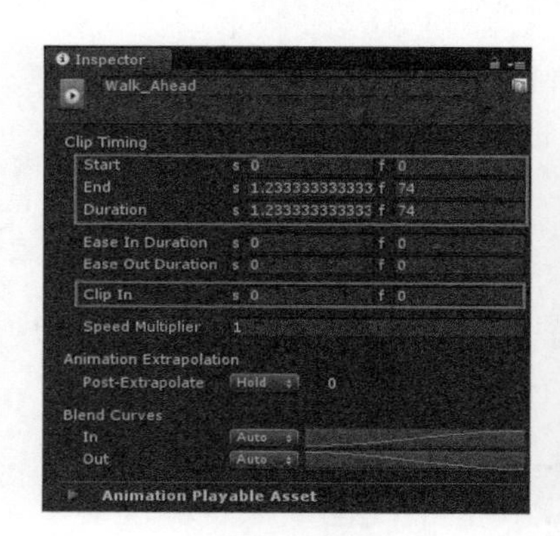

图 14-50

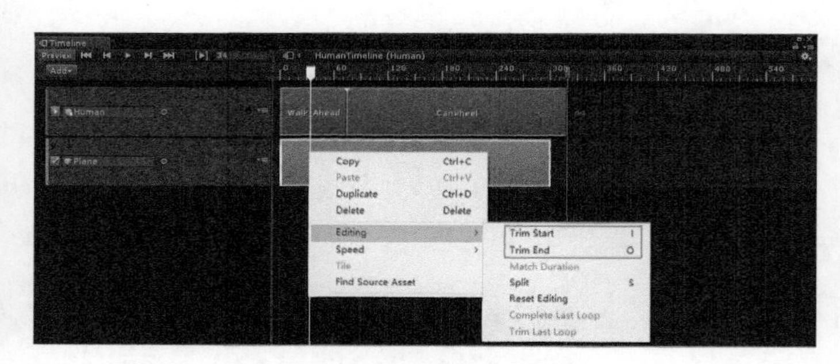

图 14-51

8. 分割剪辑

用户可以将剪辑分成两个具有不同开始、结束和持续时间的相同剪辑。分割剪辑是非破坏性的。剪辑的开始或结束可以扩展为包含分割动画或音频的剪辑，还可以重置剪辑以撤销拆分或其他编辑。

要分割剪辑，可将剪辑中的播放头放置在要分割的剪辑中，或者右击该剪辑，然后选择 Editing → Split 或按 S 键，该剪辑将分割为两个单独的剪辑，可以独立定位、修剪和独立编辑。

9. 重置剪辑

用户可以将剪辑重置为其原始持续时间。要重置剪辑，可右击该剪辑，然后从弹出的菜单中选择 Editing → Rest Editing。

重置剪辑不会重置以下属性和设置。

- Ease In Duration 和 Ease Out Duration。

- 剪辑值。
- 剪辑速度。
- Animation Extrapolation 设置。
- 混合曲线。

10. 更改剪辑播放速度

更改剪辑的播放速度可以加速或减速其音频、动作、动画或粒子效果。但更改剪辑播放速度会影响剪辑的持续时间，只能更改动画剪辑、音频剪辑和控制剪辑的播放速度。对于其他剪辑类型，速度选项会被禁用，如图 14-52 所示。

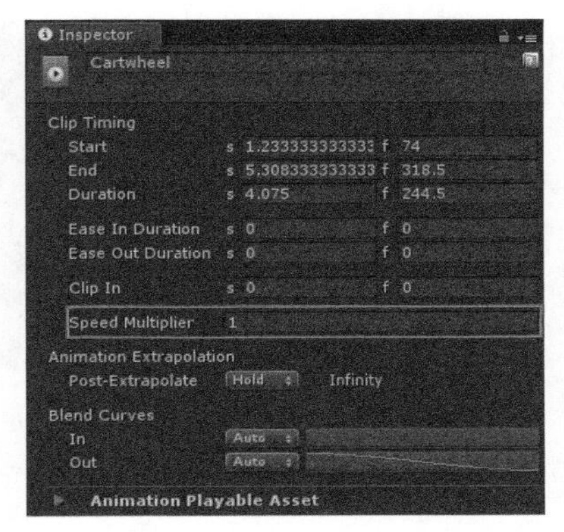

图 14-52

在 Inspector 视图中，Speed Multiplier 属性将播放速度设置为原始剪辑速度的倍数。例如，若将 80 帧动画片段的播放速度更改为双倍速度，会将剪辑持续时间更改为 40 帧，并将 Speed Multiplier 设置为 2。

要更改剪辑播放速度，可右击剪辑并选择以下选项之一。

- Speed → Double Speed：将剪辑持续时间减半。剪辑以当前速度的两倍播放。短虚线和倍增因子表示加速剪辑，如图 15-53 所示。加倍剪辑速度会将 Speed Multiplier 属性设置为其当前值的两倍。

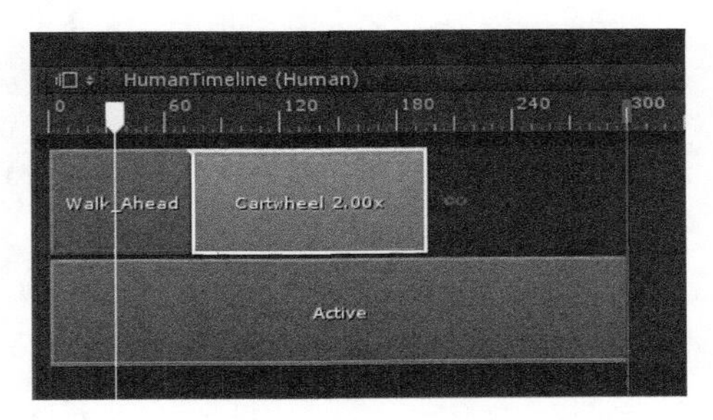

图 14-53

- Speed → Half Speed：加倍剪辑持续时间。剪辑以当前速度的一半播放。长虚线和倍增因子表示减速的剪辑。将剪辑速度减半会将 Speed Multiplier 属性设置为当前值的一半。
- Speed → Reset Speed：将剪辑重置为其原始持续时间。剪辑以其原始速度播放。重置剪辑速度会将 Speed Multiplier 属性设置为 1。

11. 设定间隙外推

间隙外推（Gap extrapolation）指的是动画轨道在动画剪辑前后的间隙中如何接近动画数据。

在动画片段之间的间隙中外推动画数据的主要目的是避免动画异常。根据绑定到动画轨道的 GameObject，这些异常可能是两个转换之间跳转的 GameObject，或者是在不同姿势之间跳转的人形角色。

每个动画片段具有两个间隙外推设置：预先外推（pre-extrapolate），它控制动画数据在动画片段之前的间隙中的近似方式；后置外推（post-extrapolate），它用于控制动画数据在动画片段之后的间隙中的延伸方式。

默认情况下，预先外推和后置外推的设置均为 Hold。这将动画剪辑前的间隔设置为保留在第一帧的动画上，并将动画剪辑后面的间隙保留在最后一帧的动画上。动画片段之前和之后的图标表示选定的外推模式，如图 14-54 所示。

图 14-54

要更改预先外推和后置外推的模式，可选择动画剪辑，然后在 Inspector 视图中使用 Animation Extrapolation 属性，如图 14-55 所示。

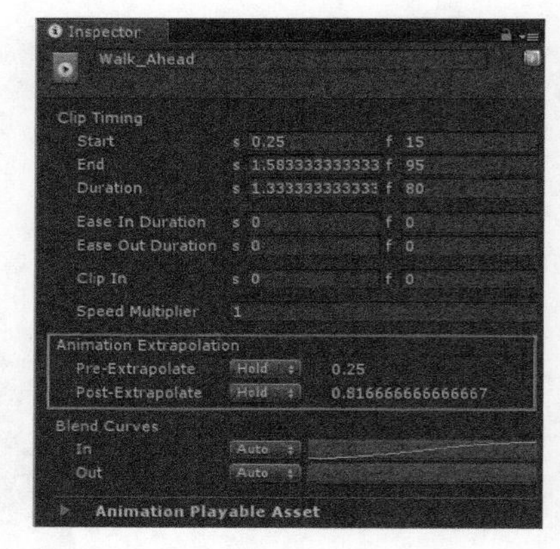

图 14-55

如果所选的动画剪辑是动画轨道上的唯一剪辑，则可以将预先外推模式设置为以下选项之一。

- None：关闭预先外推。在所选动画剪辑之前的间隙中，GameObject 可使用场景中的变换、姿态或状态。例如，如果想在场景中的 GameObject 和动画剪辑之间创建一个缓入，则选择 None 非常有用。
- Hold（默认）：在所选动画剪辑之前的间隙中，绑定到动画轨道的 GameObject 使用在动画剪辑开始时分配的值。
- Loop：在所选动画剪辑之前的间隙中，绑定到动画轨道的 GameObject 将向前循环重复整个动画，即从开始到结束。使用 Clip In 属性来抵消循环的开始。

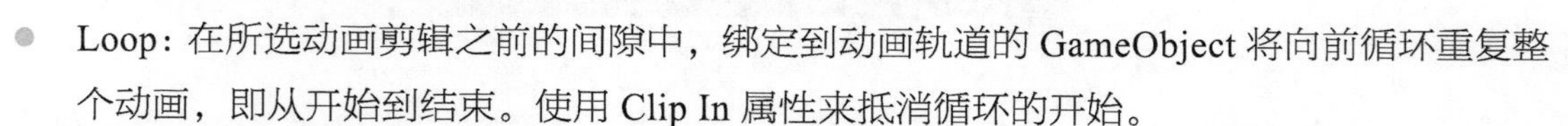

- Ping-Pong：在所选动画片段之前的间隙中，绑定到动画轨道的 GameObject 将向前重复整个动画，然后向后重复。使用 Clip In 属性来抵消循环的开始。更改 Clip In 属性影响循环前进时循环的开始和循环后退时循环的结束。
- Continue：在选定的动画片段之前的间隔中，绑定到动画轨道的 GameObject 根据源素材资源的设置保存或循环动画。例如，如果选定的动画剪辑使用运动文件 Recorded 作为其源资产并且将 Recorded 设置为循环，则继续根据 Recorded 循环时间设置来选择连续循环动画。

12. 缓入和缓出剪辑

缓入（Ease-In）和缓出（Ease-Out）剪辑可在剪辑及其周围间隙之间创建平滑过渡。要创建缓入或缓出过渡，可使用以下方法之一。

- 按住 Command/Control 并将剪辑的开头拖到右侧以添加缓入。
- 按住 Command/Control 并将剪辑的结尾拖到左侧以添加缓出。
- 选择剪辑并在 Inspector 视图中设置 Ease In Duration 或 Ease Out Duration。

缓入和缓出的动画剪辑，使它的动画与其间隙之间的过渡更加平滑。所有的缓入和缓出转换都是由线性曲线表示的，如图 14-56 所示。

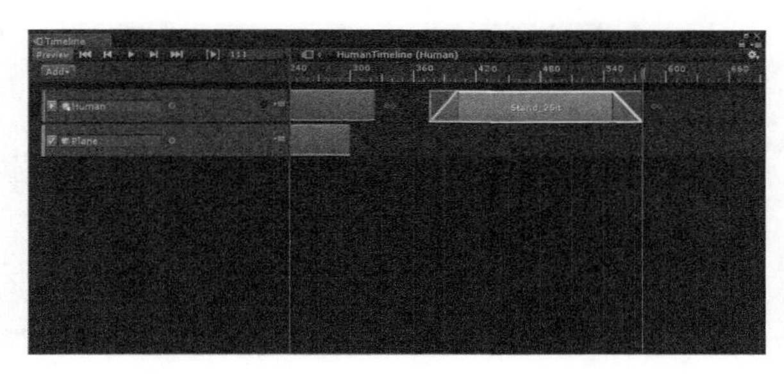

图 14-56

根据轨道的不同，缓入或缓出过渡效果会有所不同。

- 在动画轨道或动画覆盖轨道上：缓入动画片段，以便在片段之前的间隙中创建动画片段和动画之间的平滑过渡。缓出动画片段，在片段后面的间隙中创建动画片段和动画之间的平滑过渡。有很多因素决定动画片段之前和之后的间隙。
- 在音频轨道上：缓入音频片段可以淡入音频波形的音量。缓出音频片段可以淡出由音频片段指定的音频波形的音量。
- 在 Playable 的轨道上：缓入 Playable 的剪辑以淡入 Playable 剪辑中的效果或脚本。缓出 Playable 的剪辑以淡出 Playable 剪辑中的效果或脚本。

尽管剪辑视图表示为单一线性曲线的缓入或缓出，但默认情况下，每个缓入或缓出过渡实际上都可设置为逐渐缓入或缓出曲线。要更改缓入曲线（标记为 In）或缓出曲线（标记为 Out）的形状，可在 Inspector 视图中使用 Blend Curves，如图 14-57 所示。

要自定义缓入和缓出转换，可使用下拉菜单从 Auto 切换到 Manual。 选中 Manual 后，Inspector 视图中将显示混合曲线的预览。单击预览打开 Inspector 视图下方的曲线编辑器，如图 14-58 所示。

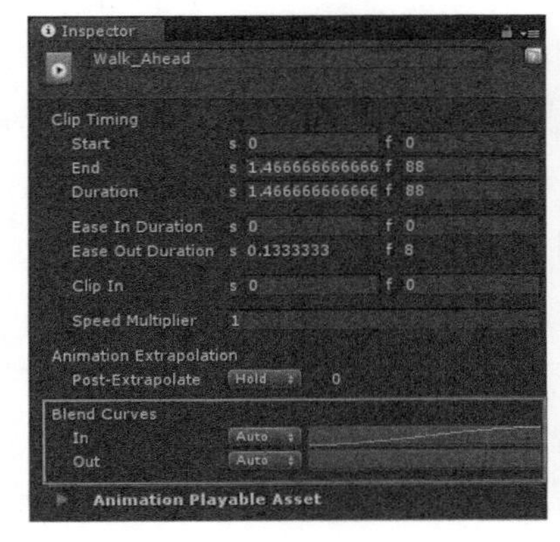

图 14-57

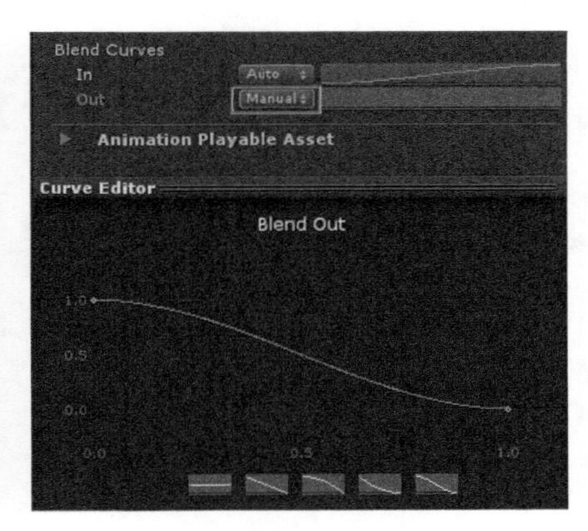

图 14-58

13. 混合剪辑

在同一轨道上混合两个剪辑，用以在两个动画剪辑、两个音频剪辑或两个 Playable 剪辑之间创建平滑过渡。要混合两个剪辑，可定位或修剪一个剪辑，直到它与另一个剪辑重叠。

在混合中，第一个剪辑被称为传出剪辑，第二个剪辑被称为传入剪辑。传出剪辑过渡到传入剪辑的区域称为混合区域。在混合区域中设置过渡的持续时间，如图 14-59 所示。

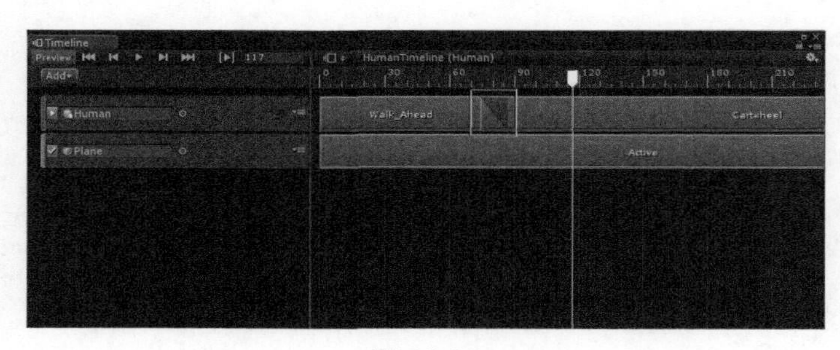

图 14-59

14.3.5 曲线视图

曲线视图显示无限剪辑或已从无限剪辑转换的动画片段的动画曲线。使用曲线视图进行基本的动画编辑，如修改现有的键、添加新的键、调整切线以及更改键之间的插值。

要查看无限剪辑或已从无限剪辑转换的动画片段的动画曲线，可单击轨道名称旁边的曲线图标。曲线视图与动画窗口中的曲线模式类似，如图 14-60 所示。

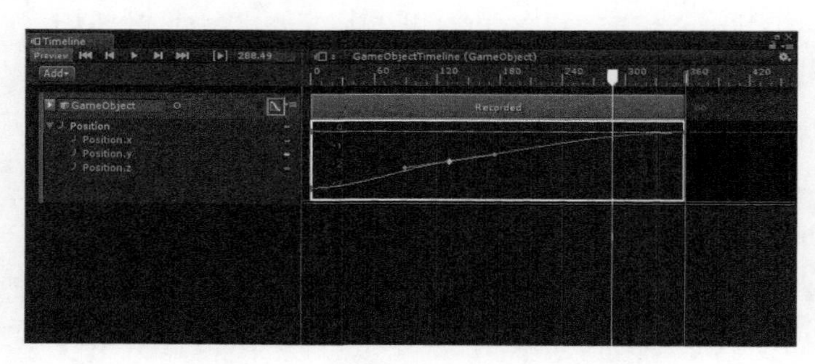

图 14-60

具有人形动画或导入动画的动画轨道不会显示曲线图标。要查看和编辑人形或导入的动画片段的关键动画，可右击一个动画片段，然后从弹出的菜单中选择 Edit in Animation Window（也可以双击动画片段），出现动画窗口，链接到时间轴编辑器窗口。

处于链接模式时，动画窗口将显示一个链接图标和正在编辑的动画片段的名称。单击链接图标停止编辑动画片段并从链接模式中释放动画窗口，如图 14-61 所示。

1. 隐藏和显示曲线

对于选定的动画剪辑，曲线视图包含具有动画曲线的属性的分层列表。通过展开、选择和取消选择此列表中的属性，以过滤曲线视图中显示的动画曲线。

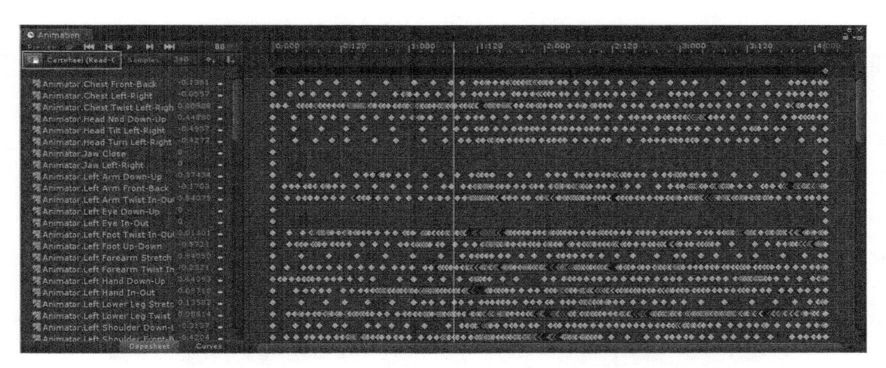

图 14-61

例如，要仅显示沿 x 轴的位置的动画曲线，可展开 Position 并选择 Position.x 属性。按 F 键设置动画曲线用于此属性，如图 14-62 所示。

曲线视图支持以下 3 种选择和取消选择动画曲线的方法。

- 单击父属性的三角形图标以展开并折叠其子属性列表。
- 按住 Shift 键并单击以选择连续的属性。
- 按住 Command/Control 键并单击以选择不连续的属性；按住 Command/Control 键并单击选定的属性以取消选择。

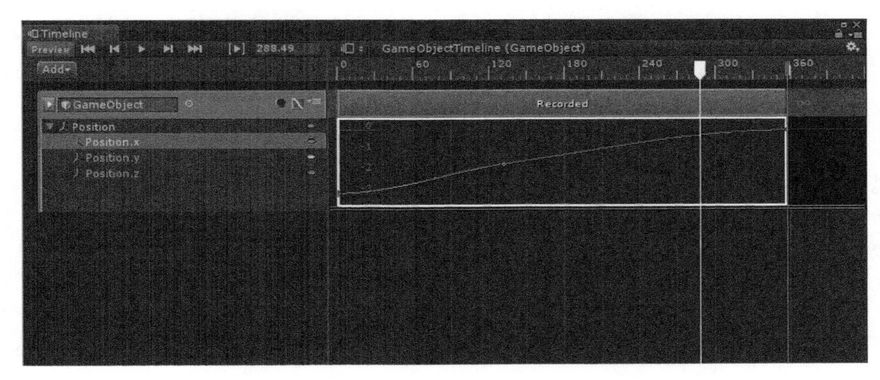

图 14-62

2. 浏览曲线视图

使用以下方法之一可在曲线视图中平移、缩放、调整大小或者在曲线视图中设置动画曲线和键。

- 平移：按住鼠标滚轮并拖动或按住 Alt 键并拖动。
- 水平缩放：滚动鼠标滚轮，或按住 Alt 键并向右拖动。
- 垂直缩放：按住 Command/Control 键并滚动鼠标滚轮。
- 调整曲线视图的大小：拖动将曲线视图与轨道列表中下一个轨道分开的双线。
- 仅选择所选动画曲线或选定键：按 F 键。
- 构建所有动画曲线或按键：按 A 键。

3. 选择键

单击选择一个键（Keys）。选择一个键将会取消选择所有其他选定的键。曲线视图显示带切线的选定键，如图 14-63 所示。

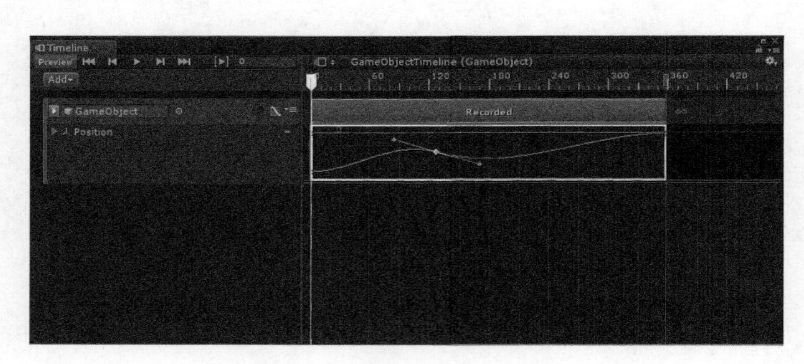

图 14-63

曲线视图提供了以下用于选择键的方法。

- 按住 Shift 键并单击以选择连续的键。例如，要选择沿着相同动画曲线的连续键，可单击第一个键，然后按住 Shift 键并单击最后一个键。
- 按住 Command/Control 键并单击以选择不连续的键。按住 Command/Control 键并单击选定的键以取消选择。
- 单击并拖动曲线视图中的空白点以绘制选择矩形。这将选择矩形内的所有键。在绘制选择矩形的同时按住 Shift 键将键添加到当前选择。
- 双击选定的键以选择同一动画曲线上的所有键。

4. 添加键

曲线视图提供了以下用于添加键的方法。

- 右击动画曲线并选择添加键。此方法会在右击的位置添加一个键。
- 双击动画曲线。此方法会在双击的位置添加一个键。

5. 编辑键

编辑键以更改其时间、值或两者。曲线视图提供了以下用于编辑键的不同方法。

- 右击某个键并从上下文菜单中选择 Edit Key... 以输入时间和键的特定值。
- 选择一个键并按 Enter 键输入特定值。
- 选择并拖动一个键以更改其时间和值。
- 垂直拖动一个键，然后按下 Shift 键在垂直轴上设置键。这改变了密钥的值，但不会改变它的时间。
- 水平拖动一个键，然后按下 Shift 键在水平轴上设置键。这会改变密钥的时间，但不会改变其值。

6. 改变插值和形状

每个键都有一个或两个切线，用于控制动画曲线的插值。插值是指估计确定两个键之间的动画曲线的形状的值。

一个键是否具有两个切线中的一个取决于动画曲线上键的位置。 第一个键只有一个右切线，用于控制键之后的动画曲线的插值。最后一个键只有一个左切线，用于控制动画曲线在最后一个键之前的插值，如图 14-64 所示。

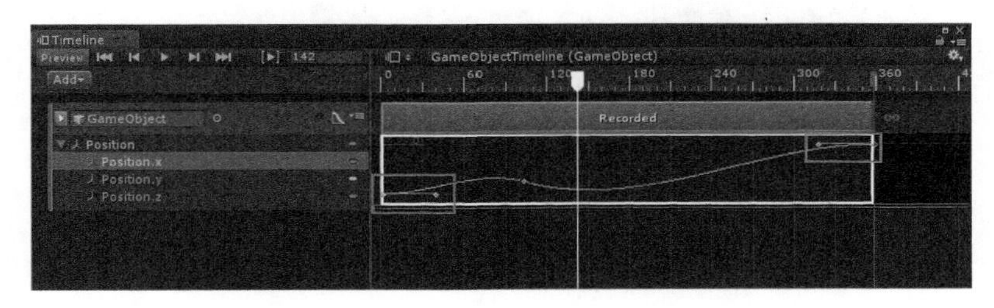

图 14-64

其他所有键都有两个切线，其中左切线控制键之前的插值，右切线控制键之后的插值。默认情况下，切线连接在一起。拖动一个切线会影响两个切线的位置，以及动画曲线在键之前和之后的插值。

拖动切线也可能会改变动画曲线的插值模式。例如，大多数按键都设置为 Clamped Auto 模式，可在动画曲线通过键时自动平滑动画曲线。如果将键的切线拖动，则插值模式将更改为 Free Smooth。要查看某个键的插值模式，可选择该键并右击，弹出的菜单显示插值模式。要更改某个键的插值模式，可选择该键，单击右键并选择另一个插值模式，如图 14-65 所示。

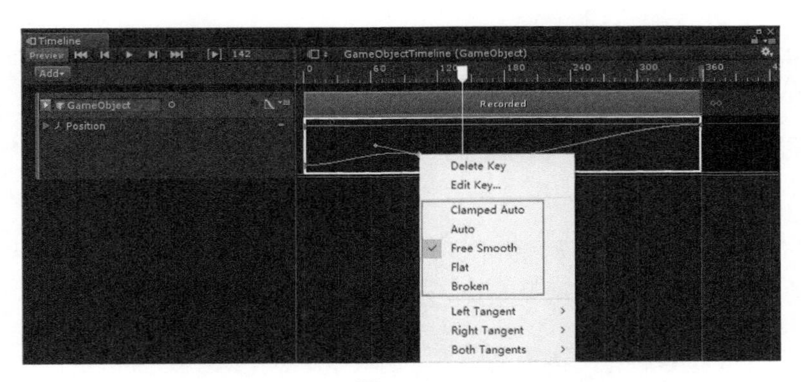

图 14-65

Broken 插值模式会破坏左右切线，以便它们可以分开定位。当切线被打破时，可以在键之前的动画曲线和键之后的动画曲线之间设置独立的插值模式。

7. 删除键

曲线视图提供了以下删除键的方法。

- 右击某个键并从上下文菜单中选择 Delete Keys。此方法不影响选定的键。
- 选择一个键，然后按 Delete 键或右击并从上下文菜单中选择删除键命令。

14.3.6 Timeline 设置

使用 Timeline 设置可为 Timeline 设置度量单位，设置 Timeline 资源的持续时间模式，以及设置 Timeline 编辑器窗口的捕捉设置，如图 14-66 所示。

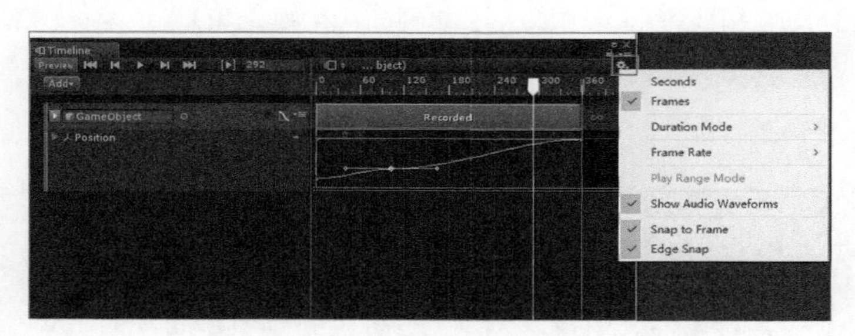

图 14-66

- Seconds（秒）或 Frames（帧）：选择秒或帧可将 Timeline 编辑器窗口设置为以秒或帧的形式显示时间。
- Duration Mode：使用持续时间模式可以设置 Timeline 资源的持续时间是否延伸到最后一个片段的末尾（基于片段），还是延伸到特定的时间或帧（固定长度）。当持续时间模式设置为固定长度时，可使用以下方法之一更改时间线资源的长度。
  - 在 Project 视图中选择 Timeline 资源并在 Inspector 视图中设置以秒或帧为单位的持续时间。
  - 在 Timeline 编辑器窗口中，拖动时间轴上的蓝色标记。蓝色标记表示 Timeline 资源的结束。蓝线表示时间轴资源的持续时间，如图 14-67 所示。
- Frame Rate：选择帧速率下的选项之一来设置 Timeline 资源的播放速度。Timeline 的总体速度根据每秒帧数加速或减速。每秒帧数越高，整个时间线播放的速度越快。支持以下帧速率：电影（24 fps）、PAL（25 fps）、NTSC（29.97 fps）、30、50 或 60。
- Show Audio Waveforms：启用显示音频波形以绘制所有音频轨道上的所有音频剪辑的波形。例如，使用人形角色步行的动画片段手动定位轨道的音频片段时，可使用音频波形作为指导。禁用显示音频波形来隐藏音频波形。显示音频波形默认情况下处于启用状态。

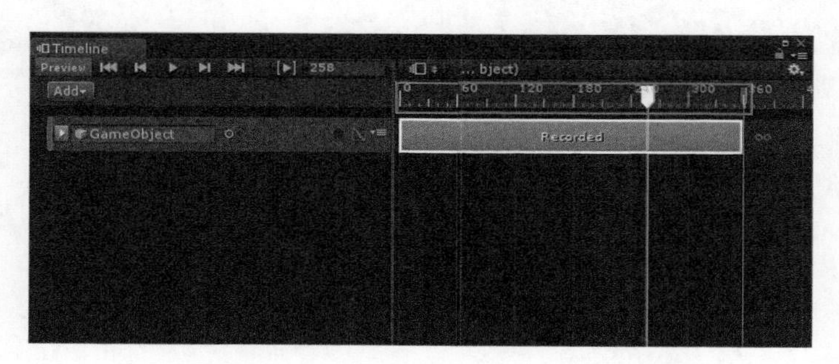

图 14-67

- Snap to Frame：启用对齐到帧以操纵剪辑，预览 Timeline 实例，拖动播放头，并使用帧定位播放头。禁用对齐框以使用子帧。 对齐框架默认情况下处于启用状态。

- Edge Snap：启用该选项可在定位、修剪和创建混合期间对齐剪辑。启用后，当剪辑的开始或结束在另一个轨道上的开始或结束、同一轨道上的剪辑的开始或结束、整个 Timeline 的开始或结束或播放头的 10 像素范围内拖动时，剪辑就会被裁切。禁用边缘快照，以创建准确的混合、轻松进入或轻松退出。默认情况下启用边缘快照。

14.4 Playable Director 组件

Playable Director 组件存储 Timeline 实例和 Timeline 之间的链接。Playable Director 组件控制 Timeline 实例何时播放，Timeline 实例如何更新计时器，以及 Timeline 实例播放完成后会发生什么。Playable Director 组件如图 14-68 所示。

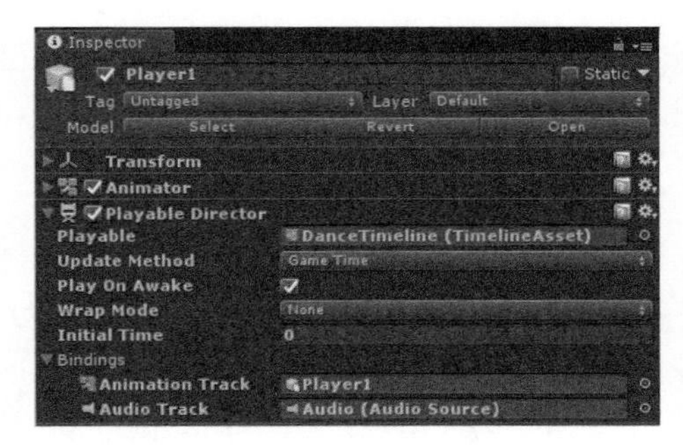

图 14-68

- Playable：使用 Playable 属性可手动将 Timeline 资源与场景中的 GameObject 相关联。当进行此关联时，将为所选的 Timeline 资源创建一个 Timeline 实例。创建 Timeline 实例后，用户可以使用 Playable Director 组件中的其他属性来控制实例，并选择场景中的哪些 GameObjects 由 Timeline 资源控制。
- Update Method：使用更新方法来设置 Timeline 实例以更新其时序的时钟源。
  - DSP：选择样本准确的音频调度。选中时，Timeline 实例将使用处理音频的相同时钟源。DSP 代表数字信号处理。
  - Game Time：选择使用与游戏时钟相同的时钟源。该时钟源受时间缩放的影响。
  - Unscaled Game Time：选择使用与游戏时钟相同的时钟源，但不受时间缩放的影响。
  - Manual：选择不使用时钟源并通过脚本手动设置时钟时间。
- Play On Awake：游戏进行时是否播放时间线实例。默认情况下，一旦场景开始播放，时间轴实例就会设置为开始。
- Warp Mode：Timeline 实例结束播放时的行为。Warp Mode 还定义了 Timeline 编辑器窗口处于播放范围模式时的行为。支持以下模式。
  - Hold：播放 Timeline 实例一次，并保留在最后一帧，直到播放被中断。
  - Loop：重复播放该序列，直到播放被中断。
  - None：播放序列一次，然后将所有动画属性重置为播放前所保存的值。
- Initial Time：Timeline 实例开始播放的时间（以秒为单位）。例如，如果启用时播放并且初始时间设置为五秒，则运行 Unity 播放模式时，Timeline 实例将从五秒后的位置开始播放。当用户在长时间的电影中工作并且想要预览 Timeline 实例的最后几秒时，这非常有用。
- Current Time：使用 Current Time 字段根据 Timeline 编辑器窗口中的 Timeline 实例查看时间进度。

- Bindings：使用 Bindings（绑定）区域将场景中的 GameObjects 与相关 Timeline 资源（Playable 属性）中的轨道链接起来。当用户将一个 GameObject 链接到一个轨道上时，该轨道将在场景中为 GameObject 生成动画。GameObject 和轨道之间的链接被称为绑定或轨道绑定。

14.5 Cinemachine Camera 系统

Cinemachine Camera 是 Unity 提供的一套摄像机的解决方案。可以快速、高效地完成开发需要的镜头效果，如轨道移动镜头、镜头跟随、镜头切换、模仿手持抖动效果等。

14.5.1 下载并导入资源包

在使用 Cinemachine Camera 之前，需要到 Asset Store 中下载 Cinemachine 资源包并导入 Unity。

（1）依次单击菜单栏中的 Window → Asset Store 打开 Asset Store 窗口，搜索 Cinemachine 并下载，如图 14-69 所示。

（2）下载完成后导入 Unity 工程中，资源导入完成后在 Unity 会显示 Cinemachine 资源以及一个 Cinemachine 菜单栏，如图 14-70 所示。

图 14-69

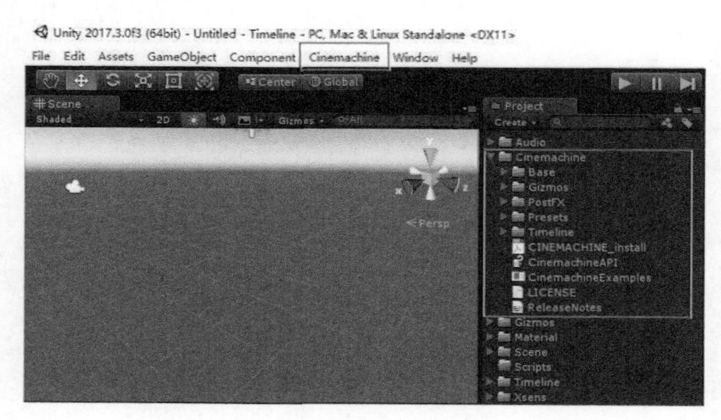

图 14-70

14.5.2 Cinemachine Camera 主要的组件

1. CinemachineBrain

Unity 相机去了哪里？为了回应游戏玩法和场景演变用户该怎么做。要解决这些问题，第一步是给 Unity 摄像机一个 CinemachineBrain 组件。把它想象成电影导演，在现有的相机镜头中选择一个能够在任何特定时刻讲述最佳故事的相机。

下一步是使用智能 CinemachineVirtualCamera 对象填充场景。它们可以被认为是专业的摄影师，给出了关于哪些游戏对象的目标以及如何跟随它们的说明。监督这些场景并选择最合适的一个来跟踪任何给定帧是 Brain 的工作。

2. Virtual Cameras

虚拟相机（Virtual Cameras）不是相机。相反，它可以被认为是相机控制器，与相机不同。它可以驱动 Unity Camera 并控制其位置、方向、镜头设置和后期处理效果。每个虚拟相机都拥有自己的 Cinemachine 组件管道，通过它，用户可以提供动态跟踪特定游戏对象的说明。

虚拟相机非常轻便，不会自行渲染。它只是跟踪感兴趣的 GameObjects，并相应地定位自己。一个典型的游戏可以有几十个虚拟相机，每个虚拟相机都设置为跟踪特定角色或捕捉特定事件。

虚拟相机可以处于以下三种状态之一。

- Live：活动。虚拟相机正在主动控制 Unity 相机。虚拟相机正在跟踪其目标并在每一帧进行更新。
- Standby：待机。虚拟相机正在跟踪其目标并在每一帧都进行更新，但没有任何 Unity 相机正在被它控制。这是在场景中启用的虚拟相机的状态，但可能比活动状态下的虚拟相机的优先级低。
- Disabled：禁用。虚拟相机存在但在场景中禁用。它不积极跟踪目标，因此不消耗处理能力。但是，虚拟相机可以在 Timeline 上实时拍摄。

实践操作 54：使用 Cinemachine Camera

1 依次单击菜单栏中的 Assets → Import Package → Characters，导入角色控制资源。

2 新建场景 CinemachineScene01，创建一个 Plane 对象以及将第三人称控制器添加到场景中，如图 14-71 所示。

3 依次单击菜单栏中的 Cinemachine → Create Virtual，创建一个虚拟相机。此时场景中会创建一个名为 CM vcam1 的虚拟相机，以及在 Main Camera 上自动添加一个 CinemachineBrain 组件，如图 14-72 所示。

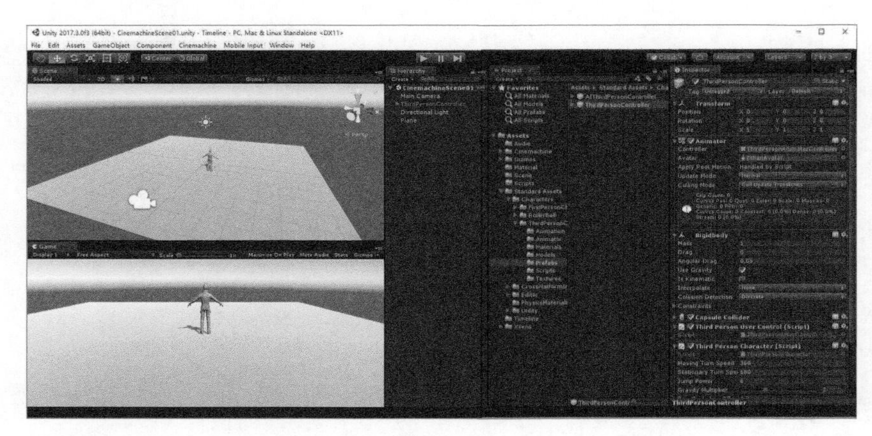
图 14-71

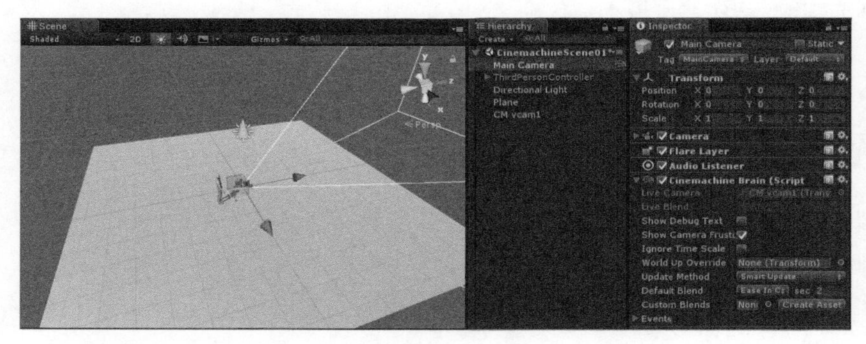

图 14-72

4 选中 CM vcam1 虚拟相机，将其设置为看向角色，并将其 Inspector 视图中的 Look At 参数设置为第三人称对象，如图 14-73 所示。

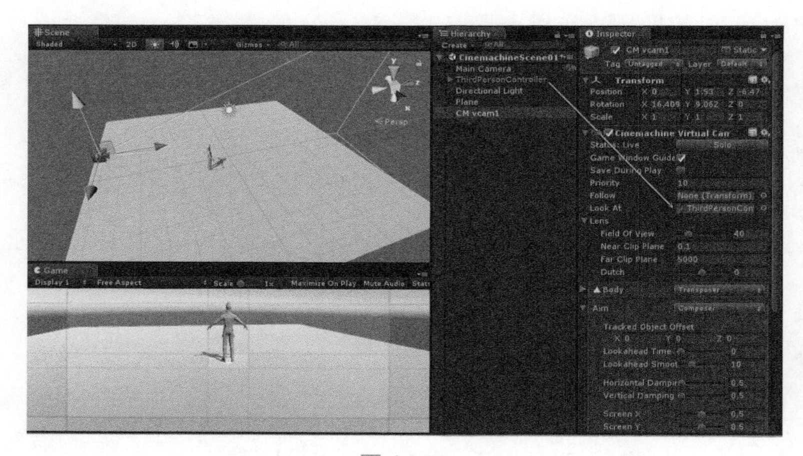

图 14-73

5 运行游戏，通过键盘控制角色移动时，可以看到 Game 视图中相机会一直看向角色，如图 14-74 所示。

6 当再选中虚拟相机时，在 Game 视图中会出现黄色、蓝色、镂空和红色的四个矩形框。这些矩形框的说明如下。

- 黄色矩形框：表示相机看向的位置点。

- 蓝色矩形框：相机的追踪区域。当相机看向的位置点在该区域内移动时，虚拟相机会追踪看向的位置点。蓝色矩形框越大，相机追踪越自然。
- 镂空矩形框：相机的非追踪区域。当相机看向的位置点在该区域内移动时，虚拟相机不会追踪看向的位置点。

蓝色矩形框和镂空矩形框的大小可以在 Game 视图中拖动对应的边界线进行控制，或者通过虚拟相机 Aim 下的 Dead Zone 和 Soft Zone 相关参数控制，如图 14-75 所示。

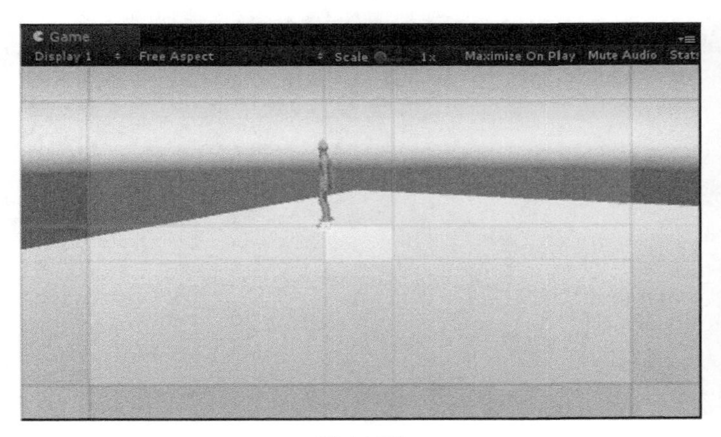

图 14-74

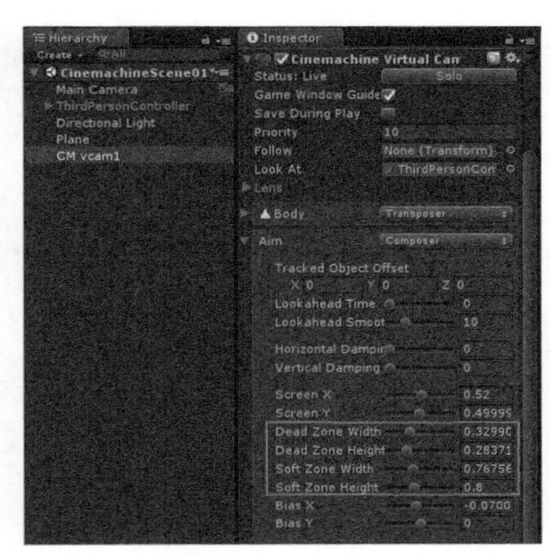

图 14-75

7 如果希望虚拟相机追踪角色的头部位置，可以将其 Look At 参数设置为角色的头部，或者调整 Aim 下的 Tracked Object Offset 值，如图 14-76 所示。

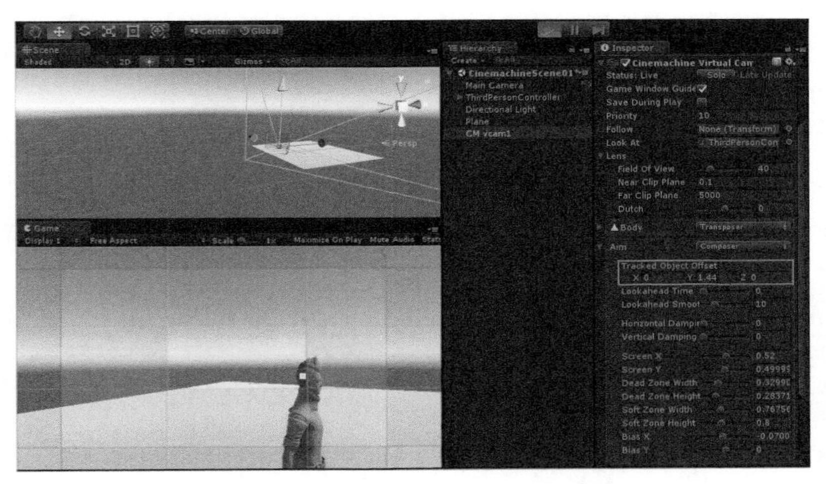

图 14-76

虚拟相机的参数说明如下。

- Game Window Guides：选择后会在 Game 窗口中看到辅助查看相机参数的线框。
- Save During Play：勾选此项，在 Play 模式下的参数改动也会在结束播放后保存下来。
- Priority：优先级将根据其他相机和相机的状态来决定哪一个相机是活跃的。值越大，优先级越高。
- Follow：相机跟随的物体。指定相机跟随的物体后，相机会跟随该物体进行运动。

- Look At：相机的视线要看向的物体。
- Lens：相机的参数设置。包括相机视野、远近裁切和 *z* 轴旋转。
- Body：有更多的选项来控制相机的位置。
- Aim：有更多的选项来控制相机的视线。
- Noise：可以选择一些晃动效果。
- Add Extension：添加扩展功能，如摄像机的碰撞、位置矫正等。

8 更多的 Cinemachine Camera 示例可以通过单击菜单栏中的 Cinemachine → Import Example Asset Package 选项导入示例资源，然后在路径为 CinemachineExamples/Scenes 的文件夹中找到该示例，如图 14-77 所示。

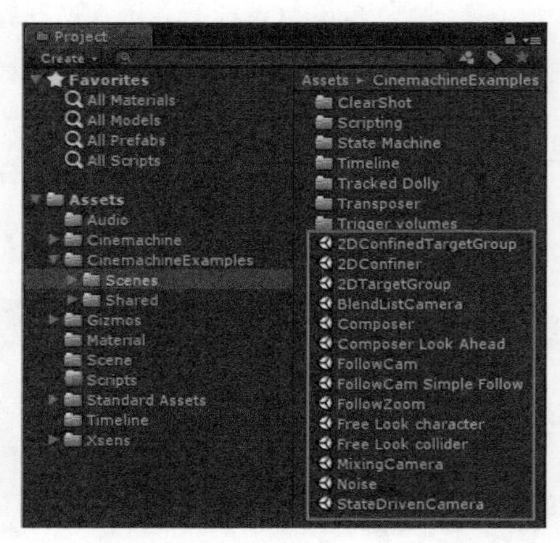

图 14-77

14.6 综合案例：Timeline 和 Cinemachine Camera 的综合使用

（1）依次单击菜单栏中的 Assets → Import Package → Custom Package 选项，在弹出的 Import package 对话框中，导入本书资源包路径为 \Book\Projects\Chapter14 的文件夹下的 Adventure 资源包，然后打开文件路径为 Adventure\Scenes 的文件夹中的 MarketScene 场景，如图 14-78 所示。

（2）新建一个空对象并命名为 Timeline1，然后选中 Timeline1 对象，打开 Timeline 窗口并新建 Timeline 资源和 Timeline 实例，如图 14-79 所示。

（3）将默认的动画轨道绑定对象设置为 Player 的子对象 Player，然后右击动画轨道选择 Add From Animation Clip，添加一个名为 PlayerWalk（人物行走动画）的动画片段，如图 14-80 所示。

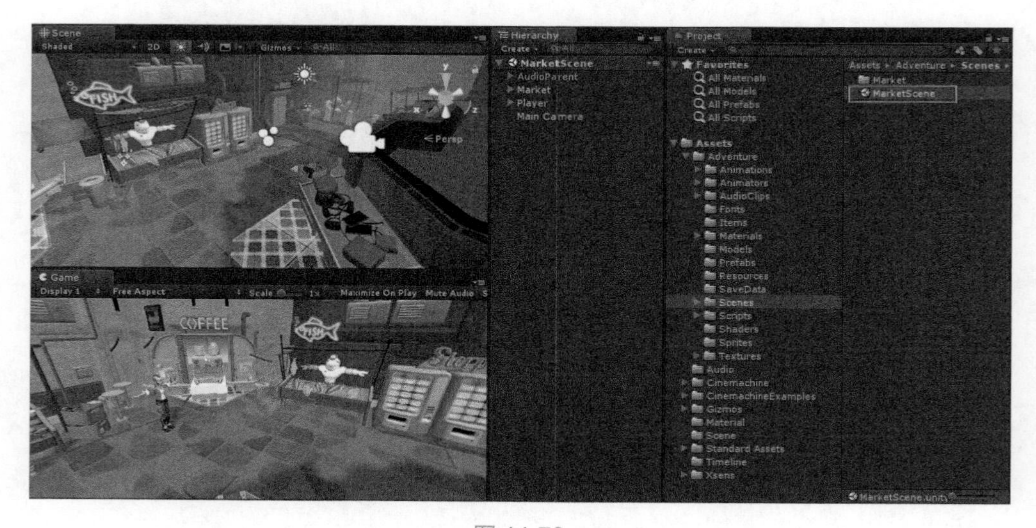

图 14-78

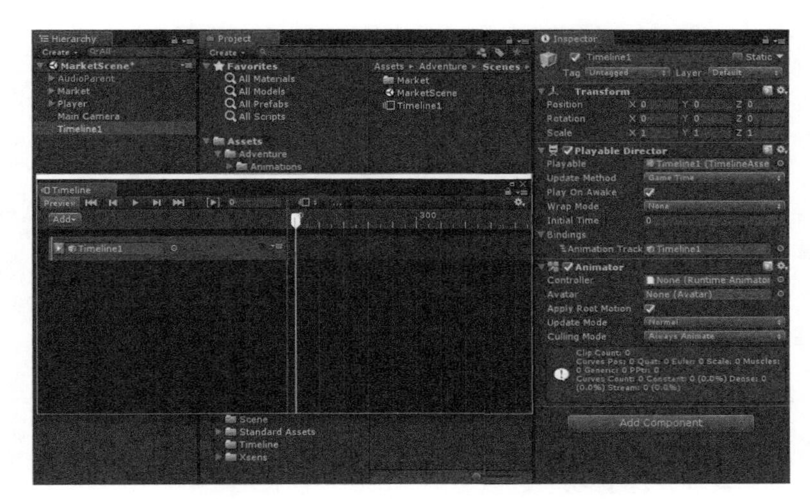

图 14-79

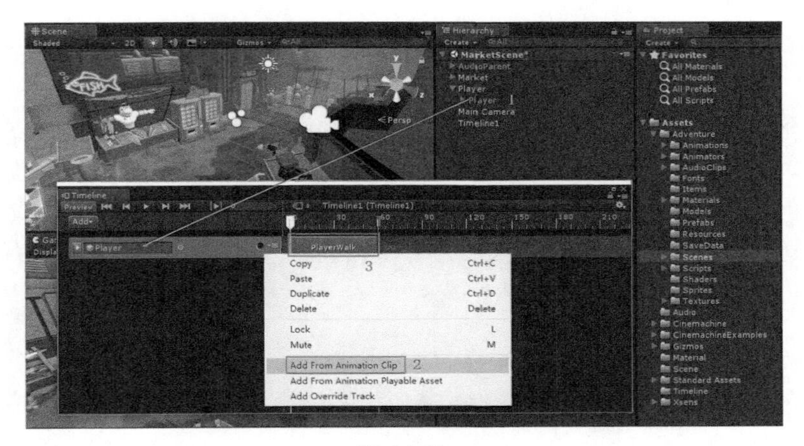

图 14-80

（4）在 Timeline 窗口中将添加的 PlayerWalk 片段拉伸至 450 帧，使得角色在动画最后一帧走到场景中的大门口，如图 14-81 所示。

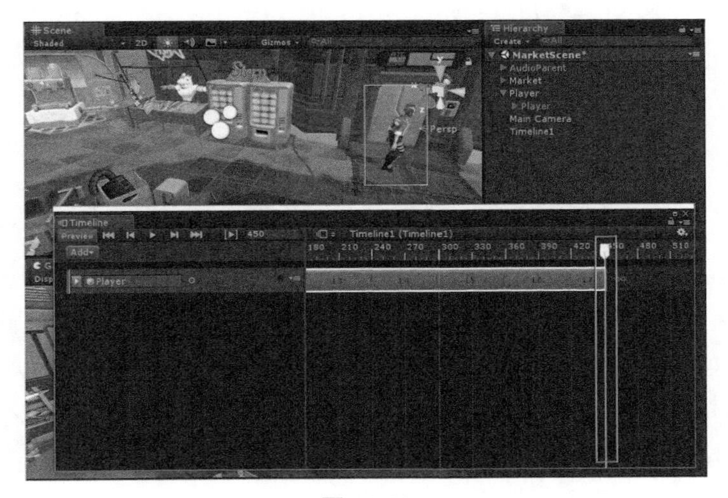

图 14-81

（5）在动画轨道上继续添加一个 PlayerIdle 动画片段，如图 14-82 所示。

图 14-82

（6）此时当预览或运行 Timeline 时，由于 PlayerWalk 动画使得角色一直在行走，当动画过渡到 PlayerIdle 动画时会出现角色位置跳跃，不在上个动画结束位置的情况。

（7）此时需要匹配两个动画之间的偏移。在剪辑视图中选中 PlayerIdle 片段，然后右击选择 Match Offsets To Previous Clip，与前一段动画片段进行偏移匹配。或者在 PlayerIdle 片段的 Inspector 视图中手动设置 Clip Root Motion Offsets 下的参数，如图 14-83 所示。

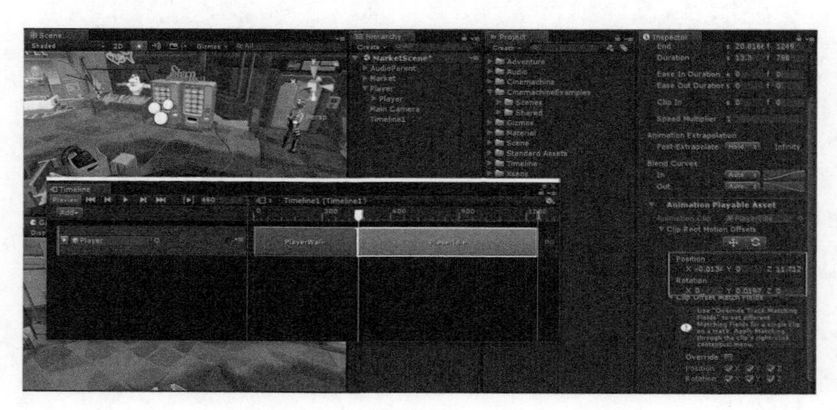

图 14-83

（8）为了缓和两个动画过渡，可以拖动两个动画的首尾位置使得两个动画进行混合过渡，如图 14-84 所示，在混合区域拖动播放头的位置可预览混合效果。

图 14-84

（9）选中 Main Camera 对象，然后在其 Inspector 视图中添加 Cinemachine Brain 组件（单击 Add Component 按钮搜索 Cinemachine Brain 并添加）。

（10）在 Timeline 窗口中依次单击 Add → Cinemachine.Timeline → Cinemachine Track，创建一个 Cinemachine 轨道，然后将轨道绑定的对象设置为 Main Camera 上的 Cinemachine Brain，如图 14-85 所示。

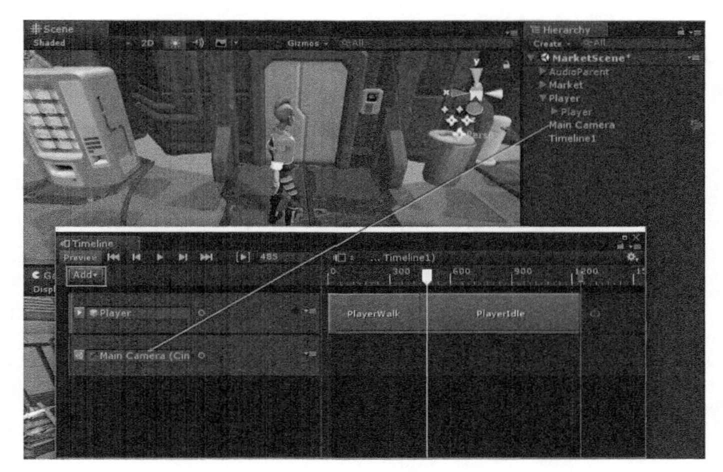

图 14-85

（11）在 Cinemachine 轨道上右击选择 Add Cinemachine Shot Clip，然后在创建的 CinemachineShot 片段的 Inspector 视图中，单击 Create 按钮创建一个虚拟相机，如图 14-86 所示。

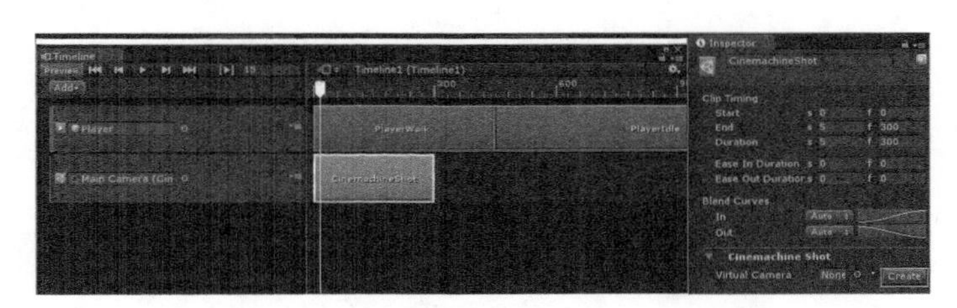

图 14-86

（12）选中创建的虚拟相机 CM vcam1 对象，然后在其 Inspector 视图中设置朝向目标 Look At 为 Player 对象下的 Player/Controls/ControlsUpperBody 对象，并将 CM vcam1 对象位置设置到合适位置，如图 14-87 所示。

图 14-87

（13）调整虚拟相机追踪区域的范围。这里希望角色快离开视线时追踪目标，所以需要将追踪区域和非追踪区域加大，如图 14-88 所示。

图 14-88

（14）运行游戏或者预览 Timeline，即可看到相机持续追踪角色的运动，如图 14-89 所示。

图 14-89

（15）在 Cinemachine 轨道上右击选择 Add Cinemachine Shot Clip，然后在创建的 CinemachineShot 片段的 Inspector 视图中，单击 Create 按钮创建第二个虚拟相机。

（16）选中创建的虚拟相机 CM vcam2 对象，然后在其 Inspector 视图中将朝向目标 Look At 和跟随目标 Follow 都设置为 Player 对象下的 Player/Controls/ControlsUpperBody 对象，并将 CM vcam2 对象位置设置到角色的前方，如图 14-90 所示。

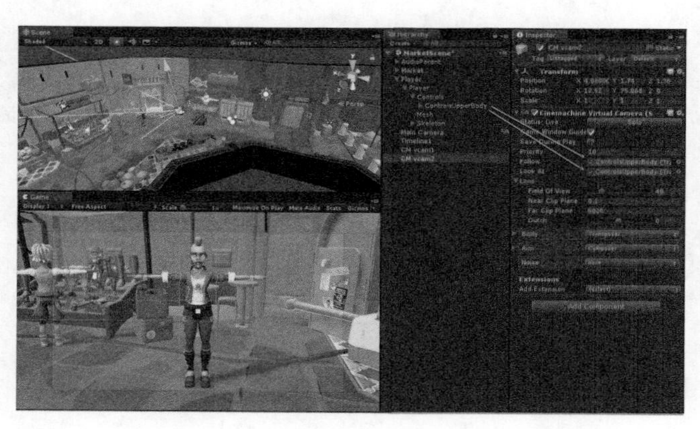

图 14-90

（17）在 Timeline 窗口中，调整 Cinemachine 轨道上的两个 CinemachineShot 片段的定位和混合，使得两个片段平滑过渡，如图 14-91 所示。

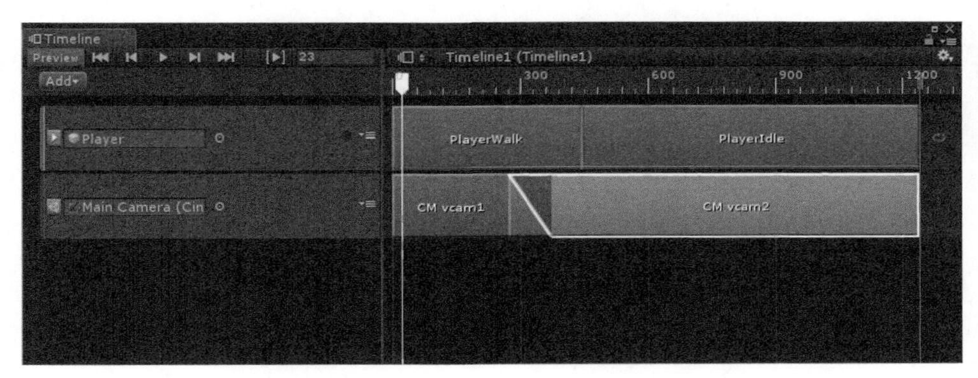

图 14-91

（18）运行游戏或预览 Timeline，随着角色的移动，两个虚拟相机也会对应发生切换，如图 14-92 所示。

图 14-92

第15章 UGUI

15.1 概述

自 Unity 4.6 开始至今，Unity 中的 UGUI 系统已经相当成熟，其在功能和易用性上一点也不逊于 NGUI（Unity 上一款流行的第三方 UI 插件）。使用 UGUI 可以方便快速地建立 UI 界面。

UGUI 允许用户快速直观地创建图形用户界面（GUI 界面）。它提供强大的可视化编辑器，可提高 GUI 开发的效率，满足各种 GUI 制作的需求。

15.2 UGUI 之 Canvas 画布

15.2.1 Canvas

Canvas（画布）是存放所有 UI 元素的容器，所有的 UI 元素都必须放在画布的子节点下。一个场景里可有多个画布。

当单击菜单栏中的 GameObject → UI 下的子项来创建一个 GUI 控件时，如果当前不存在画布，系统将会自动创建一个画布。画布组件如图 15-1 所示。

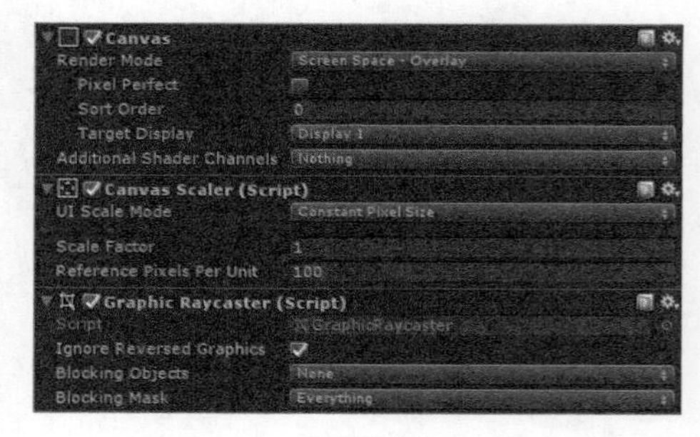

图 15-1

Render Mode：渲染模式。

- Screen Space-Overlay：使画布拉伸以适应全屏大小，并且使 GUI 控件在创建中渲染于其他物体的前方。如果调整屏幕大小或改变分辨率，画布将会自动地改变大小以适应屏幕显示，如图 15-2 所示。

图 15-2

- Screen Space-Camera：画布以特定的距离放置在指定的相机前，UI 元素被指定的相机渲染，相机设置会影响到 UI 的呈现，如图 15-3

所示。

- World Space：该选项使画布渲染于世界空间。该模式使画布在场景中像其他游戏对象一样，可以通过手动调整它们的 Rect Transform 来改变画布的大小。GUI 控件可能会渲染于其他物体的前方或后方，如图 15-4 所示。

图 15-3

图 15-4

UI Scale Mode：UI 的缩放模式，在 Canvas Scaler 组件中。

- Constant Pixel Size：固定的像素大小。
- Scale With Screen Size：根据屏幕的大小进行缩放。
- Constant Physical Size：固定的物理大小（厘米、毫米、英寸等计量单位）。

Graphic Raycaster（Script）：图形检测组件。

Graphic Raycaster（Script）用于对 Canvas 进行射线检测。Raycaster 会查看画布上的所有图形，并确定是否有图形已被击中，参数如图 15-5 所示。

图 15-5

- Ignore Reversed Graphics：是否忽略背面的图形检测。
- Blocking Objects：阻挡图形射线检测的对象的类型。
- Blocking Mask：阻挡图形射线检测的遮罩层。

15.2.2 Canvas Group

使用 Canvas Group 组件（在 Inspector 视图中单击 Add Component 按钮后搜索 Canvas Group 并添加）可以对 UI 元素进行分组，方便统一控制和管理，如图 15-6 所示。

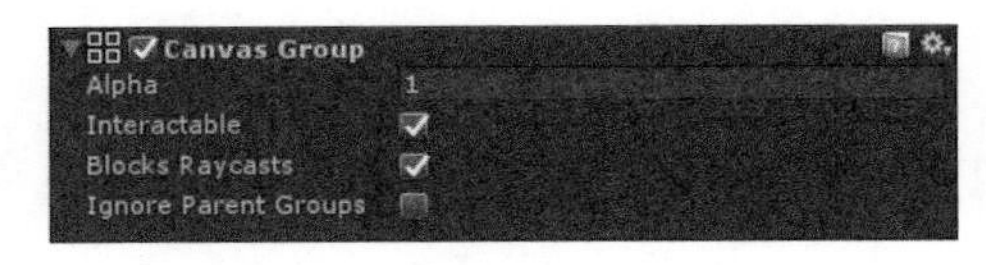

图 15-6

- Alpha：可统一调节该组所有 UI 元素的透明度。
- Interactable：选项可控制该组件是否接受输入控制。
- Blocks Raycasts：选项控制该组件是否作为碰撞器的 RayCasts。注意这不适用于 Physics.Raycast。当要处理 Canvas 上 UI 元素的 RayCast 时应调用绑定在 Canvas 上的 Graphic Raycaster 组件的 RayCast 方法。
- Ingore Parent Groups：用于控制是否忽略父对象上的 Canvas Group 设置。

15.2.3 元素绘制顺序

UI 元素的绘制顺序依赖于它们在 Hierarchy 面板中的顺序。如果两个 UI 元素重叠，后添加的 UI 元素会出现在之前添加的元素的上面。如果要修改 UI 元素的相对顺序，可以通过在 Hierarchy 视图中拖动元素进行排序。对 UI 元素的排序也可通过在脚本中调用 Transform 组件上的 SetAsFirstSibling、SetAsLastSibling 和 SetSiblingIndex 等方法来实现。

15.3 UGUI 之 EventSystem 对象

在 UGUI 的第一个 Canvas 对象被创建时，Hierarchy 视图中会自动创建一个 EventSystem 对象。

EventSystem 对象上有一个 Event System（Script）组件和 Standalone Input Module 组件，如图 15-7 所示。它们分别是用来管理 UI 的事件系统（如单击、拖动等事件）和独立的输入模块。

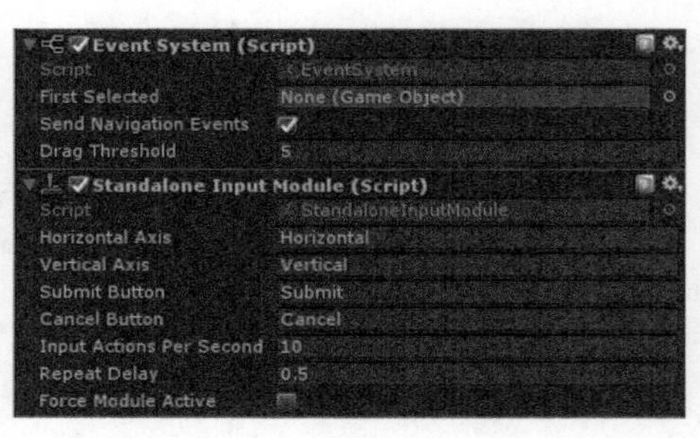

图 15-7

注 意

在处理 UI 的交互上，EventSystem 对象是必不可少的。如果没有 EventSystem 对象，那么 UI 界面将无法处理事件和交互，可以通过单击菜单栏中的 GameObject → UI → Event System 创建一个 EventSystem 对象。

15.3.1 Event System 组件

该组件负责控制所有 UI 元素的事件。它的当前坐标活跃在输入模块上。

每次的 Update 更新时 Event System 都会接收调用，通过输入模块和在输入模块里的计算输出标记，然后将处理的委托返回给本模块。Event System 组件的参数说明如表 15-1 所示。

表 15-1　Event System 组件的参数说明表

参数	说明
First Selected	第一个被选择的游戏对象
Send Navigation Events	发生导航事件。勾选之后导航选项可用，不勾选导航选项不可用
Drag Threshold	用于拖动像素的柔和区域

15.3.2 Standalone Input Module 组件

该组件用于设计控制器 / 鼠标输入的工作。按键按下、拖动以及类似的事件会发送到响应输入中。

该组件通过输入管理器来发送移动事件、提交 / 取消事件的响应输入。跟踪轴和键值可以通过该组件的属性进行配置。Standalone Input Module 组件的参数说明如表 15-2 所示。

表 15-2　Standalone Input Module 组件的参数说明表

参数	说明
Horizontal Axis	管理水平轴向的按钮名称
Vertical Axis	管理垂直轴向的按钮名称
Submit Button	管理提交的按钮名称

续表

参数	说明
Cancel Button	管理取消的按钮名称
Input Actions Per Second	数字键盘 / 控制器允许的每秒输入次数
Repeat Delay	输入动作和重复动作之间的一个延时时间
Force Module Active	勾选此项，使得该模块是激活的

15.4 UGUI 之基本布局

15.4.1 矩形工具

在 Scene 视图中使用矩形变换可以平移、缩放和旋转 GUI 控件。当用户选择一个 UI 元素后，单机工具栏中的按钮，用户可以在控件（元素）内的任意位置单击并拖动来改变它的位置；也可以在控件的边角单击并拖动来改变它的大小；当鼠标指针悬浮在拐角附近时鼠标指针右下方变为一个旋转符号时，可以单击并朝任意方向拖动来旋转该控件，如图 15-8 所示。

图 15-8

15.4.2 Rect Transform 矩形变换

Rect Transform（矩形变换）是一种新的变换组件，适用于在所有的 GUI 控件上来替代原有的 Transform 组件，如图 15-9 所示。其参数说明如表 15-3 所示。

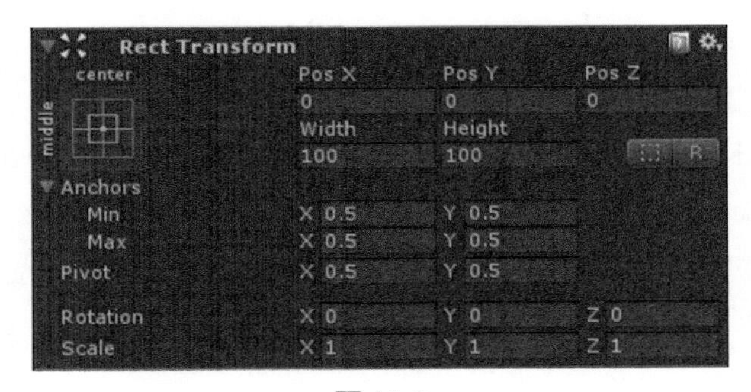

图 15-9

表 15-3 Rect Transform 的参数说明表

参数	说明
Pos(x，y，z)	定义矩形相对于锚点的轴心点位置
Width/Height	定义矩形的宽度和高度
Left，Top，Right，Bottom	定义矩形边缘相对于锚点的位置，锚点分离时会显示在 Pos 和 Width/Height 上的位置
Anchors	定义矩形在左下角和右上角的锚点
Min	定义矩形的左下角锚点。(0，0)对应父物体的左下角，(1，1)对应父物体的右上角
Max	定义矩形的右上角锚点。(0，0)对应父物体的左下角，(1，1)对应父物体的右上角
Pivot	定义矩形旋转时围绕的中心点坐标
Rotation	定义矩形围绕旋转中心点的旋转角度
Scale	定义该对象的缩放系数

为了布局的目的一般建议调整 UI 元素的大小（Width/Height），而不是对其进行缩放（Scale）。调整 UI 元素的大小不会影响字体大小、切片图像的边界大小等。缩放可用于动画的效果或其他特殊效果，缩放会作用于整个元素，包括字体和边框。给 UI 元素的 Width/Height 一个负值会使得元素透明不可见，而将缩放值设置为负值则不会。缩放可用于翻转对象。

知识点

Rect Transform 区别于原有的变换的地方是在场景中 Transform 组件表示一个点，而 Rect Transform 表示一个可容纳 UI 元素的矩形，而且矩形变换还有锚点和轴心点的功能。

15.4.3 Anchors 锚点

矩形变换有一个锚点的布局概念。如果一个矩形变换的父对象也是一个矩形变换，作为子物体的矩形变换可以通过多种方式固定在父物体的矩形变换上。

例如：子物体可以固定在父物体的中心点或某一个拐角处；在固定锚点时也允许基于父对象的宽或高按指定的百分比进行拉伸。

在 Scene 视图中，锚点以四个三角形手柄的形式呈现。每个手柄都对应固定于相应父物体的矩形的角。用户可以单独拖动每一个锚点，当它们在一起的时候，也可以单击它们的中心一起拖动它们。当按下 Shift 键拖动锚点时，矩形相应的角会跟随锚点一起移动，如图 15-10 所示。

在 Inspector 视图中，锚点预置按钮（Anchor Presets）在矩形变换组件的左上角。单击该按钮将打开预置锚点的下拉列表，如图 15-11 所示，在这里可以便捷地选择常用的锚点选项。用户可以将 GUI 控件固定在父物体的某一边或中心，或拉伸到与父对象相同的大小。水平方向和竖直方向的锚点是独立的。

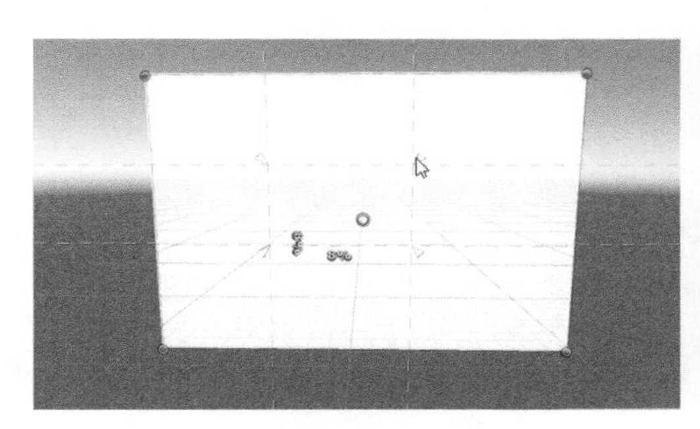

图 15-10

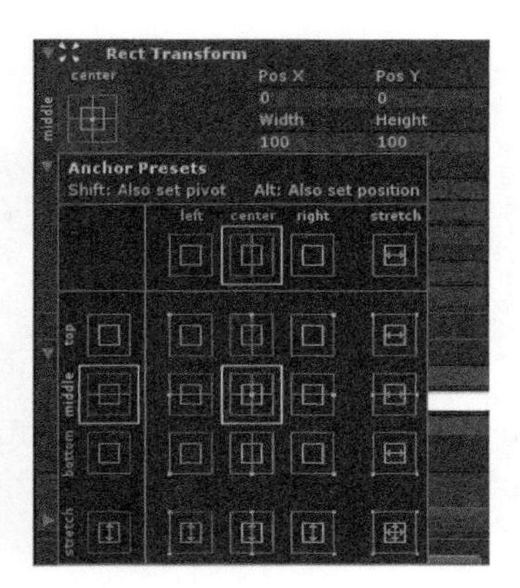

图 15-11

15.4.4 Pivot 轴心点

旋转和缩放都围绕轴心点发生变化，所以轴心点的位置影响旋转和缩放的结果。

知识点

在锚点预置列表里，“Shift 键 + 预置”为设置 UI 轴心点；“Alt 键 + 预置”为设置 UI 的位置。

15.4.5 补充

- 蓝图模式：表示是否忽略掉物体的旋转。启用时不能对物体进行旋转，如图 15-12 所示。
- 原始的编辑模式：表示当修改 Anchors 时 UI 的位置及尺寸是否会根据 Anchors 进行匹配，启用时可以进行匹配，如图 15-13 所示。

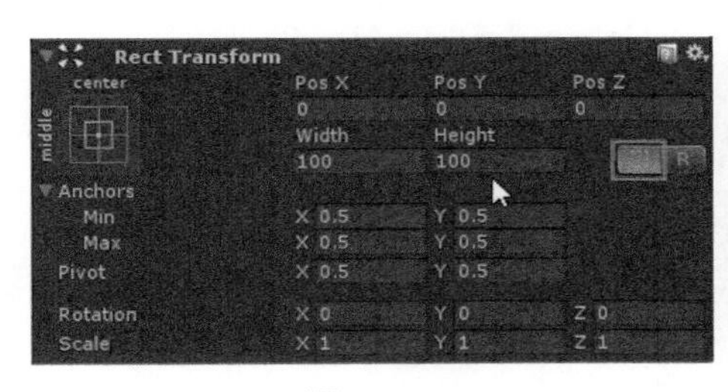

图 15-12

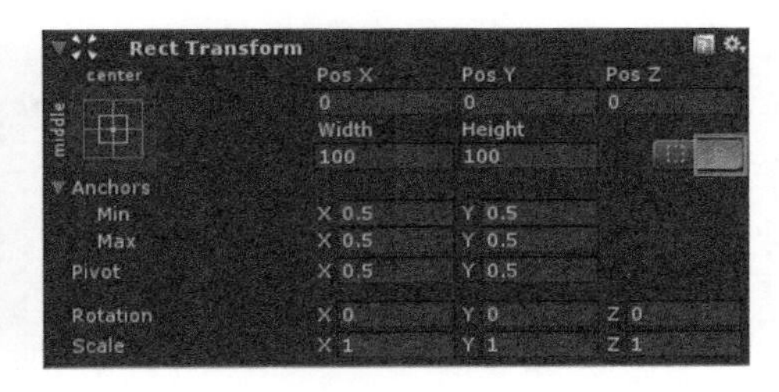

图 15-13

15.5 UGUI 之 Text 文本

15.5.1 Text 介绍

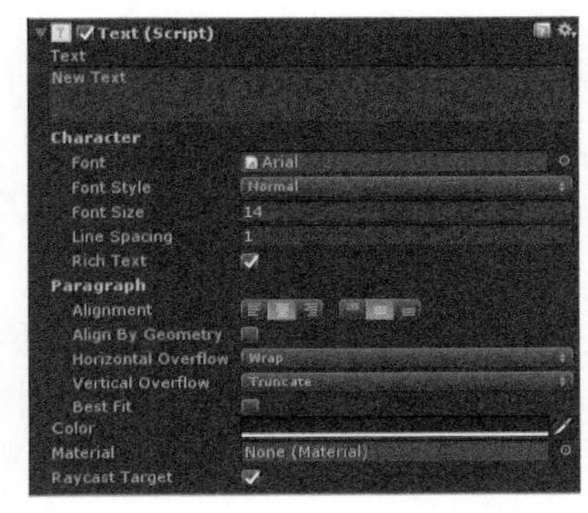

图 15-14

文本控件显示非交互文本。可以作为其他 GUI 控件的标题或者标签，也可以用于显示指令或者其他文本。

Text（Script）属性面板如图 15-14 所示，其参数说明如

表 15-4 所示。

表 15-4　Text（Script）的参数说明表

参数	说明
Text	控制显示的文本
Font	用于显示文本的字体
Font Style	文本样式，可选择正常、粗体、斜体、粗斜
Font Size	文本的字体大小
Line Spacing	文本之间的垂直距离（行间距）
Rich Text	是否为富文本样式
Alignment	文本的水平和垂直对齐方式
Horizontal Overflow	用于处理文字太宽而无法适应文本框的方法。选项包含自动换行和溢出
Vertical Overflow	用于处理文字太高而无法适应文本框的方法。选项包含截断和溢出
Best Fit	忽略大小属性使文本适应控件大小
Color	文本颜色
Material	渲染文本的材质
Raycast Target	是否接受交互响应

15.5.2 Rich Text 富文本

富文本选项启用时，标记元素中的文本将被视为样式信息，所以可以有一个单词或短语采用黑体或不同的颜色。

表 15-5 描述了 Unity 所支持的样式标签。

表 15-5　Unity 支持的样式标签

标签	描述	示例
b	文本加粗	We are <b>not</b> amused.
i	文本倾斜	We are <i>usually</i> not amused.
size	根据参数设置文本大小，以像素为单位	We are <size=50>largely</size> unaffected.
color	设置文本颜色	<color=#00ffffff>...

15.6 UGUI 之 Image 图像

Image（Script）（图像）控件用来显示非交互式图像。可用于装饰、图标等。在其他控件中也可以通过控制脚本来改变图像。

该控件类似于 Raw Image（Script）（原始图像）控件，但是提供了更多选项的动画控制和准确的填充控件的功能。图像控件需要 Sprite 类型的纹理（图片），Raw Image 可以接受任意类型的纹理。

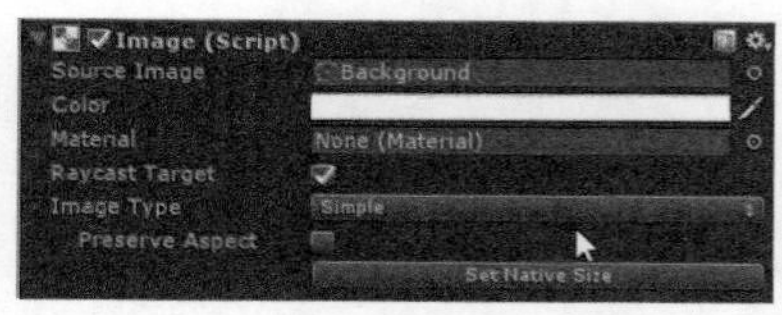

图 15-15

Image（Script）控件属性面板如图 15-15 所示，其参数说明如表 15-6 所示。

表 15-6　Image（Script）的参数说明表

参数	说明
Source Image	表示要显示的图像纹理（类型必须为 Sprite）
Color	应用于图像的颜色
Material	图像着色所需的材质
Raycast Target	Image 是否接受交互响应
Image Type	显示图像的类型，选项包括 Simple、Sliced、Tilled 和 Filled
Preserve Aspect(仅适用于 Simple 和 Filled 模式)	图像的原始比例的高度和宽度是否保持相同比例
Fill Center(仅适用于 Sliced 和 Tiled 模式)	是否填补图像的中心部分
Fill Method(仅适用于 Filled 模式)	用于指定动画中图像的填充方式，选项有 Horizontal、Vertical、Radial90、Radial180 和 Radial360
Fill Origin(仅适用于 Filled 模式)	填充图像的起始位置，选项包括 Bottom、Right、Top 和 Left
Fill Amount(仅适用于 Filled 模式)	当前填充图像的比例（范围为 0 ~ 1）
Clockwise(仅适用于 Filled 模式)	填充方向是否为顺时针方向（仅适用于 Radial 填充方式）
Set Native Size	设置图像框尺寸为原始图像纹理的大小

Image Type 包含设置项如下。

- Simple：默认情况下适应控件的矩形大小。如果启用 Preserve Aspect，图像的原始比例将会被保存，剩余的未被填充的矩形部分会被空白填充。
- Sliced：图片被切成九宫格模式，图片的中心被缩放以适应矩形控件，边界会仍然保持它的尺寸。禁用 Fill Center 选项后图像的中心将会被挖空。
- Tiled：图像会保持原始大小，如果控件的大小大于原始图像大小，图像会重复填充到控件中；如果控件大小小于原始图像大小，则图像会在边缘处截断。
- Filled：图像显示为 Simple 类型，但是可以通过调节填充模式和参数使图像呈现出从空白到完整填充的过程。

15.7 UGUI 之 Raw Image 原始图像

Raw Image（Script）（原始图像）控件用来显示非交互图像，可以用于装饰或图标等。在其他控件中通过脚本来改变原始图像。Raw Image 和 Image 相似，但是它不具备后者准确填充控件矩形的功能。同时，Raw Image（Script）控件支持显示任何类型的纹理，而 Image 控件仅支持显示 Sprite（精灵）类型的纹理。

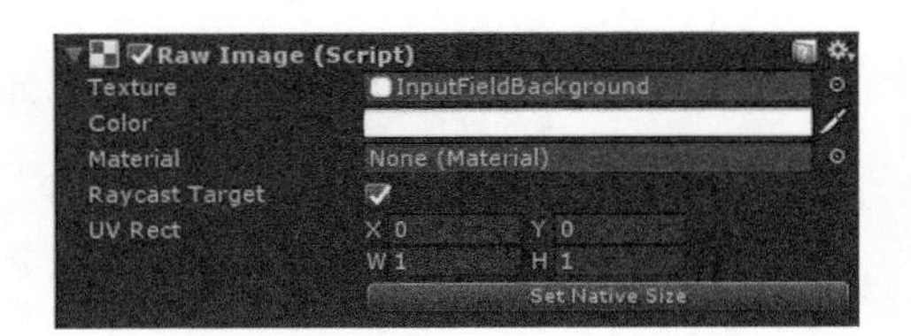

图 15-16

Raw Image（Script）控件属性面板如图 15-16 所示，其参数说明如表 15-7 所示。

表 15-7 Raw Image（Script）的参数说明表

参数	说明
Texture	表示要显示的图像纹理
Color	应用到图像的颜色
Material	为图像着色所使用的材质
Raycast Target	控件是否接受交互响应
UV Rect	在控件矩形中图像的偏移和尺寸以归一化坐标的形式表示（范围为 0.0 ~ 1.0），图像的边缘被拉伸以填充 UV 矩形周围控件
Set Native Size	设置图像框尺寸为原始图像纹理的大小

由于 Raw Image 不要求必须使用 Sprite 格式的纹理，所以可以在 Unity 中显示任何类型的纹理，比如在游戏中显示一个用 WWW 类从 URL 下载的纹理。

UV 属性允许显示一个较大图像的一小部分。横和纵坐标表示图像的哪一部分与控件左下角对齐。比如横坐标为 0.25 表明从图像的四分之一处进行切割。*W* 和 *H* 属性表示缩放以适应控件矩形部分的宽和高，*W* 和 *H* 为 0.5 表示缩放图像的四分之一在控件矩形上显示。

15.8 UGUI 之 Mask 遮罩

Mask（Script）（遮罩）是一种不可见的 UI 控件（在 Inspector 视图中单击 Add Component 按钮后搜索 Mask 即可添加该组件），它可以用来修饰控件子元素的外观，如圆形小地图、圆形角色头像等。遮罩将子元素限制作为父物体的形状。如果子物体大于父物体将只显示和父物体大小相同的那部分。

Mask（Script）控件参数面板如图 15-17 所示。

- Show Mask Graphic：表示是否显示（绘制）该组件上的图形。Mask（Script）控件通常和 Image（Script）控件组合使用。

图 15-17

15.9 UGUI 之过渡选项和导航选项

15.9.1 Transition 过渡选项

过渡选项及其功能（在 Inspector 视图中单击 Add Component 按钮搜索 Selectable 并添加完该组件后可看到 Transition 选项）如图 15-18 所示。过渡选项的参数说明如表 15-8 所示。

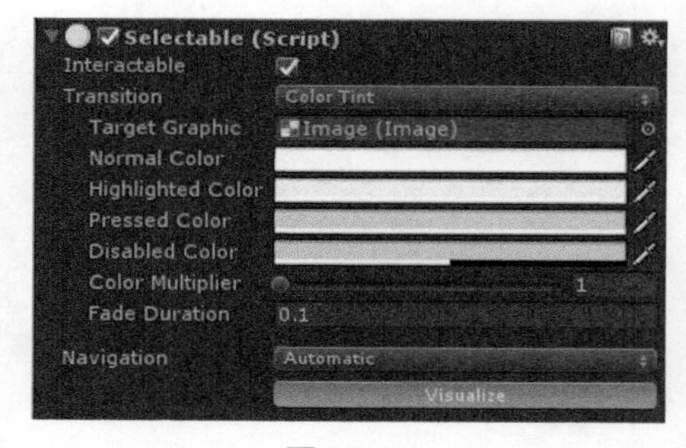

图 15-18

表 15-8 过渡选项的参数说明表

参数	说明
Interactable	控制该组件是否接受输入。如果该项未勾选，则控件不能接受输入且过渡选项不可用（控件直接变成过渡选项里的 Disabled 值）
Transition	过渡选项
Navigation	导航选项

Transition 过渡选项的参数说明如表 15-9 所示。

表 15-9 过渡选项的参数说明表

参数	说明
Color Tint	状态决定颜色，可以为每个单独的状态选择颜色。也可以设置不同状态之间的淡入淡出持续时间，数值越高，颜色之间的淡入淡出会越慢
Target Graphic	用于交互组件的图形
Normal Color	控件的正常颜色
Highlighted Color	控件高亮时的颜色
Pressed Color	控件被按下时显示的颜色
Disabled Color	控件被禁用时显示的颜色
Color Multiplier	该选项数值会与每个状态的颜色数值相乘。通过该方法可以创建大于 1 的颜色，让颜色（或 alpha 通道）图形元素的基本颜色不到白色（或更少于完整的 alpha）
Fade Duration	从一种状态到另一种状态过渡所需时间，以秒为单位
Sprite Swap	允许不同状态下显示不同的 Sprite，Sprite 可以定制
Target Graphic	正常状态显示的 Sprite 类型图片
Highlighted Sprite	鼠标划过控件（高亮）时显示的 Sprite 类型图片
Pressed Sprite	控件被按下时显示的 Sprite 类型图片
Disabled Sprite	控件被禁用时显示的 Sprite 类型图片
Animation	在不同的状态下播放动画，使用 Animation 过渡必须要有动画组件，并确保 root motion 为禁用状态
Normal Trigger	正常状态下使用的动画触发器
Highlighted Trigger	高亮状态下使用的动画触发器
Pressed Trigger	控件被按下时使用的动画触发器
Disabled Trigger	控件被禁用时使用的动画触发器
None	此选项仅适用于按钮控件，表示没有任何状态效果

15.9.2 Navigation 导航选项

导航选项用来控制 UI 控件的键盘导航如何实现。导航选项的参数和说明如表 15-10 所示。

表 15-10 导航选项的参数说明表

参数	说明
Navigation	导航选项是指 UI 元素的导航在播放模式下如何被控制
None	没有键盘导航

续表

参数	说明
Horizontal	水平导航
Vertical	垂直导航
Automatic	自动导航
Explicit	在此模式下可以显式地指定控件导航的方向
Visualize	使导航在场景窗口中显示出来

单击 Navigation 选项下的 Visualize 按钮，则可在 Scene 视图中可视化导航选项，如图 15-19 所示。

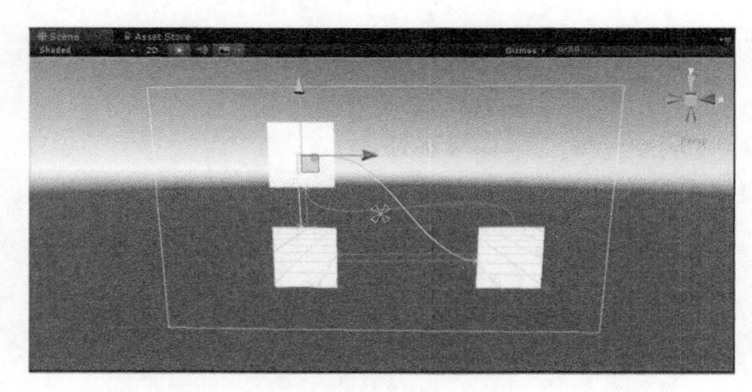

图 15-19

技 巧

Button 或 Selectable 的导航可按键盘方向键进行切换，Input Field 之间的导航按方向键 +Enter 键组合键进行切换。

15.10 UGUI 之 Button 按钮

15.10.1 Button 介绍

Button（Script）（按钮）控件响应来自用户的单击事件，用于启动或者确认某项操作。例如，游戏的登录、开始、退出按钮。

Button（Script）控件属性面板如图 15-20 所示，其部分参数说明如表 15-11 所示；事件说明如表 15-12 所示。

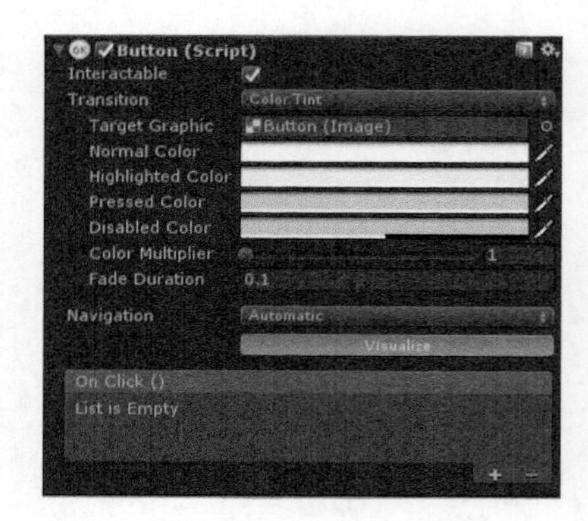

图 15-20

表 15-11　Button 控件的部分参数说明表

参数	说明
Interactable	控制该组件是否接受输入。如果该项未勾选，则按钮不能接受输入且过渡选项不可用（按钮直接变成过渡选项里的 Disabled 值）
Transition	过渡选项，参见过渡选项
Navigation	导航选项，参见导航选项

表 15-12　Button 控件的事件说明表

事件	说明
On Click	响应按钮的单击事件，当用户单击并释放按钮时触发（无参数传递）

15.10.2 实践操作 55：Button 单击事件绑定

1 可视化创建及事件绑定。

新建脚本 TestClick.cs，代码如下：

```
using System.Collections;
using System.Collections.Generic;
using UnityEngine;

public class TestClick:MonoBehaviour {

    public void Click()
    {
        Debug.Log(" 按钮单击 ");
    }
}
```

将该脚本添加到 Button 上，然后将 Button 的 OnClick 事件绑定到 TestClick 脚本的 Click 函数上，如图 15-21 所示。

运行游戏，当在 Game 视图中单击按钮时，即可看到控制台执行 Click 函数的输出。

知识点

单击 Button 属性中 On Click 下的“+”按钮即可添加单击事件的绑定，同理，单击“-”按钮可移除单击事件的绑定。

2 通过脚本监听事件绑定。

打开脚本 TestClick.cs，代码如下：

```
using System.Collections;
using System.Collections.Generic;
using UnityEngine;
using UnityEngine.UI; //UI 命名空间

public class TestClick:MonoBehaviour {
    public Button btn; // 定义一个 Button 对象变量
    void Start()
    {
            // 将 Click 函数绑定到按钮单击事件
            btn.onClick.AddListener(Click);
    }
    void Click()
    {
```

```
            Debug.Log(" 按钮单击 ");
    }
}
```

将 Button 上 OnClick 事件清空，然后将 TestClick 的 Btn 对象指定为该 Button，如图 15-22 所示。

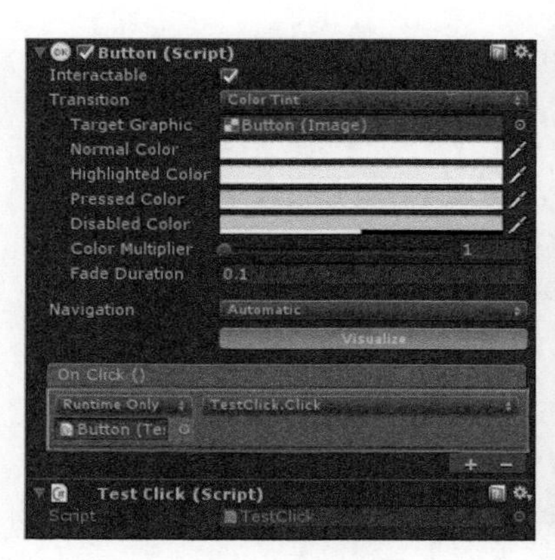

图 15-21

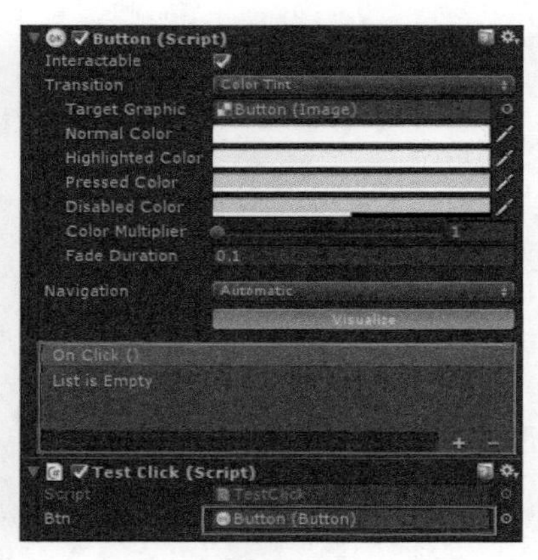

图 15-22

运行游戏，当在 Game 视图中单击按钮时，即可看到控制台执行 Click 函数的输出。

3 通过 Event Trigger 实现按钮单击。

UGUI 系统中 Button 默认提供 OnClick 的调用方法，有时候还需要监听鼠标进入事件（MouseIn）和鼠标滑出事件（MouseOut）。就需要借助 UI 系统中的 Event Trigger 脚本来实现。

打开脚本 TestClick.cs，代码如下：

```
using System.Collections;
using System.Collections.Generic;
using UnityEngine;

public class TestClick:MonoBehaviour {

    public void MouseEnter()
    {
        Debug.Log(" 鼠标移入 ");
    }
    public void MouseExit()
    {
        Debug.Log(" 鼠标移出 ");
    }
    public void Click()
    {
        Debug.Log(" 按钮单击 ");
    }
}
```

给 Button 对象添加 Event Trigger 组件（在 Inspector 视图中单击 Add Component 按钮后搜索 Event Trigger 即可添加该组件），然后单击 Event Trigger 中的 Add New Event Type 按钮添

加 Pointer Enter（移入事件）、Pointer Exit（移出事件）、Pointer Click（单击事件），最后将这三个事件绑定到 TestClick 上对应的函数，如图 15-23 所示。

图 15-23

运行游戏，当在 Game 视图中移入、移出或单击按钮时，即可看到控制台执行对应函数的输出。

4 通过 MonoBehaviour 实现事件类接口来实现事件的监听。

打开脚本 TestClick.cs，代码如下：

```
using UnityEngine;
using UnityEngine.UI;  //UI 命名空间
using UnityEngine.EventSystems; // 事件系统命名空间

public class TestClick:MonoBehaviour, IPointerClickHandler, IPointerEnterHandler,
IPointerExitHandler, IPointerDownHandler, IDragHandler
{
    public void OnPointerClick(PointerEventDataeventData)
    {
        if (eventData.pointerId == -1)
        {
            Debug.Log(" 鼠标左键单击 ");
        }
        else if (eventData.pointerId == -2)
        {
            Debug.Log(" 鼠标右键单击 ");
        }
    }
    public void OnPointerEnter(PointerEventDataeventData)
    {
            Debug.Log(" 鼠标移入 ");
    }
    public void OnPointerExit(PointerEventDataeventData)
    {
            Debug.Log(" 鼠标移出 ");
    }
    public void OnPointerDown(PointerEventDataeventData)
    {
            Debug.Log(" 鼠标按下 ");
    }
    public void OnDrag(PointerEventDataeventData)
    {
            Debug.Log(" 拖动 ..");
    }
}
```

将该脚本添加到 Button 上（其他 UI 控件也可以），然后运行游戏，当在 Game 视图中移入、移出、按下、拖动或单击按钮时，即可看到控制台执行对应函数的输出。

15.11 UGUI 之 Toggle 开关

15.11.1 Toggle 介绍

Toggle（Script）控件是允许用户选中或取消选中某个选项的复选框。

Toggle（Script）控件属性面板如图 15-24 所示，其参数说明如表 15-13 所示，事件说明如表 15-14 所示。

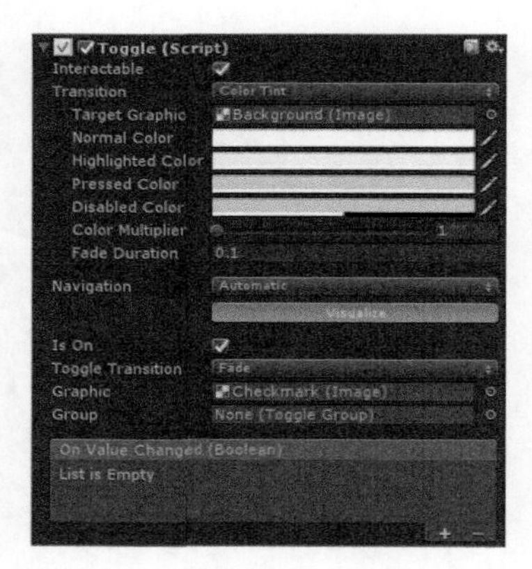

图 15-24

表 15-13　Toggle（Script）控件的参数说明表

参数	说明
Interactable	控制该组件是否接受输入。如果该选项没有勾选，则表示 Toggle 不能接受输入且过渡选项不可用（开关直接变成过渡选项里的 Disabled 值）
Transition	过渡选项，参见过渡选项
Navigation	导航选项，参见导航选项
Is On	Toggle 是否打开（勾选）
Toggle Transition	当 Toggle 值改变时 Toggle 响应用户操作的方式
Graphic	Toggle 被勾选时显示的图形
Group	表示 Toggle 所在的 Toggle Group，属于同一组的 Toggle 控件一次只能选中其中的一个 Toggle，当一个 Toggle 被选中时其他的选中就会自动取消

表 15-14　Toggle（Script）控件的事件说明表

事件	说明
On Value Changed	当控件值改变时，处理控件值切换时的响应（传递一个 Bool 类型参数）

Toggle（Script）控件允许用户打开或者关闭选项。在多选一的情况下可以把几个 Toggle（Script）控件组合成一个 Toggle Group。Toggle（Script）控件有一个 On Value Changed 的事件，当值改变时会做出响应。新的值会作为一个布尔参数传递给事件函数，典型的应用包括打开关闭转换（如游戏中播放音乐）、让用户确定已经读完免责声明、选择一组选项中的一项（如选择一

周中的一天）等。

15.11.2 实践操作 56：Toggle 事件绑定

1 可视化创建及事件绑定。

请参照 Button 单击事件绑定。

2 通过直接脚本监听事件。

新建脚本 TestToggle.cs，代码如下：

```
using UnityEngine;
using UnityEngine.UI;

public class TestToggle:MonoBehaviour {
    public Toggle m_Toggle; // 定义 Toggle 变量
    // Use this for initialization
    void Start () {
        // 监听开关值变化事件
        m_Toggle.onValueChanged.AddListener(ToggleOnValueChanged);
    }

    void ToggleOnValueChanged(bool isOn)
    {
        Debug.Log(" 开关变化 :" + isOn);
    }
}
```

创建一个 Toggle 对象，然后将该脚本添加到 Toggle 上，并将其面板中的 Toggle 变量设置为 Toggle 对象，如图 15-25 所示。

运行游戏，当在 Game 视图中单击开关时，即可看到控制台执行 ToggleOnValueChanged 函数的输出。

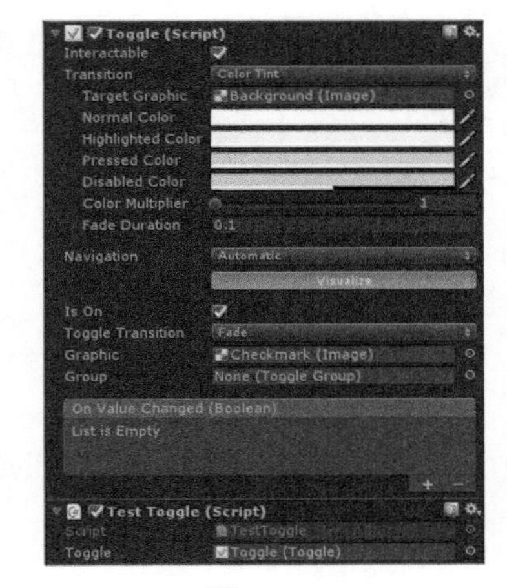

图 15-25

15.12 UGUI 之 Slider 滑动条

15.12.1 Slider 介绍

Slider（Script）控件允许用户通过鼠标从一个预先确定的范围中选择一个数值。熟悉的例子包括设置在游戏中的音量大小和设置图像编辑器中的亮度。

Slider（Script）控件属性面板如图 15-26 所示，其参数说明如表 15-15 所示，事件说明如表 15-16 所示。

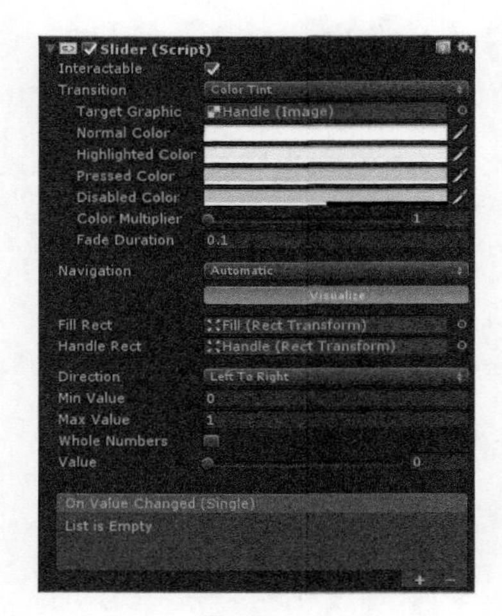

图 15-26

表 15-15 Slider（Script）控件的参数说明表

参数	说明
Interactable	控制该组件是否接受输入。如果该选项没有勾选，则表示 Slider 不能接受输入且过渡选项不可用（Slider 直接变成过渡选项里的 Disabled 值）
Transition	过渡选项，参见过渡选项
Navigation	导航选项，参见导航选项
Fill Rect	填充控件区域的图形
Handle Rect	滑动“处理”部分的图形，即滑动条上的滑块
Direction	移动滑块时，滑动条的值会增加的方向，选项包括 LeftToRight、RightToLeft、BottomToTop 和 TopToButton
Min Value	滑块滑动的最小值
Max Value	滑块滑动的最大值
Whole Numbers	滑块值是否限定为整数
Value	滑块的当前数值

表 15-16 Slider（Script）控件的事件说明表

事件	说明
On Value Changed	当控件值改变时，处理控件值切换时的响应（传递一个 float/int 类型参数）

15.12.2 实践操作 57：Slider 事件绑定

1 可视化创建及事件绑定。

请参照 Button 单击事件绑定。

2 通过直接脚本监听事件。

新建脚本 TestSlider.cs，代码如下：

```
using UnityEngine;
using UnityEngine.UI;
```

```
public class TestSlider:MonoBehaviour
{
    public Slider m_Slider;
    // Use this for initialization
    void Start () {
        // 监听滑动条值变化事件
        m_Slider.onValueChanged.AddListener(SliderOnValueChanged);
    }
    void SliderOnValueChanged(float value)
    {
        Debug.Log("滑动条值变化：" + value);
    }

}
```

创建一个 Slider 对象，然后将该脚本添加到 Slider 上，并将其面板中的 Slider 变量设置为 Slider 对象，如图 15-27 所示。

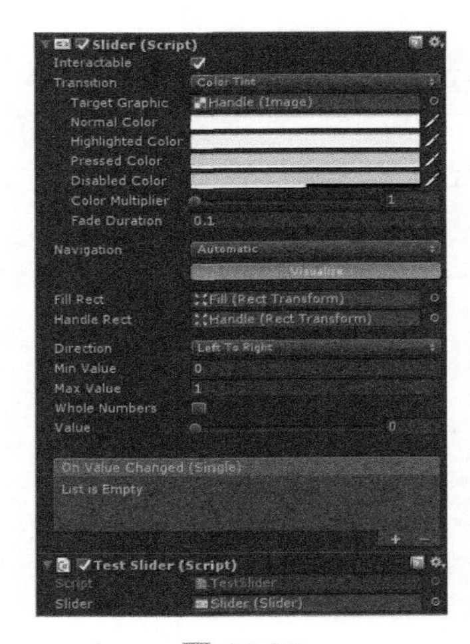

图 15-27

运行游戏，当在 Game 视图中滑动滑动条时，即可看到控制台执行 SliderOnValueChanged 函数的输出。

15.13 UGUI 之 Scrollbar 滚动条

15.13.1 Scrollbar 介绍

Scrollbar 允许用户滚动因图像或者其他可视物体太大而不能完全看到的视图。Scrollbar 和 Slider 的区别在于后者用于选择数值而前者主要用于滚动视图。

熟悉的例子包括在文本编辑器中垂直滚动条、查看一张大的图像和地图的一部分时的一组垂直和水平的滚动条。

Scrollbar（Script）控件属性面板如图 15-28 所示，其参数说明如表 15-17 所示，事件说明如表 15-18 所示。

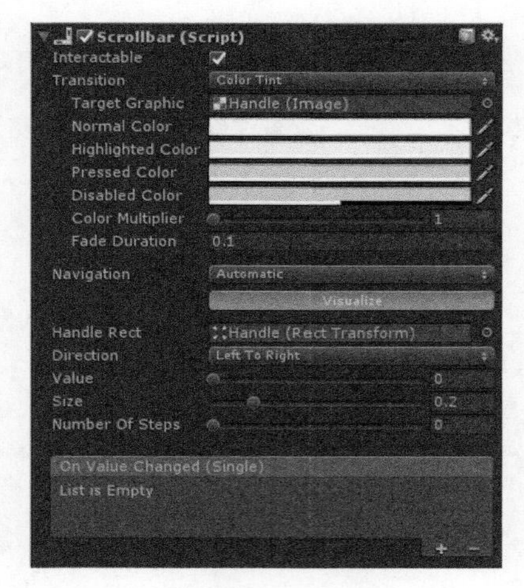

图 15-28

表 15-17　Scrollbar（Script）控件的参数说明表

参数	说明
Interactable	控制该组件是否接受输入。如果该选项没有勾选，则表示 Scrollbar 不能接受输入且过渡选项不可用（按钮直接变成过渡选项里的 Disabled 值）
Transition	过渡选项，参见过渡选项
Navigation	导航选项，参见导航选项
Handle Rect	控件滑动“处理”部分的图形，即滚动条上的滑块
Direction	移动滑块时，滚动条的值会增加的方向，选项包括 LeftToRight、RightToLeft、BottomToTop 和 TopToButton
Value	滚动条当前的值，取值范围为 0.0 ~ 1.0
Size	滑块的大小，取值范围为 0.0 ~ 1.0
Number Of Steps	Scrollbar 控件所允许的独特的滚动位置的数量

表 15-18　Scrollbar（Script）控件的事件说明表

事件	说明
On Value Changed	每当滚动条的位置由于拖动被改变时调用，float 类型的值会传递给响应函数

15.13.2 Scrollbar 事件绑定

请参照 Slider 事件绑定。

15.14 UGUI 之 Dropdown 下拉列表

15.14.1 Dropdown 介绍

下拉列表可以让用户从该列表中选择一个选项。下拉列表显示当前所选择的选项。一旦单击下拉列表，它就会打开选项列表，这样就可以选择一个新的选项。在选择新选项时，会关闭列表，控制显示新的选择选项。如果用户单击控件本身，或者在画布的其他任何地方，该列表也会关闭。

Dropdown（Script）控件属性面板如图 15-29 所示，其参数说明如表 15-19 所示，事件说明如表 15-20 所示。

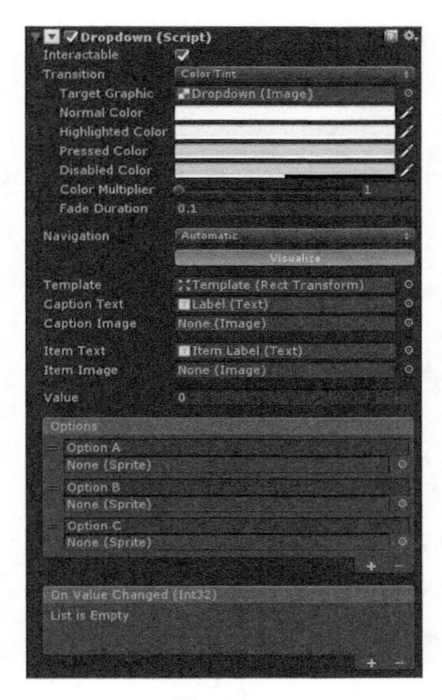

图 15-29

表 15-19 Dropdown（Script）控件的参数说明表

属性	功能
Interactable	控制该组件是否接受输入。如果该选项没有勾选，则表示 Scrollbar 不能接受输入且过渡选项不可用（下拉直接变成过渡选项里的 Disabled 值）
Transition	过渡选项，参见过渡选项
Navigation	导航选项，参见导航选项
Template	下拉列表的 Rect Transform
Caption Text	保存当前所选选项文本的 Text 组件
Caption Image	保存当前所选图像的 Image 组件
Item Text	保存下拉列表文本的 Text 组件
Item Image	保存下拉列表图像的 Image 组件
Value	当前所选选项的索引值。值为 0 是第一个选项，值为 1 是第二个选项
Options	下拉选项的列表。可以为每个选项指定一个文本字符串和一个图像

表 15-20 Dropdown（Script）控件的事件说明表

事件	说明
On Value Changed	当用户单击下拉列表中的选项之一时（且与现有项不相同），调用 Unity 事件（传递一个 int 类型参数）

15.14.2 Dropdown 事件绑定

请参照 Slider 事件绑定。

15.14.3 实践操作 58：Dropdown 其他操作

1 添加下拉数据。

```
using UnityEngine;
using UnityEngine.UI;
using System.Collections.Generic;

public class DropdownStudy:MonoBehaviour {
    public Dropdown dropdowm;
    // Use this for initialization
    void Start () {
        //监听下拉列表的值变化事件
        dropdowm.onValueChanged.AddListener(OnValueChanged);

        //添加单个数据
        Dropdown.OptionData op1 = new Dropdown.OptionData();
        op1.text = "456789";
        dropdowm.options.Add(op1);

        //添加一个 List 链表数据
        Dropdown.OptionData op2 = new Dropdown.OptionData();
        op2.text = "hello";
        List<Dropdown.OptionData> list = new List<Dropdown.OptionData>();
        list.Add(op1);
        list.Add(op2);
        dropdowm.AddOptions(list);
    }

    void OnValueChanged(int value)
    {
        Debug.Log("选择下拉列表：" + value);
    }
}
```

2 清空下拉数据。

```
dropdowm.ClearOptions();
```

3 删除指定索引值的数据。

```
//删除下拉列表里第 2 个数据
dropdowm.options.RemoveAt(1);
```

4 获取当前选择的数据。

```
string str = dropdowm.options[dropdowm.value].text;
```

15.15 UGUI 之 Input Field 输入栏

15.15.1 Input Field 介绍

Input Field 是一种可使输入内容不可见的 UI 控件，它可以使得 Text 控件的文本可以被编辑。熟悉的例子如账号密码输入、聊天输入等。

Input Field（Script）控件属性面板如图 15-30 所示，其参数说明如表 15-21 所示，事件说明如表 15-22 所示。

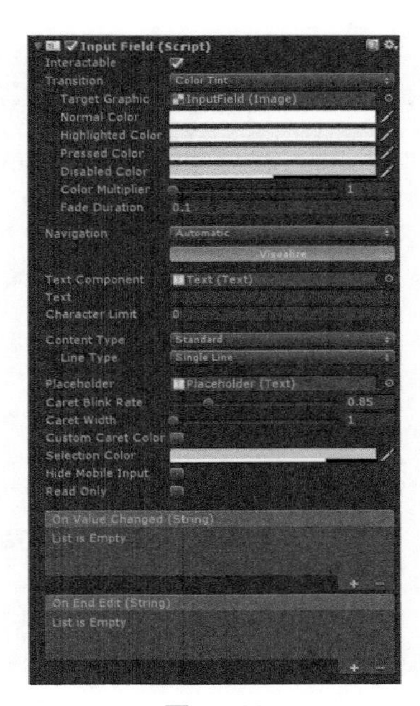

图 15-30

表 15-21　Input Field（Script）控件的参数说明表

参数	说明
Interactable	控制该组件是否接受输入。如果该选项没有勾选，则表示 Input Field 不能接受输入且过渡选项不可用（输入栏直接变成过渡选项里的 Disabled 值）
Transition	过渡选项，参见过渡选项
Navigation	导航选项，参见导航选项
Tex Component	用于接收输入和显式字符的文本控件
Text	输入的字符值
Character Limit	文本输入的最大字符数
Content Type	输入内容的类型，包括 Standard(标准)、Autocorrected(自动更正)、Integer Number(整数类型)、Decimal Number(小数)、Alphanumeric(字母和数字)、Name(名称)、Email Address(电子邮件地址)、Password(密码)、Pin(Pin 码)、Custon(自定义)
Line Type	文本的行类型，包括 Single Line、Multi Line Submit 和 Multi Line NewLine
Placeholder	占位文本，当输入栏没有输入或者输入值为空时显示的提示文本

续表

参数	说明
Caret Blink Rate	插入符号闪烁的速度
Caret Width	插入符号的宽度
Custom Caret Color	是否自定义插入符合的颜色
Selection Color	选中部分的文本的背景颜色
Hide Mobile Input	是否在移动端隐藏输入栏，仅适用于 iOS 设备
Read Only	输入栏是否是只读的

表 15-22　Input Field（Script）控件的事件说明表

事件	说明
On Value Changed	当输入的值发生变化时调用，事件可以发送当前文本内容为字符串类型的动态参数
On End Edit	当用户完成编辑文本内容通过提交或单击某处，从输入字段移除焦点时调用。事件可以发送当前文本内容为字符串类型的动态参数

15.15.2 Input Field 事件绑定

请参照 Slider 事件绑定。

15.16 UGUI 之 Scroll View 滚动视图

15.16.1 Scroll View 介绍

Scroll View 滚动视图是指在当内容空间大于显示区域时，利用滚动来显示其他位置里的内容，如图 15-31 所示。

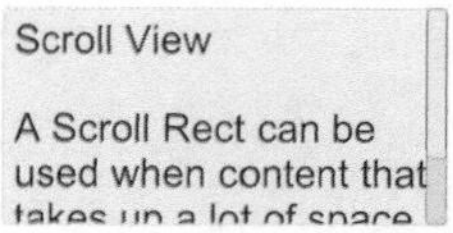

图 15-31

通常是用一个 Scroll Rect 结合 Mask 组件来创建一个滚动视图，只有在 Scroll Rect 里的滚动内容是可见的。另外它还可以再加一个或者两个 Scrollbar（滚动条）来拖动水平或垂直滚动。

Scroll Rect（Script）控件属性面板如图 15-32 所示，其参数说明如表 15-23 所示，事件说明如表 15-24 所示。

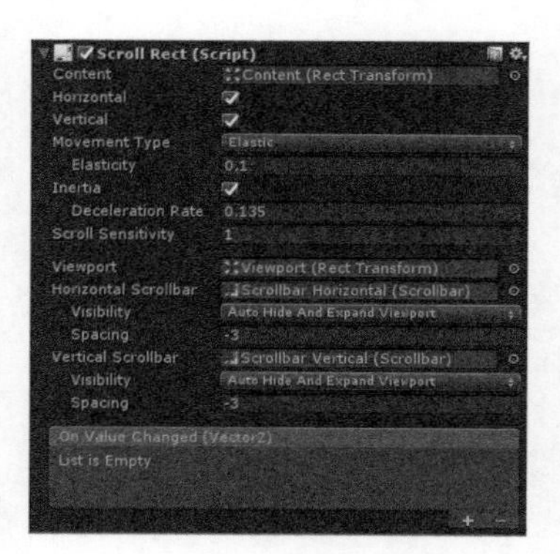

图 15-32

表 15-23　Scroll Rect（Script）控件的参数说明表

参数	说明
Content	滚动视图的内容区域
Horizontal	滚动视图是否可以水平滚动
Vertical	滚动视图是否可以垂直滚动
Movement Type	滚动视图的运动类型，分为 Unrestricted（不受限制）、Elastic（弹性的）、Clamped（夹紧的）

续表

参数	说明
Elasticity	弹性值。值越大反弹时间越久。仅限于 Elastic 模式
Inertia	当鼠标拖动释放后是否使用惯性
Deceleration Rate	惯性的减速速率。值为 0 表示立即停止运动，值为“1”表示速度不会慢下来
Scroll Sensitivity	滚轮与滚动视图的滚动灵敏度。相同滚轮值，该值越大，滚动视图的滚动区域越大
Viewport	滚动视图的可见视图区域
Horizontal Scrollbar	水平滚动条
Visibility	滚动条可见性。分为不变的、自动隐藏、自动隐藏和扩展视图（该状态下，可见视图会随着滚动条扩展）
Spacing	滚动条和可视窗口的间隔
Vertical Scrollbar	垂直滚动条
Visibility	滚动条可见性。分为不变的、自动隐藏、自动隐藏和扩展视图
Spacing	滚动条和可视窗口的间隔

表 15-24 Scroll Rect（Script）控件的事件说明表

事件	说明
On Value Changed	当滚动视图的位置发生变化时调用，事件可以发送当前的滚动位置为 vector2 式动态参数

在 Scroll View 滚动视图中，重要的元素是 Viewport（视口）、Content（滚动内容）和任选一个或两个 Scrollbar（滚动条）。

- 根对象有 Scroll Rect 组件。
- Viewport 视口（可见视图）有一个 Mask 组件，它可以是在根对象上，也可以是单独的对象（如子对象）。如果使用的是自动隐藏滚动条，它必须是子对象。Scroll Rect 的 Viewport 属性需要引用到该视口的 Rect Transform。
- 所有的 Content 必须是一个单一的内容对象，是 Viewport 的子对象。Scroll Rect 的 Content 属性需要引用到该内容的 Rect Transform 上。

15.16.2 Scroll View 事件绑定

请参照 Slider 事件绑定。

15.17 UGUI 之自动布局组件

15.17.1 Layout Element 布局元素

布局元素组件可以灵活地控制元素尺寸。

Layout Element（Script）组件（在 Inspector 视图中单击 Add Component 按钮后搜索 Layout Element 即可添加该组件）的属性面板如图 15-33 所示，其参数说明如表 15-25 所示。

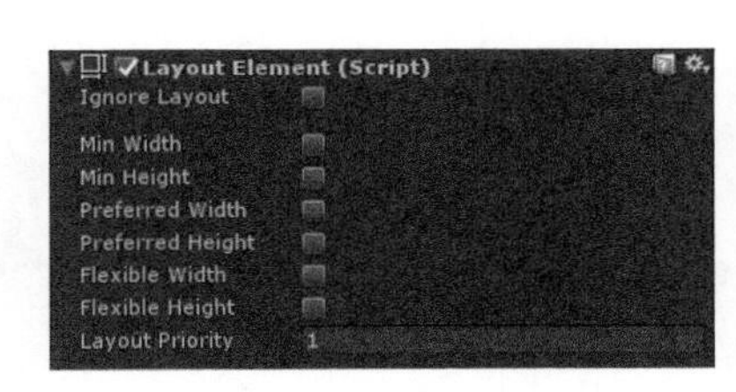

图 15-33

表 15-25 Layout Element（Script）组件的参数说明表

参数	说明
Ignore Layout	是否忽略布局
Min Width	该布局元素应具有的最小宽度
Min Height	该布局元素应具有的最小高度
Preferred Width	该布局元素在另外的宽度分配之前的首选宽度
Preferred Height	该布局元素在另外的高度分配之前的首选高度
Flexible Width	该布局元素相对于其同级对象应填充的相对宽度
Flexible Height	该布局元素相对于其同级对象应填充的相对高度

15.17.2 Content Size Fitter 内容尺寸裁切

Content Size Fitter 的作用是为布局控制器控制自己的布局元素的大小。大小由元素组成的布局游戏对象提高最低或优先的尺寸确定。这样的布局元素可以是由 Image、Text、Layout groups 或者 Layout Element 组成。

Content Size Fitter（Script）组件（在 Inspector 视图中单击 Add Component 按钮后搜索 Content Size Fitter 即可添加该组件）的属性面板如图 15-34 所示，其参数说明如表 15-26 所示。

图 15-34

表 15-26 Content Size Fitter（Script）组件的参数说明表

属性	功能
Horizontal Fit	宽度如何被控制
None	对基于布局元素的宽度不做控制
Minimum	基于布局元素的最小宽度控制宽度
Preferred	基于布局元素的首选宽度控制宽度
Vertical Fit	高度如何被控制
None	对基于布局元素的高度不做控制
Minimum	基于布局元素的最小高度控制高度
Preferred	基于布局元素的首选高度控制高度

15.17.3 Aspect Ratio Fitter 长宽比例裁切

Aspect Ratio Fitter 的作用为控制其自己的布局元素的大小。它可以调整高度以适应宽度，反之亦然，也可以使元素适应其父对象或覆盖其父对象。

Aspect Ratio Fitter（Script）组件（在 Inspector 视图中单击 Add Component 按钮后搜索 Aspect Ratio Fitter 即可添加该组件）的属性面板如图 15-35 所示，其参数说明如表 15-27 所示。

图 15-35

表 15-27 Aspect Ratio Fitter（Script）组件的参数说明表

参数	说明
Aspect Mode	矩形长宽比的执行模式
None	不使用矩形的长宽比
Width Controls Height	基于宽度自动调节高度
Height Controls Width	基于高度自动调节宽度
Fit In Parent	宽度、高度、位置和锚点会自动调整以保持与父对象相同的长宽比，父对象的矩形空间可能不被该矩形覆盖
Envelope Parent	宽度、高度、位置和锚点会自动调整以覆盖父对象，同时也会与父对象保持相同的长宽比，该矩形的空间可能比父对象的矩形空间更大
Aspect Ratio	执行的宽高比，这是宽度除以高度

15.17.4 Horizontal Layout Group 水平布局组

Horizontal Layout Group（Script）组件（在 Inspector 视图中单击 Add Component 按钮后搜索 Horizontal Layout Group 即可添加该组件）的属性面板如图 15-36 所示，其参数说明如表 15-28 所示。

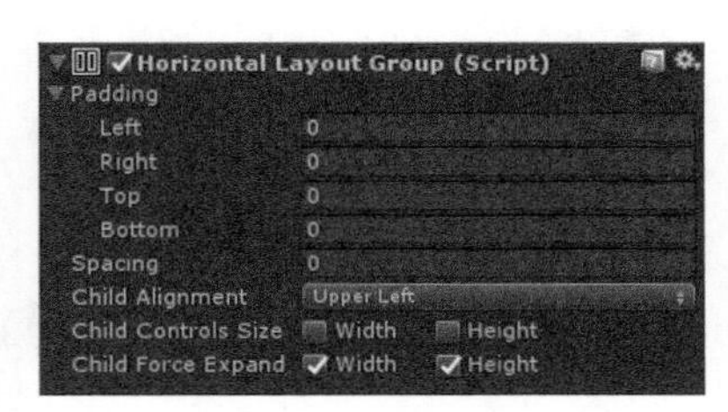

图 15-36

表 15-28 Horizontal Layout Group（Script）组件的参数说明表

参数	说明
Padding	布局组的内边距
Spacing	布局元素之间的间距
Child Alignment	没有完全填充可用空间的子布局元素的对齐方式
Control Child Size	控制子布局元素的大小
Child Force Expand	是否强制子元素扩展填充额外的可用空间

15.17.5 Vertical Layout Group 垂直布局组

Vertical Layout Group（Script）组件（在 Inspector 视图中单击 Add Component 按钮后搜索 Vertical Layout Group 即可添加该组件）的属性面板如图 15-37 所示，其参数说明如表 15-29 所示。

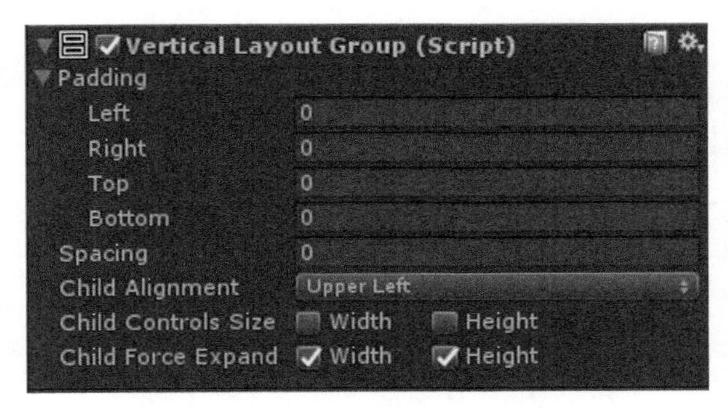

图 15-37

表 15-29 Vertical Layout Group（Script）组件的参数说明表

参数	说明
Padding	布局组的内边距
Spacing	布局元素之间的间距
Child Alignment	没有完全填充可用空间的子布局元素的对齐方式
Control Child Size	控制子布局元素的大小
Child Force Expand	是否强制子元素扩展填充额外的可用空间

15.17.6 Grid Layout Group 网格布局组

Grid Layout Group（Script）组件（在 Inspector 视图中单击 Add Component 按钮后搜索 Grid Layout Group 即可添加该组件）的属性面板如图 15-38 所示，其参数说明如表 15-30 所示。

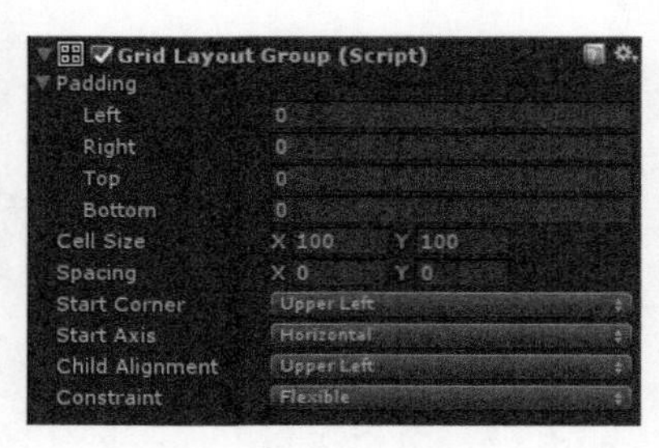

图 15-38

表 15-30 Grid Layout Group（Script）组件的参数说明表

参数	说明
Padding	布局组的内边距
Cell Size	组中布局元素的尺寸
Spacing	布局元素之间的间距
Start Corner	第一个元素所在的位置
Start Axis	放置元素沿哪个主坐标轴。在开始一个新行之前 Horizontal 选项将填补一整行，Vertical 将在一个新列开始之前填充整个列
Child Alignment	没有完全填充可用空间的布局元素的对齐方式
Constraint	限制网格的行列数为一个固定数值，以辅助自动布局系统

第16章 音效和视频

16.1 音效系统

16.1.1 概述

一款游戏没有背景音乐和游戏音效是不完整的。Unity 的音效系统是灵活的、强大的。Untiy 可以导入标准格式的音频文件，并具有用于在 3D 空间中播放声音的复杂功能，可选择应用回声和滤波等效果。Unity 还可以从用户设备上的可用麦克风录制音频，以便用于存储和传输。

音效系统基本理论

在现实生活中，声音由物体振动产生并被听众听到。感知声音取决于许多因素。听众可以大致分辨一个声音来自哪个方向，也可以从声音的响度上了解声音与他们之间的距离。由多普勒效应可知，对于观测者来说快速移动的声源发出的声音的频率（如通过的车辆的鸣笛声）会随着声源与观测者的距离的变化而改变。此外，周围环境会影响声音的反射，例如洞穴内的声音将会有回声，而露天的声音也不会相同。

为了模拟声音的效果，Unity 要求声源是附加在物体上的音频源（Audio Sources）。发出的声音被附加在另一个物体上的音频监听器（Audio Listener）接收，音频监听器通常附加在主相机上。然后，Unity 可以模拟声音源与音频监听器对象之间的距离和位置的影响，相应地向用户播放它们。音频源和监听器对象的相对速度也可以用于模拟多普勒效应，以增加真实感。

Unity 不能纯粹从场景中计算回声，但用户可以通过向对象添加音频过滤器来模拟它们。例如，用户可以将 Echo 过滤器应用于在洞穴内播放的声音。在物体可以移入和移出具有强回声的地方的情况下，可以向场景添加混响区域。例如，用户的游戏可能涉及通过隧道的汽车。如果用户在隧道内放置混响区域，则汽车的发动机声音会在进入隧道时开始回响，当它们从隧道另一侧出现时，回声会渐渐消失。

Unity 支持的音频格式有 AIFF、WAV、MP3、Ogg、MOD、IT、S3M、XM。WAV、AIFF 格式的短音频的声音效果适用于本地加载使用，该格式音频数据较大，但不需要解码器。Windows 和 macOS 两个平台适合用 OggVorbis 格式的音频，音质不会降低。MP3 格式的音频适用于移动端，音质会有所下降。

16.1.2 常用组件

16.1.2.1 Audio Clip 音频剪辑

音频剪辑包含音频源（Audio Sources）使用的音频数据。Unity 支持单声道、立体声和多声道音频资源（最多 8 个通道）。Unity 可以导入的音频文件格式为 .aif、.wav、.mp3 和 .ogg。Unity 还可以以 .xm、.mod、.it 和 .s3m 格式导入跟踪器模块（Tracker Modules）。跟踪器模块资源的行为方式与 Unity 中的其他音频资源相同，尽管资源导入属性中没有可用的波形预览。音频剪辑属性如图 16-1 所示。

参数说明参见第 7 章“音频资源的导入”一节。

预览窗口如图 16-2 所示。

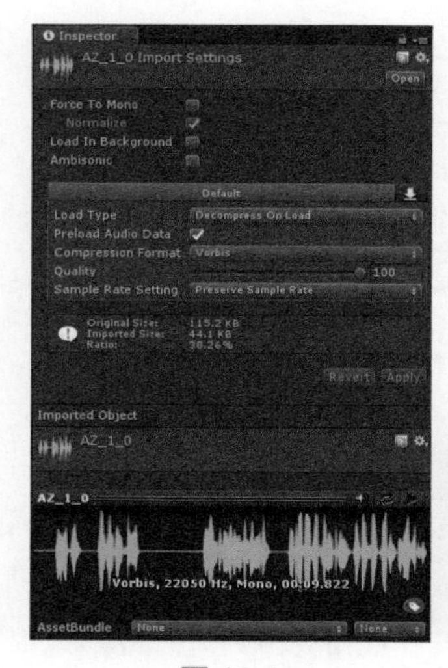

图 16-1

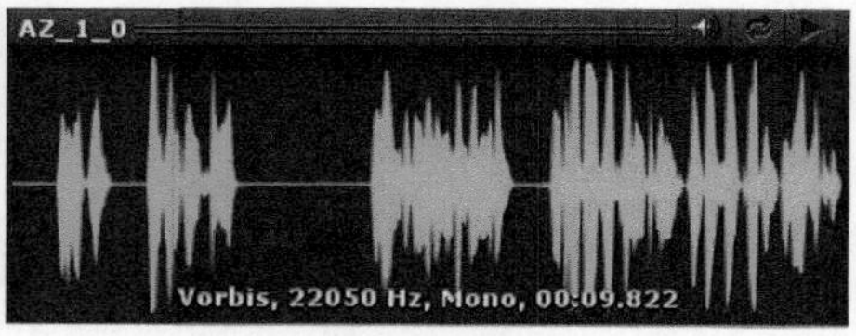

AZ_1_0

Vorbis, 22050 Hz, Mono, 00:09.822

图 16-2

预览窗口包含以下 3 个图标。

- ：打开 / 关闭自动播放。当自动播放打开时，剪辑将在选中后立即播放。
- ：打开 / 关闭循环。当循环打开时，剪辑将连续循环播放。
- ：播放 / 停止音频剪辑。

16.1.2.2 Audio Listener 音频监听器

Audio Listener（音频监听器）充当类似麦克风的设备。它接收来自场景中任何给定音频源的输入，并通过计算机扬声器播放声音。对于大多数应用程序来说，将监听器附加到主相机上是最有意义的。音频监听器可位于混响区域的作用范围内，混响适用于场景中的所有可听到的声音。此外，音频效果可以应用于 Audio Listener，也可以应用于场景中的所有可听

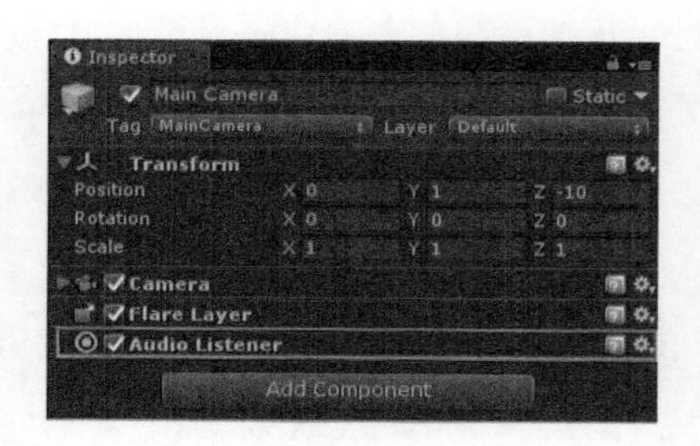

图 16-3

见的声音源。Audio Listener 默认放在主相机上，如图 16-3 所示。

Audio Listener 与音频源（Audio Sources）配合使用，可以为用户的游戏创建听觉体验。当 Audio Listener 附加到场景中的物体对象上时，任何与 Audio Listener 足够接近的声音源都将被拾取并输出到计算机的扬声器中。

用户可以使用 Audio Manager（依次单击菜单栏中的 Edit → Project Settings → Audio）来访问项目中的音频设置。

注 意

在一个场景中同时只能有一个 Audio Listener。

16.1.2.3 Audio Source 音频源

Audio Source（音频源）播放场景中的音频剪辑。音频剪辑可以通过音频监听器播放，也可以通过音频混音器播放。音频源可以播放任何类型的音频剪辑，并且可以配置为播放 2D、3D 或混合（Spatial Blend）。音频可以在扬声器（立体声到 7.1）之间展开，并在 3D 和 2D 之间混合。这可以通过衰减曲线来控制距离。此外，如果监听器在一个或多个混响区域内，混响将应用于音频源。单个滤波器可以应用于每个音频源，以使用户获得更加丰富的音频体验。Audio Source 参数如图 16-4 所示。

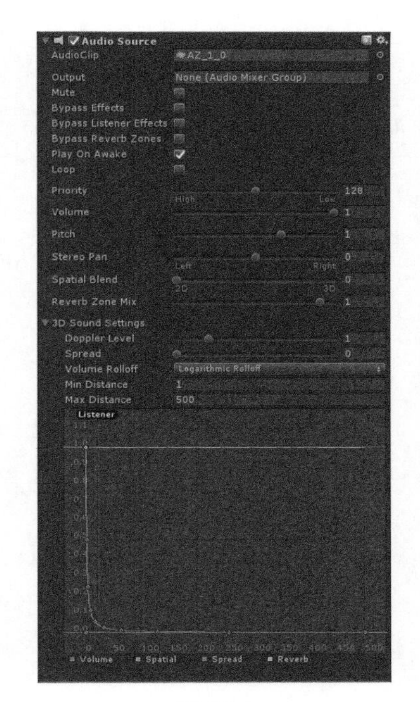

图 16-4

- Audio Clip：音频剪辑。该项用于指定即将播放的音频剪辑。
- Output：音频输出。可以通过一个音频监听器或者一个音频混合器输出。
- Mute：静音。如果勾选，音频会被播放，但是没有声音。
- Bypass Effects：直通效果。这是为了快速过滤效果而应用于音频源。这是一个简单的打开 / 关闭所有效果的方法。
- Bypass Listener Effects：快速打开 / 关闭所有监听效果。
- Bypass Reverb Zones：快速打开 / 关闭所有混响区域。
- Play On Awake：唤醒时播放。如果勾选，则声音会在场景启动时开始播放。如果禁用，则需要在脚本中调用 play() 函数来启动。
- Loop：循环。如果勾选，音频会在播放结束后循环播放。
- Priority：优先权。确定场景所有的声源之间的优先权（值为 0 代表最重要的优先权，值为 256 代表最不重要，默认值为 128）。
- Volume：音量。
- Pitch：音调。音调控制音频播放的快慢。值为 1 表示是正常播放速度。

- Stereo Pan：设置二维立体声场的位置。
- Spatial Blend：设置 3D 引擎对音频源的影响值。值为 0 表示该音源为 2D 音源，声音不受距离的影响。
- Reverb Zone Mix：混合区域。
- 3D Sound Settings：3D 声音设置。如果音频是一个三维的声音，该设置生效。
    - Doppler Level：多普勒级别。该值决定了多普勒效应被应用到这个声源的级别（如果值设置为 0，就是不起作用）。
    - Spread：传播。设置 3D 立体声或多声道扬声器空间的扩散角。
    - Volume Rolloff：衰减模式。该值代表了声音衰减的速度。该值越高，附近的侦听器就越快能听到声音。共有三种衰减模式供使用：对数衰减、线性衰减和自定义衰减，如图 16-5 所示。当衰减模式被设置为对数或线性类型时，如果你修改衰减曲线，类型将自动更改为自定义衰减。

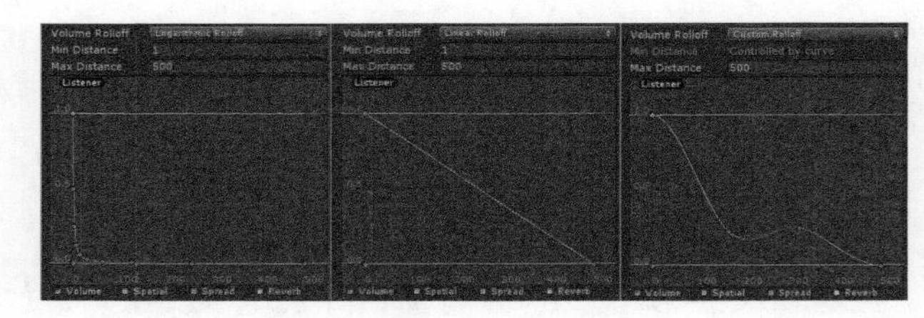

图 16-5

        - Logarithmic Rolloff：对数衰减。当用户创立的角色接近声源时，声音的频率较大，但是当用户远离声源时，声音的频率较小。声音按对数曲线的形式变化。
        - Linear Rolloff：线性衰减。越是远离声源，可以听到的声音越小。声音的变化幅度恒定。
        - Custom Rolloff：自定义衰减。根据自行设置的衰减曲线，来控制声音的变化。在曲线上右击可添加 Key（关键帧）。
    - Min Distance：在最小距离之内，声音会保持恒定。在最小距离之外，声音会开始衰减。增加声音的最小距离，可以使声音在 3D 世界中更响亮，减少最小距离可使声音在 3D 世界中更安静。
    - Max Distance：最大距离。超过该距离时音频监听器将监听不到该音频。

创建音频源的步骤如下。

（1）将音频文件导入 Unity 项目。导入 Unity 的音频文件就是音频剪辑（Audio Clip）。

（2）依次单击菜单栏中的 GameObject → Empty 创建一个空对象。

（3）选中新建的 GameObject 后，然后依次单击菜单栏中的 Component → Audio → Audio Source，添加 Audio Source 组件。

（4）在属性面板中分配音频源组件的音频剪辑（Audio Clip）属性。

16.1.3 Audio Mixer 音频混合

16.1.3.1 概述

Audio Mixer 是 Audio Sources 可以引用的资源。Audio Mixer 允许混合各种音频源，对它们

应用效果以及执行控制。

1. 音频混合视图

Audio Mixer 窗口显示音频混合器，它基本上是一个树状的音频混合器组。音频混合器组本质上是音频混合，它是一个信号链，允许用户应用音量衰减和音调校正；它允许用户在处理音频信号和更改效果参数时插入效果。还有一个发送和返回机制，可将结果从一条总线传递给另一个总线，如图 16-6 所示。

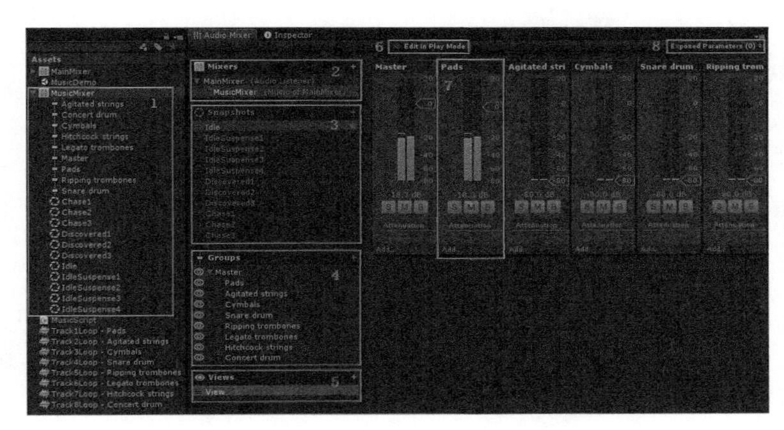

图 16-6

图 16-6 中的序号内容如下。

（1）资源：将所有 Audio Groups 和 Audio Snapshots 包含为子资源。

（2）输出 Audio Mixer：Audio Mixers 可以发送到其他 Audio Mixers 的 Audio Groups。此属性字段允许定义输出 Audio Group 以将此 Audio Mixer 信号发送。

（3）快照：这是 Audio Mixer 资源中所有 Audio Snapshots 的列表。快照捕获 Audio Mixer 中所有参数设置的状态，并且可以在运行时间之间转换。

（4）层次结构视图：这包含 Audio Mixer 中 Audio Groups 的整个混合层次结构。

（5）混音器视图：这是混音器的缓存可见性设置的列表。每个视图仅在主混音器窗口中显示整个层次结构的子集。

（6）播放模式下编辑：这是一个切换，可让用户在播放模式下编辑 Audio Mixer，或防止编辑并允许游戏在运行时控制 Audio Mixer 的状态。

（7）Audio Group Strip View：这显示了 Audio Group，包括当前的 VU 级别、衰减（音量）设置、静音、Solo 和 Bypass 效果设置以及 Audio Group 中的 DSP 效果列表。

（8）暴露的参数：显示一个暴露的参数列表（Audio Mixer 中的任何参数都可以通过字符串名称暴露给脚本）和相应的字符串名称。

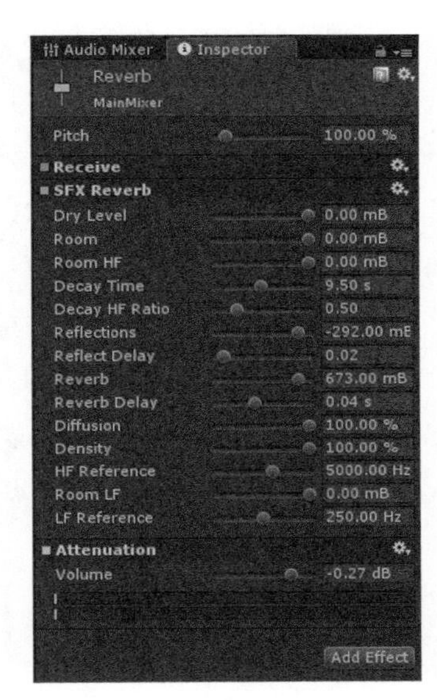

图 16-7

2. 音频混合属性

音频混合的属性如图 16-7 所示。

3. 概念

路由和混合

参考内容参见官方网站资料。

音频路由是接收多个输入音频信号并输出 1 个或多个输出信号的过程。这里的术语信号是指数字音频数据的连续流，其可以分解成数字音频通道（如立体声）。

在内部，通常有一些关于这些信号的工作正在进行，如混合、应用效果、衰减等。

除了发送和返回外，Audio Mixer 还包含允许任意数量的输入信号，混合这些信号并组成具有 1 个输出的音频组，如图 16-8 所示。

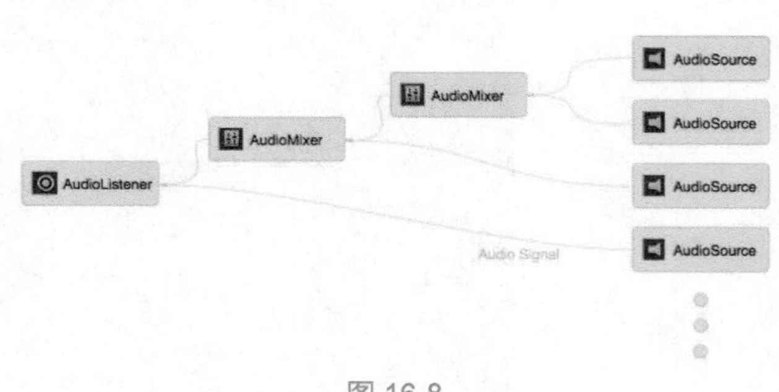

图 16-8

4. 声音类别

Audio Mixers 允许用户有效地对声音类型进行分类，并对这些类别进行处理。这是一个重要的概念，没有这样的分类，整个声音很快就会变成杂乱无章的噪音，因为每个声音被同等地播放，而且没有任何的混合作用。对于诸如 Ducking 之类的概念，声音类别也会相互影响，为混音增添更多的丰富性。

在类别上能执行的操作示例如下。

- 对一组环境应用衰减。
- 在游戏中的所有 Foley 声音上触发一个低通滤波器，模拟在水下的声音。
- 减弱游戏中的所有声音，除了菜单、音乐和互动声音。
- 减弱游戏中所有枪和爆炸声的音量，以确保能够听到与你对话的 NPC 的声音。

这些类别可存在于具体的游戏，并且在不同的项目之间是不同的。这样的分类的例子可以描述如下。

- 所有声音都被路由到 Master 音频组。
- 进入主组，有一个类别为 Music，包括菜单声音和所有的游戏声音。
- 游戏声音组被分解为来自 NPC 的对话，来自环境的环境声音和其他 Foley 的声音，如枪声和脚步声。
- 这些类别根据需要进一步细分。

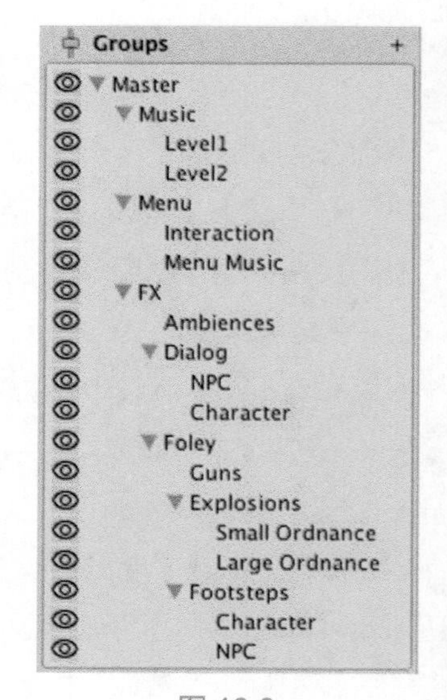

图 16-9

此布局的类别层次结构将如图 16-9 所示。

5. Snapshots 快照

快照允许用户捕获 Audio Mixer 的状态，并在游戏进行时在这些不同的状态之间进行切换。这是定义情绪或主题的一种很好的方法，玩家在游戏过程中，情绪会随着角色的变化而变化。

快照捕获 Audio Mixer 中的所有参数如下。

- Volume。
- Pitch。
- Send Level。
- Wet Mix Level。
- Effect Parameters。

16.1.3.2 Audio Mixer 窗口详解

1. 混合面板

混音器面板显示了项目中所有 Audio Mixer 的完整列表。可以通过在此面板中选择 Audio Mixers 来快速切换。将一个 Audio Mixer 路由到另一个 Audio Mixer 的 Audio Group 也在此面板中执行。

也可以在项目中创建新的 Audio Mixer，单击框选的面板右上角的“+”按钮，如图 16-10 所示。

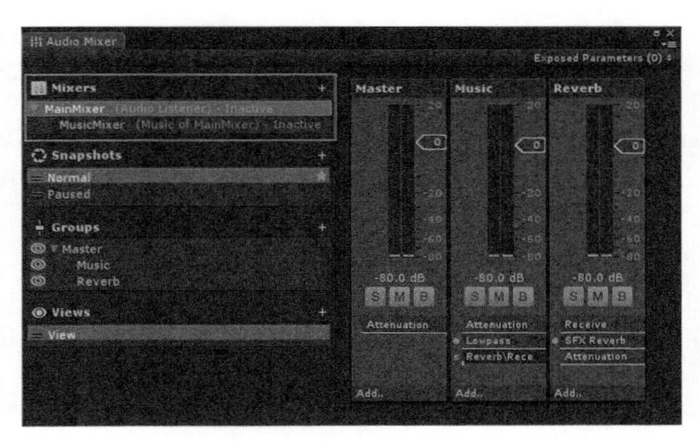

图 16-10

2. 将 Audio Mixers 路由到其他 Audio Mixers

Unity 支持同时在场景中使用多个 Audio Mixer。默认情况下，每个 Audio Mixer 将音频信号直接输出到 AudioListener。

开发人员还可以选择将 Audio Mixer 的音频输出路由到另一个 Audio Mixer 的 Audio Group。这允许在游戏运行时灵活和动态地路由层次结构。

将 Audio Mixer 路由到另一个 Audio Group 可以通过两种方式实现：第一种在混音器面板的编辑器中实现，另一种在运行时使用 Audio Mixer API 动态实现。在混音器面板的编辑器中实现的步骤如下。

（1）要在编辑器中更改 Audio Mixer 的输出，只需单击混音器面板中的 Audio Mixer，然后将其拖动到另一个 Audio Mixer 的顶部。

（2）用户将看到一个对话框，可以选择要路由的目标 Audio Mixer 的 Audio Group。

（3）一旦选择了一个输出 Audio Group，面板将显示 Audio Mixer 的父子关系。它还将在

Audio Mixer 名称旁边显示目标 Audio Group，如图 16-11 所示。

3. 层次面板

层次结构视图是用户定义 Audio Mixer 的声音类别和混合结构的位置，如图 16-12 所示。如上所述，它允许用户定义自己的 Audio Sources，可以连接和播放的自定义类别。

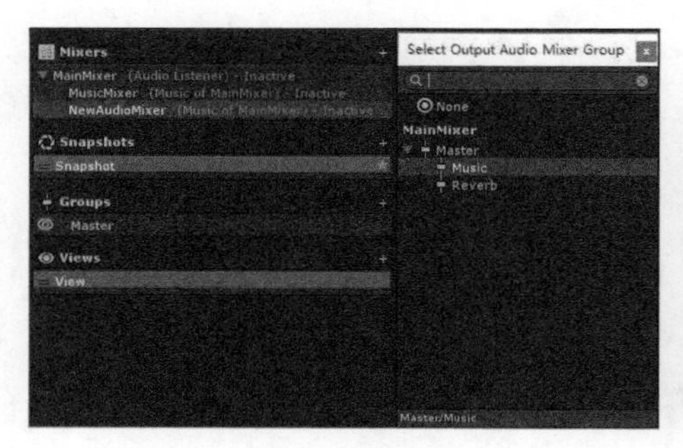

图 16-11

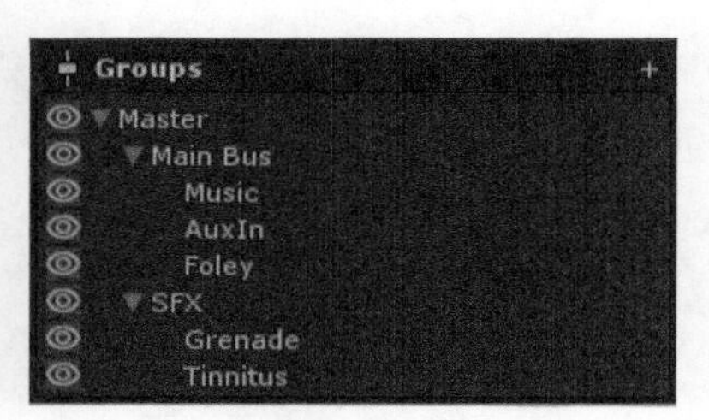

图 16-12

4. 在层次结构中添加和配置音频组

添加和修改 Audio Mixer 的拓扑结构是在 Audio Group 层次结构面板中完成的。

（1）将新的 Audio Group 添加到层次结构可以通过两种方式完成。

- 右击现有的 Audio Group（Audio Mixer 中必须至少有一个），然后选择 Add child group 或 Add sibling group。
- 选择要添加子级的音频组，然后单击面板右上角的“+”按钮。这将在所选的 Audio Mixer 下添加一个新的组。

（2）通过单击面板中的 Audio Group 并将其拖动到另一个 Audio Group 的顶部，可以改变 Audio Mixer 的拓扑结构，这将使目标 Audio Group 在所选择的一个以上。

（3）删除一个 Audio Group（包括其子节点）可以通过两种方式完成。

- 选择要删除的组，然后按 Delete 键。
- 右击要删除的组，然后选择 Remove group(and children) 命令。

（4）要复制 Audio Group（并使其成为兄弟），可右击要复制的 Audio Group，然后选择 Duplicate group(and children)。这将完全重复组和子组，包括组中包含的效果。

（5）要重命名 Audio Group，可右击该组并选择 Rename 命令，或者按 F2 键。

5. 音频组视图

音频组视图如图 16-13 所示。

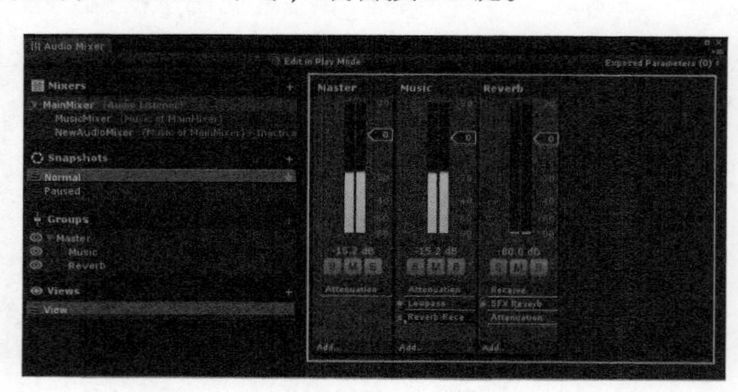

图 16-13

Audio Group 视图显示 Audio Mixer 中 Audio Groups 的平面排列。这种安排是在

视图内水平组织的。Audio Group 视图中显示的组由当前视图选择决定。

视图中的每个 Audio Group 都表示为垂直的 strip。该 strip 的布局和外观在数字音频工作站和其他音频编辑软件包中是常见的。选择这种布局是为了方便音频工程师从常规音乐和视频软件中过渡，以及作为音频硬件集成的并行工具。

该条由标题栏组成，后面是垂直的 VU 表，表示通过该 Audio Group 的当前音频级别。 VU 表旁边是一个音量选择器，可以让用户输入与 VU 表相同尺度的 Audio Groups 衰减，以 dB 为单位表示。

VU 表下方有 3 个按钮 S M B ，具有以下功能。

- Solo：此切换将使用户能够在听到的整个混音和只在 Audio Group 的子节点中单独播放的 Audio Sources 之间进行切换。
- Mute：静音。此切换允许用户在包含音频混合中的当前音频组之间进行切换，或将其排除在全局混音外。
- Bypass：此切换允许用户绕过或启用 Audio Group 中存在的所有效果。

Audio Group 还包含一个 DSP 效果单元和 Audio Group 中的衰减单位的列表，如图 16-14 所示。衰减可以在音频组内的效果单元链中的任何位置应用，并允许用户确定要应用音量调整的位置。这对于非线性效应、发送和接收单元很有用。

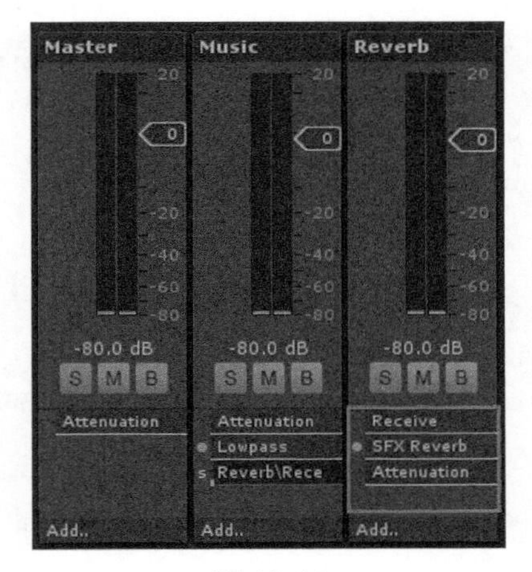

图 16-14

每个效果单元插槽具有以下功能。

- 它显示正在应用的效果单元的名称。
- 在效果单元左侧有一个圆圈，可以切换以启用或绕过某个效果单元。
- 如果右击效果并选择 Allow Wet Mixing（允许效果声混合），则效果单元底部的彩色条有效，表示通过效果的效果声的信号量。
- 用户可以上下拖动 Audio Group 来优化效果的顺序，也可以在 Audio Groups 上移动效果到另一个 Audio Group。

用户还可以通过右击现有效果（或者单击下方的 Add 按钮）来添加新的效果单元。

6. 快照面板

快照面板（Snapshot）允许用户在 Audio Mixer 内创建、切换和调整不同的快照。始终至少有一个快照处于活动状态，并且快照面板中的快照选择表示 Audio Mixer 的进一步编辑将对该快照进行编辑，如图 16-15 所示。

快照面板中定义的快照也显示为 Audio Mixer 的子资源，如图 16-16 所示。这允许用户访问编辑器和脚本中的其他位置的快照。

图 16-15

图 16-16

用户还可以定义 Start snapshots（开始快照），由快照列表右侧的星形图标指示。开始快照是 Audio Mixer 在加载时将被初始化的快照（例如，当场景开始时）。

- 要创建新的快照，可单击面板右上角的"+"按钮。输入新快照的名称。
- 要定义不同的"开始快照"，可右击所需的快照，然后选择 Set as start Snapshot。

7. 视图面板

视图面板如图 16-17 所示。

图 16-17

视图允许用户在 Audio Mixer 中创建可见的 Audio Group 组。有了视图，用户可以创建对 Audio Mixer 感兴趣的视角，而不是始终呈现完整的层次结构。视图纯粹用于优化工作流，并不影响运行时的设置或性能。

像快照面板一样，总会有一个视图被选中，并且当前显示在音频组视图中。默认情况下，所有 Audio Groups 都可以在默认视图中看到。视图中包含的内容由层级面板中的 控制。

- 要将新视图添加到视图列表中，可单击视图面板右上角的"+"按钮。输入新视图的名称。
- 通过在视图面板中的视图列表之间进行选择来更改当前视图。
- 要删除视图，可右击视图，然后选择 Delete。
- 复制视图，使用所有当前视图设置，右击视图并选择 Duplicate。

8. Audio Group 的 Eye 图标

层级面板中的每个 Audio Group 在组的左侧都有一个小眼睛图标。这个图标有以下两个作用。

- 单击眼睛图标可在当前选定的视图中切换此 Audio Group 的可见性。
- 右击眼睛图标，用户可以从一系列颜色中选择一个以标记该音频组。选择 No Color 以外的颜色将在眼睛图标的左侧给出一个小的颜色标签，并在音频组视图中的 Audio Group 名称下面显示一个颜色标签。这些颜色指示器是在 Audio Mixer 中分组音频组的不同概念和集合的好方法。

16.1.3.3 音频组属性

在 Audio Group 层次结构中选择 Audio Group、Audio Group View 或 Project 窗口（作为子资源）将显示该 Audio Group 的属性，如图 16-18 所示。

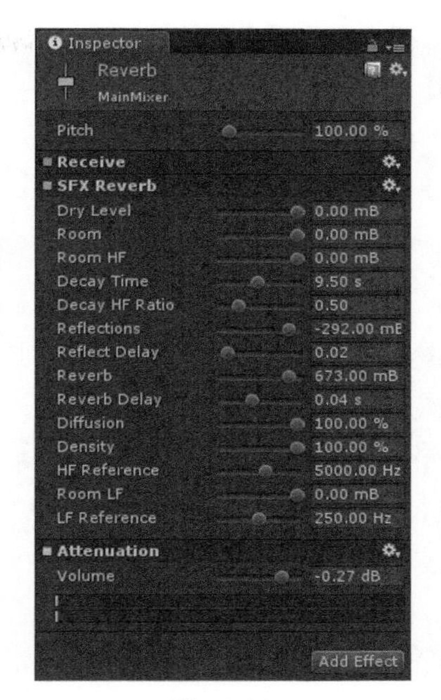

图 16-18

Audio Group 的属性由许多元素组成。

1. Inspector Header

在 Audio Group 属性的顶部，有 Audio Group 的名称，以及所有对象属性通用的下拉菜单，如图 16-19 所示。

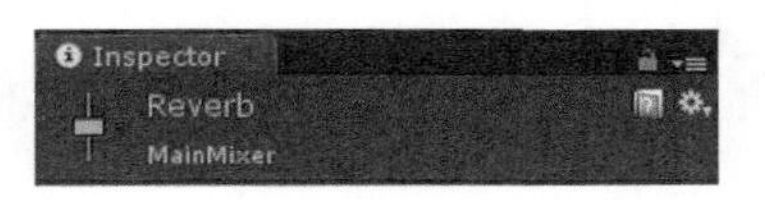

图 16-19

右击该区域或单击齿轮菜单，出现以下命令。

- Copy all effect settings to all snapshots：将所有效果设置复制到所有快照。这样可以将 Audio Group 的所有效果参数、音量和音调设置复制到 Audio Mixer 中存在的所有其他快照中。
- Toggle CPU usage display：这将切换 Audio Group 检查器中存在的所有效果的 CPU 性能信息。这用于了解在用户的 DSP 设置中哪些项消耗了较多的资源。

2. Edit in Playmode

在 Unity 的播放模式下，Audio Group 的 Inspector 视图在顶部有一个名为 Edit in Playmode 的按钮。默认情况下，Audio Mixer 的参数值在播放模式下不可编辑，并完全由游戏中的当前快照控制，如图 16-20 所示。

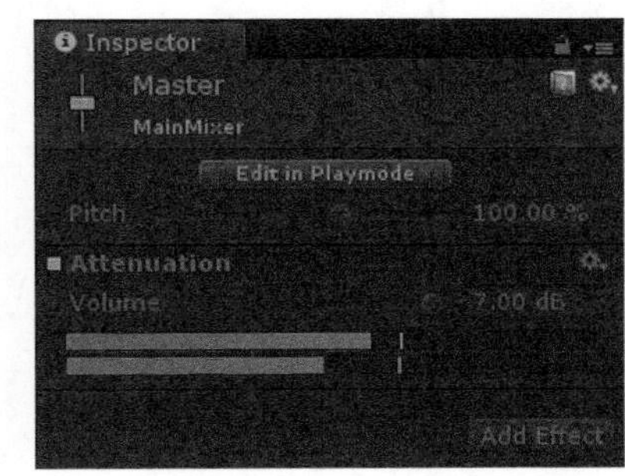

图 16-20

在 Playmode 中编辑允许覆盖快照系统，并可在播放模式期间直接编辑当前快照。这是在实时播放游戏时混合和控制游戏的好方法。

3. Pitch Slider

在所有 Audio Group 检查器的顶部，有一个滑块定义通过该 Audio Group 播放的音调（Pitch）。要更改音调，可使用滑块或手动输入音调值（右侧的文本字段），如图 16-21 所示。

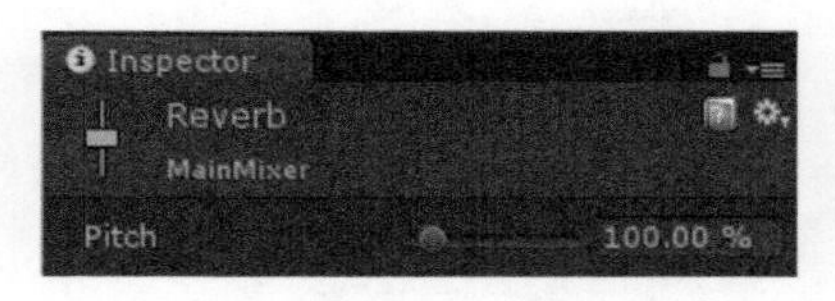

图 16-21

4. Attenuation Unit

Audio Mixer 中的每个 Audio Group 都具有 1 个衰减单元。

衰减单元可以在通过 Audio Group 的音频信号上应用衰减 / 增益。计算衰减并将其应用于信号单元上（不与其他衰减设置组合并应用于音源）。这允许在结合 Sends/Receives 和非线性 DSP 效果时创建非常复杂和有趣的设置。衰减可应用于 –80dB（静音），增益可应用于 + 20dB，如图 16-22 所示。

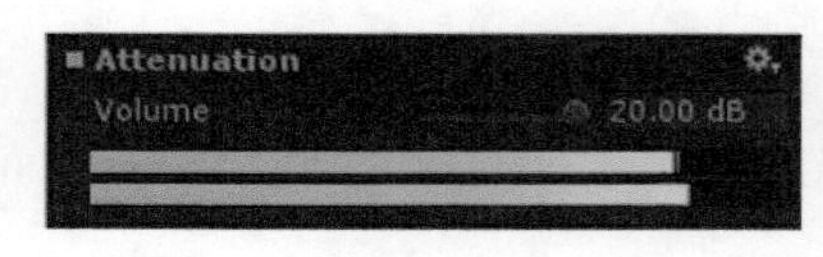

图 16-22

每个衰减单元在 Inspector 视图中都有一个 VU 表。该仪表显示信号链中该点处的音频信号级别（刚刚衰减后）。这意味着如果在衰减单元之后有 DSP 效果或接收，则 Audio Group 的 Audio Group 条中所看到的测光信息将与衰减单元上的测光信息不同。这是调试 Audio Group 的信号链的一种很好的方法。其方法是将衰减单元上下拖动到处理链上，以查看在不同点上的计量器。

VU 表显示 RMS 和峰值保持值。

- 要将信号链上方或下方的衰减单元（或任何效果）移动，可单击单元的标题，然后向上或向下拖动 Inspector 重新定位。
- 要更改衰减设置，可移动滑块或在文本框中输入值。

5. Effect Units

效果单元是通过 Audio Group 修改正在播放的音频信号的通用 DSP 效果，如 Highpass 或 Reverb。效果单元还可以处理从发送单元发送给它的侧链信号信息。每个效果单元的界面是不同的，但大多数情况下，用户可以修改参数集合，以更改效果如何应用于信号的处理方式。例如，参数均衡效应具有 3 个参数来修改信号的处理方式，如图 16-23 所示。

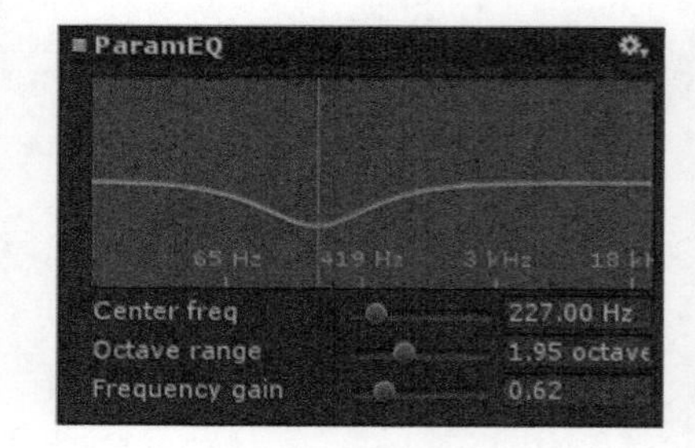

图 16-23

Unity 带有一组可以在 Audio Group 中使用的内置效果。还可以创建可在 Audio Mixer 中使用的自定义 DSP 效果插件。

- 要向 Audio Group 添加效果，可单击 Audio Group 属性面板底部的 Add Effect 按钮。
- 要更改 Audio Group 中效果的顺序，可单击效果标题并向上或向下拖动以将其放置在不同的位置。

- 要从 Audio Group 中删除效果，请右击效果标题，然后选择 Remove 移除，或者按 Delete 键删除。

6. Send Units

发送单元允许用户分离音频信号流，并发送信号的潜在衰减副本，以用作另一个效果单元（如侧链式压缩器）中的侧链。用户可以在信号链中的任何位置插入发送，从而允许任何点的信号发散，如图 16-24 所示。

图 16-24

最初，当发送添加到音频组时，它们不发送任何东西，发送级别（Send level）设置为 80dB。要发送到另一个效果单元，必须已经有一个效果单元可以在 Audio Mixer 某处接受侧链信号。一旦选择了目的效果单元，用户需要增加发送级别，将信号发送到目的效果单元。

- 要添加发送到 Audio Group，可单击 Audio Group Inspector 底部的 Add Effect 按钮，然后选择 Send。
- 要将发送连接到另一个效果单元（能够接收信号），可从发送单元属性的下拉菜单中选择目的地。
- 使用 Send level 设置发送到目的地的信号级别。

7. Receive Units

接收单元是 Send Units 的信号接收器，它们只需将发送给它们的音频信号与经过它们的 Audio Group 的当前信号混合。接收单元没有参数，如图 16-25 所示。

图 16-25

8. Duck Volume Units

Duck Volume 可以让用户从 Sends 发送的信号中创建侧链压缩。Duck Volume 是一种很好的方法，可以根据音频在 Audio Mixer 的其他地方播放的声音来控制信号的衰减，其参数如图 16-26 所示。

Duck Volume 可以像其他效果单元一样添加信号，并且必须至少有一个 Send 信号才能有用。

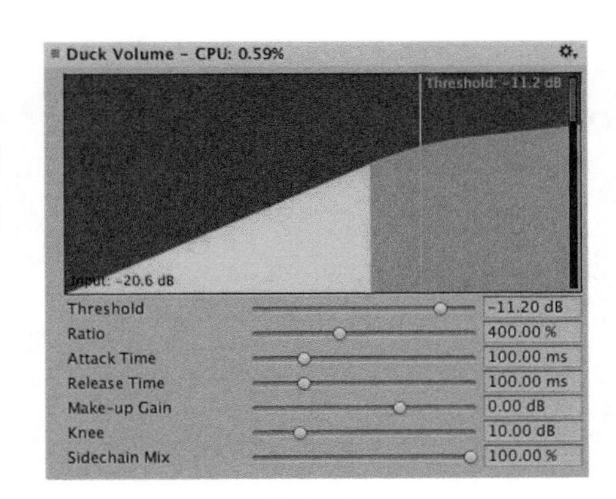

图 16-26

9. 常用选项

Audio Group Inspector 中的每个单元都有许多共同的特征。

齿轮选项

- Allow Wet Mixing：切换此选项会在效果周围创建一个 Dry 通道。启用此功能后出现的滑块表示信号传入 wet/dry 组件的百分比。启用此功能会增加内存使用量和 CPU 开销。该项只适用于某些单元。

- Bypass：切换此选项将彻底绕过效应单元，在信号链中有效地禁用它。
- Copy Effect Settings to all Snapshots：选择此项将会将此效果单元中的所有参数值复制到 Audio Mixer 中的所有其他快照。添加新的效果单元时，此功能非常有用，可以对该效果单元进行更改，并希望这些设置在所有快照中保持一致。
- Add Effect Before：允许在 Audio Group 中的当前效果单元之前插入效果单元，并从显示的菜单中选择所需的效果。
- Add Effect After：允许在 Audio Group 中的当前效果单元之后插入效果单元，并从显示的菜单中选择所需的效果。
- Remove This Effect：从 Audio Mixer 中完全删除此效果单元。衰减单元（Attenuation Units）不能从 Audio Groups 中删除。

10. Exposed Parameters

Exposed Parameters（暴露参数）允许用户绕过 Audio Mixer 的快照系统，并从脚本中设置 Audio Mixer 中任何参数的值。当通过脚本设置曝光参数时，该参数被锁定为该值，并且不会随着游戏转换快照而改变。

使用 Audio Mixer 公开参数在 Audio Group Inspector 中完成。对于 Inspector 视图中显示的任何参数（包括 Pitch、Volume、Send Level 和 Wet Level），可以右击参数名称并选择 Expose‘X’ to script，如图 16-27 所示。

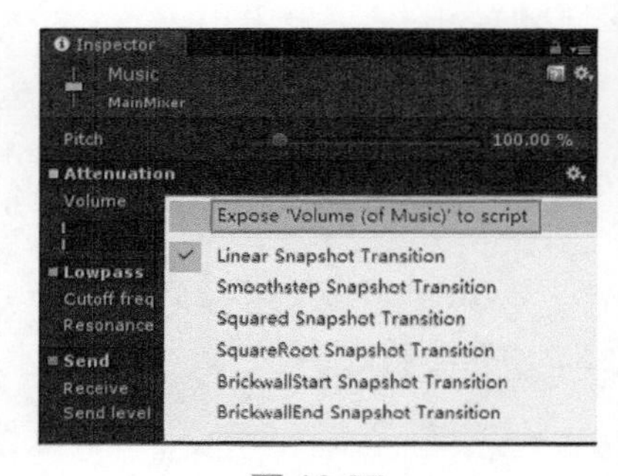

图 16-27

一旦参数暴露出来，它将显示在 Audio Mixer 窗口右上角的 Exposed Parameter 下拉列表中。单击此下拉列表将显示 Audio Mixer 中的所有暴露参数，如图 16-28 所示。

图 16-28

要重命名暴露参数，可右击暴露参数的名称，然后选择 Rename。这个名字将是引用 Audio Mixer API 中的参数。要删除暴露参数，可右击暴露参数的名称，然后选择 Unexpose。

11. Transition Overrides

Transition Overrides（转换覆盖）在快照之间转换时，默认情况下，所有转换都是使用从开始到目标值的线性插值完成的。但是，在某些情况下，这种转换行为并不是所期望的，例如，在转换开始或结束时更改为 brick-wall 会更好。

Audio Mixer 中可用的所有参数都可以改变其转换行为。转换行为是按照快照定义的，目标快照定义转换行为。

要为当前快照的特定参数设置转换覆盖，可右击参数名称并选择所需的转换类型，如图 16-29 所示。

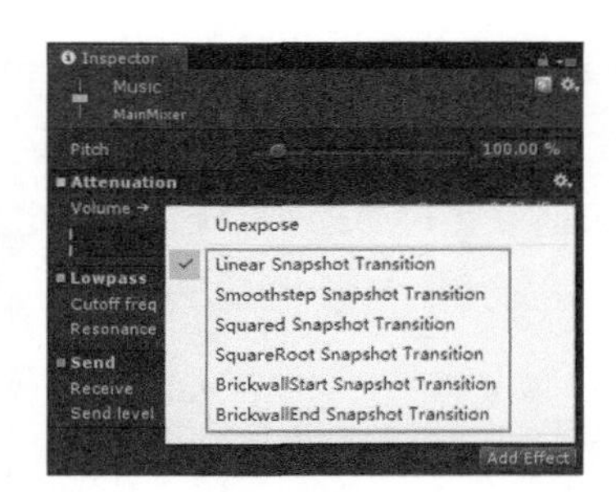

图 16-29

12. Audio Mixer 属性

音频混合器资源本身具有一个属性面板，允许指定混音器的整体激活 / 停止行为。作为资源，当任何音频源播放到混音器中时，音频混合器基本上被激活，并且只要有这样的驱动器向混音器提供音频数据，它将保持活动状态。由于混音器也可以通过场景视图中的音频预览按钮激活，因此激活行为与场景对象（如 MonoBehaviors）不同。因此，即使在停止模式下，混音器也可能是活动的（也消耗 CPU）。其属性如图 16-30 所示，参数说明如表 16-1 所示。

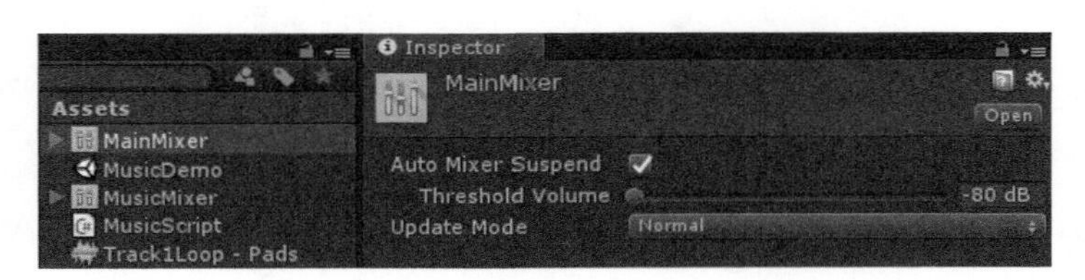

图 16-30

表 16-1 音频混合器的参数说明表

参数	说明
Auto Mixer Suspend	当 RMS 信号级别低于定义的阈值（以 dB 为单位）时，启用 / 禁用暂停处理指令将保存到 CPU 上。当一个 Audio Source 参考它们开始再次播放时，混音器恢复处理
Threshold Volume	混音器为了保存 CPU 指令而暂停处理的主组的级别。当一个 Audio Source 参考它们开始再次播放时，混音器恢复处理
Update Mode	使用游戏时间或者未缩放的实际时间来更新 Audio Mixer 的转换

16.1.4 Audio Filters 音频过滤

用户可以通过应用音频效果来修改音频源和音频监听器的输出。这些操作可以过滤不同频率的声音或应用混响等效果。

通过使用音频源或音频监听器将效果组件添加到对象来应用效果。组件的顺序很重要，因为它反映了效果将应用于源音频的顺序。例如，可依次通过音频低通滤波器和音频混响滤波器来修改音频监听器，如图 16-31 所示。

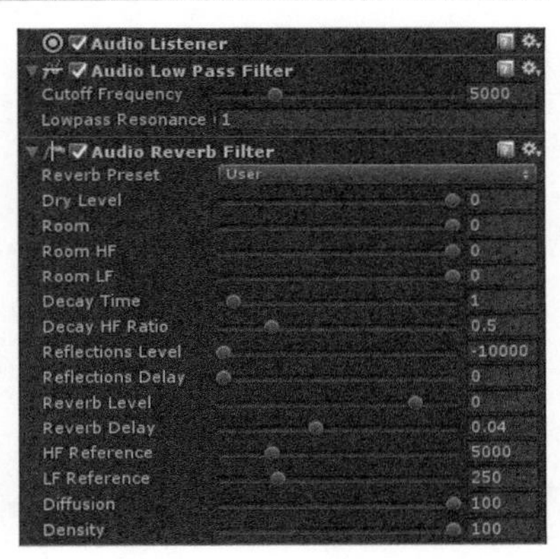

图 16-31

要更改任何其他组件的顺序，可在 Inspector 视图中打开上下文菜单，然后选择 Move Up 或 Move Down。启用或禁用效果组件确定是否应用。

虽然音频过滤器高度优化，但是一些过滤器仍然是 CPU 密集型。在分析器（依次单击菜单栏中的 Window → Profiler）的音频选项卡中可以监视音频 CPU 的使用情况。

1. Audio Low Pass Filter

Audio Low Pass Filter（音频低通滤波器）通过 Audio Source 或者被 AudioListener 接收的所有声音传递低频，并同时去除高于 Cutoff Frequency 的频率，其属性如图 16-32 所示，参数说明如表 16-2 所示。

图 16-32

表 16–2　Audio Low Pass Filter 的参数说明表

参数	说明
Cutoff Frequency	低通截止频率（Hz）（取值范围为 10 至 22000，默认值为 5000）
Lowpass Resonance Q	低通共振质量值（取值范围为 1 至 10，默认值为 1）

Lowpass Resonance Q 确定滤波器的自谐振被抑制了多少。较高的低通共振质量表明能量损失率较低，即振荡缓慢。

音频低通滤波器具有与之相关的滚动曲线，使之可以在 Audio Source 和 AudioListener 之间的距离上设置截止频率。

环境不同，声音传播效果也不同。例如，为了补充视觉雾效果，添加一个微妙的低通音频监听器。从门后发出的高频的声音将被它过滤掉，所以不会被听到。为了模拟这一点，打开门时只需更改截止频率。

2. Audio High Pass Filter

Audio High Pass Filter（音频高通滤波器）通过 Audio Source 传递的高频，并切断频率低于截止频率的信号，其属性如图 16-33 所示，参数说明如表 16-3 所示。

图 16-33

表 16–3　Audio High Pass Filter 的参数说明表

参数	说明
Cutoff Frequency	高通截止频率（Hz）（取值范围为 10 至 22000，默认值为 5000）
Lowpass Resonance Q	高通共振质量值（取值范围为 1 至 10，默认值为 1）

3. Audio Echo Filter

Audio Echo Filter（音频回声滤波器）在给定的延迟时间后重复声音，根据衰减比衰减重复，其属性如图 16-34 所示，

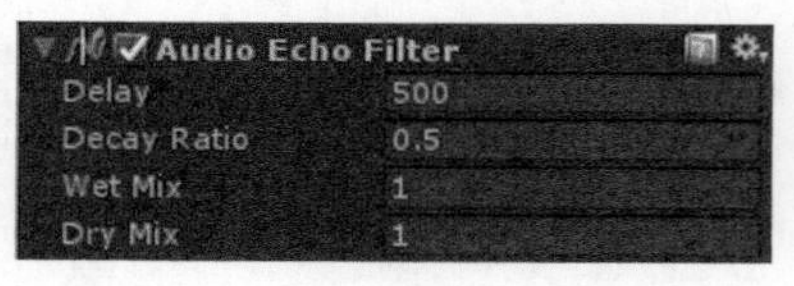

图 16-34

参数说明如表 16-4 所示。

表 16–4 Audio Echo Filter 的参数说明表

参数	说明
Delay	回声延迟（ms）。取值范围为 10 到 5000，默认值为 500
Decay Ratio	延迟回声衰减。取值范围为 0 到 1，值为 1 表示无衰减，值为 0 表示总衰减（即简单 1 线延迟），默认值为 0.5
Wet Mix	效果声信号的音量传递到输出。取值范围为 0 到 1，默认值为 1
Dry Mix	原始声信号的音量传递到输出。取值范围为 0 到 1，默认值为 1

效果声混合（Wet Mix）值确定滤波信号的幅度，原始声混合（Dry Mix）值确定未滤波的声音输出的幅度。

声音传播比光慢，我们都知道先闪电后雷声。为了模拟这个，将 Audio Echo Filter 添加到事件声音中，将 Wet Mix 设置为 0，并将 Delay 调节为 Audio Source 和 Audio Listener 之间的距离。

4. Audio Distortion Filter

Audio Distortion Filter（音频失真滤波器）会使 Audio Source 的声音失真或声音到达 AudioListener，其属性如图 16-35 所示，参数说明如表 16-5 所示。

图 16-35

表 16–5 Audio Distortion Filter 的参数说明表

参数	说明
Distortion Level	失真值。取值范围为 0 到 1，默认值为 0.5

应用音频失真滤波器来模拟低质量无线电传输的声音。

5. Audio Reverb Filter

Audio Reverb Filter（音频混响滤波器）采用音频剪辑，并使其变形以创建自定义混响效果，其属性如图 16-36 所示，参数说明如表 16-6 所示。

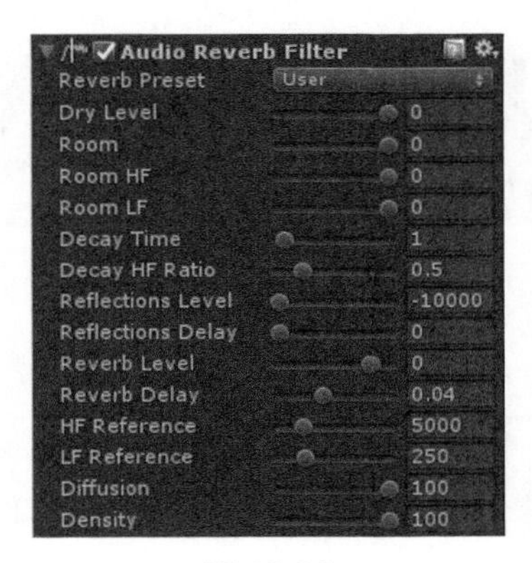

图 16-36

表 16-6　Audio Reverb Filter 的参数说明表

参数	说明
Reverb Preset	自定义混响预设，选择用户创建自己的自定义混响
Dry Level	混合原始输出信号在 MB 的输出。取值范围从 -10000 到 0。默认值为 0
Room	低频房间效应级别（MB）。取值范围从 -10000 到 0。默认值为 0
Room HF	室内效应高频级别（MB）。取值范围从 -10000 到 0。默认值为 0
Room LF	室内效应低频级别（MB）。取值范围从 -10000 到 0。默认值为 0
Decay Time	低频时的混响衰减时间（秒）。取值范围从 0.1 到 20。默认值为 1
Decay HF Ratio	衰减 HF 比率：高频到低频的衰减时间比。取值范围从 0.1 到 2。默认为 0.5
Reflections Level	相对于室内效应的早期反射级别（MB）。取值范围从 -10000 到 1000。默认值为 -10000
Reflections Delay	相对于室内效应的早期反射延迟时间（MB）。取值范围从 0 到 0.3。默认值为 0
Reverb Level	相对于室内效果的混响后期的混响级别。取值范围从 -10000 到 2000。 默认值为 0
Reverb Delay	相对于第一次反射的延迟混响延迟时间（秒）。取值范围从 0 到 0.1。 默认值为 0.04
HF Reference	参考高频（Hz）。取值范围从 1000 到 20000。 默认值为 5000
LF Reference	参考低频（Hz）。取值范围从 20 到 1000。默认值为 250
Diffusion	混响扩散（回声密度）百分比。取值范围从 0 到 100。默认值为 100
Density	混响密度（模态密度）百分比。取值范围从 0 到 100。默认值为 100

注 意

只有当混响预设（Reverb Preset）设置为用户（User）时，才能修改这些值，否则这些值将变灰，并且每个预设值都将具有默认值。

6. Audio Chorus Filter

Audio Chorus Filter（音频合唱过滤器）采用音频剪辑，并处理它后可创建合唱效果，其属性如图 16-37 所示，参数说明如表 16-7 所示。

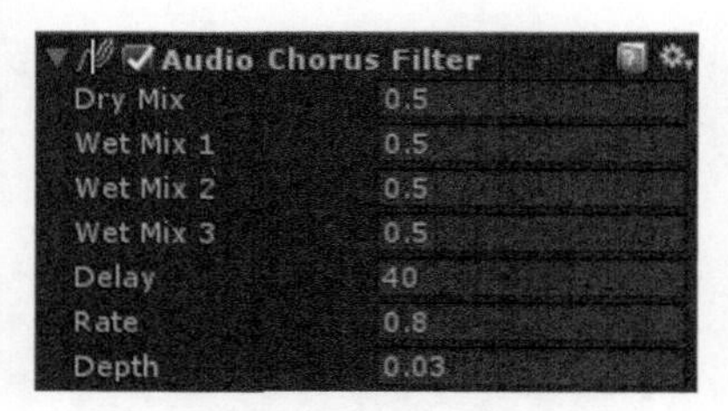

图 16-37

表 16-7　Audio Chorus Filter 的参数说明表

参数	说明
Dry Mix	原始信号的音量传递到输出。取值范围从 0 到 1，默认值为 0.5
Wet Mix 1	第一合唱乐器的音量。取值范围从 0 到 1，默认值为 0. 5

续表

参数	说明
Wet Mix 2	第二合唱乐器的音量。这个合唱乐器与第一个合唱乐器相差 90 度。取值范围从 0 到 1，默认值为 0. 5
Wet Mix 2	第三合唱乐器的音量。这个合唱乐器与第二个合唱乐器相差 90 度。取值范围从 0 到 1，默认值为 0.5
Delay	LFO 的延迟。取值范围从 0.1 到 100，默认值为 40
Rate	LFO 的调制速率。取值范围从 0 到 20，默认值为 0.8
Depth	合唱调制深度。取值范围从 0 到 1，默认值为 0.03

合唱效果通过正弦低频振荡器（LFO）调制原始声音。输出听起来像有多个来源发出相同的声音，有轻微的变化——类似于合唱团。

通过将速率（Rate）和深度（Depth）设置为 0 并调整混合和延迟（Delay）来创建简单的原始回声（Dry Echo）。

16.1.5 Audio Effects 音频效果

用户可以通过音频效果修改音频混合器组件的输出，可以改变声音的频率范围或应用混响等效果。

用户通过将效果组件添加到音频混合器的相关部分来应用效果。组件的顺序很重要，它反映了效果将应用于源音频的顺序。例如，音频混合器的音乐部分首先被低通效果（Lowpass）修改，然后是压缩器效果（Compressor）、法兰效果（Flange）等，如图 16-38 所示。

音频效果的参数说明具体可参考 Unity 手册，这里不再说明。

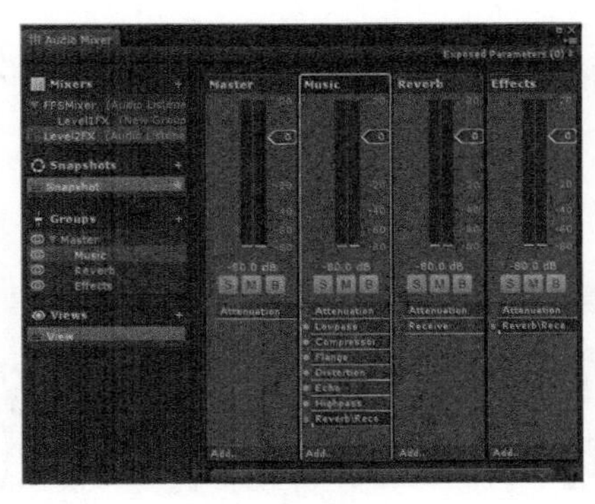

图 16-38

16.1.6 Microphone 麦克风

Microphone 类可用于从计算机或移动设备上的内置（物理）麦克风中捕获语音输入，如图 16-39 所示。

图 16-39

使用 Mircophone 类，用户可以通过内置麦克风开始和结束录音，获取可用音频和输入设备（麦克风）的列表，并查看每个这样的输入设备的状态。

Microphone 类没有对应的组件，但用户可以通过脚本来访问它。

对应 Mircophone 类的静态变量名说明和静态方法说明如表 16-8 和表 16-9 所示。

表 16-8 静态变量名说明表

静态变量名	说明
devices	按名称标识的可用麦克风设备列表

表 16-9 静态方法说明表

静态方法	说明
End	停止录制
GetDeviceCaps	获取设备的频率功能
GetPosition	获取记录样本中的位置
IsRecording	查询设备是否正在录制
Start	使用设备开始录制

更多使用细节可查询脚本 API 文档。

16.2 视频播放器

16.2.1 概述

使用 Unity 的视频系统可将视频集成到开发者的游戏中。视频镜头可以增加真实感，降低渲染的复杂性，或者帮助开发者集成外部可用的内容。

要在 Unity 中使用视频，可导入视频剪辑并使用视频播放器组件进行配置。该系统允许用户将视频素材直接提供给任何有 Texture 参数的组件。然后，Unity 在运行时播放该纹理上的视频，如图 16-40 所示。

图 16-40

Unity 的视频功能包括视频文件的硬件加速和软件解码、透明度支持、多音频轨道和网络流媒体等。

注 意

Unity 5.6 中引入的视频播放器组件和视频剪辑资源取代了之前的 Movie Textures 功能。

16.2.2 Video Player 组件

使用 Video Player（视频播放器）组件可将视频文件附加到游戏对象上，并在运行时在游戏对象的纹理上显示播放的视频。

图 16-41 所示为附加到 Cube 对象的视频播放器组件。

在默认情况下，视频播放器组件的材质属性设置为 _MainTex，这意味着当视频播放器组件附加到具有渲染器的游戏对象上时，它会自动将其自身分配给该渲染器上的纹理（因为这是主要 GameObject 的纹理）。在这里，GameObject 有一个 Mesh Renderer 组件，所以视频播放器自动将它分配给 Renderer 字段，这意味着视频剪辑将在 Mesh Renderer 纹理上播放。视频播放器组件的参数说明如表 16-10 所示。

图 16-41

表 16–10　视频播放器组件的参数说明表

参数	说明
Source	选择视频的来源类型。包括两个选项，分别是 Video Clip 和 URL。选择 Video Clip，将视频剪辑分配给视频播放器；选择 URL，从 URL 中分配视频（例如，http: // 或 file: // ），Unity 在运行时从该 URL 中读取视频
Video Clip	使用此字段可定义分配给视频播放器组件的视频剪辑
URL	输入要分配给视频播放器的视频的网址
Browse	单击此按钮可快速浏览本地文件系统并打开以 file: // 开头的 URL
Play On Awake	勾选 Play On Awake 复选框，在场景启动时播放视频。如果想在运行时间的另一点触发视频播放，可将其取消。通过脚本调用 Play() 方法触发它
Wait For First Frame	如果勾选该复选框，Unity 会在游戏开始前等待源视频的第一帧准备好显示。如果不勾选，可能会丢弃前几帧，以保持视频时间与游戏其余部分同步
Loop	是否循环播放视频。如果不勾选，视频将在播放结束后停止播放
Playback Speed	视频的播放速度。默认值为 1（正常速度）
Render Mode	使用下拉菜单来定义视频的呈现方式
Camera Far Plane	视频渲染在相机 Far(远端) 平面上
Camera Near Plane	视频渲染在相机 Near(近端) 平面上
Camera	接收显示视频的相机
Alpha	添加到源视频的全局透明度
Render Texture	视频渲染到一个 Render Texture 上
Target Texture	视频播放器组件呈现其图像的 Render Texture（渲染纹理）
Material Override	通过一个 GameObject 将视频渲染到一个选定 Texture 属性的渲染器材质上
Renderer	视频播放器组件呈现其图像的渲染器。当设置为 None 时，将使用视频播放器组件所在对象上的 Renderer

续表

参数	说明
Material Property	接收视频播放器组件图像的材质 Texture 属性的名称
API Only	将视频呈现到 VideoPlayer.texture 的脚本 API 属性中。用户必须使用脚本将纹理分配到其预期的目标上
Aspect Ratio	设置视频的宽高比。仅 Camera Near Plane、Camera Far Plane 或 Render Texture 可用
No Scaling	不使用缩放。视频以目标矩形为中心
Fit Vertically	根据需要缩放源以垂直匹配目标矩形，裁剪左侧和右侧或在左右两侧留下黑色区域。视频源的宽高比保留
Fit Horizontally	按照水平方向调整源以适合目标矩形，裁剪顶部和底部区域或根据需要在上方和下方留下黑色区域。视频源的宽高比保留
Fit Inside	将视频源缩放到适合目标矩形而不必裁剪。根据需要在左侧和右侧或上方和下方留下黑色区域。视频源的宽高比保留
Fit Outside	将视频源缩放到适合目标矩形而不会在左侧和右侧或上方和下方留下黑色区域，根据需要裁剪。视频源的宽高比保留
Stretch	水平或垂直缩放以适合目标矩形。视频源的宽高比不会保留
Audio Output Mode	定义如何输出视频源的音频轨道
None	视频声音将不播放
Audio Source	音频采样被发送到选定的音频源，使 Unity 的音频处理得以应用
Direct	音频采样直接发送到音频输出硬件，绕过 Unity 的音频处理
Controlled Tracks	视频中音频轨道的数量。只有当来源是 URL 时才显示。当来源是视频剪辑时，轨道数量通过检查视频文件来确定
Track Enabled	通过勾选相关复选框启用后，将使用关联的音轨进行播放，且必须在播放之前设定
Audio Source	播放音频轨道的音频源。目标音频源也可以播放音频剪辑。此属性仅在 Audio Output Mode 设置为 Audio Source 时出现
Mute	关联的音频轨道是否静音。此属性仅在音频 Audio Output Mode 设置为 Direct 时出现。在 Audio Source 模式下，使用音源的 Mute 控制
Volume	控制关联音频轨到的音量。此属性仅在音频 Audio Output Mode 设置为 Direct 时出现

16.2.3 视频剪辑

详细请参见第 7 章“视频资源的导入”一节。

16.2.4 视频透明度支持

Unity 的视频剪辑和视频播放器组件支持 Alpha 通道，即用来表示透明度。

在图形术语中，Alpha 是“透明”的另一种表达方式。 Alpha 是一个连续值，不是一个可以打开或关闭的东西。

最低的 Alpha 值意味着图像是完全透明的（根本不可见），而最高的 Alpha 值意味着它是完全不透明的（图像是实心的并且不能被透视）。中间值使图像部分透明，让用户可以同时看到背后的图像和背景。

视频播放器组件在相机的近或远平面中播放其内容时支持全局 Alpha 值。但是，视频可以具有每个像素的 Alpha 值，这意味着透明度可以在整个视频图像上有所不同。这种每像素的透明度控制是在产生图像和视频的应用程序（如 Nuke 或 After Effects）中完成的，而不是在 Unity 编辑器中完成的。

Unity 支持两种具有每像素 Alpha 的视频源，如下。

- Apple ProRes 4444。

  Apple ProRes 4444 编解码器是适用于 4：4：4：4 图像源的 Apple ProRes 超高质量版本，包括 Alpha 通道。它提供了与源视频相同的视觉保真度。

  Apple ProRes 4444 仅在 macOS 上受支持，因为这是本机可用的唯一平台。它通常出现在 MOV 格式文件中。

  导入使用此编解码器的视频时，可勾选视频剪辑导入器中的相关复选框，启用 Transcode 和 Keep Alpha。用户操作系统的视频播放软件可能具有识别视频使用哪些编解码器的功能。

- Webm with VP8。

  webm 文件格式有一个规范改进，允许它在与 VP8 视频编解码器结合时在本地传输字母信息。这意味着任何编辑平台都可以使用此格式阅读设置了 Alpha 透明度的视频。

  由于 Unity 支持的大多数平台都使用软件实现来解码这些文件，因此无须为这些平台进行转码。

16.2.5 全景视频

Unity 的全景视频功能使用户能够做如下操作。

- 轻松包含以 360 度拍摄的真实世界视频。
- 通过包含预渲染的背景视频而不是真实的几何图形来减少 VR 中的场景复杂性。

  Unity 支持等角矩形布局（经度和纬度）或立方体布局（6 帧）的 180 度和 360 度视频。

以下介绍在编辑器中显示任何全景视频的操作。

（1）设置视频播放器以将视频源播放到 Render Texture（渲染纹理）。

（2）设置接收渲染纹理的 Skybox 材质。

（3）设置场景以使用 Skybox 材质。

注 意

这是一项资源密集型功能。为获得最佳视觉效果，可使用最高分辨率（通常为 4K 或 8K）的全景视频。大视频需要更多的计算能力和资源进行解码。大多数系统对最大视频的解码分辨率有特定限制（例如，许多手机限于 HD 或 2K，而较早的桌面系统可能限于 2K 或 4K）。

实践操作 59：全景视频之海上冲浪

1 导入视频资源。将本书资源路径为 \Book\Projects\Chapter16\ 海上冲浪 .mp4 的文件导入 Unity 工程。

2 将 Project 视图中的视频资源拖动到 Scene 视图或 Hierarchy 视图中。在默认情况下，这将设置组件为默认摄像机并全屏播放视频。单击播放 Unity，即可看到视频开始播放，如图 16-42 所示。

3 此时的播放形式并非全景的播放模式。

4 单击菜单栏中的 Assets → Create → Render Texture，创建一个渲染纹理。设置渲染纹理的大小以精确匹配全景视频。查看视频的尺寸，可在 Assets 文件夹中选择视频并查看检查器窗口。滚动到 Unity 预览视频的部分，在预览窗口中选择用户的视频名称，并将其更改为来源信息，如图 16-43 所示。

图 16-42

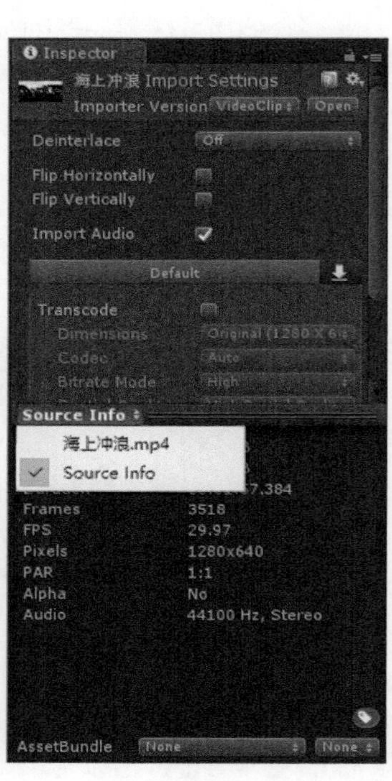

图 16-43

5 接下来，将渲染纹理的 Depth Buffer（深度缓冲区）选项设置为 No depth buffer（无深度缓冲区），如图 16-44 所示。

图 16-44

6 在视频播放器的 Inspector 视图中将 Render Mode 切换为 Render Texture。然后将新的渲染贴图从资源视图拖到 Target Texture 中，如图 16-45 所示。

7 单击播放 Unity，视频不会在 Game 窗口中呈现，但可以选择渲染纹理资源以查看其内容是否随每个视频帧一起更新，如图 16-46 所示。

8 此时需要将默认的 Skybox 替换为视频内容，以将全景视频作为场景背景。

9 创建一个新的材质（依次单击菜单栏中的 Assets → Create → Material），并命名为 Sky Materi-

al。然后在其 Inspector 视图中将材质的着色器设置为 Skybox / Panoramic（转到 Shader → Skybox → Panoramic），最后将 Spherial(HDR) 设置为前面的渲染纹理，如图 16-47 所示。

10 将 Sky 材质连接到场景中。打开光照窗口（依次单击菜单栏中的 Window → Lighting → Settings），将 Skybox Material 设置为 Sky Material 材质，如图 16-48 所示。

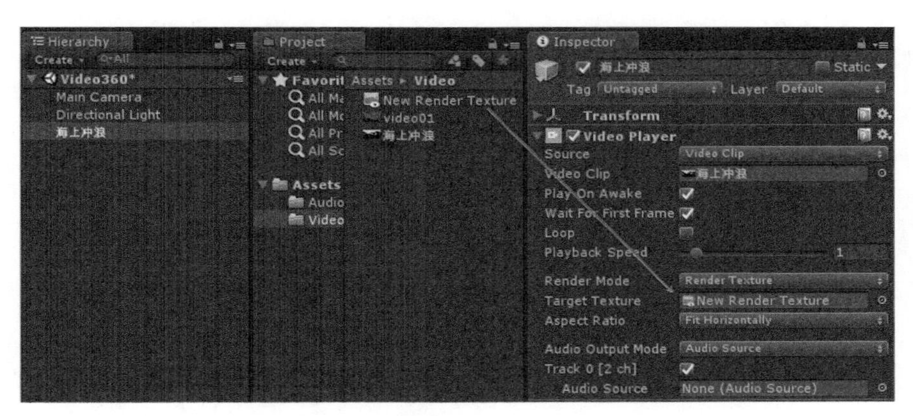

图 16-45

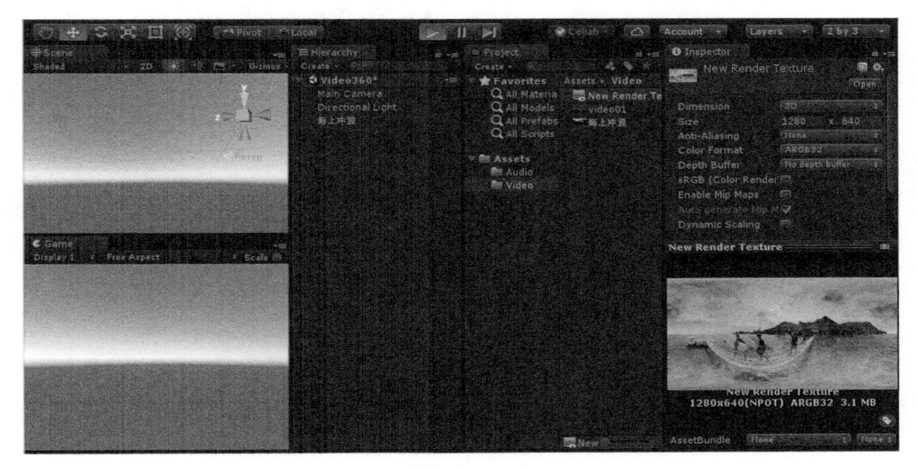

图 16-46

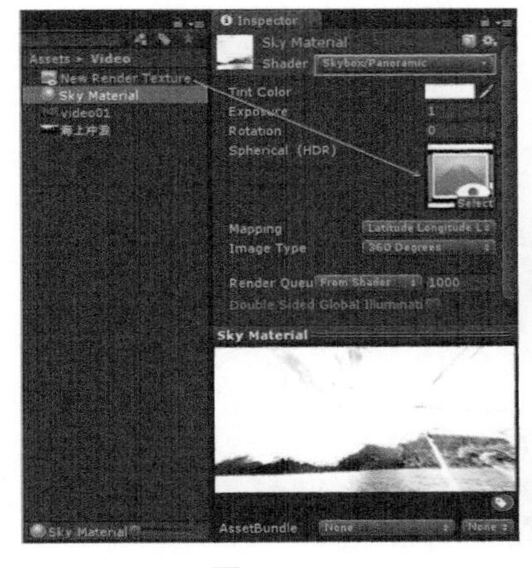

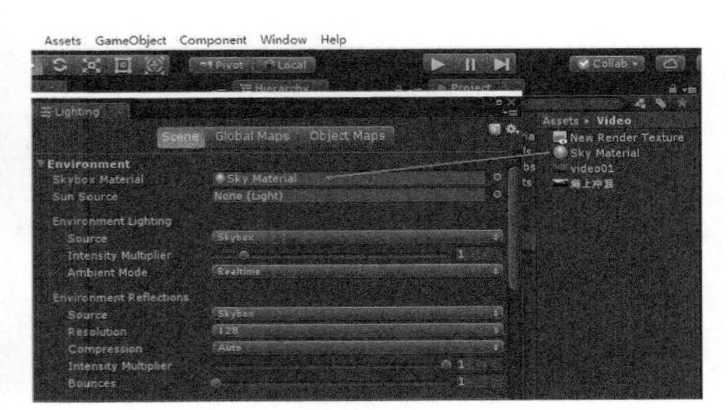

图 16-47

图 16-48

注 意

如果视频涵盖完整的 360 度视图，Image Type 可选择 360 Degrees。如果视频只是一个 180 度的正面视图，可选择 180 Degrees。

11 单击播放 Unity，全景视频将显示在场景的背景上，此时更改场景相机的角度即可看到全景视频的不同部分，如图 16-49 所示。

图 16-49

第17章 全局光照

17.1 概述

全局光照，简称 GI，是一个用来模拟光的互动和反弹等复杂行为的算法。要精确地仿真全局光照非常有挑战性，付出的代价也高，正因为如此，现代游戏会在一定程度上预先处理这些计算，而非在游戏运行时实时运算。

Unity 的全局光照系统分为 Enlighten 和 Progressive Lightmapper，两者之间可以通过 Lighting 窗口（依次单击菜单栏中的 Window → Lighting → Setting 打开）的 Lightmapper 进行切换，如图 17-1 所示。

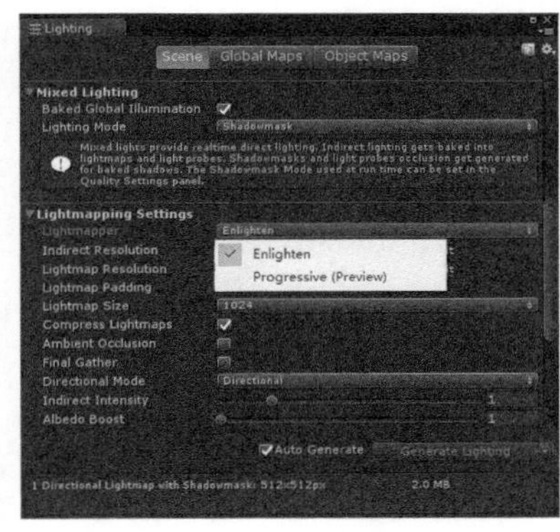

图 17-1

17.1.1 Enlighten

Unity 在图形仿真和光照特效方面不再局限于烘焙好的光照贴图，而是融入了行业领先的实时光照技术 Enlighten。Enlighten 实时全局光照技术通过 GI 算法（这种算法是基于光传输的物理特性进行的一种模拟）为实现游戏主机、PC 端和移动端游戏中的完全动态光照效果提供了一套很好的解决方案，可以通过较少的性能消耗使得场景看上去更真实、丰富以及更具有立体感。

Enlighten 不仅仅提供游戏中的实时 GI，也为用户提供了全系的光照流程。它提供了更快的迭代模式，当用户想要看到场景中更高品质的细节时，不需要用户的干预，场景会被预计算与烘焙的效果替换，而这些预计算和烘焙都是在后台完成的。Unity 编辑器会自动检测场景的改动，并执行所需的步骤来修复光照。大多数情况下，对光照的迭代都是瞬间完成的。

17.1.2 Progressive Lightmapper

Progressive Lightmapper（渐进光照贴图）技术是一种无偏移的蒙特卡洛方法路径追踪器，它可以与 Unity 编辑器中的全局光照配合使用来烘焙光照贴图，极大地改善场景光照烘焙的工作流程。

Enlighten 带来的好处是，能够让用户实时地看到光照的结果。然而，任何参数、纹理或几何图形的变动都需要对场景重新烘焙，而用户不会察觉到这一过程。

例如，在项目开发的迭代过程中调整阴影烘焙或反射照明等级，为了能够看到调整后的结果通常都需要等上一段时间。这明显大大降低了工作效率。有了渐进光照贴图技术，用户可以立刻看到调整后结果。例如，最开始场景视图中的渲染结果会有一些噪点，但随后画面质量会提升，如图 17-2 所示。

图 17-2

此外 Unity 还为它做了优化调整，即优先对视口区域进行计算和烘焙。该区域结束后，再继续对场景中其余的部分进行计算和烘焙。

Baking... [ETA: 0:08:14]

图 17-3

在大多数情况下，渐进光照贴图的健壮性更佳。因为它是间接地以光照贴图的全分辨率进行烘焙，所以其渲染结果中产生的瑕疵更少。渐进光照贴图还能轻松地预测渲染所需要的时间，进度条上的倒数计时能够告诉用户，还需要多少时间才能完成烘焙，如图 17-3 所示。

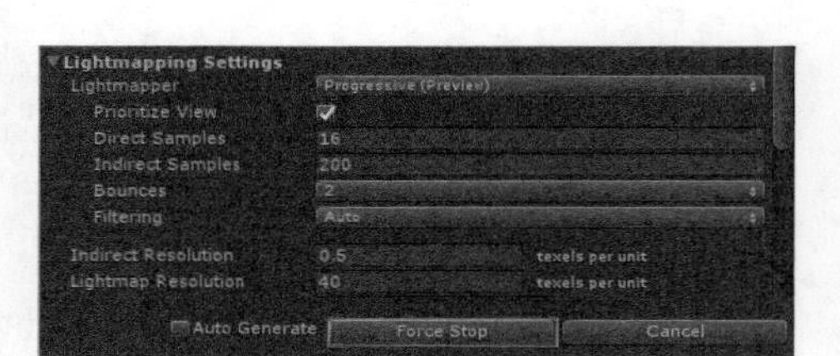

图 17-4

如果用户觉得渲染结果已经够好了，可以直接停止烘焙，如图 17-4 所示，此时场景就会保持在停止烘焙时的状态。所以，渐进光照可以随时停止烘焙，在添加一些内容或增设一些样本后继续烘焙。

渐进光照贴图的渲染速度不一定比 Enlighten 快。如果用户专门为 Enlighten 调整了场景，则 Enlighten 的渲染速度也可以非常快。因此，Unity 不能保证渐进光照贴图在所有的场景中都是最快的。不过如果使用渐进光照贴图，从开始烘焙到最后得到视觉反馈所需的时间还是会显著缩短。

17.1.3 Lightmap seam stitching

Lightmap seam stitching（光照贴图缝合）是一种技术，可平滑烘焙光照贴图渲染的 GameObjects 中不需要的硬边缘。

Seam stitching 与 Progressive Lightmapper 一起用于光照贴图烘焙。缝线拼接仅适用于单个 GameObjects，多个 GameObjects 无法顺利缝合在一起。

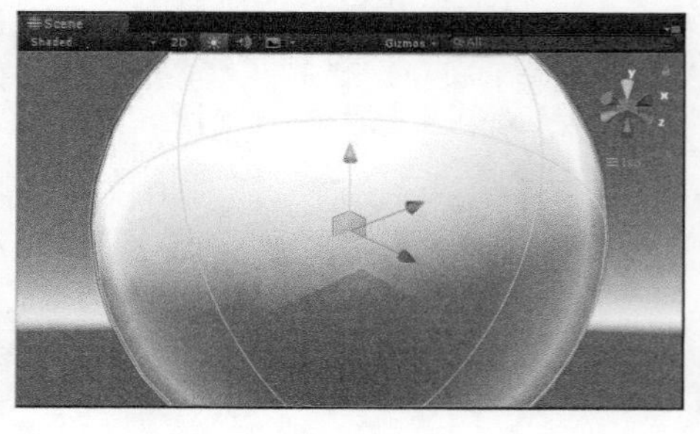

图 17-5

光照贴图涉及 Unity 将 3D GameObjects 展开到平面光照贴图上。Unity 会识别彼此靠近但彼此分离的网格面，因为它们在光照贴图空间中是分离的，这些网格的边缘被称为“接缝”。理想情况下，接缝是不可见的，但它们有时会因为光线看起来具有坚硬的边缘，如图

17-5 所示。这是因为 GPU 不能在光照贴图中分离图表之间混合 texel 值。

要在 GameObject 上启用缝合，可转至 GameObject 的网格渲染器（Mesh Renderer）组件，打开 Lightmap Settings 部分（仅当用户使用渐进式光照贴图时才可访问），然后勾选 Stitch Seams，如图 17-6 所示。

然后再次进行烘焙即可缝合物体上的硬边缘，如图 17-7 所示。

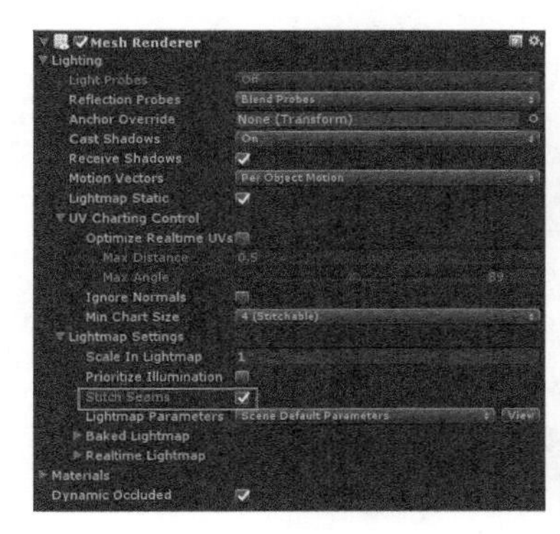

图 17-6

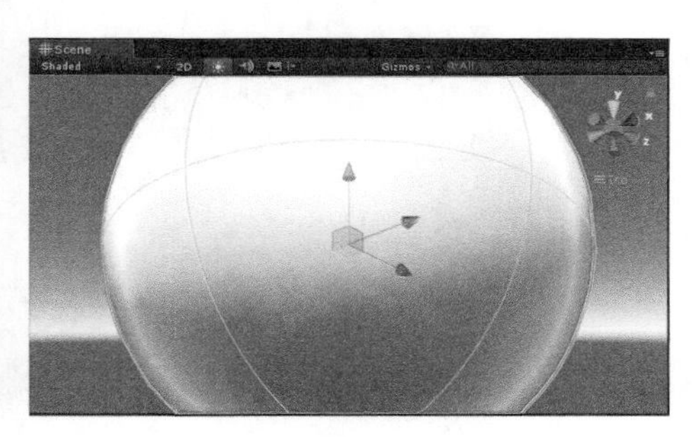

图 17-7

17.2 实践操作 60：烘焙光照用法示例

（1）新建 Unity 工程，打开本书资源包路径为 \Book\Projects\Chapter17 的文件夹，将 Tanks Tutorial.unitypackage”文件导入工程，然后打开 _Complete-Game 场景，如图 17-8 所示。

（2）该场景默认使用的是实时光照。如果将光源关闭，那么场景将变得漆黑无光照，如图 17-9 所示。

（3）将光源打开，选中场景中的所有建筑物体，然后在 Inspector 视图中，将 Static 下的 Lightmap Static 勾选，最后在弹出的 Change Static Flags 窗口中单击 Yes，change children 按钮，将所有物体及子物体设置为静态光照贴图，如图 17-10 所示。

（4）如果不确定场景的光源数量和位置，可以单击菜单栏中的 Window → Lighting → Light Explorer，打开光照资源管理器，然后选择 Lights 选项卡。这里列出了场景中所有打开着的光源，将光源的 Mode 设置为 Mixed（混合）模式，如图 17-11 所示。

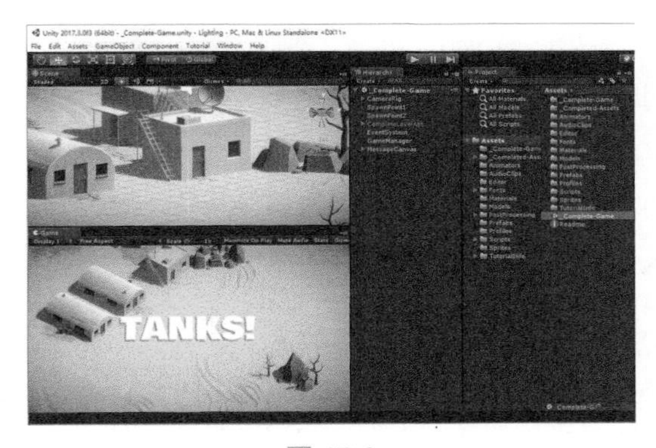

图 17-8

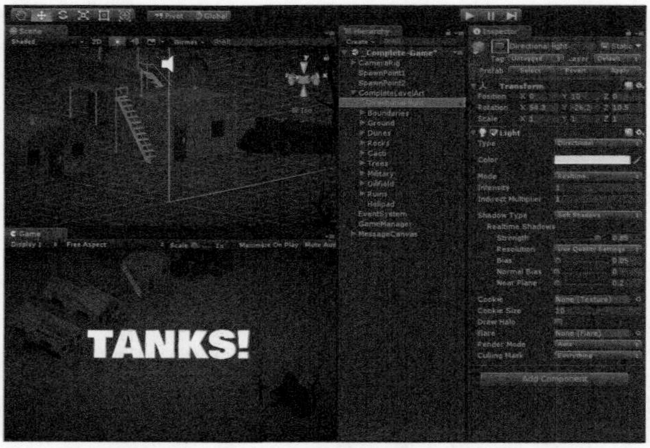

图 17-9

图 17-10

图 17-11

知识点

烘焙光照的方式分为 Mixed（混合）和 Baked（烘焙），两者的区别如下。

- Mixed：提供介于实时和 Baked 之间的光照方式，即将间接光照烘焙到光照贴图中，始终提供直接光照（如动态物体的阴影是实时的）。
- Baked：将光源的直接光照和间接光照都烘焙到光照贴图中，动态的物体将不会产生阴影。

（5）也可以在场景中选择所有光源，将光源的 Mode 设置为 Mixed，如图 17-12 所示。

（6）单击菜单栏中的 Window → Lighting → Settings，打开 Lighting 窗口，勾选 Mixed Lighting 下的 Baked Global Illumination（烘焙全局光照），将 Lightmapper 设置为 Progressive（Preview），

将 Auto Generate（自动产生光照贴图）取消勾选，并调节其他光照贴图参数，最后单击 Generate Lighting 按钮进行手动烘焙光照贴图，如图 17-13 所示。

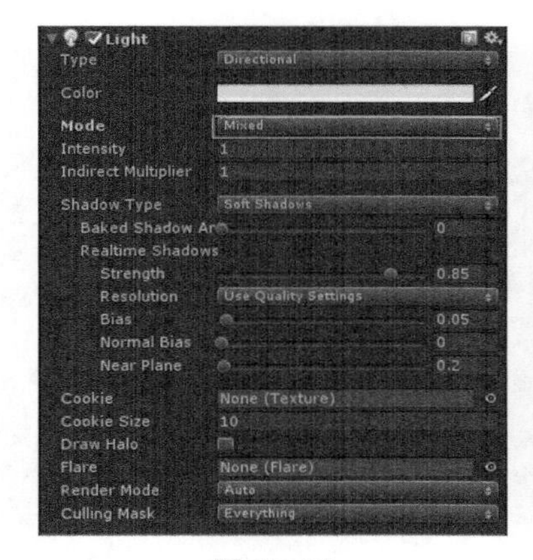

图 17-12

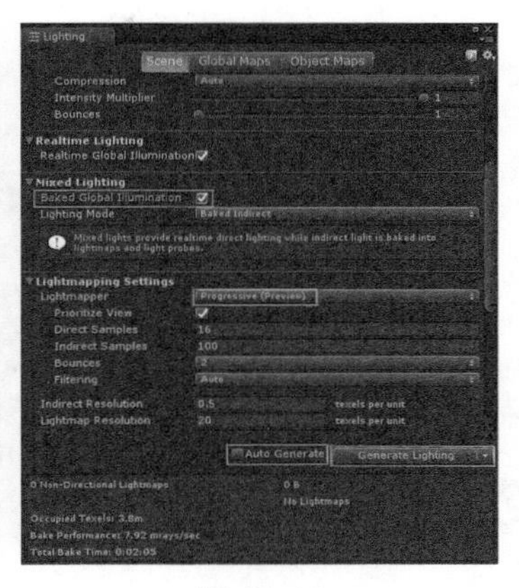

图 17-13

（7）烘焙完成后，在 Project 视图与场景文件同级目录中会生成一个与场景名相同的文件夹，该文件夹里存放着烘焙的光照信息，如图 17-14 所示。

（8）此时在 Lighting 窗口的 Global maps 选项卡中可以看到生成的光照数据（在 Object maps 选项卡中可以看单个对象的光照贴图信息），如图 17-15 所示。

> **注 意**
>
> - Lightmapper 设置为 Progressive（Preview）或 Enlighten 时都可以进行烘焙流程。
> - Auto Generate 默认为勾选状态，如果场景中的参数发生变化，会自动重新生成光照贴图；取消勾选 Auto Generate 可以在用户需要重新烘焙时再手动生成光照贴图。

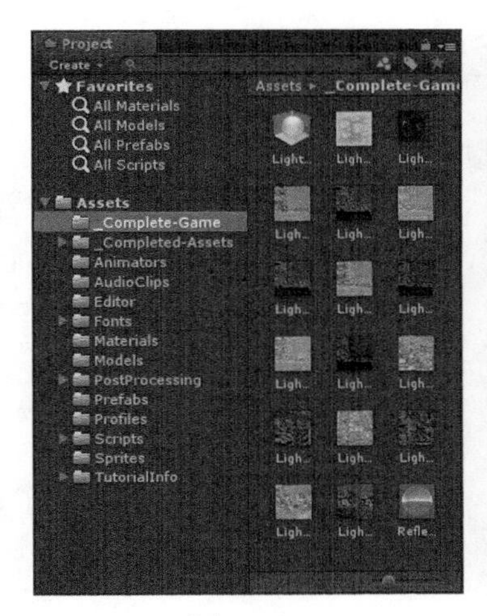

图 17-14

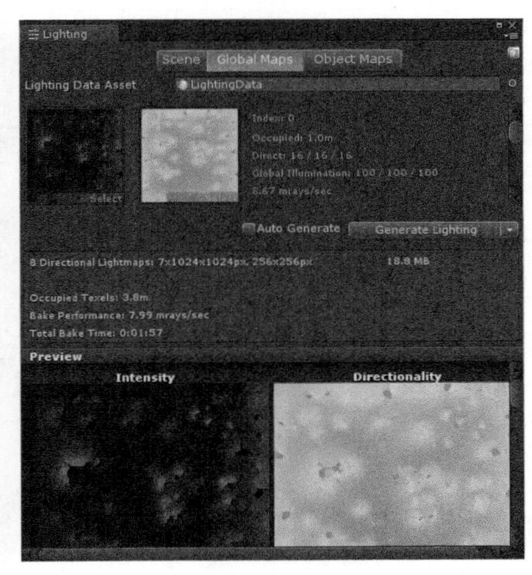

图 17-15

（9）将场景中的光源关闭，此时场景中就没有了直接光照，但间接光照烘焙到了光照贴图中，如图 17-16 所示。

（10）打开光源，运行游戏，即可看到游戏中的动态物体会有动态的阴影效果。

（11）如果将光源的类型改为 Baked，然后再次烘焙光照贴图，烘焙完成后，场景中的直接光照和间接光照将烘焙到光照贴图中，此时关闭光源场景还是一样敞亮，但是动态的游戏对象将不会产生阴影，如图 17-17 所示。

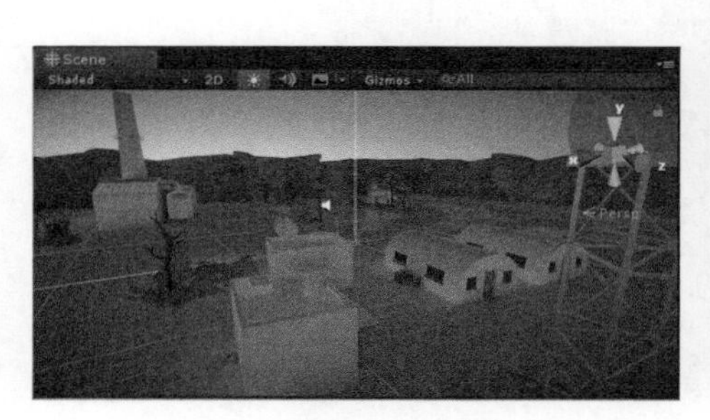

图 17-16

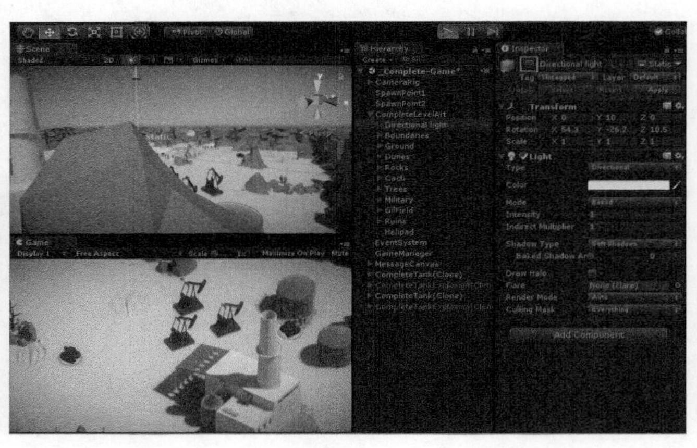

图 17-17

（12）在 Lighting 窗口中，单击 Generate Lighting 下拉列表里的 Clear Baked Data 按钮可以清除场景中的光照贴图数据，如图 17-18 所示。

Generate Lighting
Bake Reflection Probes
Clear Baked Data

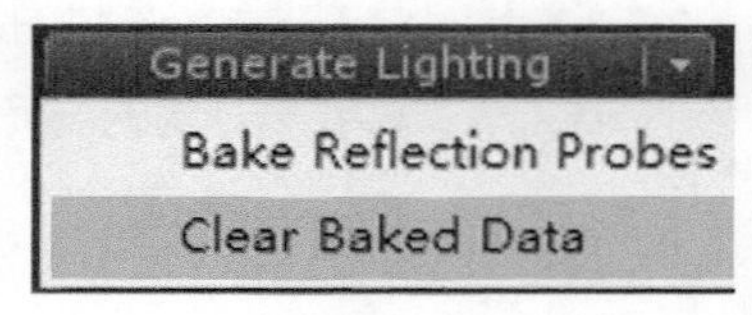

图 17-18

17.3 系统参数详解

17.3.1 FBX 模型导入设置

确保所使用的模型的 UV 值在 0.0 到 1.0 之间，否则将无法对该模型进行烘焙，且在烘焙时会提示类似如图 17-19 所示的警告。

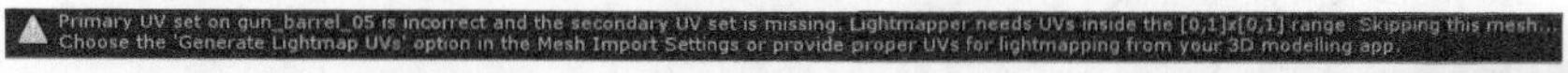

Primary UV set on gun_barrel_05 is incorrect and the secondary UV set is missing. Lightmapper needs UVs inside the [0,1]x[0,1] range. Skipping this mesh...
Choose the 'Generate Lightmap UVs' option in the Mesh Import Settings or provide proper UVs for lightmapping from your 3D modelling app.

图 17-19

解决这个问题，只需在 Project 视图下的 Assets 文件夹中选择该模型实例对应的 FBX 文件，进而在 Inspector 视图中的 Import-Settings 面板下勾选 Generate Lightmap UVs，然后单击 Apply 按钮应用设置即可，如图 17-20 所示。

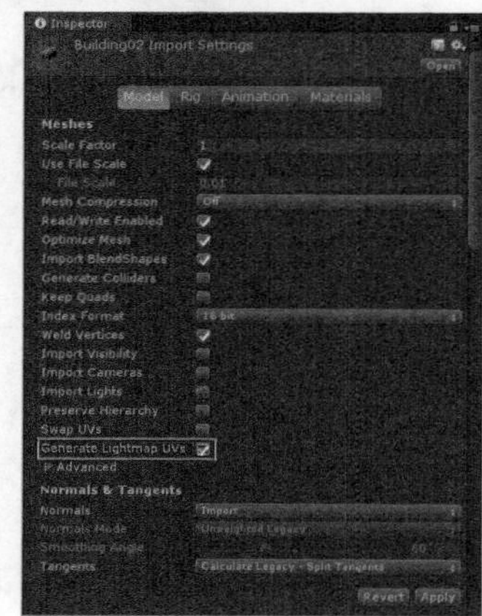

图 17-20

17.3.2 Reflection Probe 反射探针

一个反射探针就像一个捕获其周围的各个方向的球形摄像机。它能从四面八方捕捉到周围环境的球状影像。然后将捕获的图像存储为一个立方体贴图，供具有反射材质的物体使用。几个反射探针可用于一个给定的场景和对象中，可以被设置为使用由最近的探头产生的立方体贴图。结果是，物体上的反射可以根据环境变化（Reflection Probe 对象在菜单栏 GameObject → Light 中），如图 17-21 所示。

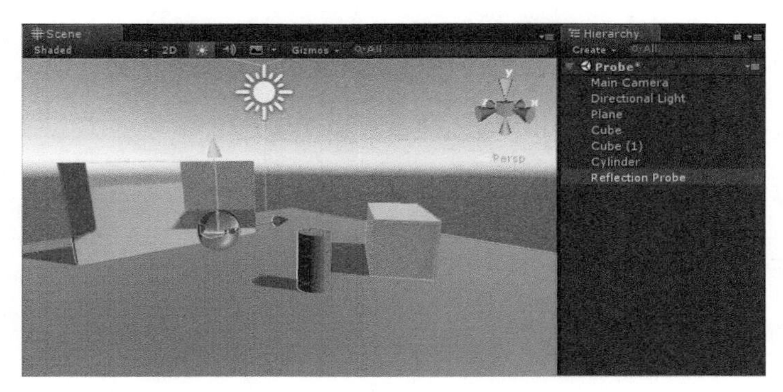

图 17-21

Reflection Probe 属性面板如图 17-22 所示，其参数说明如表 17-1 所示。

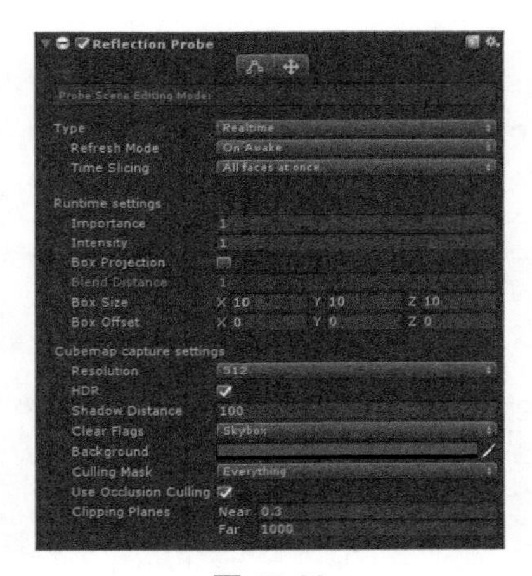

图 17-22

表 17–1　Reflection Probe 的参数说明表

参数	说明
Type	反射探针的类型，分为烘焙、自定义和实时
Refresh Mode	仅实时模式下，反射探针的刷新模式
Time Slicing	仅实时模式下，发射探针的刷新时间间隔，分为 All faces at once（超过 9 帧更新一次）、Individual faces（14 帧更新一次）、No time slicing（每帧更新）
Runtime settings	实时设置
Importance	与其邻居相比，这种探测的“重要性”程度，值越高越重要。对象在两个或更多个探针的范围内的情况下，值更大的探针将优先于值小的探针。这个设置也会影响探针混合
Intensity	在其着色器中应用于该探针的纹理的强度修改值
Box Projection	勾选此项，启用反射 UV 映射的投影

续表

参数	说明
Blend Distance	探针周围的区域与其他探针混合使用，仅用于延迟探针
Box Size	反射探针的反射区域大小，发射将应用到该区域的游戏对象上
Box Offset	反射探针的反射区域的相对偏移量
Cubemap capture settings	立方体贴图的获取设置
Resolution	反射图像的分辨率，分辨率越大越清晰
HDR	是否为立方体映射启用高动态范围渲染。这也决定了探测数据是以 OpenEXR 格式还是 PNG 格式保存
Shadow Distance	渲染探针时绘制的阴影距离
Clear Flags	指定立方体贴图的背景区域将如何填充。选项为天空盒和纯色
Background	在渲染之前清除反射立方体贴图的背景颜色
Culling Mask	允许在反射中包含或排除指定图层上的对象
Use Occlusion Culling	是否使用遮挡剔除以应用于烘焙探针
Clipping Planes	探针“相机”近和远的裁切平面

在反射探针的 Inspector 视图中的顶部有两个按钮，用于编辑大小和探针在场景的位置属性。最左边的按钮（大小），在探头的区域场景中显示为一个黄色的盒子形状的手柄，可以调节框的大小，如图 17-23 所示。

图 17-23

位移按钮允许用户在探针盒区域内拖动探针。请注意，移动探针位置和对象的 Transform 位置是不一样的。同时，旋转和缩放操作不会作用于探针盒，如图 17-24 所示。

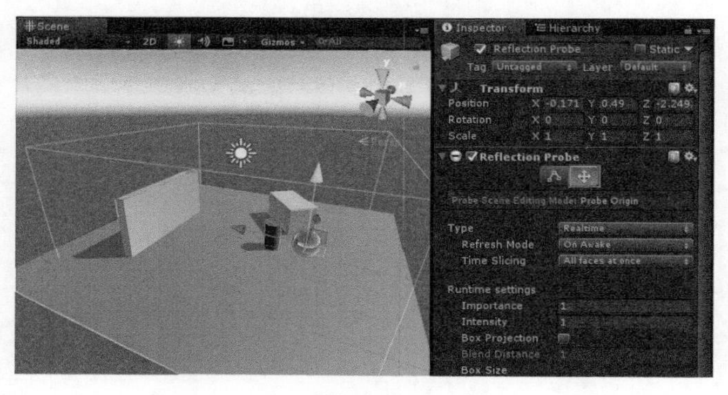

图 17-24

17.3.3 Light Probe Group 光照探针组件

Light Probe（光照探针）是一种快速计算实时渲染应用中的光照技术，通常会用于处理游戏世界的人物角色或是动态物体的光照，它的优点在于运行时有不错的处理性能而且预计算也相当快速。

光照探针允许移动对象接受由全局光照所计算出来的复杂反射光源，对象在着色网格的时候会判断附近光照探针的位置并且把光的信息一并融合计算，这是透过找寻由光照探针所产生的一个四面体，然后决定哪个面落入对象的轴向，这样就能让场景内的动态对象正确地接受光信息，如果没有放置光照探针，动态对象就无法接受全局光照的信息，造成动态对象比场景还要暗的情况。

光照探针运行的消耗非常低，预计算也非常快。然而考虑到性能，也有些需要注意的地方：尽管设置简单，但密度太高的探针可能会浪费资源，因为太接近的探针在特定光照条件下的采样结果没什么差异。最好的做法是在光照变化明显的区域放置密度较高的探针，例如由亮转暗的区域，或是强光反射的区域，如图 17-25 所示。

Light Probe Group 对象在菜单栏 GameObject → Light 中。

光照探针组件的属性面板如图 17-26 所示。

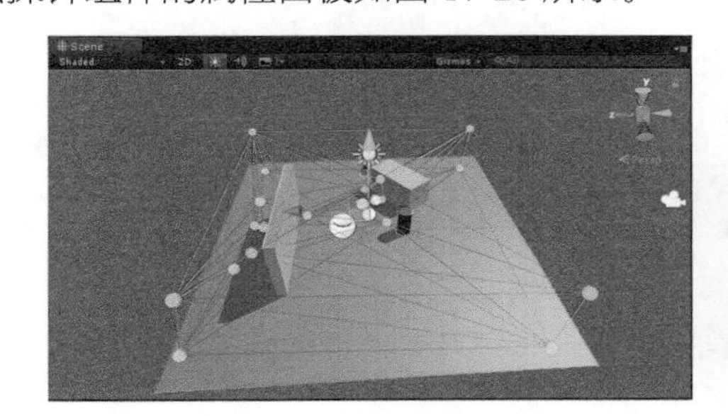

图 17-25

图 17-26

单击按钮进入编辑光照探针模式。光照探针组件的参数说明如表 17-2 所示。

表 17-2　光照探针组件的参数说明表

参数	说明
Show Wireframe	是否显示光照探针之间混合的可视化线框
Selected Probe Position	显示选中的光照探针的位置
Add Probe	添加光照探针按钮
Select All	选中该探针组下的所有光照探针
Delete Selected	删除选中的光照探针
Duplicate Selected	在选中的探针位置上复制一个该探针

17.3.4 Lighting 窗口

Lighting 窗口（依次单击菜单栏中的 Window → Lighting → Settings）是 Unity 的 GI 的主要

控制点。尽管 Unity 中的 GI 通过默认设置提供了良好的效果，但相对来说实时 GI 是更加消耗运算的。Lighting 窗口属性允许用户根据需要调整光照过程的许多方面，如定制用户的场景或优化质量、提升速度和分配存储空间。这个窗口还包含照明相关的设置，包括环境光、天空盒和雾效等。

Lighting 窗口分为 Scene、Global maps 和 Object maps 三个选项卡，无论哪个选项卡被选中，窗口都会有一个 Auto Generate 复选框在底部附近。如果启用，这使得光照贴图数据随着用户编辑的场景而更新（尽管用户应该注意更新通常需要几秒，而不是立即发生）。如果 Auto Generate 被禁用，则 Generate Light 复选框激活需要使用按钮手动触发光照贴图的更新。Generate Lighting 按钮下拉菜单中也有一个选项来清除场景烘焙的光照数据（不清除 GI 缓存）。

Scene 选项卡如图 17-27、图 17-28 所示。

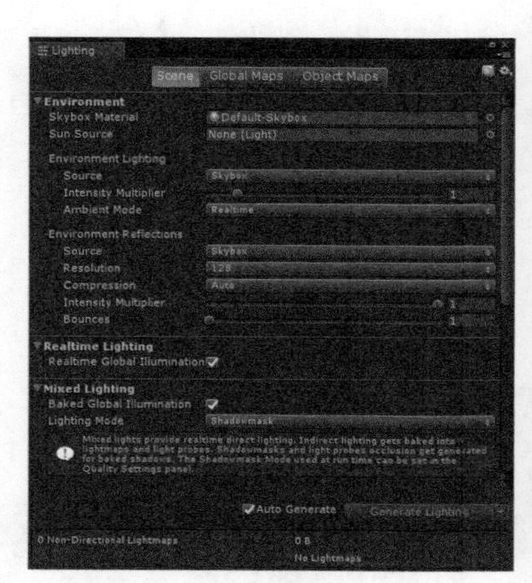

图 17-27

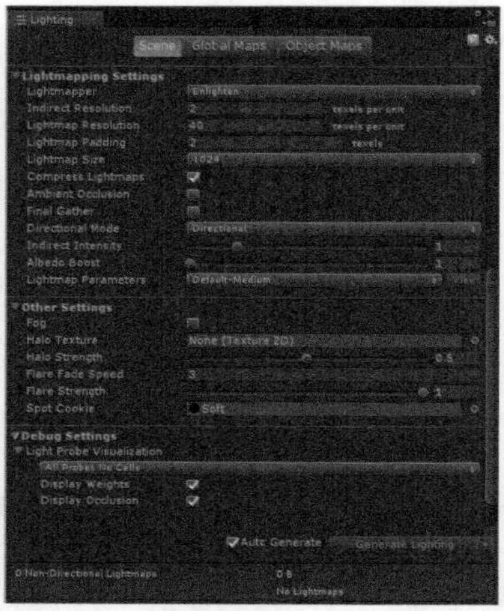

图 17-28

Environment（环境）的参数说明如表 17-3 所示。

表 17–3　环境的参数说明表

参数	说明
Skybox Material	天空盒是在场景中的其他物体后面出现的图像，以模拟天空或其他遥远的背景。该属性可让用户选择要用于场景的天空盒材质
Sun Source	指定一个方向光来表示太阳。如果未指定，则场景中最亮的方向光被假定为代表太阳
Environment Lighting	环境光
Soure	指定环境光的来源。分为 Skybox（天空盒）、Gradient（渐变色）和 Color（纯色）
Intensity Multiplier	控制天空盒在场景中的亮度
Ambient Mode	环境光的模式。分为 Realtime（实时）和 Baked（烘焙）
Environment Reflections	环境反射
Soure	环境反射源。分为天空盒和自定义立方体贴图
Resolution	环境反射源为天空盒时设置反射的立方体贴图的分辨率
Compression	控制 Unity 如何压缩反射的立方体贴图。分为 Uncompressed（不压缩）、Compressed（压缩）和 Auto（自动）
Intensity Multiplier	影响场景中反射的强度值
Bounces	设置反射过程中的反弹次数

Realtime Lighting（实时光照）的参数说明如表 17-4 所示。

表 17-4 实时光照的参数说明表

参数	说明
Realtime Global Illumination	控制是否使用场景中的实时灯光提供间接的光照。如果启用，实时光提供直接和间接的光照；如果禁用，实时光只提供直接光照

Mixed Lighting（混合光照）的参数说明如表 17-5 所示。

表 17-5 混合光照的参数说明表

参数	说明
Baked Global Illumination	控制混合和烘焙灯光是否会使用烘焙全局光照。如果启用，混合灯光是烘焙的，使用指定的光照模式和烘焙光都将完全烘焙，而且在运行时不可调节
Lighting Mode	指定哪个场景的光照模式在场景中将被用于所有混合灯光。分为 Baked Indirect、Shadowmask 和 Subtractive

Lightmapping Settings（光照贴图设置）的参数说明如表 17-6 所示。

表 17-6 光照贴图设置的参数说明表

参数	说明
Lightmapper	指定烘焙系统用于生成烘焙的光照贴图
Enlighten	Enlighten 实时全局光照技术
Progressive(Preview)	渐进光照贴图技术
Prioritize View	指定光照贴图是否应该优先烘焙场景视窗中的对象。禁用时，场景视图外的对象将具有与场景视图中的对象相同的优先级
Direct Samples	控制烘焙系统将使用直接光照计算的样本数量。增加这个值可能会提高光照贴图的质量，但是烘焙所需的时间也会增加
Indirect Samples	控制烘焙系统将使用间接光照计算的样本数量。增加这个值可能会提高光照贴图的质量，但是烘焙所需的时间也会增加
Bounces	控制烘焙系统间接光照计算的最大反弹次数
Filtering	指定用于减少烘焙光照贴图中的噪点的方法
Indirect Resolution	将每个单位使用的纹理设置为通过间接光照的对象的分辨率。值越大，烘焙光照所需的时间越长
Lightmap Resolution	将每个单位使用的纹理设置为通过烘焙全局光照对象的分辨率。较大的值将导致计算烘焙照明的时间增加
Lightmap Padding	设置烘焙光照贴图中形状之间的纹理的间隔
Lightmap Size	以像素为单位设置光照贴图的分辨率。值按平方计算，例如 1024 表示分辨率为 1024×1024
Compress Lightmaps	控制光照贴图是否被压缩，当启用时，烘焙的光照贴图被压缩以减少所需的存储空间，但是压缩可能会存在一些伪像
Ambient Occlusion	指定是否在烘焙光照贴图的结果中包括环境遮挡，使其能够模拟在其中反射的软阴影
Final Gather	指定全局光照计算的最终光照反弹是否以与烘焙光照贴图相同的分辨率被计算。当启用时，以增加光照所需的额外时间为代价来提高视觉质量
Directional Mode	控制烘焙和实时光照贴图是否存储光照环境中的定向光照信息。选项是定向和无方向性的

续表

参数	说明
Indirect Intensity	控制实时存储的间接光的亮度和烘焙的光照贴图。超过 1.0 的值将增加间接光的强度，而小于 1.0 的值将降低间接光的强度
Albedo Boost	通过加强场景中材料的反照率来控制表面之间反射的光量。增加这种方式将反照率值绘制为白色，用于间接光的计算。默认值为物理准确
Lightmap Parameters	允许调整影响使用全局光照生成对象的光照贴图的高级参数

Other Settings（其他设置）的参数说明如表 17-7 所示。

表 17–7　其他设置的参数说明表

参数	说明
Fog	指定雾效是否在场景中使用
Halo Texture	指定在场景中的光线绘制光晕效果时使用的纹理
Halo Strength	控制场景中光线周围的光晕效果的可见性
Flare Fade Speed	控制镜头耀光在最初出现后从视野褪色的时间
Flare Strength	控制镜头耀光在场景灯光的可视性
Spot Cookie	指定使用聚光灯时用于投射阴影的纹理遮罩，创建剪影或图案照明

Debug Settings（调试设置）的参数说明如表 17-8 所示。

表 17–8　调试设置的参数说明表

参数	说明
Light Probe Visualization	光照探针可视化
Only Probes Used By Selection	只有在选中探针时可视化
All Probes No Cells	在没选中时，显示全部探针但不显示线框
All Probes With Cells	在没选中时，显示全部探针和线框
None	无
Display Weights	显示权重
Display Occlusion	显示遮挡

Scene 选项卡中的其他设置如表 17-9 所示。

表 17–9　其他设置的参数说明表

参数	说明
Auto Generate	光照系统是否自动生成光照数据
Generate Lighting	手动生成当前主场景的光照贴图数据。这个光照贴图数据（用于实时和烘焙的全局照明）存储在 GI 缓存中，对于 GI Cache 设置，可参阅 Edit → Preferences 选项下的 Preferences 窗口
Bake Reflection Probes	烘焙场景中的反射探针
Clear Baked Data	清除烘焙的光照数据

Global Maps 选项卡如图 17-29 所示。

Preview 框下方的图像显示了光照贴图的预览。仅当使用烘焙灯光时可用；实时光照的预览将为空白。

Object Maps 选项卡如图 17-30 所示。

该选项卡提供了一种简单的方法来定位场景中的对象在光照贴图中的位置。

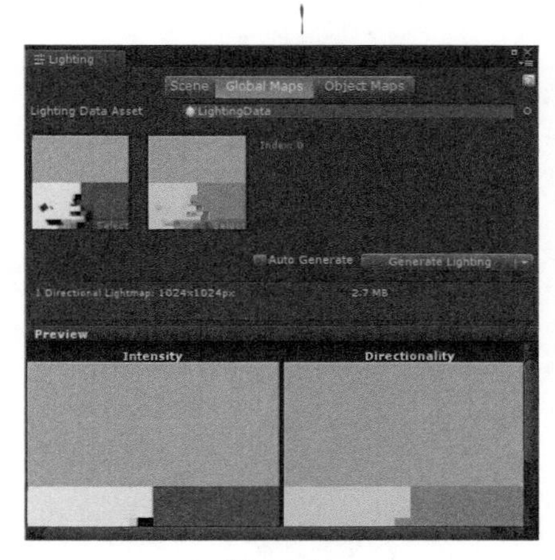

图 17-29

图 17-30

17.3.5 Light Explorer 光探测器

Light Explorer（光探测器）允许用户选择和编辑光源。通过单击菜单栏中的 Window → Lighting → Light Explorer 即可打开 Light Explorer 窗口，该窗口如图 17-31 所示。

使用面板顶部的 4 个选项卡查看当前场景中的光源（Light）、反射探针（Reflection Probes）、光探针（Light Probes）和静态发射器（Static Emissives）的设置。可编辑的参数是每种组件类型最常用的字段。

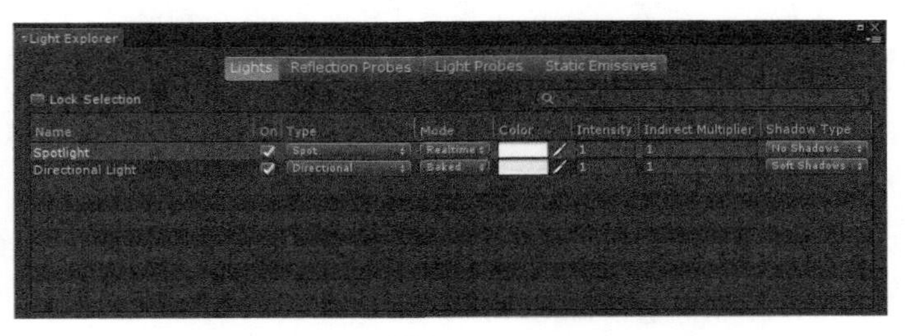

图 17-31

用户在 Light Explorer 窗口中可以使用搜索字段在每个选项卡中根据名称来筛选光源；也可以选择想要处理的灯光，然后勾选 Lock Select（锁定选择）复选框。即使在场景中选择了不同的光源，只有勾选 Lock Select 复选框时选中的灯会仍保留在光源资源管理器中。

第 18 章 导航网格寻路

18.1 Unity 的导航寻路系统

Nav Mesh（导航网格）是 3D 游戏世界中用于实现动态物体自动寻路的一种技术，它将游戏场景中复杂的结构组织关系简化为带有一定信息的网格，进而在这些网格的基础上通过一系列的计算来实现自动寻路。Unity 编辑器从 3.5 版本开始集成了导航网格寻路系统，并提供了方便的用户操作界面。该系统可以根据用户所编辑的场景内容，自动地生成用于导航的网格。实际导航时，只需要给导航物体挂载导航组件，导航物体便会自行根据目标点来寻找符合条件的路线，并沿着该路线行进到目的地。

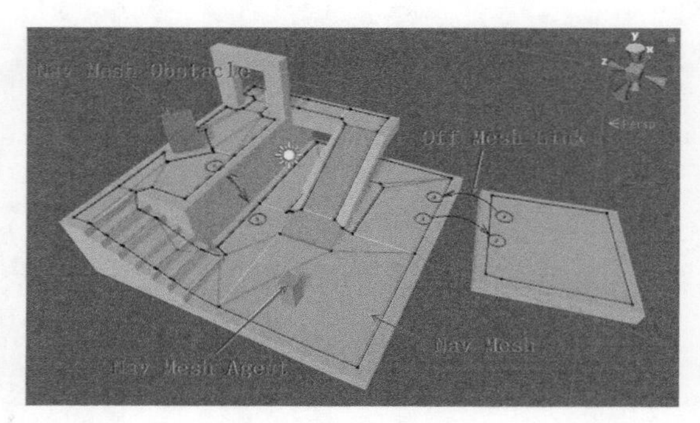

图 18-1

Unity Nav Mesh 系统的组成部分如图 18-1 所示。

- Nav Mesh：是一种描述游戏世界的步行表面的数据结构，允许从游戏世界中的一个可行走的地点到另一个可行走的地点之间找到路径。数据结构是根据关卡自动生成或烘焙的。
- Nav Mesh Agent：代理组件可帮助用户创建角色，在朝向目标前进时以避开其他的角色。代理使用 Nav Mesh 对游戏世界进行推理，他们知道如何避开彼此以及移动的障碍物。
- Off-Mesh Link：非网格连接组件允许导航代理不按导航网格进行移动。例如，跳过沟渠或围栏，或在穿过它之前打开门。
- Nav Mesh Obstacle：导航网格障碍组件用于描述运动的物体，导航网格代理会有选择地绕过它，从而避免与之发生碰撞或穿透。

18.2 实践操作 61：创建一个导航网格

（1）新建 Unity 工程，利用 Cube 对象搭建场景（或导入本书路径为 \Book\Projects\Chapter18 的文件夹下的 NavScene.unitypackage 资源包）如图 18-2 所示。

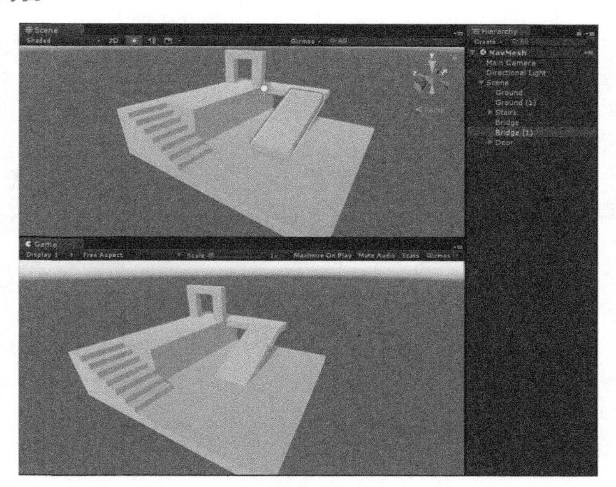

图 18-2

（2）选择场景中的所有几何对象，本场景中的所有物体都在 Scene 对象下，所以选择 Scene 对象即可，然后在其 Inspector 视图中，在 Static 下拉列表中勾选 Navigation Static，将所有对象标记为 Navigation Static（静态导航），如图 18-3 所示。

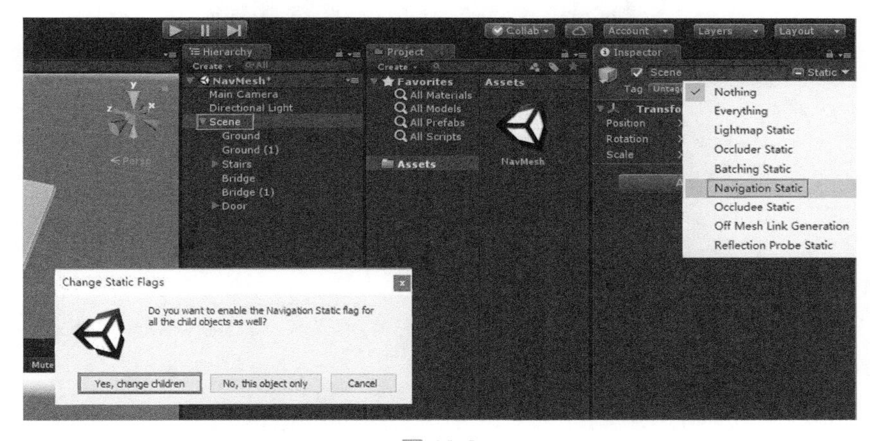

图 18-3

（3）依次单击菜单栏中的 Window → Navigation，在弹出的 Navigation 窗口中，单击 Bake 选项卡右下角的 Bake 按钮来生成导航网格，结果如图 18-4 所示，其中蓝色网格便是目标角色在自动寻路时可以到达的区域。

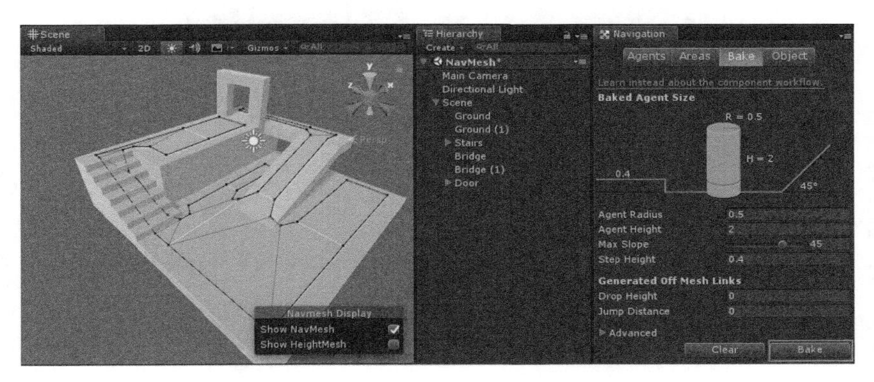

图 18-4

（4）在 Navigation 窗口的 Bake 选项卡中，将 Agent Radius 设置为 0.3，Agent Height 设置为 1，Step Height 设置为 0.5，然后单击 Bake 按钮将导航网格重新烘焙，烘焙结果如图 18-5 所示。

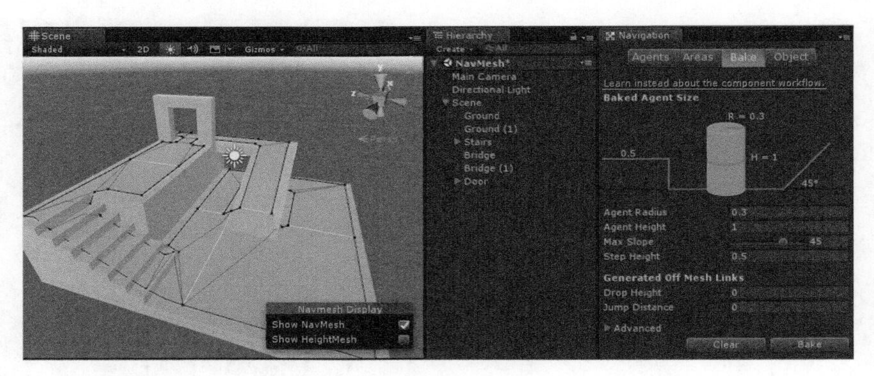

图 18-5

（5）导航网格生成完毕后，在场景文件的同级目录下会生成导航网格数据，如图 18-6 所示。

图 18-6

（6）接下来为游戏场景添加一个动态行进对象，并为其添加导航代理组件。新建一个 Cube 对象并命名为 Player，设置其 Scale 为（0.5，1，0.5），然后依次单击菜单栏中的 Component → Navigation → NavMesh Agent，为 Player 对象添加导航代理组件。添加成功后，Player 对象上将会出现绿色的包围圆柱框，如图 18-7 所示。

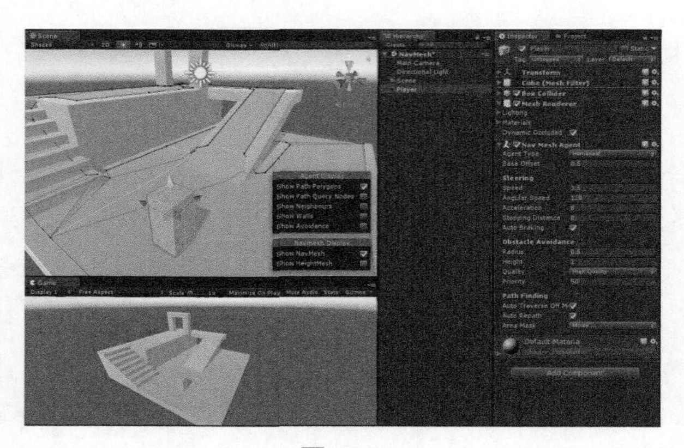

图 18-7

（7）为了在场景中更好地区分 Player 对象，创建一个材质（依次单击菜单栏中的 Assets → Create → Material）并命名为 Player Material，然后将材质颜色设置为绿色，最后将材质拖动到 Player 对象上，如图 18-8 所示。

图 18-8

（8）新建一个 Sphere，作为可见的导航目标点，将其 Scale 设置为（0.2，0.2，0.2），并将其 Sphere Collider 碰撞体组件移除，最后创建一个红色的材质给它，如图 18-9 所示。

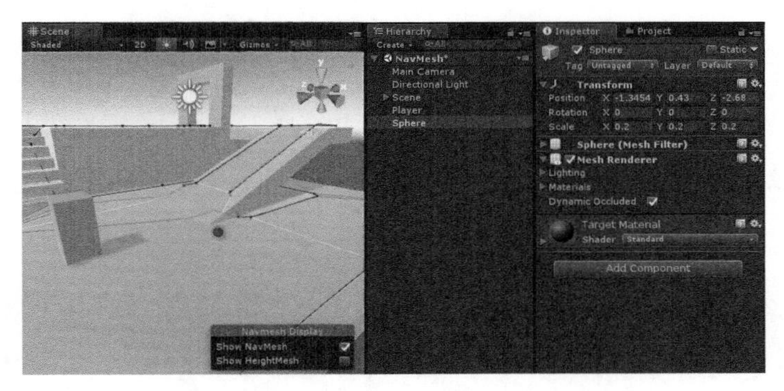

图 18-9

（9）新建脚本 NavPlayer.cs，控制 Player 对象在导航网格上实现自动寻路，代码如下：

```
using UnityEngine;
using UnityEngine.AI; //引用 AI 的命名空间

public class NavPlayer:MonoBehaviour {
    public Transform tartgetTrans; //目标点
    NavMeshAgentm_NavMeshAgent; //定义一个导航代理变量
    // Use this for initialization
    void Start () {
        //获取导航代理对象
        m_NavMeshAgent = transform.GetComponent<NavMeshAgent>();
        //开始隐藏目标点
        tartgetTrans.gameObject.SetActive(false);
    }

    // Update is called once per frame
    void Update () {
        //如果按下鼠标左键
        if (Input.GetMouseButtonDown(0))
        {
            //定义一条从主相机发射的射线
            Ray ray = Camera.main.ScreenPointToRay(Input.mousePosition);
            RaycastHithitInfo;
            //如果射线发生了碰撞
            if (Physics.Raycast(ray,out hitInfo))
```

```
            {
                // 设置目标点的位置在鼠标单击的三维位置，并显示它
                tartgetTrans.position = hitInfo.point;
                tartgetTrans.gameObject.SetActive(true);
                // 设置导航代理的目的地
                m_NavMeshAgent.destination = hitInfo.point;
            }
        }
        // 如果按下空格键
        if (Input.GetKeyDown(KeyCode.Space))
        {
            // 导航代理从停止 / 继续寻路直接切换
            m_NavMeshAgent.isStopped = !m_NavMeshAgent.isStopped;
        }
    }
}
```

（10）将 NavPlayer.cs 脚本添加到 Player 对象上，并将 Target Trans 设置为红色的 Sphere 对象，如图 18-10 所示。

（11）运行游戏，当鼠标单击导航网格区域时，红色的小球会设置到单击的位置上，然后 Player 对象会计算一条最短路径自动移动到目标点上，如图 18-11 所示。

图 18-10

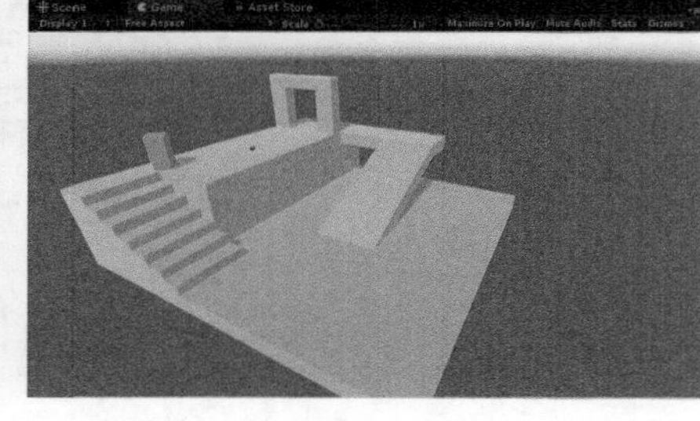

图 18-11

（12）如果需要寻路时角色可以从高处直接跳下来，选中开始下落的对象，然后在 Navigation 窗口的 Object 选项卡中勾选 Generate Off MeshLinks（生成非网格连接），如图 18-12 所示。

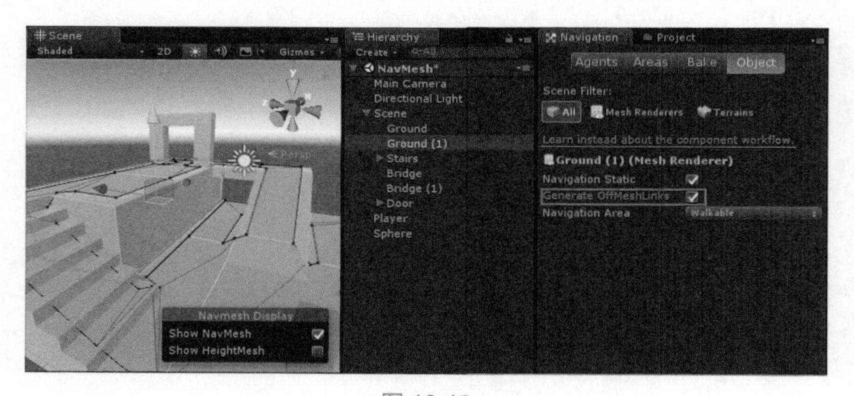

图 18-12

（13）然后在 Navigation 窗口的 Bake 选项卡中将 Drop Height（下落高度）设置为 2.5，最后单击 Bake 按钮重新生成导航网格，如图 18-13 所示。

图 18-13

设置的 Drop Height 值应该比场景中测量的高度值要大一点，以便非网格连接正确连接。

（14）运行游戏，当角色到达高平台时，单击高平台下方的位置，角色可以直接从高处跳跃下来到达目标点。

（15）如果希望两个断开的导航网格之间可以进行连接，可将两个导航网格对象在 Navigation 窗口的 Object 选项卡中勾选 Generate Off MeshLinks，然后在 Bake 选项卡中设置 Jump Distance（跳跃距离）的值，最后单击 Bake 按钮，重新生成导航网格，如图 18-14 所示。

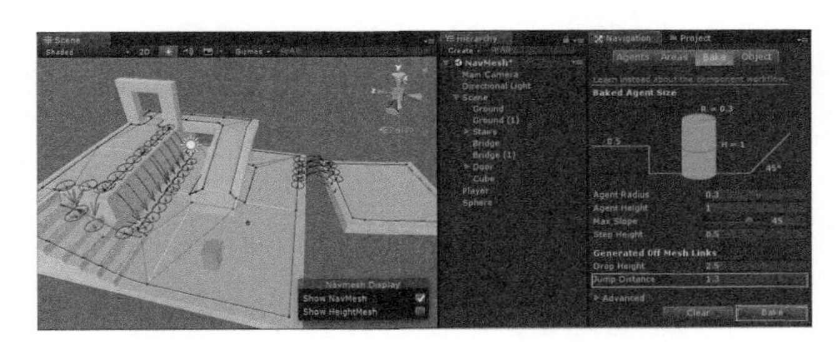

图 18-14

18.3　系统参数详解

18.3.1　Navigation 窗口

Navigation 窗口用于更改导航区域的设置与烘焙工作的设置。可单击菜单栏中的 Window → Navigation 打开窗口。Navigation 窗口如图 18-15 所示。

（1）Object：物体参数面板，如图 18-15 所示。

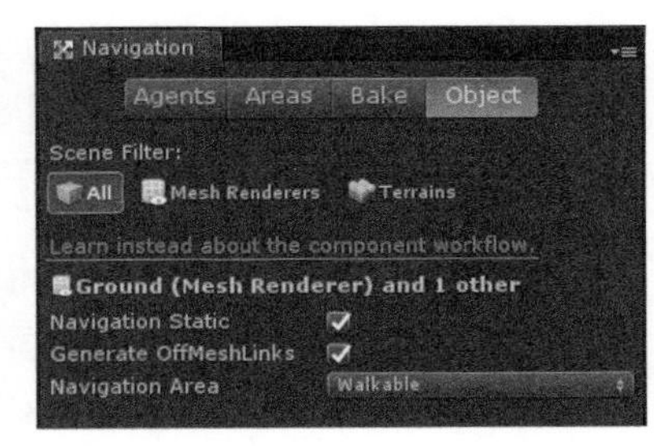

图 18-15

- Navigation Static：勾选该选框，则表示该游戏对象将参与导航网格的烘焙。
- Generate Off MeshLinks：勾选该选框，可以自动根据

Drop Height（下落高度）和 Jump Distance（跳跃距离）的参数设置用关系线来连接分离的网格（模型）。

- Navigation Area：导航区域设置。在默认情况下分为 Walkable（行走区域）、Not Walkable（不可行走层）和 Jump（跳跃层）。

（2）Bake：烘焙参数面板，如图 18-16 所示。

- Agent Radius：导航网格靠近墙体的距离。值越小，生成的导航网格的面积越大，也越靠近静态物体边缘。
- Agent Height：导航网格可以生成的垂直空间的高度。
- Max Slope：最大可行进的斜坡斜度。
- Step Height：台阶高度。
- Drop Height：允许的最大下落距离。
- Jump Distance：允许的最大跳跃距离。
- Advanced ：高级参数调节。
  - Manual Voxel Size：勾选手动输入体素值的大小。
  - Voxel Size：输入体素值。将体素大小减半将使内存使用量增加 4 倍，并且构建场景需要花费 4 倍的时间。
  - Min Region Area：网格面积小于该值的地方，将不生成导航网格。
  - Height Mesh：勾选该选项，将会保存高度信息，同时也会消耗一些性能和存储空间。

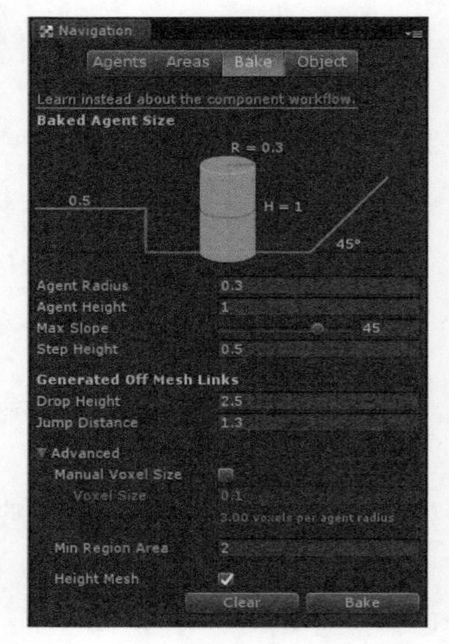

图 18-16

（3）Areas：导航区域设置，用于对导航网格分层。

（4）Agents：代理设置，从编辑器的导航窗口中烘焙的 Nav Mesh 只能由 Humanoid 代理使用，没有其他代理类型可以使用它。但是 Unity 中可以使用多种代理类型。为了将导航网格烘焙成其他代理类型，需要使用 NavMeshSurface 组件，该组件可以从 Unity 官方 GitHub 仓库中下载。

18.3.2 Nav Mesh Agent

Nav Mesh Agent（导航网格代理），该组件帮助用户的人物避开障碍物朝向目标位置移动。面板如图 18-17 所示。

- Agent Type：代理类型。
- Base Offset：设置代理与物体本身的偏移值。
- Speed：物体的行进最大速度。
- Angular Speed：行进过程中转向时的角速度。
- Acceleration：物体的行进加速度。
- Stopping Distance：距离目标点小于多远距离后便停止行进。
- Auto Braking：勾选后自动制动，启动时，当代理到

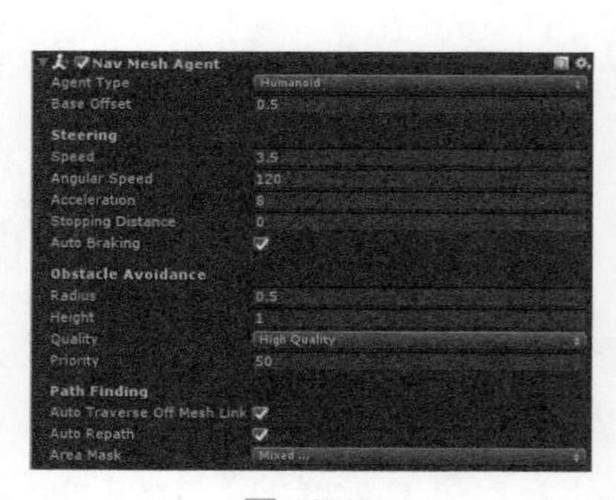

图 18-17

达目的地时会慢下来。关闭时，代理在多点之间是平稳移动的。

- Radius：物体的半径。
- Height：物体的高度。
- Quality：画质，通过降低质量达到节省 CPU 时间的目的。
    - None：无。
    - Low Quality：低画质。
    - Medium Quality：中等画质。
    - Good Quality：好画质。
    - High Quality：高画质。
- Priority：优先级，用于设置代理的优先等级。
- Auto Traverse Off Mesh Link：是否自动通过 off MeshLink。
- Auto Repath：在行进过程中，因某些原因中断的情况下，是否重新开始寻路。
- Area Mask：区域遮罩，指定代理可在哪些层进行寻路。

18.3.3 Off Mesh Link

Off Mesh Link（非网格连接）组件允许导航代理不按导航网格进行移动。例如，跳过沟渠或栅栏，参数面板如图 18-18 所示。

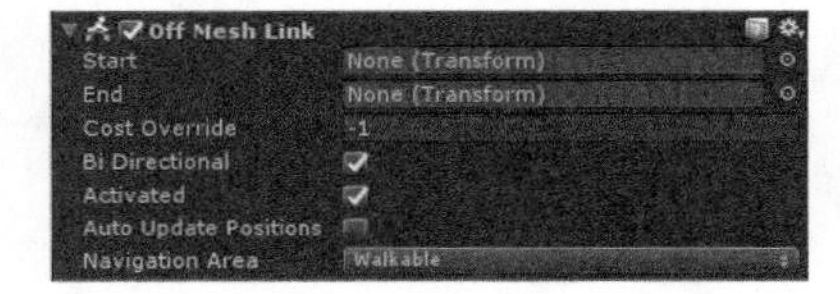

图 18-18

- Start：非网格连接的开始位置。
- End：非网格连接的结束位置。
- Cost Override：成本重写的值。如果值为正，用它当计算路径代价处理路径的请求。否则，默认使用成本（该地区的游戏对象的成本）。如果将成本重写的值设置为 3，移动到断网链接将比默认的导航区域移动相同的距离长 3 倍。成本优先相当有用，当用户想让代理商有利于行走时，可使网状链接时的行走距离明显延长。
- Bi Directional：如果启用，链接可以在两个方向上走过。否则，它只能从开始跳到终点。
- Activated：指定此链接将由探路者使用（这如果设置为 FALSE，则会忽略此链接）。
- Auto Update Positions：当启用时，关闭非网格连接，结束点将移动到导航结束点。如果禁用非网格连接，将结束点移动到其开始位置。
- Navigation Area：描述链接的导航区域类型。区域类型允许用户对相似区域类型应用公共遍历成本，并根据代理的区域掩码防止某些字符访问非网格连接。

18.3.4 Nav Mesh Obstacle

Nav Mesh Obstacle（导航网格障碍）组件用于描述运动的物体，导航网格代理会有选择地绕过它，从而避免与之发生碰撞（穿透）。参数面板如图 18-19 所示。

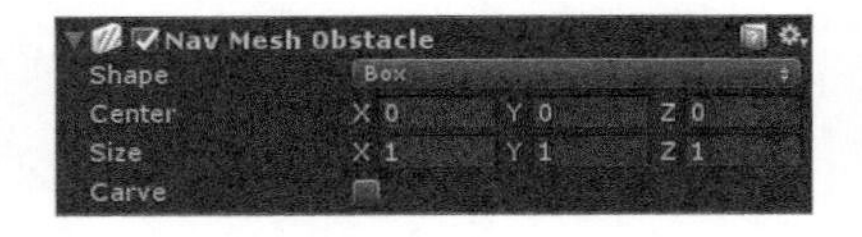

图 18-19

- Shape：障碍物的几何形状，分为方块和胶囊体。

    - Capsule：胶囊体。
    - Center：胶囊体与物体的相对位置。
    - Radius：胶囊体的半径。
    - Height：胶囊体的高度。
    - Box：方块。
    - Center：方块与物体的相对位置。
    - Size：方块的大小。
- Carve：当勾选此复选框时，导航网格的障碍会在导航网格中打孔，如图 18-20 所示。
    - Move Threshold：移动阈值。障碍物移动多少距离开始更新这个打孔的区域，可用于减少 CPU 开销。
    - Time To Stationary：障碍物多长时间不动看作是静止的。
    - Carve Only Stationary：是否只在静止时在导航网格打孔。

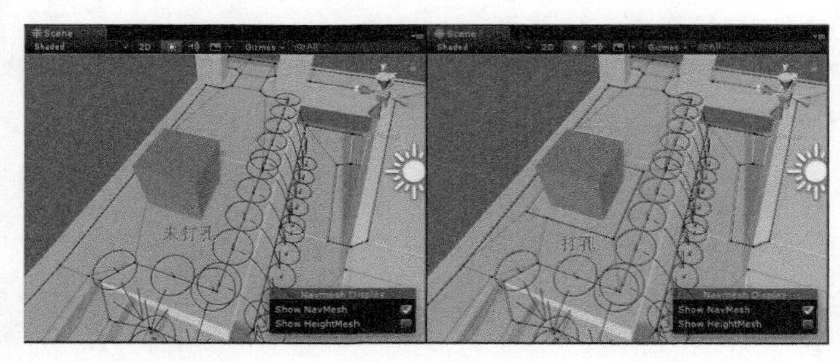

图 18-20

知识点

如果未勾选 Carve 复选框，当角色寻路有障碍物阻挡时将不会自动绕开障碍物，而是处于被阻挡状态，进而不会到达目标点。

18.4 综合案例：导航网格寻路的高级技巧

18.4.1 使用 Off Mesh Link 组件

（1）在 18.2 节的场景中，如果用户不需要在 Navigation 窗口中生成的多条非网格连接，那么可以用 Off Mesh Link 组件实现。

（2）在 Navigation 窗口的 Bake 选项卡中将 Drop Height 和 Jump Distance 设置为 0，如图 18-21 所示，然后取消勾选 Object 选项卡的 Generate Off MeshLinks。

（3）创建一个空对象并命名为 Link，给它添加一个 Off Mesh Link 组件（在菜单栏 Component → Navigation 下），然后再创建一个空对象并命名为 end，将 end 设置为 Link 的子物体，最后将 Link 上的 Off Mesh Link 组件的 Start 设置为 Link，End 设置为 end，如图 18-22 所示。

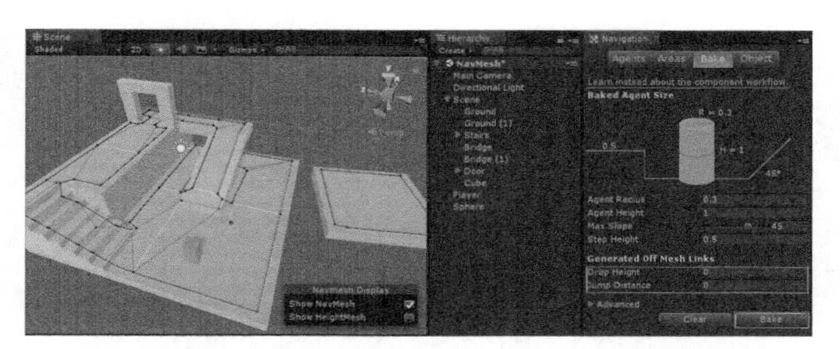

图 18-21

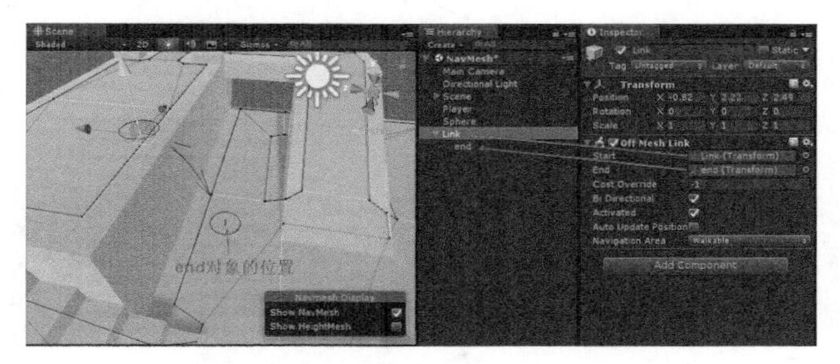

图 18-22

注 意

只有将 Off Mesh Link 组件的 Start 和 End 参数设置完成并且两个参数对象的位置在（靠近）导航网格上时，两个位置上才会显示两个圆圈线框。

当显示两个圆圈线框时说明该组件设置成功。

导航网格和非网格连接的显示都需要在打开 Navigation 窗口的前提下进行。

（4）同理其他地方也可以添加非网格连接，如图 18-23 所示。

（5）运行游戏，角色自动寻路就可以通过非网格连接进行寻路了。

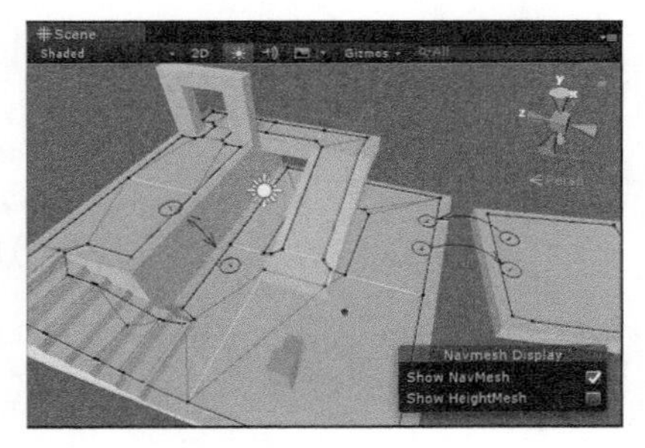

图 18-23

18.4.2 为网格分层

（1）在 Navigation 窗口的 Areas 选项卡中添加一个区域值 Bridge，注意 User 3 区域所处的颜色为紫色，如图 18-24 所示。

知识点

网格层级的值为整数，第 0 层 Walkable 值为 1，第 1 层 Not Walkable 值为 2，第 2 层 Jump 值为 4，第 3 层值为 8……按 2 的 n 次方类推（n 为层数，从 0 开始）。

（2）选中场景中的 Bridge(1) 对象，然后在 Navigation 窗口的 Object 选项卡中将其 Navigation Area 设置为 Bridge，如图 18-25 所示。

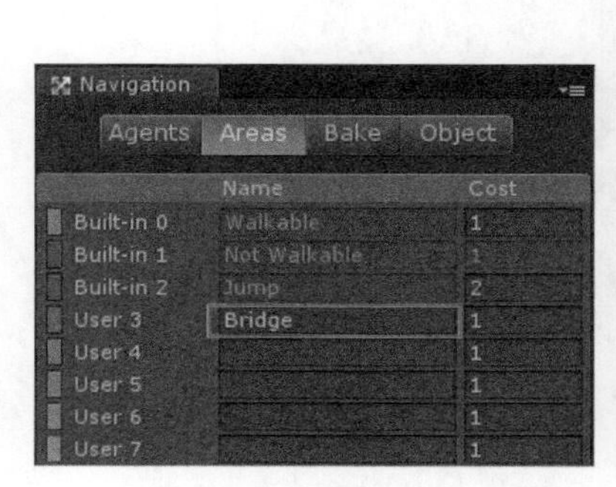

图 18-24

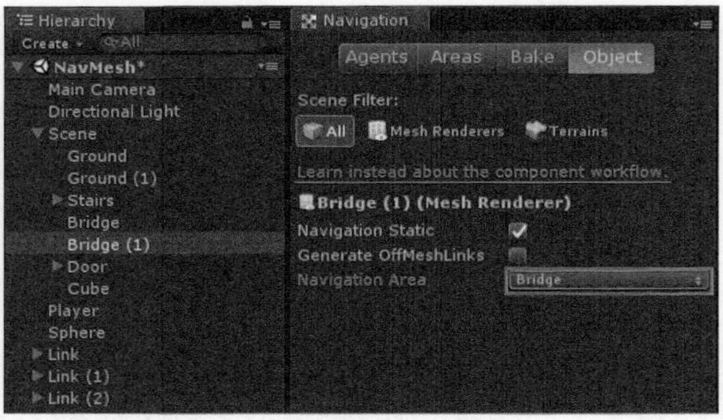

图 18-25

（3）在 Navigation 窗口的 Bake 选项卡中单击 Bake 按钮，重新生成导航网格，如图 18-26 所示。

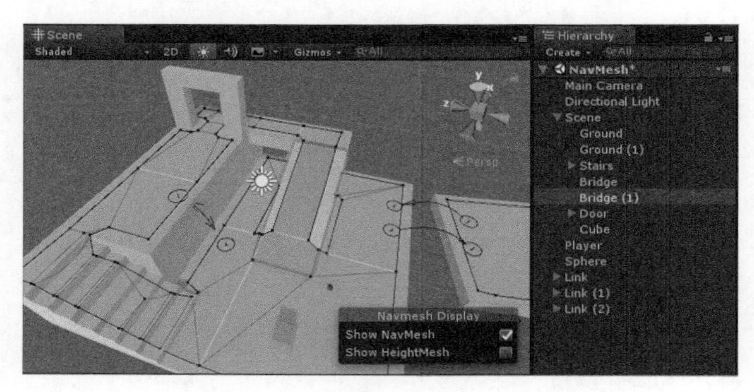

图 18-26

18.4.3 动态更改可行进层

（1）运行游戏，此时如果将 Bridge(1) 对象隐藏，角色寻路时还是可以通过该对象上的导航网格进行寻路（因为导航网格的数据还存在），如图 18-27 所示。

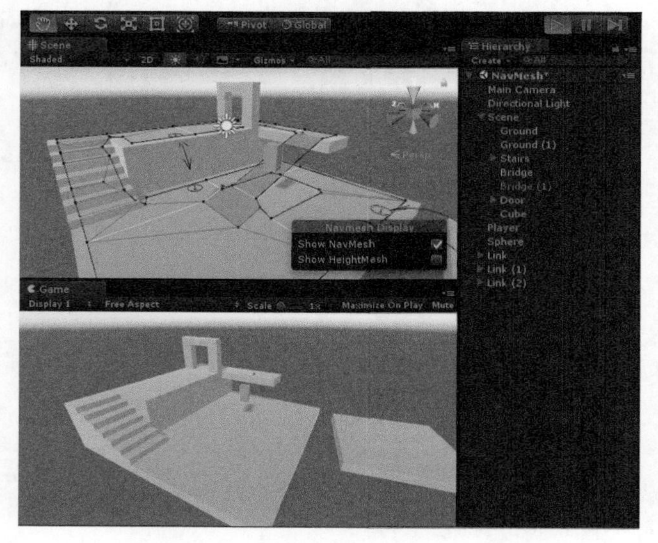

图 18-27

（2）在运行时，角色 Nav Mesh Agent 组件的 Area Mask 将屏蔽 Bridge 层导航网格，打开脚本 NavPlayer.cs，代码如下：

```
using UnityEngine;
using UnityEngine.AI; // 引用 AI 的命名空间

public class NavPlayer:MonoBehaviour {
    public GameObject bridge;  // 定义一个桥对象
    public Transform tartgetTrans; // 目标点
    NavMeshAgentm_NavMeshAgent; // 定义一个导航代理变量
    // Use this for initialization
    void Start () {
        // 获取导航代理对象
        m_NavMeshAgent = transform.GetComponent<NavMeshAgent>();
        // 开始隐藏目标点
        tartgetTrans.gameObject.SetActive(false);
        //Debug.Log(m_NavMeshAgent.agentTypeID);
    }

    // Update is called once per frame
    void Update () {
        // 如果按下鼠标左键
        if (Input.GetMouseButtonDown(0))
        {
            // 定义一条从主相机发射的射线
            Ray ray = Camera.main.ScreenPointToRay(Input.mousePosition);
            RaycastHithitInfo;
            // 如果射线发生了碰撞
            if (Physics.Raycast(ray, out hitInfo))
            {
                // 设置目标点的位置在鼠标单击的三维位置，并显示它
                tartgetTrans.position = hitInfo.point;
                tartgetTrans.gameObject.SetActive(true);
                // 设置导航代理的目的地
                //m_NavMeshAgent.destination = hitInfo.point;
                m_NavMeshAgent.SetDestination(hitInfo.point);
            }
        }
        // 如果按下空格键
        if (Input.GetKeyDown(KeyCode.Space))
        {
                // 导航代理从停止 / 继续寻路直接切换
                m_NavMeshAgent.isStopped = !m_NavMeshAgent.isStopped;
        }
        // 如果按下键盘 A 键
        if (Input.GetKeyDown(KeyCode.A))
        {
            bridge.SetActive(false);
            // 将代理的遮罩层设置为 7（1+2+4）
                m_NavMeshAgent.areaMask = 7;
        }
    }
}
```

知识点

Area Mask 的 Nothing 值为 0，Everything 值为 -1。有多个遮罩层时，该值为多个层级值相加的值。

（3）在 Player 对象的 NavPlayer 组件上将 Bridge 参数设置为 Bridge(1)，然后运行游戏，当按下键盘 A 键时，桥对象会隐藏并且角色寻路将屏蔽 Bridge 层导航网格。

18.4.4 使用 Nav Mesh Obstacle 组件

（1）创建一个 Cube 对象并命名为 Obstacle，给它添加一个橙色的材质，然后给它添加一个 Nav Mesh Obstacle 组件（在菜单栏 Component → Navigation 下），最后将 Nav Mesh Obstacle 组件的 Carve 选项勾选，如图 18-28 所示。

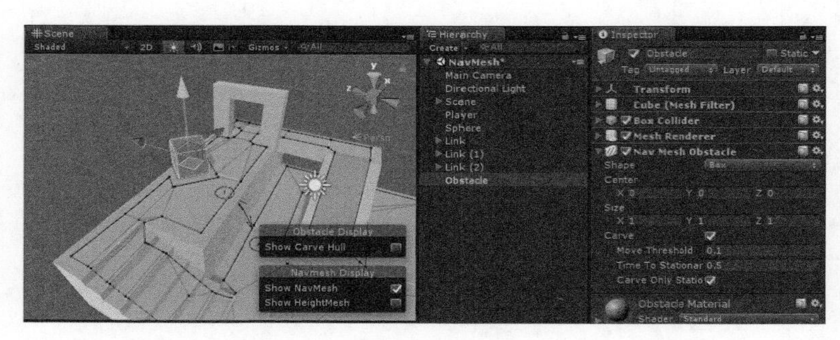

图 18-28

（2）运行游戏，当角色寻路遇到障碍物时会自动避开障碍物，然后移动到目标点。

第 19 章 遮挡剔除

19.1 概述

Occlusion Culling（遮挡剔除）技术是指当一个物体被其他物体遮挡住而相对当前摄像机为不可见时，可以不对其进行渲染。遮挡剔除操作在 Unity 引擎中并不是自动进行的，这是因为在很多情况下离摄像机较远的物体可能先被渲染，而靠近摄像机的物体则后被渲染，从而覆盖了先前渲染的物体（这被称为重复渲染即 overdraw）。遮挡剔除不同于视锥体剔除（Frustum Culling），视锥体剔除只是不渲染摄像机视锥范围之外的物体，而被其他物体遮挡但依然在视锥范围之内的物体则不会被剔除。注意当使用遮挡剔除功能时，视锥体剔除功能依然有效。

正常的场景视图中会显示所有可见的游戏对象，如图 19-1 所示。

视锥体剔除功能仅在相机视图内呈现对象。这是自动并且总是发生的，如图 19-2 所示。

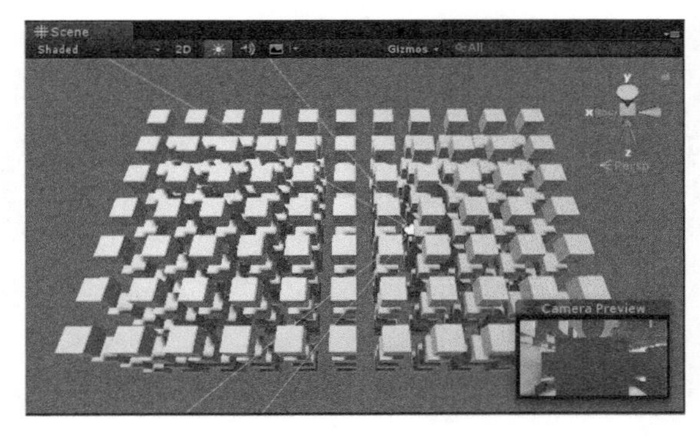

图 19-1

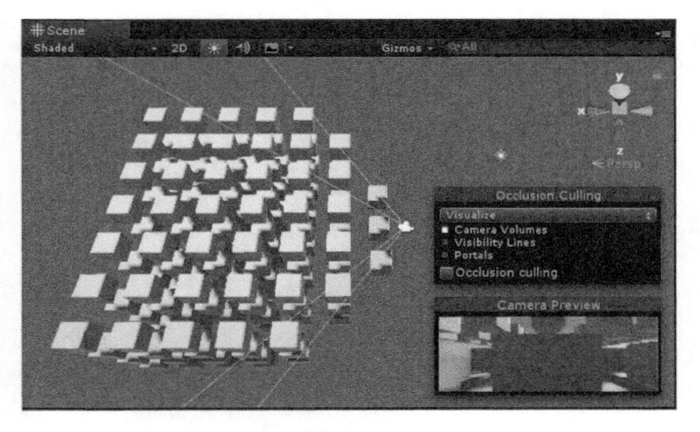

图 19-2

如果遮挡剔除的对象被近处物体完全遮挡，则会在摄像机渲染工作中隐藏其他对象，如图 19-3 所示。

遮挡剔除过程将使用虚拟相机穿过场景来建立可能可见的对象集的层次结构。这些数据在每个摄像机运行时使用，以识别哪些是可见的，哪些是不可见的。配备这些信息，Unity 将确保只有可见对象被发送时才能被渲染。这会减少绘制调用的次数并提高游戏的性能。

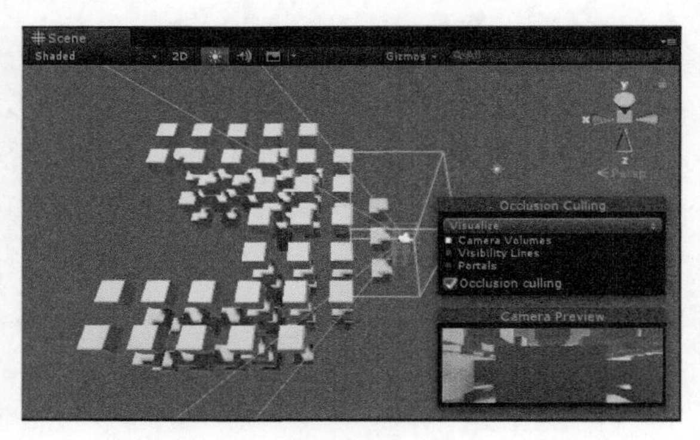

图 19-3

19.2 参数详解

19.2.1 Occlusion 窗口

对于大多数处理遮挡剔除的操作，应该使用 Occlusion Culling（遮挡剔除）窗口（依次单击菜单栏中的 Window → Occlusion Culling）。

在遮挡剔除窗口中，可以使用遮挡物网格和 Occlusion Areas（遮挡区域）。

在 Occlusion 窗口的 Object 选项卡中，在场景中选择了网格渲染器，则可以修改相关的静态标志，如图 19-4 所示。

- Occluder Static：标记为该标记的物体表示这类物体既能被其他物体遮挡，又能遮挡其他物体。
- Occludee Static：标记为该标记的物体表示这类物体能被其他物体遮挡，但不会遮挡其他物体，从而有助于减少计算量。如透明物体以及小物件不可能遮挡其他的物体，应标记为 Occludee Static。

在对象的 Inspector 窗口右上角的 Static 下拉列表中也能设置 Occluder Static 和 Occludee Static，如图 19-5 所示。

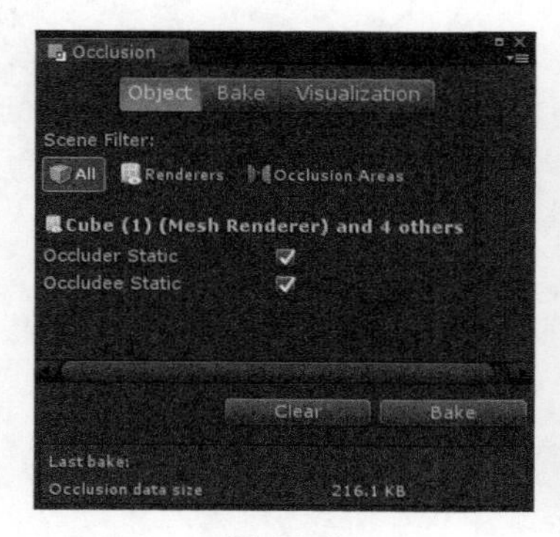

图 19-4

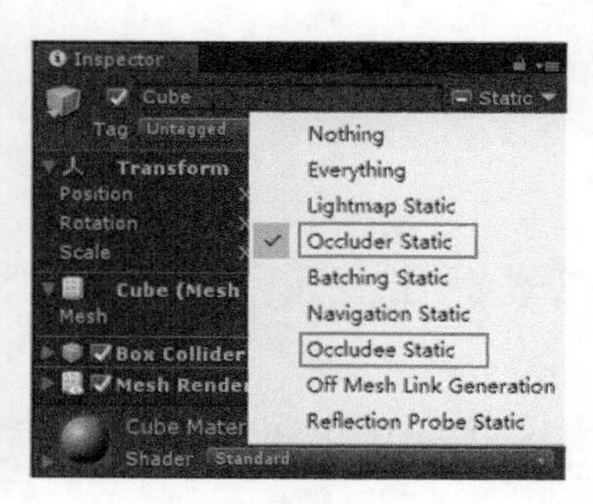

图 19-5

如果在 Occlusion 窗口的 Object 选项卡中选择了 Occlusion Area（遮挡区域），则可以使用相关的 Occlusion Area 属性。默认情况下，如果没有 Occlusion Area，遮挡剔除将应用于整个场景。

Occlusion 窗口的 Bake 选项卡如图 19-6 所示。

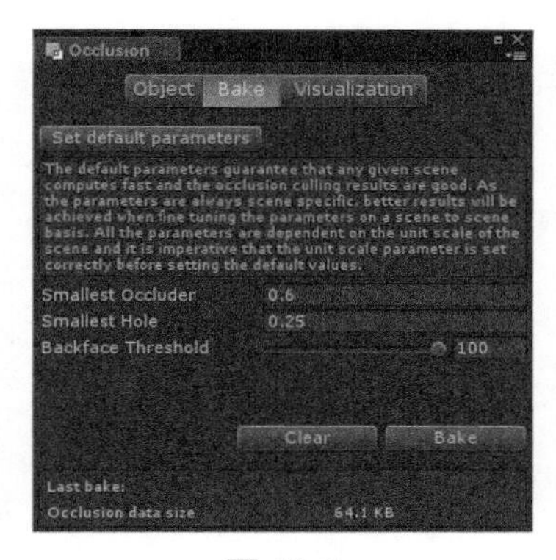

图 19-6

- Set default parameters：设置为默认参数。
- Smallest Occluder：场景中能够被作为遮挡体的物体的最小尺寸。
- Smallest Hole：物体上能够被视觉穿透的最小孔洞尺寸。
- Backface Threshold：背面阈值。背面阈值是通过背面减少不必要细节的优化。值为 100 表示背面是稳健的并且永远不会去除任何背面。值为 5 时数据会基于具有可见背面的位置积极地减少数据。例如，地形下面的几何体和物体内部的物体可以被优化。
- Clear：清除烘焙的遮挡剔除数据。
- Bake：烘焙遮挡剔除数据。数据生成后，可以使用 Visualization（可视化）选项卡预览和测试遮挡剔除。

建立遮挡数据所需的时间将取决于用户选择的单元格级别、数据大小和质量。

处理完成后切换到 Object 或 Bake 选项卡中（或者在 Occlusion Culling 预览窗中选择 Edit），在 Scene 视图区域中看到一些色彩鲜艳的立方体，这些区域为遮挡剔除数据的区域，其中蓝色立方体代表目标体积的单元格划分，如图 19-7 所示。

Occlusion 窗口的 Visualization 选项卡如图 19-8 所示。

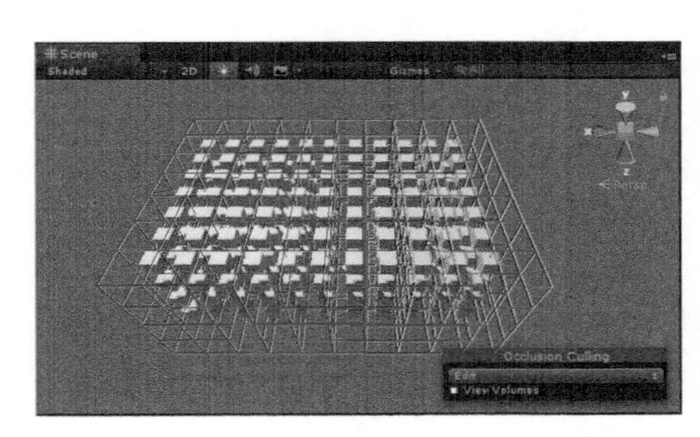

图 19-7

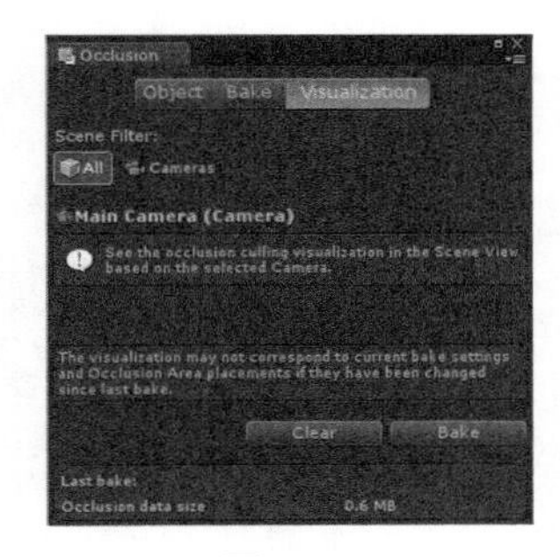

图 19-8

在完成遮挡剔除设置后，可以通过开启遮挡剔除（在遮挡移除预览窗口中）并在场景视图中移动或旋转相机进行测试，可以看到相机视锥体范围外和被遮挡的物体将被隐藏，如图 19-9 所示。

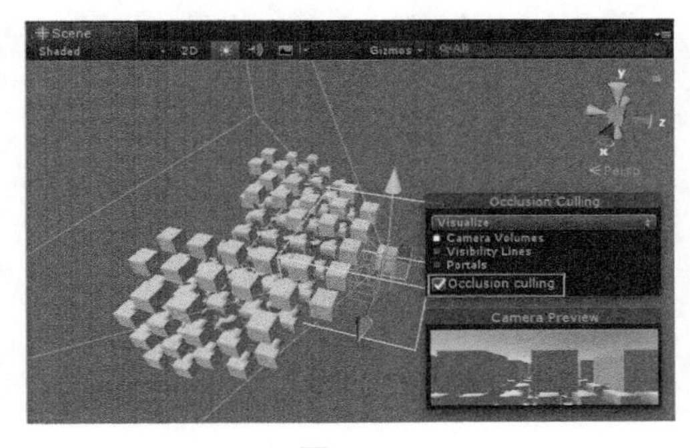

图 19-9

注 意

如果在场景中没有看到任何物体被遮挡，那么尝试将对象分解成更小的部分（设置 Bake 选项卡中的 Smallest Occluder 值），以便它们可以完全包含在蓝色单元格内。

如果相机在遮挡区域外，遮挡剔除将不会被应用，但视锥体剔除（Frustum Culling）依然有效。

19.2.2 Occlusion Area 组件

要将遮挡剔除应用于移动物体，必须创建一个 Occlusion Area（遮挡区域），然后修改其大小以适应移动物体所在的空间（当然，移动物体不能标记为 Static）。可以通过将遮挡区域组件添加到空对象（依次单击菜单栏中的 Component → Rendering → Occlusion Area）来创建遮挡区域。

创建遮挡区域后，选中 Is View Volume 复选框以遮挡移动物体，其参数如图 19-10 所示，参数说明如表 19-1 所示。

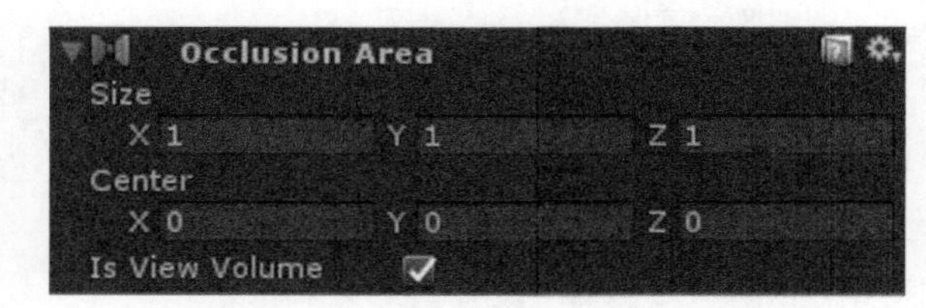

图 19-10

表 19-1　Occlusion Area 组件的参数说明表

参数	说明
Size	定义遮挡区域的大小
Center	设置遮挡区域的中心。默认情况下（0，0，0）位于区域框的中心
Is View Volume	选中该选项，当相机在该区域内时可以遮挡移动物体

如图 19-11 所示，在场景中添加了两个遮挡区域。

遮挡剔除数据烘焙好之后如图 19-12 所示。

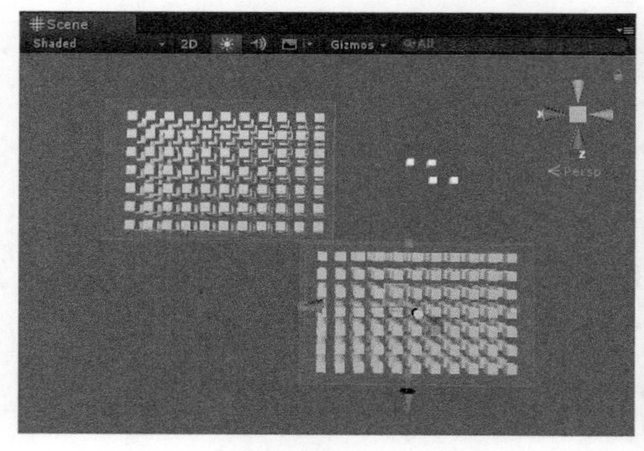

图 19-11

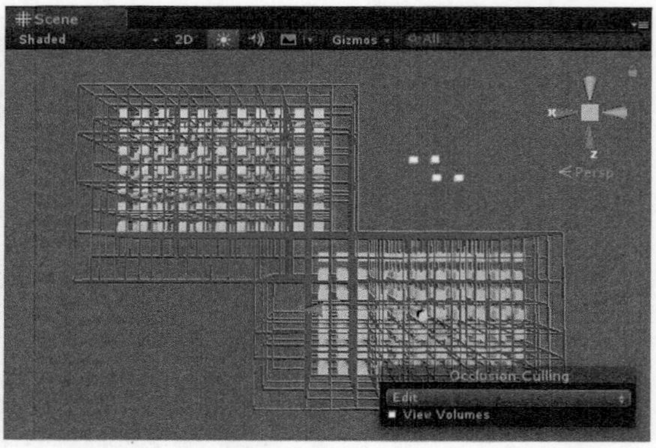

图 19-12

19.2.3 Occlusion Portal 组件

Occlusion Portal 组件用于在运行时打开或关闭遮挡剔除功能，其参数如图 19-13 所示，参数说明如表 19-2 所示。

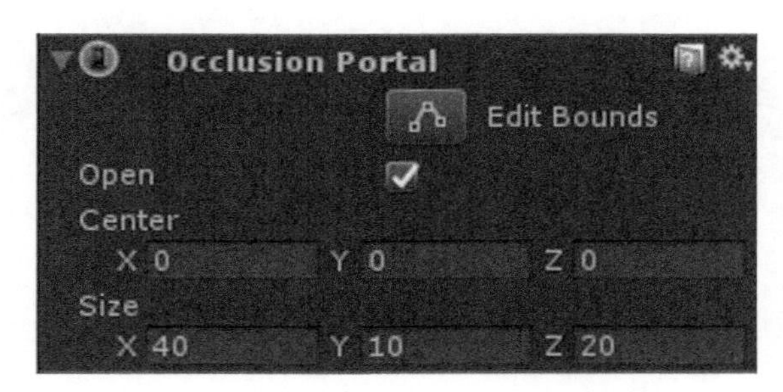

图 19-13

表 19-2　Occlusion Portal 组件的参数说明表

参数	说明
Edit Bounds	编辑 Occlusion Portal 的边界
Open	指示 Occlusion Portal 是否处于打开状态（可脚本控制）。当相机在该区域内时，该项被勾选时，该区域内和外的对象都正常进行遮挡剔除；如果该项被取消勾选，该区域外的所有对象都将一直隐藏，区域内的对象正常进行遮挡剔除
Center	设置 Occlusion Portal 区域的中心。默认情况下（0，0，0）位于区域框的中心
Size	定义 Occlusion Portal 区域的大小

19.3 综合案例：遮挡剔除的使用

（1）打开 Unity，创建场景如图 19-14 所示。

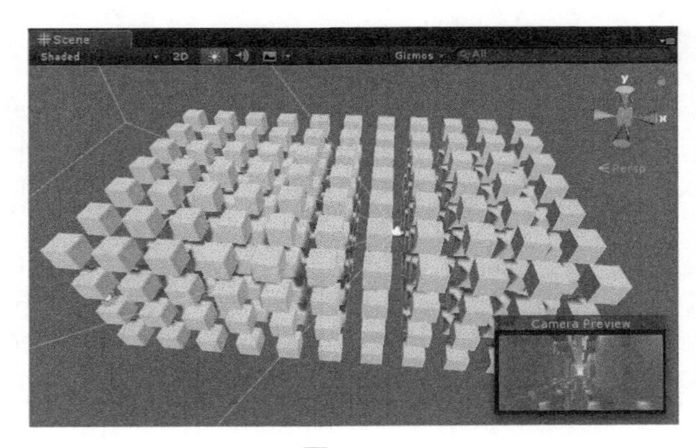

图 19-14

（2）在场景中选中需要做遮挡剔除的物体（这里选中所有的方块），依次单击菜单栏中的 Window → Occlusion Culling，打开 Occlusion 窗口，在 Occlusion 窗口的 Object 选项卡中，勾选 Occluder Static，如图 19-15 所示。

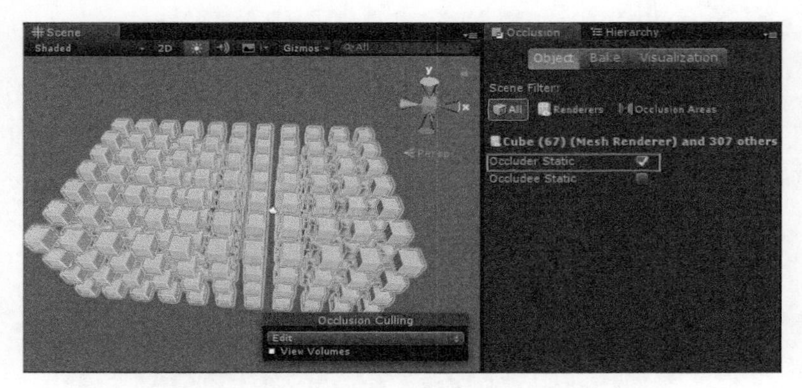

图 19-15

（3）在 Occlusion 窗口的 Bake 选项卡中，由于场景中 Cube 的大小为 1，所以这里将 Smallest Occluder 设置为比 Cube 更小的数值 0.7，然后单击 Bake 按钮烘焙遮挡剔除数据，如图 19-16 所示。

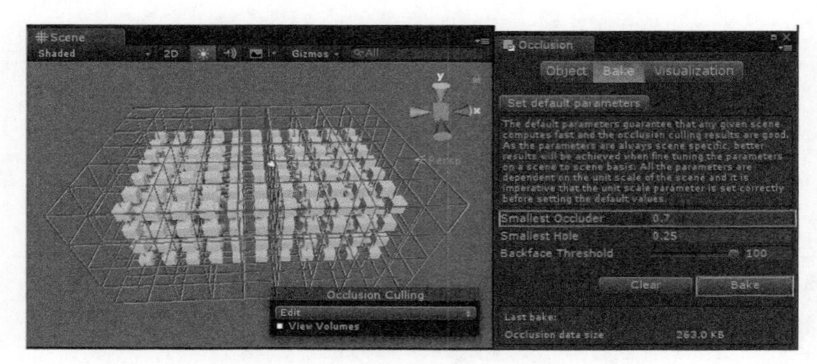

图 19-16

（4）转到 Visualization 选项卡，勾选 Occlusion Culling 预览窗口中的 Occlusion Culling，如图 19-17 所示，此时便可以在场景视图中通过移动或旋转相机观察到遮挡剔除的结果。

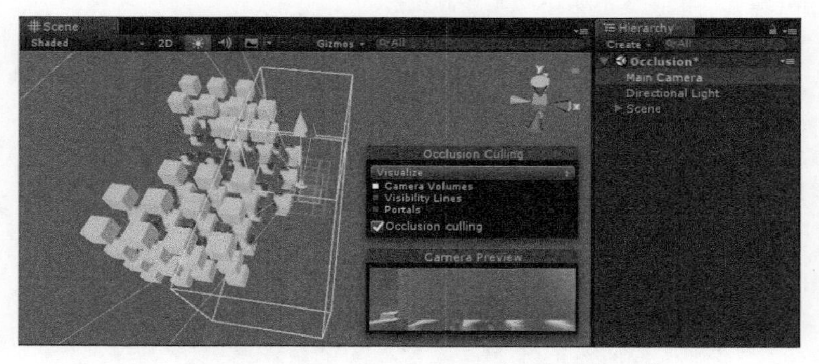

图 19-17

第 20 章 后期屏幕渲染特效

20.1 概述

Post Processing（后期处理）是将全屏过滤器和效果应用于相机的图像缓冲区，然后将其显示到屏幕上的过程。它可以在很短的时间内大幅提升产品的视觉效果，如图 20-1 所示。

图 20-1

可以使用后期处理效果来模拟物理相机和影片属性，如Bloom（泛光）、Depth of Field（景深）、Chromatic Aberration（色差）或 Color Grading（颜色分级）。

Post Processing Stack（后处理堆栈）可以将一组完整的效果合并到一个后处理管道中。它有如下几个优点。

- 效果总是按正确的顺序配置。
- 它允许将多种效果组合成单通道。
- 所有效果都组合在用户界面中，以获得更好的用户体验。

后处理堆栈还包含一组监视器（Monitors）和调试视图（Debug Views），以帮助用户正确设置效果并调试输出中的问题。

要使用后期处理，可从 Asset Store 中下载 Post Processing Stack 资源并导入，如图 20-2 所示。

为获得最佳后期处理效果，建议在启用 Allow HDR 的线性色彩空间中工作。也建议使用延迟渲染路径（如屏幕空间反射等某些效果需要此路径），如图 20-3 所示。

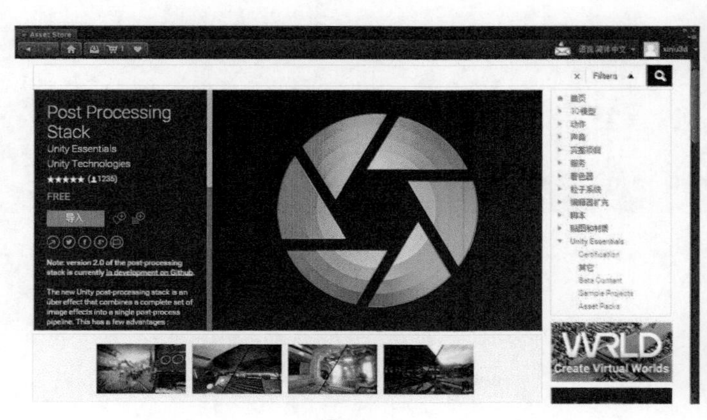

图 20-2

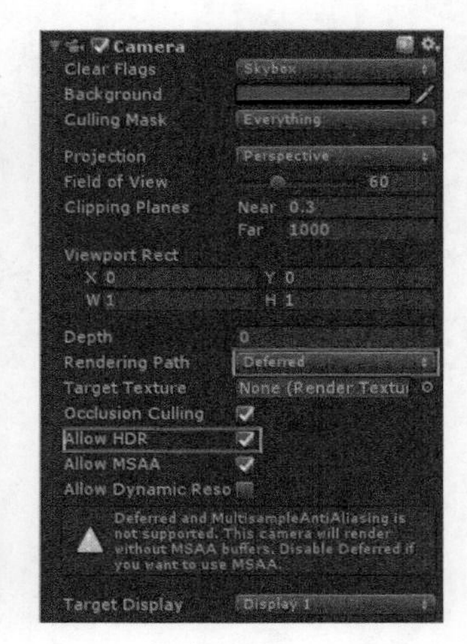

图 20-3

设置 Post Processing Stack，步骤如下。

（1）首先，需要将 PostProcessingBehaviour.cs 脚本添加到相机上，可以通过选择相机并使用以下某种方法来实现此目的。

- 将 PostProcessingBehaviour.cs 脚本从 Project 视图中拖到相机上。
- 依次单击菜单栏中的 Component → Effects → Post-ProcessingBehaviour。
- 使用 Inspector 视图中的 Add Component 按钮。

（2）使用以下方法之一创建自定义配置文件。

- 右击 Project 并选择 Create → Post-Processing Profile。
- 依次单击菜单栏中的 Assets → Create → Post-Processing Profile。

知识点

后期处理配置文件是项目资源，可以在场景 / 相机之间以及不同项目之间或资源商店之间轻松共享。

（3）选择配置文件将显示用于编辑配置文件设置的属性窗口，如图 20-4 所示。

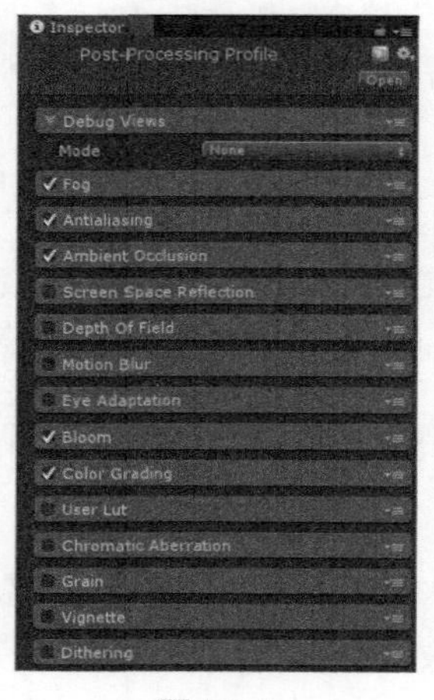

图 20-4

（4）要将配置文件分配给行为，可以将其从项目面板拖到组件，或使用 Inspector 视图中的对象选择器，如图 20-5 所示。

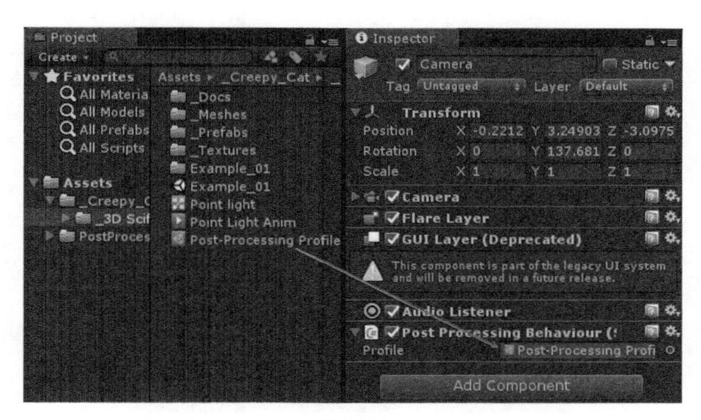

图 20-5

（5）选择配置文件后，可以使用 Inspector 视图中每个效果的复选框来启用或禁用单个效果。

20.2 参数详解

20.2.1 Fog（雾效）

雾效是根据与相机的距离将颜色叠加到物体上的效果。这用于模拟室外环境中的雾效，也通常用于在摄像机的远裁切面（clipping planes fax）向前移动时隐藏裁切的物体，以提高性能。

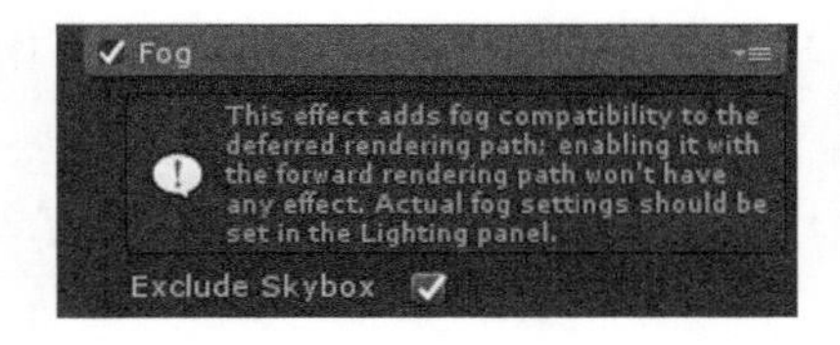

图 20-6

雾效根据相机的深度纹理创建屏幕空间雾效。它支持线性、指数和指数平方雾类型。雾效在 Lighting 窗口的 Scene 选项卡中设置。

雾效参数如图 20-6 所示，参数说明如表 20-1 所示。

表 20–1　雾效参数说明表

参数	说明
Exclude Skybox	雾效是否影响天空盒

知识点

此效果仅适用于延迟渲染路径（Deferred）。使用任一渲染路径时，雾效应该应用在向前渲染（forward rendered）物体上并使用场景设置中的雾效。后期处理雾效的参数将从 Lighting 窗口的 Scene 选项卡中设置的雾效参数反映出来。这将确保前向呈现对象在延迟呈现时始终会收到相同的雾效。

20.2.2 Anti-aliasing（抗锯齿）

Anti-aliasing（抗锯齿）效果提供了一组算法，旨在防止锯齿并为图形提供更平滑的外观。其别名是线条呈现锯齿状或具有“阶梯”外观的效果（如图 20-7 左侧所示）。如果图形输出设备没有足够高的分辨率来显示线条，就会发生这种情况。

图 20-7

抗锯齿一般通过用中间色调将锯齿线包围起来，减少这些锯齿线的突出性。虽然这改善了线条的锯齿状外观效果，但也使它们变得模糊不清。

在后期处理堆栈中提供的算法如下。

- Fast Approximate Anti-aliasing（FXAA）：快速近似抗锯齿。

FXAA 是最经济的技术，推荐用于不支持运动矢量的移动平台和其他平台，这是 TAA 所需的。但它包含多个质量预设，因此也适合作为较慢桌面系统和控制台硬件的后备解决方案，其参数如图 20-8 所示，参数说明如表 20-2 所示。

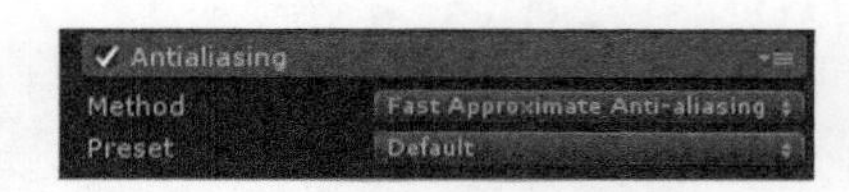

图 20-8

表 20-2　FXAA 的参数说明表

参数	说明
Preset	预设要使用的质量。提供性能和质量之间的折中方式

- Temporal Anti-aliasing（TAA）：时间消除锯齿。

时间消除锯齿是一种更高级的消除锯齿技术，会将帧累积在历史缓冲区中，以便更有效地平滑物体边缘。它在平滑运动边缘方面效果明显更好，但需要运动矢量，并且比 FXAA 更加消耗计算。由于这个原因，建议用于桌面系统和控制台平台，其参数如图 20-9 所示，参数说明如表 20-3 所示。

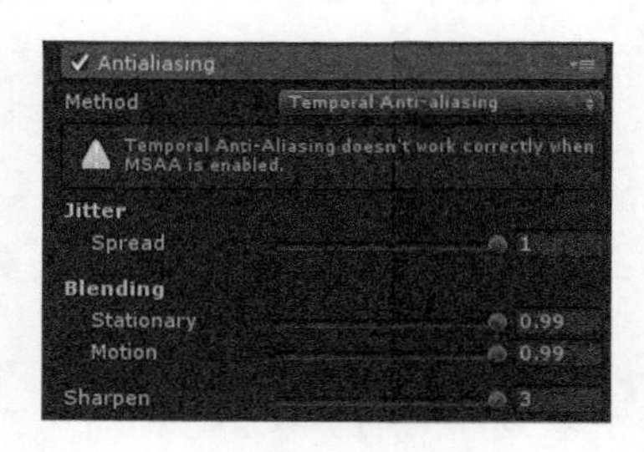

图 20-9

表 20-3 TAA 的参数说明表

参数	说明
Jitter-Spread	抖动样本在其内部传播的直径（以像素为单位）。较小的值会导致更清晰但有更多的混叠输出，而较大的值会导致更稳定但更模糊的输出
Blending-Stationary	用于静止碎片的混合系数。控制具有最小主动的运动的片段中混合成最终颜色的历史样本的百分比
Blending-Motion	用于移动碎片的混合系数。控制具有显著活动的运动的片段中混合成最终颜色的历史样本的百分比
Sharpen	TAA 可能会导致高频区域细节的轻微损失。但锐化缓解了这个问题

注 意

在 VR 中该属性不受支持。

20.2.3 Ambient Occlusion（环境光遮罩）

Ambient Occlusion 后期处理效果可实时逼近 Ambient Occlusion 作为全屏后期处理效果。 它使相互靠近的折痕、孔、交叉点和表面变暗。在现实生活中，这些区域往往遮挡或遮挡环境光线，因此它们看起来较暗。

添加 Ambient Occlusion，效果如图 20-10 所示。

无 Ambient Occlusion 时的效果如图 20-11 所示。

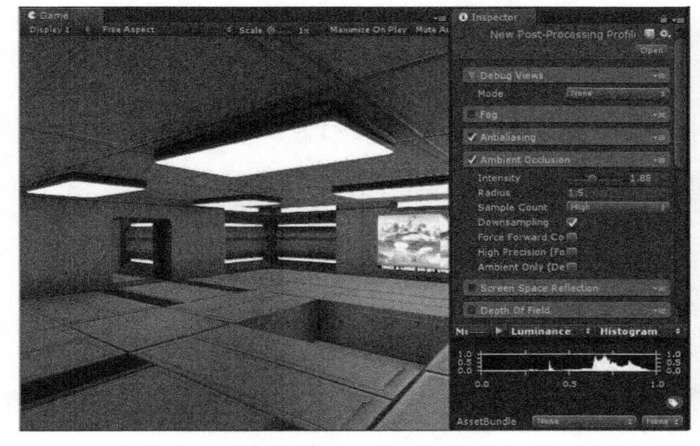

图 20-10

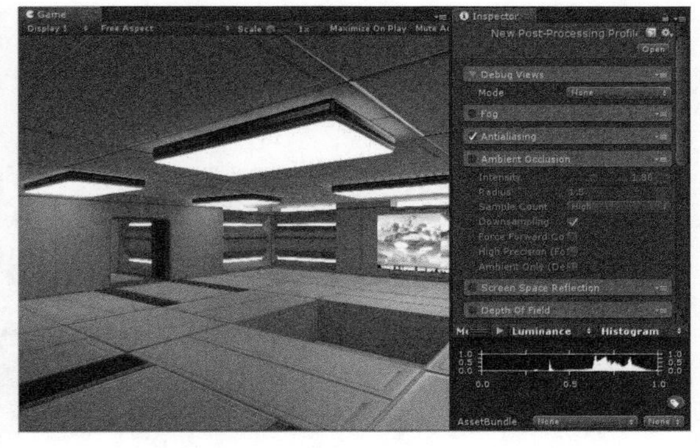

图 20-11

请注意，Ambient Occlusion 效果在处理时间方面非常消耗计算，通常只能在桌面或控制台硬件上使用。它的成本纯粹取决于屏幕分辨率和效果参数，并且不依赖于场景的复杂性，就像真的环境遮挡一样。其参数说明如表 20-4 所示。

表 20-4 环境光遮罩的参数说明表

参数	说明
Intensity	效果产生的黑暗程度
Radius	采样点半径，影响黑暗区域的范围
Sample Count	采样点的数量，影响质量和性能

续表

参数	说明
Downsampling	以视觉质量为代价降低影响的分辨率以提高性能
Force Forward Compatibility	在使用延迟渲染路径时强制与 Forward(正向) 渲染对象兼容
High Precision (Forward)	切换使用更高精度的深度纹理与正向渲染路径（可能会影响性能）。对延迟渲染路径没有影响
Ambient Only	使用该模式，效果只会影响环境光照。该模式仅适用于延迟渲染路径和 HDR 渲染

20.2.4 Screen Space Reflection（屏幕空间反射）

屏幕空间反射是一种重新使用屏幕空间数据来计算反射的技术。它通常用于创建更加微妙的反射，例如在潮湿的地板表面或水坑中的反射。

添加 Screen Space Reflection，效果如图 20-12 所示。

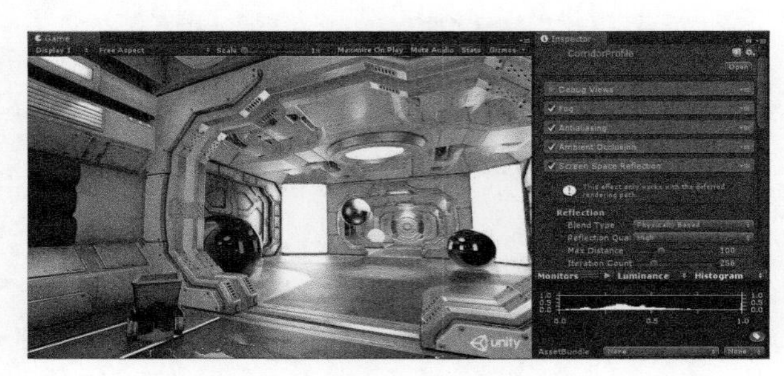

图 20-12

无 Screen Space Reflection 时的效果如图 20-13 所示。

Screen Space Reflection 的参数如图 20-14 所示，参数说明如表 20-5 所示。

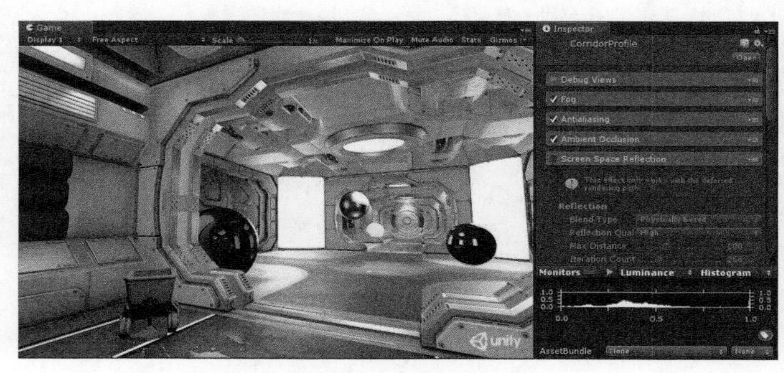

图 20-13

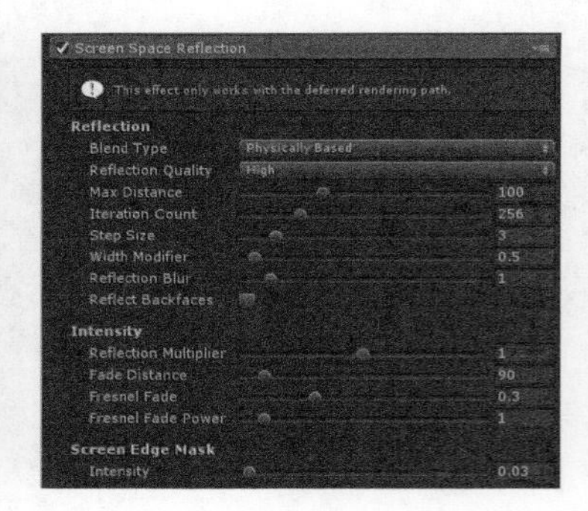

图 20-14

表 20–5　屏幕空间反射的参数说明表

参数	说明
Blend Type	反射混合到渲染中的方式
Reflection Quality	反射质量
Max Distance	世界单位中的最大反射距离
Iteration Count	最大光线追踪长度
Step Size	光线跟踪粗略步长。值越大的痕迹越远，值越小产生的轮廓质量越好

续表

参数	说明
Width Modifier	反射光线可能通过的列、墙、家具和其他物体的典型厚度
Reflection Blur	反射的模糊值
Reflect Backfaces	通过剔除所有正面并使用生成的纹理来评估场景，以估计深度贴图上的某个点从后面击中时背面的外观
Reflection Multiplier	SSR 反射的非物理乘数。1.0 是基于物理的
Fade Distance	距离最大距离有多远以开始衰落 SSR
Fresnel Fade	菲涅耳淡出
Fresnel Fade Power	随着反射的掠射角度改变，较高的值对应于较快的菲涅耳衰落
Intensity	较高的值会在屏幕边缘附近淡出 SSR，以免在相机运动下反射

屏幕空间反射是一种计算量大的技术，但是如果使用得当，可以获得很好的效果。 屏幕空间反射仅在延迟渲染路径中可用，因为它依赖于 Normals G-Buffer。由于这是一种很耗资源的效果，因此不建议在移动设备上使用。

20.2.5 Depth of Field（景深）

景深是一种常见的后处理效果，可模拟相机镜头的对焦属性。在现实生活中，相机只能以特定的距离对焦在一个物体上，距离相机较近或较远的物体会略微失焦。 模糊不仅给出了一个物体距离的视觉提示，而且还介绍了 Bokeh，Bokeh 用来表示在图像的明亮区域周围出现的令人赏心悦目的视觉阴影。

添加 Depth of Field，效果如图 20-15 所示。

无 Depth of Field 时的效果如图 20-16 所示。

图 20-15

图 20-16

景深的参数说明如表 20-6 所示。

表 20–6 景深的参数说明表

参数	说明
Focus Distance	到焦点的距离
Aperture	光圈的孔径比（称为 f–stop 或 f–number）。值越小，景深越浅
Use Camera FOV	根据相机上设置的视场值自动计算焦距

续表

参数	说明
Focal Length	镜头和胶片之间的距离。值越大，景深越浅
Kernel Size	卷积滤镜的内核大小，它决定了散景的最大半径。它也影响性能（内核越大，GPU 时间需要越长）

20.2.6 Motion Blur（运动模糊）

运动模糊是一种常见的后处理效果，它可模拟相机拍摄的物体在移动速度快于相机曝光时间时图像的模糊。 这可能是由快速移动的物体或长时间曝光引起的。运动模糊用在大多数类型的游戏中表现微妙的效果，但在一些类型中被夸大，如赛车游戏。

添加 Motion Blur，效果如图 20-17 所示。

无 Motion Blur 时的效果如图 20-18 所示。

图 20-17

图 20-18

后期处理堆栈中提供的运动模糊技术如下。

- Shutter Speed Simulation：快门速度模拟。

快门速度模拟提供了相机模糊属性的更精确表示。但是，由于它需要 Motion Vector 的支持，因此它更加消耗计算，并且在某些平台上不受支持。这是在桌面和控制台平台上推荐的技术。此效果通过将屏幕上像素的运动存储在速度缓冲区中来近似表现运动模糊。然后使用此缓冲区根据自上一帧绘制它们移动的距离来模糊像素。其参数说明如表 20-7 所示。

表 20–7 快门速度模拟的参数说明表

参数	说明
Shutter Angle	旋转快门的角度。数值越大，曝光时间越长，因此模糊效果越强
Sample Count	采样点的数量，影响质量和性能

- Multiple Frame Blending：多帧混合。

多帧混合效果只是将当前帧上的前四帧相乘，并加权到最近的帧。这种效果可以在所有平台上运行，它不需要运动矢量或深度纹理支持，而是需要存储使用内存的最后四帧的两个历史缓冲区（亮度和色度）。其参数说明如表 20-8 所示。

表 20-8　多帧混合的参数说明表

参数	说明
Frame Blending	多帧混合的强度。先前帧的不透明度由该系数和时间差确定

20.2.7 Eye Adaptation（眼部适应）

在眼部生理学中，眼部适应是指眼睛适应不同程度黑暗和光线的能力。人眼可以从非常暗到非常明亮的光线中逐渐适应环境。然而，在某些时刻，眼睛只能感觉到大约百万分之一范围内的对比度变化。

此效果会根据其包含的亮度级别范围动态调整图像的曝光。调整是在一段时间内逐渐进行的，所以当从黑暗的隧道中出去时，玩家会被明亮的室外光线“刺激”。同样，当从明亮的场景移动到黑暗的场景时，“眼睛”也需要一些时间来调整。

在内部，这种效果会在每一帧上生成一个直方图，并对其进行过滤以查找平均亮度值。这个直方图以及同样的效果需要计算着色器支持。

添加 Eye Adaptation，效果如图 20-19 所示。

无 Eye Adaptation 时的效果如图 20-20 所示。

图 20-19

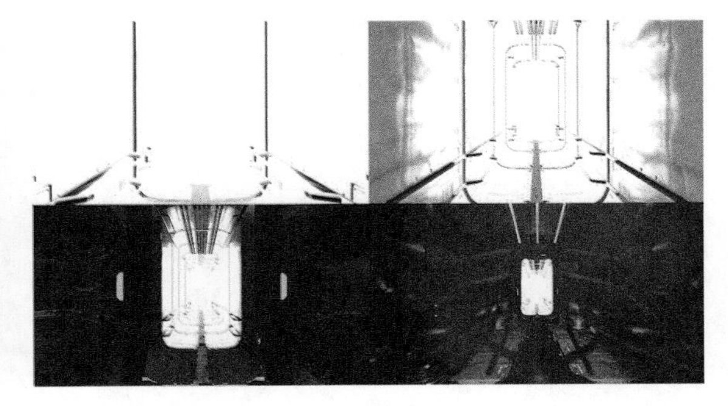

图 20-20

Eye Adaptation 的参数如图 20-21 所示，参数说明表如表 20-9 所示。

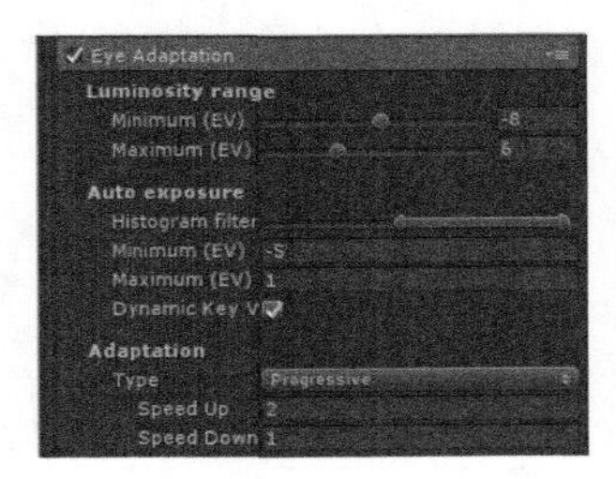

图 20-21

表 20-9　眼部适应的参数说明表

参数	说明
Luminosity Range（光亮范围）	
Minimum (EV)	生成的直方图的亮度范围的下限（以 EV 为单位）。min 和 max 之间的差距越大，精度就越低

续表

参数	说明
Maximum (EV)	生成的直方图的亮度范围的上限（以 EV 为单位）。min 和 max 之间的差距越大，精度就越低
Auto exposure（自动曝光）	
Histogram filter	这些值用于找到稳定平均亮度的直方图的较低百分比和较高百分比。此范围之外的值将被丢弃，并且不会对平均亮度产生影响
Minimum (EV)	自动曝光时要考虑的最小平均亮度（以 EV 为单位）
Maximum (EV)	自动曝光时要考虑的最大平均亮度（以 EV 为单位）
Dynamic Key Value	将其设置为 true 可让 Unity 根据平均亮度自动处理关键值
Key Value	曝光偏差。用它来抵消场景的全局曝光
Adaptation（适应）	
Adaptation Type	适应类型。如果希望将自动曝光设置为动画，可使用 Progressive（渐进），否则使用 Fixed（固定）
Speed Up	从黑暗环境到光照环境的适应速度
Speed Down	从光照环境到黑暗环境的适应速度

20.2.8 Bloom（泛光）

泛光是用于再现真实世界相机的成像伪影的效果。该效果会产生从图像中明亮区域边界延伸出来的光线边缘，导致照相机或眼睛捕捉场景时产生极其明亮的光线的错觉。

添加 Bloom，效果如图 20-22 所示。

无 Bloom 时的效果如图 20-23 所示。

图 20-22

图 20-23

泛光的参数说明如表 20-10 所示。

表 20–10　泛光的参数说明表

参数	说明
Intensity	泛光过滤器的强度
Threshold	在此亮度级别下过滤掉的像素
Soft Knee	在低于 / 高于阈值渐变（0 = 硬阈值，1 = 软阈值）之间进行转换
Radius	以屏幕分辨率独立的方式改变遮挡效果的范围
Anti Flicker	使用附加滤镜减少闪烁噪音
Dirt	
Texture	指定为镜头添加污渍或尘土的纹理

续表

参数	说明
Intensity	镜头污渍量的强度

20.2.9 Color Grading（颜色分级）

颜色分级是改变或校正最终图像的颜色和亮度的过程。用户可以把它想象成像在照片处理软件中使用过滤器。

包含在后期处理堆栈中的色彩分级工具是完全实时的 HDR 工具，内部处理在 ACES 色彩空间中完成。

添加 Color Grading，效果如图 20-24 所示。

无 Color Grading 时的效果如图 20-25 所示。

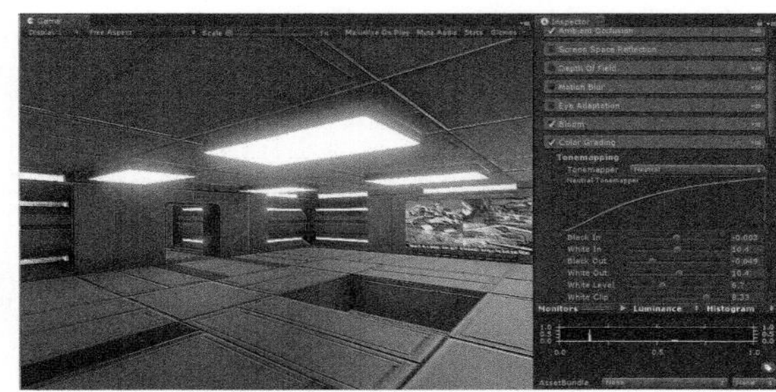

图 20-24

图 20-25

后期处理堆栈中提供的颜色分级工具分为 5 个部分。

- Tonemapping：色调映射。

色调映射是将图像的 HDR 值重新映射到适合在屏幕上显示的范围的过程。使用 HDR 相机时应始终应用色调映射，否则将色彩强度大于 1 的值设为 1，从而改变场景亮度平衡。其参数如图 20-26 所示，参数说明如表 20-11 所示。

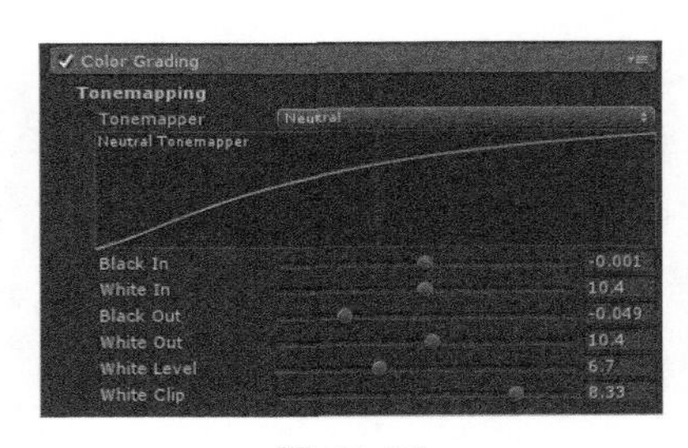

图 20-26

表 20-11　色调映射的参数说明表

参数	说明
Tonemapper	色调映射模式
None	不应用色调映射，在 LDR 中工作时选择此项
Filmic (ACES)	电影（ACES）色调映射器可使用参考 ACES 色调映射器的近似值，以获得更加电影化的外观

续表

参数	说明
Neutral	中性色调映射器
Black In	黑点的内部控制点
White In	白点的内部控制点
Black Out	黑点的外部控制点
White Out	白点的外部控制点
White Level	预先曲线的白点调整
White Clip	后期曲线的白点调整

- Basic：基本。

Basic 部分提供最简单的颜色分级工具，如温度和对比度。这是颜色校正的推荐起点。其参数如图 20-27 所示，参数说明如表 20-12 所示。

图 20-27

表 20-12　基本部分的参数说明表

参数	说明
Post Exposure（EV）	以 EV 为单位调整场景的整体曝光。这是在 HDR 效果之后应用并且在色调映射之前应用的，因此它不会影响先前的效果
Temperature	将白色平衡设置为自定义色温
Tint	设置白色平衡以补偿绿色或红色调
Hue Shift	改变所有颜色的色调
Saturation	推动所有颜色的强度
Contrast	扩大或缩小色调值的整个范围

- Channel Mixer：通道混合器。

通道混合器用于修改每个输入颜色通道对输出通道整体混合的影响。例如，增加绿色通道对红色通道的整体混合的影响将使包含绿色（包括中性 / 单色）图像的所有区域色调变得更红。其参数如图 20-28 所示，参数说明如表 20-13 所示。

图 20-28

表 20-13　通道混合器的参数说明表

参数	说明
Channel	选择要修改的输出通道
Red	修改整个混合中红色通道的影响
Green	修改整个混合中绿色通道的影响
Blue	修改整个混合中蓝色通道的影响

- Trackballs：轨迹球。

轨迹球用于执行 Linear 或 Log 空间中的 3 路颜色分级。在 LDR 中工作时，建议使用线性轨迹球以获得更好的体验。在使用 HDR 时，建议使用 Log 轨迹球进行更好的控制，但 Linear 轨迹球仍然有用。

调整轨迹球上的点的位置会产生将图像的色调朝向给定色调范围内的该颜色的效果。不同的轨迹球用于影响图像中的不同范围。调整轨迹球下方的滑块会抵消该范围的颜色亮度。其参数如图 20-29 所示，参数说明如表 20-14 所示。

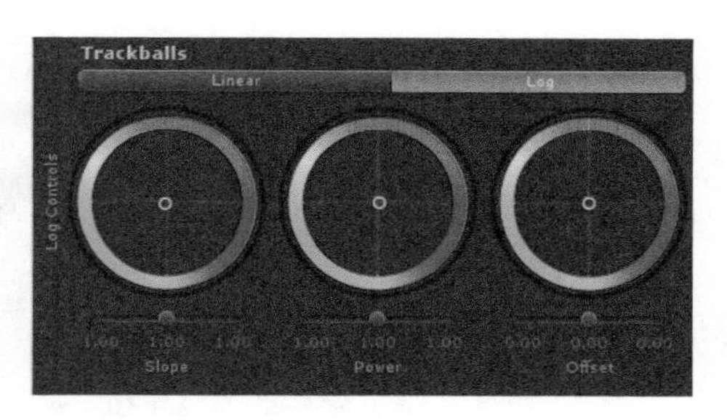

图 20-29

表 20–14　轨迹球的参数说明表

参数	说明
Linear	Log 控制的另一种 3 路颜色分级转换优化为与线性编码数据一起工作。在 LDR 中工作时首选
Lift	将整个信号升高或降低。对阴影有更明显的影响
Gamma	控制中音的电源功能
Gain	增加信号。使亮点更亮
Log	日志式分级压缩了颜色和对比度图像数据的分布，以模拟可由光学薄膜打印机完成的色彩计时过程。这通常是进行电影分级的首选方式，并且在使用 HDR 值时强烈建议使用
Slope	增益功能
Power	伽马功能
Offset	移动整个信号

- Grading Curves：分级曲线。

分级曲线（也称为曲线）是调整图像中色调、饱和度或亮度的特定范围的高级方法。通过调整 5 幅图上的曲线，用户可以实现特定色调替换的效果。

后期处理堆栈中提供了 5 个分级曲线类型，如下。

- YRGB：影响整个图像中选定的输入通道强度。可以在 Y、R、G 和 B 之间选择输入通道，其中 Y 是应用于所有通道的全局强度偏移量。图表的 x 轴表示输入强度，y 轴表示输出强度，如图 20-30 所示。这可以用来进一步调整诸如对比度和亮度等基本属性的外观。

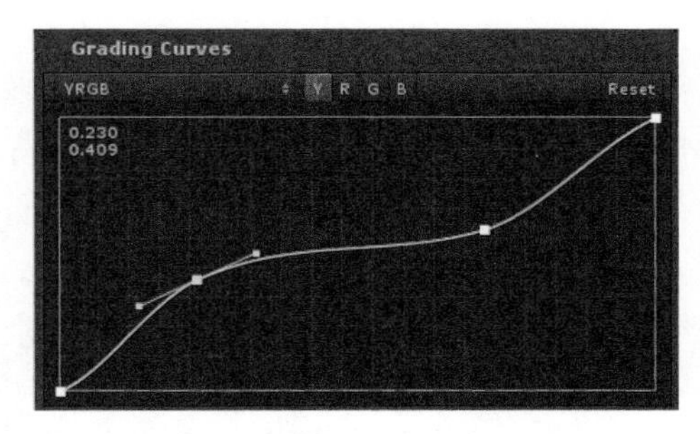

图 20-30

- Hue vs Hue：用于在特定范围内转换色调。该曲线根据输出色调（y 轴）移动输入色调（x 轴），如图 20-31 所示。这可用于微调特定范围的色调或执行颜色替换。
- Hue vs Sat：用于在特定范围内调整色调的饱和度。该曲线根据输入色调（x 轴）调整饱和度（y 轴），如图 20-32 所示。这可以用来淡化特别明亮的区域或创建艺术效果，例如单色（除了单一主色）之外的艺术效果。

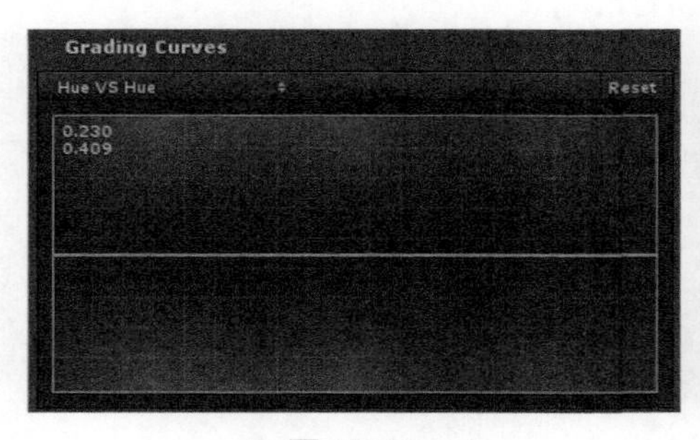

图 20-31

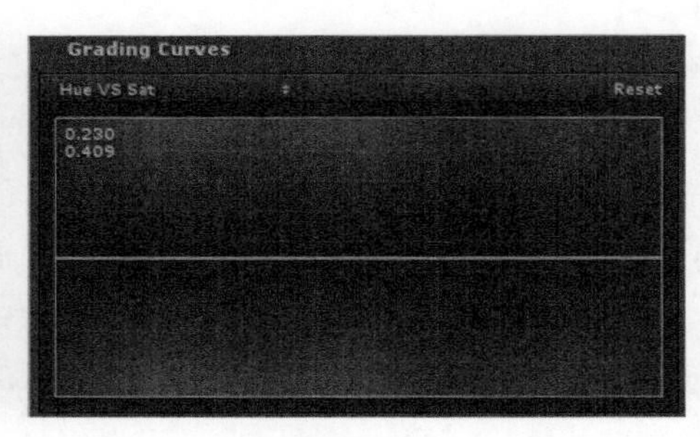

图 20-32

- Sat vs Sat：用于调整某些饱和度区域的饱和度。该曲线根据输入饱和度（x 轴）调整饱和度（y 轴），如图 20-33 所示。这可以用于微调使用基本颜色分级进行的饱和度调整。
- Lum vs Sat：用于调整某些亮度区域的饱和度。该曲线根据输入亮度（x 轴）调整饱和度（y 轴），如图 20-34 所示。这可以用来淡化黑暗区域，以提供有趣的视觉对比效果。

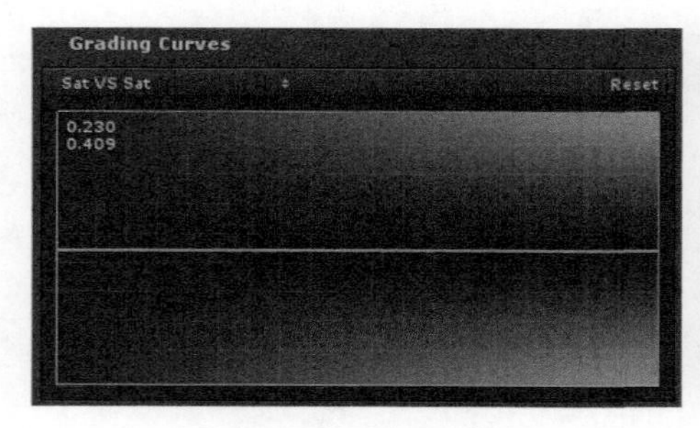

图 20-33

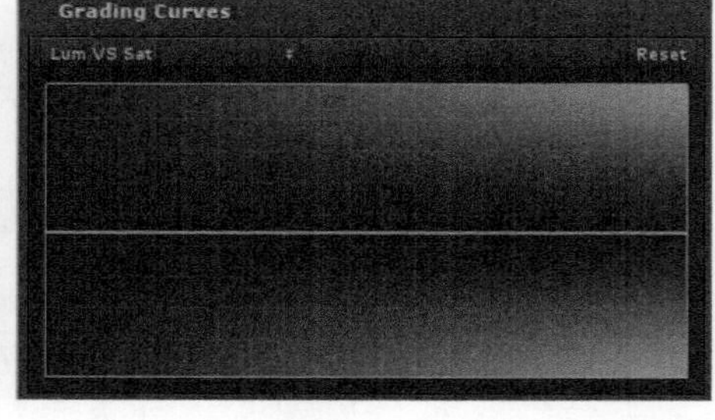

图 20-34

20.2.10 User Lut

User LUT 是一种更简单的颜色分级方法，其中屏幕上的像素由来自用户提供的 LUT（look-up texture）的新值替换。这是一种比 Color Grading 更先进的方法。但是，由于此方法不需要 Color Grading 使用的更高级的纹理格式，因此建议将它作为不支持这些格式的平台的备选。

添加 User Lut，效果如图 20-35 所示。

无 User Lut 时的效果如图 20-36 所示。

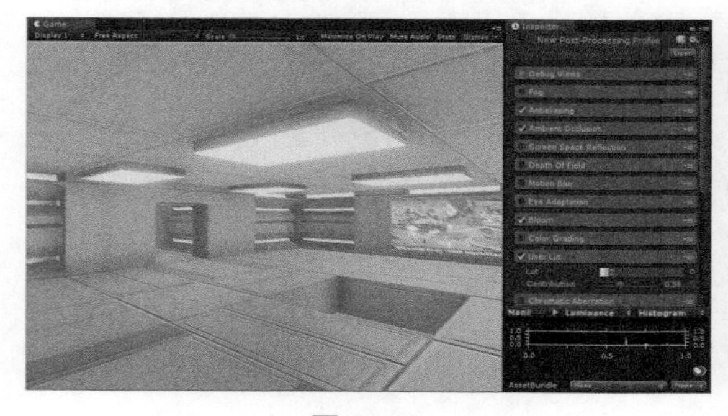

图 20-35

图 20-36

用户 LUT 的参数说明如表 20-15 所示。

表 20–15　用户 LUT 的参数说明表

参数	说明
Lut	自定义查找纹理（条形格式，如 256 × 16）
Contribution	混合因素

用户 LUT 使用“条形格式”纹理进行输入。后期处理堆栈提供了两个中性 LUT，分辨率为 256 × 16，另一个为 1024 × 32。使用较大的输入纹理会影响性能。

20.2.11 Chromatic Aberration（色差）

在摄影中，色差是由于相机的镜头无法将所有颜色聚焦到同一点而产生的效果。它表现为沿边界显示为像“条纹”的颜色，将图像的黑暗和明亮部分分开。

色差效应用于复制相机缺陷，它也经常用于艺术效果，例如相机部分受到撞击或出现醉酒效果。 此实现为红 / 蓝和绿 / 紫边缘以及用户通过输入纹理定义的色边提供了支持。

添加 Chromatic Aberration，效果如图 20-37 所示。

无 Chromatic Aberration 时的效果如图 20-38 所示。

图 20-37

图 20-38

色差的参数说明如表 20-16 所示。

表 20–16　色差的参数说明表

参数	说明
Spectral Texture	用于自定义边缘颜色的光谱纹理（空白时将使用默认颜色）
Intensity	色差的强度。值越大，渲染速度越慢

可以在任何图像编辑软件中创建自定义光谱纹理。光谱纹理的分辨率不受限制，但建议它们尽可能小（如提供的 3 × 1 纹理）。

20.2.12 Grain（颗粒）

胶片颗粒是照相胶片中的金属银颗粒产生的随机光学纹理。

后期处理堆栈中的晶粒效应基于相干梯度噪声，它通常用于模拟电影的某些效果，并且在主题游戏中经常被夸大使用。

添加 Grain，效果如图 20-39 所示。

无 Grain 时的效果如图 20-40 所示。

图 20-39

图 20-40

颗粒的参数说明如表 20-17 所示。

表 20–17　颗粒的参数说明表

参数	说明
Intensity	颗粒强度。较高的值意味着有更多可见的颗粒
Luminance Contribution	根据场景亮度控制噪声响应曲线。数值越低意味着黑暗区域的噪音越小
Size	颗粒的大小
Colored	是否启用颜色纹理。优化建议：禁用该项

20.2.13 Vignette（渐晕）

在摄影中，渐晕是指与中心相比，图像边缘的变暗和 / 或去饱和。这通常是由厚的或堆叠的滤镜，辅助镜头和不适当的镜头遮光罩引起的。它也经常用于产生艺术效果，例如将焦点集中到图像的中心。

添加 Vignette，效果如图 20-41 所示。

无 Vignette 时的效果如图 20-42 所示。

图 20-41

图 20-42

渐晕的参数说明如表 20-18 所示。

表 20-18　渐晕的参数说明表

参数	说明
Mode	模式
Classic	经典
Color	渐晕的颜色
Center	设置渐晕的中心点（屏幕中心为 [0.5，0.5]）
Intensity	屏幕上渐晕的强度
Smoothness	渐晕边框的平滑度
Roundness	较低的值将使平面图更加平滑
Rounded	是否是完全圆形的
Masked	遮罩。该模式将自定义纹理遮罩放在屏幕上以创建 Vignette 效果。 这种模式可以用来实现较不常见的渐晕效果
Color	渐晕的颜色
Mask	用于制作渐晕的遮罩图
Opacity	遮罩的不透明度

20.2.14 Dithering（抖动）

抖动是有意施加噪声以随机量化误差的过程。这样可以防止图像中出现大规模的颜色条纹图案。

20.2.15 Debug Views（调试视图）

后期处理堆栈中提供了一系列调试视图，以查看特定的效果或路径，如深度、法线和运动矢量。这些可以在后期处理配置文件的顶部找到。调试视图将影响游戏视图上其他效果的应用。

包含在后期处理堆栈中的调试视图如下。

- Depth：深度调试视图显示屏幕上像素的深度值。通过调整 Scale 值可以移动这些值以便于查看，如图 20-43 所示。调试视图可用于识别使用深度纹理的效果中的问题，如 Ambient Occlusion 和 Depth of Field。其参数说明如表 20-19 所示。

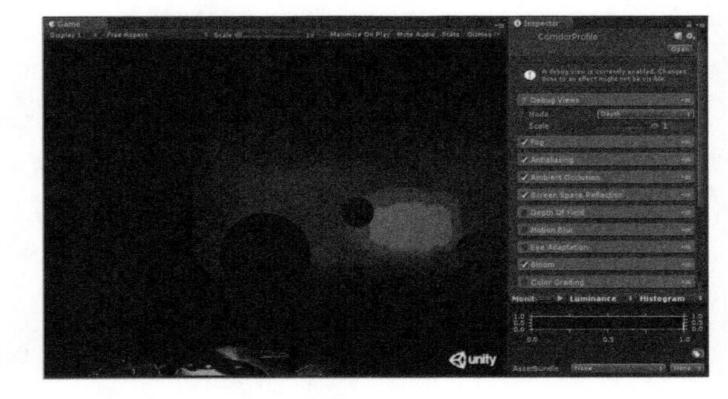

图 20-43

表 20-19　深度调试视图的参数说明表

参数	说明
Scale	在显示深度调试视图之前，将摄像机原平面缩放

- Normals：法线调试视图显示用于各种效果的法线纹理。此调试视图在渲染路径之间有所不同。在 Deferred 渲染路径中，它显示 G-Buffer Normals 纹理，这包括来自对象法线

贴图的细节。在 Forward 渲染路径中，它只显示对象的顶点法线，如图 20-44 所示。此调试视图可用于识别使用法线纹理的所有效果中的问题，如 Screen Space Reflection 和 Ambient Occlusion。

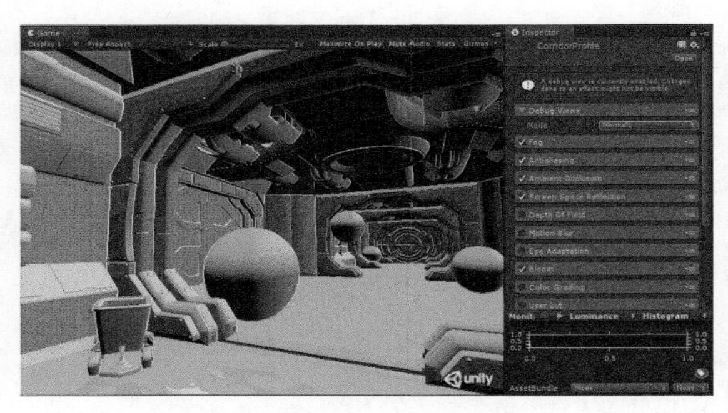

图 20-44

- Motion Vectors：运动矢量调试视图显示运动矢量纹理的可视化。 运动矢量调试视图中有两种类型的可视化。

叠加可视化显示屏幕上每个像素的运动矢量颜色。不同的颜色显示不同的运动方向，更饱和的值表示更高的速度。箭头可视化在屏幕上绘制指示运动方向和速度的箭头，虽不太精确，但易于阅读，如图 20-45 所示。此调试视图可用于识别时间效果问题，如 Motion Blur 和 Temporal Anti-aliasing。

图 20-45

运动矢量调试视图的参数说明如表 20-20 所示。

表 20–20　运动矢量调试视图的参数说明表

参数	说明
Source Image	
Opacity	渲染源的不透明度
Motion Vectors (overlay)	
Opacity	每像素运动矢量的不透明度
Amplitude	由于运动矢量主要是非常小的矢量，因此可以使用此设置使它们更易于看见
Motion Vectors (arrows)	
Opacity	运动矢量箭头的不透明度
Resolution	分辨率屏幕上的箭头密度
Amplitude	振幅调整箭头长度

- Ambient Occlusion：环境光遮罩调试视图显示环境光遮罩效果的最终结果，而不会将其放在场景顶部，如图 20-46 所示。这对识别 Ambient Occlusion 中的问题很有用。

- Eye Adaptation：眼部适应调试视图显示用于 Eye Adaptation 的直方图。直方图中表示亮度的最小值和最大值，以及由效果计算出的当前平均亮度。它们叠加在屏幕的亮度值上，实时更新以指示眼睛适应效果，如图 20-47 所示。这对微调 Eye Adaptation 效果很有用。

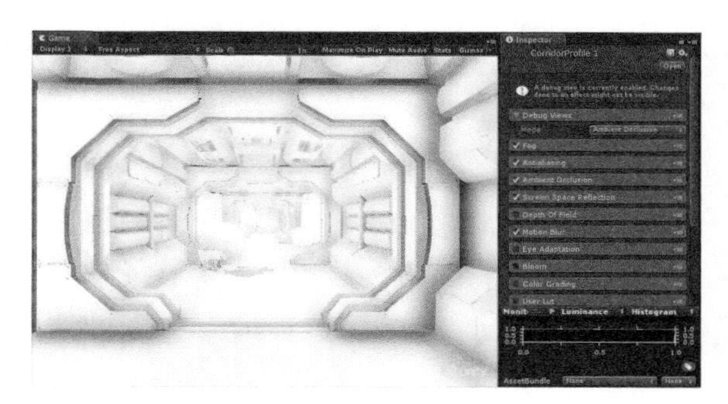

图 20-46

- Focus Plane：焦点平面调试视图显示用于景深的焦距和光圈范围，如图 20-48 所示。这对于设置 Depth of Field 效果非常有用。

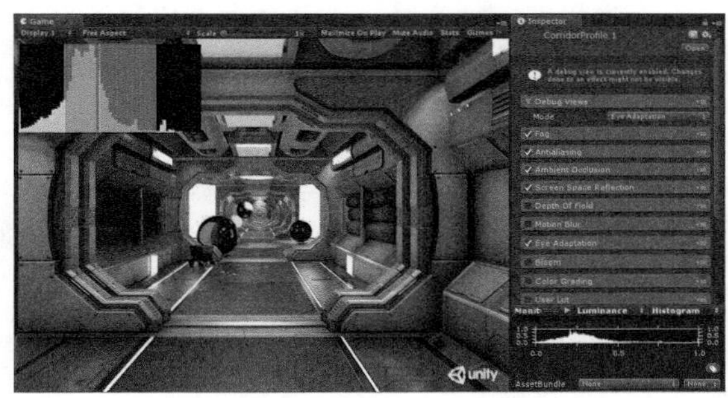

图 20-47

图 20-48

- Pre Grading Log：预分级日志调试视图在日志空间中显示源图像。这是用于大多数颜色分级控制的输入。它显示当前 HDR 视图的日志 / 压缩视图，如图 20-49 所示。这对于识别 Color Grading 中的问题很有用。
- Log Lut：该调试视图显示颜色分级的输出 Lut。这是根据用户设置的参数由颜色分级效果生成的 Lut，如图 20-50 所示。这对于识别 Color Grading 中的问题很有用。
- User Lut：该调试视图显示用户 Lut 的输出 Lut。这是由 Contribution 参数在调整的 Lut 字段中设置的纹理，如图 20-51 所示。这对于识别用户 Lut 中的问题很有用。

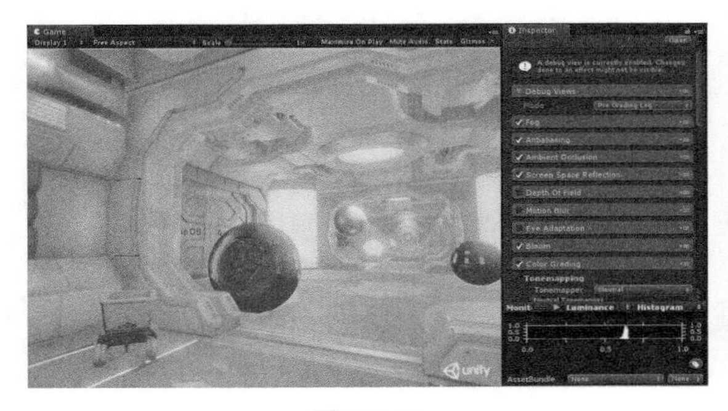

图 20-49

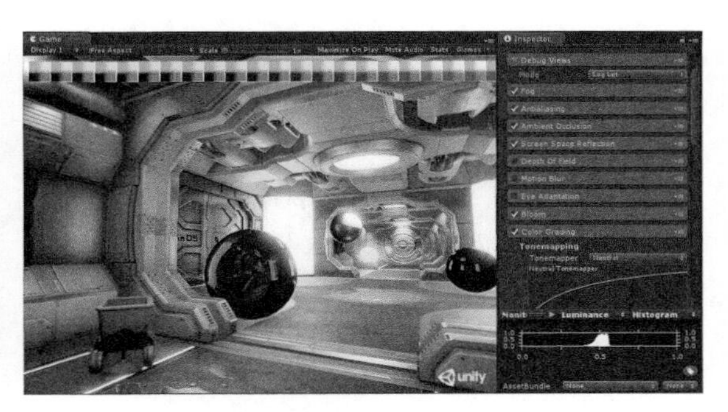

图 20-50

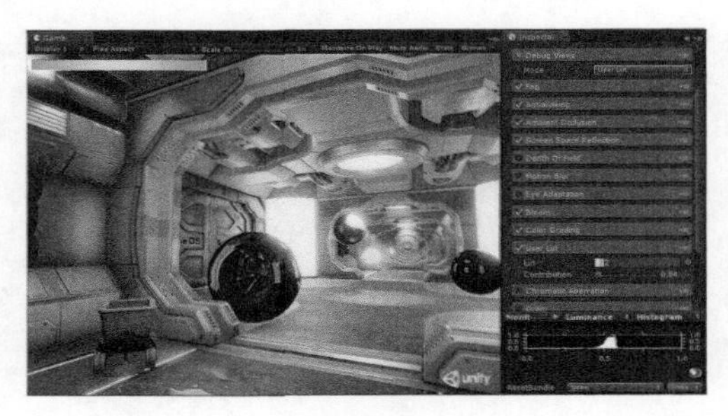

图 20-51

20.2.16 Monitors（监视器）

为了帮助艺术家控制场景的整体外观和曝光度，后期处理堆栈配备了一套符合行业标准的监视器。用户可以在 Inspector 视图的预览区域中找到它们。与 Inspector 视图中的任何其他预览区域一样，用户可以通过单击它来显示 / 隐藏它，并通过右击它的标题来取消它。

通过单击标题栏中带有播放图标的按钮，每个监视器都可以在播放模式下启用以进行实时更新。请注意，这可能会极大地影响编辑器中场景的性能，请谨慎使用。此功能仅在启用了计算着色器的平台上可用。

1. Historgam

标准伽玛直方图，与常见图形编辑软件中的相似。直方图通过绘制每个颜色强度级别的像素数量来说明图像中的像素是如何分布的，如图 20-52 所示。它可以帮助用户确定图像是否正确曝光。

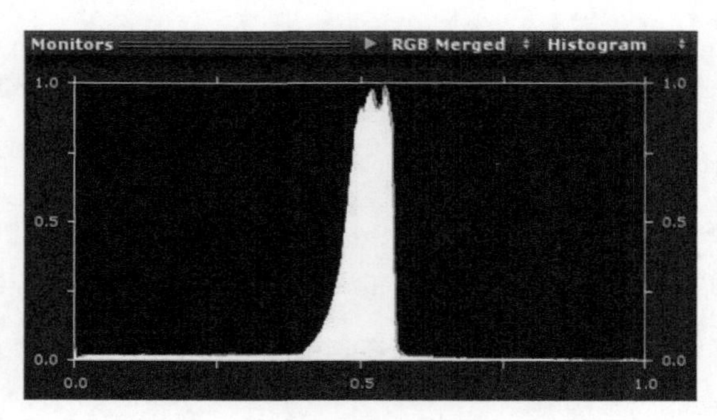

图 20-52

2. Waveform

该监视器在渲染过程中显示全部的亮度信息。图形的水平轴对应于渲染（从左到右），垂直轴是亮度，如图 20-53 所示。可以将其视为高级直方图，每个图像列有一个垂直直方图。

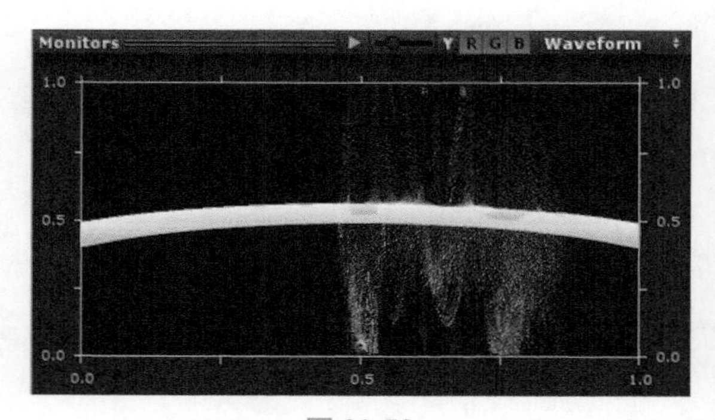

图 20-53

3. Parade

该监视器与波形类似，只是它将图像分别分成红色、绿色和蓝色，如图 20-54 所示。

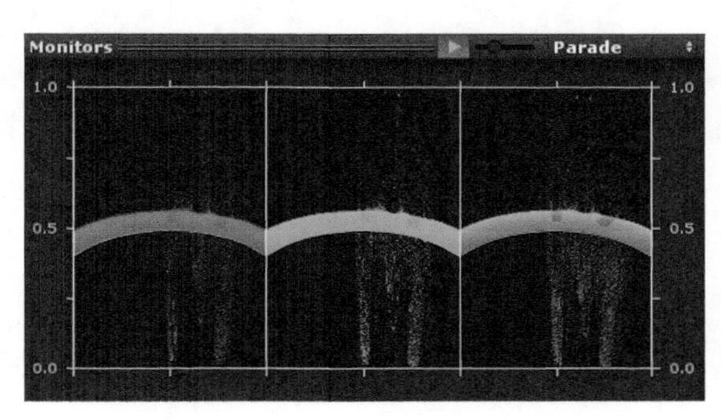

图 20-54

4. Vectorscope

该监视器测量图像中整个色调的范围（标记为黄色、红色、品红色、蓝色、青色和绿色）和饱和度。测量是相对于矢量示波器的中心的，如图 20-55 所示。

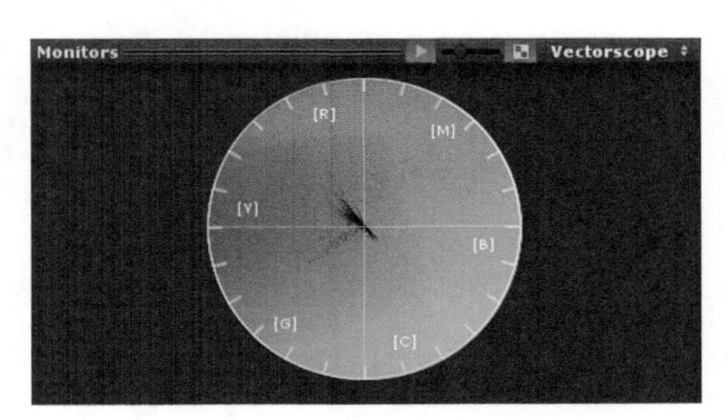

图 20-55

视图中更饱和的颜色将图形的那些部分拉伸得更靠近边缘，而饱和度更低的颜色与表示绝对零饱和度的矢量显示器的中心保持靠近。通过判断 Vectorscope 图形中有多少部分以不同的角度伸出，用户可以看到图像中有多少色调。而且，通过判断 Vectorscope 图形的中心与绝对中心的相对位置差，用户可以了解图像中是否存在色彩不均衡。如果 Vectorscope 图形偏离中心，则它倾斜的方向可让用户知道渲染中存在色偏（色调）。

第 21 章 Shader 开发

21.1 Shader 概述

Shader（着色器）是用来控制可编程图形渲染管线的程序。Shader 是伴随可编程渲染管线出现的，它替代了传统的固定渲染管线，可以在渲染管线中应用 3D 图形学的相关计算，极大地拓展创作者的发挥空间，因此 Shader 的出现可以看作是渲染技术的一次革命。

图 21-1

由于 GPU 采用的是不同于 CPU 的并行运算结构，因此需要一种适用于 GPU 的编程语言。目前这种面向 GPU 的编程有 3 种语言可供选择：微软提供的基于 Direct3D 图形库的 HLSL（High Level Shading Language）、OpenGL ARB 定义的基于 OpenGL 图形库的 GLSL（OpenGL Shading Language）和 NVIDIA 与微软合作研发的 Cg（C for graphics）。其中 Cg 和 HLSL 很相似，Cg 能够同时兼容 Direct3D 和 OpenGL 图形接口，因此 Cg 编写的 Shader 程序可以编译运行在基于 Direct3D 或 OpenGL 的平台上。

新型着色器系统内置了支持基于物理着色的框架，目的在于创建出在各种光照情况下多种多样的真实材质，并且极大改善从美术管线一直到 UI 的工作流。Unity 内建着色器中新增了基于物理渲染的 StandardShader，即使开发者没有非常深厚的 3D 图形学知识，也可以做出基于物理渲染的非常真实的效果，如图 21-1 所示。

Unity 中基于物理的 Standard 着色器可以创建出非常多的不同材质，在同一个页面中通过配置修改不同的参数就可以实现从石头到木头、从金属到塑料等非常接近现实的材质效果。开发者不用再选择和测试众多原有的内建材质，只需选用最新的 StandardShader 标准着色器并配置贴图和参数，即可得到想要的效果。

知识点

所谓基于物理的着色（Physically Based Shading，简称 PBS）就是遵从了 conservation of energy（能量不变原理）的理论，只有这样，才能够真正让场景里面的光源依据能量传递的方式，产生一种自然和谐的光照效果，对于相应的材质也可以采用 BRFD 的材质，做到实时光照渲染。PBS 是新出现的工业标准，被用于当今绝大部分的电影产品。它在创作上有很高的自由度，不论选择什么贴图和材质，物体都会看起来如真实世界中的一样，而且会实时准确地随着光照变化。

21.2 内建 Shader 介绍

21.2.1 内建着色器

为了方便游戏开发者使用，Unity 提供了数量超过 80 个的内建 Shader，包括从最简单的顶点光照效果到高光、法线、反射等游戏中常用的材质效果。这些内建 Shader 的代码可以在 Unity 官方网站上下载，开发者可以基于这些代码开发出更多具有个性化的 Shader，下载页面如图 21-2 所示。

图 21-2

在安装 Unity 编辑器的时候已经安装了一套内建 Shader，根据应用对象的不同纹理可分为以下类别。

- Normal（普通）：用于不透明的对象。
- Transparent（透明）：用于半透明和全透明的对象。
- Transparent Cutout（透明镂空效果）：用于由完全透明和完全不透明部分（不含半透明部分）组成的对象，像栅栏一样。
- Self-Illuminated Shader Family（自发光）：用于有自发光效果的对象。
- Reflective Shader Family（反射）：用于能反射环境立方体贴图的不透明对象。

每个类别下面还各包含若干复杂性各异的 Shader，涵盖了从简单的顶点光照 Shader 到复杂的视差高光 Shader，如图 21-3 所示。

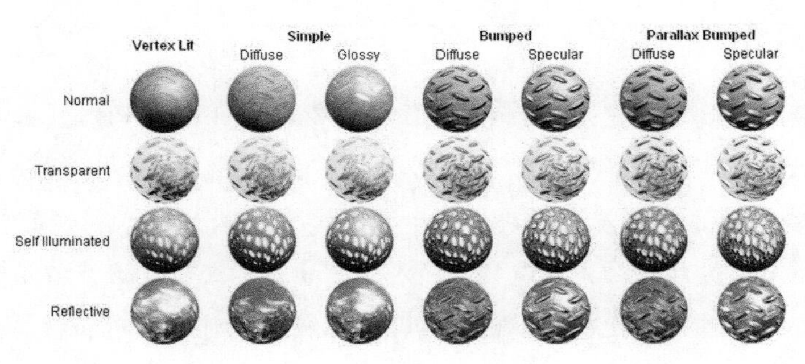

图 21-3

实践操作 62：使用内建着色器

下面将简要介绍如何使用内建 Shader 中常用的顶点光照 Shader 和法线高光 Shader。

1 在 Unity 中导入本书资源包路径为 \Book\Projects\Chapter21 的文件夹下的贴图资源 Stone_floor.tga 和 Stone_floor_n.tga，然后在场景中新建一个 Plane 对象，接着创建一个材质 floorMat 并添加给 Plane，在材质 floorMat 的 Inspector 视图中选择 Shader 下拉框列表中的 Legacy Shaders → VertexLit，然后在 Base（RGB）属性的贴图栏中选择导入的石头贴图 Stone_floor.tga，此时效果如图 21-4 所示。用户可以设置 Main Color（漫反射颜色）、Spec Color（高光颜色）和 Emissive Color（自发光颜色）等参数，还可以通过滑块来调节 Shininess（光照强度）来查看不同的效果。顶点光照 Shader 是 Unity 中最简单的着色器之一。

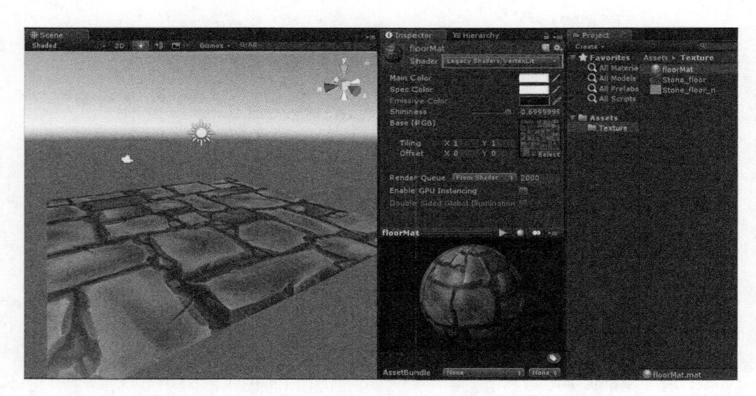

图 21-4

2 接下来介绍如何使用法线高光 Shader。继续上一个例子，新建一个材质球 floorMat_nr 并添加给立方体 Cube，在材质球 floorMat_nr 的 Inspector 视图中选择 Shader 下拉列表中的 Legacy Shaders → Bumped Specular，然后在 Base(RGB)Gloss(A) 属性的贴图栏中选择石头贴图 Stone_floor.tga，在 Normalmap 属性的贴图栏中选择砖墙法线贴图 Stone_floor_n.tga。事实上，通过使用法线高光 Shader 可让物体的凹凸效果更加明显，立体感更强，并且不会增加物体的模型面数，这是游戏常用的 Shader 特效之一，如图 21-5 所示。

如何在效果各异的内建 Shader 中选择最合适的 Shader 是开发者需要考虑的问题。毕竟视觉效果越好的 Shader，一般渲染开销也越大，同时对硬件的要求也越高。游戏开发者需要在游戏画面和游戏性能之间做出平衡。

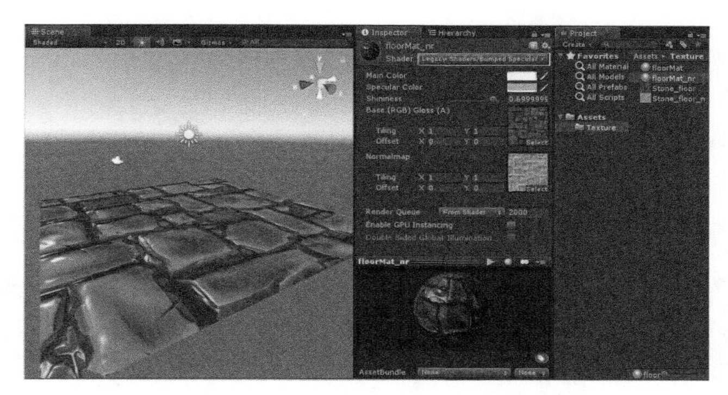

图 21-5

不同光照效果的计算开销，从低到高的排序如下。

- Unlit：仅使用纹理颜色，不受光照影响。
- VertexLit：顶点光照。
- Diffuse：漫反射。
- Specular：在漫反射基础上增加高光计算。
- Normal Mapped：法线贴图，增加了一张法线贴图和几个着色器指令。
- Normal Mapped Specular：带高光法线贴图。
- Parallax Normal Mapped：视差法线贴图，增加了视差贴图的计算开销。
- Parallax Normal Mapped Specular：带高光视差法线贴图。

对于现在流行的移动平台游戏，Unity 也专门提供了几种简单的着色器，放在 Shader 列表中的 Mobile 类别下。如果想提高在移动平台上的游戏性能，建议直接使用这些经过特别优化的 Shader，如图 21-6 所示。

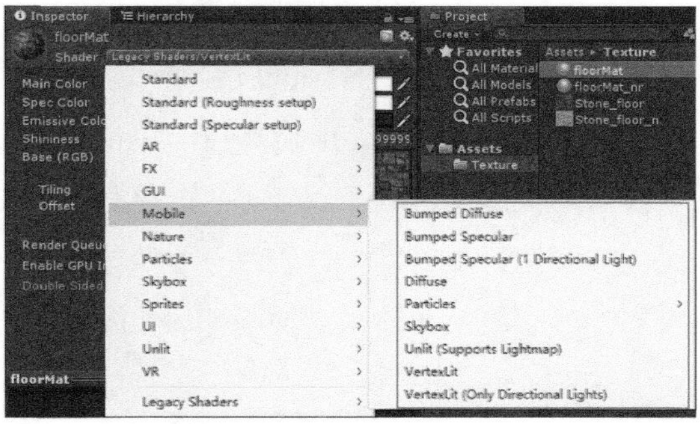

图 21-6

想了解更多关于内建着色器方面的知识，可参阅文档或登录 Unity 官方网站。Unity 中新增的 StandardShader 是基于物理渲染的着色器，使用简便，可以满足绝大部分的渲染需求。当然也可以根据需求使用原有的 Shader，如果要实现非常特殊的着色效果，开发者可能需要编写自定义的着色器。

21.2.2 内建标准着色器

在 Unity 中基于物理着色的内建着色器叫作 StandardShader（标准着色器）。该着色器有选择地吸收了许多其他不同着色器的特色功能，它可以用来渲染“真实世界”的对象，如石头、木头、玻璃、塑料和金属，并且支持各种各样的着色器类型和组合，效果如图 21-7 所示。开发者可以有

图 21-7

选择地使用和设置该着色器的功能，而不用为性能担心。它将满足项目中绝大部分的着色器需要，并且可显著地简化开发工作流程。

标准着色器还包含一种名为 Physically Based Shading 的高级光照模型，基于物理的阴影（PBS）以模仿现实的方式模拟材料和光线之间的相互作用。PBS 最近才成为可实现的实时图形。它在光照和材质需要直观和逼真地一起存在的情况下才能发挥最佳作用。

基于 Physically Based Shader 的理念是创建一个用户友好体验的方式，在不同的光照条件下实现合理的外观。它模拟光在现实中的行为方式，而不使用可能或不可行的多个 ad-hoc 模型。为此，它遵循物理原理，包括能量守恒（意思是物体永远不会反射比它们接收到的光更多的光），菲涅耳反射（所有表面在掠射角都变得更加反射），以及表面如何遮挡它们等。

标准着色器在设计时考虑了坚硬的表面（也称为“建筑材料”），可以处理大多数真实世界的材料，如石头、玻璃、陶瓷、黄铜、银或橡胶。它甚至可以用非硬质的材料，如皮肤、头发等。

StandardShader 材质的创建

创建一个新的材质，从材质的 Inspector 视图的 Shader 下拉菜单中选择 Standard，即标准材质（通常是默认的），如图 21-8 所示。

Standard(Roughness setup) 粗糙度设置材质和 Standard(Specular setup) 高光设置材质属于标准材质中的一种。

StandardShader 的属性介绍

材质使用标准着色器后，在 Inspector 视图中可以看到许多着色器的属性，如图 21-9 所示。不过不用担心，在对它们有了简单的了解后，用户会发现它们非常简单易用。如果对 Shader 有些许了解，会发现这些可供配置的属性都是 Shader 开发中经常见到的，如 Alobedo 漫反射贴图、Specular 高光贴图和 Normal 法线贴图，从字面上就可以了解他们的作用。通过配置这些属性就可以实现所需着色器功能的组合。Unity 会根据配置项来编译着色器代码，并且是基于物理的渲染模型。StandardShader 的这种转换方式使基于物理着色的技术简便易用，改变了传统的工作流程，不仅使开发者能创作出基于物理着色的接近于真实世界的材质，还可大大节省开发的时间和成本。标准着色器的参数说明如表 21-1 所示。

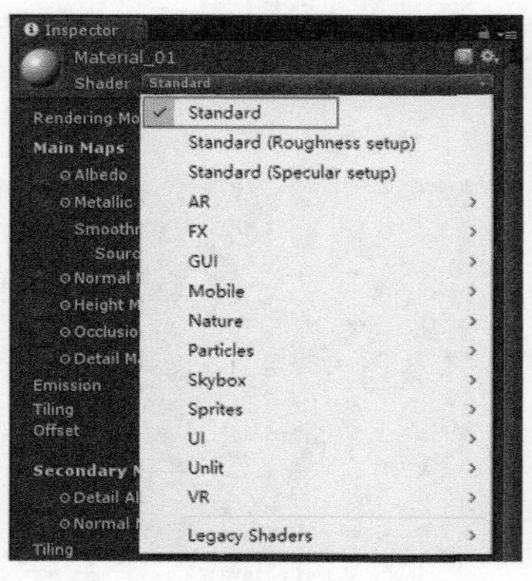

图 21-8

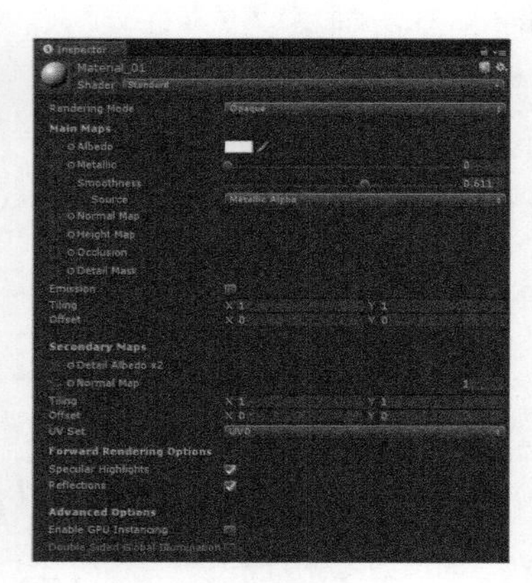
图 21-9

表 21-1　标准着色器的参数说明表

参数	说明
Rendering Mode	渲染模式：在 Opaque（不透明）、Fade（渐变）、Transparent（透明）和 Cutout（镂空）4 个选项间切换
Main Maps	
Albedo	漫反射：设置漫反射的贴图和颜色值
Metallic	金属：设置金属的贴图或金属光滑度
Smoothness	光滑度：设置物体表面的光滑程度
Source	光滑度贴图和通道的来源
Normal Map	法线贴图：用于描绘物体表面凹凸程度的法线贴图
Height Map	高度图：用于描述视差偏移的灰度图
Occlusion	散射：用于设置照射到物体表面的非直接光照散射的贴图
Detail Mask	细节遮罩：用于设置 Secondary Maps 的遮罩贴图
Emission	自发光：用于控制物体表面自发光颜色和强度的贴图
Tiling	平铺：用于设置贴图在物体表面的平铺值
Offset	偏移：用于设置贴图在物体表面的偏移值
Secondary Maps	
Detail Albedo	细节漫反射：2 号贴图的漫反射贴图
Normal Map	法线贴图：2 号贴图的法线贴图
Tiling	平铺：用于设置 2 号贴图在物体表面的平铺值
Offset	偏移：用于设置 2 号贴图在物体表面的偏移值
UV Set	UV 集：用于设置物体的 UV 集
Forward Rendering Options	
Specular Highlights	是否产生镜面高光
Reflections	是否光滑反射
Advanced Options	
Enable GPU Instancing	是否启用 GPU Instancing 技术
Double Sided Global Illumination	如果启用，当计算全局照明时，光照贴图处理器会计算几何图形的两侧。背面不会渲染或添加到光照贴图，但在从其他对象中查看时会被视为有效。当使用渐进式光照贴图背面反射光时，可使用相同的发射和反照率作为正面

注意，这些贴图自身是不包含光照信息的。StandardShader 是基于物理的着色器，不论用户的材质选择的是什么贴图或者什么值，用户创建的物体都会与光照产生反应，就像在真实世界中的一样。这些贴图可以使用同一张贴图，如 RGB 贴图，Alpha 通道、高光、辉光、自发光和蒙版可以使用同一张贴图，开发者不需要为每一个属性添加一个值或者贴图，Unity 仅会使用必要的资源用于 Shader 的计算。标准着色器的功能会根据是否配置了贴图而启用或关闭。举例来说，如果一个贴图被配置到法线贴图栏，就会启用法线贴图功能。若一个功能没有被使用，该功能的着色代码不会在着色器代码中出现。因此，不需要担心会为没有使用到的功能而产生性能上的额外

开销。

StandardShader 的基本原理

基于物理着色的标准着色器的特色是遵循 conservation of energy（能量不变）原理，可以创建出在不同光照环境下都接近真实的材质。下面是一些 Unity 中应用 conservation of energy 原理的规则。

- 表面反射的光线不会比它们收到的更多。
- 光滑的表面会有更强的反射。
- 粗糙的表面反射会更弱一些。
- 高光强度会随着漫反射的强度而改变。
- 所有的表面从某一特定角度看上去会有或多或少的高光。
- 所有的表面在掠射角会有更多反射。

图 21-10 所示是基于物理着色的效果图。

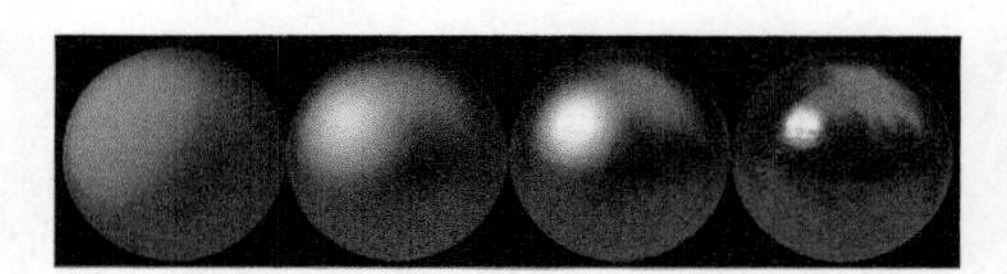

图 21-10

GI 系统是 Unity 不可或缺的部分。标准着色器和 Unity 的 GI 系统都设计得相互配合。GI 系统负责创建和跟踪反射光，光来自材质发射的光和环境光。

实践操作 63：使用标准着色器

下面介绍使用标准着色器创建法线高光效果。

1 在场景中新建一个 Plane 对象，接着创建一个材质 Material_01 并添加给 Plane，在材质 Material_01 的 Inspector 视图中选择 Shader 下拉列表中的 Standard，然后在 Albedo 属性的贴图栏中选择导入的石头贴图 Stone_floor.tga，此时效果如图 21-11 所示。

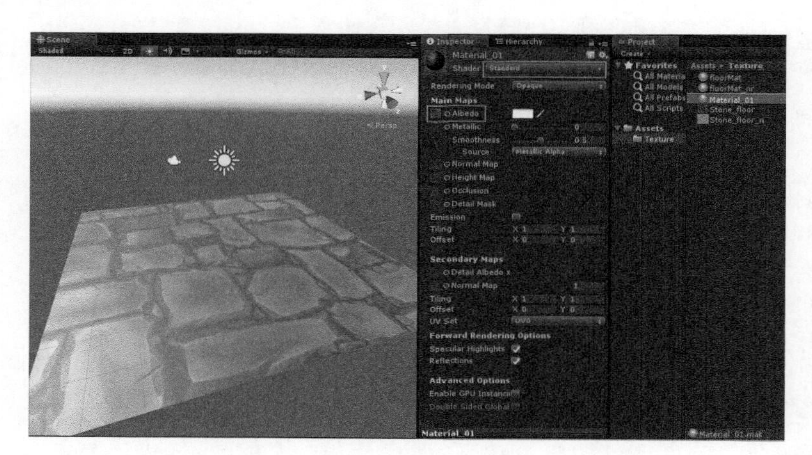

图 21-11

2 将材质 Material_01 的 Normal Map 设置为 Stone_floor_n.tga，并将其 Metallic 下的 Source 设置为 Albedo Alpha，最终效果如图 21-12 所示。

3 更多参数效果可以自行尝试调整并观察具体效果。

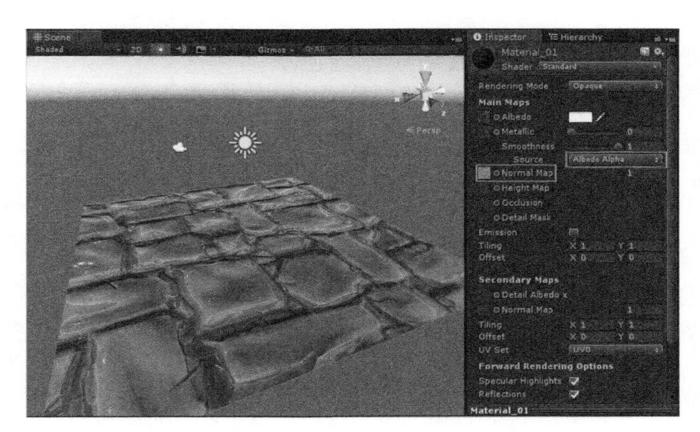

图 21-12

21.3 Shader 的创建

（1）在 Unity 中，开始编写 Shader 代码前，需要在项目工程中创建一个 Shader 文件，这点和编写脚本一样。在 Unity 中新建 Shader 文件的方法是依次单击菜单栏中的 Assets → Create → Shader，进而创建一个 Shader，如图 21-13 所示。或者也可以复制一个现有的 Shader，然后在其基础上进行修改。

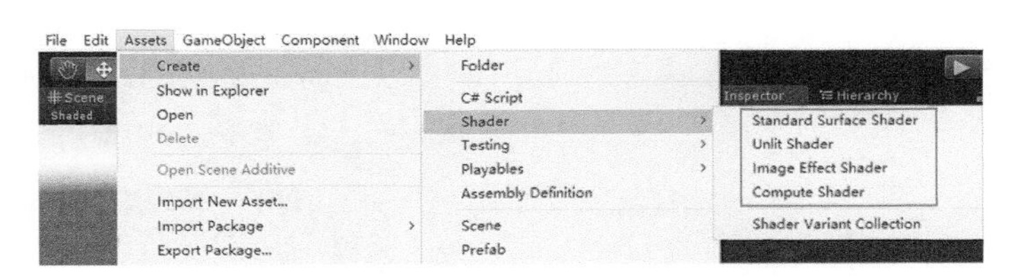

图 21-13

Unity 提供了 4 种 Shader 模板供用户选择。

- Standard Surface Shader：标准的表面着色器模板。
- Unlit Shader：无光照着色器模板。它是一个不包含光照（但包含雾效）的基本顶点 / 片段着色器。
- Image Effect Shader：用于后期屏幕渲染特效的着色器模板。
- Compute Shader：Compute Shader 是一个在 GPU 中执行的程序，不需要操作网格 mesh 和贴图 texture 数据，在 OpenGL 或 DirectX 存储空间中工作（不像 OpenCL 有自己的存储空间），并且能输出数据的缓冲或贴图，跨线程的执行分享存储。现在 Unity 只支持 DirectX11 的 Compute Shader。该 Shader 需要使用 HLSL 编程语言。

（2）在 Project 视图中找到 Shader 文件，双击文件，默认 Unity 会在 MonoDevelop 中打开它。在新建的 Shader 文件中包含一段最简单的着色器代码。用户可以在其基础上添加自己的代码。

（3）Unity 提供了丰富的内建 Shader，基本能够满足普通的开发需求。如果内建的 Shader 无法满足需求，就需要开发者编写自己的 Shader 或者在 Asset Store 上下载内建 Shader 代码。

（4）编写 Shader 需要对 OpenggGL 或者 Direct3D 的渲染状态有基本的了解，以及一些关于固定功能管线、可编程管线、Cg/HLSL/GLSL 编程语言的知识。在 NVIDIA 和 AMD 的网站上可以找到很多这方面的资料。

在 Unity 中，开发者可以编写 3 种类型的 Shader，分别如下。

- 表面着色器 (Surface Shaders)：通常情况下用户都会使用这种 Shader，它可以与灯光、阴影、投影器进行交互。表面着色器的抽象层次比较高，它可以容易地以简洁的方式实现出复杂的着色器效果。表面着色器可同时正常工作在前向渲染及延迟渲染模式下。表面着色器用 Cg/HLSL 语言进行编写。
- 顶点和片段着色器 (Vertex and Fragment Shaders)：如果用户需要一些表面着色器无法处理的酷炫效果，或者是用户写的 Shader 不需要与灯光进行交互，或是用户想要的只是全屏图像效果，那么可以使用顶点和片段着色器。这种 Shader 可以非常灵活地实现用户需要的效果，但是用户需要编写更多的代码，并且很难与 Unity 的渲染管线完美集成。顶点和片段着色器同样是用 Cg/HLSL 来编写的。
- 固定功能管线着色器 (Fixed Function Shaders)：如果游戏要运行在不支持可编程管线的老旧硬件上，就需要编写这种 Shader。固定功能管线着色器可以作为片段或表面着色器的备用选择，这在当硬件无法运行那些酷炫 Shader 的时候，可以通过固定功能管线着色器来绘制出一些基本的内容。固定功能管线着色器完全以 ShaderLab 编写，类似于微软的 Effects 或是 NVIDIA 的 CgFX。

（5）使用哪种 Shader 需要根据游戏的画面需求、以及游戏运行的硬件平台来决定。这 3 种 Shader 也可以在游戏项目里一起使用，以满足不同的需要。无论编写哪种 Shader，实际的 Shader 代码（比如 Cg/HLSL 代码）都需要嵌在 ShaderLab 代码中，Unity 需要通过 ShaderLab 代码来组织 Shader 的结构。例如下面代码。

```
Shader "MyShader" {//Shader 的名称
    Properties {
        _MyTexture ("My Texture", 2D) = "white" { }
        // 在这里定义 Shader 中使用的属性，例如颜色，向量，纹理
    }
    SubShader {
        // 在这里编写 Shader 的实现代码
        // 包括表面着色器、顶点和片段着色器的 Cg/HLSL 代码
        // 或者是固定功能管线着色器的 ShaderLab 代码
    }
    SubShader {
    // 在这里实现简化版的备选 Shader，用于在不支持高级 Shader 特性的老硬件上运行
 }
}
```

21.4 ShaderLab 基础语法

Unity 提供了一种名为 ShaderLab 的着色器语言来编写 Shader，其语法类似于常用的 Cg，该语言能够描述材质所需要的各种属性，并且可以很方便地通过编辑器的 Inspector 视图来查看和修改。Unity 支持的 3 种 Shader（固定功能管线着色器、表面着色器、顶点片段着色器）都需要

通过 ShaderLab 代码来组织。

下面以 Standard Surface Shader 示例来介绍 ShaderLab 的语法。

```
Shader "Custom/MySurfaceShader" {
    Properties {
        _Color ("Color", Color) = (1, 1, 1, 1)
        _MainTex ("Albedo (RGB)", 2D) = "white" {}
        _Glossiness ("Smoothness", Range(0, 1)) = 0.5
        _Metallic ("Metallic", Range(0, 1)) = 0.0
    }
    SubShader {
        Tags { "RenderType"="Opaque" }
        LOD 200

        CGPROGRAM
        // 基于物理的标准光照模型，并在所有灯光类型上启用阴影
        #pragma surface surf Standard fullforwardshadows

        // 使用着色器模型 3.0 的目标，以获得更好看的光照
        #pragma target 3.0

        sampler2D _MainTex;

        struct Input {
            float2 uv_MainTex;
        };

        half _Glossiness;
        half _Metallic;
        fixed4 _Color;

        // 为此着色器添加实例化支持
        UNITY_INSTANCING_BUFFER_START(Props)
        // 在这里放置更多的每个实例的属性
        UNITY_INSTANCING_BUFFER_END(Props)

        void surf (Input IN, inoutSurfaceOutputStandard o) {
            // 反照率来自于纹理上的颜色
            fixed4 c = tex2D (_MainTex, IN.uv_MainTex) * _Color;
            o.Albedo = c.rgb;
            // 金属和光滑度来自滑块变量
            o.Metallic = _Metallic;
            o.Smoothness = _Glossiness;
            o.Alpha = c.a;
        }
        ENDCG
    }
    FallBack "Diffuse"
}
```

该 Shader 运行效果如图 21-14 所示。

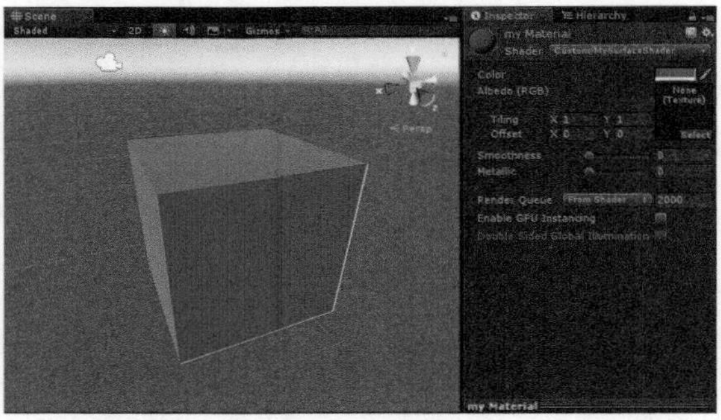

图 21-14

Shader 的一些关键字的解释如下。

Shader 根命令：每个着色器都需要定义一个唯一的 Shader 根命令。它的语法如下：

```
Shader"着色器名称"{
Properties{}    //属性定义
SubShader{}    //子着色器 1
SubShader{}    //子着色器 2
… …
Fallback      "备用着色器名称" //如果所有子着色器都不能运行，则使用备用着色器
}
```

示例中着色器的名称为 MySurfaceShader。

- Properties 属性定义：用来定义着色器中使用的贴图资源或者数值参数等。这些属性会在 Inspector 视图的材质界面中显示，可以方便地进行设置及修改。在示例中，Properties 代码块里定义了一个名为 Color 的颜色属性、Albedo (RGB) 的纹理属性、Smoothness 的光滑度值以及 Metallic 的金属参数。
- SubShader 子着色器：一个着色器包含有一个或者多个子着色器。当 Unity 使用着色器渲染时，会从上到下遍历子着色器，找到第一个能被用户设备支持的子着色器，并使用该子着色器进行渲染。如果没有子着色器能够运行，Unity 则会使用备用着色器。

  因为硬件型号众多，新旧不一，如何让游戏在不同的硬件平台上运行良好，需要开发者深入研究。Unity 当然希望在最新的硬件平台上展现最优秀的游戏画面，但是也不想将使用旧设备的用户拒之门外，因此在着色器中编写多个子着色器来适配不同能力的硬件平台是非常有必要的。
- FallBack 备用着色器：备用着色器一般会指定一个对硬件要求最低的 Shader，当所有子着色器都不能运行时，Unity 会使用备用着色器来渲染。

21.4.1 Properties 属性

着色器的属性定义在属性代码块中，语法如下：

```
Properties
{
  属性列表
}
```

Unity 着色器中可以定义的属性如表 21-2 所示。

表 21-2 Unity 着色器可定义的属性

语法	说明
名称（“显示名称”，Vector) = 默认向量值	定义一个四维向量属性
名称（“显示名称”，Color) = 默认颜色值	定义一个颜色（取值范围为 0 到 1 的四维向量）属性
名称（“显示名称”，Float) = 默认浮点数值	定义一个浮点数属性
名称（“显示名称”，Range (min，max)) = 默认浮点数值	定义一个浮点数范围属性，取值从 min 到 max
名称（“显示名称”，2D) = 默认贴图名称 { 选项 }	定义一个 2D 纹理属性
名称（“显示名称”，Rect) = 默认贴图名称 { 选项 }	定义一个矩形纹理属性（非 2 的 n 次幂）
名称（“显示名称”，Cube) = 默认贴图名称 { 选项 }	定义一个立方体纹理属性

表中的名称指的是 Shader 代码中使用的属性名称，显示名称指的是 Inspector 视图中用于显示的名称字符串。选项指的是一些纹理的可选参数，如下。

- TexGen：纹理生成模式，可以是 ObjectLinear、EyeLinear、SphereMap、CubeReflect、CubeNormal 中的一种，这些模式与 OpenGL 的纹理生成模式相对应。如果使用了自定义的顶点程序，那么该参数将会被忽略。
- LightmapMode：如果使用该选项，那么纹理将会受渲染器的光照贴图参数影响。纹理将不会从材质中获取，而是取自渲染器的设置。

属性定义的示例如下：

```
Properties {
    // 这是取自水面着色器的属性列表
    _WaveScale ("Wave scale", Range (0.02, 0.15)) = 0.07 // 范围数值
    _ReflDistort ("Reflection distort", Range (0, 1.5)) = 0.5
    _RefrDistort ("Refraction distort", Range (0, 1.5)) = 0.4
    _RefrColor ("Refraction color", Color)  = (.34, .85, .92, 1) // 颜色
    _ReflectionTex ("Environment Reflection", 2D) = "" {} // 纹理
    _RefractionTex ("Environment Refraction", 2D) = "" {}
    _Fresnel ("Fresnel (A) ", 2D) = "" {}
    _BumpMap ("Bumpmap (RGB) ", 2D) = "" {}
}
```

在 Inspector 视图中的效果如图 21-15 所示。

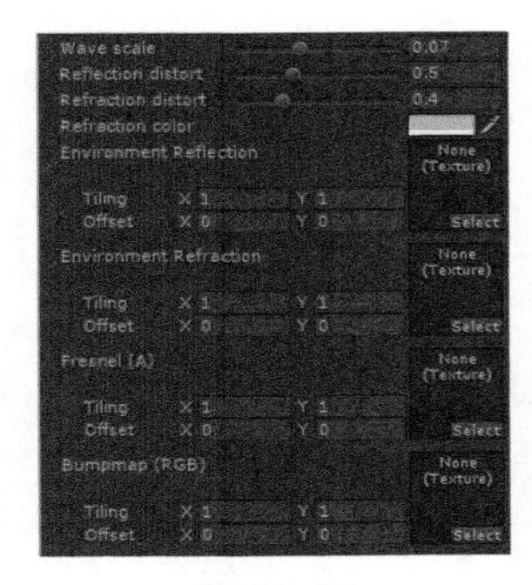

图 21-15

21.4.2 SubShader 子着色器视图

Unity 的着色器包含一个或者多个子着色器。在渲染时会从上到下遍历子着色器列表，找到第一个能运行的子着色器用于渲染。子着色器由标签（可选）、通用状态（可选）、Pass 列表组成。定义子着色器的语法如下：

```
SubShader {
[Tags] [CommonState] Pass def [Pass def ...]
}
```

在 Unity 使用子着色器进行渲染时，每个 Pass 都会渲染一次对象（有时根据光照交互情况会渲染多次）。由于每次渲染都会造成一定的开销，因此在硬件能力允许的情况下，尽量减少不必要的 Pass 数量。

下面是子着色器的一个简单例子（使用固定功能管线着色器）。

```
SubShader {
    Pass {
        Lighting Off                //关闭灯光
        SetTexture [_MainTex] {}        //使用纹理 MainTex
    }
}
```

在每个 Pass 中，对象的几何体都被渲染一次。定义 Pass 的语法如下：

```
Pass {
  [Name and Tags] [Render Setup]
}
```

Pass 包含一个可选的名称和标签列表、一个可选的渲染命令列表和一个可选的纹理列表。

- 名称和标签（Name and tags）：可以定义 Pass 的名字以及任意数量的标签。为 Pass 命名后，可以在别的着色器中通过 Pass 名称来引用它。标签则可以用来向渲染管线说明 Pass 的意图，它是键 - 值对的形式。
- 渲染设置（Render Setup）：Pass 里可以设置图形硬件的各种状态，如开启 Alpha 混合、开启雾效等。

Pass 里可用的渲染设置命令如表 21-3 所示（命令具体的使用方法可以参考用户手册）。

表 21-3　Pass 里可用的渲染设置命令

命令	说明
Material { } 材质	定义一个使用顶点光照管线的材质
Lighting 光照	设置光照，取值为 On 或 Off
Cull 裁剪	设置裁剪模式，模式包括 Back、Front、Off
ZTest 深度测试	设置深度测试模式，模式包括 Less、Greater、LEqual 、GEqual、Equal、NotEqual、Always
ZWrite 深度缓存写入	设置深度缓存写入开关，取值为 On 或 Off

续表

命令	说明
Fog { } 雾效	设置雾效参数
AlphaTest Alpha 测试	设置 Alpha 测试，模式有 Less、Greater、LEqual 、GEqual 、Equal、NotEqual、Always
Blend alpha 混合	设置 alpha 混合模式
Stencil 蒙版（新增）	用蒙版来实现像素的取舍操作，选项有 Keep、Zero、Replace，IncrSat、DecrSat、Invert、IncrWrap 和 DecrWrap
Color 颜色	设置顶点光照关闭时使用的颜色值
ColorMask 颜色遮罩	设置颜色通道写入遮罩。当值为 0 时关闭所有颜色通道的渲染。默认模式是写入所有通道（RGBA)，但是对于某些特殊效果，用户可能希望保留某些通道不被修改，或者完全禁用颜色写入。当使用多重渲染目标（MRT）渲染时，可以通过在最后添加索引（0 ~ 7) 为每个渲染目标设置不同的颜色遮罩。例如，ColorMask RGB 3 将使渲染目标 3 只写入 RGB 通道
Offset 深度偏移	设置深度偏移
SeparateSpecular 高光颜色	开启或关闭顶点光照的独立高光颜色，取值为 On 或 Off
ColorMaterial 颜色集	当计算顶点光照时使用每个顶点的颜色

另外，Unity 中还可以使用 2 种特殊的 Pass 来重用一些常用功能，或者是实现一些高级特效，如下。

（1）UsePass：可以通过 UsePass 来重用其他着色器中命名的 Pass，如下：

```
UsePass "Specular/BASE"  // 使用高光着色器 Specular 中名为 BASE 的 Pass
```

UsePass 可以减少代码的重复，通过代码重用来提高开发效率，有点类似于脚本里定义的一些公共函数。

（2）GrabPass：将屏幕抓取到一个纹理中，供后续的 Pass 使用，可以通过 _GrabTexture 来访问。

21.4.3 Fallback 备用着色器

Fallback 语句一般位于所有子着色器之后。它的含义是如果当前硬件不支持任何子着色器运行，那么将使用备用着色器。

Fallback 语句的用法有以下两种。

（1）Fallback“备用着色器名称”，如 Fallback“Diffuse”。

（2）Fallback Off，显式声明不使用备用着色器，当没有子着色器能够运行的时候也不会有任何警告。

21.4.4 Category（分类）

Category（分类）是它下面任何命令的逻辑分组。这主要用于“继承”呈现状态。例如，用户的着色器可能有多个子空间，每个都需要雾关闭，混合设置为添加剂等。可以使用 Category 来说明，如下：

```
Shader "example" {
```

```
Category {
    Fog { Mode Off }
    Blend One One
    SubShader {
        // ……
    }
    SubShader {
        // ……
    }
    // ……
}
}
```

分类块只影响着色器解析，它完全等同于“粘贴”类别内的任何状态到其下面的所有区块上。它不会影响着色器执行的速度。

21.5 自定义 Shader

21.5.1 Fixed Function Shaders（固定功能管线着色器）

固定功能管线着色器一般用于不支持高级着色器特性的旧硬件上。固定功能管线着色器完全采用 ShaderLab 编写。Unity 里内建了很多固定功能管线着色器，读者可以下载 Unity 内建 Shader 的代码来学习和参考。

固定功能管线着色器的关键代码一般都在 Pass 的材质设置 Material{} 和纹理设置 SetTexture{} 部分。

现在以 Unity 中内建的顶点光照着色器 (VertexLit) 为例进行说明，如下：

```
//顶点光照着色器的代码
Shader"Custom/VertexLit"{
    Properties {//属性定义
        _Color ("Main Color", Color) = (1, 1, 1, 0.5)
        _SpecColor ("Spec Color", Color) = (1, 1, 1, 1)
        _Emission ("Emmisive Color", Color) = (0, 0, 0, 0)
        _Shininess ("Shininess", Range (0.01, 1)) = 0.7
        _MainTex ("Base (RGB)", 2D) = "white" { }
    }
    SubShader {
        Pass {//Pass 定义
            Material {//设置光照所需的材质参数
                Diffuse [_Color]
                Ambient [_Color]
                Shininess [_Shininess]
                Specular [_SpecColor]
                Emission [_Emission]
            }
```

```
            Lighting On    // 开启照明
            SeparateSpecular On    // 启用高光颜色
            SetTexture [_MainTex] { // 设置纹理
                constantColor [_Color] // 设置一个常量颜色值
                combine texture * primary DOUBLE, texture * constant// 混合命令
            }
        }
    }
}
```

顶点光照着色器的效果如图 21-16 所示。

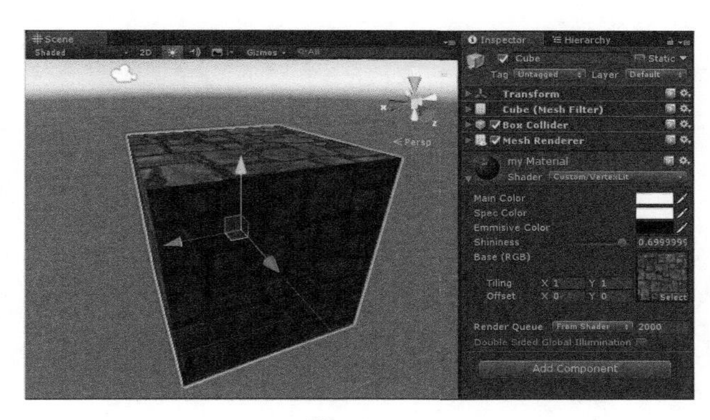

图 21-16

21.5.2 Surface Shaders（表面着色器）

在 Unity 中，表面着色器的关键代码用 Cg/HLSL 编写，然后嵌在 ShaderLab 的结构代码中使用。在编写 Shader 时，表面着色器采用更加面向组件的方式。处理贴图纹理坐标和变换矩阵的工作会在后台完成，因此用户不需要处理那么多复杂的数学运算。使用表面着色器，用户仅需编写最关键的表面函数，其余周边代码将由 Unity 自动生成，包括适配各种光源类型、渲染实时阴影以及集成到前向 / 延迟渲染管线中等。

编写表面着色器有如下几个规则。

（1）表面着色器的实现代码需要放在 CGPROGRAM...ENDCG 代码块中，而不是 Pass 结构中。它会自己编译到各个 Pass。

（2）使用 #pragma surface... 来指明它是一个表面着色器，如下：

```
#pragma surface 表面函数 光照模型 [ 可选参数 ]
```

其中表面函数用来说明哪个 Cg 函数包含有表面着色器代码。表面函数的形式如下：

```
void surf (Input IN, inoutSurfaceOutput o)。
```

光照模型可以是内置的 Lambert 和 BlinnPhong，或者是自定义的光照模型。

表面函数的作用是接收输入的 UV 或者附加数据，然后进行处理，最后将结果填充到输出结构体 SurfaceOutput 中。

输入结构体 Input 一般包含着色器所需的纹理坐标，纹理坐标的命名规则为 UV 加纹理名称

（当使用第二张纹理时使用 UV2 加纹理名称）。另外还可以在输入结构中设置一些附加数据，数据包括如表 21-4 所示。

表 21-4　附加数据说明表

附加数据	说明
float3 viewDir	视角方向
float4 COLOR	每个顶点的插值颜色
float4 screenPos	屏幕坐标（使用 .xy/.w 来获得屏幕 2D 坐标）
float3 worldPos	世界坐标
float3 worldRefl	世界坐标系中的反射向量
float3 worldNormal	世界坐标系中的法向量
INTERNAL_DATA	当输入结构包含 worldRefl 或 worldNormal 且表面函数会写入输出结构的 Normal 字段时需包含此声明

SurfaceOutput 描述了表面的各种参数，它的标准结构如下：

```
structSurfaceOutput {
    half3 Albedo;  // 反射光
    half3 Normal;  // 法线
    half3 Emission;  // 自发光
    half Specular;  // 高光
    half Gloss;   // 光泽度
    half Alpha;  // 透明度
};
```

将输入数据处理完毕后，将结果填充到输出结构体中。

21.5.3 Vertex and Fragment Shaders（顶点片段着色器）

顶点片段着色器运行于具有可编程渲染管线的硬件上，它包括顶点程序（vertex programs）和片段程序（fragment programs）。当在使用顶点程序或片段程序进行渲染的时候，图形硬件的固定功能管线将会关闭，具体来说就是开发者写的顶点程序会替换掉固定管线中标准的 3D 变换、光照、纹理坐标生成等功能，而片段程序会替换掉 SetTexture 命令中的纹理混合模式，因此编写顶点片段着色器需要对 3D 变换、光照计算等有非常透彻的了解。开发者需要自行编写代码来替代 D3D 或者 OpenGL 原先在固定功能管线中要做的工作，这听起来有点挑战性，但是另一方面会获得更大的自由创作空间和更为强大的画面效果，这是让游戏看起来与众不同的关键所在。

与表面着色器一样，顶点片段着色器也需要用 Cg/HLSL 来编写核心代码，代码用 CGPROGRAM ENDCG 语句包围起来，放在 ShaderLab 的 Pass 命令中，语法如下：

```
Pass {
     // 通道设置
     CGPROGRAM
     // 本段 Cg 代码的编译指令
     #pragma vertex vert
```

```
    #pragma fragment frag
    //Cg 代码
    ENDCG
    // 其他通道设置
}
```

顶点片段着色器中编译命令的一些说明，如下。

- 编译命令（compilation directive）。

可用的编译命令如表 21-5 所示。

表 21-5 顶点片段着色器可用的编译命令

#pragma vertex name	将函数 name 的代码编译成顶点程序
#pragma fragment name	将函数 name 的代码编译成片段程序
#pragma geometry name	将函数 name 的代码编译成 DX10 的几何着色器（geometry shader）
#pragma hull name	将函数 name 的代码编译成 DX11 的 hull 着色器
#pragma domain name	将函数 name 的代码编译成 DX11 的 domain 着色器
#pragma fragmentoption option	添加选项到编译的 OpenGL 片段程序。对于顶点程序或编译目标不是 OpenGL 的程序无效
#pragma target name	设置着色器的编译目标
#pragma only_renderers space separated names	仅编译到指定的渲染平台
#pragma exclude_renderers space separated names	不编译到指定的渲染平台
#pragma glsl	为桌面系统的 OpenGL 进行编译时，将 Cg/HLSL 代码转换成 GLSL 代码
#pragma glsl_no_auto_normalization	编译到移动平台 GLSL 时（iOS/Android），关闭在顶点着色器中对法线向量和切线向量自动进行的规范化

- 编译目标（Shader targets）。

编译目标可以设置为：#pragma target 2.0、#pragma target 3.0、#pragma target 4.0、#pragma target 5.0，它们分别对应不同版本的着色器模型（Shader model）。

- 渲染平台（Rendering platforms）。

Unity 支持多种图形 API，目前支持的 API 包括以下几种。

（1）d3d9：即 Direct3D 9。

（2）d3d11：即 Direct3D 11。

（3）opengl：即 OpenGL。

（4）gles：即 OpenGL ES 2.0。

（5）gles3：即 OpenGL ES 3.0。

（6）metal：即 iOS Metal。

（7）d3d11_9x：即 Direct3D 11 9.x feature level。

（8）xbox360：即 Xbox360。

（9）xbox one：即 Xbox One。

（10）ps3：即 PlayStation3。

（11）ps4：即 PlayStation4。

（12）psp2：即 PlayStation Vita。

21.6 综合案例：着色器编写实例

21.6.1 表面着色器

（1）将本书资源包路径为 \Book\Projects\Chapter21 的文件夹下的 Knight.unitypackage 资源包导入 Unity，然后将 Knight\prefabs\knightprefab 预制对象添加到场景中，如图 21-17 所示。

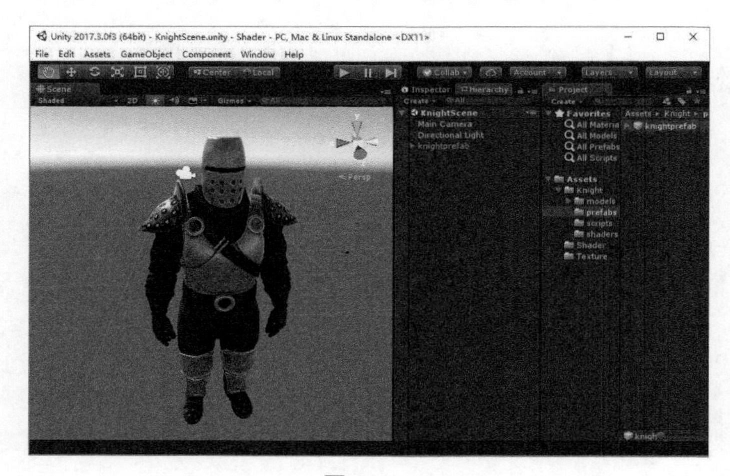

图 21-17

（2）新建 Standard Surface Shader 并命名为 Diffuse Simple，使用内置的 Lambert 光照模型，并设置表面颜色为白色，代码如下：

```
Shader "Custom/Diffuse Simple" {
    SubShader{
      Tags{ "RenderType" = "Opaque" }
      CGPROGRAM  //表面着色器的实现代码
      //指明着色器类型，表面函数和光照模型
     #pragma surface surf Lambert
      struct Input { //输入的数据结构体
             float4 color:COLOR;
      };
      void surf(Input IN, inoutSurfaceOutput o) {//表面函数
             o.Albedo = 1;    //输出颜色值
      }
      ENDCG
  }
  Fallback "Diffuse"   //备选着色器
}
```

（3）新建材质并命名为 body Material，然后将材质赋值给角色，最后将材质着色器设置为 Diffuse Simple，此时模型渲染效果如图 21-18 所示。

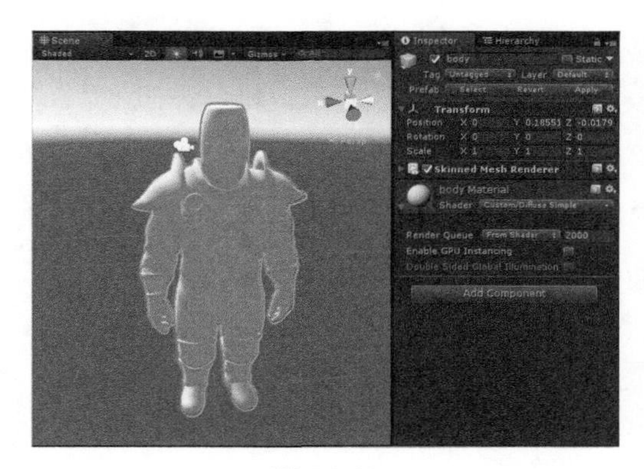

图 21-18

（4）打开 Diffuse Simple，添加纹理，Shader 代码如下：

```
Shader "Custom/Diffuse Simple" {
    Properties{// 添加纹理属性
      _MainTex("Texture", 2D) = "white" {}
    }
    SubShader{
      Tags{ "RenderType" = "Opaque" }
      CGPROGRAM
      #pragma surface surf Lambert
      struct Input { // 输入的数据结构体
      float2 uv_MainTex;
      };
      sampler2D _MainTex;
      void surf(Input IN, inoutSurfaceOutput o) {//Cg 函数
            o.Albedo = tex2D(_MainTex, IN.uv_MainTex).rgb;
      }
      ENDCG
    }
    Fallback "Diffuse"
}
```

（5）将材质的 Texture 参数指定为角色纹理 knight1Specular，此时渲染效果如图 21-19 所示。

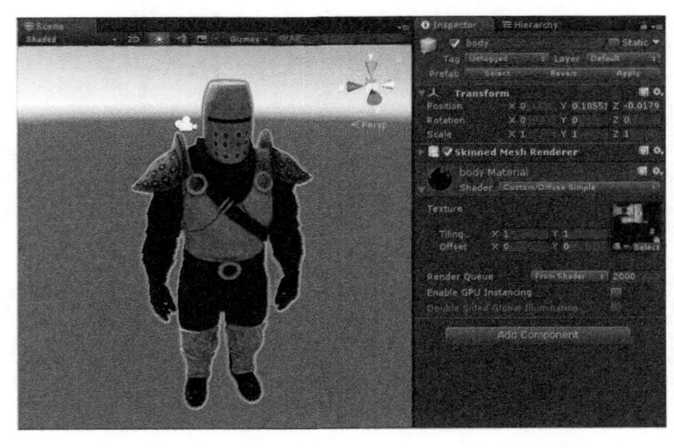

图 21-19

（6）打开 Diffuse Simple，添加法线贴图，Shader 代码如下：

```
Shader "Custom/Diffuse Simple" {
    Properties{
      _MainTex("Texture", 2D) = "white" {}
      _BumpMap("Bumpmap", 2D) = "bump" {} //添加法线贴图属性
    }
    SubShader{
      Tags{ "RenderType" = "Opaque" }
      CGPROGRAM
      #pragma surface surf Lambert
      struct Input {
      float2 uv_MainTex;
      float2 uv_BumpMap;
      };
      sampler2D _MainTex;
      sampler2D _BumpMap; //法线贴图
      void surf(Input IN, inoutSurfaceOutput o) {
      o.Albedo = tex2D(_MainTex, IN.uv_MainTex).rgb;
      o.Normal = UnpackNormal(tex2D(_BumpMap, IN.uv_BumpMap));//设置法线
      }
      ENDCG
    }
    Fallback "Diffuse"
}
```

（7）将材质的 Bumpmap 参数指定为角色纹理 knight1Normal，此时渲染效果如图 21-20 所示。

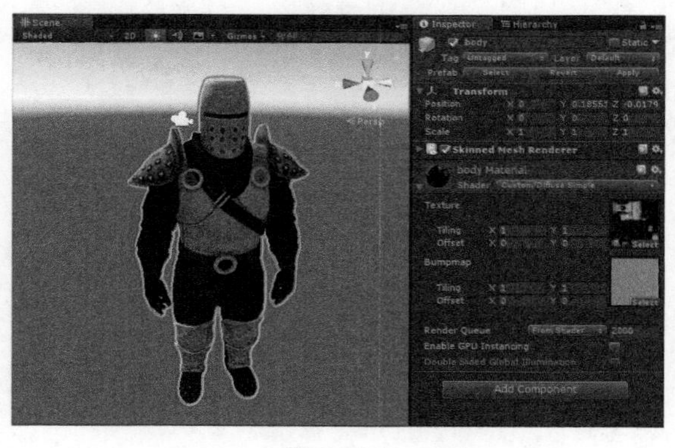

图 21-20

21.6.2 顶点片段着色器

（1）沿着法线方向移动顶点。新建 Standard Surface Shader 并命名为 Normal Extrusion，代码如下：

```
Shader "Custom/Normal Extrusion" {
    Properties{
      _MainTex("Texture", 2D) = "white" {}
      _Amount("Extrusion Amount", Range(-1, 1)) = 0.5
    }
    SubShader{
```

```
    Tags{ "RenderType" = "Opaque" }// 渲染类型为不透明
    CGPROGRAM
    #pragma surface surf Lambert vertex:vert// 定义表面和顶点函数
    struct Input {
    float2 uv_MainTex;//MainTex 的 UV 坐标
    };
    float _Amount;
    void vert(inoutappdata_full v) {// 输入结构作为参数
       v.vertex.xyz += v.normal * _Amount;// 修改顶点位置
    }
    sampler2D _MainTex;
    void surf(Input IN, inoutSurfaceOutput o) {
          o.Albedo = tex2D(_MainTex, IN.uv_MainTex).rgb;// 输出漫反射颜色
    }
    ENDCG
    }
    Fallback "Diffuse"
}
```

（2）将角色材质的 Shader 设置为 Normal Extrusion，然后修改 Extrusion Amount 参数的值，着色器通过沿着法线移动顶点使得角色变胖或变瘦，如图 21-21 所示。

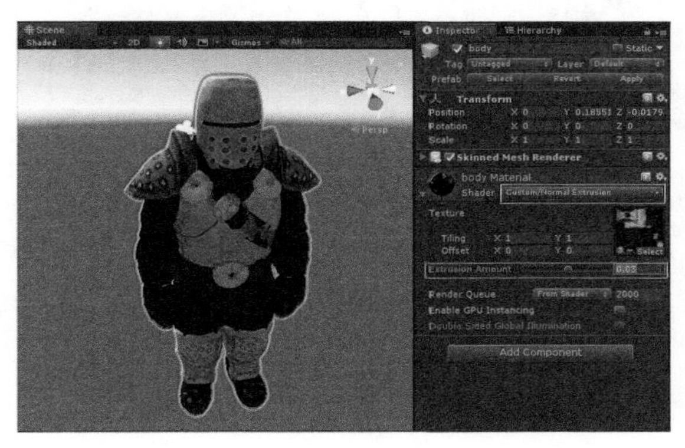

图 21-21

（3）根据法线方向设置模型表面颜色。新建 Standard Surface Shader 并命名为 DisplayNormals，代码如下：

```
Shader "Custom/Display Normals" {
   SubShader{
        Pass{
        CGPROGRAM
        //CG 代码块开始
        #pragma vertex vert
        #pragma fragment frag
        #include "UnityCG.cginc"
        struct v2f {
        // 顶点数据结构体
        float4 pos:SV_POSITION;
        float3 color:COLOR0;
        };
```

```
        v2f vert(appdata_base v)
        {
              // 顶点程序代码，计算位置和颜色
              v2f o;
              o.pos = UnityObjectToClipPos(v.vertex);
              o.color = v.normal * 0.5 + 0.5;
              return o;
        }
        half4 frag(v2f i):COLOR
        {// 片段程序代码，直接把输入的颜色返回，并把透明度设置为 1
              return half4 (i.color, 1);
        }
        ENDCG
        }
  }
  Fallback "VertexLit"
}
```

（4）将角色材质的 Shader 设置为 Display Normals，此时渲染效果如图 21-22 所示。

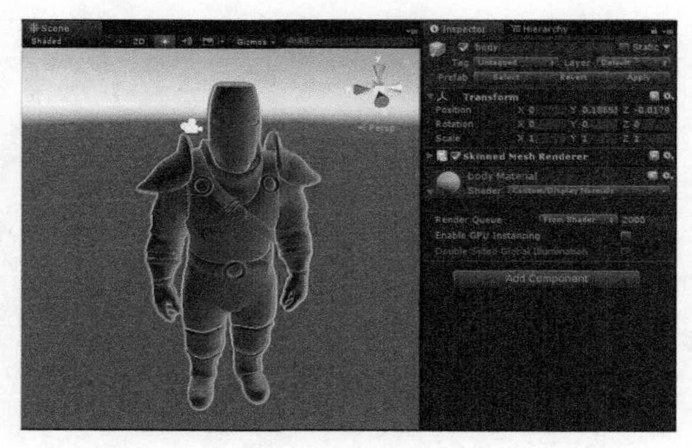

图 21-22

第22章 AssetBundle 工作流程

在很多类型游戏的制作过程中，开发者都会考虑一个非常重要的问题，即如何在游戏运行过程中对资源进行动态下载和加载。为此，Unity 引擎引入了 AssetBundle 这一技术来满足开发者的上述需求。一方面，开发者可以通过 AssetBundle 将游戏中所需要的各类资源打包压缩并上传到网络服务器上；另一方面，在游戏运行时可以从服务器上下载该资源，从而实现资源的动态加载。

AssetBundle 是 Unity 提供的一种用于存储资源的文件格式，其中包含可在运行时加载的特定平台的资源（模型、纹理、预制件、音频剪辑，甚至整个场景）。AssetBundle 可以表达彼此之间的依赖关系，例如 AssetBundle A 中的材质可以引用 AssetBundle B 中的纹理。为了通过网络高效传递，AssetBundle 可以根据用户要求（LZMA 和 LZ4）使用内置算法进行压缩。

AssetBundle 可用于可下载内容（DLC），减少初始安装大小，加载针对最终用户平台优化的资源，并减少运行时内存的压力。

22.1 AssetBundle 的创建

开发者可以通过 AssetBundle 的 UI 和简单的脚本在 Unity 中创建 AssetBundle 文件，Unity 提供了创建 AssetBundle 的 API，即 BuildPipeline.BuildAssetBundles。通过该接口，开发者可以将编辑器中指定的资源打包。

22.1.1 AssetBundle 的 UI

Unity 提供了一个简单的 AssetBundle 的 UI，可以让用户简单快速地将 Asset 标记到 AssetBundle 中。

在资源的 Inspector 视图下方会出现一个 AssetBundle 的 UI，如图 22-1 所示。其中第一个参数表示该资源所标记的 AssetBundle 名称（即该资源会打包到这个名称的 AssetBundle 中），第二个参数用于设置 AssetBundleVariant，该参数主要用于不同版本资源的使用和动态替换 AssetBundle。

当 AssetBundle 标记的对象很多时，想要看到包含某个字符串的 AssetBundle（可能有多个）中的资源时，可以单击 AssetBundle 的名称，在弹出的菜单中选择 Filter Selected Name，或者在 Project 视图中搜索“b：AssetBundle 名称”，即可查找包含该字符串的 AssetBundle 里包含的所有资源，如图 22-2 所示。

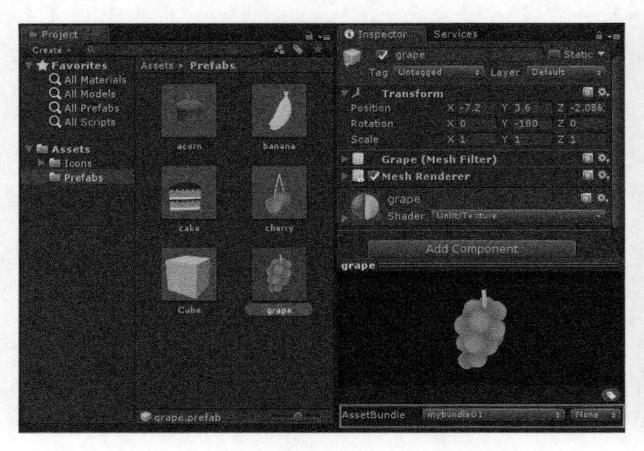

图 22-1

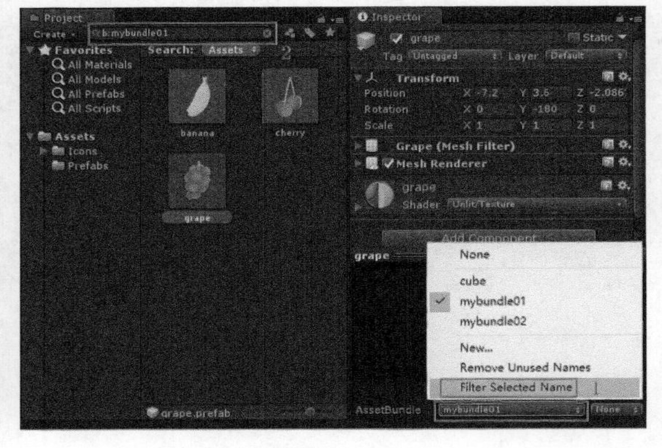

图 22-2

注 意

AssetBundle 的标记名称要小写，可以有后缀（如“a.asset-bundle/a.unity”），通过脚本不能标记 AssetBundle。

22.1.2 BuildPipeline BuildAsset-Bundles

创建 AssetBundle 接口 BuildPipeline.BuildAssetBundles 的完整定义如下：

```
public static AssetBundleManifest BuildAssetBundles(string outputPath,
  BuildAssetBundleOptions assetBundleOptions,
  BuildTarget targetPlatform);
```

参数说明如下。

- outputPath：表示 AssetBundle 的打包输出路径。
- BuildAssetBundleOptions：构建（打包）AssetBundle 的选项。
  - None：无需任何特殊选项。
  - UncompressedAssetBundle：不要压缩数据。
  - CollectDependencies：包含所有依赖关系。
  - CompleteAssets：强制包含所有资源。
  - DisableWriteTypeTree：不要在 AssetBundle 中包含类型信息。
  - DeterministicAssetBundle：使每个 Object 具有唯一不变的 hash ID，可用于增量式打包 AssetBundle。
  - ForceRebuildAssetBundle：强制重新构建所有的 AssetBundle。
  - IgnoreTypeTreeChanges：执行增量式构建检查时忽略类型树的更改。
  - AppendHashToAssetBundleName：附加 hash 到 AssetBundle 的名称中。
  - ChunkBasedCompression：创建 AssetBundle 时使用基于块的 LZ4 压缩。
  - StrictMode：如果有任何错误报告，则不要让构建成功。
  - DryRunBuild：不会真正建立资源，但是 BuildPipeline.BuildAssetBundles 可以正确地返回。
  - DisableLoadAssetByFileName：按文件名禁用 AssetBundleLoadAsset。

◆ DisableLoadAssetByFileNameWithExtension：按扩展名的文件名禁用 AssetBundleLoadAsset。

● BuildTarget：目标的构建平台。

AssetBundle 在不同平台之间是不完全兼容的，在多个独立平台的 AssetBundle 可以在这些平台上加载，但并不能在 iOS 和 Android 平台上加载，这需要单独指定它们的 BuildTarget。此外，iOS 和 Android 之间也不能相互兼容。

实践操作 64：AssetBundle 的创建

1 将本书资源包路径为 \Book\Projects\Chapter22 的文件夹下的 Adorable 3D Food Set.unitypackage 文件导入 Unity。然后选择几个 Icons 文件夹下的模型对象，拖曳到场景中，最后做成预制体，如图 22-3 所示。

图 22-3

2 选择需要打包的资源（可多选），然后在其 Inspector 视图中设置 AssetBundle 的名称，如图 22-4 所示。

图 22-4

3 如果需要将多个资源打包进一个 AssetBundle 中，则将多个资源的 AssetBundle 名称设置为相同；如果希望将资源分别打包，则将资源的 AssetBundle 名称设置为不相同即可。

4 在 Assets 文件夹下的 Editor 文件夹（如果文件夹不存在就创建一个）中新建脚本 ExportAssetBundls.cs，代码如下。

```
using UnityEngine;
using UnityEditor;
```

```
using System.IO; // 文件流命名空间

public class ExportAssetBundls:MonoBehaviour {
    // 在菜单栏中创建 Export 菜单，在该菜单下创建 Build AssetBundles 项
    [MenuItem("Export/Build AssetBundles")]
    static void CreateAssetBundlesMain()
    {
      // 如果工程 Assets 下不存在 StreamingAssets 文件夹，则创建它。
  if (!Directory.Exists(Application.dataPath + "/StreamingAssets"))
      Directory.CreateDirectory(Application.dataPath + "/StreamingAssets");

  // 构建 AssetBundles
  BuildPipeline.BuildAssetBundles("Assets/StreamingAssets",
      BuildAssetBundleOptions.DeterministicAssetBundle,
      BuildTarget.StandaloneWindows64);
 }
}
```

5 保存编辑好的脚本，然后单击菜单栏中的 Export → Build AssetBundles，即可对设置好的资源打包成 AssetBundle，打包结果如图 22-5 所示。

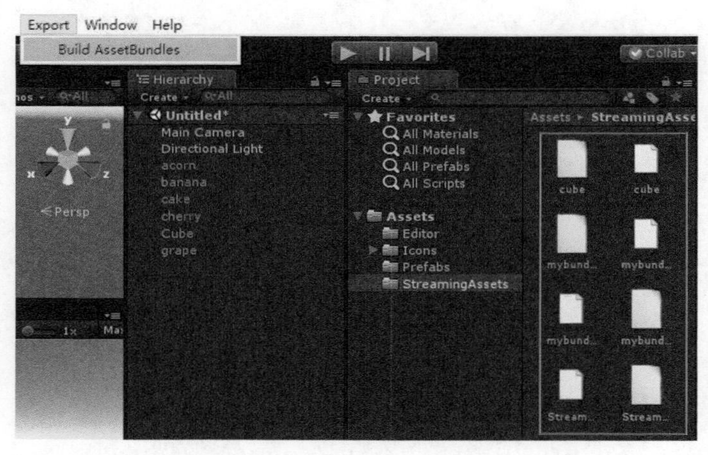

图 22-5

6 AssetBundle 的增量式打包仅重新打包发生变化的 Bundle，当资源文件发生变化或 Type-Tree 发生变化时才会重新打包。

22.1.3 Unity 处理 Assets 之间的依赖

在多个 AssetBundle 之间共用一些材质、纹理或其他资源时，如果每个 AssetBundle 都将所有包含的资源打包到 AssetBundle，AssetBundle 就会有冗余资源，从而总体上就会加大 AssetBundle 文件的大小。

Unity 会自动处理 Assets 之间的依赖关系，并把这种依赖关系打包到 AssetBundle，从而避免资源的重复打包。图 22-6 所示为正方体和球共用材质的图片，在打包正方体和球资源

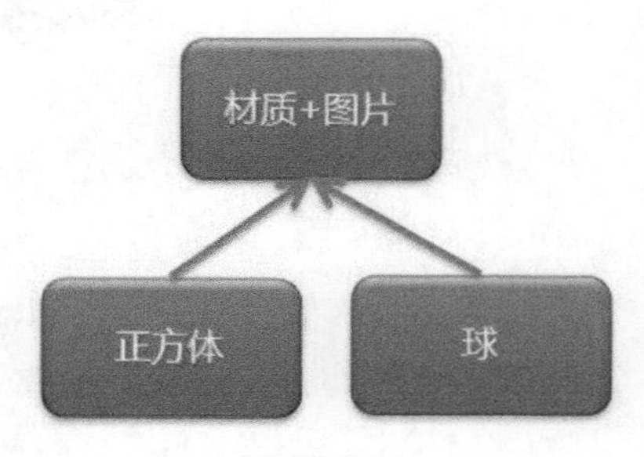

图 22-6

时，只需将材质和图片单独打包成一个 AssetBundle，打包的正方体和球的 AssetBundle 就会有材质和图片资源的依赖关系，而不会将材质和图片打包到它们自己的 AssetBundle 中。

Unity 提供了 Manifest 文件向用户展示这些依赖关系，在处理 Assets 的依赖关系时不再需要重新打包整个依赖链，如下。

- 在 Cube → Material → Texture 下有资源 Texture。
- 将 Cube 打包成 Cube.assetbundle，Material 和 Texture 打包成 material.assetbundle。
- 更新 Material 的 Texture。
- 只需重新打包 material.assetbundle 即可。

在 Editor 模式下，Unity 为每个 AssetBundle 都会生成一个与 AssetBundle 同名的 Manifest 文件，在 Manifest 文件中包含以下内容。

- Manifest 文件版本。
- CRC：循环冗余码校验。
- Hash。
- ClassTypes。
- Assets：所包含的资源。
- Dependencies：所依赖的 AssetBundles。

AssetBundle Manifest 提供了以下访问接口。

- GetAllAssetBundles()：获取所有的 AssetBundle 的名字。
- GetAllAssetBundlesWithVariant()：获取所有指定 Variant 的 AssetBundle 的名字。
- GetAllDependencies(string assetBundleName)：获取给定 AssetBundle 所依赖的 AssetBundle 名字。
- GetAssetBundleHash(string assetBundleName)：获取给定 AssetBundle 的 Hash。
- GetDirectDependencies(string assetBundleName)：获取给定 AssetBundle 直接依赖的 AssetBundle。

AssetBundleManifest 示例的代码如下：

```
IEnumerator LoadManifest(string manifestPath)
{
    WWW www = new WWW(manifestPath);
    yield return www;
    AssetBundle manifestBundle = www.assetBundle;
    //获取 AssetBundle 里的 AssetBundleManifest 文件
    AssetBundleManifest manifest = (AssetBundleManifest)manifestBundle.Load
    Asset("AssetBundleManifest");
    manifestBundle.Unload(false);
    //获取所有的 AssetBundle 名字
    string[] allAssetBundles = manifest.GetAllAssetBundles();
    //获取第一个 AssetBundle 所依赖的 AssetBundle
    string[] dependents = manifest.GetAllDependencies(allAssetBundles[0]);
}
```

对资源打包后，在输出的路径文件夹下会有一个总的 Manifest 文件，文件名与文件所在的文件夹名称相同，其内容如图 22-7 所示。

- Name：表示 AssetBundle 的名称。
- Dependencies：表示 AssetBundle 所依赖的 AssetBundle，如果内容为空，则说明该 AssetBundle 没有依赖的 AssetBundle。

```
ManifestFileVersion: 0
CRC: 4110166993
AssetBundleManifest:
  AssetBundleInfos:
    Info_0:
      Name: mybundle01
      Dependencies:
        Dependency_0: mat
    Info_1:
      Name: cube
      Dependencies: {}
    Info_2:
      Name: mybundle02
      Dependencies: {}
    Info_3:
      Name: mat
      Dependencies: {}
```

图 22-7

22.2 AssetBundle 的下载

Unity 提供了以下 3 种方式从服务器上动态下载 AssetBundle 文件。

1. 非缓存机制

通过创建一个 WWW 实例来对 AssetBundle 文件进行下载。下载后的 AssetBundle 文件将不会保存到 Unity 引擎特定的缓存区中。

下面是一段使用非缓存机制下载 AssetBundle 文件的代码。

```
IEnumeratorWWWLoad(string url)
{
    //开始从指定 url 下载
    WWW www = new WWW(url);
    //等待下载完成
    yield return www;
}
```

2. 缓存机制

通过 WWW.LoadFromCacheOrDownload 接口下载 AssetBundle 文件。下载后的 AssetBundle 文件将自动被保存在 Unity 特定的缓冲区内。在下载 AssetBundle 文件时，该接口会先根据版本号在本地缓存区中查找该文件，看其之前是否被下载过。如果下载过，则直接从缓存区将其读取进来；如果没有，则从服务器上进行下载。这种做法的好处是，可以节省 AssetBundle 文件的下载时间，从而提高游戏资源的载入速度。

在 Unity 的较低版本中，此接口对于从远程服务器下载 AssetBundle 或加载本地 AssetBundle 非常有用。

下面是使用缓存机制的 AssetBundle 文件下载代码。

```
IEnumerator LoadFormCache(string url, int version)
{
    //开始从指定 url 和版本号中下载
    WWW www = WWW.LoadFromCacheOrDownload(url, version);
    //等待下载完成
    yield return www;
}
```

3. UnityWebRequest.GetAssetBundle

通过 UnityWebRequest 类以 HTTP 方式下载 AssetBundle 文件。使用该类需要引用命名空间 UnityEngine.Networking。

UnityWebRequest.GetAssetBundle 的完整定义如下，其参数说明表如表 22-1 所示。

```
public static UnityWebRequestGetAssetBundle(string url);

public static UnityWebRequestGetAssetBundle(string url, uintcrc);

public static UnityWebRequestGetAssetBundle(string url, Hash128 hash, uintcrc);

public static UnityWebRequestGetAssetBundle(string url, uint version, uintcrc);

public static UnityWebRequestGetAssetBundle(string url, CachedAssetBundleca
chedAssetBundle, uintcrc);
```

表 22-1 UnityWebRequest. GetAssetBundle 的参数说明表

参数	说明
url	下载的 AssetBundle 路径
crc	crc 值校验，此数字将与下载的 AssetBundle 数据的 crc 值进行比较。如果不匹配，则记录错误并将不会加载 AssetBundle；如果设置为 “0”，则将跳过 crc 检查
version	整数版本号，该版本号将与下载的 AssetBundle 缓存版本进行比较。递增此数字以强制 Unity 重新下载缓存的 AssetBundle
hash	如果此哈希值与此 AssetBundle 缓存版本的哈希值不匹配，则 AssetBundle 将被重新下载
cacheAssetBundle	用于将给定版本的 AssetBundle 下载到定制缓存路径的结构

下面是使用 UnityWebRequest.GetAssetBundle 下载 AssetBundle 的代码。

```
IEnumerator WebRequest(string url)
{
    // 开始从指定的 url 下载
    UnityWebRequest request = UnityWebRequest.GetAssetBundle(url);
    // 等待请求完成
    yield return request.SendWebRequest();
}
```

使用 UnityWebRequest 的优点在于它允许开发人员以更灵活的方式处理下载的数据，并可以消除不必要的内存使用量。该方法是 Unity 下载 AssetBundle 的首选方法。

22.3 AssetBundle 的加载和卸载

22.3.1 加载 AssetBundle

当把 AssetBundle 文件从服务器端下载到本地之后，需要将其加载到内存并创建 AssetBundle

文件内存对象。

Unity 提供了以下 4 种方式来加载 AssetBundle 文件。

1. WWW.assetBundle 属性

可以通过 WWW.assetBundle 属性创建一个 AssetBundle 文件的内存对象。代码如下：

```
IEnumerator LoadFormCache(string url, int version)
{
    //开始从指定 url 和版本号中下载
    WWW www = WWW.LoadFromCacheOrDownload(url, version);
    //等待下载完成
    yield return www;
    if (www.error != null)
    {
        Debug.Log(www.error);
    }
    else
    {
        AssetBundlemyBundle = www.assetBundle;
    }
}
```

2. AssetBundle.LoadFromMemoryAsync

此函数包含 AssetBundle 数据的字节数组。如果有需要，也可以通过 crc 值传递。如果 AssetBundle 被 LZMA 压缩，它将在加载时解压缩。LZ4 压缩的 AssetBundle 将在压缩状态下加载。

下面是一个如何使用这个方法的例子。

```
using UnityEngine;
using System.Collections;
using System.IO;

public class Example:MonoBehaviour
{
    IEnumerator LoadFromMemoryAsync(string path)
    {
        AssetBundleCreateRequestcreateRequest = AssetBundle.LoadFromMemoryAsync(File.
        ReadAllBytes(path));
        yield return createRequest;
        AssetBundle bundle = createRequest.assetBundle;
    }
}
```

3. AssetBundle.LoadFromFile

从本地存储加载未压缩的包时，此 API 非常高效。如果 AssetBundle 是未压缩的或者块（LZ4）压缩的，LoadFromFile 将直接从磁盘中加载 AssetBundle。使用此方法加载完全压缩（LZMA）

包将首先解压缩包，然后将其加载到内存中。

下面是一个如何使用 LoadFromFile 的例子。

```
void LoadFormFile(string path)
{
    AssetBundle myBundle = AssetBundle.LoadFromFile(path);
    if (myBundle == null)
    {
        Debug.Log("加载 AssetBundle 失败！ ");
        return;
    }
}
```

4. UnityWebRequest’sDownloadHandlerAssetBundle

UnityWebRequest 有一个特定的 API 调用来处理 AssetBundles。首先，需要使用 UnityWebRequest.GetAssetBundle 创建用户的 Web 请求。在返回请求之后，将请求对象传递给 DownloadHandlerAssetBundle.GetContent(UnityWebRequest)。此 GetContent 调用将返回 AssetBundle 对象。

下面是一个如何使用 DownloadHandlerAssetBundle 的例子。

```
IEnumerator WebRequest(string url)
{
    //开始从指定的 url 下载
    UnityWebRequest request = UnityWebRequest.GetAssetBundle(url);
    //等待请求完成
    yield return request.SendWebRequest();

    AssetBundle myBundle = DownloadHandlerAssetBundle.GetContent(request);
}
```

特别需要注意的是，如果 AssetBundle 之间存在依赖关系，要先加载总的 Manifest 文件，通过 Manifest 文件加载对应的依赖文件，然后再加载要加载的 AssetBundle。

22.3.2 从 AssetBundle 中加载 Assets

当 AssetBundle 文件加载完成后，就可以将它所包含的 Assets 加载到内存中。Unity 提供了以下 6 种加载 API 供开发者使用。

- AssetBundle.LoadAsset：该接口可以通过名字将 AssetBundle 文件中包含的对应 Asset 名称同步加载到内存中，也可以通过指定加载 Asset 的类型来选择性地加载 Asset。
- AssetBundle.LoadAssetAsync：该接口的作用和 AssetBundle.LoadAsset 相同，不同的是该接口是对 Asset 进行异步加载，即加载时主线程可以继续执行。
- AssetBundle.LoadAllAssets：该接口用来一次性同步加载 AssetBundle 文件中的所有 Assets，也可以通过指定加载 Asset 的类型来选择性地加载 Assets。
- AssetBundle.LoadAllAssetsAsync：该接口用来一次性异步加载 AssetBundle 文件中的所有 Assets。

- AssetBundle.LoadAssetWithSubAssets：该接口可以通过名字同步加载 AssetBundle 文件中 Asset 的子 Assets，也可以通过指定加载 Asset 的类型来选择性地加载 Assets。
- AssetBundle.LoadAssetWithSubAssetsAsync：该接口可以通过名字异步加载 AssetBundle 文件中 Asset 的子 Assets。

以下是一个使用 AssetBundle.LoadAsset 接口从 AssetBundle 文件中加载 Asset 的例子。

```
IEnumerator WebRequest(string url)
{
    //开始从指定的url下载
    UnityWebRequest request = UnityWebRequest.GetAssetBundle(url);
    //等待请求完成
    yield return request.SendWebRequest();

    AssetBundle myBundle = DownloadHandlerAssetBundle.GetContent(request);
    GameObject cube = myBundle.LoadAsset("Cube") as GameObject;
    //实例化对象
    Instantiate(cube);
    //从内存中卸载AssetBundle
    myBundle.Unload(false);
}
```

22.3.3 AssetBundle Variant 的使用

AssetBundle Variant 通过 AssetBundle 来实现 Virtual Assets 和不同版本资源的使用，最终达到在运行时动态替换 AssetBundle。

AssetBundle 名称相同但 AssetBundle Variant 不同的 AssetBundle 之间有共同的内部 ID，所以它们之间可以任意切换。

图 22-8

用户可以通过以下方式设置 AssetBundle Variant。

- 通过 AssetBundle 的 UI 来设置，如图 22-8 所示。
- AssetImporter.assetBundleVariant。代码如下：

```
AssetImporter assetImp = new AssetImporter();
assetImp.assetBundleVariant = "2a";
```

- AssetBundleBuild.assetBundleVariant。代码如下：

```
AssetBundleBuild assetBundleBuild = new AssetBundleBuild();
assetBundleBuild.assetBundleVariant = "2a";
```

AssetBundle Variant 会用于 AssetBundle 的扩展名中，如下。

- AssetImporter. assetBundleName = “myBundle”。
- AssetImporter. assetBundleVariant = “2a”。
- 最终 AssetBundle 的名称为“myBundle.2a”。

22.3.4 卸载 AssetBundle

Unity 通过 AssetBundle.Unload 接口来卸载 AssetBundle 文件，它的完整定义为：

```
public void Unload(bool unloadAllLoadedObjects);
```

该接口有一个 bool 参数。如果把该参数设置为 false，则调用该接口时只会卸载 AssetBundle 对象自身，并不会对从 AssetBundle 中加载的 Assets 有任何影响；如果把该参数设置为 true，则不但 AssetBundle 对象自身，所有从当前 AssetBundle 中加载的 Assets 也会被同时卸载（无论它们是否还在被使用）。

Unity 推荐将该参数设置为 false。只有当很明确地知道从 AssetBundle 中加载的 Assets 不再被任何其他对象引用的时候，才能将参数设置为 true。

22.4 AssetBundle 的内存管理

内存管理是游戏制作中非常重要的一环。图 22-9 所示是在 Unity 运行时管理 AssetBundle 文件所经历的流程图，从服务器下载开始到卸载一共需要经历 3 个阶段，下面将详细介绍和说明每个阶段对内存的影响。

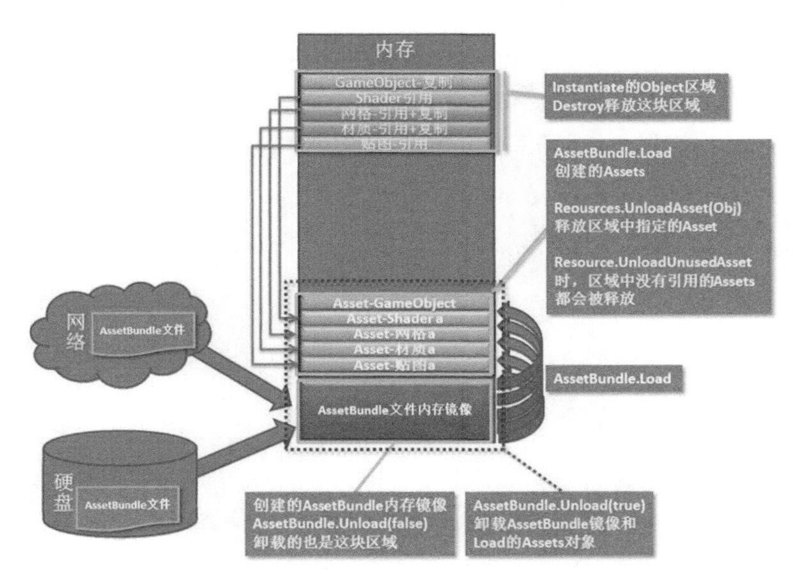

图 22-9

22.4.1 下载和加载 AssetBundle 时内存的影响

1. AssetBundle 的下载和加载

从服务器上下载或本地磁盘加载的 AssetBundle 文件在内存中会存在一份 AssetBundle 的内存镜像。

2. 资源转换和实例化

当把 AssetBundle 解压并加载到内存后，开发者可以通过加载的 AssetBundle 对象来得到各种 Assets，并对这些 Assets 进行加载或实例化操作。在加载过程中，Unity 会将 AssetBundle 中的数据流转换成引擎可识别的信息类型（对象、材质、纹理、网格等）。加载完成后，开发者即可对其进行进一步操作，如实例化、纹理和材质的复制、替换等。

22.4.2 AssetBundle 及 Asset 的卸载

无论是在下载和加载过程中，还是在 Assets 加载和实例化过程中，AssetBundle 以及由其加载的 Assets 均会占用内存。下面将介绍如何卸载它们以释放所占用的内存。

（1）AssetBundle 的卸载：在 22.3.4 小节中介绍了如何通过 AssetBundle.Upload 接口卸载 AssetBundle 自身。

（2）从 AssetBundle 加载的 Assets 的卸载：对于从 AssetBundle 加载的 Assets，如纹理、材质、网格、音频等，有以下两种方式进行卸载。

- AssetBundle.Upload(true)。该方法会强制卸载掉所有从 AssetBundle 中加载的 Assets，在 22.3.4 小节中已经提到过，Unity 不推荐使用这种方法卸载 Assets。
- Resources.UnloadUnusedAssets()。该方法会卸载掉所有没有使用的 Assets。需要强调的是，它的作用范围不仅是当前的 AssetBundle，而是整个系统，而且它也不能卸载掉从当前 AssetBundle 文件中加载并仍在使用的 Assets。

对于由 GameObject.Instantiate 接口实例化出来的 GameObject，Unity 提供了 GameObject.Destroy 或 GameObject.DestroyImmediate 接口来将其卸载。Unity 推荐使用 GameObject. Destroy 接口，使用该接口，Unity 会将真正地删除操作延后到一个合适的时机统一进行处理。

22.5 AssetBundle 工具

AssetBundles-Browser 工具是 Unity 编辑器之外的扩展工具，如果需要使用它，可以从资源商店搜索并下载 AssetBundles-Browser，如图 22-10 所示，或者到 GitHub 上下载。

此工具使用户能够查看和编辑用于其 Unity 项目的 AssetBundle 的配置。它会阻止编辑创建无效的 AssetBundle，并通知用户与现有 AssetBundle 有关的任何问题。它还提供基本的构建功能。

使用此工具替代选择的资源并在 Inspector 视图中手动设置 AssetBundle。它可以放入任何版本为 5.6 或更高版本的 Unity 项目中。它将会创建一个新的菜单项 Window → AssetBundleBrowser。该窗口分为 Configure（配置）和 Build（构建）两个选项卡。

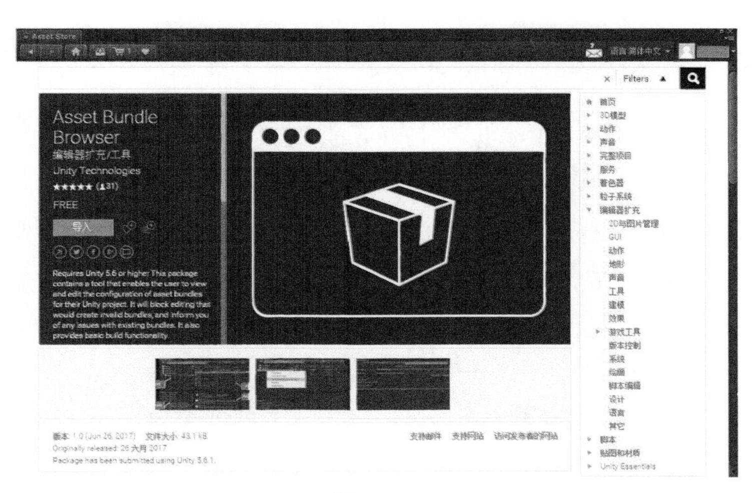

图 22-10

22.5.1 Configure 的使用

此选项卡提供了一个类似于界面的资源管理器来管理和修改项目中的资源包。首次打开时，该工具将在后台解析所有资源包的数据，并标记警告或检测到的错误。要强制快速地通过错误检测，或者使用外部更改更新工具，可单击左上方的刷新按钮。

该选项卡分为 4 个部分：Bundle List、Bundle Details、Asset List 和 Asset Details，为方便描述，本小节将其称为窗口，如图 22-11 所示。

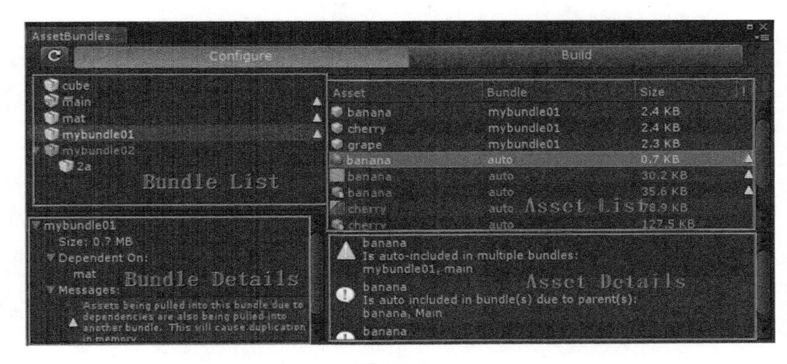

图 22-11

左侧窗口显示项目中所有 Bundles 的列表。可用功能如下。

- 选择一个 Bundle 或一组 Bundle，可以在资源列表窗口中查看 Bundle 中的资源列表。
- 包含 variants 的数据包是较深的灰色，可以展开以显示 variants 列表。
- 右击或慢速双击以重命名数据包或文件夹。
- 如果 Bundle 有任何错误、警告或信息消息，右侧会出现一个图标。将鼠标指针悬停在图标上获取更多信息。
- 如果一个 Bundle 中至少有一个场景（使其成为场景 Bundle）并且明确包含了非场景资源，则它将被标记为有错误。这个 Bundle 在修复之前不会生成。
- 具有重复资源的 Bundle 将标记为警告（更多的是关于下面资源清单部分中重复的信息）。

- 空 Bundle 将标有信息消息。由于多种原因，空 Bundle 并不是非常稳定，有时可能会从这个列表中消失。
- Bundle 文件夹将使用包含 Bundle 中的最高消息进行标记。
- 要修复 AssetBundle 中的重复包含，可以进行以下操作。
  - 右击一个 Bundle，将所有确定为重复的资源移动到一个新的 Bundle 中。
  - 右击多个 Bundle，将资源从所有选定的重复 Bundle 转移到新的 Bundle 中，或者只将那些在选定内容中共享的资源转移。
  - 用户还可以将资源列表窗格中的副本资源拖放到 Bundle 列表中，以将其明确包含在 Bundle 中。有关此功能的更多信息，可参阅下面的 Asset List 功能。
- 右击或按 Delete 键删除数据包。
- 将它们拖动到文件夹中，或将它们合并。
- 将项目资源管理器中的资源拖放到 Bundle 上进行添加。
- 将资源拖放到空白处以创建新的 Bundle。
- 右击创建新的 Bundle 或 Bundle 文件夹。
- 右击 Convert to Variant。
  - 这将添加一个 Variant 到选定的 Bundle 中。
  - 当前处于选定 Bundle 中的所有资产将被移入新 Variant 中。
  - ComingSoon：Variant 之间的不匹配检测。

标准 Bundle 的图标为；场景 Bundle 的图标为。

左下方的窗口显示在 Bundle List 窗口中选择的 Bundle 的详细信息。如果可用，此窗口将显示以下信息。

- 总 Bundle 尺寸。这是所有资源的磁盘大小的总和。
- 当前 Bundle 所依赖的 Bundle。
- 与当前 Bundle 关联的任何消息（错误 / 警告 / 信息）。

右上方的窗口提供了在 Bundle 列表中选择的 Bundle 所包含的资源列表。可用功能如下。

- 查看预期包含在 Bundle 中的所有资源。按任何列标题排序资源列表。
- 查看明确包含在 Bundle 中的资源。这些是已明确分配给 Bundle 的资源。Inspector 视图将反映 Bundle 数据包的内容，并且在这个视图中，他们会在资源名称旁边显示 Bundle 的名称。
- 查看隐式包含在 Bundle 中的资源。这些资源会将以 auto 显示为 Bundle 的名称。如果在 Inspector 视图中查看这些资源，他们会将 None 分配给指定的 Bundle。
  - 由于依赖于其他包含的资源，这些资源已添加到选定的 Bundle 中。只有未明确指定给 Bundle 的资源才会隐式包含在任何资源中。
  - 请注意，此隐式包含列表可能不完整。材质和纹理存在已知问题，但并不总是被正确显示。

- ◆ 由于多个资源可以共享依赖关系，因此给定资源隐含在多个 Bundle 中是很常见的。如果工具检测到这种情况，它将使用警告图标标记有问题的 Bundle 和资源。
- ◆ 要修复重复包含的警告，可以手动将资源移动到新的 Bundle 中，或者右击 Bundle 并选择其中的 Move duplicate to new bundle。

- 将资源从项目资源管理器拖到此视图中，以将它们添加到选定的 Bundle 中。这仅在选择了一个 Bundle 时才有效，并且资源类型是可兼容的（场景到场景的 Bundle 等）。
- 将资源列表（显式或隐式）从资源列表拖放到 Bundle 列表中（将它们添加到不同的 Bundle 或新创建的 Bundle 中）。
- 右击或按 Delete 键可以从 Bundle 中删除资源（不会从项目中删除资源）。
- 选择或双击资源可以在 Project 视图中显示它们。

右下方的窗口显示在 Asset List 窗口中选择的资源的详细信息。此窗口无法与之交互，但会显示以下信息（如果可用）。

- 资源的完整路径。
- 隐含包含在 Bundle 中的原因，如果它是隐含的。
- 如有任何警告的原因。
- 如有错误的原因。

注 意

无法重命名或删除特定的 Bundle。首次将此工具添加到现有项目时偶尔会出现这种情况。可强制通过 Unity 菜单系统重新导入资源以刷新数据。

22.5.2 Build 的使用

Build 选项卡提供基本的构建功能，以帮助用户开始使用 AssetBundle。其面板如图 22-12 所示。

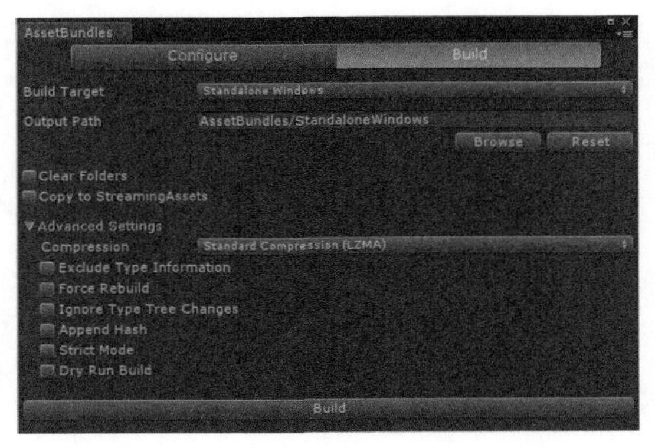

图 22-12

- Build Target：将构建 AssetBundle 的平台。
- Output Path：保存构建的数据包的路径。默认情况下是 AssetBundles/。用户可以手动编辑路径，或单击 Browse 按钮。要返回默认的命名约定，可单击 Reset 按钮。

- Clear Folders：这将在构建之前从构建路径文件夹中删除所有数据。
- Copy to StreamingAssets：构建完成后，这会将结果复制到 Assets/StreamingAssets 文件夹中。
- Advanced Settings：高级设置。
    - Compression：在无压缩、标准 LZMA 或基于块的 LZ4 压缩之间进行选择。
    - Exclude Type Information：不要在资产数据包中包含类型信息。
    - Force Rebuild：强制重新构建需要构建的 AssetBundle。
    - Ignore Type Tree Changes：执行增量构建检查时忽略类型树更改。
    - Append Hash：将 Hash 追加到 AssetBundle 名称。
    - Strict Mode：在任何错误报告期间，不要让构建成功。
    - Dry Run Build：做一个干运行生成。
- Build：执行构建。

第 23 章 多人游戏和联网

Unity 内置了多玩家在线工具，该技术的内部名称为 UNET（Unity Networking）。此技术不仅仅是简单的联网，使用此技术的开发者可以从传输层传输数据，不论是低阶的 NAT 支持或高阶的游戏配对都没有任何问题。Unity 希望任何一个开发者都能创建支持任意玩家数量的多人在线游戏。

一般将使用 Unity 的开发者分为两种。

- 不需要懂太多的网络知识，通过最小的努力来实现相关功能的网络工具（理想情况下，不用付出任何努力即可获得）。
- 建设网络基础设施或大型网络游戏，需要十分强大而且灵活的网络工具。

基于这两种用户，Unity 将网络技术分为两个部分：对于第一类用户应使用 NetworkManager 或 High Level API（HLAPI）；对于第二类用户则应该使用 NetworkTransport Level API（LLAPI）。

在 Unity 中，尽管网络模块可以简单地被设计和创建，但是网络毕竟是非常复杂的，在开发一个网络游戏时需要关注大量的、非常特殊的细节。Unity 中的网络功能以尽可能地可靠、灵活为设计原则。对于游戏开发者来说，有必要结合自身游戏项目的设计和需求来选择使用 Unity 的哪种网络功能。然而，不论采用哪种功能，都应该尽早决定。事先了解并掌握网络的概念，可以帮助开发者更好地设计游戏以避免在实现过程中产生一些不必要的麻烦。

23.1 授权服务器

授权服务器承担着对整个游戏世界进行模拟运算的任务，包括所有游戏的规则运用，以及处理客户端用户的输入，将每一台客户端的输入信息（包括键盘键值码或是函数调用等）发送到服务器，并且持续从服务器端接收游戏当前的状态。客户端并不执行任何游戏逻辑状态的修改，而是告诉服务器它此时想要做什么，然后由服务器根据自身内部的逻辑来修改状态，最后反馈回客户端。

授权服务器从根本上来讲只是游戏玩家玩法与实际发生的事件之间的隔层。这样的方式允许服务器观察到每个客户端玩家在做什么，然后执行游戏的逻辑，之后告诉每个客户端当前发生的事件。用户可以把这个过程简单地看成“客户端反馈玩家当前的状态信息给服务器”→“服务器处理接收的状态信息”→“反馈回各个客户端用于更新游戏世界的数据”。

这种方案的优势是可避免客户端的欺诈行为。如果客户端不能反馈给服务器（或者其他客户端）“我搞定了你的角色”，只能反馈服务器“我释放技能了”，然后服务器判断是否完成了“击中”。在使用授权服务器时，本地客户端的一些操作，如主角的移动、技能的释放等一些状态，需要服务器做出反应，这些状态才能真正有效。所以如果玩家按下键盘上的某个方向键，可能在100ms内不会发生任何事件，因为单边的数据传输时间可能超过50ms。服务器通常需要有强大的处理能力，因为一个游戏中往往存在着各种不同客户端玩家的游戏指令，服务器需要处理每个用户的输入，有时候还需要在客户端之间处理冲突，以决定什么是合理的。

23.2 非授权服务器

非授权服务器并不控制客户端各个用户的输入与输出。客户端本身来处理玩家的输入和本地客户端的游戏逻辑，然后发送确定的行为结果给服务器端，服务器端同步这些操作的状态到游戏世界中。服务器端只是给客户端转发了状态消息，并不对客户端做更多的处理。

网络通信的方法有两种重要的方式：远程过程调用和状态同步。

1. 远程过程调用

远程过程调用（Remote Procedure Calls，RPC），它是用来调用远程计算机上的某个函数的方法。它包括两个方面：一方面可以从客户端调用服务器上的某个函数；另一方面也可以从服务器调用所有客户端的某个函数或特定客户端的函数。

例如，一个客户端按下某个开关来打开一扇门，它首先发送一个RPC到远程的服务器，反馈给服务器门被打开了。服务器发送另一个RPC到其他各个客户端，反馈同一扇门被打开的本地函数。RPC用于管理和执行单个事件。

2. 状态同步

状态同步被用于在各个客户端中同步且不断改变的数据。例如，客户端中的玩家在跑动、跳跃或者释放技能时，在某些场合，其他各个客户端的玩家也能确切地知道该玩家的位置、在做什么。客户端能够不断地分发该玩家的状态数据，使得各个玩家可以同时知道该玩家的所有状态。状态同步通常需要大量的宽带消耗，所以开发者应该尽可能地优化宽带数量。

23.3 Hight Level API

Hight Level API（HLAPI）是为Unity游戏构建多人游戏功能的系统。它依赖于较低级别的实时通信层的传输服务，被用来处理多人游戏中的许多常见任务。HLAPI是一个权威的服务器系统，传输层支持任意形式的网络拓扑结构。由于它被允许同时作为客户端和服务器的一部分，所以并不需要专用的服务器进程。由于HLAPI整合了互联网服务，只需要完成极小的工作量即可使得多人游戏通过互联网进行。

HLAPI是在一个新的命名空间内建立的Unity网络命令集——UnityEngine.Networking。它专注于易用性和迭代开发，并提供对多人游戏有用的服务，例如以下服务。

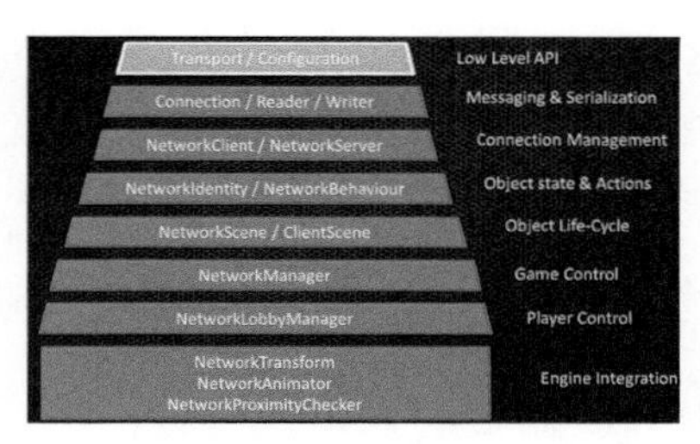

图 23-1

- 消息处理程序。
- 通用高性能序列化。
- 分布式对象管理。
- 状态同步。
- 网络类：服务器、客户端、连接等。

HLAPI 由一系列添加功能的图层构建而成，如图 23-1 所示。

23.4 Transport Layer API

Unity 除了提供易于使用的 Hight Level API 来管理游戏外，同时为了满足网络游戏和一些其他常见的需求，给出了较低级别的 Transport Layer API（传输层 API）。如果开发者的项目需要的话，它允许开发者在较低的层级构建自己的网络系统。

Transport Layer API 能够发送和接收消息并表示为字节数组，还提供了大量不同的“服务端质量”选项，以适应不同场景。它侧重于性能和灵活性，还支持基础网络通信服务。这些基本服务包括以下情况。

- 建立连接。
- 使用各种“服务质量”的通信。
- 流量控制。
- 基础数据统计。
- 通过中继服务器或本地发现的额外服务器进行通信。

传输层可以使用两种协议：用于通用通信的 UDP 和用于 WebGL 的 WebSockets。要直接使用传输层，典型的工作流程如下所示。

1. 初始化网络传输层

在初始化时，可以选择不带参数的默认初始化方式，也可以使用参数控制整个网络层的行为，如最大数据包的个数和线程超时信息的限制，代码如下：

```
// 不带参数的初始化（默认设置）
NetworkTransport.Init();
```

```
//Custom Setting 设置最大数据包大小为 500
GlobalConfig gConfig = new GlobalConfig();
gConfig.MaxPacketSize = 500;
NetworkTransport.Init(gConfig);
```

在上面的第二个示例中，传输层使用指定为 500 的自定义 MaxPacketSize 值进行初始化。只有在开发者有不寻常的网络环境并熟悉所需的特定设置时才可使用自定义初始值。一般来说，如果用户正在开发一款旨在通过互联网运行的典型多人游戏，则不带参数的默认 Init() 设置应该是适当的。

2. 配置网络拓扑

首先是配置网络连接，开发者可能希望定义多个连接渠道，使其具有各有不同的服务级别以满足要发送特定类型的信息的需要以及在游戏或项目中具有的相对重要性。

```
ConnectionConfig config = new ConnectionConfig();
int myReiliableChannelId  = config.AddChannel(QosType.Reliable);
int myUnreliableChannelId = config.AddChannel(QosType.Unreliable);
```

在上面的例子中，定义了两个具有不同服务质量值的通信渠道。QosType.Reliable 将传递消息并确保消息已传递；而 QosType.Unreliable 将无任何保证地发送消息，但会更快地完成此操作。

开发者可以调整 ConnectionConfig 对象的属性，也可以专门为每个连接指定配置设置。但是，当从一个客户端连接到另一个客户端时，两个连接的对等设备的设置应该相同，否则连接将失败并显示 CRCMismatch 错误。

网络配置的最后一步是拓扑定义。网络拓扑定义了允许的连接数和使用的连接配置，代码如下：

```
// 创建允许多达 10 个连接的拓扑结构，每个连接都由前面步骤中定义的参数进行配置。
HostTopology topology = new HostTopology(config, 10);
```

3. 创建主机

在完成所有初步步骤后，可以创建主机（开放套接字），代码如下：

```
int hostId = NetworkTransport.AddHost(topology, 8888);
```

这里是在端口 8888 和任何 IP 地址上添加一个新的主机。该主机将支持多达 10 个连接的拓扑结构，每个连接都具有在配置对象中定义的参数。

4. 开始通信（处理连接和发送 / 接收消息）

服务器端主机创建完成后，然后需要开始通信，不过首先应该将不同的命令发送到主机并检查其状态。需要发送的 3 个主要命令如下：

```
connectionId = NetworkTransport.Connect(hostId, "192.16.7.21", 8888, 0, out error);
NetworkTransport.Disconnect(hostId, connectionId, out error);
NetworkTransport.Send(hostId, connectionId, myReiliableChannelId, buffer,
bufferLength, out error);
```

（1）第一个命令将发送一个连接请求给 IP“192.16.7.21”和端口 8888 的对端。它将返回分配给此连接的标识。

（2）第二个命令会发送一个断开连接请求。

（3）第三个命令通过使用可靠的通信频道连接对 ID 发送消息，消息将存储在缓冲区，消息长度为 bufferLength。

为了检测主机的状态，可以使用下面的两个方法。代码如下：

```
NetworkTransport.Receive(out recHostId, out connectionId, out channelId,
recBuffer, bufferSize, out dataSize, out error);
NetworkTransport.ReceiveFromHost(recHostId, out connectionId, out channelId,
recBuffer, bufferSize, out dataSize, out error);
```

它们都返回一个事件。第一个函数返回来自任何主机的事件（并通过 recHostId 返回主机 ID）。第二种形式检查 ID 为 recHostId 的主机。开发者可以在 Update() 方法中使用这些函数中的任何一个，代码如下：

```
myConnectionId = NetworkTransport.Connect(hostId, "192.16.7.21", 8888, 0, out error);
NetworkEventType recData = NetworkTransport.Receive(out recHostId, out
connectionId, out channelId, recBuffer, bufferSize, out dataSize, out error);
switch (recData)
{
    case NetworkEventType.ConnectEvent:
        if(myConnectionId == connectionId)
        //my active connect request approved
        else
            //somebody else connect to me
        break;
    //……
}
```

5. 使用后关闭库

代码如下：

```
NetworkTransport.Shutdown();
```

23.5 Unity 的多人游戏

要开始使用 Unity Multiplayer，项目必须设置为使用 Unity 服务。完成此操作后，才可以启用多人游戏服务。

为此，可通过单击菜单栏中的 Window → Services 来打开服务窗口。在服务窗口中，选择 Multiplayer，其界面如图 23-2 所示。

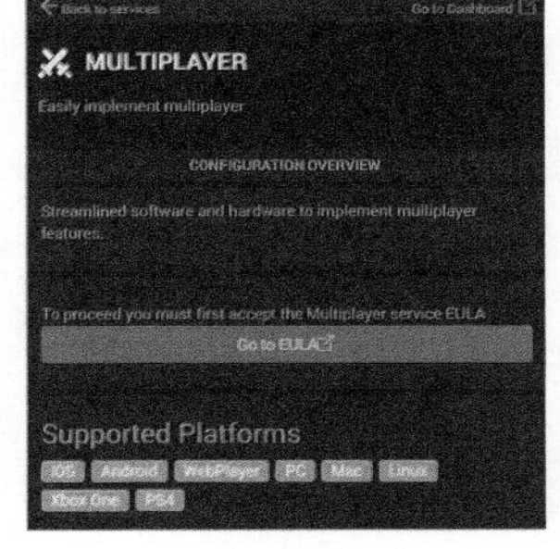

图 23-2

要继续，用户必须先接受多人服务 EULA，单击 Go to EULA 按钮将打开基于网页的多人服务的 EULA，单击页面下方的 OK 按钮方可进入 Configuration（配置）界面。如果开发者尚未使用多人游戏服务设置项目，系统会提示用户设置新的多人游戏配置。要做到这一点，可输入每个房间想要的玩家人数，然后单击 Save 按钮保存，如图 23-3 所示。

保存完毕后，页面中会反映当前项目的配置信息，如图 23-4 所示。

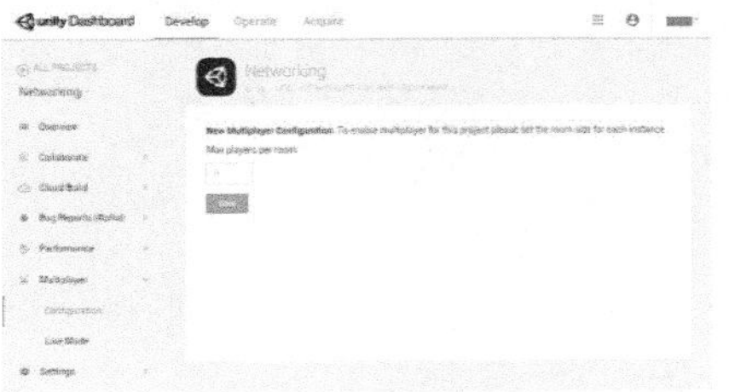

图 23-3

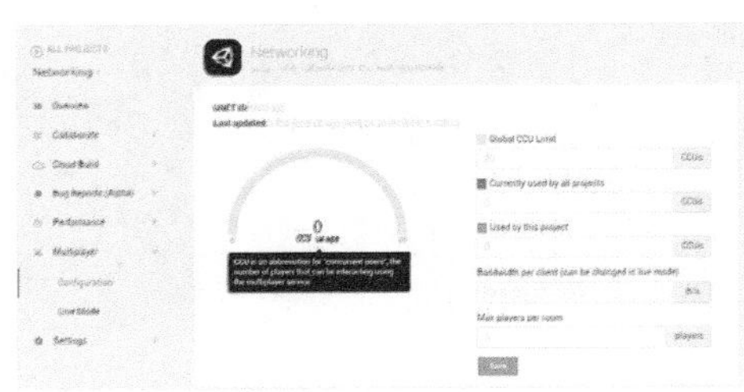

图 23-4

以上步骤完成后即可将项目与 Unity Multiplayer 进行整合。

23.5.1 集成多人游戏服务

开发者可以使用以下 3 种方法开始在项目中使用多人游戏服务。这三种方法根据开发的需求提供不同级别的控制。

- 使用 NetworkManagerHUD（最简单，不需要脚本）。
- 使用 NetworkServer 和 NetworkClient（高级，需要更简单的脚本）。
- 直接使用 NetworkTransport（低级，需要更复杂的脚本）。

第一种使用 NetworkManagerHUD 的方法提供最高级别的抽象，这意味着该服务为开发者完成大部分工作。因此这是最简单的方法，最适合那些新开发多人游戏的开发者使用。它提供了一个简单的图形界面，开发者可以使用它执行创建、列出、加入和开始游戏（称为“匹配”）的基本多人游戏任务。

第二种方法是使用 NetworkServer 和 NetworkClient，使用网络 Hight Level API 来完成这些相同的任务。这种方法更灵活，开发者可以使用提供的示例将基本多人游戏任务集成到游戏的用户界面中。

第三种方法是直接使用 NetworkTransport，可以最大程度地控制，但通常只有在使用 Hight Level API 有不寻常的需求而它不能满足需求时才会使用。

实践操作 65：使用 HUD 进行集成

要使用 Network Manager HUD 集成 Unity 多人游戏服务，可按以下步骤进行操作。

（1）在场景中创建一个空对象，并命名为 NetworkManager。

（2）将组件 Network Manager 和 NetworkManagerHUD 添加到空对象上，如图 23-5 所示。

（3）创建一个 Capsule 命名为 Player 并制作成预设体（Prefab）来代表玩家。连接到游戏的玩家将分别控制该预设体的一个实例。

（4）将 NetworkIdentity 和 NetworkTransform 组件添加到玩家器预制体中，并勾选 NetworkIdentity 的 Local Player Authority（勾选后此对象有客户端上的玩家控制），如图 23-6 所示。NetworkTransform 组件用来同步玩家操控的游戏对象的移动。如果制作的游戏玩家不移动，则不需要这个组件。

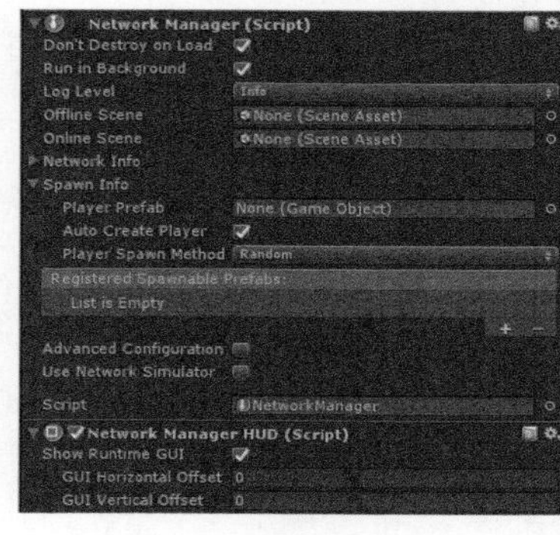

图 23-5

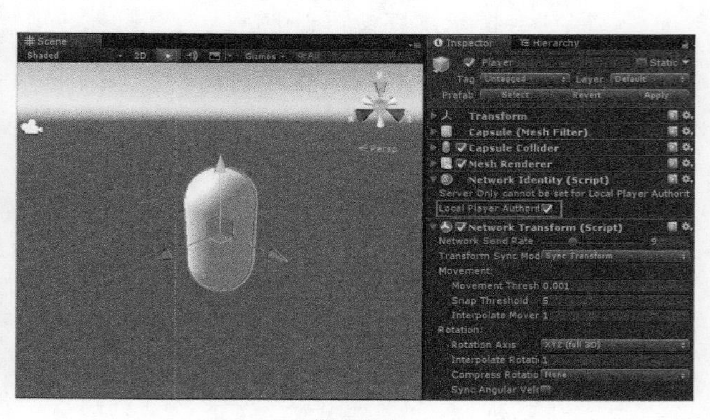

图 23-6

（5）新建脚本 MoveControl.cs，用来控制 Player 移动，并将脚本添加到 Player 对象上。代码如下：

```
using UnityEngine;
using UnityEngine.Networking;

// 需要 NetworkIdentity 组件
[RequireComponent(typeof(NetworkIdentity))]
public class MoveControl:MonoBehaviour {
    // 定义 NetworkIdentity 变量
NetworkIdentity m_Networ kIdentity;
    // Use this for initialization
    void Start () {
        // 获取该物体上的 NetworkIdentity 组件
        m_NetworkIdentity = transform.GetComponent<NetworkIdentity>();
    }

    // Update is called once per frame
    void Update () {
        // 如果该物体是玩家自身（本地玩家），则接受控制
        if (m_NetworkIdentity.isLocalPlayer)
        {
            float x = Input.GetAxis("Horizontal");
            float z = Input.GetAxis("Vertical");
            transform.position += new Vector3(x, 0, z);
        }
    }
}
```

（6）保存修改后的预设体（将场景中的预设体实例删除），然后将 NetworkManager 对象上的 Player Prefab 参数设置为 Player 预设体，如图 23-7 所示。

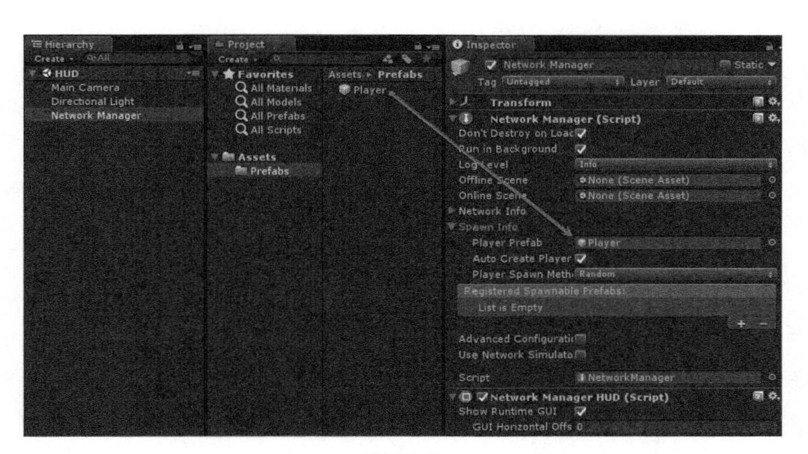

图 23-7

（7）发布并运行用户的项目。Network Manager HUD 显示一个游戏内的菜单。然后单击 Enable Match Maker（启用匹配器）按钮，如图 23-8 所示。

（8）选择设置一个 Room Name（房间名称），然后单击 Create Internet Match 按钮创建一个

网络匹配，如图 23-9 所示。

（9）运行更多项目实例（运行多个发布的程序），然后单击 Enable Match Maker（启用匹配器）按钮，最后在这些客户端上单击 Find Internet Match（查找网络匹配）按钮。此时应该会显示先前创建的房间名称，如图 23-10 所示。单击 Join Match 按钮，该客户端即可和该房间玩家连接一起游戏。

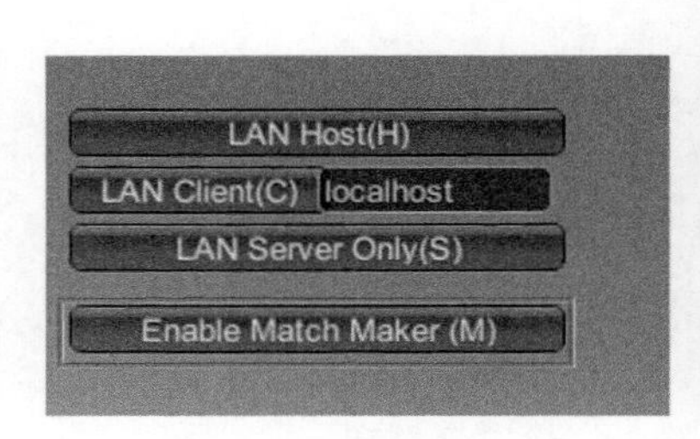

图 23-8

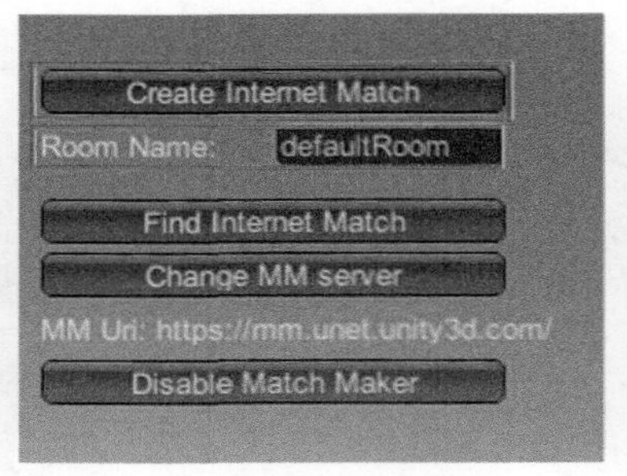

图 23-9

图 23-10

（10）此时每个客户端能对自身玩家进行控制，并且会在其他客户端中进行同步显示，如图 23-11 所示。

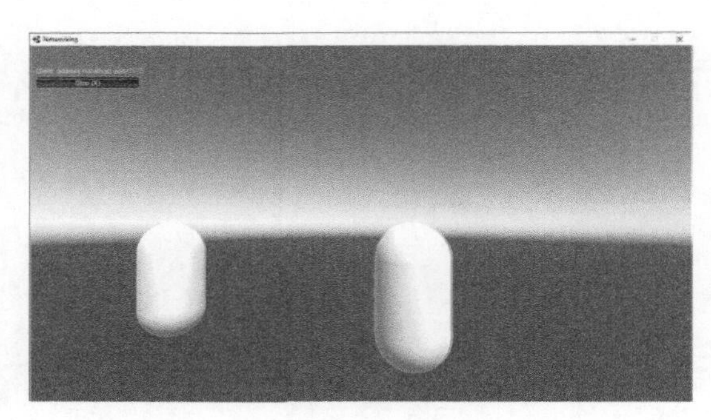

图 23-11

23.5.2 使用 Hight Level API 进行集成

详细请参考 23.8 节部分。

23.5.3 使用 NetworkTransport 进行集成

如果开发者在集成 Unity 多人游戏服务时需要最大限度的灵活性，可以直接使用 Network-Transport 类。此方法需要更多代码，但允许开发者控制游戏与多人游戏服务集成的每个细节。

以下是一个如何使用 NetworkTransport 类直接连接的例子。

```
using UnityEngine;
using UnityEngine.Networking;
using UnityEngine.Networking.Types;
using UnityEngine.Networking.Match;
using System.Collections.Generic;
```

```
public class DirectSetup:MonoBehaviour
{
    // 连接匹配的信息列表
    List<MatchInfoSnapshot> m_MatchList = new List<MatchInfoSnapshot>();
    bool m_MatchCreated;
    bool m_MatchJoined;
    MatchInfo m_MatchInfo;
    string m_MatchName = "NewRoom";
    NetworkMatch m_NetworkMatch;
    int m_HostId = -1;
    //在服务器上会有多个连接，在客户端上只会包含一个 ID
    List<int> m_ConnectionIds = new List<int>();
    byte[] m_ReceiveBuffer;
    string m_NetworkMessage = "Hello world";
    string m_LastReceivedMessage = "";
    NetworkWriter m_Writer;
    NetworkReader m_Reader;
    bool m_ConnectionEstablished;

    const int k_ServerPort = 25000;
    const int k_MaxMessageSize = 65535;

    void Awake()
    {
        m_NetworkMatch = gameObject.AddComponent<NetworkMatch>();
    }

    void Start()
    {
        m_ReceiveBuffer = new byte[k_MaxMessageSize];
        m_Writer = new NetworkWriter();
        //程序在后头运行。在一台机器上测试多个程序时，需要启用该功能。
        Application.runInBackground = true;
    }

    void OnApplicationQuit()
    {
        NetworkTransport.Shutdown();
    }

    void OnGUI()
    {
        if (string.IsNullOrEmpty(Application.cloudProjectId))
            GUILayout.Label("You must set up the project first. See the
Multiplayer tab in the Service Window");
        else
            GUILayout.Label("Cloud Project ID:" + Application.cloudProjectId);

        if (m_MatchJoined)
```

```
            GUILayout.Label("Match joined '" + m_MatchName + "' on Matchmaker
server");
        else if (m_MatchCreated)
            GUILayout.Label("Match '" + m_MatchName + "' created on Matchmaker
server");

        GUILayout.Label("Connection Established: " + m_ConnectionEstablished);

        if (m_MatchCreated || m_MatchJoined)
        {
            GUILayout.Label("Relay Server: " + m_MatchInfo.address + ":" + m_
MatchInfo.port);
            GUILayout.Label("NetworkID: " + m_MatchInfo.networkId + " NodeID:
" + m_MatchInfo.nodeId);
            GUILayout.BeginHorizontal();
            GUILayout.Label("Outgoing message:");
            m_NetworkMessage = GUILayout.TextField(m_NetworkMessage);
            GUILayout.EndHorizontal();
            GUILayout.Label("Last incoming message: " + m_LastReceivedMessage);

            if (m_ConnectionEstablished && GUILayout.Button("Send message"))
            {
                m_Writer.SeekZero();
                m_Writer.Write(m_NetworkMessage);
                byte error;
                for (int i = 0; i < m_ConnectionIds.Count; ++i)
                {
                    NetworkTransport.Send(m_HostId,
                        m_ConnectionIds[i], 0, m_Writer.AsArray(), m_Writer.
Position, out error);
                    if ((NetworkError)error != NetworkError.Ok)
                        Debug.LogError("Failed to send message: " +
(NetworkError)error);
                }
            }

            if (GUILayout.Button("Shutdown"))
            {
                m_NetworkMatch.DropConnection(m_MatchInfo.networkId,
                    m_MatchInfo.nodeId, 0, OnConnectionDropped);
            }
        }
        else
        {
            if (GUILayout.Button("Create Room"))
            {
                m_NetworkMatch.CreateMatch(m_MatchName, 4, true, "", "", "", 0,
0, OnMatchCreate);
            }
```

```
        if (GUILayout.Button("Join first found match"))
        {
            m_NetworkMatch.ListMatches(0, 1, "", true, 0, 0, (success,
info, matches) =>
            {
                if (success && matches.Count > 0)
                    m_NetworkMatch.JoinMatch(matches[0].networkId, "", "",
"", 0, 0, OnMatchJoined);
            });
        }

        if (GUILayout.Button("List rooms"))
        {
            m_NetworkMatch.ListMatches(0, 20, "", true, 0, 0, OnMatchList);
        }

        if (m_MatchList.Count > 0)
        {
            GUILayout.Label("Current rooms:");
        }
        foreach (var match in m_MatchList)
        {
            if (GUILayout.Button(match.name))
            {
                m_NetworkMatch.JoinMatch(match.networkId, "", "", "", 0, 0,
OnMatchJoined);
            }
        }
    }
}

public void OnConnectionDropped(bool success, string extendedInfo)
{
    Debug.Log("Connection has been dropped on matchmaker server");
    NetworkTransport.Shutdown();
    m_HostId = -1;
    m_ConnectionIds.Clear();
    m_MatchInfo = null;
    m_MatchCreated = false;
    m_MatchJoined = false;
    m_ConnectionEstablished = false;
}

public virtual void OnMatchCreate(bool success, string extendedInfo,
MatchInfo matchInfo)
{
    if (success)
    {
```

```
            Debug.Log("Create match succeeded");
            Utility.SetAccessTokenForNetwork(matchInfo.networkId, matchInfo.
accessToken);

            m_MatchCreated = true;
            m_MatchInfo = matchInfo;

             StartServer(matchInfo.address, matchInfo.port, matchInfo.
networkId,
                matchInfo.nodeId);
        }
        else
        {
            Debug.LogError("Create match failed: " + extendedInfo);
        }
    }

    public void OnMatchList(bool success, string extendedInfo, List<MatchInfoSnapshot>
matches)
    {
        if (success && matches != null)
        {
            m_MatchList = matches;
        }
    else if(!success)
    {
        Debug.LogError("List match failed: " + extendedInfo);
    }
    }

    // When we’ve joined a match we connect to the server/host
    public virtual void OnMatchJoined(bool success, string extendedInfo,
MatchInfo matchInfo)
    {
        if (success)
        {
            Debug.Log("Join match succeeded");
            Utility.SetAccessTokenForNetwork(matchInfo.networkId, matchInfo.
accessToken);

            m_MatchJoined = true;
            m_MatchInfo = matchInfo;

            Debug.Log("Connecting to Address:" + matchInfo.address +
                " Port:" + matchInfo.port +
                " NetworKID: " + matchInfo.networkId +
                " NodeID: " + matchInfo.nodeId);
            ConnectThroughRelay(matchInfo.address, matchInfo.port, matchInfo.
networkId,
```

```
            matchInfo.nodeId);
        }
        else
        {
            Debug.LogError("Join match failed: " + extendedInfo);
        }
    }

    void SetupHost(bool isServer)
    {
        Debug.Log("Initializing network transport");
        NetworkTransport.Init();
        var config = new ConnectionConfig();
        config.AddChannel(QosType.Reliable);
        config.AddChannel(QosType.Unreliable);
        var topology = new HostTopology(config, 4);
        if (isServer)
            m_HostId = NetworkTransport.AddHost(topology, k_ServerPort);
        else
            m_HostId = NetworkTransport.AddHost(topology);
    }

    void StartServer(string relayIp, int relayPort, NetworkID networkId, NodeID
nodeId)
    {
        SetupHost(true);

        byte error;
        NetworkTransport.ConnectAsNetworkHost(
            m_HostId, relayIp, relayPort, networkId, Utility.GetSourceID(), nodeId,
out error);
    }

    void ConnectThroughRelay(string relayIp, int relayPort, NetworkID
networkId, NodeID nodeId)
    {
        SetupHost(false);

        byte error;
        NetworkTransport.ConnectToNetworkPeer(
            m_HostId, relayIp, relayPort, 0, 0, networkId, Utility.GetSourceID(),
nodeId, out error);
    }

    void Update()
    {
        if (m_HostId == -1)
            return;
```

```
        var networkEvent = NetworkEventType.Nothing;
        int connectionId;
        int channelId;
        int receivedSize;
        byte error;

        // Get events from the relay connection
        networkEvent = NetworkTransport.ReceiveRelayEventFromHost(m_HostId,
out error);
        if (networkEvent == NetworkEventType.ConnectEvent)
            Debug.Log("Relay server connected");
        if (networkEvent == NetworkEventType.DisconnectEvent)
            Debug.Log("Relay server disconnected");

        do
        {
            // Get events from the server/client game connection
            networkEvent = NetworkTransport.ReceiveFromHost(m_HostId, out
connectionId, out channelId,
                m_ReceiveBuffer, (int)m_ReceiveBuffer.Length, out receivedSize,
out error);
            if ((NetworkError)error != NetworkError.Ok)
            {
                Debug.LogError("Error while receiveing network message: " +
(NetworkError)error);
            }

            switch (networkEvent)
            {
                case NetworkEventType.ConnectEvent:
                    {
                        Debug.Log("Connected through relay, ConnectionID:" +
connectionId +
                            " ChannelID:" + channelId);
                        m_ConnectionEstablished = true;
                        m_ConnectionIds.Add(connectionId);
                        break;
                    }
                case NetworkEventType.DataEvent:
                    {
                        Debug.Log("Data event, ConnectionID:" + connectionId +
                            " ChannelID: " + channelId +
                            " Received Size: " + receivedSize);
                        m_Reader = new NetworkReader(m_ReceiveBuffer);
                        m_LastReceivedMessage = m_Reader.ReadString();
                        break;
                    }
                case NetworkEventType.DisconnectEvent:
                    {
```

```
                        Debug.Log("Connection disconnected, ConnectionID:" +
connectionId);
                        break;
                    }
                case NetworkEventType.Nothing:
                    break;
            }
        } while (networkEvent != NetworkEventType.Nothing);
    }
}
```

23.6 Unity 网络组件介绍

23.6.1 Network Animator

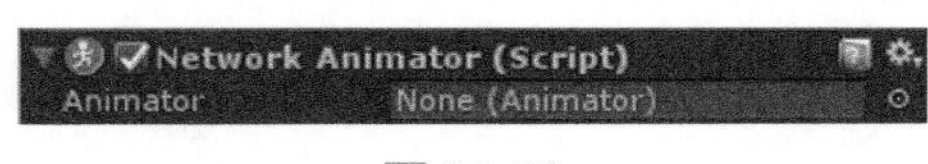

图 23-12

Network Animator 组件用于同步网络上的动画。其参数如图 23-12 所示，参数说明如表 23-1 所示。

表 23-1　Network Animator 的参数说明表

参数	说明
Animator	要同步的对象上的 Animator 组件

Network Animator 同步 AnimatorController 的状态和参数。

23.6.2 Network Discovery

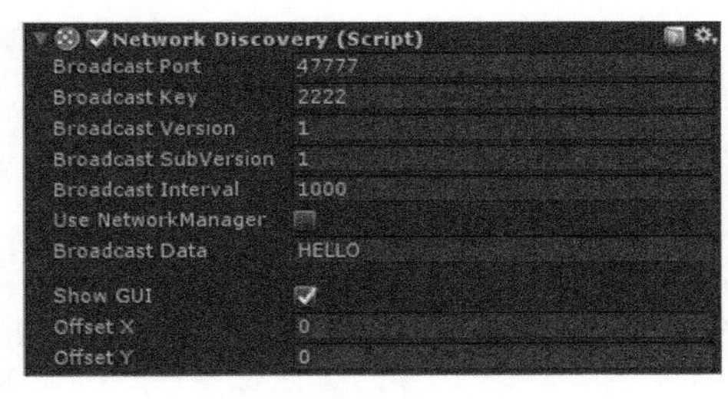

图 23-13

Network Discovery 是一个类，它允许使用网络系统的 Unity 应用程序在本地网络上找到彼此。其参数如图 23-13 所示，参数说明如表 23-2 所示。

表 23-2　Network Discovery 的参数说明表

参数	说明
Broadcast Port	广播端口
Broadcast Key	广播的 Key 值
Broadcast Version	广播中包含的主要版本
Broadcast SubVersion	广播中包含的次要版本
Broadcast Interval	广播的频率（以秒为单位）
Use NetworkManager	勾选后，用于使用 NetworkManager 设置进行广播和自动加入找到的游戏
Broadcast Data	要包含在广播中的自定义数据

续表

参数	说明
Show GUI	在播放模式下是否显示默认的广播 GUI
Offset X	广播 GUI 的 x 轴偏移量
Offset Y	广播 GUI 的 y 轴偏移量

23.6.3 Network Identity

Network Identity 组件是 Unity 新网络系统的核心。该组件控制对象的网络身份，并使网络系统知道它。其参数如图 23-14 所示。

图 23-14

使用 Unity 网络系统的服务器授权系统时，使用 NetworkServer.Spawn() 必须由服务器“生成”具有 NetworkIdentity 的网络对象。这会导致它们分配到一个 NetworkInstanceId 并在连接到服务器的客户端上创建。

场景对象与动态实例化对象有所不同。这些对象都出现在客户端和服务器的场景中。但是，在构建游戏时，所有具有网络身份的场景对象都将被禁用。当客户端连接到服务器时，服务器通过产生消息告诉客户端应该启用哪些场景对象以及他们最新的状态信息是什么。这可以确保客户端在开始运行时不会包含放置在当前不正确位置的对象，甚至不会在连接时立即删除对象，因为某些事件在客户端连接之前会将其删除。Server Only 复选框将确保此特定对象不会在客户端生成或启用。

Local Player Authority 设置允许该对象由拥有它的客户端控制，该客户端上的本地玩家拥有权限。其他组件（如 NetworkTransform）使用此选项来确定将哪个客户端视为权限来源。

该组件包含跟踪信息，如已分配对象的 Scene ID、Network ID 和 Asset ID。Scene ID 在具有 NetworkIdentity 组件的所有场景对象中都有效。Network ID 是特定对象实例的 ID，可能有多个实例化了特定对象类型的对象，并且 Network ID 用于标识哪个对象，如应该应用网络更新的对象。Asset ID 是指实例化对象的资源。当在网络上产生特定对象预制时，Asset ID 在内部使用。这些信息显示在 Inspector 视图底部的预览面板中，如图 23-15 所示。运行时在此处显示更多信息（禁用的 Network Behaviour 以非粗体显示），如图 23-16 所示。

图 23-15

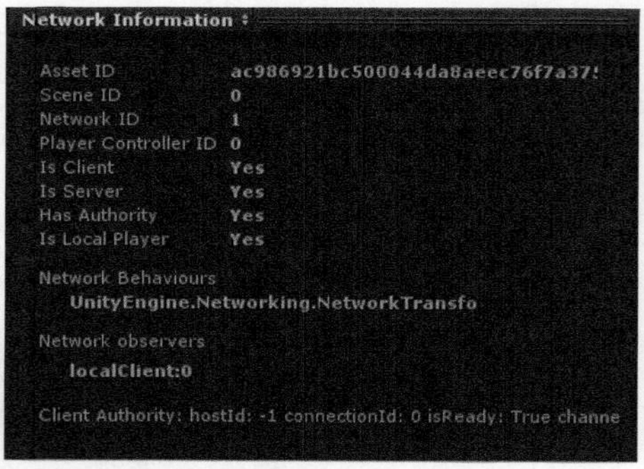

图 23-16

Network Identity 的属性说明如表 23-3 所示。

表 23-3 Network Identity 的属性说明

属性	说明
asset ID	标识与此对象关联的预制件
client Authority Owner	具有此对象权限的客户端。如果没有客户有权限，这将是空的
connection To Client	与 Network Identity 关联的连接。这仅适用于服务器上的玩家对象
connection To Server	与 Network Identity 关联的 UConnection。这仅适用于本地客户端上的玩家对象
has Authority	如果此对象是对象的权限版本，则为 true。所以无论是在服务器上，还是在使用 local Player Authority 的客户端上
Is Client	如果此对象在客户端上运行，则为 true
Is Local Player	如果此对象表示本地计算机上的玩家，则返回 true
Is Server	如果此对象正在服务器上运行并且已生成，则为 true
Local Player Authority	如果此对象由拥有它的客户端控制，则为 true，该客户端上的本地玩家对象拥有该权限。其他组件（如 Network Transform）使用此选项来确定将哪个客户端视为权限来源
netID	此网络会话的唯一标识符，在生成时分配
observers	能够看到此对象的客户端网络连接列表。这是只读的
player ControllerId	与此对象关联的控制器的标识符。仅对玩家对象有效
scene ID	场景中联网对象的唯一标识符。这只在播放模式中填充
server Only	一个标志，使得这个对象不会在客户端产生

知识点

1. 要将 Network Identity 组件放置在将生成的预制组件上。
2. 每个网络对象都需要 Network Identity 组件。

23.6.4 Network Lobby Manager

Network Lobby Manager 是一种特殊类型的 Network Manager，它在进入游戏的主要场景之前提供多人游戏厅。它可以让用户建立一个网络，有以下一些参数说明。

- 最大玩家限制。
- 所有玩家准备就绪时自动开始。
- 防止玩家加入正在进行的游戏的选项。
- 支持 Couch Multiplayer（即每个客户端有多个玩家）。
- 可供玩家在大厅中选择选项的可自定义方式。

Network Lobby Manager 有以下两种类型的玩家对象。

- LobbyPlayer 对象。
  - 每个玩家一个。

- 客户端连接时创建，或者添加玩家。
- 一直持续到客户断开连接。
- 保留就绪标志和配置数据。
- 处理大厅中的命令。
- 应该使用 Network Lobby Player 组件。

● GamePlayer 对象。

- 每个玩家一个。
- 当游戏场景开始时创建。
- 重新进入大厅时被摧毁。
- 处理游戏中的命令。

Network Lobby Manager 组件参数如图 23-17 所示，参数说明如表 23-4 所示。

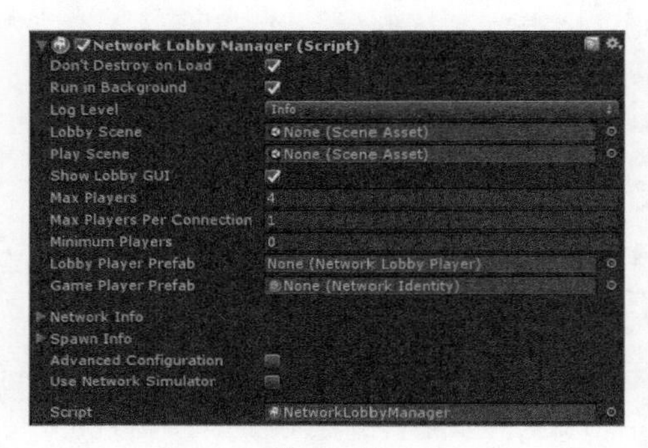

图 23-17

表 23-4　Network Lobby Manager 组件的参数说明表

参数	说明
Lobby Scene	用于大厅的场景
Play Scene	用于主游戏的场景
Show Lobby GUI	向大厅显示开发人员的 GUI 界面
Max Players	大厅中允许的最大玩家数量
Max Player Per Connection	允许为每个客户端连接添加的玩家的最大数量
Minimum Players	大厅中允许的最小玩家数量
Lobby Player Prefab	为玩家进入大厅时创建的预设体
Game Player Prefab	游戏开始时为玩家创建的预设体
其他参数	请参考 NetworkManager

23.6.5 Network Lobby Player

Network Lobby Player 组件用于在大厅中存储每个玩家的状态。其参数如图 23-18 所示，参数说明如表 23-5 所示。

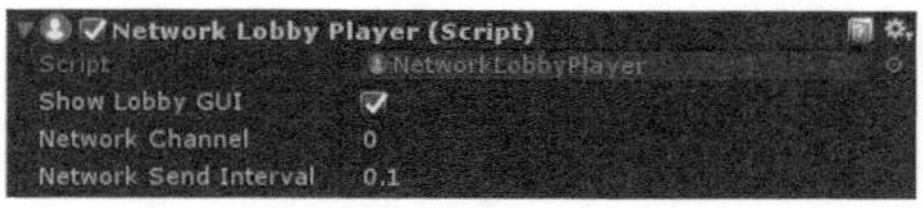

图 23-18

表 23-5　Network Lobby Player 组件的参数说明表

参数	说明
Show Lobby GUI	向大厅显示开发人员的 GUI 界面
Network Channel	Qos 通道用于更新。使用 network Setting 类属性来更改此设置
Network Send Interval	最大更新率，以秒为单位。使用 network Setting 类属性来改变它，或实现 Get Network Send Interval

23.6.6 Network Manager

Network Manager（网络管理器）组件允许用户控制网络游戏的状态。它在编辑器中提供了一个界面，用于配置网络，用于产生 GameObjects 的 Prefabs 以及用于不同游戏状态的场景。其参数如图 23-19 所示，参数说明表如 23-6 所示。

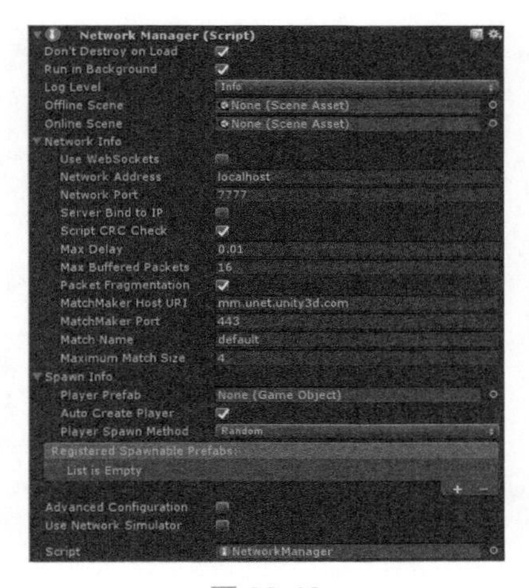

图 23-19

表 23-6　Network Manager 组件的参数说明表

参数	说明
Don't Destroy On Load	使用此参数来控制 Unity 是否应该在场景更改时销毁网络管理器对象。选中此复选框可确保 Unity 在游戏中更改时不会破坏网络管理器管理游戏对象
Run in Background	使用此参数可以控制游戏是否在后台运行，勾选该项时，网络游戏依然在后台运行
Log Level	使用此参数可以控制 Unity 输出到控制台窗口的信息量。低级别会产生更多的信息；较高的等级会导致较少的信息
Offline Scene	如果将场景分配给此参数，网络管理器将在网络会话停止时自动切换到指定的场景。例如，客户端断开连接时或服务器关闭时

续表

参数	说明
Online Scene	如果将场景分配给此参数，网络管理器将在网络会话启动时自动切换到指定的场景。例如，当客户端连接到服务器时，或者服务器开始监听连接时
Network Info	网络相关设置
Use WebSockets	当作为主机运行时，启用此设置可让主机侦听 WebSocket 连接而不是普通的传输层连接，以便 WebGL 客户端可以连接到它
Network Address	当前正在使用的网络地址。对于客户端，这是连接到的服务器的地址。对于服务器，这是本地地址。默认情况下，它被设置为 localhost
Network Port	当前正在使用的网络端口。对于客户端，这是连接到服务器的端口；对于服务器，这是监听端口。默认设置为 7777
Server Bind To IP	允许告诉服务器是否绑定到特定的 IP 地址。如果此复选框未勾选，则没有绑定到特定 IP 地址。该复选框在默认情况下未被选中。如果开发者服务器有多个网络地址（例如，内部 LAN，外部 Internet，VPN）并且想要指定 IP 地址以便为游戏服务，可使用此选项
Server Bind Address	此字段仅在勾选 Server Bind To IP 复选框时才可见。 使用它来输入服务器应该绑定的特定 IP 地址
Script CRC Check	启用此功能后，Unity 会检查客户端和服务器是否使用匹配的脚本。该复选框默认打勾。它通过在服务器和客户端之间执行（CRC 校验）
Max Delay	延迟缓冲消息的最长时间（以秒为单位）。缺省值为 0.01 秒意味着数据包最多延迟 10 毫秒。将其设置为 0 将禁用 HLAPI 连接缓冲。默认设置为 0.01
Max Buffered Packets	NetworkConnection 可以为每个通道设置缓冲的最大数据包数量。默认设置为 16
Packet Fragmentation	这允许 NetworkConnection 实例大于 maxPacketSize 的数据包分段，最大可达 64KB。这可能会导致发送大型数据包时产生延迟。该复选框默认打钩
MatchMaker Host URI	MatchMaker 服务器的主机地址。默认情况下，它指向全局 Unity 多人游戏服务网站，通常不需要改变它。Unity 会将用户的游戏玩家自动分组到世界各地的区域服务器中，这可确保减少同一区域玩家之间进入多人游戏的响应时间
MatchMaker Port	Matchmaker 服务器的主机端口。默认情况下，这指向端口 443，通常不需要改变它
Match Name	定义当前匹配的名称。默认情况下，它被设置为 default
Maximum Match Size	定义当前匹配中的最大玩家数量。默认设置为 4
Spawn Info	生成信息的相关设置
Player Prefab	定义 Unity 在服务器上用来创建玩家对象的默认预设体
Auto Create Player	如果希望 Unity 在连接时以及场景更改时自动创建玩家对象，可勾选此复选框。该复选框默认打钩
Player Spawn Method	定义 Unity 应该如何决定在哪里产生新玩家对象。默认情况下，它被设置为 Random
Random	在随机选择的 startPositions 中产生玩家
Round Robin	选择循环法，循环查看集合列表中的 startPositions
Registered Spawnable Prefabs	使用此列表添加希望网络管理器注意的预制件，以便它可以产生它们。还可以通过脚本添加和删除它们。它们指的是此列表中预制件的实例
Advanced Configuration	高级配置选项
Max Connections	定义要支持的最大并发网络连接数。默认设置为 4

续表

参数	说明
QoS Channels	包含当前网络管理器所具有的不同通信通道以及每个通道的服务质量（QoS）设置的列表。使用此列表添加或删除频道，并调整其 QoS 设置
Timeouts	超时设置
Min Update Timeout	设置网络线程在发送网络消息之间等待的最短时间（以毫秒为单位）。网络线程不会立即发送多人网络消息。相反，它会以固定的速率定期检查每个连接，看它是否有要发送的内容。默认设置为 10 毫秒
Connect Timeout	定义尝试连接，Unity 在尝试连接之前应等待的时间量（以毫秒为单位）。默认设置为 2000 毫秒
Disconnect Timeout	Unity 认为连接断开之前的时间量（以毫秒为单位）。默认设置为 2000 毫秒
Ping Timeout	发送 ping（也称为“心跳”数据包）之间的时间量（以毫秒为单位）
Global Config	这些设置与 Reactor 相关。Reactor 是多人游戏系统中的一部分，它从底层操作系统接收网络数据包，并将它们传递到多人游戏系统中进行处理
Thread Awake Timeout	以毫秒为单位的超时持续时间，由 Reactor 使用
Reactor Model	选择使用哪种类型的 Reactor。Reactor 模式定义了 Unity 如何读取传入数据包。对于大多数游戏和应用程序，默认选择的 Reactor 是合适的。如果想在处理网络消息时交易一小段延迟以降低 CPU 使用率并延长电池寿命，可使用 Fix Rate Reactor
Select Reactor	该模式使用 select()API，这意味着只要数据包可用，网络线程就会被“唤醒”（变为活动状态）。使用这种方法意味着游戏会尽可能快地获取数据。这是默认的 Reactor Model 设置
Fix Rate Reactor	此模式允许网络线程在检查是否有等待处理的传入数据包之前手动休眠给定时间量
Reactor Max Recv Messages	设置存储在接收队列中的最大消息数。默认情况下，它被设置为 1024 条消息
Reactor Max Sent Messages	设置存储在发送队列中的最大消息数。默认情况下，它被设置为 1024 条消息
Use Network Simulator	勾选此复选框以启用网络模拟器的使用。网络模拟器根据以下设置引入模拟延迟和数据包丢失
Simulated Average Latency	以毫秒为单位进行模拟的延迟量
Simulated Packet Loss	以百分比模拟的数据包丢失量

23.6.7 Network Manager HUD

Network Manager HUD 是一种简单快捷的组件，可以提供游戏玩家需要的基本功能，以便托管网络游戏，或查找并加入现有的网络游戏。它显示当编辑器处于播放模式时出现在游戏视图中的简单 UI 按钮的集合。它旨在作为一个有用的短期解决方案，让用户快速制作游戏。准备好后，用户应该用自己的 UI 更换更适合自己的游戏的 UI。其参数如图 23-20 所示，参数说明如表 23-7 所示。

图 23-20

表 23-7　Network Manager HUD 的参数说明表

参数	说明
Show Runtime GUI	勾选此复选框以在运行时显示网络管理器 HUD 的 GUI
GUI Horizontal Offset	设置 HUD 的水平像素偏移量，从屏幕左侧开始计算
GUI Vertical Offset	设置 HUD 的垂直像素偏移量，从屏幕的顶部边缘开始计算

Network Manager HUD 被设计为临时的开发帮助。它可以让用户的多人游戏快速运行，但是当用户准备好时应该用自己的 UI 控件来替换它。

23.6.8 Network Proximity Checker

Network Proximity Checker 组件基于与玩家的邻近度来控制网络客户端的 GameObjects 的可见性。其参数如图 23-21 所示，参数说明如表 23-8 所示。

图 23-21

表 23-8　Network Proximity Checker 组件的参数说明表

参数	说明
Vis Range	定义其他游戏对象应该在其中可见的范围
Vis Update Interval	定义其他游戏对象应检查玩家进入其可见范围的频率
Check Method	定义用于接近检查的物理类型（2D 或 3D）
Force Hidden	勾选此复选框可隐藏所有玩家的此对象（该组件所在的物体对象）

使用 Network Proximity Checker，在客户端上运行的游戏不具有关于不可见的 GameObjects 的信息。这有两个主要好处：它减少了通过网络发送的数据量，并且使游戏更加安全，防止黑客入侵。

这个组件依靠物理来计算可见性，所以 GameObject 也必须有一个碰撞组件。

23.6.9 Network Start Position

Network Manager 在创建游戏对象时使用 Network Start Position。新创建的游戏对象的位置和旋转就是 Network Start Position 组件所在的物体的位置和旋转。

23.6.10 Network Transform

Network Transform 组件同步网络中 GameObjects 的移动和旋转。请注意，Network Transform 组件仅同

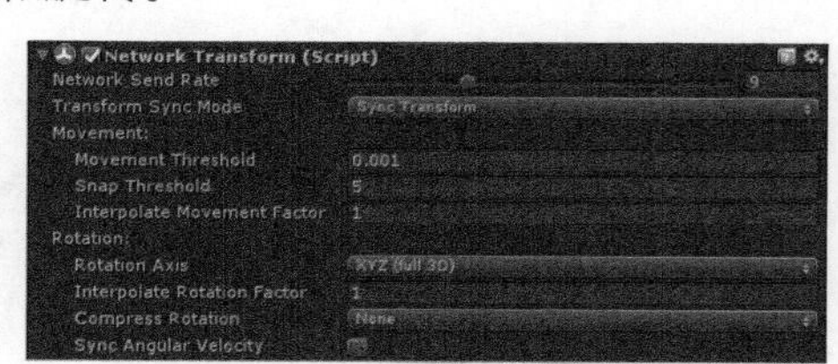

图 23-22

步生成的网络游戏对象。其参数如图 23-22 所示，参数说明如表 23-9 所示。

表 23–9　Network Transform 组件的参数说明表

参数	说明
Network Send Rate	设置每秒网络更新的次数
Transform Sync Mode	选择在这个对象上应该同步的类型
Sync None	不用同步
Sync Transform	使用 GameObject 的 Transform 进行同步
Sync Rigidbody 2D	使用 Rigidbody2D 组件进行同步。如果 2D 物理系统控制此 Game-Object，可使用此选项
Sync Rigidbody 3D	使用 Rigidbody 组件进行同步。 如果 3D 物理系统控制此 GameO-bject，可使用此选项
Sync Character Controller	使用角色控制器组件进行同步。如果使用的是角色控制器，可选择此项
Movement	
Movement Threshold	设置 GameObject 可以移动而不发送移动同步更新的距离
Snap Threshold	设置阈值，如果物体移动距离大于该值，则 GameObject 将直接设置到该位置而不是平稳移动
Interpolate Movement Factor	使用它来启用和控制同步运动的插值。这个数字越大，GameObject 插入到目标位置的速度就越快。如果设置为 “0”，则 GameObject 将直接设置到新的位置
Rotation	
Rotation Axis	定义哪个旋转轴应该同步。这被默认设置为 *XYZ*
Interpolate Rotation Factor	使用它来启用和控制同步旋转的插值。这个数字越大，GameObject 插值到目标旋转的速度就越快。如果它设置为 “0”，则 GameObject 直接设置到新的旋转角度而不是平滑过渡到该旋转角度
Compress Rotation	如果压缩旋转数据，则发送的数据量较低，并且旋转同步的准确性较低
Sync Angular Velocity	勾选此复选框以同步附加 Rigidbody 组件的角速度

23.6.11 Network Transform Child

Network Transform Child 组件将 GameObject 的子对象的位置和旋转与 Network Transform 组件同步。在需要同步网络游戏对象的独立移动子对象的情况下，应该使用此组件。

要使用 Network Transform Child 组件，可将其与 Network Transform 附加到相同的父级游戏对象，并使用 Target 字段来定义将组件设置应用于哪个子 GameObject。一个父 GameObject 上可以有多个 Network Transform Child 组件。其参数如图 23-23 所示，参数说明如表 23-10 所示。

图 23-23

表 23–10　Network Transform Child 组件的参数说明表

参数	说明
Network Send Rote	设置 Target 对象每秒网络更新的次数
Target	网络同步 Transform 组件的子对象
Movement Threshold	设置 Target 可以移动而不发送移动同步更新的距离
Interpolate Movement Factor	使用它来启用和控制 Target 同步运动的插值
Interpolate Rotation Factor	使用它来启用和控制 Target 同步旋转的插值
Rotation Axis	定义 Target 哪个旋转轴应该同步。这被默认设置
Compress Rotation	设置 Target 的压缩旋转数据

这个组件不使用物理属性。它同步子对象的位置和旋转，并插入更新的值。使用插值运动因子和插值旋转因子来自定义插值速率。

23.6.12 Network Transform Visualizer

Network Transform Visualizer 是一个实用组件，它允许用户可视化使用 Network Transform 组件的 GameObject 的插值。要使用它，可将其添加到已具有 Network Transform 组件的 GameObject 中，并在 Inspector 视图中分配一个预制。预制可以是用户选择的任何东西，它将用作 GameObject 传入转换数据的可视化表示形式。

具有本地权限的 GameObjects（如本地玩家）不会插值，因此不会显示为可视化的对象。 可视化只显示网络上其他计算机控制的其他网络游戏对象（如其他玩家）。其参数如图 23-24 所示，参数说明如表 23-11 所示。

图 23-24

表 23–11　Network Transform Visualizer 组件的参数说明表

参数	说明
Visualizer Prefab	定义用于可视化网络变换的目标位置的预制件

当游戏正在玩时，预制被实例化为可视化器的 GameObject。Network Transform 对象移动时，可视化器的 GameObject 显示在网络变换的目标位置，如图 23-25 所示。

图 23-25

确保选择使用的预制作为的可视化对象 GameObject 没有附加碰撞体，或其他任何可能影响游戏的组件。

23.7 Unity 的网络请求

UnityWebRequest 提供了一个用于编写 HTTP 请求和处理 HTTP 响应的模块化系统。 Unity-WebRequest 系统的主要目标是允许 Unity 游戏与 Web 浏览器后端进行交互。它还有支持高需求的功能，如分块的 HTTP 请求，流式 POST / PUT 操作以及对 HTTPheaders（标头）和 verbs（动词）完全控制。

该系统由以下两层组成。

- 高级 API（HLAPI）封装了低级 API，并为执行常见操作提供了一个方便的界面；
- 低级 API（LLAPI）为更高级的用户提供了最大的灵活性。

UnityWebRequest 支持的平台如下。

- WebGL。
- 移动平台：iOS、Android。
- 通用 Windows 平台。
- PS4 和 PSVita。
- Xbox One。
- Nintendo Switch。

UnityWebRequest 生态系统将 HTTP 事务分解为以下 3 种不同的操作。

- 向服务器提供数据。
- 从服务器接收数据。
- HTTP 流量控制（如重定向和错误处理）。

23.7.1 常用操作：使用 HLAPI

23.7.1.1 从 HTTP 服务器获取文本或二进制数据（GET）

要从标准 HTTP 或 HTTPS Web 服务器中获取简单数据（如文本数据或二进制数据），可使用 UnityWebRequest.GET 调用。该函数将单个字符串作为参数，字符串指定从中检索数据的 URL。

这个功能类似于标准的 WWW 构造函数，如下（可自定义自己想要使用的网址）：

```
WWW myWww = new WWW("http://www.myserver.com/foo.txt");
// 类似于
UnityWebRequest myWr = UnityWebRequest.Get("http://www.myserver.com/foo.txt");
```

代码如下：

```
using UnityEngine;
using System.Collections;
using UnityEngine.Networking;

public class MyBehaviour:MonoBehaviour {
    void Start() {
        StartCoroutine(GetText());
    }

    IEnumerator GetText() {
        UnityWebRequest www = UnityWebRequest.Get("http://www.my-server.com");
        yield return www.SendWebRequest();
        //如果请求出错，则打印错误信息
        if(www.isNetworkError || www.isHttpError) {
            Debug.Log(www.error);
        }
        else {
            // 将结果以文本形式输出
            Debug.Log(www.downloadHandler.text);

            // 获取请求结果的二进制数据
            byte[] results = www.downloadHandler.data;
        }
    }
}
```

23.7.1.2 从 HTTP 服务器获取纹理（GET）

要从远程服务器中获取纹理文件，可以使用 UnityWebRequest.Texture。这个功能非常类似于 UnityWebRequest.GET，但是为了高效地下载和存储纹理而进行了优化。

该函数将一个字符串作为参数，该字符串指定下载纹理的 URL。代码如下：

```
using UnityEngine;
using System.Collections;
using UnityEngine.Networking;

public class MyBehaviour:MonoBehaviour {
    void Start() {
        StartCoroutine(GetTexture());
    }

    IEnumerator GetTexture() {
        UnityWebRequest www = UnityWebRequestTexture.GetTexture("http://www.
my-server.com/image.png");
        yield return www.SendWebRequest();

        if(www.isNetworkError || www.isHttpError) {
            Debug.Log(www.error);
        }
        else {
```

```
            Texture myTexture = ((DownloadHandlerTexture)www.downloadHandler).
texture;
        }
    }
}
```

或者可以是如下代码：

```
IEnumerator GetTexture() {
        UnityWebRequest www = UnityWebRequestTexture.GetTexture("http://www.
my-server.com/image.png");
        yield return www.SendWebRequest();

        Texture myTexture = DownloadHandlerTexture.GetContent(www);
    }
```

知识点

DownloadHandlerTexture 类是专门用于存储在 Unity 引擎中用作纹理的图像的下载处理程序。与下载原始字节并在脚本中手动创建纹理相比，使用此类显著减少了内存重新分配。

23.7.1.3　从 HTTP 服务器下载 AssetBundle（GET）

详请参照第 22 章。

23.7.1.4　将表单发送到 HTTP 服务器（POST）

为了更好地控制如何指定表单数据，UnityWebRequest 系统包含用户可实现的 IMultipart-FormSection 接口。对于标准应用程序，Unity 还提供数据和文件部分的默认实现，即 Multipart-FormDataSection 和 MultipartFormFileSection。

IMultipartFormSection 作为函数的第二个参数，UnityWebRequest.POST 的重载接受列表参数，其成员必须全部为 IMultipartFormSections。函数签名如下：

```
WebRequest.Post(string url, List<IMultipartFormSection> formSections);
```

具体解释如下。

- 该函数创建了一个 UnityWebRequest 并将目标 URL 设置为第一个字符串参数。它还会为 IMultipartFormSection 对象列表中指定的表单数据适当地设置 UnityWebRequest 的 Content-Type 标头。
- 该功能默认将 DownloadHandlerBuffer 附加到 UnityWebRequest。这是为了方便用户使用它来检查服务器的回复。
- 与 WWWForm POST 函数类似，该 HLAPI 函数依次调用每个对象提供的 IMultipartForm-Section，并将它们格式化为 RFC 2616 中指定的标准的大部分格式。

- 预先格式化的表单数据存储在一个标准的 UploadHandler Raw 对象中，然后它被附加到 UnityWebRequest。因此，UnityWebRequest.POST 调用后执行的对 IMultipartFormSection 对象的更改不会反映在发送到服务器的数据中。代码如下：

```
using UnityEngine;
using UnityEngine.Networking;
using System.Collections;

public class MyBehavior:MonoBehaviour {
    void Start() {
        StartCoroutine(Upload());
    }

    IEnumerator Upload() {
        List<IMultipartFormSection> formData = new List<IMultipartFormSection>();
        formData.Add( new MultipartFormDataSection("field1=foo&field2=bar") );
        formData.Add( new MultipartFormFileSection("my file data", "myfile.txt") );

        UnityWebRequest www = UnityWebRequest.Post("http://www.my-server.
com/myform", formData);
        yield return www.SendWebRequest();

        if(www.isNetworkError || www.isHttpError) {
            Debug.Log(www.error);
        }
        else {
            Debug.Log("Form upload complete!");
        }
    }
}
```

23.7.1.5 将原始数据上传到 HTTP 服务器（PUT）

一些现代 Web 应用程序通过 HTTP PUT Verb 上传文件。对于这种情况，Unity 提供了 Unity-WebRequest.PUT 功能。

这个函数有两个参数。第一个参数是一个字符串，可指定请求的目标 URL；第二个参数可以是字符串或字节数组，可指定要发送到服务器的有效载荷数据。

功能签名如下：

```
WebRequest.Put(string url, string data);
WebRequest.Put(string url, byte[] data);
```

代码如下：

```
using UnityEngine;
using UnityEngine.Networking;
using System.Collections;
```

```
public class MyBehavior:MonoBehaviour {
    void Start() {
        StartCoroutine(Upload());
    }

    IEnumerator Upload() {
        byte[] myData = System.Text.Encoding.UTF8.GetBytes("This is some
test data");
        UnityWebRequest www = UnityWebRequest.Put("http://www.my-server.com/
upload", myData);
        yield return www.SendWebRequest();

        if(www.isNetworkError || www.isHttpError) {
            Debug.Log(www.error);
        }
        else {
            Debug.Log("Upload complete!");
        }
    }
}
```

23.7.2 高级操作：使用 LLAPI

HLAPI 旨在最少化编写代码，低级 API（LLAPI）旨在提供最大的灵活性。通常，使用 LLAPI 需要创建 UnityWebRequest，然后创建适当的 DownloadHandlers 或 UploadHandlers 并将它们附加到 UnityWebRequest。

请注意，HLAPI 和 LLAPI 不是互斥的。如果用户需要调整常见方案，可以随时自定义通过 HLAPI 创建的 UnityWebRequest 对象。

23.7.2.1　创建 UnityWebRequest

WebRequest 可以像任何其他对象一样被实例化。有如下两个构造函数可用。

- 使用标准的无参数构造函数创建一个新的 UnityWebRequest，其中所有设置为空白或默认的。目标网址未设置，自定义标题未设置，并且重定向限制设置为 32。
- 第二个构造函数接受一个字符串参数。它将 UnityWebRequest 的目标 URL 分配给字符串参数的值，否则与无参数构造函数相同。

代码如下：

```
// 不带参数的构造函数

UnityWebRequest wr = new UnityWebRequest();
// 设置目标 URL 的构造函数
UnityWebRequest wr2 = new UnityWebRequest("http://www.mysite.com");
// Web 请求的工作需要以下两项
```

```
wr.url = "http://www.mysite.com";
//可以设置为任何自定义方法，常用常量为已知
wr.method = UnityWebRequest.kHttpVerbGET;

wr.useHttpContinue = false;
wr.chunkedTransfer = false;
//禁用重定向
wr.redirectLimit = 0;
//Web 请求的超时时间。不要将该值设置太小，因为 Web 请求需要一定时间
wr.timeout = 60;
```

23.7.2.2 创建 UploadHandlers

目前，只有一种类型的上传处理程序可用，即 UploadHandlerRaw。这个类在构造时接受数据缓冲区。该缓冲区在内部复制到本机代码存储器中，然后在远程服务器准备好接受正文数据时由 UnityWebRequest 系统使用。

上传处理程序还接受内容类型的字符串。如果 UnityWebRequest 本身没有设置 Content-Type 标头，则该字符串用 UnityWebRequest 的 Content-Type 标头的值；如果在 UnityWebRequest 对象上手动设置 Content-Type 标头，则忽略 Upload Handler 对象上的 Content-Type；如果未在 UnityWebRequest 对象或 UploadHandler 对象上设置 Content-Type，则系统将默认设置 Content-Type 的应用程序 / 八位字节流。

UnityWebRequest 有一个属性 disposeUploadHandlerOnDispose，默认为 true。如果此属性为 true，则在处置 UnityWebRequest 对象时，Dispose() 也将在附加的上传处理程序上被调用，从而使其无用。如果用户保持对上传处理程序的引用长于对 UnityWebRequest 的引用，则应将 disposeUploadHandlerOnDispose 设置为 false。代码如下：

```
//创建数据缓存
byte[] payload = new byte[1024];

UnityWebRequest wr = new UnityWebRequest("http://www.mysite.com/data-upload");
UploadHandler uploader = new UploadHandlerRaw(payload);

// 发送标头："Content-Type: custom/content-type";
uploader.contentType = "custom/content-type";
wr.uploadHandler = uploader;
```

23.7.2.3 创建 DownloadHandlers

有如下几种类型的 DownloadHandlers。

- DownloadHandlerBuffer 用于简单的数据存储。
- DownloadHandlerFile 用于下载并将文件保存到内存占用少的磁盘中。
- DownloadHandlerTexture 用于下载图像。
- DownloadHandlerAssetBundle 用于获取 AssetBundles。

- DownloadHandlerAudioClip 用于下载音频文件。
- DownloadHandlerMovieTexture 用于下载视频文件。
- DownloadHandlerScript 是一个特殊的类。就其本身而言，它什么都不做。但是，该类可以由用户定义的类继承。该类接收来自 UnityWebRequest 系统的回调，然后可以用它来完成从网络到达的数据的完全自定义处理。

DownloadHandlerBuffer

这个下载处理程序是最简单的，并且是大部分使用案例的处理方式。它将接收到的数据存储在本机代码缓冲区中。下载完成后，可以以字节数组或字符串的形式访问缓冲的数据。代码如下：

```
using UnityEngine;
using UnityEngine.Networking;
using System.Collections;

public class MyBehaviour:MonoBehaviour {
    void Start() {
        StartCoroutine(GetText());
    }

    IEnumerator GetText() {
        UnityWebRequest www = new UnityWebRequest("http://www.my-server.com");
        www.downloadHandler = new DownloadHandlerBuffer();
        yield return www.SendWebRequest();

        if(www.isNetworkError || www.isHttpError) {
            Debug.Log(www.error);
        }
        else {
            // 将结果以文本形式输出
            Debug.Log(www.downloadHandler.text);

            // 获取请求结果的二进制数据
            byte[] results = www.downloadHandler.data;
        }
    }
}
```

DownloadHandlerFile

这是一个特殊的大文件下载处理程序。它将下载的字节直接写入文件，因此无论正在下载的文件的大小如何，内存使用率都很低。与其他下载处理程序的区别是，用户无法从中获取数据，所有数据都保存在文件中。代码如下：

```
using System.Collections;
using System.IO;
using UnityEngine;
using UnityEngine.Networking;
```

```
public class FileDownloader:MonoBehaviour {

    void Start () {
        StartCoroutine(DownloadFile());
    }

    IEnumerator DownloadFile() {
        var uwr = new UnityWebRequest("https://unity3d.com/", UnityWebRequest.
kHttpVerbGET);
        string path = Path.Combine(Application.persistentDataPath, "unity3d.html");
        uwr.downloadHandler = new DownloadHandlerFile(path);
        yield return uwr.SendWebRequest();
        if (uwr.isNetworkError || uwr.isHttpError)
            Debug.LogError(uwr.error);
        else
            Debug.Log(" 文件下载成功并保存在 :" + path);
    }
}
```

DownloadHandlerTexture

使用 DownloadHandlerBuffer 下载图像文件，然后使用 Texture.LoadImage 从原始字节中创建纹理，而不是使用 DownloadHandlerBuffer，使用 DownloadHandlerTexture 的效率更高。

该下载处理程序将收到的数据存储在 UnityEngine.Texture 中。在下载完成时，它会将 JPEG 和 PNG 格式的图像解码为有效的 UnityEngine.Texture 对象。每个 DownloadHandlerTexture 对象只创建一个 UnityEngine.Texture 副本。这会降低垃圾回收的性能。处理程序在本机代码中执行缓冲、解压缩和纹理的创建。此外，解压缩和纹理的创建是在工作线程而不是主线程上执行的，这可以在加载大纹理时提高帧时间。

最后，DownloadHandlerTexture 仅在最终创建 Texture 本身时才分配托管内存，从而消除与在脚本中执行字节到纹理转换相关的垃圾回收开销。代码如下：

```
using UnityEngine;
using UnityEngine.UI;
using UnityEngine.Networking;
using System.Collections;

[RequireComponent(typeof(Image))]
public class ImageDownloader:MonoBehaviour {
    Image _img;
    void Start () {
        _img = GetComponent<UnityEngine.UI.Image>();
        Download("http://www.mysite.com/myimage.png");
    }

    public void Download(string url) {
        StartCoroutine(LoadFromWeb(url));
    }
```

```
    IEnumerator LoadFromWeb(string url)
    {
        UnityWebRequest wr = new UnityWebRequest(url);
        DownloadHandlerTexture texDl = new DownloadHandlerTexture(true);
        wr.downloadHandler = texDl;
        yield return wr.SendWebRequest();
        if(!(wr.isNetworkError || wr.isHttpError)) {
            Texture2D t = texDl.texture;
            // 将图片转换为 Sprite 类型
            Sprite s = Sprite.Create(t, new Rect(0, 0, t.width, t.height),
                                     Vector2.zero, 1f);
            _img.sprite = s;
        }
    }
}
```

DownloadHandlerAssetBundle

这个专门的下载处理程序的优点是它能够将数据流式传输到 Unity 的 AssetBundle 系统中。一旦 AssetBundle 系统收到了足够的数据，AssetBundle 将作为 AssetBundle 对象被提供，并只创建 AssetBundle 对象的一个副本。这大大减少了运行时内存分配以及加载 AssetBundle 时的内存影响。DownloadHandlerAssetBundle 还允许 AssetBundles 在未完全下载的情况下部分使用，因此开发者可以对资源进行流式处理。

所有下载和解压缩都发生在工作线程上。

AssetBundles 通过 DownloadHandlerAssetBundle 对象下载，该对象具有用来检索的特殊 AssetBundle 属性。代码如下：

```
using UnityEngine;
using UnityEngine.Networking;
using System.Collections;

public class MyBehaviour:MonoBehaviour {
    void Start() {
        StartCoroutine(GetAssetBundle());
    }

    IEnumerator GetAssetBundle() {
        UnityWebRequest www = new UnityWebRequest("http://www.my-server.com");
        DownloadHandlerAssetBundle handler = new DownloadHandlerAssetBundle(www.
url, uint.MaxValue);
        www.downloadHandler = handler;
        yield return www.SendWebRequest();

        if(www.isNetworkError || www.isHttpError) {
            Debug.Log(www.error);
        }
        else {
            // 提取 AssetBundle
```

```
            AssetBundle bundle = handler.assetBundle;
        }
    }
}
```

DownloadHandlerAudioClip

此下载处理程序经过优化，可用于下载音频文件。不要使用 DownloadHandlerBuffer 下载原始字节，然后从它们中创建 AudioClip。用户使用此下载处理程序可以以更方便的方式进行操作。代码如下：

```
using System.Collections;
using UnityEngine;
using UnityEngine.Networking;

public class AudioDownloader:MonoBehaviour {

    void Start () {
        StartCoroutine(GetAudioClip());
    }

    IEnumerator GetAudioClip() {
        using (var uwr = UnityWebRequestMultimedia.GetAudioClip("http://
myserver.com/mysound.ogg", AudioType.OGGVORBIS)) {
            yield return uwr.SendWebRequest();
            if (uwr.isNetworkError || uwr.isHttpError) {
                Debug.LogError(uwr.error);
                yield break;
            }
            //获取音频文件
            AudioClip clip = DownloadHandlerAudioClip.GetContent(uwr);
        }
    }
}
```

DownloadHandlerMovieTexture

此下载处理程序已针对下载视频文件进行了优化。不要使用 DownloadHandlerBuffer 下载原始字节，然后从它们中创建 MovieTexture。用户使用此下载处理程序可以以更方便的方式进行操作。代码如下：

```
using System.Collections;
using UnityEngine;
using UnityEngine.Networking;

public class MovieDownloader:MonoBehaviour {

    void Start () {
        StartCoroutine(GetAudioClip());
    }
```

```
    IEnumerator GetAudioClip() {
        using (var uwr = UnityWebRequestMultimedia.GetMovieTexture("http://
myserver.com/mysound.ogg")) {
            yield return uwr.SendWebRequest();
            if (uwr.isNetworkError || uwr.isHttpError) {
                Debug.LogError(uwr.error);
                yield break;
            }
            // 获取视频对象
            MovieTexture movie = DownloadHandlerMovieTexture.GetContent(uwr);
        }
    }
}
```

DownloadHandlerScript

对于需要完全控制下载数据处理的用户，Unity 提供了 DownloadHandlerScript 类。

默认情况下，这个类的实例什么都不做。但是，如果用户从 DownloadHandlerScript 类中派生自己的类，则可以覆盖某些函数，并在数据从网络到达时使用它们接收回调。

需要注意的是，实际下载发生在工作线程上，但所有 DownloadHandlerScript 回调都在主线程上运行。 避免在回调期间执行计算量大的操作。

覆盖的功能

ReceiveContentLength()

```
protected void ReceiveContentLength(long contentLength);
```

这个函数在收到 contentLength 头时被调用。请注意，如果服务器在处理 UnityWebRequest 的过程中发送一个或多个重定向响应，则可能会多次发生此回调。

OnContentComplete()

```
protected void OnContentComplete();
```

当 UnityWebRequest 从服务器完全下载所有数据并将所有接收到的数据转发给 ReceiveData 回调时，将调用此函数。

ReceiveData()

```
protected bool ReceiveData(byte[] data, long dataLength);
```

数据从远程服务器到达后调用此函数，并且每帧调用一次。data 参数包含从远程服务器接收到的原始字节，dataLength 表示数据数组中新数据的长度。

当不使用预先分配的数据缓冲区时，系统每次调用此回调时都会创建一个新的字节数组，并且 dataLength 始终等于 data.Length。使用预先分配的数据缓冲区时，数据缓冲区将被重新使用，并且必须使用 dataLength 来查找更新的字节数。

该函数返回值为 true 或 false。如果返回 false，系统将立即中止 UnityWebRequest；如果返回 true，则处理正常继续。

Unity 的许多更高级用户都关心减少垃圾回收造成的 CPU 峰值。对于这些用户，UnityWebRequest 系统允许预先分配托管代码的字节数组，该数组用于将下载的数据传递给 DownloadHandlerScript 的 ReceiveData 回调。

当使用 DownloadHandlerScript 派生类捕获下载的数据时，使用此函数可以完全消除托管代码的内存分配。

要使 DownloadHandlerScript 在预分配的托管缓冲区中运行，可向 DownloadHandlerScript 的构造函数提供一个字节数组。代码如下：

```
using UnityEngine;
using UnityEngine.Networking;
using System.Collections;

public class LoggingDownloadHandler:DownloadHandlerScript {

    // 标准脚本下载处理程序 - 在每个 ReceiveData 回调中分配内存
    public LoggingDownloadHandler(): base() {
    }

    // 预先分配的脚本下载处理程序。
    // 重新使用提供的字节数组来传递数据。
    // 消除内存分配。
    public LoggingDownloadHandler(byte[] buffer): base(buffer) {
    }

    // DownloadHandler 基类是必需的。 在处理 " 字节 " 属性时调用。
    protected override byte[] GetData() { return null; }

    // 从网络接收数据时，每帧调用一次。
    protected override bool ReceiveData(byte[] data, int dataLength) {
        if(data == null || data.Length < 1) {
            Debug.Log("ReceiveData 接收了一个 null 或空 buffer");
            return false;
        }

        Debug.Log(string.Format("ReceiveData 接收 {0} bytes", dataLength));
        return true;
    }

    // 从服务器收到所有数据并通过 ReceiveData 传送时调用。
    protected override void CompleteContent() {
        Debug.Log(" 数据下载完成 !");
    }

    // 当从服务器收到 Content-Length 标题时调用。
    protected override void ReceiveContentLength(int contentLength) {
        Debug.Log(string.Format(" 收到 Content-Length{0}", contentLength));
    }
}
```

23.8 综合案例：多人游戏实战

（1）启动 Unity 应用程序，单击菜单栏中的 Assets → Import Package → Characters，导入角色控制资源包。

（2）创建两个 Scene，分别保存并命名为 Main 和 Menu，打开 Main 场景，按照如图 23-26 所示布置场景并保存。

（3）创建一个空对象并命名为 NetworkManager，然后为其添加 NetworkManager 组件和 Network Manager HUD 组件，如图 23-27 所示。

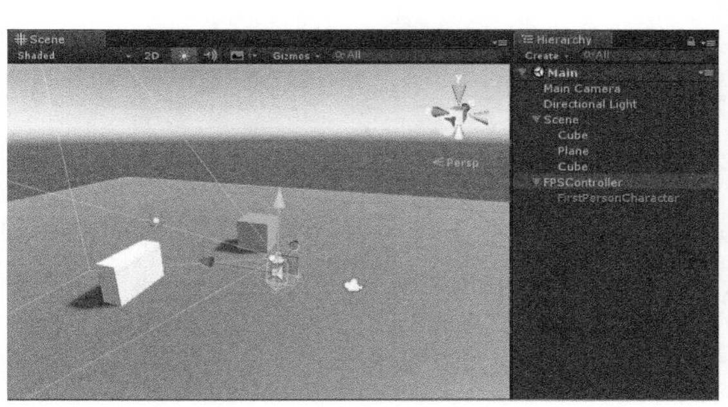

图 23-26

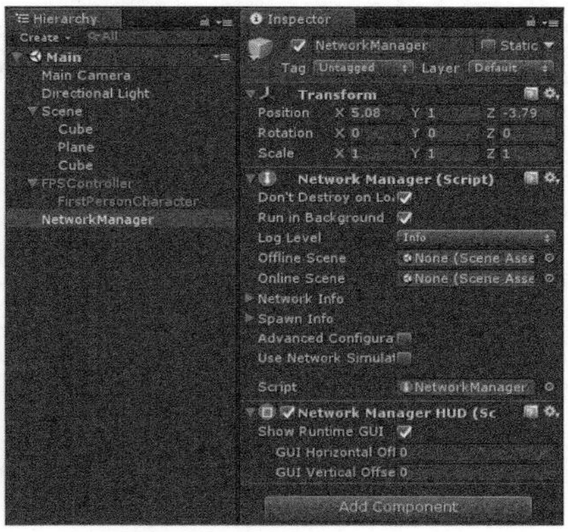

图 23-27

（4）选中 FPSController（第一人称控制器）对象，单击菜单栏中的 Component → Network，为其添加 NetworkIdentity 组件，并勾选 Local Player Authority（勾选后此对象由客户端上的玩家控制）。然后添加一个 NetworkTransform 组件，用于同步网络对象的位置，并将 NetworkTransform 组件的 Transform Sync Mode 设置为 Sync Transform，如图 23-28 所示。

（5）为了将 FPSController 对象可视化，可添加一些渲染网格对象作为其子对象，如图 23-29 所示。

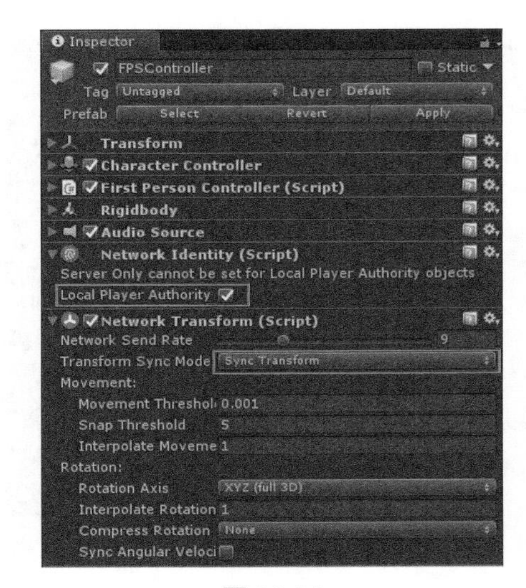

图 23-28

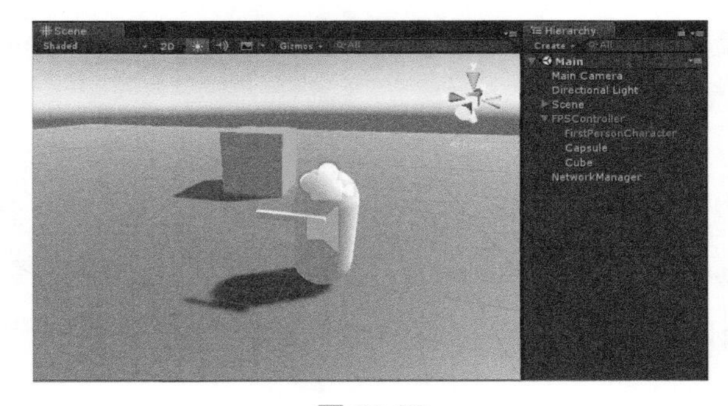

图 23-29

（6）将 FPSController 对象做成一个新的预设体，如图 23-30 所示。

（7）将预设体 FPSController 拖入 NetworkManager 对象上 NetworkManager 组件的 Player-Prefab 中，如图 23-31 所示。

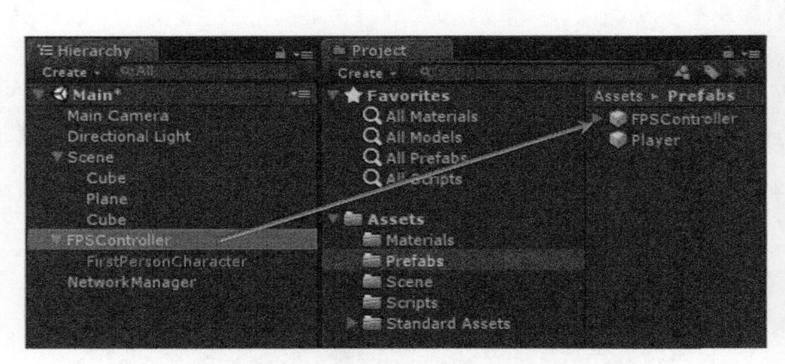

图 23-30

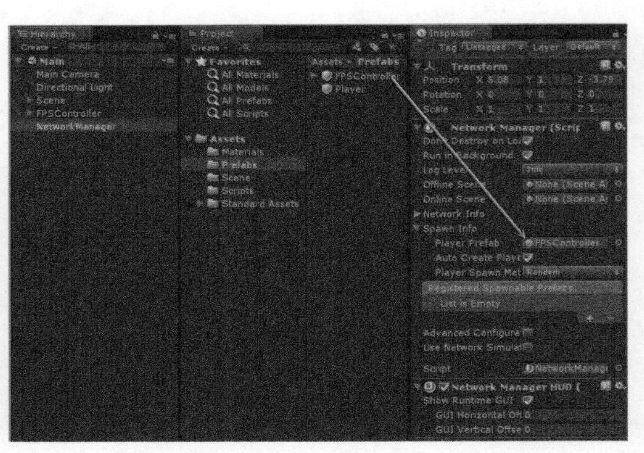

图 23-31

（8）保存并发布 Main 场景（保存场景时，注意把场景中的 FPSController 对象删除，否则运行场景时会多出一个 FPSController 对象），将发布的文件命名为 myGame。首先运行 Unity 中的 Main 场景，由于客户端和服务器端在同一进程，所以在服务器选择界面单击 LAN Host(H) 按钮（使本场景作为服务器端运行）。然后运行发布的 myGame 场景，由于已经存在服务器端，单击 LAN Client(C) 按钮（使本场景作为客户端运行），如图 23-32 所示。

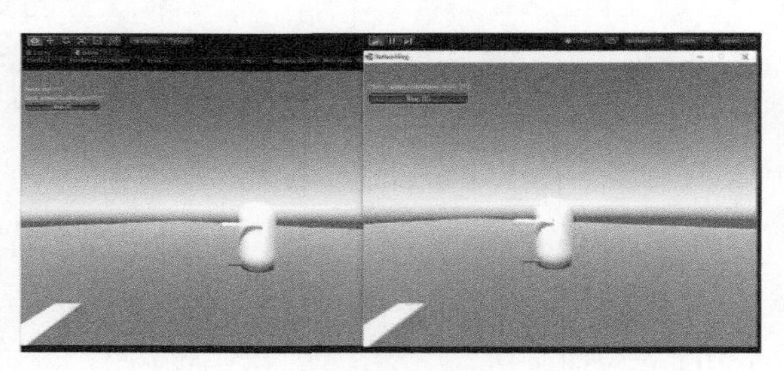

图 23-32

（9）运行场景时，会发现操作 RemoteClient（myGame 场景）时，LocalClient 的窗口会出现画面闪烁。当操作 Unity 编辑器中的 Game 视图（LocalClient 窗口）时，在 Scene 视图中会发现 RemoteClient 的游戏（FPSController）对象也发生了移动。观察 Hierarchy 视图的两个游戏对象，发现两个 FPSController 对象的 FirstPersonController 和 CharacterController 都处于激活状态；场景中存在两个角色相机（FirstPersonCharacter 中的 Camera）。

（10）对于上一步的问题，需要写一个脚本来进行控制。首先将 FPSController 预设体拖入场景中，取消 FirstPersonController 和 CharacterController 组件勾选以及隐藏子物体 FirstPersonCharacter。然后单击 Apply 按钮使得更改生效，

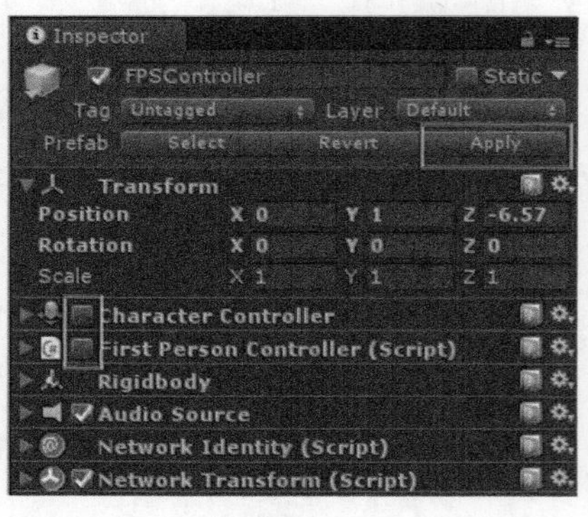

图 23-33

如图 23-33 所示。

（11）新建脚本 Player_NetworkStep.cs，代码如下：

```
using UnityEngine;
using UnityEngine.Networking; //使用网络命名空间
using UnityStandardAssets.Characters.FirstPerson;//第一人称命名空间

public class Player_NetworkStep:NetworkBehaviour {
    public Transform fpsCharacterCameraTrans;
    // Use this for initialization
    void Start () {
        //如果是本机玩家
        if (isLocalPlayer)
        {
            //打开相机对象以及CharacterController和FirstPersonController组件
            fpsCharacterCameraTrans.gameObject.SetActive(true);
            GetComponent<CharacterController>().enabled = true;
            GetComponent<FirstPersonController>().enabled = true;
        }
    }
}
```

（12）将脚本添加到 FPSController 对象上，并为变量 fpsCharacterCameraTrans 赋值为子对象 FirstPersonCharacter。然后单击 Apply 按钮应用，如图 23-34 所示。

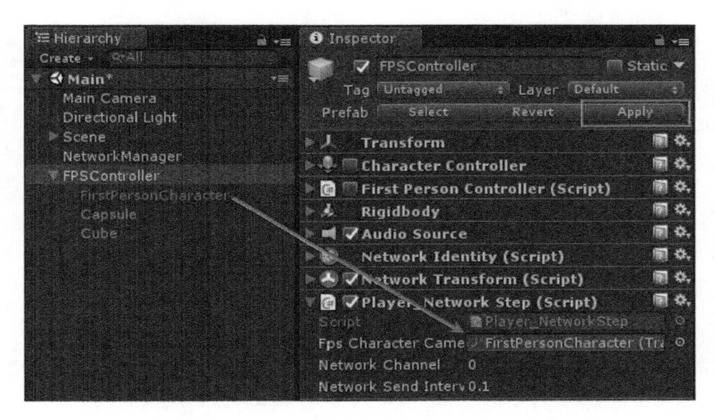

图 23-34

（13）保存 Main 场景，重新发布以 myGame 为文件名的场景，上面的问题已经解决，如图 23-35 所示。

（14）下面我们又选择使用另一种方法实现同步控制。因此先将 FPSController 预设体上的控制位置同步的 NetworkTransform 组件移除。然后新建脚本 Player_SyncTransform.cs，并将脚本添加到预设体上，如图 23-36 所示。

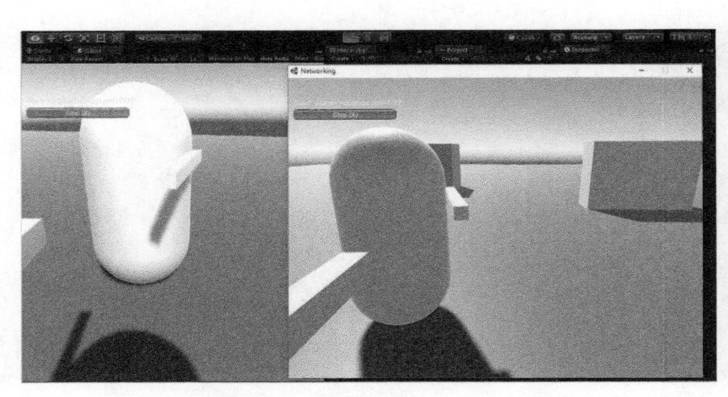

图 23-35

图 23-36

（15）编辑脚本 Player_SyncTransform.cs，代码如下：

```
using UnityEngine;
using UnityEngine.Networking;

//继承 NetworkBehaviour 类
public class Player_SyncTransform:NetworkBehaviour {
    [SyncVar]Vector3 syncPos;  //同步的位置
    [SyncVar]Vector3 syncAngle; //同步的角度
    public float lerpRate = 15; //插值速率
    void Update()
    {
        LerpTransform();
    }
    void FixedUpdate()
    {
        TransmitTransform();
    }
    //插值运动
    void LerpTransform()
    {
        if (!isLocalPlayer)
        {
            transform.position = Vector3.Lerp(transform.position, syncPos,
Time.deltaTime * lerpRate);
            transform.eulerAngles = Vector3.Lerp(transform.eulerAngles,
syncAngle, Time.deltaTime * lerpRate);
        }
    }
    //提供位置和角度到服务器
    [Command]
    void CmdProvideTransformToServer(Vector3 pos, Vector3 angle)
    {
        syncPos = pos;
        syncAngle = angle;
    }
    //传输位置和角度
    [ClientCallback]
    void TransmitTransform()
```

```
    {
        if (isLocalPlayer)
        {
            CmdProvideTransformToServer(transform.position, transform.
eulerAngles);
        }
    }
}
```

- [SyncVar] 属性用来标记同步成员变量，其可以是任何基本数据类型，但不能是类、列表或其他集合。
- [Command] 是网络系统中的一种类型的 RPC(Remote Procedure Calls)，还有一种是 ClientRpcCalls。[Command] 在客户端被调用，然后在服务器端执行。

如果需要创建一个 Command 函数，允许为其添加 [Command] 自定义属性且函数必须以 Cmd 为前缀（以明确此功能是特殊的，而不是本地调用的一个普通函数）。当这个函数在客户端被调用时，函数的功能将在服务器实现，使用该命令的任意参数都会被自动传递到服务器。

同样当使用 [ClientRpc] 为函数自定义属性时，函数也必须具有 Rpc 前缀。那么当此函数在服务器被调用时，将在客户端执行其功能。

- [ClientCallback] 可以作为 NetworkBehaviour 中的成员函数的自定义属性，可以通过自定义属性来指定函数只作为服务器函数或客户端函数。
  - [Server] 只作用在服务器。
  - [Client] 只作用在客户端。
  - [ClientCallback]engine 调用回调，只在客户端执行。

（16）保存 Main 场景，并发布 myGame 文件，客户端和服务器连接后也可以看到两个玩家之间的位置是同步的。

（17）一般在网络游戏中，联网状态和断网状态的游戏画面不应该在同一个场景。因此还需要设置 Menu 场景为断网场景，而 Main 场景只作为联网状态下的场景。

（18）打开 Main 场景，右击 Hierarchy 视图中的 NetworkManager 对象进行复制，然后打开 Menu 场景进行粘贴；选中 NetworkManager 对象，设置 NetworkManager 组件的 Offline Scene 和 Online Scene 为 Menu 和 Main（如果无法设置，需在 Build Setting 中添加 Menu 场景），如图 23-37 所示。

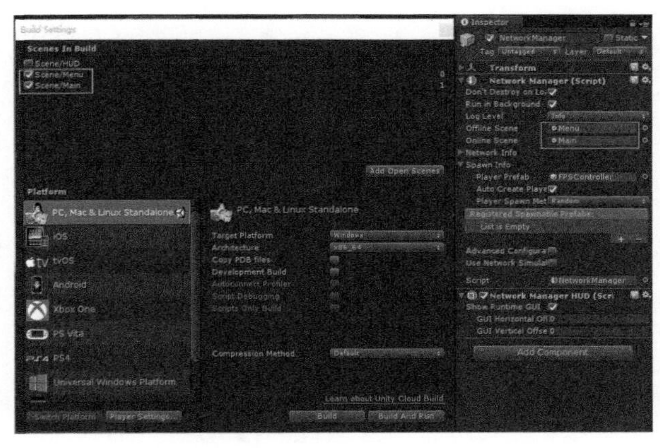

图 23-37

（19）当客户端连接后可以发现所有的玩家都会实例化在同一个位置，这样会导致相互发生碰撞，因此需要实例化在不同的位置。

（20）打开 Main 场景，新建一个空物体并命名为 SpawnPositions，然后为其创建一个子物体且命名为 SpawnPos，添加 NetworkStartPosition 组件给 SpawnPos，使其成为客户端玩家对象实例化的一个初始位置。最后使用 Ctrl+D 组合键复制多个并分别移动每个子物体的位置，如图 23-38 所示。

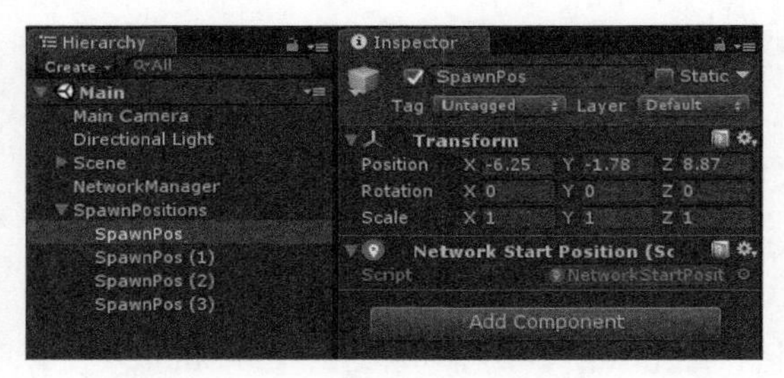

图 23-38

（21）运行 Menu 场景，使其作为 LocalClient 运行。重复几次可以看出游戏对象分别出现在了不同的位置。

（22）选中 FPSController 预设体，从 Inspector 视图中可以看到 NetworkSendInterval（网络通信间隔）为 0.1，这意味着每秒更新十次而帧数最少 30 帧才不会出现明显的卡顿，所以需要在代码中进行相应的修改，修改代码如下：

```
[NetworkSettings(channel =0, sendInterval =0.033f)]
public class Player_SyncTransform:NetworkBehaviour {
}
```

更改后如图 23-39 所示。

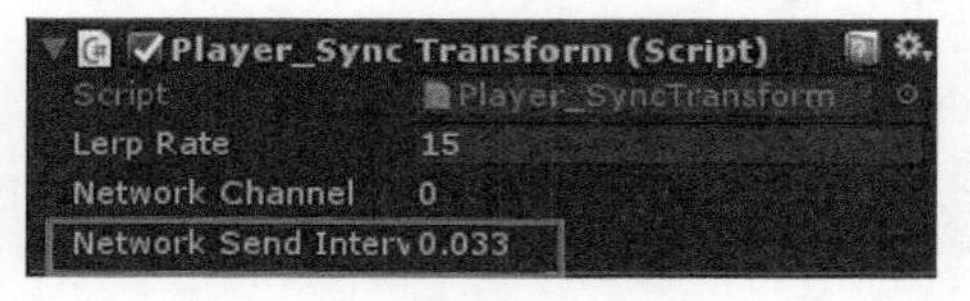

图 23-39

23.9 Unity 服务

23.9.1 相关资源

为了方便用户掌握 Unity 软件的使用和技巧，Unity Technologies 专门为用户提供了很完备的教学资源，包括论坛、问答、用户手册、在线案例、资源商店和系列课程等。多关注并学习这些资源会让用户的 Unity 技能得到快速提升。下表列举了有关 Unity 的网站资源，由于 Unity 官方的相关资源十分丰富，这里仅列举了部分，供用户学习参考之用，如表 23-12 所示。

表 23-12　相关资源表

资源名称	网址
Unity 官网	http://unity3d.com/

续表

资源名称	网址
Unity 论坛	http：//forum.china.unity3d.com/forum.php
Unity 问答	http：//answers.unity3d.com/index.html
Unity 博客	http：//blogs.unity3d.com/
Unity 官方在线案例	http：//unity3d.com/gallery/demos/live-demos
Unity 官方项目文件	http：// unity3d.com/gallery/demos/demo-projects
Unity 作品列表	http：// unity3d.com/cn/showcase/gallery
Unity 在线课堂	http：// unity3d.com/learn/live-training/
Unity 在线手册	http：// unity3d.com/learn/tutorials/modules
Unity 用户手册	https：//docs.unity3d.com/Manual/index.html
Unity 脚本手册	https：//docs.unity3d.com/ScriptReference/index.html
Unity 资源商店	https：//www.assetstore.unity3d.com
Unity 中国	https：//unity3d.com/cn/
Digital-Tutors 的 Unity 系列课程	https：//www.digitaltutors.com/software/Unity-tutorials
Lynda 出品的 Unity 教程	https：//www.lynda.com/Unity-D-training-tutorials/1243-0.html

23.9.2 Unity Ads 广告

Unity Ads 服务为广大开发者提供多渠道的盈利模式。开发者可自行设定 Ads 出现的时间、位置以及触发条件。在虚拟奖励中，可以设置观看 Ads 视频后获得奖励，实现更具新意的广告推广效果。开发者可选择 15s 游戏推广视频的广告，让精彩游戏在用户之间传播，实现开发者之间的共同盈利。其页面如图 23-40 所示。

图 23-40

现在，越来越多的游戏项目开始通过 Unity Ads 服务实现盈利，其中不乏很多耳熟能详的游戏，包括《愤怒的小鸟 2》《SongPop》等，而通过 Unity Ads 服务，《Crossy Road》在短短几个月时间便获得超过 300 万美元的现金分成。

如需了解更多内容，可以访问 Unity 官网。

23.9.3 Unity Game Analytics 游戏分析

Unity Game Analytics 是一个简单但功能强大的数据平台，可为 Unity 游戏提供相关分析，找到玩家在游戏中的位置以及他们在游戏中的行为。其界面如图 23-41 所示。

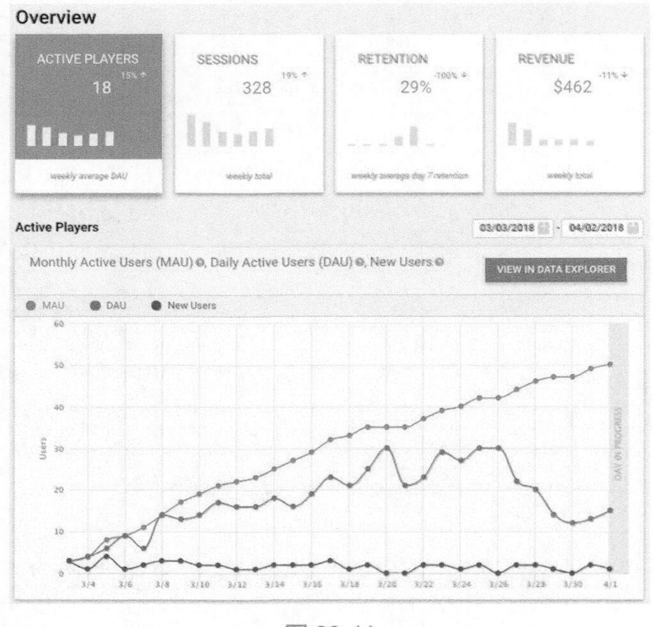

图 23-41

当前所提供的服务内容包括以下项目。

（1）数据浏览器：深入了解并研究特定用户的体验。例如，比较 iOS 用户和 Android 用户，查看哪组用户具有更高的 1 天保留能力。

（2）渠道分析器：渠道分析器更新后，有了细化深入和易于阅读的布局。它跟踪玩家在游戏中的进度，并找到他们放弃游戏的位置。

（3）计算监视器：轻松跟进游戏状况，让开发者可以概览玩家数量、游戏时长、谁继续在玩、谁花钱在玩。计量监视器以可访问的形式跟踪开发者关心的所有 KPI。

（4）自定义数据收集：通过获得利润统计数据、用户人口统计数据和自定义事件信息，更深入地了解开发者的玩家；通过收据验证，看看开发者的应用程序内的购买收入是否合法、是否存在欺诈，并将玩家细分，如年龄、性别和位置。

（5）细分生成器：基于用户属性和游戏行为模式定制自己的动态分类。其中提供了超过 20 种预定义分类供用户使用。此外，用户还可以创建自定义分类。

自定义事件指标：超越渠道分析器，定位独特的自定义事件。随着时间的推移跟踪它们，并定义和监控相关事件属性。通过用户类，细分并进一步研究自定义事件数据。

Unity 提供 Game Analytics 服务，开发者可在短时间内了解到游戏上线后的各种数据内容，为开发者提供最为真实的游戏盈利与版本修改的权威资料。

如需了解更多内容，可以访问 Unity 官网。

23.9.4 Everyplay 视频录制

Everyplay 以让玩家在游戏中可以简单方便地分享游戏录影、游戏重播记录等为宗旨，同时为广大开发者提供一种免费吸引新玩家同时增加玩家留存率的独特方法。该服务让玩家可以轻松录制、分享和讨论游戏过程中的精彩画面，同时分享给朋友与广大观众。其获取界面如图 23-42 所示。

图 23-42

现在，Everyplay 已拥有数百万注册手机用户，而每月的新用户还在以惊人的速度不断增加。目前 Everyplay 上已拥有数百万来自 iOS 和 Android 平台的游戏分享记录。

23.9.5 Unity Cloud Build 云构建

Unity Cloud Build 是 Unity 项目的持续集成服务。它通过在 Unity 服务器上自动创建构建过程来帮助开发者节省时间。这个自动过程可以让开发者的团队和团队的计算机免于经历耗时的制作过程。它可以帮助开发者更快地发现问题，与合作者分享内容，并更快速地迭代开发版本。

23.9.6 Unity Collaborate 协同服务

对于小团队来说，Unity Collaborate 能以一种简单的方式来保存、共享和同步他们的 Unity 项目。它是云托管的且易于使用，因此无论位置或角色如何，整个团队都可以为项目做出贡献。

协作很适合 1~10 人的团队。对于希望参与同一项目的多学科团队（即拥有各种开发人员、艺术家、音频专家和其他专家的团队）而言，这是理想之选。

第 24 章 编辑器扩展

24.1 编辑器脚本

Unity 为游戏开发提供了全面的功能模块和各种便利的工具，但是在实际的开发工程中，用户也会偶尔冒出这样的想法：Unity 如果有这个功能就好了，这个功能要是能改成这样就好了。因为 Unity 不可能面面俱到地提供适合成千上万种题材和类型的游戏所需的所有工具，毕竟游戏开发一般都是比较具有个性化的。Unity 引擎除了提供大部分通用的功能，还为开发者提供了编辑器的扩展开发接口，开发者可以自行编写编辑器脚本，打造最适合自己游戏开发的辅助工具和定制的编辑器。

Unity 提供了编辑器类（Editor Class）用于编辑器的扩展开发，包括在编辑器环境下使用的 GUI 类、编辑器工具类、编辑器操作类（如拖动、操作撤销）等。

24.2 实践操作 66：创建编辑器窗口

在 Unity 中，用户可以通过编辑器脚本来创建自定义的编辑器窗口，和前面章节介绍的脚本不同，编辑器脚本需要从 EditorWindow 类继承，而不是从 MonoBehaviour 类继承，并且该类型脚本需要放置在项目工程下 Assets 文件夹中名为 Editor 的文件夹中（如果项目工程下的 Assets 文件夹中没有 Editor 文件夹，则需要用户手动创建）。

- 启动 Unity，新建一个 C# 脚本文件，将脚本类的继承关系改为从 EditorWindow 类继承（默认是 MonoBehaviour）。
- 实现一个静态函数，将编辑器类的名称通过函数 EditorWindow.GetWindow() 传给 Unity 编辑器。
- 通过 [MenuItem()] 属性添加一个编辑器菜单项。
- 将脚本放置到项目工程中 Assets 文件夹下的 Editor 文件夹中。

（1）打开 Unity，在 Assets 文件夹下创建一个名为 Editor 的子文件夹。

（2）在 Editor 文件下新建脚本 MyWindow.cs，代码如下：

```
using UnityEngine;
using UnityEditor; // 使用编辑器命名空间

public class MyWindow:EditorWindow
{
    // 在菜单栏 Window 下添加一个名为 "My Window" 的子菜单项
    [MenuItem("Window/My Window")]
    // 创建窗口
    static void AddWindow()
    {
    // 创建窗口并显示
    MyWindow window = (MyWindow)EditorWindow.GetWindow(typeof(MyWindow),
true, "My Window");
    window.Show();
    }
}
```

（3）在 Unity 编辑器的 Window 菜单下添加了一个 My Window。单击运行 My Window，会显示一个空白窗口，并且窗口的标题为 My Window，如图 24-1 所示。

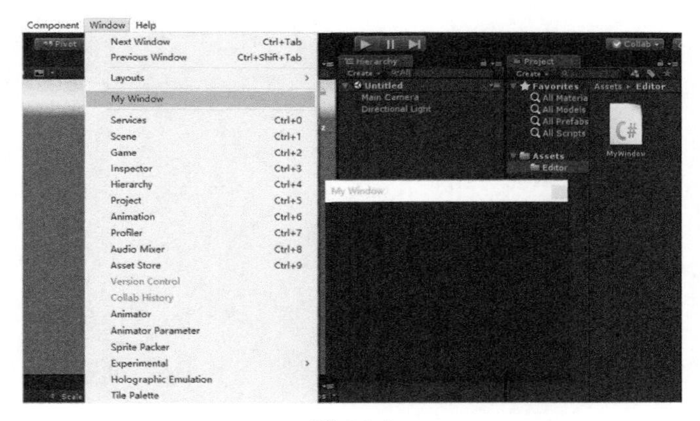

图 24-1

（4）现在这个窗口什么都没有，接下来需要为该脚本添加 GUI 控件代码。和运行时脚本类一样，编辑器脚本类的 GUI 绘制也是使用 OnGUI() 函数完成的。除了可以使用和运行时脚本类一样的 GUI 类和 GUILayout 类，编辑器脚本还可以使用额外的 EditorGUI 类和 EditorGUIlayout 类。

（5）打开脚本 MyWindow.cs，代码如下：

```
using UnityEngine;
using UnityEditor; // 使用编辑器命名空间

public class MyWindow:EditorWindow
{
    // 在菜单栏 Window 下添加一个名为 "My Window" 的命令
    [MenuItem("Window/My Window")]
    // 创建窗口
    static void AddWindow()
    {
        // 创建窗口并显示
        MyWindow window = (MyWindow)EditorWindow.GetWindow(typeof(MyWindow),
```

```
true, "My Window");
        window.Show();
    }
    //选择贴图的对象
    private Texture texture;
    //输入文字的内容
    private string myString = "";
    //控制开关
    private bool myBool = true;
    //滑动条的值
    private float myFloat = 0.0f;
    //控制控件组
    private bool groupEnabled = true;

    //绘制窗口时调用
    void OnGUI()
    {
        if (GUILayout.Button("Open Text", GUILayout.Width(200)))
        {
            //打开一个通知栏
            this.ShowNotification(new GUIContent("This is a Notification"));
        }
        if (GUILayout.Button("Close Text", GUILayout.Width(200)))
        {
            //关闭通知栏
            this.RemoveNotification();
        }

        //选择贴图
        texture = EditorGUILayout.ObjectField("Add Texture", texture,
typeof(Texture), true) as Texture;
        //显示文本
        GUILayout.Label("Base Settings", EditorStyles.boldLabel);
        //绘制一个文本编辑框
        myString = EditorGUILayout.TextField("Text Field", myString,
GUILayout.Width(300));
        //绘制控件组，可以启用和禁用
        groupEnabled = EditorGUILayout.BeginToggleGroup("ToggleGroup",
groupEnabled);
        //开关
        myBool = EditorGUILayout.Toggle("Toggle", myBool);
        //滑动条
        myFloat = EditorGUILayout.Slider("Slider", myFloat, 0, 1);
        //结束控件组
        EditorGUILayout.EndToggleGroup();
        if (GUILayout.Button("Close Window", GUILayout.Width(200)))
        {
            //关闭窗口
        this.Close();
        }
    }
}
```

（6）此时编辑器窗口的运行效果如图 24-2 所示。

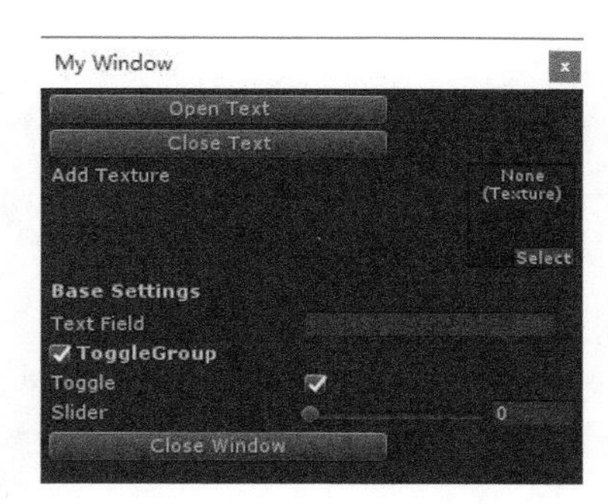

图 24-2

24.3 自定义 Inspector 视图

在游戏开发过程中，对游戏参数的调整是一项非常烦琐且耗时的工作。在 Unity 编辑器的各个视图中，Inspector 视图可能是使用频率最高的视图之一，因为游戏对象各种参数的编辑和修改都离不开 Inspector 视图。对于自定义的脚本组件来说，Unity 的 Inspector 视图只提供了最基本的修改编辑功能，它把所有可编辑参数罗列出来，但没有任何智能化的操作。如果能提高 Inspector 视图的编辑效率，将减少很多花在参数调整上的时间，进而提升游戏开发的效率。

在 Unity 中，Inspector 视图也是可以自定义的，游戏开发者可以通过编写脚本来将 Inspector 视图改造成一个定制化的编辑工具。

Inspector 视图改造步骤如下。

（1）新建脚本 LookAtPoint.cs，代码如下：

```
using UnityEngine;

// 在编辑状态下运行
[ExecuteInEditMode]
public class LookAtPoint:MonoBehaviour {
    // 定义面向的目标点
    public Vector3 Point = Vector3.zero;

    void Update()
    {
        // 一直面向目标点
        transform.LookAt(Point);
    }
}
```

（2）代码中的属性 [ExecuteInEditMode] 表示该脚本在编辑模式下也能运行，即 Update() 函数会被调用，而默认情况下 Update() 函数只有在游戏处于运行状态时才会被调用。

（3）将脚本 LookAtPoint.cs 添加到场景中的游戏对象上，在编辑状态下修改 LookAtPoint 的 Point 属性游戏对象也会朝向这个位置，如图 24-3 所示。

图 24-3

（4）此时在 Inspector 视图中显示的参数名称为 Point，可以通过编辑器脚本修改该参数名称。在 Editor 文件夹中新建脚本 LookAtPointEditor.cs，代码如下：

```
using UnityEngine;
using UnityEditor;

[CustomEditor(typeof(LookAtPoint))]
[ExecuteInEditMode]
public class LookAtPointEditor:Editor
{
    public override void OnInspectorGUI()
    {
        //target 为当前选择对象的 LookAtPoint 脚本组件
        LookAtPoint P = (LookAtPoint)target;
        // 修改 Point 参数的显示名称
        P.Point = EditorGUILayout.Vector3Field("Look At Point", P.Point);
        // 当 GUI 控件有被修改时调用
        if (GUI.changed)
        {
            // 改变目标物体
            EditorUtility.SetDirty(P);
        }
    }

}
```

（5）代码中 [CustomEditor(typeof(LookAtPoint))] 表示这个编辑器类使用了 LookAtPoint 脚本组件。函数 OnInspectorGUI() 用来在 Inspector 视图中绘制用于编辑 LookAtPoint 脚本组件的编辑控件，在代码里通过 target 来访问当前选中对象的脚本组件。现在只绘制了一个向量编辑框 EditorGUILayout.Vector3Field()，此时 LookAtPoint.cs 在 Inspector 视图中显示的参数名称就修改为 Look At Point，如图 24-4 所示。

图 24-4

自定义 Inspector 视图还可以实现很多方便的功能。例如将脚本组件的 static 变量或者私有变量显示出来，或者实现多参数的联动变化，即修改其中的某一个参数，其余参数会随之调整。开发者通过编写适合自己的 Inspector 视图，可以缩短参数的调整时间，进而提高开发效率。

24.4 实践操作 67：自定义 Scene 视图

在很多情况下，图形化的编辑界面比单纯的参数调整更加便利和直观。例如，调整游戏对象的位置可以通过在 Inspector 视图中调整 Transform 的 Position 参数来实现，也可以通过在场景视图中直接拖动 Gizmo 的方式来实现。

Unity 自带图示工具的功能比较有限，不过可以编写场景视图绘制脚本来实现自己的图示工具，提供方便的图形化编辑功能。自定义场景视图的方法是在编辑器脚本中实现 OnSceneGUI() 函数。

（1）打开脚本 LookAtPointEditor.cs，并添加函数 OnSceneGUI 的代码，如下：

```
void OnSceneGUI()
{
    LookAtPoint P = (LookAtPoint)target;
    //给 Point 参数创建一个位置句柄
    P.Point = Handles.PositionHandle(P.Point, Quaternion.identity);
    if (GUI.changed)
        EditorUtility.SetDirty(P);
}
```

（2）此时在 Scene 视图中，LookAtPoint 组件的 Point 参数位置会出现一个坐标轴标识，并且可以通过拖动坐标轴来设置 LookAtPoint 组件朝向点的位置，如图 24-5 所示。

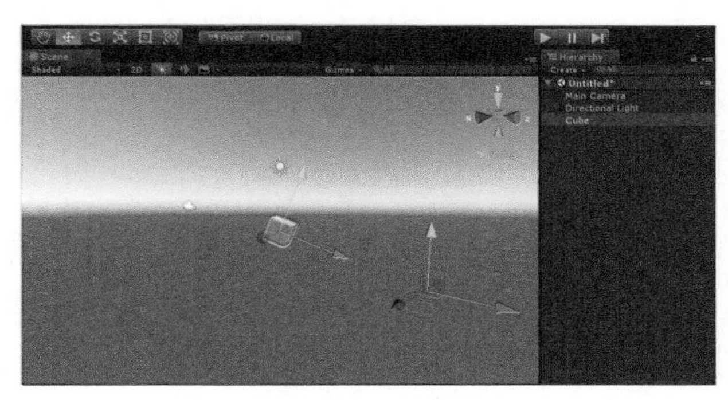

图 24-5

24.5 第三方编辑器插件

前面介绍了如何自定义编辑器窗口、Inspector 视图和场景视图等内容，开发者可以根据 Unity 提供的编辑器接口开发出适用的辅助工具。除了自行开发，还可以借助第三方的编辑器插件来扩展 Unity 编辑器的功能，提高游戏开发效率。第三方编辑器插件可以在 Asset Store 中购买或免费下载，Asset Store 里面可以找到很多功能非常强大的插件，而且种类非常丰富，涵盖 GUI、动画、物理、特效、地形等的应用。

依次单击菜单栏中的 Window → Asset Store，打开 Asset Store 窗口，在右侧的分类中单击 Editor Extensions（编辑器扩充），可以看到编辑器插件的详细分类，如图 24-6 所示。

图 24-6

Unity 默认会以插件的使用热度进行排序，也可以以名称、价格、评分等方式排序。大多数插件都是收费授权使用的，不过也有一些很不错的免费插件。

第 25 章 脚本调试与优化

25.1 实践操作 68：脚本调试

Unity 支持使用 MonoDevelop 和 Visual Studio 对脚本进行调试，下面介绍 MonoDevelop 具体的调试方法。

（1）打开 Unity，依次单击菜单栏中的 Edit → Preferences，在弹出的 Unity Preferences 对话框中，单击 External Tools，然后将 External Script Editor 设置为 MonoDevelop（built-in），如图 25-1 所示。

（2）设置完成后，打开 MonoDevelop 脚本编辑器。在该编辑器中，依次单击菜单栏中的 Tools → Options，在弹出的 Options 对话框中选择 Unity 下的 Debugger，然后将 Editor Location 设置为 Unity.exe 文件所在的路径，勾选 Build project in MonoDevelop，最后单击右下角的 OK 按钮完成配置，如图 25-2 所示。

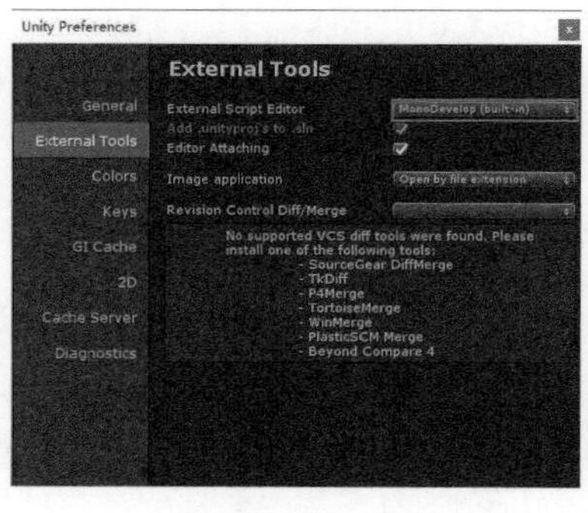

图 25-1

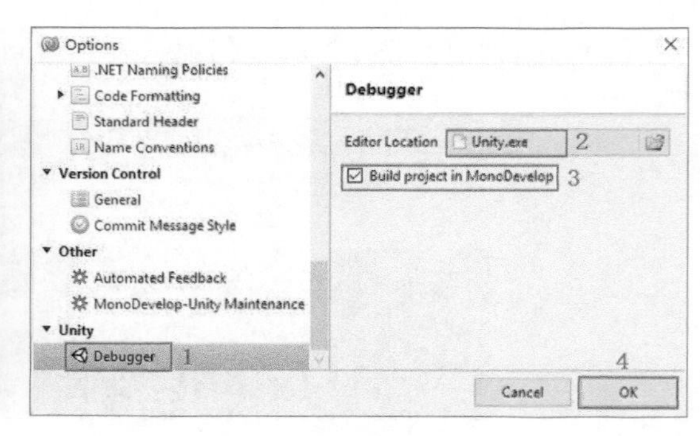

图 25-2

（3）在 Unity 中新建脚本 Count.cs，并把该文件绑定至 Main Camera 对象上。该代码的作用是每按一次按钮，显示的数字加 1，代码如下：

```
using UnityEngine;

public class Count:MonoBehaviour {
    int sum=0;
```

```
    void OnGUI()
    {
        GUI.Label (new Rect (100, 20, 50, 20), sum.ToString ());
        if (GUI.Button (new Rect (20, 20, 50, 20), "+1"))
        {
            sum += 1;
            Debug.Log (sum);
        }
    }
}
```

（4）在 MonoDevelop 编辑器中，为 sum+=1 的代码行设置断点（设置断点只需要在该代码行的行号前单击即可，再次单击可取消断点），并在下拉框中选择 Debug 模式，如图 25-3 所示。

（5）开启 Debug 模式可以依次单击菜单栏中的 Run → Start Debugging，也可以按 F5 键开启或者单击左上方 Debug 左侧的▶按钮开启，如图 25-4 所示。

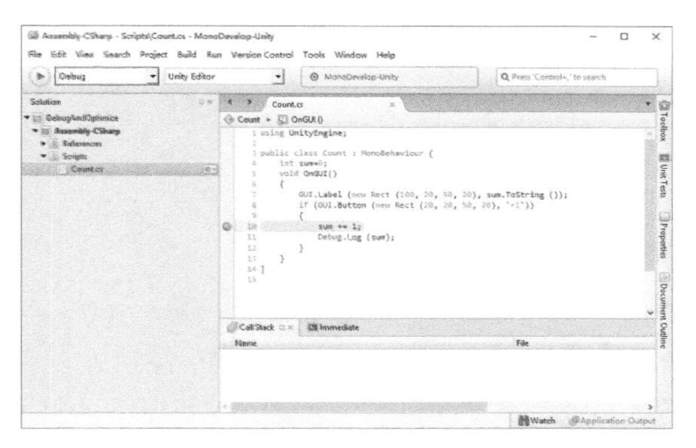

图 25-3

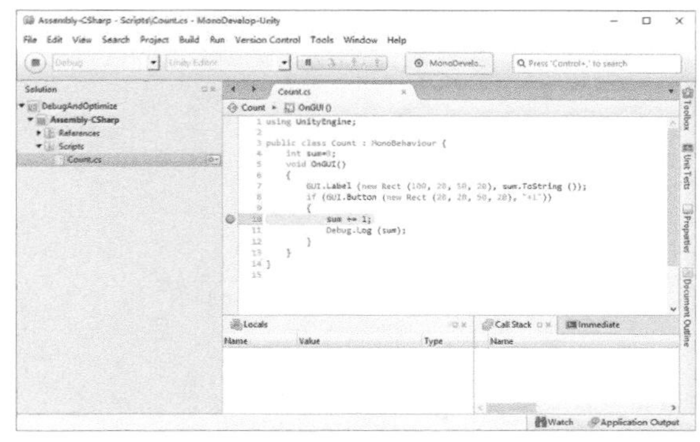

图 25-4

（6）开启 Debug 模式后，回到 Unity 中并运行游戏，如图 25-5 所示。

（7）单击“+1”按钮，程序运行到断点时 Unity 会处于暂停且不能操作的状态，而且自动转到 MonoDevelop 的断点位置，如图 25-6 所示。

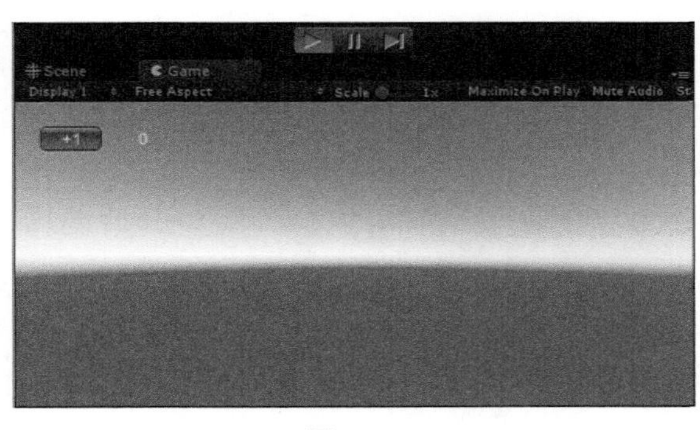

图 25-5

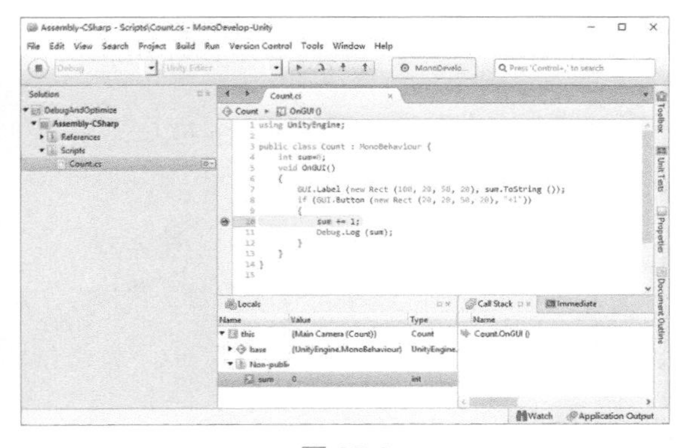

图 25-6

（8）从左下角的 Locals 视图中可以知道，Count 类绑定在了 Main Camera 上，并且断点处 sum 变量的结果为 0。

技 巧

Locals 视图可以在 MonoDevelop 编辑器的菜单栏中依次单击 View → Debug Windows → Locals 打开。

（9）单击 MonoDevelop 编辑器断点调试工具栏中的 ▶（继续执行）按钮，如图 25-7 所示，即可继续执行程序，此时 Unity 中的程序将继续执行。

（10）停止 Debug 模式可以依次单击菜单栏中的 Run → Stop，也可以按【Shift+F5】组合键或者单击左上方 Debug 左侧的 ■ 按钮停止调试。

MonoDevelop 编辑器断点调试工具栏如图 25-8 所示。

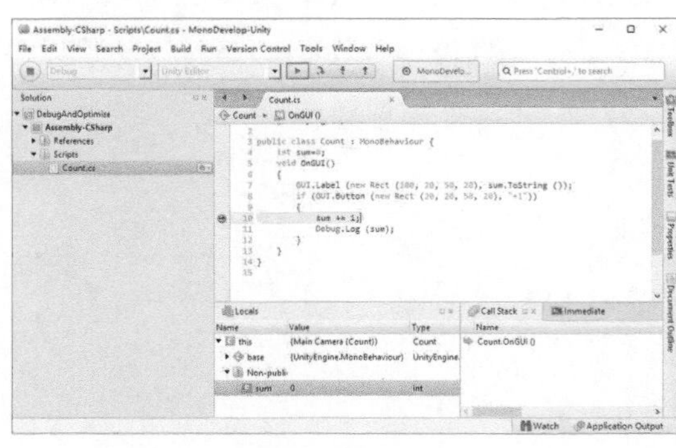

图 25-7

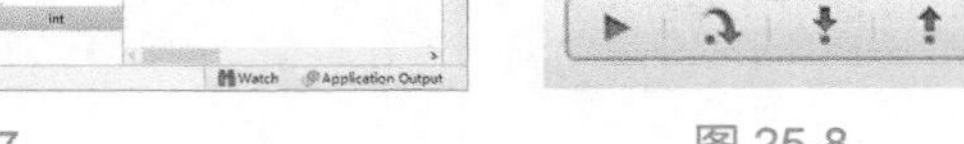

图 25-8

从左到右 4 个按钮分别解释如下。

- Continue/Pause Execution：继续或暂停调试模式。
- Step Over：如果当前箭头所指向的代码有函数的调用，则跳过该函数进行单步执行。
- Step Into：如果当前箭头所指向的代码有函数的调用，则进入该函数进行单步执行。
- Step Out：如果当前箭头所指向的代码是在某一函数内，则用它使函数运行至返回处。

25.2 Profiler 性能分析器

Unity 的 Profiler 可以帮助游戏开发者优化其所开发的游戏，它可以直观地让游戏开发者知道游戏运行时各个方面的资源占用情况，包括 CPU、GPU、渲染、内存、音频、视频物理、网络、UI 以及 GI 等。在 CPU 和 GPU 方面，可以详细地看到游戏中的各个组件的耗时情况；在内存方面，可以详细地指明游戏运行时所用到的各个资源的内存占用情况。根据这些信息，开发者可以快速地查看游戏的运行效率、高效地定位游戏的运行瓶颈等，从而能够帮助开发者快速地提升和改善游戏的质量和效率。

25.2.1 Profiler 的使用

要查看性能分析数据，可在编辑器中游戏运行时使用性能分析，并记录性能数据。Profiler 窗口（依次单击菜单栏中的 Window→Profiler 打开）在时间轴中显示数据，以便用户可以看到比其他帧更快的帧（或更多时间）。通过单击时间线中的任何位置，Profiler 窗口的底部将显示所选帧的详细信息，如图 25-9 所示。

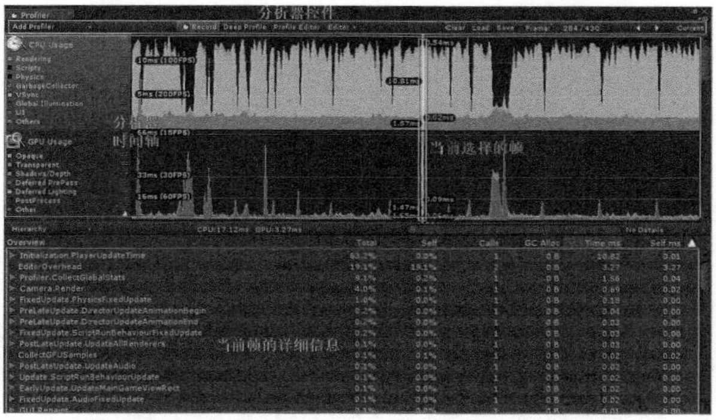

图 25-9

1. 分析器控件

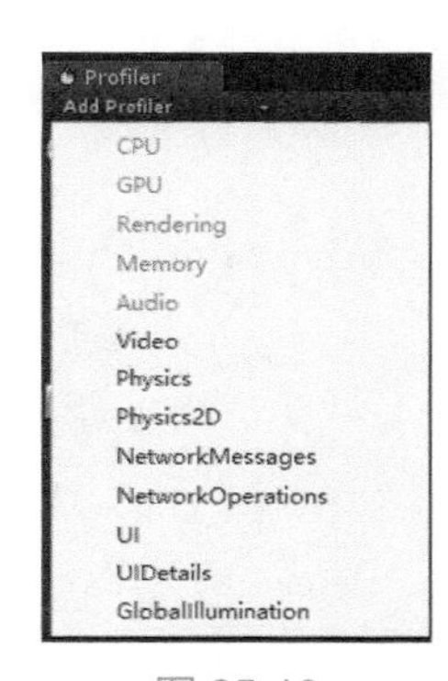

图 25-10

- Add Profiler：添加分析器时间轴，如图 25-10 所示。可以单击左上角的 Add Profiler 按钮弹出添加时间轴的信息；也可以单击每个时间轴垂直刻度右上角的“关闭”按钮关闭该时间轴。
- Record：当录制功能开启时，每当单击 Play 按钮执行游戏预览时，Profiler 会将整个过程记录下来，以便后面可以仔细检查各个部分的资源消耗。
- Deep Profile：使用 Deep Profiling 时，所有的脚本中的代码会被分析，也就是所有的函数调用会被记录，所以使用它能够确切知道运行代码花费的时间，但是在分析的同时会占用较高的内存，会直接导致游戏运行效率变低。如果使用该功能分析脚本，会完全影响游戏的运作，建议不考虑使用该功能。

针对 Deep Profiling 的局限性，可以选择手动设置分析代码块来分析代码。通常使用 Profiler.BeginSample(name: string) 与 Profiler.EndSample() 方法，手动开启与关闭代码的分析。在 BeginSample() 函数与 EndSample() 函数之间的代码段是游戏中要分析的代码段，其中 name 指的是自定义的采样标签，它能够在开启 Profiler 时看到该采样信息。

新建脚本 ProfilerExample.cs，代码如下：

```
using UnityEngine;
using UnityEngine.Profiling; //分析器的命名空间

public class ProfilerExample:MonoBehaviour {
    private int sum=0;
    // Use this for initialization
    void Update () {
       Profiler.BeginSample("MyProfiler");//手动开启分析器
       for(inti=0;i<10;i++){
          sum+=i;
          print(sum);
          }
          Profiler.EndSample();//关闭分析器
    }
}
```

将 ProfilerExample.cs 拖动到 Hierarchy 视图中的 Main Camera 上，然后单击 Play 运行游戏。依次单击菜单栏中的 Window → Profiler，可以看到 MyProfiler 已经开启并分析代码，选择一帧，在 Overview 面板中可以看到相关参数信息，如图 25-11 所示。

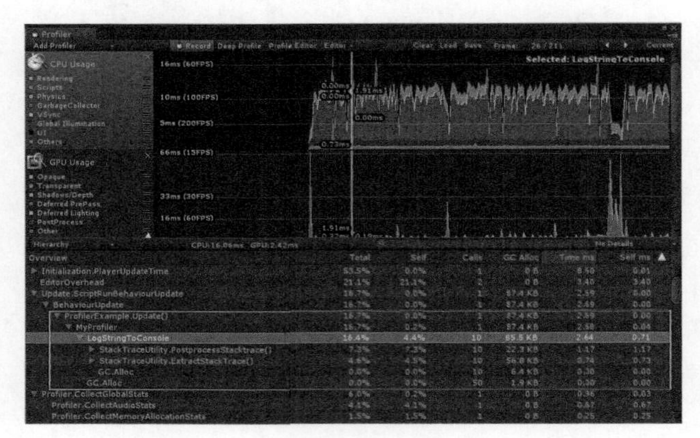

图 25-11

- Profile Editor：在编辑状态下运行分析器。
- Active Profiler：下拉菜单显示的是在本地运行的所有运行设备，可以选择是否在编辑器中或一个独立的设备上进行分析（如游戏运行在 iOS 设备上）。
- Clear：清除分析数据。
- Load：加载分析数据。
- Save：保存分析数据。
- Frame：显示当前所在帧数和录制的总帧数。
- ◀ ▶：控制当前选择的帧向前或向后移动一帧。
- Current：单击此按钮将显示保存在内存中最新记录的帧。

2. 当前帧详细信息

单击选择一帧，会根据当前选择的时间轴区域显示不同的细节信息。

3. 分析器时间轴

分析器时间轴的功能包括 CPU Usage（CPU 使用率）、GPU Usage（GPU 使用率）、Rendering（渲染）、Memory（内存）、Audio（音频）、Video（视频）、Physics（物理）、Physics2D（2D 物理）、NetworkMessages（网络消息）、NetworkOperations（网络运行）、UI（界面）、UIDetails（UI 细节）和 GI（全局光照）。

Profiler 窗口的上半部分随时间显示性能数据。当开发者运行一个游戏时，每一帧都会记录数据，并显示最近几百帧的历史记录。时间轴的垂直比例是自动管理的，并会尝试填充窗口的垂直空间，如图 25-12 所示。

标签区域中的彩色方块可以控制是否显示相关的时间线。要从显示屏上移除采样信息，可单击颜色键。颜色键单击后将变暗，数据将从图中删除，如图 25-13 所示。例如，这对于确定 CPU 图形中尖峰的原因很有用。

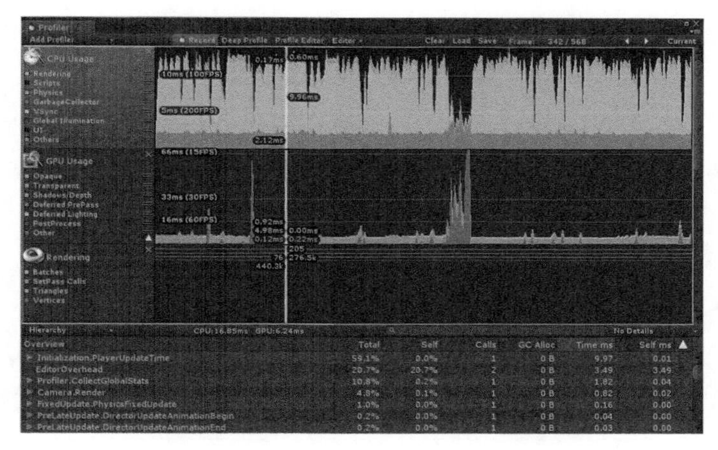

图 25-12

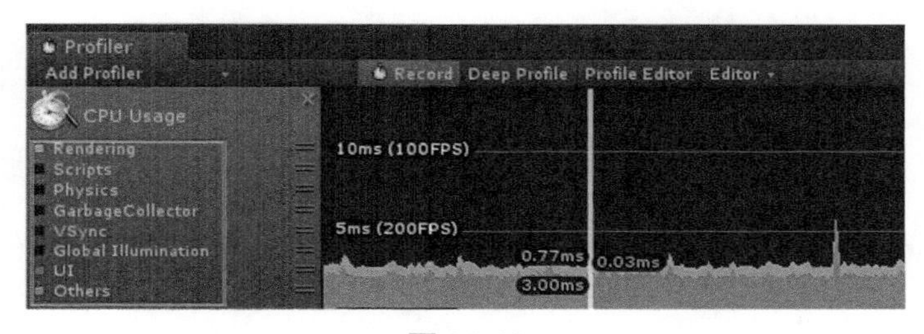

图 25-13

25.2.2 iOS 设备启用远程分析

（1）首先保证 iOS 设备连接到了 Wi-Fi。Profiler 分析器使用本地或者特定的 Wi-Fi 发送分析数据。

（2）在 Unity 中依次单击菜单栏中的 File → Build Settings，在弹出的 Build Setting 对话框中，选中 iOS，然后勾选右侧的 Development Build 与 Autoconnect Profiler，如图 25-14 所示。

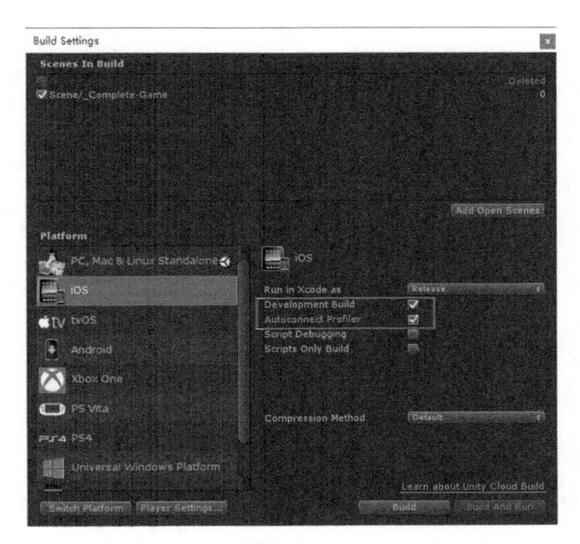

图 25-14

（3）通过数据线将 iOS 设备连接到安装了 mac OS 的计算机，依次单击菜单栏中的 File → Build&Run。

（4）当应用程序在 iOS 设备上启用时，在 Unity 中单击菜单栏中的 Window → Profiler 打开 Profiler 分析器。如果在 mac OS 上使用了防火墙，必须确保端口 54998 到 55511 处于打开状态，因为这些端口是 Unity 在远程分析过程中要使用的端口。

注 意

当 Unity 无法自动连接到 iOS 设备时，在分析器窗口 Active Profiler 的下拉菜单中选择相应的设备，Profiler 的连接就可以主动发起了。

25.2.3 Android 设备启用远程分析

在 Android 设备上进行远程分析通过两种不同的途径来启用，即 Wi-Fi 或 ADB。

知识点

ADB 的全称为 Android Debug Bridge，就是起到调试桥的作用。ADB 在 Eclipse 中通过 DDMS（调试监控服务工具）来调试 Android 程序，其实就是 Debug 工具。它是 Android SDK 里的一个工具，这个工具可以直接管理 Android 模拟器或者真实的 Android 设备。

对于通过 Wi-Fi 途径来对程序进行分析的情况，开发者可以通过以下步骤实现。

（1）确保 Android 设备关闭了手机数据。

（2）将 Android 设备连接到 Wi-Fi。

（3）在 Unity 中依次单击菜单栏中的 File → Build Settings，在弹出的 Build Setting 对话框中选中 Android，然后勾选右侧的 Development Build 与 AutoConnect Profiler。

（4）通过数据线将 Android 设备连接到计算机，依次单击菜单中的 File → Build& Run。

（5）在 Android 设备上打开应用程序，依次单击菜单栏中的 Window → Profiler，打开 profiler 分析器。

（6）当 Unity 无法自动连接 Android 设备时，在分析器窗口 Active Profiler 的下拉菜单中选择相应的设备，Profiler 的连接就可以主动发起了。

（7）Android 设备与主机计算机两者必须在同一子网，才能正常运行设备的检测程序。

25.3 Log Files

在开发过程中，可能需要从创建的独立播放器、目标设备或编辑器的日志中获取信息。通常情况下，开发者需要在遇到问题时查看这些文件，以准确找到问题发生的位置。

在 mac OS 中，网页播放器和编辑器日志可以通过标准的 Console.app 程序来访问。

在 Windows 操作系统中，默认情况下，网页播放器和编辑器日志放置在 Windows 资源管理器里隐藏的文件夹中。

日志文件的存放路径如下。

1. Editor

编辑器的日志文件的存放路径如表 25-1 所示。

表 25-1 编辑器的日志文件的存放路径

操作系统	Log 文件路径
mac OS	~/Library/Logs/Unity/Editor.log
Windows	C: \Users\username\AppData\Local\Unity\Editor\Editor.log

2. Player

播放器的日志文件的存放路径如表 25-2 所示。

表 25-2 播放器的日志文件的存放路径

操作系统	Log 文件路径
mac OS	~/Library/Logs/Unity/Player.log
Windows	_EXECNAME_Data_\output_log.txt
Linux	~/.config/unity3d/CompanyName/ProductName/Player.log

在 Windows 操作系统下，_EXECNAME_Data_ 是游戏的可执行文件夹的目录。在 Windows 和 Linux 操作系统上的日志文件的位置可以改变。

3. iOS

在 Xcode 调试器中，开发者通过 GDB 控制台或管理器控制台访问 XCode 调试器中的设备日志。这对于在应用程序未通过 XCode 调试器运行时获取崩溃日志很有用。

4. Android

使用 logcat 控制台可以查看设备的日志。使用 Android SDK/platform-tools Directory 的 adb 应用程序，后面会跟着一个 logcat 参数，即 $ adb logcat。

查阅 logcat 的另一种方式是使用 Dalvik Debug Monitor Server（DDMS）。DDMS 可以从 Eclipse 或 Android SDK/tools 开始。DDMS 中还提供了一些其他相关的调试工具。

5. Universal Windows Platform

通用 Windows 平台的日志文件的存放路径如表 25-3 所示。

表 25-3 通用 Windows 平台的日志文件的存放路径

设备	Log 文件路径
Desktop	%USERPROFILE%\AppData\Local\Packages<productname>\TempState\UnityPlayer.log

续表

设备	Log 文件路径
Windows Phone	可以使用 Windows Phone Power 工具进行检索。Windows Phone IsoStoreSpy 也可能有所帮助

6. WebGL

在 WebGL 上，日志输出被写入浏览器的 JavaScript 控制台。

日志仅记录最近的 Unity 运行的项目，所以如果想要跟踪几个运行项目的细节，则需要保存副本日志。

25.4 脚本优化

在 Unity 中选择正确的脚本优化相比漫无目的地调整代码更能提高代码的执行效率。值得注意的是，最好的优化并不是简单地降低代码的复杂度。

25.4.1 各个平台通用的优化方案

（1）在使用 FixedUpdate 函数时，在方法内尽量不要写太多无需重复调用的代码，因为虚拟机在执行该方法时是以每秒执行 50~100 次的执行效率来处理每个脚本与每个对象的。当然，执行效率是可以改变的，依次单击菜单栏中的 Edit → ProjectSettings → Time，进而可以在 Inspector 视图中显示 TimeManager 属性面板并更改设置，如图 25-15 所示。

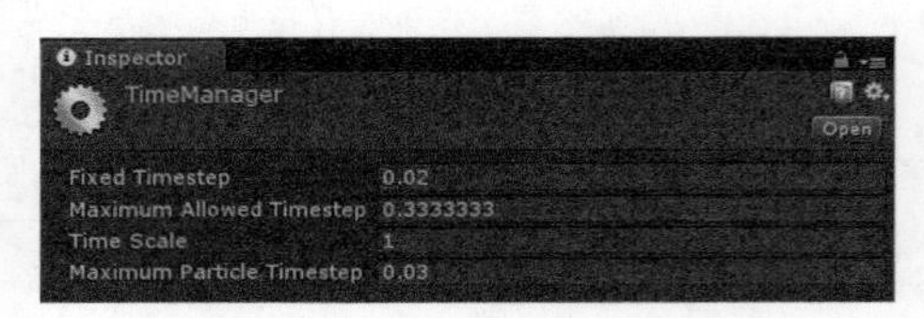

图 25-15

FixedUpdate 与 Update 的区别：Update 会在每次渲染新的一帧时执行，它受当前渲染物体的影响，渲染的帧率是变化的，所以渲染的时间间隔也会发生变化，也就是说 Update 更新频率和设备的性能有关；而 FixedUpdate 不受帧率的影响，从上图可以看出它是以固定的时间间隔被调用的。所以在用法的处理上，FixedUpdate 更适用于处理物理引擎；因为受渲染物体的影响，所以 Update 更多地用于脚本逻辑的控制。

（2）一般在新建类时会产生空的 Update 函数。如果代码不需要用到该函数，应该对该函数进行删除。另外，尽量不要在 Update 函数内执行 Find、FindObjectOfType、FindGameObjectsWithTag 这些寻找物体的函数，而应该尽量在 Start 或 Awake 函数中执行。

（3）引用一个游戏对象的逻辑，可以在最开始的地方定义它。代码如下：

```
private Transform myTransform;
private RigidbodymyRigidbody;
void Start(){
         myTransform = transform;
         myRigidbody = rigidbody;
  }
```

（4）当一个程序不需要每帧都执行时，可以使用 Coroutines。定时重复调用可以使用 InvokeRepeating 函数，例如，启动 1.5 秒后每隔 1 秒执行一次 DoSomeThing 函数，代码如下：

```
void Start()
{
    InvokeRepeating("DoSomeThing", 1.5f, 1.0f);
}
```

（5）尽量减少使用临时变量，特别是在 Update 实时调用的函数中。

（6）在游戏暂停、场景切换时，可以主动进行垃圾回收，从而及时去除游戏中已经无用的内存占用。代码如下：

```
void Update()
{
    //每 300 帧执行一次 GC 回收
    if(Time.frameCount%300==0)
    {
        System.GC.Collection();
    }
}
```

（7）优化数学计算。例如，如果可以避免使用浮点型（float），尽量使用整数型（int），尽量用乘法运算代替除法运算，尽量少用复杂的数学函数，比如三角函数等。

25.4.2 移动设备的优化

移动设备的优化主要有物理性能的优化与脚本性能的优化。

1. 物理性能的优化

Unity 物理引擎能够用在移动设备上，但是性能会受到硬件的限制。针对这种情况可以调整物理显示的一些状态来获得更好的效果。

（1）依次单击菜单栏中的 Edit → ProjectSettings → Time，弹出 TimeManager 面板，如图 25-15 所示。可以通过调整 Fixed Timestep 的数值来降低物理更新所占用的 CPU 损耗，即增加 Fixed Timestep 可以减少物理系统在单位时间内的更新次数，从而降低其在 CPU 端的计算消耗，但这种做法会牺牲掉一些物理精度。开发者在开发过程中，可以根据游戏的实际情况来调整 Fixed Timestep 的数值。

（2）在 TimeManager 面板中设置 Maximum Allowed Timestep 的数值为 0.1，即每秒更新 10 次，这样可以极大程度地限制物理系统所花费的时间。

（3）网格碰撞体会造成较大的性能消耗，所以应该尽量少地使用网格碰撞体，通常使用球体、Box 等碰撞体来尽可能地接近网格的形状。另外，子碰撞体在父对象的刚体中将作为复合碰撞体来进行集体控制。

（4）wheel colliders（车轮碰撞体）并不是严格意义上的固状物体的碰撞体，也会有很高的 CPU 开销。

（5）避免大量使用 Unity 自带的 Sphere 等 Mesh 组件，Unity 内建的 Mesh 多边形的数量比较大，如果物体不要求特别圆滑，可导入其他的简单 3D 模型代替。

（6）场景中非休眠刚体和碰撞体的数量以及碰撞体的复杂度决定了物理计算的总量。开发者可以使用 Profile 分析器来确定有多少物理对象在场景中被使用。

2. 脚本性能的优化

（1）减少 GetComponent 的调用。在使用 GetComponent 或者内置的组件访问器（如 Find 等）时，这些函数有明显的性能开销。针对这类情况可以参考上面讲到的通用优化，可以在最开始的时候就定义它。

（2）尽量避免内存的分配。在游戏运行过程中应该避免分配新的对象，特别是在 Update 函数中。因为这样不仅会增加内存的开销，同时也会增加内存回收的开销，所以应尽量重用预先定义好的变量来减少新对象的定义的情况。

（3）尽量减少 GUILayout 的使用。虽然 GUILayout 的功能可以方便地调整间距，但是在方便的同时也牺牲了一些内存。GUI 手动处理布局能够避免这种开销，也可以在脚本中将脚本 useGUILayout 设置为 false 来完全禁用此类布局。

（4）使用 iOS 脚本调用优化时，在 UnityEngine 命名空间的功能大部分是在 C/C++ 中实现的。Mono 脚本调用该功能会涉及性能的开销，所以可以使用 iOS 脚本来调用优化。依次单击菜单栏中的 Edit → ProjectSettings → Player，在 Inspector 视图中的 Other Settings 下的 Script Call Optimization 属性包含如下参数。

- Slow and Safe：默认的 Mono 内部调用，支持异常处理。
- Fast but no Exceptions：不提供异常处理，应谨慎使用。如果应用程序并没有明确的处理异常，则建议用这个选项。

第 26 章 跨平台发布

26.1 Windows 平台发布

26.1.1 实践操作 69：Windows 平台发布步骤

首先打开需要发布的 Unity 工程，然后依次单击菜单栏中的 File → Build Settings，在打开的 Build Settings（构建设置）窗口中按如图 26-1 所示步骤进行设置并发布。

图 26-1

（1）选择发布的平台，这里选择 PC，Mac Linux Standalone 平台（该项会根据编辑器所在的平台输出对应平台的可执行文件）。

（2）添加发布程序所关联到的所有场景（程序不使用的场景可不添加），将场景文件拖动到 Scenes In Build 下的框中即可添加；或者单击 Add Open Scenes 按钮添加当前打开的场景。这里发布后的程序默认是进入序号为 0 的场景。

（3）单击 Player Settings... 按钮可根据需要进行播放器设置。该步骤如果跳过，则使用默认的设置。

（4）单击 Build 按钮时会要求选择一个发布路径，确定一个发布路径后等待发布完成。发布完成后的文件分为一个 MyGame_Data 文件夹、一个 MyGame 可执行文件和一个 UnityPlayer.dll 文件，如图 26-2 所示。

UnityPlayer.dll

图 26-2

（5）也可以单击 Build And Run 按钮进行发布，该方法将在发布完成后运行发布出来的可执行文件。

26.1.2 Player Settings 参数详解

依次单击菜单栏中的 Editor → ProjectSettings → Player，就可以在 Inspector 视图中显示

Player Settings 设置面板（也可以在 File → Build Settings 窗口中单击 Project Settings 按钮中打开），设置面板如图 26-3 所示。

- Resolution and Presentation：屏幕分辨率和其他细节的设置。比如游戏是否默认为全屏模式。
- Icon：游戏在桌面显示的图标。
- Splash Image：游戏启动时显示的图像。
- Other Settings：其他设置。
- XR Settings：XR 设置。XR 是一个总括术语，包含虚拟现实（VR）、增强现实（AR）和混合现实（MR）应用程序。

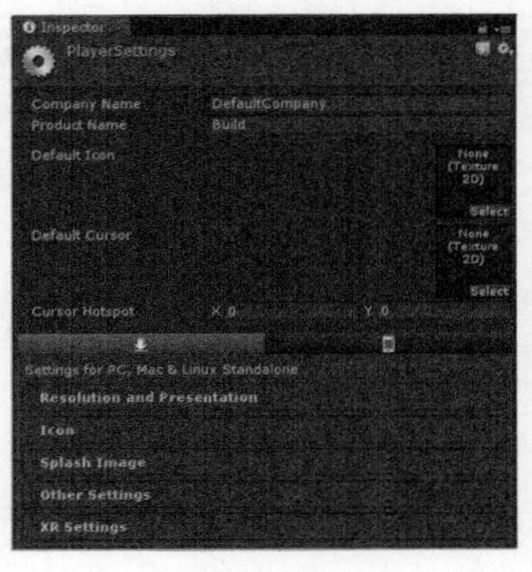

图 26-3

26.1.2.1 跨平台设置

跨平台设置为各平台之间的通用设置，其设置参数如图 26-4 所示，参数说明如表 26-1 所示。

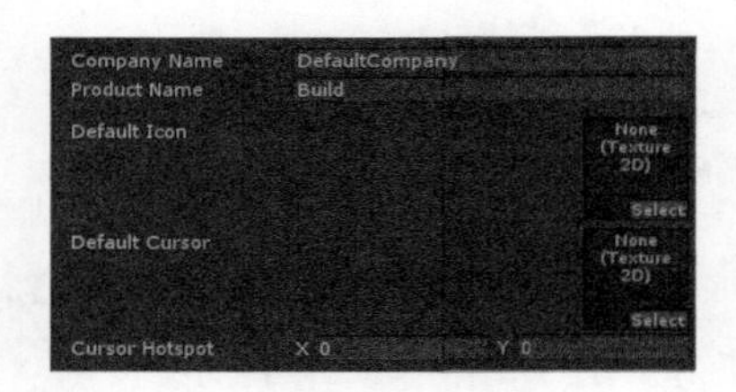

图 26-4

表 26-1　跨平台设置的参数说明表

参数	说明
Company Name	所在公司的名称
Product Name	项目产品的名称，游戏运行时名字会出现在菜单栏上
Default Icon	默认的图标，可自行设置更改
Default Cursor	默认的光标图像，可自行设置光标。支持的平台包括 macOS、Linux、WebGL、PS4 和 Windows
Cursor Hotspot	光标热点（光标的偏移量，以像素为单位）

26.1.2.2 PC 端设置

Resolution and Presentation 设置如图 26-5 所示，参数说明如表 26-2 所示。

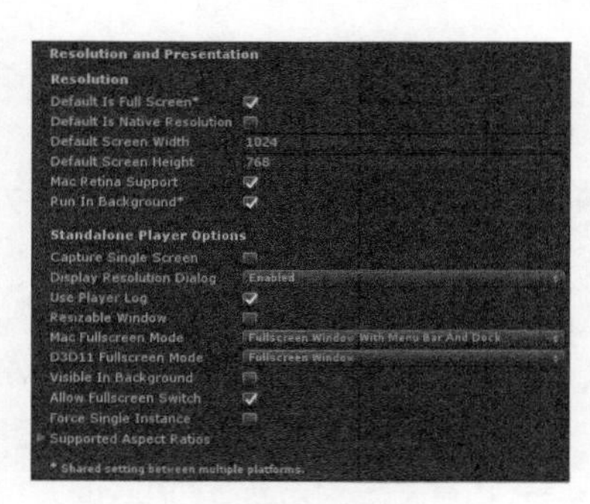

图 26-5

表 26-2 Resolution and Presentation 的参数说明表

参数	说明
Resolution	
Default Is Full Screen*	勾选此项可默认以全屏模式启动游戏
Default Is Native Resolution	勾选此项可使游戏使用目标机器上使用的默认分辨率
Default Screen Width	默认屏幕宽度游戏屏幕的默认宽度（以像素为单位）
Default Screen Height	默认屏幕宽度游戏屏幕的默认高度（以像素为单位）
Mac Retina Support	此框可在苹果旗下 Mac 系列计算机上启用对高 DPI（Retina）屏幕的支持。 Unity 默认启用此功能。这增强了 Retina 显示器上的项目，但活动时会占用大量资源
Run In Background*	勾选可使游戏在失去焦点时继续运行（而不是暂停）
Standalone Player Options	
Capture Single Screen	勾选此项可确保全屏模式下的独立游戏不会使多显示器设置中的辅助显示器变暗。这在 macOS 上不受支持
Display Resolution Dialog	设置为 Enabled 时使得发布后的程序在运行时弹出对话框，让用户选择屏幕分辨率；设置为 Disabled 时，则不会弹出对话框；设置为 Hidden By Default 时，默认打开程序时不会弹出对话框，只有在启动时按住 Alt 键才会弹出对话框
Use Player Log	勾选此项可以将调试信息写入日志文件中。如果打算将应用程序提交给 App Store，可将此选项取消勾选
Resizable Window	勾选此项以允许用户调整可执行程序窗口的大小
Mac Fullscreen Mode	选择在 macOS 上运行的全屏模式
D3D11 Fullscreen Mode	使用 DirectX 11 时选择的全屏模式
Exclusive Mode	将默认全屏模式设置为包含整个屏幕，而不围绕它
Fullscreen Window	在全屏时将游戏保持在窗口中。最好让游戏在后台运行
Visible In Background	如果使用 Fullscreen Window 模式（在 Windows 中），选中此框可在后台显示应用程序
Allow Fullscreen Switch	用户是否能够使用 Windows 中的【Alt+Enter】组合键和 Mac 上的【Command+F】组合键切换全屏和窗口模式
Force Single Instance	勾选此项可将程序限制为单个并发运行实例
Supported Aspect Ratios	选择启动时出现在分辨率对话框中的宽高比（只要它们受用户显示器的支持）

Icon 设置如图 26-6 所示，参数说明如表 26-3 所示。

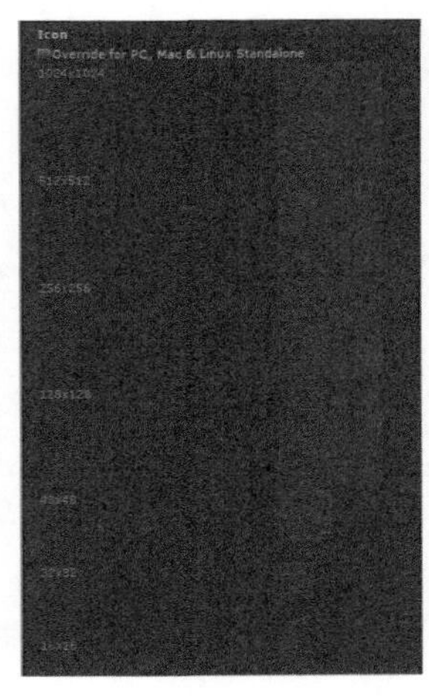

图 26-6

表 26-3　Icon 设置的参数说明表

参数	说明
Override for PC，Mac & Linux Standalone	勾选此项可为游戏分配一个自定义图标。上传不同尺寸的图标以适应复选框下方的每个方格选项

Splash Image 参数如图 26-7 所示，参数说明如表 26-4 所示。

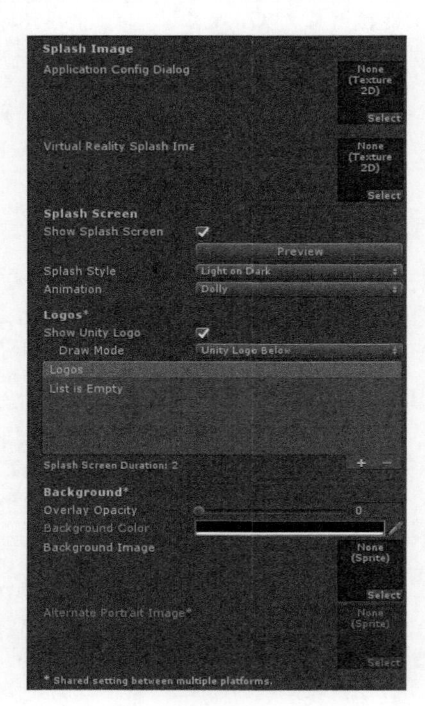

图 26-7

表 26-4　Splash Image 的参数说明表

参数	说明
Application Config Dialog	要在显示分辨率对话框中显示的自定义启动图像
Virtual Reality Splash Image	VR 的启动图像
Splash Screen	
Show Splash Screen	是否显示程序启动画面
Preview	单击此按钮，在 Game 视图中可预览程序启动画面的效果
Splash Style	启动样式
Animation	启动画面的动画
Logos*	
Show Unity Logo	是否显示 Unity Logo
Draw Mode	设置 Unity Logo 的显示模式
Logos	要显示的 Logo 列表，并且可设置每个 Logo 的显示时间
Background*	
Overlay Opacity	应用叠加强度来提高 Logo 的可见度

续表

参数	说明
Background Color	背景的颜色
Background Image	背景的图像
Alternate Portrait Image	可选图像用于竖屏模式

Other Settings 参数如图 26-8 所示，参数说明如表 26-5 所示。

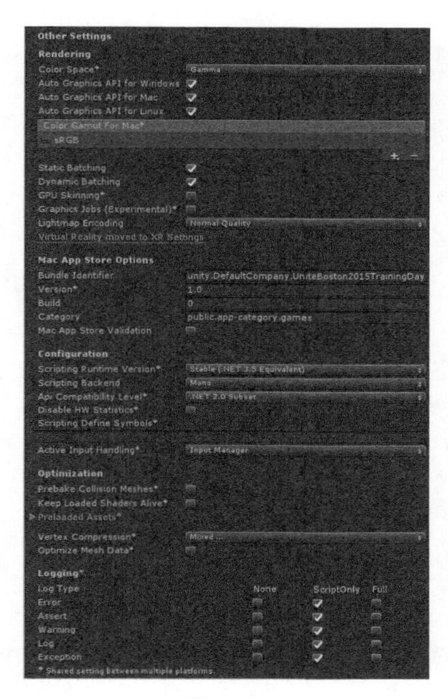

图 26-8

表 26-5　Other Settings 的参数说明表

参数	说明
Rendering	
Color Space*	选择应使用哪种颜色空间进行渲染。选项是 Gamma 和 Linear
Auto Graphics API for Windows	勾选此项在游戏运行的 Windows 系统上使用最佳的图形 API。取消选中它可以添加和删除支持的图形 API
Auto Graphics API for Mac	勾选此项在游戏运行的苹果旗下 Mac 系列计算机上使用最佳的图形 API。取消选中它可以添加和删除支持的图形 API
Auto Graphics API for Linux	勾选此项在游戏运行的 Linux 上使用最佳的图形 API。取消选中它可以添加和删除支持的图形 API
Color Gamut For Mac*	设置在苹果旗下 Mac 系列计算机上的色域
Static Batching	是否使用静态批处理
Dynamic Batching	是否使用动态批处理
GPU Skinning*	勾选此项可启用 DX11/ES3 GPU Skinning
Graphics Jobs(Experimental)*	勾选此项可指示 Unity 将图形任务（渲染循环）卸载到运行在其他 CPU 内核上的工作线程。这是为了减少主线程花费在 Camera. Render 上的时间。请注意，此功能是实验性的。它可能无法为用户的项目提供性能改进，并可能引起新的崩溃

续表

参数	说明
Lightmap Encoding	影响光照贴图的编码方案和压缩格式
Mac App Store Options	
Bundle Identifier	设置应用在 App Store 上的唯一标识
Version*	设置应用的版本号
Build	内部版本号，应用确定一个版本是否是最新的版本
Category	应用程序的类型
Mac App Store Validation	是否启用应用商店验证
Configuration	
Scripting Runtime Version*	脚本运行时的版本。Unity 基于各平台使用不同的脚本后端
Scripting Backend	脚本支持的后端
Api Compatibility Level*	API 兼容级别有两个选项：.Net 2.0 或 .Net 2.0 Subset
.NET 2.0	.Net 2.0 库。最大 .net 兼容性，最大的文件大小
.NET 2.0 Subset	完整的 .net 兼容性子集，较小的文件大小
Disable HW Statistics*	勾选此项可指示应用程序不向 Unity 发送有关硬件的信息
Scripting Define Symbols*	使用它来设置自定义编译标志
Active Input Handing*	设置主动输入处理的方式
Optimization	
Perbake Collision Meshes*	勾选此项可在构建时将碰撞数据添加到网格
Keep Loaded Shaders Alive*	是否防止着色器被卸载
Preloaded Assets*	设置程序启动时要加载的资源列表
Vertex Compression*	可以为每个通道设置顶点压缩。例如，可以选择为除位置和光照贴图 UV 以外的所有内容启用压缩。每个导入对象的整个网格压缩集将覆盖已设置的对象上的顶点压缩，而其他所有内容都将服从此处设置的顶点压缩选项 / 通道
Optimize Mesh Data*	勾选此项可从网格中删除任何不适用的材质（如切线、法线、颜色、UV）
Logging：该项用于设置写入日志文件的信息内容	

XR Settings 参数如图 26-9 所示，参数说明如表 26-6 所示。

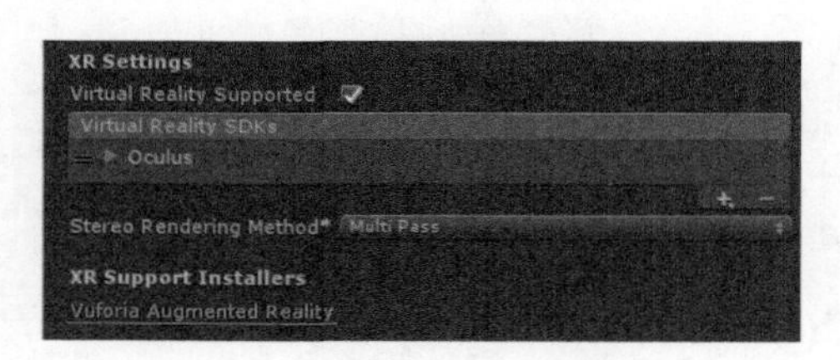

图 26-9

表 26-6 XR Settings 的参数说明表

参数	说明
Virtual Reality Supported	发布虚拟现实（VR）应用程序时，可勾选此项
Virtual Reality SDKs	VR 对应的 SDK
Stereo Rendering Method	设置立体渲染的方法

续表

参数	说明
XR Support Installers	XR 支持的安装程序
Vuforia Augmented Reality	高通 AR

26.2 Android 平台发布

Unity 除了 PC、Mac&Linux Standalone 平台，在其他平台上发布（构建）项目之前都需要先下载并安装对应平台的构建模块。

在发布 Android 项目时，如果 Android 平台的构建模块未安装，可先单击 Open Download Page 按钮打开对应的网页下载 Android 模块，如图 26-10 所示。Android 模块下载完毕后并安装，安装完毕后重新打开 Unity 方可进行发布。

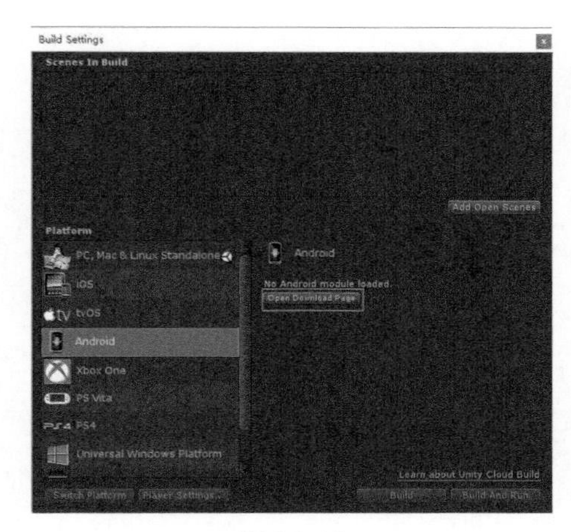

图 26-10

在发布 Android 项目之前，开发人员需要先下载并安装 Java SDK 和 Android SDK。本书中所用到的 Java SDK 为 1.8.0 版本，Android SDK 需要 API Level21，也就是 Android 5.0 以上，build-tools 版本在 2.0 以上。

Java SDK 和 Android SDK 的下载可以在 Unity Preferences 窗口（依次单击菜单栏中的 Edit → Preferences... 打开）的 External Tools 选项卡下的 Android 栏中下载，如图 26-11 所示。也可以自行在网上下载。

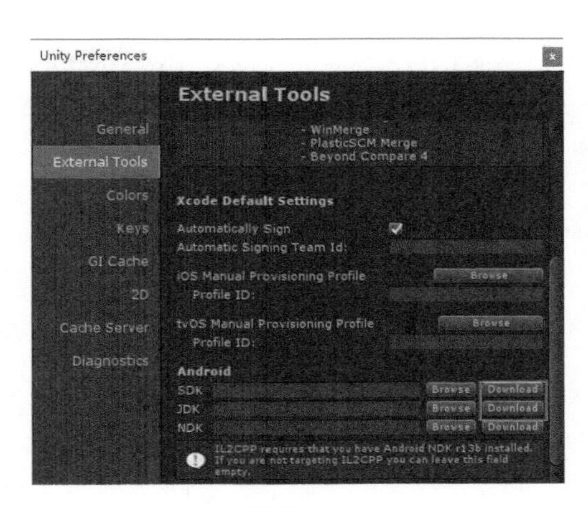

图 26-11

26.2.1 实践操作 70：Java SDK 的环境配置

（1）打开计算机→属性→高级系统设置→环境变量，环境变量窗口如图 26-12 所示。

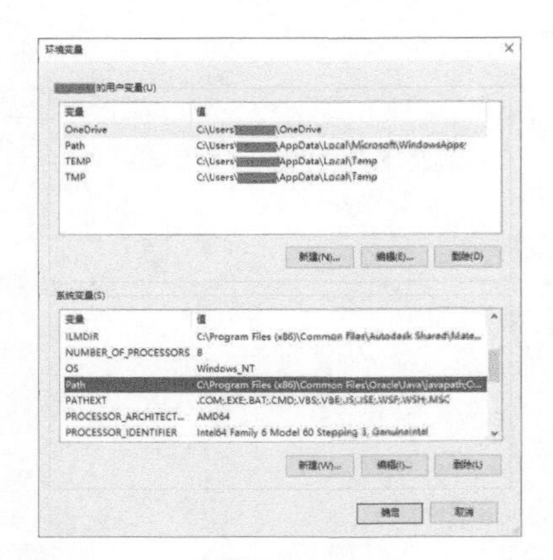

图 26-12

（2）检查系统变量下是否有 JAVA_HOME、PATH、CLASSPATH 这 3 个环境变量，以下简单介绍这 3 个环境变量的含义。

- JAVA_HOME：其中设置值就是 jdk 所在的安装路径，如 C：\Program Files\Java\jdk1.8.0_171。
- PATH：在其变量值最后添加 %JAVA_HOME%\bin;（若值中原来有内容，则用分号与之隔开）。
- CLASSPATH：设置值为 %JAVA_HOME%\jre\lib\rt.jar；表示 lib 文件夹下的执行文件。

（3）测试 Java SDK 是否安装成功。在命令提示符窗口（按【Win+R】组合键，输入 cmd 打开）输入 java–version，如果显示如图 26-13 所示的画面内容，则说明 Java SDK 安装成功。

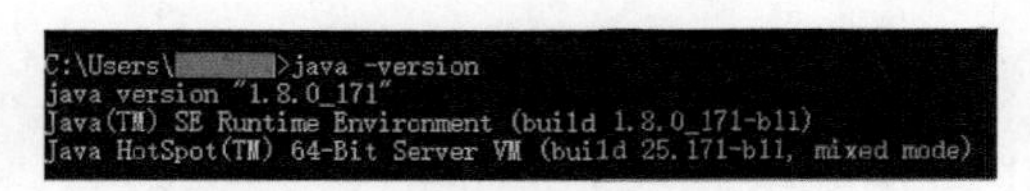

图 26-13

26.2.2 Android SDK 的安装

Android SDK 下载后解压，运行 SDK Manager.exe，弹出对话框，根据需要打钩下载，下载内容可参考如图 26-14 所示的内容。

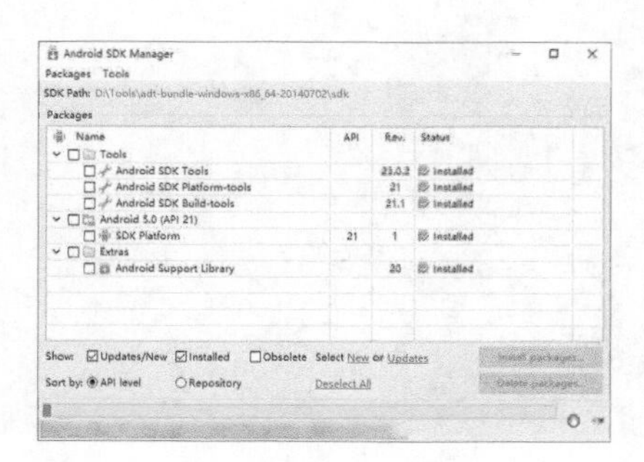

图 26-14

26.2.3 实践操作 71：Android 平台发布步骤

（1）Java SDK 和 Android SDK 安装完成后，需要在 Unity 中将 Java SDK 和 Android SDK 关

联起来。在 Unity Preferences 窗口的 External Tools 选项卡下，选择 SDK 和 JDK 的安装路径，如图 26-15 所示。

（2）打开需要发布的 Unity 工程，然后依次单击菜单栏中的 File → Build Settings，在打开的 Build Settings（构建设置）窗口中按如图 26-16 所示步骤进行设置。

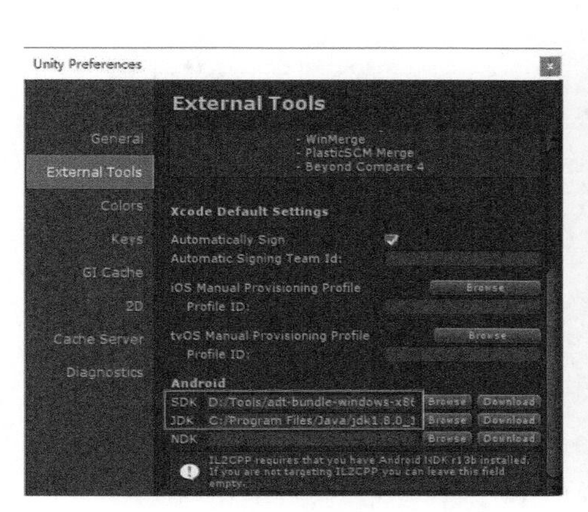

图 26-15

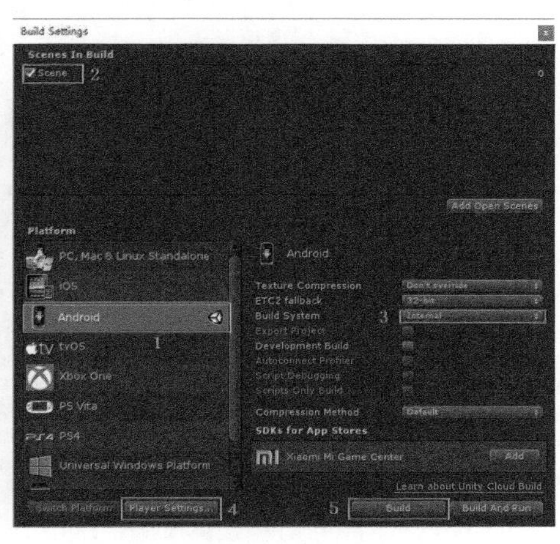

图 26-16

（3）在 Player Settings 中，需要设置 Other Settings 下的 Package Name，具体格式为 Com. YourCompanyName.YourProductName，如图 26-17 所示。

如果未设置该项，发布时则会出现如图 26-18 所示的错误。

（4）单击 Build 按钮发布，发布成功后的文件为 APK 格式，用户可以直接将该 APK 文件安装到 Android 设备并运行使用。

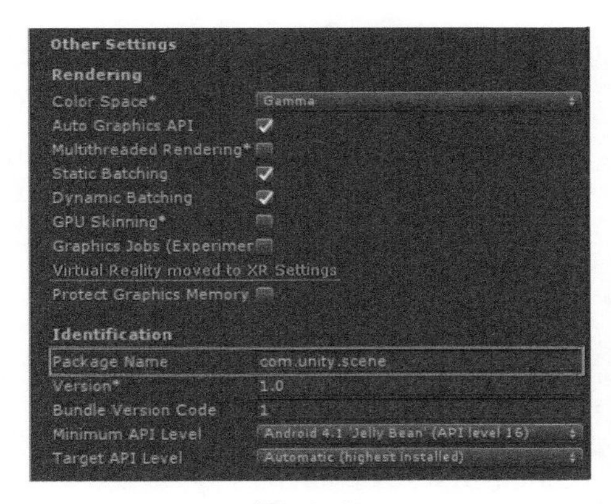

图 26-17

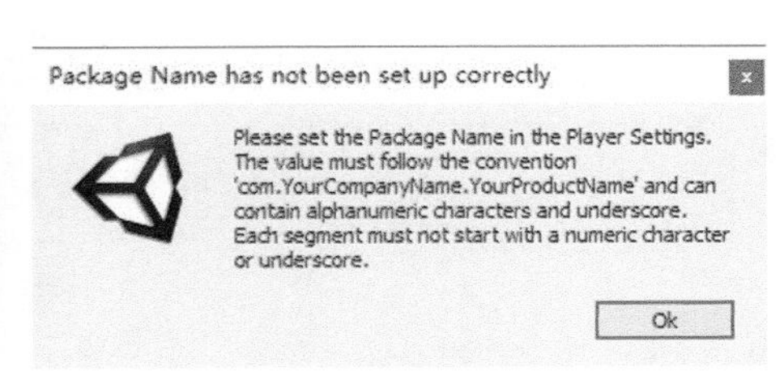

图 26-18

26.2.4 Player Settings 参数详解

Resolution and Presentation 设置如图 26-19 所示，参数说明如表 26-7 所示。

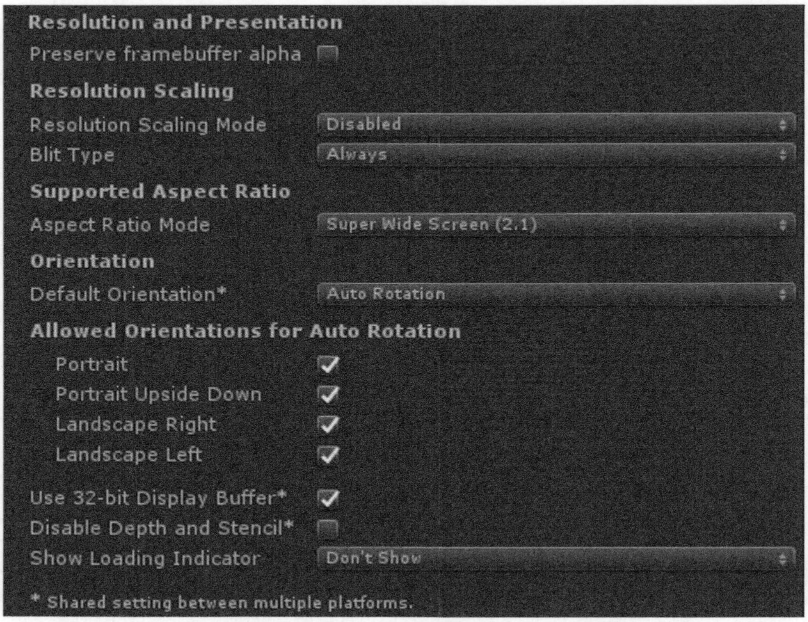

图 26-19

表 26-7 Resolution and Presentation 的参数说明表

参数	说明
Preserve framebuffer alpha	如果勾选该项，framebuffer 的 alpha 通道不会被强制为 1
Resolution Scaling	
Resolution Scaling Mode	分辨率缩放模式：可让屏幕分辨率低于设备的原始分辨率，以优化性能和电池寿命
Blit Type	选择是否选择更快（Never）或更兼容（Always）的屏幕 blit 技术
Supported Aspect Ratio	
Aspect Ratio Mode	允许支持超宽屏设备
Orientation	
Default Orientation	定义设备使用时的默认方向
Allowed Orientation for Auto Rotation	设备方向自动设置（Auto Rotation）时允许设置的方向
Portrait	设备为竖屏模式，手持设备的 Home 键在顶部
Portrait Upside Down	设备为竖屏模式，手持设备的 Home 键在底部
Landscape Right	设备为横屏模式，手持设备的 Home 键在右边
Landscape Left	设备为横屏模式，手持设备的 Home 键在左边
Use 32-bit Display Buffer	指定是否应该创建显示缓冲区以保存 32 位颜色值（默认情况下为 16 位）。如果看到条纹，或者在后期处理的效果中需要 alpha，可使用它
Disable Depth and Stencil	勾选此项可禁用深度和模板缓冲区
Show Loading Indicator	设置显示的加载进度指示器的类型

Other Settings 参数如图 26-20 所示，参数说明如表 26-8 所示。

续表

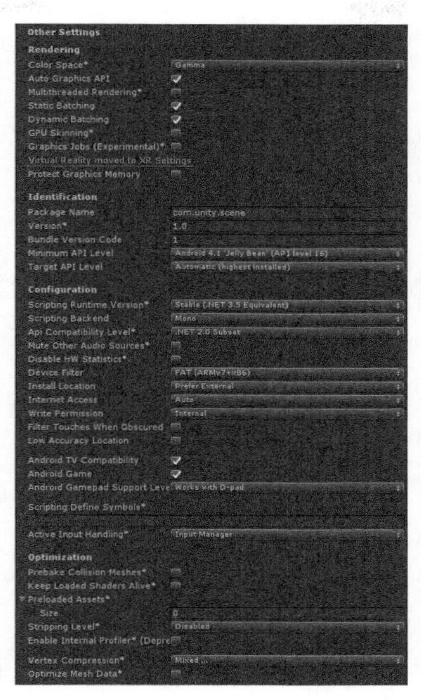

图 26-20

表 26-8 Other Settings 的参数说明表

参数	说明
Rendering	
Color Space	选择应使用哪种颜色空间进行渲染。选项是 Gamma 和 Linear
Auto Graphics API	勾选此项在游戏运行的安卓设备上使用最佳的图形 API。取消选中它可以添加和删除支持的图形 API
Multithreaded Rendering	勾选此项可将 Unity 主线程的图形 API 调用移动到单独的工作线程上。这可以帮助提高主线程中 CPU 使用率高的应用程序的性能
Static Batching	是否使用静态批处理
Dynamic Batching	是否使用动态批处理
GPU Skinning	勾选此项可启用 DX11/ES3 GPU Skinning
Graphics Jobs(Experimental)	勾选此项可指示 Unity 将图形任务（渲染循环）卸载到运行在其他 CPU 内核上的工作线程。这是为了减少在主线程上花费在 Camera.Render 上的时间。请注意，此功能是实验性的。它可能无法为用户的项目提供性能改进，并可能引入新的崩溃
Protect Graphics Memory	勾选此项可强制仅通过硬件保护路径显示图形缓冲区。仅适用于支持它的设备
Identification	
Package Name	独特的应用程序 ID，用于在设备和 Google Play 商店中唯一标识用户的应用程序（在 iOS 和 Android 之间共享）
Version	设置程序包的版本号。程序包迭代的版本号（未发布或已发布的），是单一地增加字符串，由一个或多个句点分割（同样适用于 iOS）
Bundle Version Code	内部版本号，应用确定一个版本是否是最新的版本
Minimum API Level	运行应用程序所需的最低 Android 版本（API 级别）
Target API Level	运行应用程序所需的目标 Android 版本（API 级别）

续表

参数	说明
Configuration	
Scripting Runtime Version	脚本运行时的版本。Unity 基于各平台使用不同的脚本后端
Scripting Backend	脚本支持的后端
Api Compatibility Level	API 兼容级别有两个选项，即 .Net 2.0 或 .Net 2.0 Subset
.NET 2.0	.Net 2.0 库。最大 .net 兼容性，最大的文件大小
.NET 2.0 Subset	完整的 .net 兼容性子集，较小的文件大小
Mute Other Audio Sources	启用此功能，Unity 应用程序将停止后台应用程序的音频；禁用此功能，后台应用程序的音频将继续与 Unity 应用程序一起播放
Disable HW Statistics	勾选此项可指示应用程序不向 Unity 发送有关硬件的信息
Device Filter	允许应用程序在指定的 CPU 上运行
Install Location	指定应用程序在设备上的安装位置
Automatic	让操作系统决定。用户将能够来回移动应用程序
Prefer External	如果移动设备有外接的外部存储器（SD 卡），将应用程序安装到外部存储器。如果没有，应用程序将被安装到内部存储器
Force Internal	强制将应用程序安装到内部存储器。用户将无法移动应用程序到外部存储器
Internet Access	当设置为 Require 时，即使用户没有使用任何联网的 API，也会将联网（INTERNET）权限添加到 Android 清单。这是开发版本默认启用的
Write Permission	如果设置为 Internal，只能写入访问到内部存储器；设置为 External（SDCard）时，可以对 SD 卡等外部存储设备进行写入访问，并向 Android 清单添加相应的权限
Filter Touchs When Obscured	在另一个可见窗口覆盖 Unity 应用程序时丢弃收到的触摸数据
Low Accuracy Location	当从脚本调用提示 API 时，ACCESS_FINE_LOCATION 权限会自动添加到 Android 清单中。可启用此复选框来添加 ACCESS_FINE_LOCATION 权限。确保用户的脚本在选择此选项时调用 Location-Service.Start() 的精度值较低
Android TV Compatibility	勾选此项将该应用程序标记为与 Android TV 兼容
Android Game	勾选此项可将输出包（APK）标记为游戏而非常规应用程序
Android Gamepad Support Level	此选项可定义应用程序为游戏手柄提供的支持级别。选项与 D-Pad 一起使用，支持游戏手柄并需要游戏手柄
Scripting Define Symbols	使用它来设置自定义编译标志
Active Input Handing	设置主动输入处理的方式
Optimization	
Prebake Collision Meshes	勾选此项可在构建时将碰撞数据添加到网格
Keep Loaded Shaders Alive	是否防止着色器被卸载
Preloaded Assets	设置程序启动时要加载的资源列表
Stripping Level	删除脚本功能以减少输出包（APK）大小的选项（此设置在 iOS 和 Android 平台之间共享，仅适用于 Mono 脚本后端）
Disabled	没有减少
Strip Assemblies	级别 1 的减少
Strip ByteCode	级别 2 的减少（包含从级别 1 的减少）
Use micro mscorlib	级别 3 的减少（包含级别 1 和级别 2 的减少）
Enable Internal Profiler	如果想在测试项目的时候在 Android SDK 的 adb logcat 输出中获取设备中的分析器数据（仅适用于开发版本），可勾选此项

续表

参数	说明
Vertex Compression	可以为每个通道设置顶点压缩。例如，可以选择为除位置和光照贴图 UV 以外的所有内容启用压缩。每个导入对象的整个网格压缩集将覆盖已设置的对象上的顶点压缩，而其他所有内容都将服从此处设置的顶点压缩选项 / 通道
Optimize Mesh Data	勾选此项可从网格中删除任何不适用的材质（如切线、法线、颜色、UV）
Logging：该项用于设置写入日志文件的信息内容	

Pubishing Settings 参数如图 26-21 所示，参数说明如表 26-9 所示。

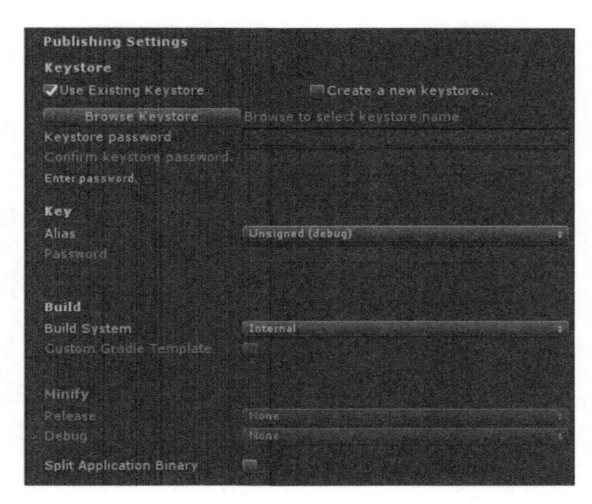

图 26-21

表 26-9　Pubishing Settings 的参数说明表

参数	说明
Keystore	
Use Existing Keystore / Create a new keystore...	用它来选择是创建一个新的 Keystore（密钥库）还是使用现有的 Keystore。可以单击 Browse Keystore 按钮从文件系统中选择一个 Keystore
Keystore password	为密钥库创建一个密码
Confirm Keystore password.	确认在 Keystore 密码中输入的密码（仅在选择 Create a new keystore... 选项时启用）
Key	
Alias	密钥别名
Password	密钥别名的密码
Build	
Build Sytem	发布使用的系统
Custom Gradle Template	是否需要通过将自己的更改提供给 Gradle 构建文件来调整 Gradle 的构建过程（Build Sytem 为 Gradle 时可用）
Use Proguard File	是否使用 Proguard 文件（Build Sytem 为 Gradle 时可用）
Minify	Minify 希望自己的 Java 代码如何缩小。注意：minifcation 有时可以删除所需的代码并生成非工作的二进制文件

续表

参数	说明
Split Application Binary	启用此选项可将输出包分割为主（APK）和扩展（OBB）包。这是发布到 Goolge Play 商店超过 100 MB 的应用程序所必需的

26.3 iOS 平台发布

Unity 提供了将应用程序发布到 iOS 平台的功能，但和发布到 PC 相比，将应用发布到 iPhone 或者 iPad 则有些不同。另外，由于 iOS 设备并不像 PC 一样有着高性能的显卡，因此，在游戏的开发上也会有些不同。

26.3.1 实践操作 72：iOS 平台发布前的准备工作

要将 Unity 游戏场景发布到 iOS 平台上，需要事先做一些准备的工作，例如需要苹果计算机脑以及 iOS 测试机（如 iPhone、iPad 或者 iPad touch），并且在 Mac 计算机上安装了 Xcode 开发工具，另外还需要一个注册好的 Apple（苹果）开发者账号，并且配置好相关的证书。以下简要介绍相关的流程。

（1）首先需要注册开发者账号，在网页地址栏中输入 iOS 开发者中心的网址，进入 Account 页面注册账号，如图 26-22 所示。

图 26-22

（2）注册完成后，需要为注册的账号购买 iOS 开发者计划，目前 iOS 开发者计划分为以下类型。

- 标准计划：面向通过 App Store 发布免费和付费应用程序的开发者。公司和个人开发者都可以加入此计划，费用为每年 99 美元。
- 企业计划：面向创建专有应用程序供内部使用的专属应用程序的公司和组织，可以无限通过 Ad Hoc 方式发布到企业内部设备上，但是不能通过 App Store 发布。开发机构需要提供其 Dun & Bradstreet 编号（DUNS）进行注册，费用为每年 299 美元。
- 大学计划：面向希望在其课程中引入应用程序开发的高等教育机构。注册后可以访问许多 iOS 开发者文档，但不能对外正式发布 iOS 应用程序。该计划免费。

iOS 开发者计划（iOS Developer Program）是苹果公司为 iOS 开发人员提供的官方项目，该计划包括为开发人员提供开发工具、技术支持培训、资格及程序发布审核等支持。

（3）购买开发者计划后，通过 Apple 的相关验证，用户即可登录开发者中心，在相关页面完成开发设备的登记以及开发者证书的配置和下载。由于这部分工作相对来说比较复杂和烦琐，本书只提供了基本的介绍，更详细的内容请参考苹果开发者页面的 iOS 开发的相关详细。

（4）然后在 Apple 开发者官网下载并安装 Xcode 开发工具，如图 26-23 所示。

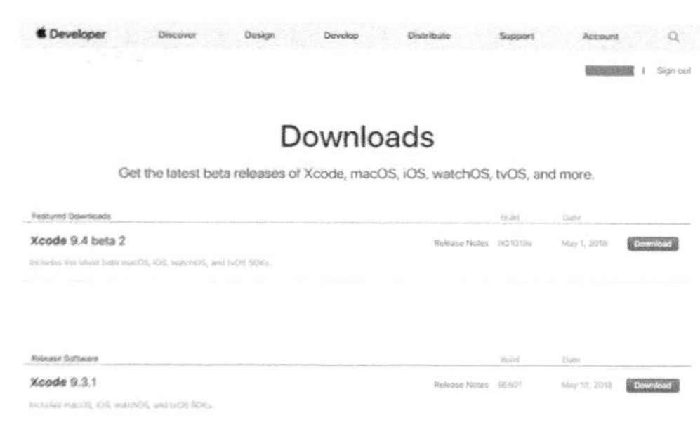

图 26-23

26.3.2 实践操作 73：项目工程的输出和发布

（1）打开需要发布的 Unity 工程。然后依次单击菜单栏中的 File → Build Settings，在打开的 Build Settings（构建设置）窗口中按如图 26-24 所示步骤进行设置。

（2）在 Player Settings 中，需要设置 Other Settings 下的 Bundle Identifier，具体格式为 Com. YourCompanyName.YourProductName（该值与苹果开发者中心创建的 App ID 保持一致），其他参数可根据需要进行设置，如图 26-25 所示。

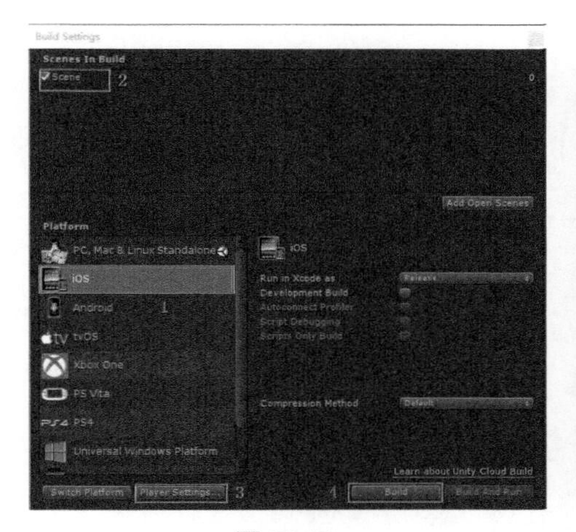

图 26-24

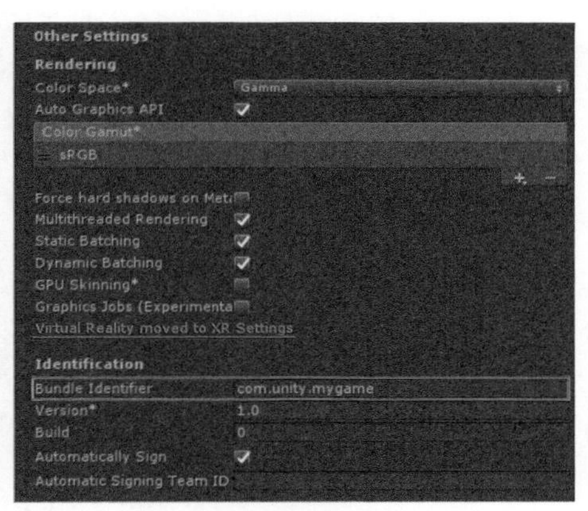

图 26-25

（3）单击 Build 按钮，在弹出的 Build iOS 窗口中选择所生成的 Xcode 工程的路径。发布后的 Xcode 工程目录如图 26-26 所示。

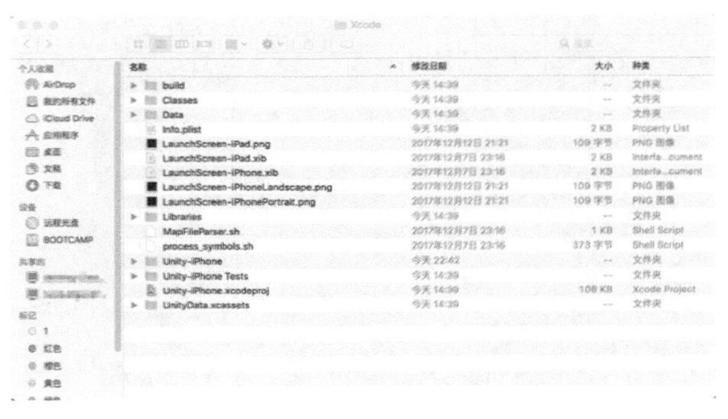

图 26-26

（4）如果 Xcode 工程是在 Windows 平台上输出的，可将输出的 Xcode 工程复制到 Mac 计算机上。如果 Mac 计算机的 Xcode 工具已经安装，双击输出的 Xcode 工程下的 .xcodeproj 文件即可在 Xcode 工具中打开生成的工程。在工程的 Bulid Setting 选项中设置 Code Signing 属性，在对应的发布版本中选择个人的开发者证书，如图 26-27 所示。

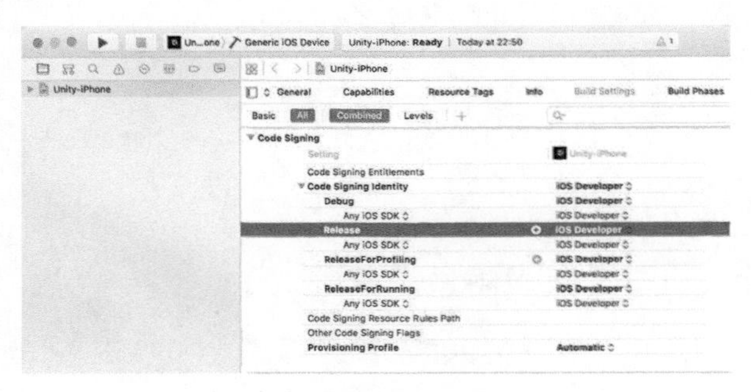

图 26-27

（5）如果 iOS 设备与 Mac 计算机已经连接,Xcode 会自动选择其中一个连接的设备作为目标。在 Xcode 窗口左上角选择目标，然后单击左边的 Run 按钮，即可开始编译。编译完成后会自动安装并运行在指定的 iOS 设备上，如图 26-28 所示。

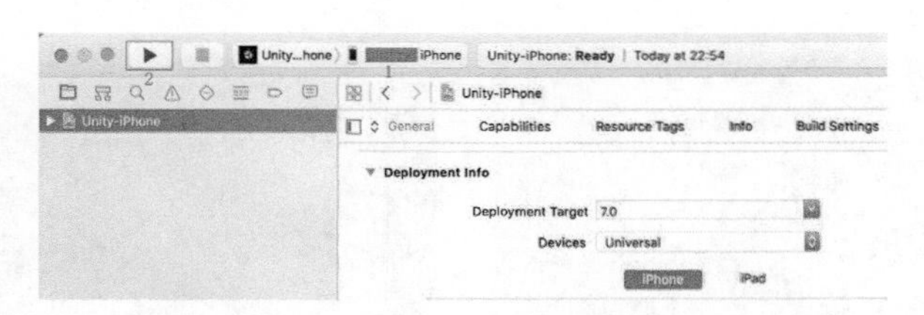

图 26-28

26.3.3 Player Settings 参数详解

Resolution and Presentation 设置如图 26-29 所示，参数说明如表 26-10 所示。

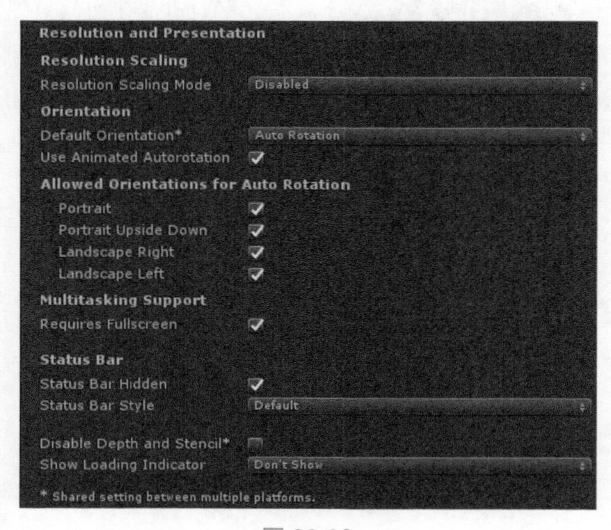

图 26-29

表 26–10　Resolution and Presentation 的参数说明表

参数	说明
Resolution Scaling	
Resolution Scaling Mode	分辨率缩放模式 FixedDPI：允许用户将设备的屏幕分辨率调整为低于其原始分辨率，并显示目标 DPI 属性。使用它来优化性能和电池寿命或针对特定的 DPI 设置 Disabled：确保缩放不被应用，并且游戏呈现为其本地屏幕分辨率
Orientation	
Default Orientation	定义设备使用时的默认方向
Use Animated Autorotation	勾选此项，方向更改为屏幕旋转设置动画而不是仅切换。这仅在 Default Orientation 设置为 Auto Rotation 时可见
Allowed Orientations for Auto Rotation	设备方向自动设置（Auto Rotation）时允许设置的方向
Portrait	设备为竖屏模式，手持设备的 Home 键在顶部
Portrait Upside Down	设备为竖屏模式，手持设备的 Home 键在底部
Landscape Right	设备为横屏模式，手持设备的 Home 键在右边
Landscape Left	设备为横屏模式，手持设备的 Home 键在左边
Multitasking Support	
Requires Fullscreen	游戏是否需要全屏显示
Status Bar	
Status Bar Hidden	勾选此项，可在应用程序启动时隐藏状态栏
Status Bar Style	定义应用程序启动时状态栏的样式
Disable Depth and Stencil	勾选此项可禁用深度和模板缓冲区
Show Loading Indicator	设置显示的加载进度指示器的类型

Debugging and crash reporting 设置如图 26-30 所示，参数说明如表 26-11 所示。

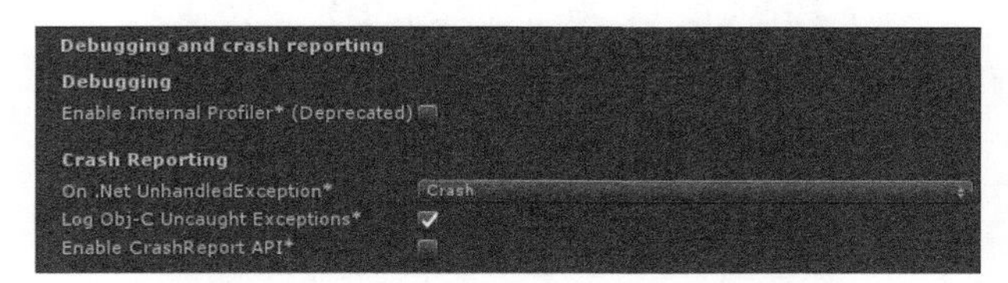

图 26-30

表 26–11　Debugging and crash reporting 的参数说明表

参数	说明
Debugging	
Enable Internal Profiler	启用收集应用程序性能数据的内部分析器，并将报告输出到控制台。该报告包含每个 Unity 子系统在每个帧上执行的毫秒数。数据平均跨 30 帧
Crash Reporting	
On .Net UnhandleException	对 .NET 未处理的异常采取的操作。Crash：应用程序崩溃并且强制 iOS 生成可由应用程序用户提交给 iTunes 并由开发人员检查的崩溃报告。Silent Exit（无提示退出）：应用程序正常退出

续表

参数	说明
Log Obj-C Uncaught Exceptions	启用自定义的 Objective-C 未捕获到异常处理程序，该处理程序将向控制台打印异常信息
Enable CrashReport API	启用自定义崩溃记录器来捕获崩溃。通过 CrashReport API 可以为脚本提供崩溃日志

Other Settings 设置如图 26-31 所示，参数说明如表 26-12 所示。

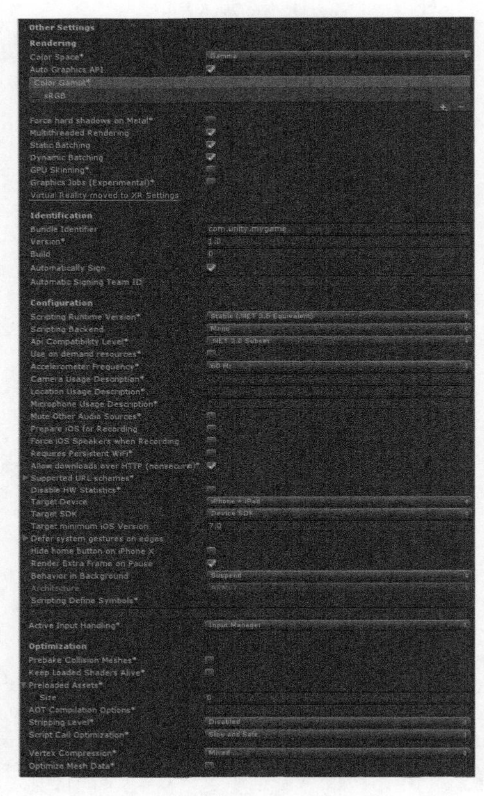

图 26-31

表 26-12　Other Settings 的参数说明表

参数	说明
Rendering	
Color Space	选择应使用哪种颜色空间进行渲染。选项是 Gamma 和 Linear
Auto Graphics API	勾选此项在游戏运行的 iOS 设备上使用最佳的图形 API；取消选中它可以添加和删除支持的图形 API
Force hard shadows on Metal	强制 Unity 对金属上的阴影使用点采样。这样可以降低阴影质量，从而提高性能
Multithreaded Rendering	启用多线程渲染。这只支持 Metal（金属）
Static Batching	是否使用静态批处理
Dynamic Batching	是否使用动态批处理
GPU Skinning	勾选此项可启用 DX11/ES3 GPU Skinning

续表

参数	说明
Graphics Jobs(Experimental)	勾选此项可指示 Unity 将图形任务（渲染循环）卸载到运行在其他 CPU 内核上的工作线程。这是为了减少在主线程上花费在 Camera.Render 上的时间。请注意，此功能是实验性的。它可能无法为用户的项目提供性能改进，并可能引起新的崩溃
Identification	
Bundle Identifier	Apple 开发者账号的供应证书中 APP 使用的标识符（由 iOS 和 Android 共享）
Version	设置程序包的版本号。程序包迭代的版本号（未发布或已发布的），是单一地增加字符串，由一个或多个句点分割
Build	内部版本号，应用确定一个版本是否是最新的版本
Automatically Sign	启用此选项以允许 Xcode 自动签署用户的构建
Automatic Signing Team ID	使用 Apple 开发者团队 ID 设置此属性。可以在 Apple Developer 网站的 Account → Membership 下找到它。这为生成的 Xcode 项目设置了 Team ID，允许开发人员使用 Build 和 Run 功能。此处必须设置 Apple 开发者团队 ID 以自动签署用户的应用
Configuration	
Scripting Runtime Version	脚本运行时的版本。Unity 基于各平台使用不同的脚本后端
Scripting Backend	脚本支持的后端
Api Compatibility Level	API 兼容级别有两个选项：.Net 2.0 或 .Net 2.0 Subset
.NET 2.0	.Net 2.0 库。最大 .net 兼容性，最大的文件大小
.NET 2.0 Subset	完整的 .net 兼容性子集，较小的文件大小
Use on demand resources	启用时允许使用一种需求资源
Accelerometer Frequency	加速度计多长时间采样一次？选项为禁用（即不采样），15Hz、30Hz、60Hz 和 100Hz
Camera Usage Description	允许用户输入在 iOS 设备上访问摄像头的原因
Location Usage Description	允许用户输入访问 iOS 设备位置的原因
Microphone Usage Description	允许用户输入在 iOS 设备上访问麦克风的原因
Mute Other Audio Sources	启用此功能，Unity 应用程序将停止后台应用程序的音频；禁用此功能，后台应用程序的音频将继续与 Unity 应用程序一起播放
Prepare iOS for Recording	勾选此项，麦克风录制 API 将被初始化。这使得录制延迟更低，但在 iPhone 上，它只能通过耳机重新路由音频输出
Force iOS Speakers when Recording	让手机通过内部扬声器输出，甚至当插入耳机并录音时输出
Requires Persistent WiFi	指定应用程序是否需要 WiFi 连接
Allow downloads over HTTP（nonsecure）	当启用此选项时，它将允许用户通过 HTTP 下载内容。默认并推荐使用 HTTPS
Supported URL schemes	受支持的 URL 方案列表
Disable HW Statistics	勾选此项可指示应用程序不向 Unity 发送有关硬件的信息
Target Device	游戏瞄准哪些设备？选项有 iPhone Only、iPad Only 和 iPhone+iPad
Target SDK	游戏的目标是哪个 SDK？这些选项是 iPhone Only、Device SDK 和 Simulator SDK
Target minmum iOS Version	定义游戏运行的最低版本的 iOS
Defer system gestures on edges	用户必须在所选边缘上滑动两次以制定系统手势
Hide home button on iPhone X	应用程序运行时隐藏 iPhone X 设备上的 Home 按钮
Render Extra Frame on Pause	当应用程序暂停时，在帧之后发出额外的帧。这样，用户的应用即可在应用进入后台时显示指示暂停状态的图形

续表

参数	说明
Behavior in Background	指定用户按下 Home 按钮时应用程序应执行的操作
Custom	通过后台处理来实现定制的行为
Suspend	这是标准行为，应用程序被暂停，但不会退出
Exit	按下 Home 按钮后，应用程序将停止，而不是暂停
Architecture	允许用户选择要定位的体系结构。通常建议默认
Scripting Define Symbols	使用它来设置自定义编译标志
Active Input Handing	设置主动输入处理的方式
Optimization	
Prebake Collision Meshes	勾选此项可在构建时将碰撞数据添加到网格
Keep Loaded Shaders Alive	是否防止着色器被卸载
Preloaded Assets	设置程序启动时要加载的资源列表
AOT Compilation Options	额外的 AOT 编译器选项
Stripping Level	删除脚本功能以减少输出包（APK）大小的选项（此设置在 iOS 和 Android 平台之间共享，仅适用于 Mono 脚本后端）
Disabled	没有减少
Strip Assemblies	级别 1 的减少
Strip ByteCode	级别 2 的减少（包含级别 1 的减少）
Use micro mscorlib	级别 3 的减少（包含级别 1 和级别 2 的减少）
Script Call Optimization	可以在运行时禁用异常处理以提高速度
Slow and Safe	将发生完整的异常处理（在使用 Mono 脚本后端时会对设备产生一些性能影响）
Fast but no Exceptions	没有为设备上的异常提供数据（使用 Mono 脚本后端时游戏运行速度会更快）
Vertex Compression	可以为每个通道设置顶点压缩。例如，可以选择为除位置和光照贴图 UV 以外的所有内容启用压缩。每个导入对象的整个网格压缩集将覆盖已设置的对象上的顶点压缩，而其他所有内容都将服从此处设置的顶点压缩选项 / 通道
Optimize Mesh Data	勾选此项可从网格中删除任何不适用的材质（如切线、法线、颜色和 UV）
Logging：该项用于设置写入日志文件的信息内容	

26.4 WebGL 平台发布

WebGL 是一种 3D 绘图标准，这种绘图技术标准允许把 JavaScript 和 OpenGL ES 2.0 结合在一起。它通过 HTML 脚本实现 Web 交互式三维动画的制作，无须任何浏览器插件支持，并且可以通过利用底层的图形硬件加速功能进行图形渲染，因而可以在浏览器中更流畅地展示 3D 模型和场景。

26.4.1 实践操作 74：WebGL 平台发布步骤

（1）打开需要发布的 Unity 工程。然后依次单击菜单栏中的 File → Build Settings，在打开的 Build Settings 窗口中按图 26-32 所示的步骤进行设置。

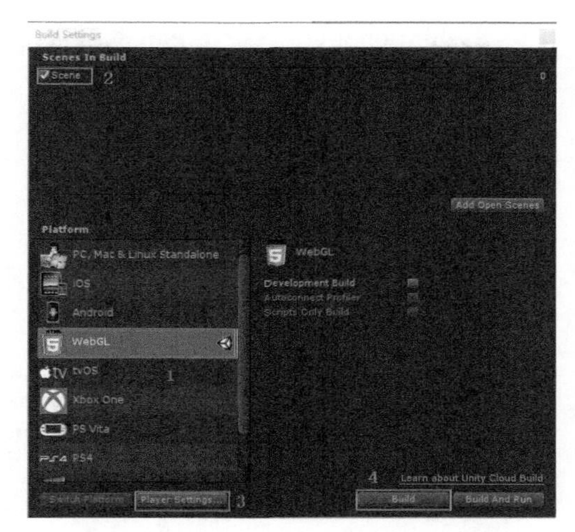

图 26-32

（2）Player Settings 可以跳过，此时将使用默认设置进行发布。

（3）单击 Build 按钮后，在弹出的 Build WebGL 窗口中选择所生成的路径，发布成功后的 WebGL 目录如图 26-33 所示。

（4）其中 index 文件为 html 文件，在支持 WebGL 的浏览器（如：Google Chrome、Firefox 等）中打开该文件，发布后的 WebGL 游戏将运行在浏览器上，如图 26-34 所示。

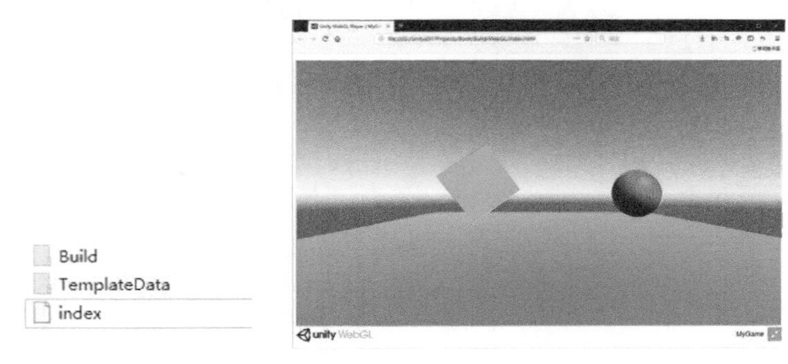

图 26-33　　图 26-34

26.4.2 Player Settings 参数详解

Resolution and Presentation 设置如图 26-35 所示，参数说明如表 26-13 所示。

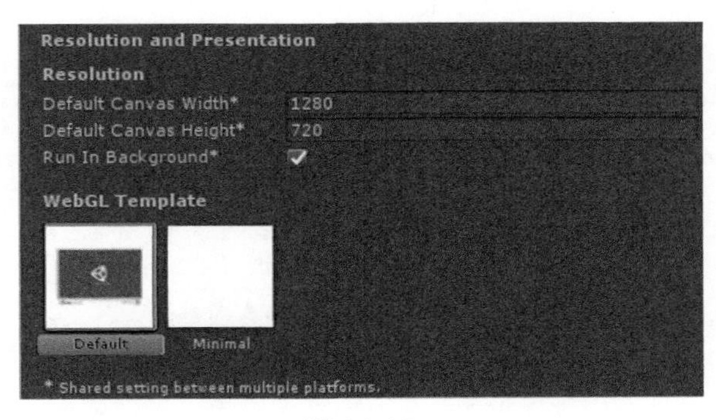

图 26-35

表 26-13 Resolution and Presentation 的参数说明表

参数	说明
Resolution	
Default Canvas Width	默认使用的屏幕宽度
Default Canvas Height	默认使用的屏幕高度
Run In Background	是否在后台运行。播放器失去焦点时是否停止运行游戏，如果不是就勾选此项
WebGL Template	WebGL 使用的样式模板

Other Settings 设置如图 26-36 所示，参数说明如表 26-14 所示。

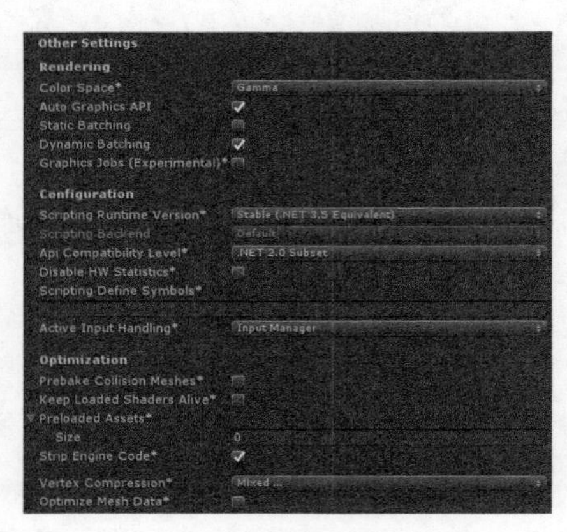

图 26-36

表 26-14 Other Settings 的参数说明表

参数	说明
Rendering	
Color Space	选择应使用哪种颜色空间进行渲染。选项是 Gamma 和 Linear
Auto Graphics API	勾选此项在游戏运行的 iOS 设备上使用最佳的图形 API。取消选中它可以添加和删除支持的图形 API
Static Batching	是否使用静态批处理
Dynamic Batching	是否使用动态批处理
Graphics Jobs(Experimental)	勾选此项可指示 Unity 将图形任务（渲染循环）卸载到运行在其他 CPU 内核上的工作线程。这是为了减少在主线程上花费在 Camera.Render 上的时间。请注意，此功能是实验性的。它可能无法为用户的项目提供性能改进，并可能引入新的崩溃
Configuration	
Scripting Runtime Version	脚本运行时的版本。Unity 基于各平台使用不同的脚本后端
Scripting Backend	脚本支持的后端
Api Compatibility Level	API 兼容级别有两个选项，即 .Net 2.0 或 .Net 2.0 Subset
.NET 2.0	.Net 2.0 库。最大 .net 兼容性，最大的文件大小
.NET 2.0 Subset	完整的 .net 兼容性子集，较小的文件大小
Disable HW Statistics	勾选此项可指示应用程序不向 Unity 发送有关硬件的信息

续表

参数	说明
Scripting Define Symbols	使用它来设置自定义编译标志
Active Input Handing	设置主动输入处理的方式
Optimization	
Perbake Collision Meshes	勾选此项可在构建时将碰撞数据添加到网格
Keep Loaded Shaders Alive	是否防止着色器被卸载
Preloaded Assets	设置程序启动时要加载的资源列表
Strip Engine Code	为 WebGL 启用代码剥离
Vertex Compression	可以为每个通道设置顶点压缩。例如，可以选择为除位置和光照贴图 UV 以外的所有内容启用压缩。每个导入对象的整个网格压缩集将覆盖已设置的对象上的顶点压缩，而其他所有内容都将服从此处设置的顶点压缩选项 / 通道
Optimize Mesh Data	勾选此项可从网格中删除任何不适用的材质（如切线、法线、颜色、UV）
Logging：该项用于设置写入日志文件的信息内容	

Publishing Settings 设置如图 26-37 所示，参数说明如表 26-15 所示。

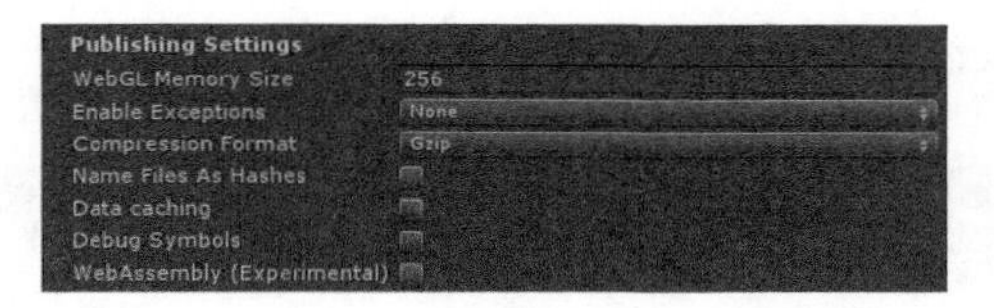

图 26-37

表 26-15 Publishing Settings 的参数说明表

参数	说明
WebGL Memory Size	设置 WebGL 运行时可用的内存，以兆字节为单位。用户应该仔细选择此值。如果值太低，会因为加载的内容和场景无法放入可用内存而导致内存不足错误；但是，如果请求的内存太多，则某些浏览器 / 平台可能无法提供，因此无法加载播放器
Enable Exceptions	启用异常支持，允许用户指定在运行时处理意外代码行为（通常认为是错误）的方式
Compression Format	发布构建文件的压缩格式：gzip、brotli 或 none。请注意，此选项不会影响开发版本
Name Files As Hashes	使用未压缩文件内容的 MD5 散列作为构建中每个文件的文件名
Data caching	启用它可以自动将用户计算机上的内容资产数据缓存起来，这样就不必在随后的运行中重新下载内容（除非内容已更改）。 缓存是使用浏览器提供的 IndexedDB API 实现的。某些浏览器可能会对此做出限制，例如要求用户有权限缓存特定大小的数据
Debug Symbols	保存调试标记并在出现错误时执行堆栈跟踪的解除绑定。对于发布版本，所有的调试信息都存储在一个单独的文件中，当发生错误时，该文件将在需要时从服务器下载。开发版本始终在主模块中嵌入了解除支持，因此不受此选项的影响
WebAssembly (Experimental)	创建 Web 程序集构建文件，以便在具有实验性 Web 程序集支持的浏览器中进行测试

26.5 Facebook 平台发布

开发者在 Facebook 上构建目标，很容易将 Unity 游戏发布到 Facebook 并在游戏中使用 Facebook 功能。使用 Facebook 构建目标，开发者可以将自己的内容构建为 WebGL 播放器，然后发布到相应平台；也可以将其作为自定义本机 Windows 的独立播放器，将其发布到 Facebook Gameroom 客户端。

当 Facebook 构建目标被选中时，开发者可以在脚本中自动访问 Facebook SDK。这可以让开发者与 Facebook 互动并访问其社交功能。

26.5.1 实践操作 75：Facebook 平台发布步骤

（1）要将游戏发布到 Facebook，开发者首先需要在 Facebook 开发者页面上创建一个新的应用程序。一旦完成，将返回一个 AppID，开发者应该将其粘贴到项目的 Publishing Settings 中，如图 26-38 所示。

（2）开发者可以在应用程序配置页面的 Web Hosting 选项卡下从 Facebook 中获取上传访问令牌，也可以将其粘贴到 Publishing Settings 设置中，如图 26-39 所示。这将允许用户直接从 Unity 编辑器上传游戏到 Facebook。

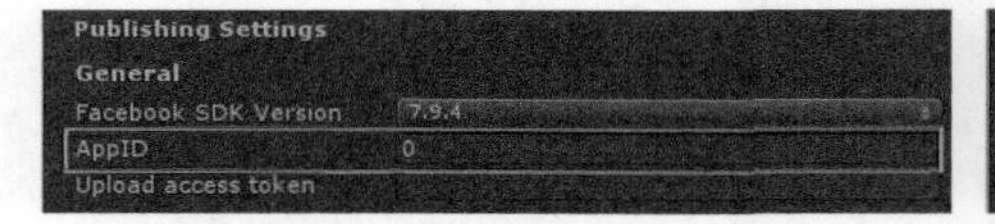

图 26-38

图 26-39

（3）在这里，开发者可以选择将自己的内容构建为 WebGL 或作为 Gameroom 的 Windows 单机版，如图 26-40 所示。如果打算上传游戏，需选择用于上传的软件包版本，这会生成一个压缩包，可以将其上传到 Facebook。

图 26-40

（4）构建完成后，Upload last build to Facebook 按钮变为可用。如果用户已正确配置 AppID 和上传访问令牌（upload access token），则可以单击此按钮将自己的构建上传至 Facebook。输入上传注释字段可指定一个可选注释来标识用户的构建。

（5）一旦将构建上传到 Facebook，它将出现在用户的 Facebook 上的应用程序配置页中，位于 Web Hosting 选项卡下。在这里，用户可以选择将构建推向生产环境，或者将部分展示推广至用户。

（6）当 Facebook 构建目标处于活动状态时，开发者可以在脚本中使用 Facebook SDK。这可让开发者在 Facebook 上分享内容、跟踪分析事件、使用 Facebook 付款等。有关如何使用 SDK

的更多信息，请参阅 Facebook 的相关文档。

26.5.2 Player Settings 参数详解

Facebook 构建目标是利用现有的 WebGL 和 Windows Standalone 构建目标，因此它们的 Player Settings 也适用。

Publishing Settings 参数如图 26-41 所示，参数说明如表 26-16 所示。

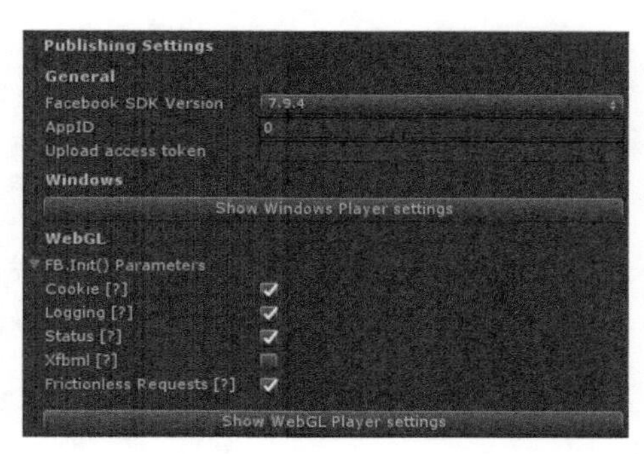

图 26-41

表 26-16　Publishing Settings 的参数说明表

参数	说明
Facebook SDK Version	选择项目使用的 Facebook SDK 版本。当 Facebook 发布它们时，这个菜单将被填充与 Unity 版本兼容的新版本
AppID	Facebook 的 AppID，用于识别应用
Upload access token	一个上传访问令牌，需要授权 Unity 编辑器将用户的应用程序的构建上传到 Facebook。可以从 Facebook 上，在用户的应用程序配置页面的 Web Hosting 选项卡下获得此信息
Show Windows Player Settings	打开独立播放器设置，这会影响 Gameroom 的所有 Facebook 版本
FB.Init() Parameters	一些影响 Facebook 网页上的 Facebook SDK 初始化的参数
Cookie	设置一个 Cookie，用户的服务器端代码可以用来验证用户的 Facebook 会话
Logging	勾选该项，则将详细日志输出到 JavaScript 控制台以便于调试（仅限于 Web Player）
Status	勾选该项，则尝试使用有效的会话数据初始化 Facebook 对象
Xfbml	勾选该项，Facebook 会立即解析托管应用的 Facebook 画布页面上的所有 XFBML 元素（仅限于 Web Player）
Frictionless Requests	是否使用无摩擦的应用程序请求，描述在其自身的文档中
Show WebGL Player Settings	打开 WebGL 播放器设置，这些设置会影响 WebGL 的所有 Facebook 构建

第 27 章　案例分析之 Tanks

Tanks 是一个双人对战游戏，由两个玩家控制对应坦克进行游戏，通过发射“炮弹”将对方打倒即可获得胜利，如图 27-1 所示。本章将对此案例做深入的剖析和讲解。

27.1 案例工程文件下载

Tanks 案例工程文件可以在 Unity 的导航窗口的 Learn→Tutorial Projects 中下载，如图 27-2 所示。

图 27-1

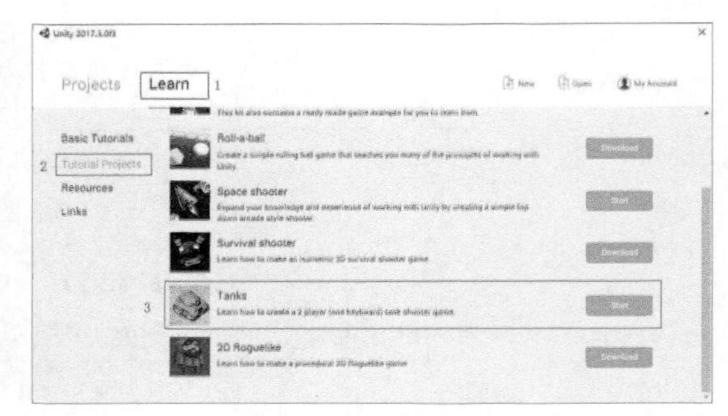

图 27-2

也可以在 Asset Store 中搜索 Tanks，并找到 Tanks 资源包，如图 27-3 所示。

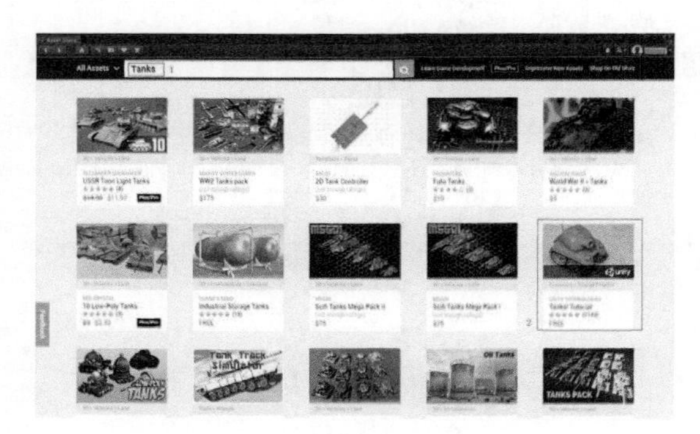

图 27-3

将 Tanks 资源包下载后，即可导入 Unity 工程，如图 27-4 所示。

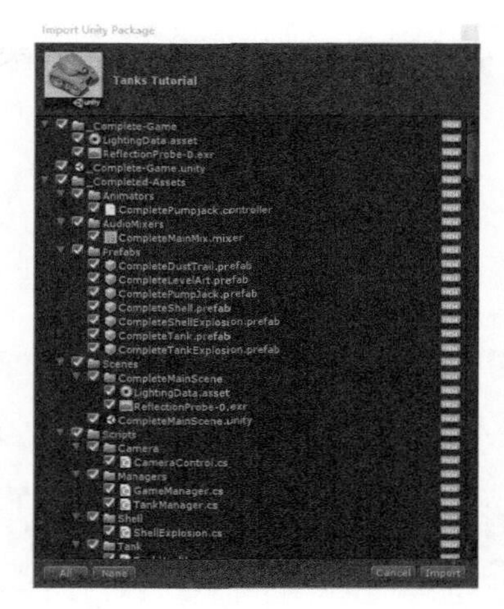

图 27-4

27.2 场景设置

打开下载的 Tanks 工程文件或者导入 Tanks 资源包，然后打开 Project 视图 Assets 目录下的 _Complete-Game 场景，如图 27-5 所示。

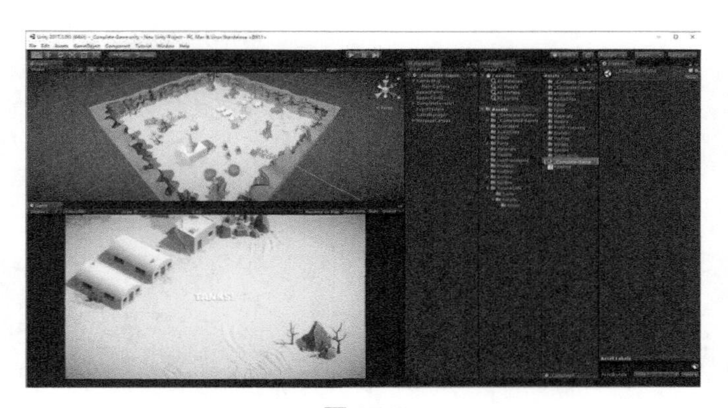
图 27-5

27.2.1 场景碰撞区域设置

在 Hierarchy 视图中选中 CompleteLevelArt 对象（该对象管理场景中所有的模型对象），可以看到场景中的碰撞体，如图 27-6 所示。

图 27-6

场景中的碰撞体用于阻挡坦克和子弹穿透物体模型。

27.2.2 坦克初始位置

（1）在 GameManager 脚本中，设置了游戏开始时对战双方坦克的创建数据，如初始位置以及初始颜色等，如图 27-7 所示。

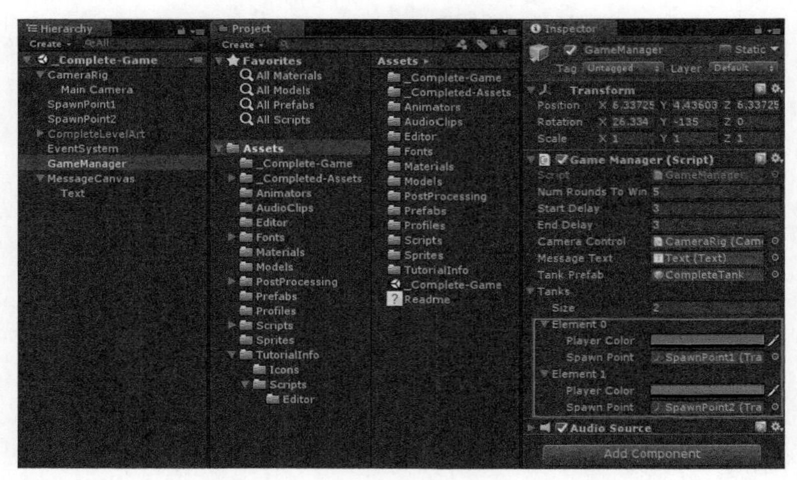

图 27-7

（2）从 GameManager 对象上的 GameManager 脚本属性中可以看到，坦克的初始位置是在 SpawnPoint1 和 SpawnPoint2 对象的位置上。因此，如果需要修改双方坦克的开始生成位置，则修改 SpawnPoint1 和 SpawnPoint2 对象的位置即可，如图 27-8 所示。

（3）修改坦克的初始位置之后的效果如图 27-9 所示。

图 27-8

图 27-9

27.3 游戏控制

该坦克游戏是一个双人对战游戏，在游戏运行时会生成两个坦克对象，这两个坦克对象由两个玩家控制进行对战，通过发射炮弹将对方打倒即可获得胜利。

坦克一用键盘 W、A、S、D 键控制移动，空格键控制炮弹发射，长按空格键可蓄力发射炮弹；坦克二用键盘方向键控制移动，Enter 键控制炮弹发射，长按 Enter 键可蓄力发射炮弹。

27.4 后期屏幕渲染特效

Tanks 项目在相机的后期处理过程中，使用了多种不同的后期处理效果，包括屏幕上的 Bloom（泛光）、Color Grading（颜色分级）、Chromatic Aberration（色差）和 Vignette（渐晕），如图 27-10 所示。

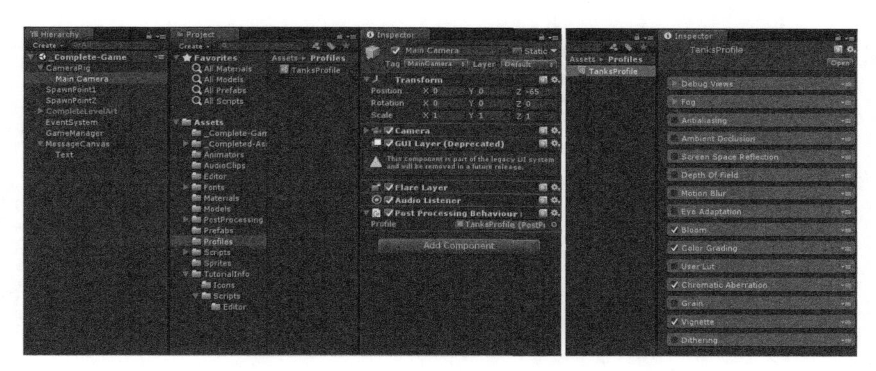

图 27-10

27.4.1 Bloom

Bloom 特效可以让场景的明暗效果更加强烈，起到很好的氛围烘托效果。图 27-11 所示，左图为开启 Bloom 特效后的效果，右图为关闭 Bloom 特效后的效果。

图 27-11

用户也可以自行修改 Bloom 特效中所提供的参数来满足其自身的需求。

27.4.2 Color Grading

Color Grading 特效用于改变或校正最终图像的颜色和亮度。图 27-12 所示，左图为开启 Color Grading 特效后的效果，右图为关闭 Color Grading 特效后的效果。

图 27-12

27.4.3 Chromatic Aberration

Chromatic Aberration 特效是作用于相机的镜头无法将所有颜色聚焦到同一点而产生的效果。用户可以通过调节 Chromatic Aberration 的 Intensity（强度）值来看到其变化效果。图 27-13 所示，左图为开启 Chromatic Aberration 特效后的效果，右图为关闭 Chromatic Aberration 特效后的效果。

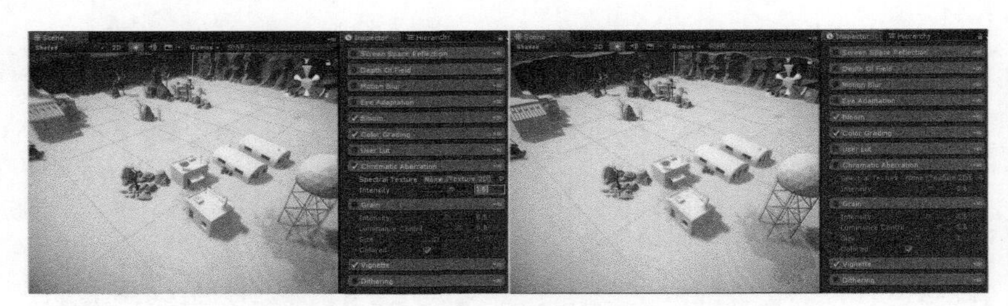

图 27-13

27.4.4 Vignette

Vignette 特效使得图像边缘变暗（去饱和），以达到将画面焦点集中到图像中心的效果。如图 27-14 所示，左图为开启 Vignette 特效后的效果，右图为关闭 Vignette 特效后的效果。

图 27-14

27.5 静态批处理

（1）在 Hierarchy 视图中选中 CompleteLevelArt 对象，可以看到该对象以及其子对象模型开启了 Batching Static（静态批处理），如图 27-15 所示。

（2）可以观察到当开启静态批处理时 Batches 的使用情况，如图 27-16 所示。

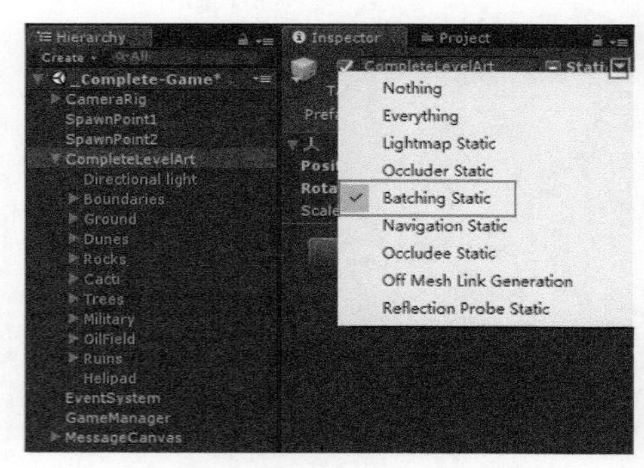

图 27-15

图 27-16

知识点

Batches 即 Batched Draw Calls，是 Unity 内置的 Draw Call Batching 技术。

（3）当取消 CompleteLevelArt 对象及其子对象的 Batching Static 时，Batches 的使用情况如图 27-17 所示。

（4）两种方式对比可以发现，开启静态批处理可以明显降低 Batches（Batched Draw Calls）的消耗。

图 27-17

27.6 游戏管理

27.6.1 游戏参数设置

选中 Hierarchy 视图中的 GameManager 对象，然后在其 Inspector 视图中可以看到 GameManager 的参数设置，如图 27-18 所示，参数说明如表 27-1 所示。

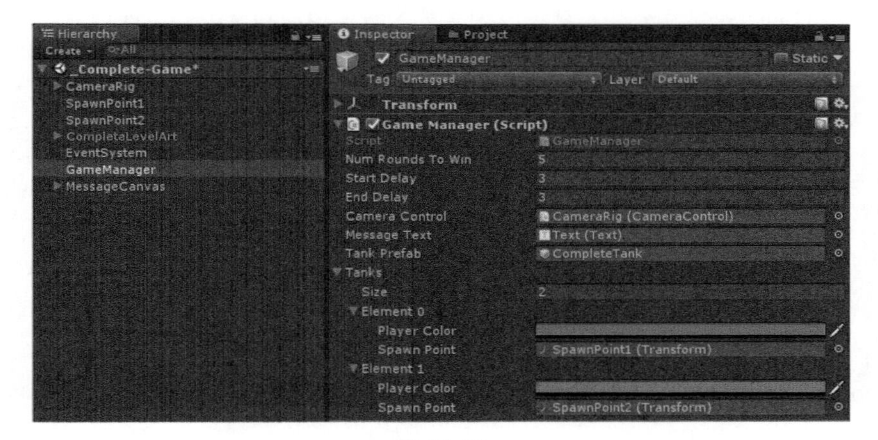

图 27-18

表 27-1　GameManager 的参数说明表

参数	说明
Num Rounds To Win	单人赢得游戏所需的回合次数
Start Delay	每回合开始到回合进行阶段之间的延时
End Delay	每回合进行到结束阶段之间的延时
Camera Control	相机控制脚本的对象
Message Text	用于显示游戏回合、获胜等信息的 Text 对象
Tank Prefab	用于生成玩家控制坦克的预制体
Tanks	用于控制坦克数量、颜色和位置的列表
Player Color	控制玩家坦克的颜色
Spawn Point	控制玩家坦克的初始位置

27.6.2 游戏流程控制逻辑

（1）游戏的流程控制逻辑主要在 GameManager.cs 脚本中实现。

（2）打开脚本 GameManager.cs，游戏运行时脚本首先执行 Start 函数，该函数里创建了游戏回合开始、结束的延时、生成坦克、设置相机以及进入游戏循环。代码如下：

```
private void Start()
{
    // Create the delays so they only have to be made once.
    m_StartWait = new WaitForSeconds (m_StartDelay);
    m_EndWait = new WaitForSeconds (m_EndDelay);
    //生成所有坦克
    SpawnAllTanks();
    //设置相机的目标对象
    SetCameraTargets();
    //进入游戏循环
    StartCoroutine (GameLoop ());
}
```

（3）SpawnAllTanks 函数用于生成 Tanks 列表里的所有坦克对象，并设置坦克的相关参数。代码如下：

```
private void SpawnAllTanks()
{
    // 遍历m_Tanks列表
    for (inti = 0; i<m_Tanks.Length; i++)
    {
        //生成坦克对象
        m_Tanks[i].m_Instance =
            Instantiate(m_TankPrefab, m_Tanks[i].m_SpawnPoint.position, m_
Tanks[i].m_SpawnPoint.rotation) as GameObject;
        //设置坦克对象的玩家编号
        m_Tanks[i].m_PlayerNumber = i + 1;
        //调用TankManager实例的Setup函数，该函数用于初始化坦克的相关信息。
        m_Tanks[i].Setup();
    }
}
```

（4）SetCameraTargets 函数将生成的所有坦克对象设置为由相机控制的 m_Targets 参数，使得在游戏运行过程中，所有坦克始终显示在相机视野内。代码如下：

```
private void SetCameraTargets()
{
    //创建一个大小为所有坦克数量的Transform数组
    Transform[] targets = new Transform[m_Tanks.Length];

    //将所有坦克的transform存到数组里
    for (inti = 0; i<targets.Length; i++)
    {
        targets[i] = m_Tanks[i].m_Instance.transform;
    }
```

```
    // 设置始终在相机视野内的目标数组
    m_CameraControl.m_Targets = targets;
}
```

（5）GameLoop 函数是一个协同函数，用于控制游戏回合的开始、进行和结束，以及进入下一回合或者结束游戏的逻辑。代码如下：

```
private IEnumeratorGameLoop ()
{
// 等待协程 RoundStarting 结束。
    yield return StartCoroutine (RoundStarting ());

    // 协程 RoundStarting 结束后，再等待协程 RoundPlaying 结束。
    yield return StartCoroutine (RoundPlaying());

    // 协程 RoundPlaying 结束后，再等待协程 RoundEnding 结束。
    yield return StartCoroutine (RoundEnding());

// 协程 RoundEnding 结束后，判断游戏是否有获胜者
    if (m_GameWinner != null)
    {
        // 重新加载该场景
        SceneManager.LoadScene (0);
    }
    else
    {
        // 如果游戏还没有获胜者，则进入下一个回合
        StartCoroutine (GameLoop ());
    }
}
```

（6）RoundStarting 函数用于控制游戏回合的开始，其中包括重置所有的坦克对象、禁用玩家对坦克的控制、重新设置相机视角、增加游戏回合数以及显示游戏回合的信息。代码如下：

```
private IEnumeratorRoundStarting ()
{
    // 新回合开始，重置坦克并使其不受控制
    ResetAllTanks ();
    DisableTankControl ();

    // 将相机的位置和大小对准重置后的坦克对象
    m_CameraControl.SetStartPositionAndSize ();

    // 增加回合数，并显示回合信息
    m_RoundNumber++;
    m_MessageText.text = "ROUND " + m_RoundNumber;

    // 等待指定的时间长度
        yield return m_StartWait;
}
```

（7）RoundPlaying 函数用于控制游戏回合的进行，其中包括激活玩家对坦克的控制、清除显示信息以及持续判断是否剩余一个坦克对象。如果坦克对象只剩余一个，则跳出循环结束该函数的执行。代码如下：

```
private IEnumeratorRoundPlaying ()
{
    // 游戏开始，激活玩家对坦克的控制
    EnableTankControl ();

    // 清除屏幕上的文本信息
    m_MessageText.text = string.Empty;

    // 如果剩余坦克不止一个，则进入循环
    while (!OneTankLeft())
    {
        // 返回下一帧
        yield return null;
    }
}
```

（8）RoundEnding 函数用于控制游戏回合的结束，其中包括禁用玩家对坦克的控制、获取本回合的获胜者或者游戏获胜者以及显示回合结束的信息。代码如下：

```
private IEnumeratorRoundEnding ()
{
    // 禁用坦克的控制
    DisableTankControl ();

    // 清空本回合的获胜者
    m_RoundWinner = null;

    // 获取本回合的获胜者
    m_RoundWinner = GetRoundWinner ();

    // 如果本回合有获胜者，则增加获胜者的分数
    if (m_RoundWinner != null)
         m_RoundWinner.m_Wins++;

    // 获取游戏获胜者
    m_GameWinner = GetGameWinner ();

    // 根据分数以及是否有游戏获胜者来获取消息并显示。
    string message = EndMessage ();
    m_MessageText.text = message;

    //  等待指定的时间长度
    yield return m_EndWait;
}
```

（9）GetGameWinner 函数用于获取游戏最终获胜的坦克对象，其逻辑是通过遍历判断每个坦克的获胜次数是否等于 m_NumRoundsToWin（单人赢得游戏所需的回合次数）。如果次数相等，则返回获胜者；如果都不相等，则返回 null。代码如下：

```
private TankManagerGetGameWinner()
{
    // 遍历所有坦克
    for (inti = 0; i<m_Tanks.Length; i++)
    {
        // 如果该坦克获胜次数等于 m_NumRoundsToWin，则返回该对象
        if (m_Tanks[i].m_Wins == m_NumRoundsToWin)
            return m_Tanks[i];
    }

    // 如果没有获胜者，则返回 null
    return null;
}
```

27.7 坦克控制

坦克的生成由 GameManager 脚本进行控制，在 GameManager 对象上的 GameManager 脚本实例中可以找到坦克预制体的位置，即 Assets/_Completed-Assets/Prefabs/CompleteTank。CompleteTank 预制体的属性面板如图 27-19 所示。

图 27-19

其中 Rigidbody 组件和 Box Collider 组件赋予坦克物理和碰撞功能；一个 Audio Source 组件用于播放坦克怠速和移动时的声音，一个 Audio Source 组件用于播放坦克攻击时的声音；TankMovement 脚本用于控制坦克运动；Tank Health 脚本用于控制坦克血量；Tank Shooting 脚本用于控制坦克射击。

27.7.1 坦克运动控制的实现

（1）坦克的移动和转向功能在脚本 TankMovement.cs 里通过物理更新函数（FixedUpdate）进行更新，然后用坦克对象上的 Rigidbody 组件对其位置和旋转进行控制。代码如下：

```
private void FixedUpdate ()
{
    // 更新坦克的位置和旋转
```

```
    Move ();
    Turn ();
}

private void Move ()
{
    // 在坦克前进方向创建一个 movement 向量，其大小取决于 m_MovementInputValue 和
    //m_Speed(速度)
    Vector3 movement = transform.forward * m_MovementInputValue * m_Speed *
Time.deltaTime;

    // 将 movement 通过坦克刚体属性移动到新的位置上
    m_Rigidbody.MovePosition(m_Rigidbody.position + movement);
}

private void Turn ()
{
    // 定义一个旋转值 turn，其大小取决于 m_TurnInputValue 和 m_TurnSpeed(转向速度)
    float turn = m_TurnInputValue * m_TurnSpeed * Time.deltaTime;

    // 将 turn 转换为 y 轴旋转
    Quaternion turnRotation = Quaternion.Euler (0f, turn, 0f);

    // 将 turnRotation 通过坦克刚体属性旋转到新的角度上
    m_Rigidbody.MoveRotation (m_Rigidbody.rotation * turnRotation);
}
```

（2）m_MovementInputValue 和 m_TurnInputValue 的值是由玩家按下键盘按键决定的。键盘的按键通过虚拟按键 Vertical 和 Horizontal 来获取，然后在 Update 函数里持续获取玩家按键的输入信息用于更新 m_MovementInputValue 和 m_TurnInputValue 的值。代码如下：

```
private void Start ()
{
    // 通过 m_PlayerNumber 获取具体的虚拟轴向的名称
    m_MovementAxisName = "Vertical" + m_PlayerNumber;
    m_TurnAxisName = "Horizontal" + m_PlayerNumber;

    // 存储初始的音量大小
    m_OriginalPitch = m_MovementAudio.pitch;
}

private void Update ()
{
    // 存储虚拟轴向的输入值
    m_MovementInputValue = Input.GetAxis (m_MovementAxisName);
    m_TurnInputValue = Input.GetAxis (m_TurnAxisName);
    // 设置坦克引擎的声音
    EngineAudio ();
}
```

（3）从上一步可知，控制坦克移动的按键是通过 m_PlayerNumber 参数获取对应的虚拟按键的名称来确定的。每个坦克在创建时会通过脚本 TankManager.cs 的 Setup 函数对 m_PlayerNumber 的值进行设置，代码如下：

```
public void Setup ()
{
    // 获取相关组件的引用
    m_Movement = m_Instance.GetComponent<TankMovement> ();
    m_Shooting = m_Instance.GetComponent<TankShooting> ();
    m_CanvasGameObject = m_Instance.GetComponentInChildren<Canvas> ().gameObject;

    // 设置 TankMovement 和 TankShooting 脚本上的 m_PlayerNumber 值
    m_Movement.m_PlayerNumber = m_PlayerNumber;
    m_Shooting.m_PlayerNumber = m_PlayerNumber;
    …
}
```

（4）脚本 TankManager.cs 上的 m_PlayerNumber 由 GameManager.cs 脚本在创建所有的坦克对象时进行分配。由代码可知，生成两个坦克玩家时分配的 m_PlayerNumber 值为 1 和 2，代码如下：

```
private void SpawnAllTanks()
{
    for (inti = 0; i<m_Tanks.Length; i++)
{
        m_Tanks[i].m_Instance =
        Instantiate(m_TankPrefab, m_Tanks[i].m_SpawnPoint.position, m_Tanks[i].
m_SpawnPoint.rotation) as GameObject;
        // 设置坦克实例的 m_PlayerNumber 值
        m_Tanks[i].m_PlayerNumber = i + 1;
        m_Tanks[i].Setup();
    }
}
```

（5）此时可知，控制坦克一的虚拟按键为 Vertical1 和 Horizontal1，控制坦克二的虚拟按键为 Vertical2 和 Horizontal2。这几个虚拟按键映射的具体按键可以通过依次单击菜单栏中的 Edit → Project Settings → Input 打开输入管理器进行查看和设置，如图 27-20 所示。

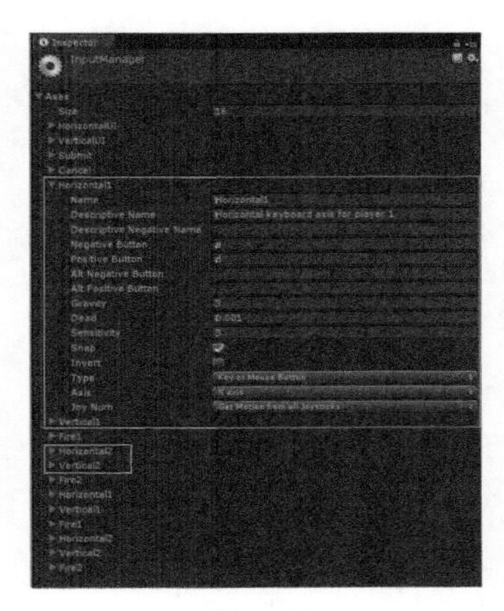

图 27-20

27.7.2 坦克血条的实现

（1）坦克血条的 UI 是使用 UGUI 的 Slider 控件制作的。首先在坦克对象下创建一个基于世界坐标的 Canvas 对象，然后在 Canvas 对象下创建一个 Health Slider 对象，如图 27-21 所示。

图 27-21

（2）坦克对象上的 TankHealth.cs 脚本设置了坦克的血量、血条 UI 的 Slider、满血和零血量时的血条颜色以及坦克死亡时的特效，如图 27-22 所示。

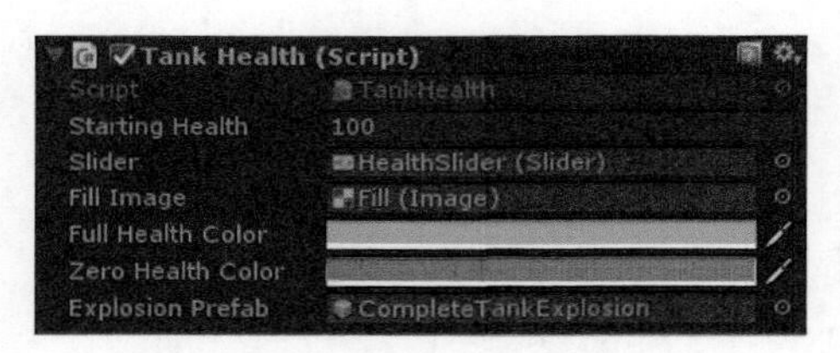

图 27-22

（3）当坦克受到攻击时，会调用受攻击的坦克对象上的 TankHealth.cs 脚本的 TakeDamage 函数，在该函数里实现对坦克血量的削减、设置血条 UI 并判断当前血量是否为零。如果血量为零并且坦克没有死亡，就会执行 OnDeath 函数，其代码如下：

```
public void TakeDamage (float amount)
{
    // 减少当前血量
    m_CurrentHealth -= amount;

    //血量减少后，设置血条显示
    SetHealthUI ();

    // 如果当前血量小于等于 0，并且当前未死亡
    if (m_CurrentHealth<= 0f && !m_Dead)
    {
        //调用死亡函数
        OnDeath ();
    }
}
```

（4）脚本 TankHealth.cs 上的 SetHealthUI 函数用于显示坦克当前的血量并设置血条的颜色。

血条的颜色会根据当前血量的百分比在满血颜色和零血量颜色之间过渡，代码如下：

```
private void SetHealthUI ()
{
    // 根据当前血量设置血条 Slider 的值
m_Slider.value = m_CurrentHealth;

    // 修改血条显示的颜色
    m_FillImage.color = Color.Lerp (m_ZeroHealthColor, m_FullHealthColor, m_
CurrentHealth / m_StartingHealth);
}
```

（5）脚本 TankHealth.cs 上的 OnDeath 函数是坦克的死亡函数。该函数确定了坦克的死亡、以及播放坦克的死亡特效和声音，然后将坦克自身隐藏，代码如下：

```
private void OnDeath ()
{
    // 将坦克设置为死亡，用于保证该函数只调用一次
    m_Dead = true;

    // 设置坦克爆炸特效的位置并激活特效
    m_ExplosionParticles.transform.position = transform.position;
    m_ExplosionParticles.gameObject.SetActive (true);

    // 播放坦克爆炸特效
    m_ExplosionParticles.Play ();

    //  播放爆炸声音
    m_ExplosionAudio.Play();

    // 隐藏坦克
    gameObject.SetActive (false);
}
```

（6）由于血条本身是 Tank 的子对象，所以坦克的旋转会使血条跟着旋转，因而视觉上会给玩家造成困扰（在血量减少时）。为了解决这个问题，在血条 HealthSlider 对象上添加一个 UI Direction Control 脚本，如图 27-23 所示。

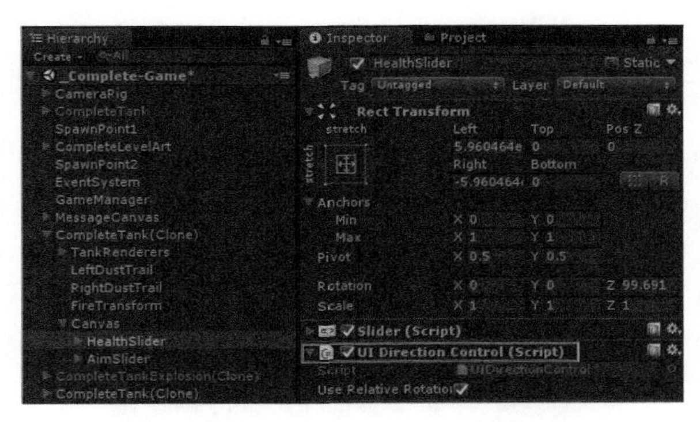

图 27-23

（7）脚本 UIDirectionControl.cs 用于将血条的旋转角度设置为始终等于坦克的初始旋转角度，

其代码如下：

```
public class UIDirectionControl:MonoBehaviour
{
    // 是否使用相对旋转？
    public bool m_UseRelativeRotation = true;

    private Quaternion m_RelativeRotation;


    private void Start ()
    {
        //获取血条父对象的旋转
        m_RelativeRotation = transform.parent.localRotation;
    }

    private void Update ()
    {
        //使物体旋转角始终等于坦克的初始旋转角
        if (m_UseRelativeRotation)
        transform.rotation = m_RelativeRotation;
    }
}
```

（8）为血条添加 UIDirectionControl.cs 脚本后，当坦克旋转时，血条也不会跟着旋转，如图 27-24 所示。

图 27-24

27.7.3 坦克射击的实现

（1）坦克对象上的 TankShooting.cs 脚本用于控制发射坦克的炮弹，如图 27-25 所示，参数说明如表 27-2 所示。

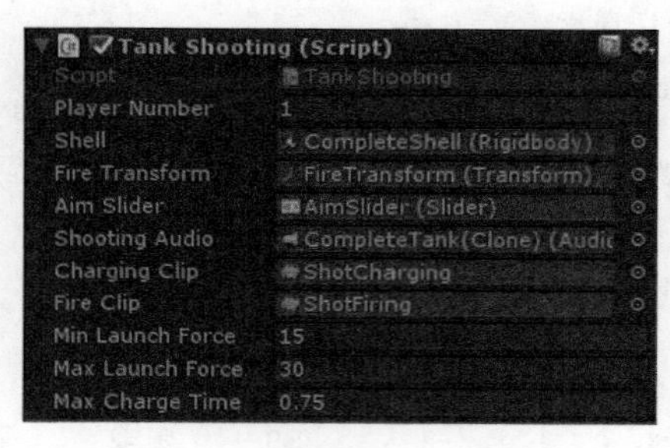

图 27-25

表 27-2　Tank Shooting 的参数说明表

参数	说明
Player Number	玩家编号，用于区分玩家的控制
Shell	用于生成坦克炮弹的预设体
Fire Transform	炮弹发射的初始位置
Aim Slider	发射炮弹时显示蓄力的 Slider
Shooting Audio	用于播放炮弹发射的音频源
Charging Clip	发射炮弹时蓄力的声音
Fire Clip	炮弹发射出去时的声音
Min Launch Force	炮弹发射的最小力度
Max Launch Force	炮弹发射的最大力度
Max Charge Time	发射炮弹的最大蓄力时间

（2）在坦克对象上增加一个 AimSlider 对象，该对象用于显示炮弹发射时的蓄力情况，如图 27-26 所示。

图 27-26

（3）TankShooting.cs 脚本在 Start 函数中获取发射炮弹的按键和计算发射的蓄力速度，代码如下：

```
private void Start ()
{
    m_FireButton = "Fire" + m_PlayerNumber;

    m_ChargeSpeed = (m_MaxLaunchForce - m_MinLaunchForce) / m_MaxChargeTime;
}
```

（4）Update 函数用于判断炮弹发射的逻辑，代码如下：

```
private void Update ()
{
    //设置蓄力 AimSlider 的值为 m_MinLaunchForce
    m_AimSlider.value = m_MinLaunchForce;

    //如果当前发射力大于等于 m_MaxLaunchForce 并且当前没有发射炮弹
    if (m_CurrentLaunchForce>= m_MaxLaunchForce&& !m_Fired)
    {
        //将当前发射力赋值等于 m_MaxLaunchForce，并发射炮弹
```

```
        m_CurrentLaunchForce = m_MaxLaunchForce;
        Fire ();
    }
    //如果刚开始按下开火按钮
    else if (Input.GetButtonDown (m_FireButton))
    {
        //将m_Fired设置为false，当前发射力设置为m_MinLaunchForce
        m_Fired = false;
        m_CurrentLaunchForce = m_MinLaunchForce;

        //将发射声音设置为蓄力声音，并播放
        m_ShootingAudio.clip = m_ChargingClip;
        m_ShootingAudio.Play ();
    }
    // 如果按住开火按钮，并且当前没有发射炮弹
    else if (Input.GetButton (m_FireButton) && !m_Fired)
    {
        //更新当前发射力度值，并设置蓄力UI的值
        m_CurrentLaunchForce += m_ChargeSpeed * Time.deltaTime;
        m_AimSlider.value = m_CurrentLaunchForce;
    }
    // 如果松开开火按钮，并且当前没有发射炮弹
    else if (Input.GetButtonUp (m_FireButton) && !m_Fired)
    {
        //发射炮弹.
        Fire ();
    }
}
```

（5）Fire 函数用于发射炮弹，代码如下：

```
private void Fire ()
{
    //将m_Fired设置为true，保证炮弹在这区间只发射一次
    m_Fired = true;

    //生成炮弹并获取炮弹上的Rigidbody组件的引用
    RigidbodyshellInstance =
             Instantiate (m_Shell, m_FireTransform.position, m_FireTransform.
rotation) as Rigidbody;

    //设置炮弹刚体组件的速度，使得炮弹发射出去
    shellInstance.velocity = m_CurrentLaunchForce * m_FireTransform.forward;

    //将发射声音设置为炮弹发射声音，并播放
    m_ShootingAudio.clip = m_FireClip;
    m_ShootingAudio.Play ();

    //重置当前的发射力度
    m_CurrentLaunchForce = m_MinLaunchForce;
}
```

（6）发射出去的炮弹对象上有一个 ShellExplosion.cs 脚本，如图 27-27 所示。

图 27-27

（7）脚本 ShellExplosion.cs 通过 OnTriggerEnter 函数进行碰撞检测。当炮弹接触到碰撞体时炮弹发生爆炸，并检测爆炸范围内是否有其他坦克对象，如果有其他坦克的话会对这些坦克进行损伤计算，代码如下：

```
private void OnTriggerEnter (Collider other)
{
    // 获取爆炸范围内的所有碰撞体
    Collider[] colliders = Physics.OverlapSphere (transform.position, m_
ExplosionRadius, m_TankMask);

    // 循环变量碰撞体
    for (inti = 0; i<colliders.Length; i++)
    {
        // 获取碰撞体对象上的 Rigidbody 组件
        RigidbodytargetRigidbody = colliders[i].GetComponent<Rigidbody> ();

        // 如果没有 rigidbody 组件，则进入下一个碰撞体
        if (!targetRigidbody)
            continue;

        // 该刚体组件添加一个爆炸力
        targetRigidbody.AddExplosionForce (m_ExplosionForce, transform.
position, m_ExplosionRadius);

        // 在这个刚体组件上查找 TankHealth 对象
        TankHealthtargetHealth = targetRigidbody.GetComponent<TankHealth> ();

        // 如果没有 TankHealth 组件，则跳过此次循环
        if (!targetHealth)
            continue;

        // 计算炮弹对坦克对象的损伤值（根据距离计算）
        float damage = CalculateDamage (targetRigidbody.position);

        // 调用坦克上 TankHealth 组件的 TakeDamage（损伤函数）
```

```
            targetHealth.TakeDamage (damage);
        }

        // 将爆炸特效从炮弹下取出
        m_ExplosionParticles.transform.parent = null;

        // 播放爆炸特效
        m_ExplosionParticles.Play();

        // 播放爆炸声音
        m_ExplosionAudio.Play();

        // 爆炸特效播放完成后立即删除爆炸特效
        ParticleSystem.MainModulemainModule = m_ExplosionParticles.main;
        Destroy (m_ExplosionParticles.gameObject, mainModule.duration);

        // 删除炮弹对象
        Destroy (gameObject);
    }
```

27.8 相机控制

（1）在运行坦克游戏时，无论坦克移动到任何位置，两个坦克对象始终会显示在游戏窗口内，如图 27-28 所示。

（2）这是由 CameraRig 对象上的 CameraControl.cs 脚本进行控制的，如图 27-29 所示，其参数说明如表 27-3 所示。

图 27-28

图 27-29

表 27–3　Camera Control 的参数说明表

参数	说明
Damp Time	相机重新聚焦的大致时间
Screen Edge Buffer	坦克的最远目标与屏幕边缘之间的空间大小
Min Size	相机 Orthographic 值的最小值

（3）脚本 CameraControl.cs 在 FixedUpdate 函数里对相机进行移动和缩放，以达到将所有目标对象都显示在视野之中的目的，代码如下：

```
private void FixedUpdate ()
{
    // 移动相机位置
    Move ();
    // 设置相机视野大小
    Zoom ();
}

private void Move ()
{
    // 找到目标的平均位置
    FindAveragePosition ();

    // 平滑过渡到目标的平均位置
    transform.position = Vector3.SmoothDamp(transform.position, m_DesiredPosition,
ref m_MoveVelocity, m_DampTime);
}

private void FindAveragePosition ()
{
    Vector3 averagePos = new Vector3 ();
    int numTargets = 0;

    // 遍历所有目标并将其位置添加到一起
    for (inti = 0; i<m_Targets.Length; i++)
    {
        // 如果这个目标不显示，则跳过此次循环
        if (!m_Targets[i].gameObject.activeSelf)
            continue;

        // 添加到平均值并增加平均值中的目标数量
        averagePos += m_Targets[i].position;
        numTargets++;
    }

    // 如果目标数量大于 0，求出平均位置
    if (numTargets> 0)
        averagePos /= numTargets;

    // 保持平均位置的 Y 值与自身 y 轴坐标相同 s
    averagePos.y = transform.position.y;

    // 设置 m_DesiredPosition 的值为 averagePos
    m_DesiredPosition = averagePos;
}

private void Zoom ()
```

```
{
    // 根据所需位置找到所需相机大小，并平滑过渡到该大小
    float requiredSize = FindRequiredSize();
    m_Camera.orthographicSize = Mathf.SmoothDamp (m_Camera.orthographicSize,
requiredSize, ref m_ZoomSpeed, m_DampTime);
}
private float FindRequiredSize ()
{
    // 找到 CameraRig 对象在其本地坐标中移动的位置
    Vector3 desiredLocalPos = transform.InverseTransformPoint(m_DesiredPosition);

    // 将摄像机的大小计算设置为零
    float size = 0f;
    // 遍历所有目标
    for (inti = 0; i<m_Targets.Length; i++)
    {
        // 如果这个目标不显示，则跳过此次循环
        if (!m_Targets[i].gameObject.activeSelf)
            continue;

        // 在相机的本地坐标中找到目标的位置
        Vector3 targetLocalPos = transform.InverseTransformPoint(m_
Targets[i].position);

        // 从相机的本地坐标的所需位置找到目标的位置
        Vector3 desiredPosToTarget = targetLocalPos - desiredLocalPos;

        // 根据相机顶部或底部的坦克，选择当前 size 和计算值中的最大值
        size = Mathf.Max(size, Mathf.Abs(desiredPosToTarget.y));

        // 根据相机左侧或右侧的坦克，选择当前 size 和计算值中的最大值
        size = Mathf.Max(size, Mathf.Abs(desiredPosToTarget.x) / m_Camera.
aspect);
    }

    // 将屏幕边缘空间的值添加到 size 上
    size += m_ScreenEdgeBuffer;

    // 确保相机的大小不低于最小值
    size = Mathf.Max (size, m_MinSize);

    return size;
}
```

第 28 章 Unity 2018 新特性

本章主要讲解 Unity 2018 版本增加的新功能，帮助用户快速了解 Unity 2018 的变化和新特性。

28.1 项目模板功能

项目模板（Project Templates）是 Unity 2018 中一个重要的新功能，在 Unity 2018 的项目启动窗口的 Template 中可以看到新增 4 个模板，如图 28-1 所示。

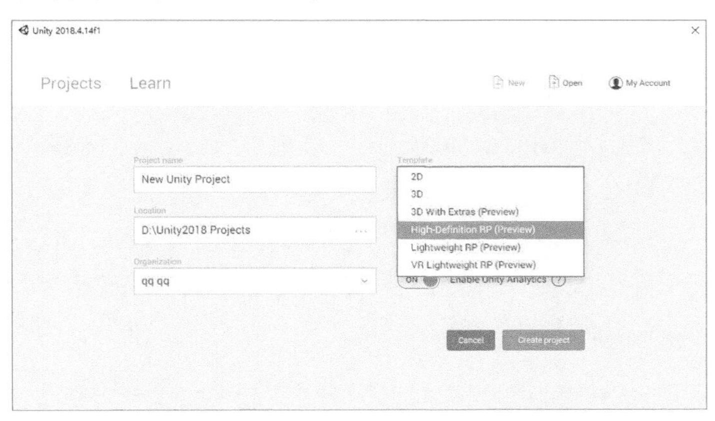

图 28-1

Unity 2018 将提供 6 个模板，供用户在新建项目时选择。对于标准的 2D 和 3D 模板，Unity 的老用户应该十分熟悉了。现在用户也可以有针对性地选取以下模板：3D 附带额外设置（3D With Extras）、高清晰渲染管线（High-Definition RP）、轻量级渲染管线（Lightweight RP）、用于 VR 的轻量级渲染管线（VR Lightweight RP）。

这些模板会根据项目类型的不同，例如移动设备、高端 PC、3D、2D、VR 等平台，采用最佳实践提供预选设置。它所提供的模板还能无缝向新老用户介绍 Unity 的新特性，例如可编程脚本渲染管线 SRP、着色器视图 Shader Grap 和后期处理特效包 Post-Processing Stack。

这 4 个特别的模板仍处于预览阶段，它们将提供全新的功能和工作流。所以它们中的一些功能或许会受到一些改动的影响，例如 API、UX 涉及的功能范围等，而且不会得到老版本的 Unity 支持。

28.1.1 3D 附带额外设置

3D 附带额外设置（3D With Extras）项目模板很适合打算尝试和学习 Unity 的新手使用。它使用了 Unity 内置的渲染管线，效果如图 28-2 所示。当用户遇到问题时，可以轻松找到答案和相关在线教程。它也适用于艺术家，帮助他们能在具有平衡户外光照的场景中，看到自己创作内容的效果。

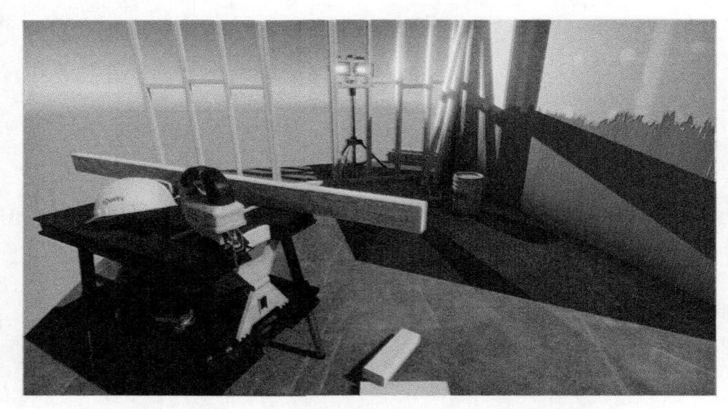

图 28-2

28.1.2 高清晰渲染管线

高清晰渲染管线（High-Definition RP）的目标是渲染出令人惊叹的高保真视觉效果，旨在提供给高端硬件使用，包括具有 GPU 计算功能的主机和 PC 硬件，例如支持 DX11 及以上版本的 PC、Xbox One、PS4、Metal(macOS) 和 Vulkan(PC)。

由于这个模板是用来制作高端视觉效果的，因此其渲染管线资源、项目、光照和后期处理设置都针对高端体验而进行了调整。本模板适合于针对高端平台使用最新渲染技术的开发者进行学习，从而制作出带有逼真画面的游戏，如图 28-3 所示。

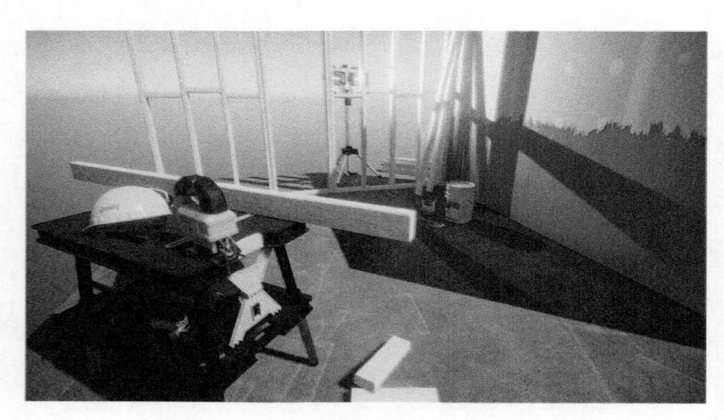

图 28-3

高清晰渲染管线引入了大量全新功能，用户可以在使用这个模板期间看到一些新功能的效果。这其中包含全新的光照编辑器，它带有多个额外的光照属性、全新材质和全新选项，包括多个高级材质类型，例如子表面和清漆层、基于体积的场景设置，这些设置会控制项目中的各个属性，例如天空、云雾、阴影联级设置等，还带有一个子表面配置资源，包含皮肤和叶子的示例资源。

这个模板中还有一些其他功能，包括全新的调试选项套件、分层材质、贴花和实时区域光等。

28.1.3 轻量级渲染管线

该模板被设置为使用轻量级渲染管线（Lightweight Render Pipeline）功能，它是 Unity 2018 中提供的可编程脚本渲染管线功能的简易示例，如图 28-4 所示。轻量级渲染管线在低端硬件和 VR 的资源密集型媒体上可提供高性能的优化。

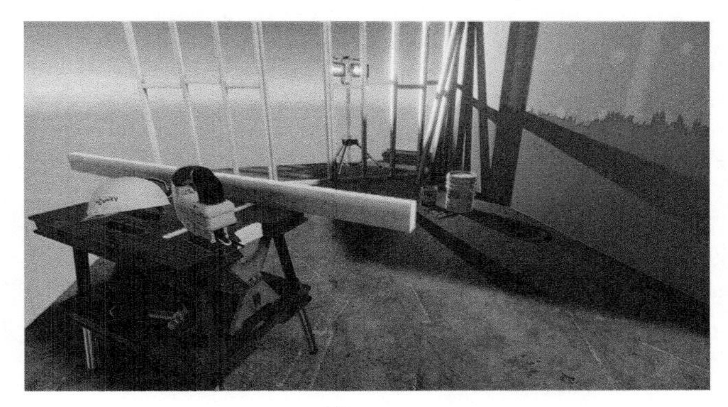

图 28-4

轻量级渲染管线模板的制作考虑了性能问题。不仅是将设置调整为使用轻量级渲染管线，该项目光照和后期处理设置都针对高性能结果进行了调整，仅包含适合轻量级渲染管线使用的功能。它适用于打算开始面向各类移动端平台和中低端硬件进行制作的用户，或是实时光照需求有限的游戏开发者。

28.1.4 轻量级 VR 渲染管线

轻量级 VR 渲染管线（VR Lightweight RP）和普通的轻量级模板差不多，只不过它经过了更深度的优化，默认情况下它只会使用一个像素光照，hdr 功能被禁用，仅有 2 个阴影联级。其中一些设置针对 VR 进行了特别调整，例如后期处理设置、抗锯齿、纹理各向异性过滤等，如图 28-5 所示。

图 28-5

这个模板还附带一个 XR Rig，用于适配多个 VR 头盔的使用。它还包含使用 Stationary（静止）或 Room Scale（房间大小）的选项，如图 28-6 所示，能为基于坐下姿势的 VR 体验设置摄像机高度。

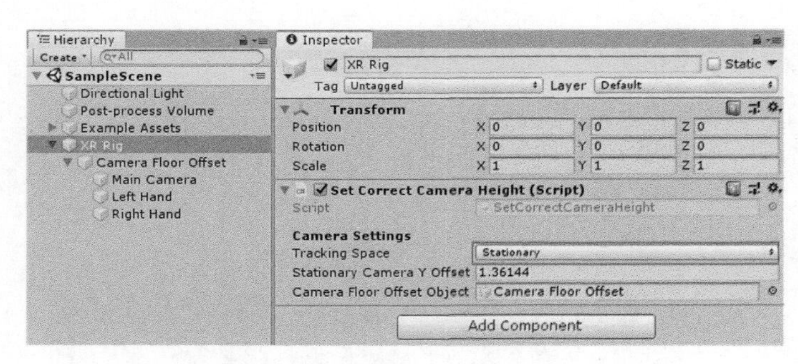

图 28-6

默认情况下，它会设定成姿势为坐姿的 VR 体验。这意味着用户只要带上 VR 头盔，按下开始，就可以立即进入体验当中。

这个模板中还包含使用 Tracked Pose Driver（姿势跟踪驱动）功能的左右手控制器。只要添加一些模型，你就可以在虚拟环境中看到自己的双手。

28.2 Package Manager

打开 Unity 2018，在编辑器的 Project 视图中会多出一个 Packages 文件夹，该文件夹下存放着几个不同的文件夹，如图 28-7 所示。

Packages 文件夹是 Unity 2018 新增的内容，用于存放项目中通过 Package Manager 安装的资源包。

Package Manager 是一个容器（通过菜单 Window → Package Manager 命令打开），如图 28-8 所示。它可以包含各种资源的组合，例如着色器、纹理、插件、图标、脚本等，可以增强项目的各个部分。相对于 Asset Store 的包，Package Manager 提供了更新、更容易集成的包管理方案，能够为 Unity 提供各种增强功能。

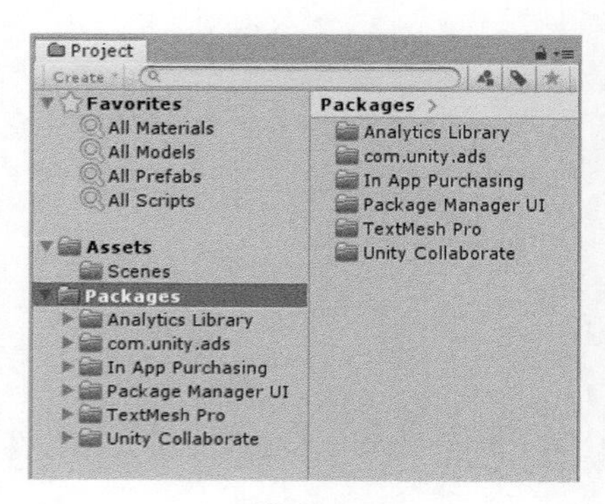

图 28-7

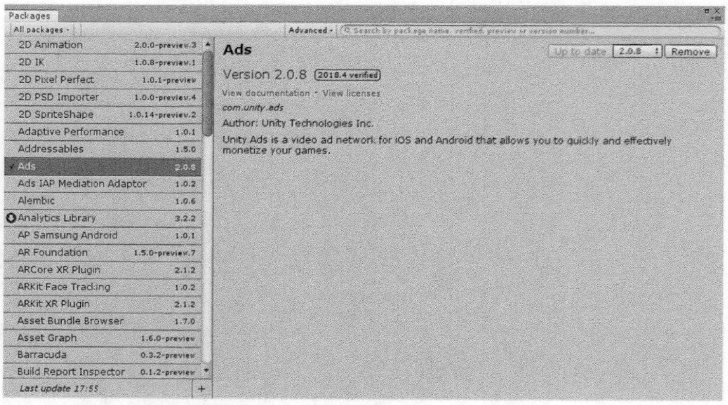

图 28-8

Package Manager 窗口默认显示所有的资源包，列表中资源包前面带勾选的表示该资源表已安装到该工程中；带下箭头的表示该资源包有新版本可以安装；未勾选的表示该资源包未下载安装到该工程中。

实践操作 76：Package Manager 的相关操作

用户通过 Package Manager 窗口可以执行以下操作：

1. 安装一个新的资源包

（1）在窗口左上角选择 All packages，窗口将显示所有的资源包。

（2）在列表中选择要安装的资源包，在右侧的详情中单击 Install 按钮，即可下载安装，如图 28-9 所示。

（3）资源包安装好后，在 Project 视图的 Packages 下将显示安装好的资源包，如图 28-10 所示。

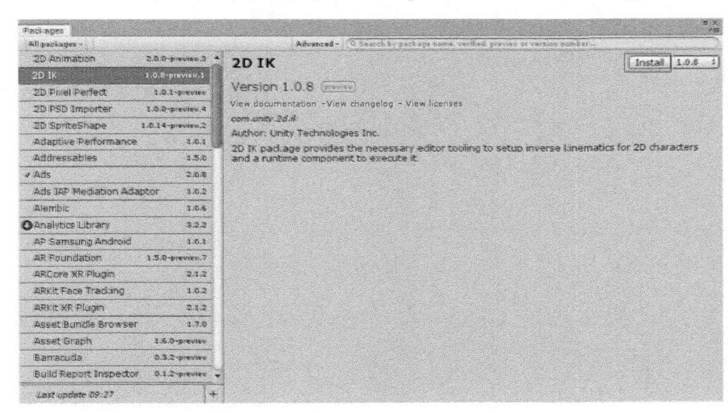

图 28-9

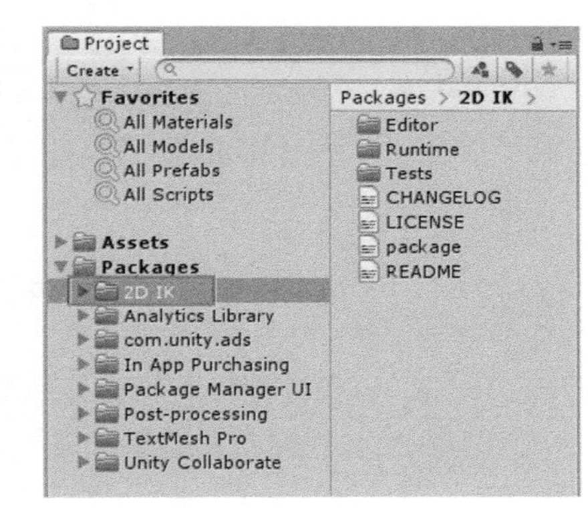

图 28-10

2. 删除已安装的资源包

（1）在窗口左上角选择 In Project，窗口将显示已安装的资源包。

（2）在列表中选择要删除的资源包，在右侧的详情中单击 Remove 按钮，即可移除安装的资源包，如图 28-11 所示。

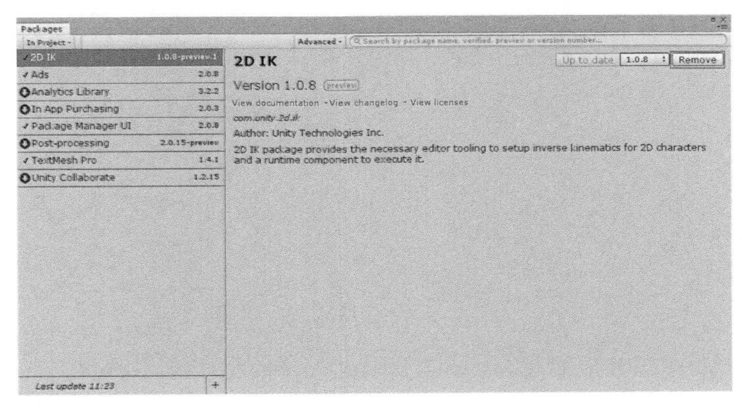

图 28-11

（3）资源包删除后，在 Project 视图的 Packages 下该资源包将被移除。

3. 更新已安装的资源包

（1）在窗口左上角选择 In Project。

（2）在列表中选择要更新的资源包（带箭头标志的都可以进行更新操作），在右侧的详情中选择更新的版本，然后单击 Update to 按钮即可进行更新，如图 28-12 所示。

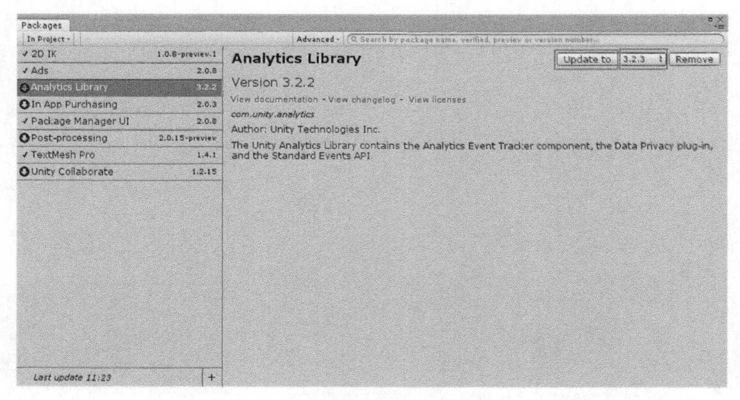

图 28-12

知识点

Package Manager 里的资源包部分资源是由 Asset Store 迁移过来的，在 Package Manager 里的资源包将不在 Asset Store 显示。

28.3 着色器视图 Shader Graph

在 Unity 2018.1 中，引入了 Shader Graph，使开发者能够可视化地构建着色器。这个过程无需编写任何代码，便可在图形网络中直接创建并连接节点，如图 28-13 所示。视图中的每个节点都会按照改动提供即时反馈，其易用性使得新用户也可以参与着色器创建。

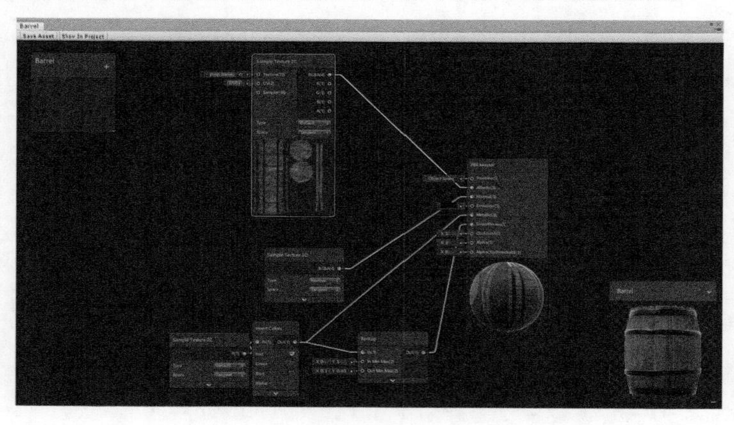

图 28-13

Shader Graph 着色器视图可以让你轻松创建各种着色器效果，例如流动的岩浆、拥有丰富色彩的土堆、美丽的湖泊、闪动的 LED 灯，以及你能想象到的更多的效果。

28.3.1 安装 Shader Graph

实践操作 77：安装 Shader Graph

在 Unity 工程中默认是没有 Shader Graph 工具的，需要通过 Package Manager 下载安装到工程中。

（1）选择菜单 Window → Package Manager 命令，打开 Package Manager 窗口，在其中找到 Shadergraph 并安装，如图 28-14 所示。

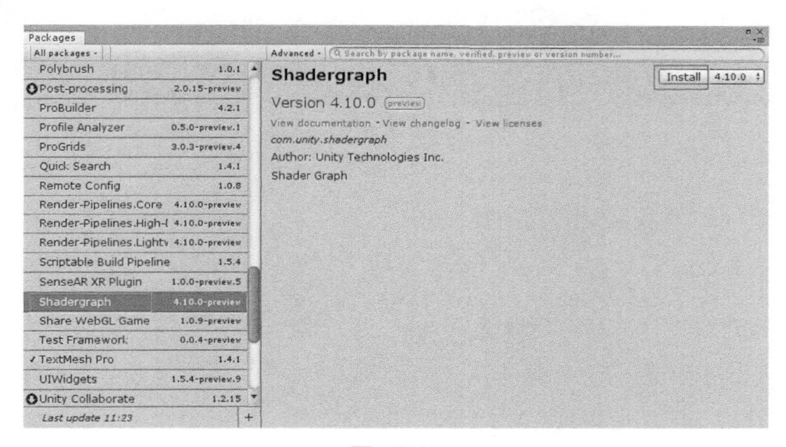

图 28-14

（2）安装完成后，在 Project 视图中单击鼠标右键，在弹出的菜单中可以看到 Create → Shader 命令下有 PBR Graph、Sub Graph 和 Unlit Graph 命令，说明 Shader Graph 安装成功。

（3）在 Project 视图中单击鼠标右键，在弹出的菜单中选择 Create → Shader → PBR Graph 命令，创建一个 Shader Graph，并修改名称，如图 28-15 所示。

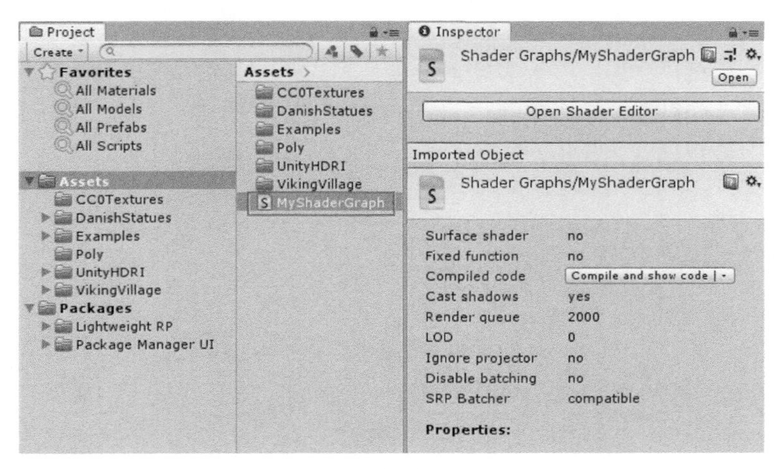

图 28-15

（4）选中创建的 Shader Graph 资源，在其 Inspector 视图中单击 Open Shader Editor 按钮，即可打开 Shader Graph 视图，对 Shader 进行图表化编辑，如图 28-16 所示。

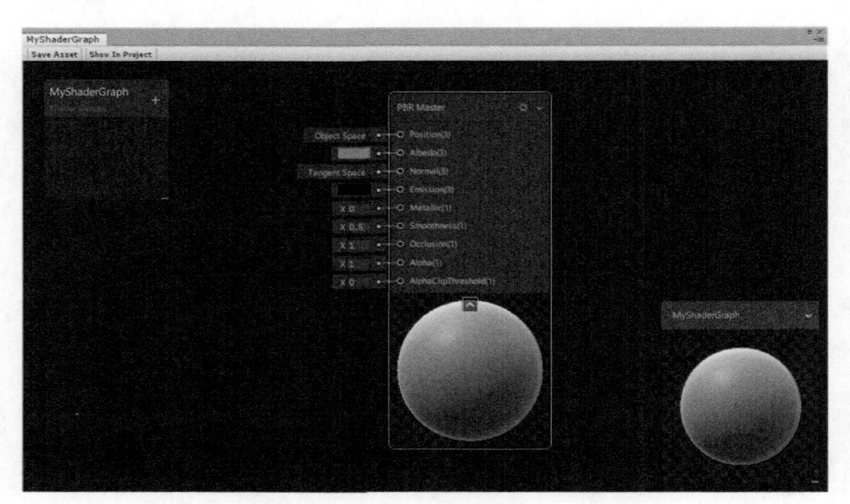

图 28-16

28.3.2 Shader Graph 功能介绍

Shader Graph 提供以下功能：

- 通过程序化的方式改变物体表面形状。
- 对 UV 进行变形和动画制作。
- 使用常用的图形编辑操作对对象进行修改操作。
- 根据物体所在的世界坐标、法线以及和摄像机之间的距离等信息来改变物体表面。
- 将你认为重要的属性暴露在材质编辑面板上方便编辑操作。
- 通过生成 subgraph（子视图）在不同 Shader Graph 之间分享节点网络。
- 使用 C# 和 HLSL 创建自定义的 Shader Graph。

Shader Graph 原生支持可编程脚本渲染管线 Scriptable Render Pipeline（简称 SRP)，拥有以下功能：

- 高清晰渲染管线 HD Render Pipeline。
- 轻量级渲染管线 Lightweight Render Pipeline。
- 通过扩展将任意用户自己编写的自定义 SRP 着色器进行导出。

28.4 可编程渲染管线 SRP

在 Unity 2018.1 中，引入了 Scriptable Render Pipeline 可编程渲染管线（预览版），简称 SRP，它是一种在 Unity 中通过 C# 脚本配置和执行渲染的方式，它让艺术家和开发者能够控制强大的新渲染管线。

渲染管线是将对象显示到屏幕上所需的一系列技术的总称。它包含剔除、渲染对象、后期处理等一系列高级概念。这些高级概念还可以分别根据用户所希望的执行方式继续分解。

例如，渲染对象可以按照以下方式进行：

- 多通道渲染：每个光照每个对象一个通道。
- 单通道渲染：每个对象一个通道。
- 延迟渲染：渲染表面属性到一个 G-Buffer，执行屏幕空间光照。

Unity 2018.2 包含以下 SRP 更新：

- SRP 批处理器加速 CPU 渲染。
- 可编程着色器变体移除。
- 轻量级渲染管线（预览版）。
- 高清晰渲染管线（预览版）。

28.4.1 SRP 批处理器加速 CPU 渲染

SPR 批处理器（SRP batcher）是一种 Unity 引擎的新型内循环代码，它可在不影响 GPU 性能的情况下加速 CPU 渲染速度，它替代了传统的 SRP 渲染代码。

使用基于物理渲染功能的游戏通常具有多个对象和网格，对象上不同的材质共享着相同的着色器和关键字。SRP 批处理器为使用 PBR 的游戏提供了很大的 CPU 速度提升。

SRP 批处理器能够与高清晰渲染管线 HDRP 和轻量级渲染管线 LWRP 结合使用，目前支持 PC DirectX-11、Metal 和 PlayStation 4。

28.4.2 可编程着色器变体移除

由于项目中的着色器变体数量增多，安装包构建时间和数据大小会随着项目复杂度而提升。可编程着色器变体移除功能在 Unity 2018.2 引入，用户可以使用它管理生成的着色器变体数量，大幅减少安装包构建时间和数据大小。

此功能允许你移除所有带有无效代码通道或无用功能的着色器变体，创建着色器构建配置，例如标记为“调试”和“发布”的配置，而不会影响迭代时间和维护复杂度。可编程着色器变体移除功能将大幅提高团队效率。

28.4.3 轻量级渲染管线（预览版）

轻量级渲染管线 LWRP 提供了高性能，它主要针对低端硬件、XR 和移动端等性能消耗较大的应用和平台。

LWRP 通过利用优化瓦片（Optimized Tile）功能进一步提升了性能和优化效果。LWRP 会调整瓦片的载入和存储数量，从而优化移动端 GPU 的内存。它可分批对光照着色，减少重复绘制和绘图调用的次数。

目前，LWRP 的基本功能目前支持所有 VR 平台。

注 意

LWRP 目前还不支持手持式 AR 开发工具，例如 ARCore、ARKit、HoloLens 以及 Magic Leap 设备。

LWRP 为低端硬件和 XR 等性能要求较高的应用提供了高性能效果。

28.4.4 高清晰渲染管线（预览版）

高清晰渲染管线 HDRP 在 Unity 2018.1 中首次作为预览版发布，它针对 PC 和主机等高端平台优先处理高端视觉效果。

在 Unity 2018.2 中，我们将进一步帮助开发者实现高端视觉效果。请注意 SRP 目前仍处于预览阶段，所以我们不推荐将它们用于正式制作之中。这次更新的改进内容包括体积测算、光滑平面反射、几何镜面反射 AA、代理屏幕空间反射及折射、网格贴花和阴影遮罩。

- 体积测算（Volumetrics）：体积雾会从除了区域光外所有支持的光照类型获取光照。用户也可以用密度体积来控制雾的密度。
- 光滑平面反射（Glossy planar reflection）：平面反射功能现在已支持光滑的反射效果，这意味着它会考虑材质的光滑度。
- 几何镜面反射 AA（Geometric specular AA）：三角形数量较为密集的网格会造成镜面锯齿现象。为了解决这个问题，我们新增了一个选项来降低并限制锯齿数量。
- 代理屏幕空间反射和折射（Proxy Screen Space Reflection&Refraction）：此功能允许用户使用代理体积即接近场景边界的体积，来执行屏幕空间的反射和折射。尽管它和使用深度缓冲得到的效果相比并没有那么准确，但它在运行时的性能消耗较低。
- 网格贴花（Mesh decals）：这个功能可以在投影器贴花之外，让你使用网格来作为贴花之用。
- 阴影遮罩（Shadow mask）：此前 HDRP 中的这个功能使用距离阴影遮罩（Distance Shadowmask）模式（这个模式会使动态阴影渐变为最大阴影距离位置的阴影遮罩）。在 Unity 2018.2 中，如果动态阴影只渲染一个不受光照贴图影响的对象（对应内置渲染管线的阴影遮罩模式），你可以选取每个光照。所以和内置渲染管线不同，HDRP 还能同时启用阴影遮罩模式，这样便可为内置阴影遮罩模式控制每个光照。

除此之外，我们还添加了“部分”着色器视图 Shader Graph 对 HDRP 的支持，可通过可视化的方式创建着色器，我们还提升了总体的稳定性和性能。“部分”支持是指只有 HDRP 功能中的一个子集可以在着色器视图 Shader Graph 中使用。目前 Shader Graph 针对 HDRP 的支持还不包括高级材质功能，例如 SSS、清漆层等，也无法进行曲面细分。

注 意

HDRP 目前不支持任何 AR 或 VR 平台。

28.5 特效编辑器 VFX Graph

Unity 2018 发布了创作实时视觉效果的工具 Visual Effect Graph（简称 VFX Graph），如图 28-17 所示，该工具在 GPU 运行的计算着色器和基于节点的工作流程中使用。

Visual Effect Graph 受到主流电影特效软件的启发，加入了许多相同的强大功能用于创作实时视觉效果。

图 28-17

Visual Effect Graph 和粒子系统的主要区别在于它们运行的硬件。粒子系统在 CPU 模拟生成，而 Visual Effect Graph 将大量计算移动到运行在GPU的计算着色器。Visual Effect Graph的优点是能够模拟数百万个粒子，计算复杂的模拟过程，以及读取帧缓冲区。而粒子系统可以使用基础物理系统，并通过回读来与游戏交互。

> **注 意**
>
> 特别需要注意的是设备兼容性，部分设备不支持 Visual Effect Graph 所需的计算着色器，例如大多数的手机。

实践操作 78：Visual Effect Graph 的安装

（1）目前，Visual Effect Graph 运行于 Unity 2018.3 或以上版本的高清晰渲染管线。为了使用 Visual Effect Graph，请确保你的 Unity 项目使用了 High-Definition RP 模板，如图 28-18 所示。

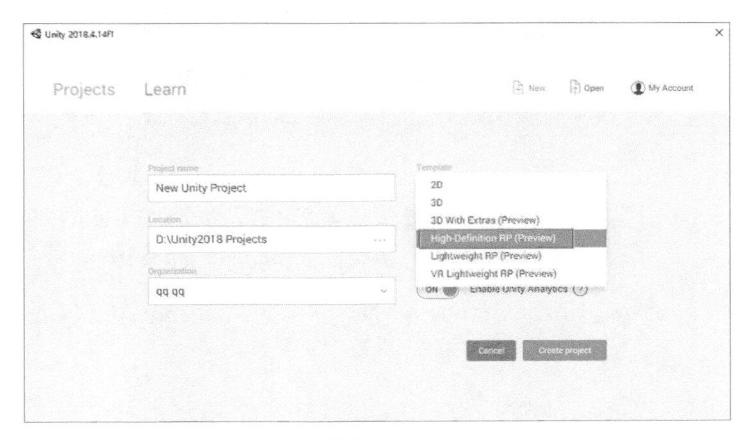

图 28-18

（2）用户需要通过资源包管理器（Package Manager）安装 Visual Effect Graph。选择菜单 Window → Package Manager 命令，打开 Package Manager 窗口，在其中的 All Packages 下找到 Visual Effect Graph 并安装，如图 28-19 所示。

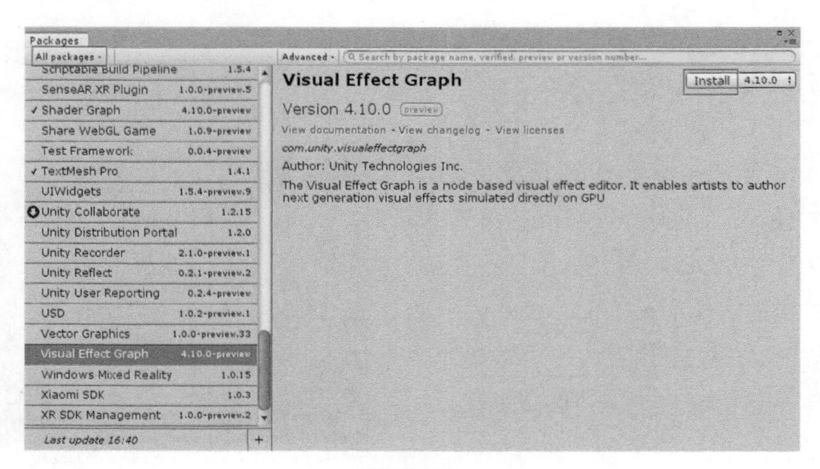

图 28-19

（3）Visual Effect Graph 安装完成后，在 Project 视图中单击鼠标右键，在弹出的菜单中选择 Create → Visual Effects → Visual Effects Graph 命令，即可创建 Visual Effects Graph 资源。

（4）将创建出来的资源拖动到 Scene 视图或者 Hierarchy 视图，即可创建 VFX 对象，然后在 VFX 对象的 Inspector 视图中单击 Visual Effect 中的 Edit 按钮，即可打开 Visual Effect Graph 窗口，对 VFX 进行编辑，如图 28-20 所示。

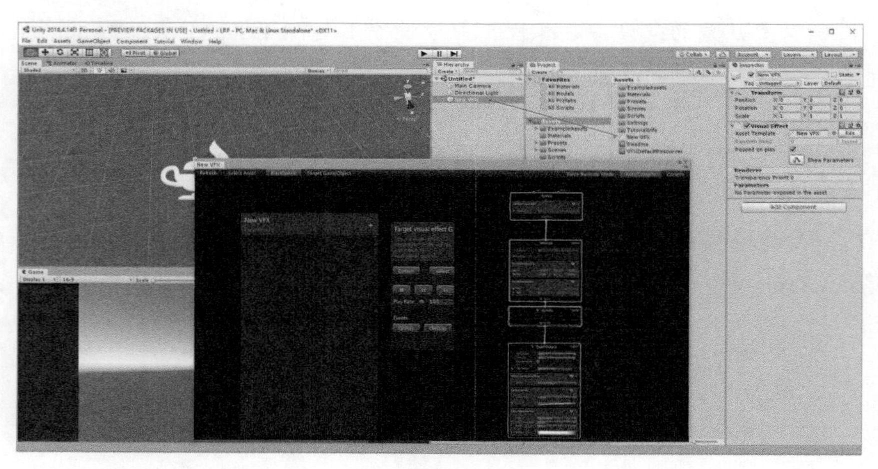

图 28-20

Visual Effect Graph 适用于 VFX 新手到资深艺术家和程序员。Visual Effect Graph 通过使用节点和属性模块来提供一个快速学习的方式，轻松掌握强大的工作流程。

为了帮助大家学习 Visual Effect Graph，开发团队发布了持续更新的 Unity 示例项目。首次发布时，该项目包含三个示例：

- Unity Logo 示例展示基本行为。
- Morphing Face 示例展示 HDRP Lit 的兼容性和点缓存。
- Butterflies 示例展示高级行为。

示例项目下载地址：

https://github.com/Unity-Technologies/VisualEffectGraph-Samples